世界栽培兰花百科图鉴

The Illustrated Encyclopedia of Cultivated Orchids

300余属,1800余种及品种

卢思聪　张　毓　石　雷　赵世伟　等编著

中国农业大学出版社
北　京

本书介绍了世界上已栽培的兰科中300余个原生属和人工属，1800多个原生种和杂交种。包括在世界范围内已完全商业化和广泛引种栽培、有商业开发价值以及部分奇特和稀有的兰花种类。每属均介绍主要形态特征（包括种类、分布地区、生态环境）、杂交育种情况和栽培方法。每个种至少有1张彩色图片。

图书在版编目（CIP）数据

世界栽培兰花百科图鉴 / 卢思聪等编著 .—北京：中国农业大学出版社，2014.12
ISBN 978-7-5655-1062-5

Ⅰ. ①世… Ⅱ. ①卢… Ⅲ. ①兰科—花卉—图解 Ⅳ. ①S682.31—64

中国版权图书馆CIP数据核字（2014）第207699号

书　　名 世界栽培兰花百科图鉴
作　　者 卢思聪 张 毓 石 雷 赵世伟 等编著

责任编辑 梁爱荣　　**责任校对** 王晓凤
封面设计 郑 川　　**版式设计** 梁爱荣
出版发行 中国农业大学出版社
社　　址 北京市海淀区圆明园西路2号　　**邮政编码** 100193
电　　话 发行部 010-62818525，8625　　**读者服务部** 010-62732336
编辑部 010-62732617，2618　　**出 版 部** 010-62733440
网　　址 http://www.cau.edu.cn/caup　　**e-mail** cbsszs@cau.edu.cn
经　　销 新华书店
印　　刷 涿州市星河印刷有限公司
版　　次 2014年12月第1版　2014年12月第1次印刷
规　　格 889×1194　16开本　45.5印张　1380千字
定　　价 248.00元

编著人员

顾　　问　陈心启　罗毅波

主要编著者　卢思聪　张　毓　石　雷　赵世伟

其他编著者（按姓氏拼音排序）

程　瑾　邓　莲　冯秋琳　付怀军　金效华
李　静　李潞滨　凌春英　刘艳梅　马庆虎
孙静文　汤久杨　田亦平　王苗苗　武荣花
徐　瑞　张　雪　张亚平　张怡文　周　波

主 摄 影　卢思聪　张　毓

I was never more interested
in any subject in my life
than this of orchids

在我生命中，世上再也没有任何事物像
兰花这般让我如此钟情！

——Charles Darwin(达尔文)

序一

众所周知，兰科是被子植物中的一个大家族，是单子叶植物中的第一大科。兰科植物种类丰富，花型奇特，生态类型多样，是园艺植物中观赏价值最高、最重要的植物类群之一。人们通常把兰科中具有观赏性的种类俗称为兰花。据不完全统计，目前全世界有约800个属、25000多个种。中国野生兰科植物有171个属1498个种，如春兰、兜兰、杓兰、石斛兰、独蒜兰等，是很多重要兰科植物的世界分布中心。自然界中尚有许多有观赏价值的野生兰花有待保护、开发和利用。

兰花，特别是中国原产的地生兰，是中国重要的传统名花，素有花中“四君子”之一的雅称和花中幽客之美誉，在中国有着2000多年的栽培与应用历史。王者香草，君子如兰！中国人对兰花的欣赏已超出兰花这种植物本身，千百年来，兰花的品格被历代文人雅士所追崇，国人爱兰、养兰、赏兰，与文学、艺术、道德、情操相融合，升华为中华民族文化的一个重要组成部分——兰花文化。兰花不仅具有很高的观赏价值，兰科植物中的许多种类还具有相当高的药用价值，或作为高级香料使用等其他重要的经济价值。

如何全面系统地认知兰花、了解兰花、欣赏兰花、培育兰花，是众多兰花爱好者和生产者的心头之惑，《世界栽培兰花百科图鉴》将带领大家走进奇妙的兰花世界，解其疑，释其惑。《世界栽培兰花百科图鉴》在总论部分概括介绍了兰科植物的生物学特性、自然生境、经济价值，以及其分类与命名、栽培繁殖和杂交育种方面的内容；在分论部分论述了世界上已引入人工栽培的300多个属、1800多种的兰科植物（含原生种和杂交种），并配以近2000幅精美兰花图片。对自然属的分布区域、生境条件、形态特征、栽培方法及其杂交育种进展情况进行全面介绍，对每个种的产地、形态特征等均有描述，并配图说明。

《世界栽培兰花百科图鉴》由中国著名兰花专家、中国科学院植物研究所卢思聪先生和北京植物园张毓博士等合作完成，是北京植物园南北两园两代兰花研究者几十年长期一线工作的结晶。卢先生将毕生精力投入温室植物，尤其兰科植物研究中，在兰花资源、分类、栽培、组织培养以及育种科研中，取得了很多重要成果，曾出版了多本兰花园艺专著。本书不仅是一本介绍兰花知识的百科全书，更是卢思聪研究员几十年兰花科研成果的总结和展示。张毓博士为中国植物学会兰花分会秘书长，在北京植物园从事兰花引种栽培与科学研究多年，收集栽培来自世界各地兰花种类2000多种，在兰花资源及保育研究方面取得了丰硕的成果；同时她积极推动中国兰花科研与产业的国际交流和健康发展。当我第一次看到该书的电子版本的样稿时，立即被此书所吸引，一经阅读不忍释手。该书内容丰富、新颖、系统全面、科学性强，是一本将科学性与实用性贯穿始终的兰花百科全书。除了学术性与应用性并重外，本书还有三个重要特点：一是对兰花的栽培生理特点以及生长特性进行了重点介绍，该方面的知识在我国兰花行业还很薄弱，因此，该书的出版对我国兰花产业的发展具有重要的指导作用。二是针对我国兰花杂交育种工作与国际兰花界的育种水平差距甚大的现状，该书作者根据其多年兰花育种的科学研究工作对其进行了论述，并着重强化了该部分相关内容，对于指导我国兰花育种工作具有较大的借鉴意义。三是全面介绍了世界兰花园艺的现况和发展方向，对于推动我国兰花科技和产业发展以及新花卉的研发必将产生深远的影响。

作为一名花卉教学与科研工作者，我为《世界栽培兰花百科图鉴》的出版感到由衷高兴，该书的出版将为中国观赏园艺花园里再添一朵美丽的奇葩！

张启翔 教授

中国园艺学会观赏园艺专业委员会 主任

国家花卉工程技术研究中心 主任

2014年9月26日

序二

兰科是被子植物中的一个大家族，俗称兰花。在我国人们习惯性地将兰花分为国兰和洋兰两大类。所谓国兰是指我国传统种植的兰属植物中的少数几种地生兰，包括春兰、蕙兰、建兰、墨兰、寒兰、莲瓣兰和春剑等。国兰主要以其素淡的花色、雅致的花姿、清幽的花香、坚韧的叶姿和多变的叶艺而见长。洋兰则是指除国兰以外的所有其他兰科植物。比较常见的如蝴蝶兰、石斛兰、文心兰、万代兰和兜兰。洋兰以艳丽的花色、张扬的花姿为其特色。我国最早的国兰专著是南宋末年赵时庚的《金漳兰谱》（1233）和王贵学的《兰谱》（1247）。这也是世界上最早的兰花栽培专著。国兰在我国有着悠久的历史，因此国人一提起兰花首先想到的就是国兰，在中国大陆更是如此。但随着社会的发展，所谓的洋兰在我国迅速普及，最为典型的是蝴蝶兰。借助台湾蝴蝶兰产业的优势，蝴蝶兰已经成为大陆盆花市场最为常见的盆栽花卉。除蝴蝶兰外，世界各地形形色色的栽培兰花通过大陆近年来的各类国内和国际兰展也逐渐呈现在国人眼前。国内不少兰花从业者为满足市场多样化的需求，也急切盼望能引种一些洋兰品种。无论是从观赏爱好的角度，还是从产业的角度，国人面对洋兰可能最为棘手的事情是对这些千姿百态的洋兰不认识、不了解，甚至连名字也叫不出来。因此，一部有关世界各地栽培及其相关原生兰花的各种信息，以及可以帮助识别世界常见兰花栽培类群的百科全书式的著作必将受到大家欢迎。

《世界栽培兰花百科图鉴》就是这样一部为我国兰花有关从业者和爱好者准备的重要的参考书和工具书，包括园林院校师生、园艺工作者、广大花卉爱好者，也包括广大药业兰科植物栽培者，还包括自然保护区的管理者。这样一本具有一定兰花栽培理论深度的参考书，必将对我国兰花产业的发展起到积极推动作用。该书除内容丰富、全面、系统等特点外，还具有3个鲜明特色。首先，该书对兰花的栽培生理特点以及生长特点进行重点介绍。该方面的知识是我国整个兰花行业相对薄弱的环节。许多兰花栽培者由于找不到这方面的参考资料，而只得参考其他植物的栽培生理特点进行日常栽培管理，使得栽培成功的机会很少。其次，该书对杂交兰花品种资料的整理和收集是在很多以前类似书中没有的。该书作者之一张毓博士在英国皇家植物园和皇家园艺学会曾经留学过一段时期，凭借这段经历，她通过个人通讯收集了近50个人工属的杂交育种史等相关信息，这些资料即便从兰科植物国际登录机构英国皇家园艺学会（RHS）的网站上也不一定能查到。最后，也是本书的最大特色，就是本书总结了中国科学院植物研究所植物园卢思聪先生一辈子从事栽培兰花的经验体会，这种经验体会并不是就兰花而论兰花，而是通过将其他室内观赏植物的栽培特性与兰花进行比较而得出的。这些宝贵经验对于中国兰花界来说应该是一笔莫大的财富。

罗毅波　研究员

中国植物学会兰花分会　理事长

2014年7月30日

前言

兰科是单子叶植物中最大的科之一，全世界约有800属，至少有25000种原生种，广布于全球，主要产于热带地区。此外，还有大量人工培育的杂交种。据英国《国际散氏兰花杂种登记目录》，获正式登记的人工杂交种为12万种以上，而且每年以1000种以上的数目增加。我国有兰科植物171属1498种，南北均产，云南、台湾和海南尤多。兰科植物中可供观赏者甚众，不少种类还是重要的药用和香料植物。

随着我国经济的发展和国民收入的增加，人们对兰科植物的兴趣和需求日益提 高。我国兰花产业发展十分迅速，拥有2000余年栽培鉴赏历史的国兰从传统家庭庭院栽培进入规模化现代设施园艺栽培，逐步从小众的收藏品市场进入大众的消费市场。近些年，蝴蝶兰、大花蕙兰、石斛、文心兰、兜兰和卡特兰等在国际上产业化程度很高的种类在我国也得到较大的发展，与国际接轨，逐步成长为巨大的兰花产业群。这些国际流行的兰花已开始走进了普通百姓家中，从供货来源方面也由进口逐步变成本土化生产，甚而出口至欧美国家。药用和香料兰科植物的栽培和深加工衍生产业也是兰花产业发展的重要增长点。今后我们应当更重视兰科植物产业化配套技术研究工作，大力培养专业技术人才；引进和培育优良新品种；充分利用丰富的世界兰科植物资源和先进的科学技术，发展我国的现代兰花产业。

为让国人更多地了解兰科植物的精彩世界，推进我国兰花园艺事业的健康发展，我们编写了这本图文并茂的兰花百科图鉴。本书收录了兰科植物300余原生属和人工属，1800多个原生种和杂交种。包括在世界范围内已高度商业化、广泛种植栽培、具有潜在开发价值以及亟需保护的珍稀濒危的兰科植物。每属均介绍所包含的重要种类及其主要形态特征、分布地区和生长环境，杂交育种情况和栽培方法。为便于读者辨认，每个属至少有彩色图片一张。

这是一本关于世界兰科植物的园艺工具书，希望本书能给读者增加以下几方面的知识：认识来自世界各地的已引入栽培的兰科植物种类及其原产地、生态类型、形态特征和生物学特性；了解不同兰花繁殖栽培的原理和技术，兰花杂交育种的现状、原理和方法。

近年来，随着分子生物学的发展，兰科植物的现代分类体系也产生了重大变化，如卡特兰亚族内属、种归属的大变革，影响到该亚族内大量的原生属和杂交属、原生种和杂交种及品种名称的改变。在国际兰界，尤其是对卡特兰类的栽培、育种、经营影响甚大，甚至涉及兰花爱好者，使许多人一时较为困惑和混淆。在本书的编写中，笔者仍沿袭使用大变革前兰花园艺界习惯沿用的名称，但在书中附录有大变革详情和信息来源，便于读者查阅。

北京市植物园兰花温室、中国科学院植物研究所植物园温室的兰科活植物收集为作者摄影提供了难得的拍摄对象和诸多便利。多位国内外兰花专家和朋友为本书出版提供了精美兰花照片，在此一并致谢。除主摄影外，其他照片提供者均加以署名。

本书初稿始于2007年12月，资料的收集和照片的摄影则是作者数十年的用心积累。首稿完全用笔和纸写成于2009年10月。二稿开始学习用电脑写作，完成于2010年8月。2011年1月完成三稿。由于我国出版社处于转制期间，出版此类专业书籍有一定的困难，导致本书出版一度受阻。至2012年夏季，中国农业大学出版社编辑联系我，提出申请国家出版基金资助出版该书的途径，促成本书尽快与读者见面。出版合同签订后，再次与张毓博士及其团队一起对书稿进行较大范围的增补与提升，优化扩展了总论部分内容，增加各论50余属，查阅更新了各属杂交育种简要近况。最后又经过数次修订成为最终出版用稿。

本书的出版承蒙中国农业大学出版社巨大支持，表示真诚的感谢。

在本书即将出版之际，掩卷沉思，审视全书内容，因笔者能力、时间所限，书中的缺陷、错误与不妥之处，衷心欢迎读者批评指正！

卢思聪

2014年7月6日

目录

总论

各论

总　论

1

兰科植物概述

克劳氏安顾兰（*Anguloa clowesii*）

兰花是人们对兰科植物的日常称呼，中国和世界的著名花卉，是高雅、美丽又带有神秘色彩的植物。兰花在植物分类学上属于兰科（Orchidaceae）植物，是单子叶植物中的一个科。兰花是多年生草本植物，附生、地生或腐生。兰科是有花植物中最大的科之一，根据英国邱园（Royal Botanic Gardens,KEW）主编的《兰科属志》所采用的分类体系,分为780个属，2.5万个以上种，另外，还有大量的人工杂交种。据英国《国际散氏兰花杂种登记目录》（*Sander's List of Orchid Hybrids*）中正式登记的人工杂交种约12万种，而且每年以1000种以上的数目增加。

我们常看到的兰花，只是兰科中一小部分有观赏价值的种类。还有大量的野生兰科植物分布于世界各地，有待我们去发掘、保护、引种栽培和杂交育种。目前世界上有许多植物学家和园艺学家对兰科植物进行着大量的研究工作。很多人对兰花进行栽培、繁殖、生产和经营，以满足广大兰花爱好者和市场对兰花的需要。

近些年，我国兰花产业发展十分迅速。有些兰花，如蝴蝶兰、大花蕙兰、春石斛、秋石斛、文心兰、兜兰和卡特兰等在国际上商品化程度很高的种类，在我国也得到较大的发展，并且已逐步走进了普通百姓家中。正由完全进口逐步变成本土化生产。人们对这些兰花的接受程度很高。相信随着国民收入的增长，人们对兰花的需求会进一步的提高。国家有关部门和有实力的企业应当更重视兰花的科研工作，引进和培育新优良品种。充分利用丰富的世界兰科植物资源和科研成果，发展我国的现代兰花产业。

1.1 兰花的形态特征

兰科植物的花、叶、茎、根和果实等各部分与一般的花卉有明显的不同，现分别予以介绍。

1. 花

虽然人们多认为兰科植物是进化的最高级阶段的有花植物，但是当把它的花取来进行详细观察时，则可以发现其花的结构是很简单的。所有兰科植物的花都是由 7 个主要部分组成的：萼片 3 枚、花瓣 3 枚及蕊柱 1 枚。萼片已瓣化，形似花瓣；有一片花瓣称为唇瓣，在多数情况下唇瓣是花中最华丽的花瓣，也是高度特化的花瓣。在谈到兰花花的结构时，总是把唇瓣与花瓣分别开来。在兰科植物的某些属中萼片也发生了较大的变化，如兜兰属两枚侧萼片结合成一体，常称为合萼片（腹萼片）。整个花左右对称。这里特别值得说明的是兰花的唇瓣，它的形状各式各样，并且是最引人注意的部分。唇瓣有呈筒状的，如卡特兰属（*Cattleya*）、蕾丽兰属（*Laelia*）、折叶兰属（*Sobralia*）和鹤顶兰属（*Phaius*）等的某些种；有扩展成片状的，上面生有复杂的突起和疣状物，如文心兰（*Oncidium*）属中的一些种；而兜兰属（*Paphiopedilum*）、杓兰属（*Cypripedium*）的唇瓣则神奇般地变成各种形态的口袋状。唇瓣本来应当是在兰花最上面的花瓣，但由于花梗、子房极奇妙的旋转，使花朵扭转了 180° ，因而唇瓣成了兰花花朵最下面的一片花瓣。

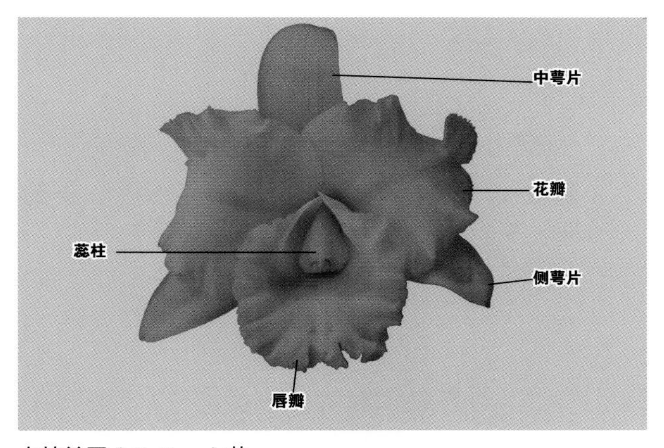

卡特兰属（*Cattleya*）花

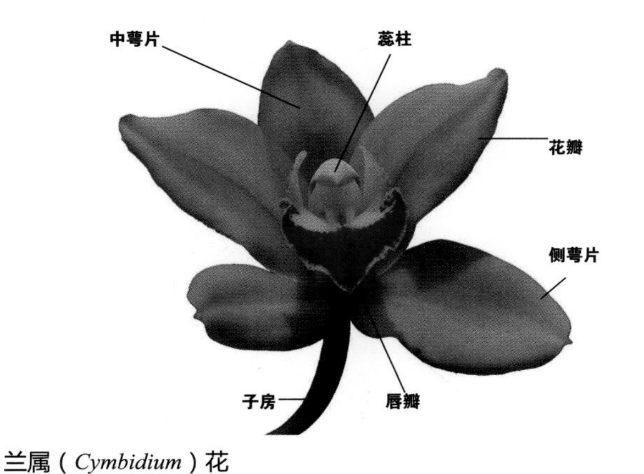

兰属（*Cymbidium*）花

蕊柱是兰科植物花的有性繁殖部分，并且是区别兰科与所有其他科植物的主要特征物。大多数情况下蕊柱上有雌雄两部分性器官（只有少数属是雌雄异株或雌雄异花）。雌性部分是蕊柱上部一个有黏性的凹陷部位（有时是凸起的），称为柱头区。绝大多数兰花在蕊柱顶端或靠近顶端只有 1 个雄蕊生有花粉块，花粉块外面有花粉囊盖罩在上面，这

兜兰属（*Paphiopedilum*）花

是雄性部分。花粉块的数目随属的不同而有所变化，可以是 2，4，6 或 8 块。

在兰科中还有一类，通常都认为它们是最古老的兰科植物，共有 4 个属，我国常见的有兜兰属。它们有两个可育的雄蕊，分别生在蕊柱的两侧。从学术观点来看，第三个雄蕊也是存在的，但已经退化为不可育的雄蕊，称为“退化雄蕊”，通常呈盾状。退化雄蕊的位置在蕊柱的顶端，其形态是多变的，它常常是区分有紧密关系的种间的一个重要特征。兜兰花有柱头一个，位于退化雄蕊的后面，常常被唇瓣遮挡住，从外面不易看到，只有把唇瓣剥掉才能看到。柱头常呈圆形或盾形，肉质，中部凸起，表面光滑明亮，或稍有黏性。

2. 叶

兰花的叶因种类不同，有较大的差异。附生类兰花的叶片常呈多肉、肥厚，有较厚的角质层，有些呈棍棒状，如棒叶万代兰；有些叶片肥厚、多肉呈硬革质，如卡特兰；地生兰类往往叶片较宽大而薄软，如虾脊兰；国兰类属地生兰类，叶片呈线形，细长。

通常野外附生于树干或岩石上，阳光较强、水分供应变化较大的种类，叶片肥厚或细长，呈革质，并且有较厚的角质层，有较强的抗干旱结构，抗干旱能力较强。原生在阳光少而阴暗地方的种类（多为地生种），叶片薄而软，叶片面积也较大，叶色浓绿色，抗干旱能力较差。

兰花叶片是由上表皮和下表皮以及其中间的叶肉组织构成的。叶肉组织由含有叶绿素的细胞密集排列形成，很少有细胞间隙。表皮是由不含叶绿素的小型细胞密集排列结合而成，外面还有一层角质化的保护物质。有些种类的表皮组织肥厚而贮存有水分，可以缓和高温和强光的影响，提高抗干旱的能力。这一结构在附生类兰花中表现得尤其明显。叶片的下表皮通常较上表皮颜色浅，呈淡绿色或黄绿色。下表皮有气孔分布，以调节水分蒸发，氧和

花帽
花粉团
柱头
蕊柱

兰属（*Cymbidium*）蕊柱结构体（代表有 1 个能育雄蕊）

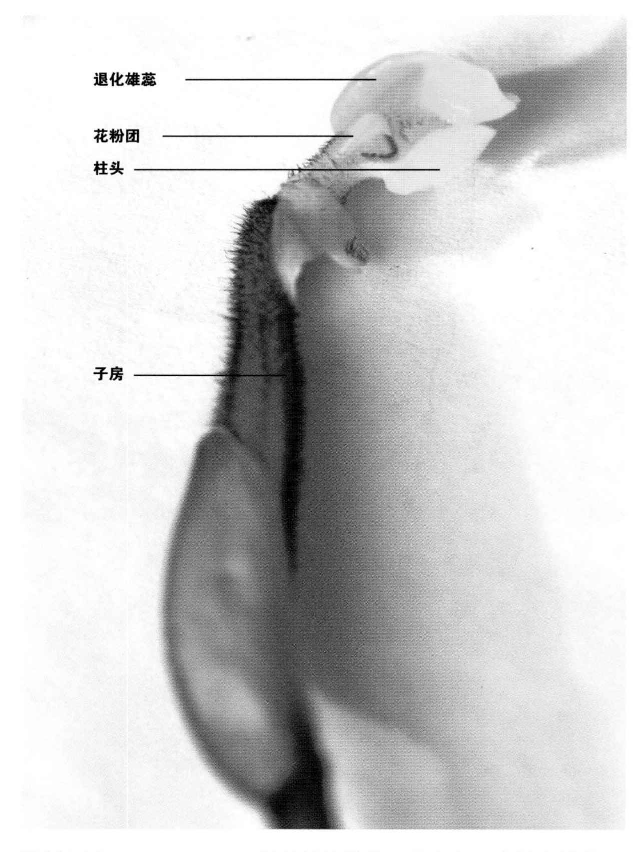

兜兰属（*Paphiopedilum*）花蕊柱结构体（代表有 2 个能育雄蕊）

虾脊兰叶片

棒叶万代兰的棒状叶

国兰类的线状叶

香荚兰单轴类的匍匐状茎（Dr. Kirill 摄）

卡特兰的根状茎、假鳞茎和叶片

二氧化碳等气体的交换，顺利完成光合作用。这里特别应当提及的是，兰科植物中有相当数量的附生兰花的光合作用不同于一般常见的绿色植物，而是通过景天酸代谢（CAM）固定二氧化碳。夜间开启气孔，吸收二氧化碳，白天气孔关闭，贮存在细胞内的二氧化碳释放出来用作光合作用。气孔白天关闭，夜间开启，有利于植株水分减少散失，是一种较合理的抗干旱适应机制。另外，有些抗干旱能力比较强的兰花种类其气孔是下陷的，这样可以减少水分的散失。

3. 茎

茎是生长叶、根和花的重要器官，并具有输送、贮存水分和养料的功能。兰花茎的形态变化较大，通常分为单轴类的茎、根状茎和假鳞茎 3 类。

（1）单轴类的茎 其茎干直立、稍倾斜向上，在茎的两侧生长叶片，顶端新叶不断地生长出来，下部老叶逐渐脱落。茎干的下部有气生根生出，这一类兰花的茎更接近于常见的一般植物。常见的有万代兰、指甲兰、蜘蛛兰、钻喙兰等。单轴类茎中亦有呈匍匐状生长的兰花种类，如香荚兰。靠节部生出的根附着在岩石或树干上。

（2）根状茎 可能是兰科植物真正最原始的 茎。根状茎通常呈横走生长在地下（地生种类）或呈匍匐状生长在附生寄主的表面。根状茎上有明显的节，节上能生出新芽和根。根状茎生出的新芽经过 1 个生长季节的生长发展成假鳞茎。如常见的大花蕙兰和国兰、卡特兰、文心兰、石斛、贝母兰、虾脊兰、薄叶兰等。通常称为合轴类兰花。

（3）假鳞茎 是兰花的一种变态茎。它是在生长季节开始时从根状茎节上生出的新芽，经过整个生长期的生长，到生长季节结束时生长成熟。假鳞茎的顶端或各个节上生有叶片，并且是芽或花芽着生的部位。假鳞茎形态变化甚大，有的呈卵圆形至棒状，如卡特兰、大花蕙兰；有呈长条形，如石斛；假鳞茎小的似米粒，大的高达数米，如巨兰（*Grammatophyllum*）。假鳞茎是兰科植物水分和养料的重要贮藏器官。在生长季节大量吸收水分和养分，并迅速长大成熟。在环境条件变差、植株休眠或干旱季节来临时，靠假鳞茎中的储藏养料和水分来维持生存和繁殖后代。

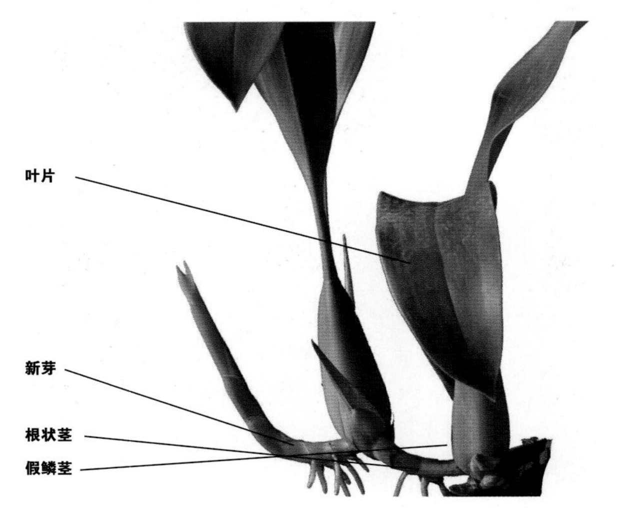

贝母兰的根状茎和叶片

石斛的假鳞茎和叶

石豆兰的根状茎和假鳞茎

万代兰单轴类的茎和根系

4. 根

肉质、圆柱状，常常呈线形，分枝或不分枝，大都呈灰白色。根的前端有明显的根冠，起到保护根尖生长点的作用。具有吸收和贮存水分与养料的作用。附生兰花靠根系将植株牢固地固定在树干或岩石上；地生兰的根系生长在土壤中，亦起到固定植株的作用。

不同种类的兰花，其根系有较大的差异。通常地生兰的根系较纤细，根的表面生有大量的根毛。尤其一些原产于亚热带和温带地区的地生兰，如兜兰和杓兰中的大多数种类。附生在树干或岩石上的附生兰花，大多具有肉质、粗大肥壮的气生根。

根由中心的维管束和周围的疏松海绵状组织构成。这层海绵状组织由死亡的细胞组成，称为根被。在成熟的根被中，细胞的内含物死亡，仅留一层细胞壁，当空气干燥时，根被中充满空气，可以防止水分的散失。根被还能很快地吸收水分，当降雨或夜间空气湿度大时，它可以吸收水分，变成半透明状，并能保持相当长的时期。有许多附生兰的根中有叶绿素，尤其是根尖部分更为明显，呈绿色，可进行光合作用。通常附生兰的根是下垂的，但有些种类[如西藏虎头兰（*Cym. tracyanum*）]其根可向上垂直生长，形成篮状或鸟巢状根群。这有利于积存雨水、落叶或其他可以供给养分的物质。

在兰花根组织内和根际周围，通常生存有菌根，也有人称为兰菌，属真菌类。这些菌丝体侵入兰花根内部后，逐渐被兰花分解、吸收，供作兰花的养分和水分。这种现象对于根系生长在空中的附生兰花很重要，因为根在空中无法直接吸收养分，只有靠这些根菌固定空气中的氮后，再消化吸收菌根所含的养分，像豆科植物的根瘤菌帮助固定空气中的氮，促进豆科植物生长一样。尤其是兰花的种子的胚无胚乳，没有储存的养分，无法自行发芽生长。在自然界中兰花种子发芽需要这些菌根侵入，并把所含养分供给种胚才能发芽生长。由于有菌根的共生，理论上兰花不施肥也能生长，但生长速度很慢。

石斛附生于树干上根群分布状况

春石斛的根

文心兰属植物的假鳞茎和根群

兰属附生种的根群

5. 果实和种子

兰花的果实为蒴果，其形状、大小常因不同种而有较大的差异。兰花的果实小的只有几毫米，大的可长至10~20cm。通常蒴果有3条纵向的裂缝，蒴果成熟时裂开，散出细小的种子。

兰花种子非常细小，呈粉状，只有在显微镜下才能看清楚它的构造。种子的颜色也各不相同。虽然兰花种子十分细小，但许多种类从开花授粉至果实成熟期却很长。如春兰要一年的时间；有的兰花从授粉至果实成熟只要数天的时间，如天麻。

兰花种子的形态与大小各式各样。大多数种子具有透明、无色的种皮。由一层透明的细胞组成，有加厚的环纹。种皮内含有大量的空气，不易吸收水分，易于随风和水流传播。

兰花种子的胚具有未分化的特点，只是一团未分化的胚细胞。胚很小，呈圆形或微卵圆形。乳黄色、无色、褐色，也有绿色的。兰花种子几乎没有贮藏物质，而且种子也未发现有贮藏营养物质的组织。所以在萌发过程中缺少营养物质，在自然条件下很难发芽，并且幼苗生长缓慢。

石斛果实

石斛种子

1.2 兰花的原产地

一般认为，兰花是生长在热带密林中潮湿阴暗而且神秘的地方。其实是一种误解，兰花的分布相当广泛，自北纬 72° 延伸到南纬 52° ；其中 80%~90% 的种类生长在以赤道为中心的热带、亚热带地区。每种兰花的生态环境和形态都有较大的差异。有些种类生长在雨量稀少的沙漠地带，有些分布在沼泽地带或高山区。栽培的附生种类兰花，大多原产在热带和亚热带地区。也就是说，在园艺上重要的栽培种类主要分布在南、北纬 30° 以内，降水量 1500~2500mm 的森林内。国兰（地生种类的兰属）某些种类分布纬度稍向北偏移 1° ~ 2° 。

兰花的分布，受气候和地理环境的严格限制。每一类兰花的分布都有一定的区域。了解它们的分布地区，有助于我们对兰花的保育、采集和栽培。

1. 亚洲热带和亚热带地区

指甲兰属（*Aerides*）；蜘蛛兰属（*Arachnis*）；竹叶兰属（*Arundina*）；鸟舌兰属（*Ascocentrum*）；白芨属（*Bletilla*）；石豆兰属（*Bulbophyllum*）；虾脊兰属（*Calanthe*）；贝母兰属（*Coelogyne*）；兰属（*Cymbidium*）；杓兰属（*Cypripedium*）；石斛属（*Dendrobium*）；五唇兰属（*Doritis*）；巨兰属（*Grammatophyllum*）；风兰属（*Neofinetia*）；兜兰属（*Paphiopedilum*）；独蒜兰属（*Pleione*）；鹤顶兰属（*Phaius*）；蝴蝶兰属（*Phalaenopsis*）；石仙桃属（*Pholidota*）；火焰兰属（*Renanthera*）；钻喙兰属（*Rhynchostylis*）； 万代兰属（*Vanda*）；拟万代兰属（*Vandopsis*）等。

2.美洲热带和亚热带地区

柏拉索兰属（*Brassavola*）;长萼兰属（*Brassia*）；龙须兰（飘唇兰）属（*Catasetum*）；卡特兰属（*Cattleya*）；长足兰（吉西兰）属（*Chysis*）；肉唇兰（鹅颈兰）属（*Cycnoches*）；树兰（柱瓣兰）属（*Epidendrum*）；蕾丽兰属（*Laelia*）；薄叶兰（捧心兰）属（*Lycaste*）；细瓣兰（三尖兰）属（*Masdevallia*）；鳃兰（腋唇兰）属（*Maxillaria*）；米尔顿兰（堇花兰）属（*Miltonia*）；齿瓣兰（齿舌兰）属（*Odontoglossum*）；文心兰属（*Oncidium*）；美洲兜兰属（*Phragmipedium*）；肋茎兰属（*Pleurothallis*）；凹萼兰属（*Rodriguezia*）；折叶兰属（*Sobralia*）；贞兰（朱色兰）属（*Sophronitis*）；老虎兰（马车兰）属（*Stanhopea*）；香荚兰属（*Vanilla*）；接瓣兰属（*Zygopetalium*）等。

3. 非洲热带和亚热带地区

细距兰属（船形兰）属（*Aerangis*）；武夷兰属（*Angraecum*）；豹斑兰属（*Ansellia*）；拟蕙兰属（*Cymbidiella*）； 迪萨兰属（*Disa*）；洪特兰属（*Huntleya*）；多穗兰属（*Polystachya*）等。

1.3 兰花的生态类型与生物学特性

兰花依据不同的生态类型，大体可分为附生兰、地生兰和腐生兰三大类型。作为兰花栽培种植者，如果能知道栽培的兰花属于何种类型，对于栽培管理是十分重要的。因为，这三大类不同的兰花对其生态环境的要求是完全不同的，故其栽培管理的方法有很大的差异。

1. 附生兰

在热带和亚热带地区生长的兰花中约有 2/3 是附生兰花。附生兰花生长在树干上和岩石上，但不从树木本身上吸收养分。这些附生兰花靠其根系附着在树干和岩石的表面，根系的大部分或全部裸露在空气中。裸露的岩石和树皮能供给附生兰极少养分。附生兰花只是利用树干和岩石为其提供的优良生存环境。

附生环境对该类植物有许多有利条件：光线远较在森林底层的地生种类充足。附生在树木的上部空气更流通，既增加必要的气体供应量；又利于调节湿度和温度；在比较高的位置可以增加接触传粉昆虫的机会，便于种子的飞散传播；减少地面有害动物侵袭等。

附生环境也有不利的条件：水分难以滞留，不如土壤可以经常保持湿润，在空中经常面临干旱的威胁。因此，附生兰花大都具有耐干旱的结构，如其根部具有海绵状的根被，防止水分的散失和吸收水分；肉质的假鳞茎（或茎）和肥厚多肉的叶片，并具有角质层，可以贮存较多的水分，也可以防止水分的损失；气孔只生于叶的背面，防止阳光直射时水分散失。附生兰花所处的位置必然导致其养分（矿物质）供应不足，只能靠雨水（携带）、风（尘埃）、寄主（树皮、岩石、树叶淋洗物）、动物（排泄物）、蚁（搬运）、动植物腐烂的有机物等。

当我们了解附生兰花的这些特性后，在栽培中可以根据其特点分别给予适于其生长的环境，改善栽培技术。

常见栽培的附生兰类有：卡特兰、万代兰、蝴蝶兰、大花蕙兰、石斛、指甲兰、柏拉索兰（*Brassavola*）、石豆兰、文心兰、蕾丽兰（*Laelia*）、齿瓣兰、火焰兰、钻喙兰、老虎兰、万代兰、风兰等。

2. 地生兰

这一类兰花几乎包括了所有原产于温带和寒带地区的兰花种类，在热带和亚热带地区亦有许多兰科植物属于地生兰类。它们有绿色的叶片，往往生长在林下、林缘、灌丛或草地的土壤上，根系分布于混杂落叶、腐殖土或砂石的土壤中。从土壤中吸收水分和无机盐养料，从其生长状态看更像一般常见花卉。许多地生兰花，尤其是温带和寒带的种类，冬季叶片干枯，为落叶种类。叶片往往宽而薄，呈浓绿色。地生兰花的根系上或多或少都具有显著的丝状根毛，而附生兰的根上则不存在根毛。

常见栽培的地生兰有：国兰类（地生种类的兰属）、兜兰（大多数种）、虾脊兰、杓兰、鹤顶兰、美洲兜兰（部分种）、白芨、斑叶兰（*Goodyera*）、玉凤花（*Habenaria*）、折叶兰、竹叶兰（*Arundina*）、薄叶兰（部分地生种）、苞舌兰（*Spathoglottis*）、巨兰（部分种）等。

3. 腐生兰

腐生兰类不同于常见的植物，有其特殊的生活方式。它们无叶绿素，不能合成养分，不能像常见的绿色植物一样可以自养。通常生存于腐朽的植物体上，如地下腐朽的朽木。腐生兰虽然有为数不多的一些属，但世界各地均有分布，尤其在热带和亚热带地区分布较多。著名中药材天麻（*Gastrodia elata*）即是腐生兰的一种，它常年生长在地下。只有开花时从膨大的地下根状茎上抽出花序，在地上面开花、授粉和结实。药用天麻即该植物肥大的地下根状茎加工而成。

应当说明的是，关于兰花的生态类型的分类不是完全绝对的。因为典型附生兰花可能因为偶然的机会（如枝条破损或树木腐烂），而被迫生活在地面上时，它便像地生兰一样，生出许多向土壤中生长的根系，而且根系上会全部生有根毛。还有许多著名的兰花，如树兰属、文心兰属、兰属的某些种，对附生或地生没有表现出任何的偏爱。同是一个种，在树上或在地面的土壤上都能长成繁茂的植株。

另外，有一些种类的兰花，在幼苗时期像真正的地生兰，生长在森林的土壤中，而长大后则成为附生兰，生长在树干上。如万代兰、香荚兰（*Vanilla*）和树兰的某些种。

1.4 兰花的药用

兰科植物不仅具有很高的观赏价值，其中很多

香荚兰种植园　（徐克学　摄）

种类还具有很高的药用价值。许多兰科植物已有很长的入药历史，特别是在中国、日本、东南亚和印度等亚洲地区广为应用。

大约 3000 年前中国已开始栽培并且记录描述兰花的药用价值，兰花作为中草药资源用于治疗疾病。几乎在同一时期，印度也开始了药用兰花的栽培。距今已有 2000 多年历史的中国古代医书《神农本草经》就记载石斛具有滋补、止血镇痛和消炎的功效。北宋时期的《证类本草》也记录天麻和石斛的药用价值。在明代，药用兰花的应用得到了更好的发展。

在欧洲、美洲、澳大利亚和非洲的部分地区，兰花被作为药草使用也由来已久。在公元 1 世纪，一名罗马军医在他的著作《*De Materia Medica*》记录了 500 多种药用植物，其中包括两种兰科植物，这可能是西方国家首次关于兰花药用价值的记录。非洲人开始将兰花作为药用植物的时间尚未发现确切记录，但是非洲东南部的祖鲁人有将多种兰花用于疾病治疗的传统。

相关资料显示兰科植物中的 82 属、343 种可供药用，我国约 76 属、287 种可入药。有些种类被我国药典收录，或作为民间中草药在防病治病中发挥了重要作用。兰科植物常有肥厚的块茎、根状茎或假鳞茎，因此一般以全草、块茎、假鳞茎入药。附生兰大多具有假鳞茎，作为贮水器官，这也是许多药用附生兰的入药部位，如石斛属（*Dendrobium*）、兰属（*Cymbidium*）和石豆兰属（*Bulbophyllum*）的一些种均为药用价值较高的物种。地生兰科植物常有块茎或肥厚的根状茎，少有假鳞茎，因此药用部位一般为全草或块茎，如开唇兰属（*Ancecotochilus*）、白芨属（*Bletilla*）、绶草属（*Spiranthes*）和芋兰属（*Nervilia*）的一些种。腐生兰无绿叶，靠与真菌共

天麻根状茎加工成的药用成品天麻

生而获取养分，只有开花时的花茎为了授粉才伸出地面，所以其块茎或肥厚的根状茎通常是入药部位，如天麻等。

1.4.1 兰花的化学成分

药用兰科植物主要集中于以下一些属：虾脊兰属（*Calanthe*）、贝母兰属（*Coelogyne*）、兰属、杓兰属（*Cypripedium*）、石斛属、毛兰属（*Eria*）、山珊瑚属（*Galeola*）、天麻属（*Gastrodia*）、手参属（*Gymnadenia*）、玉凤兰属（*Habenaria*）、血叶兰属（*Ludisia*）、笋兰属（*Thunia*）、石豆兰属、开唇兰属、白芨属、绶草属和芋兰属等（Szlachetko D，2001）。

兰科植物的主要化学成分包括多糖，二苯乙烯类化合物（联苄、菲类等），三萜类，甾体类，生物碱，黄酮类，有机酸类和酯类等。兰科植物重要的特征性成分二苯乙烯类化合物在兰科植物中分布极广，数量众多。菲类化合物可以从多种植物中提取到，但主要存在于49种兰科植物中，特别是石斛属、石豆兰属、毛兰属、腋唇兰属（*Maxillaria*）、白芨属、兰属、金石斛属（*Ephemerantha*）和树兰属（*Epidendrum*）。

在已经检测化学成分的兰科植物中，石斛属植物产生的次级代谢物质种类最多，是兰科植物中化学成分含量最为丰富的类群。研究人员已经从42种石斛中检测到了100多种化合物，其中有32种生物碱，6种香豆素，15种联苄，22种菲类和7种倍半萜类化合物。而其他属的兰科植物也富含不同种类的重要化合物，如美冠兰属（*Eulophia*）、杓兰属、天麻属、白芨属、石豆兰属、开唇兰属、竹叶兰属（*Arundina*）、毛兰属、沼兰属（*Malaxis*）、玉凤兰属、万代兰属和香荚兰属。

1.4.2 兰花的药用价值

兰科植物因其丰富的化学成分含量，具有多种生物活性，其重要的次级代谢产物生物碱是一类对人和动物均十分有效的药用成分。常见的生物碱有吗啡、可待因、尼古丁、阿托品、可卡因、奎宁、脱氧麻黄碱等。在兰科植物中，64属中的214种兰花含有不少于0.1%的生物碱。在中国，8%的石斛种类，18%的毛兰种类和42%的羊耳蒜（*Liparis*）种类可以达到这样的含量水平，因此长期以来被广泛地应用于各种疾病的治疗。

一些兰花长期以来在很多国家和地区都作为药用植物治疗各种疾病。中国传统中医认为一些药用兰科植物性平、味辛，具有止血敛疮、软坚散结、活血调经、清热解毒、润肺化痰、祛风止痛等功能。现代药理研究表明兰科植物对炎症、癌症、心脑血管系统、免疫系统、消化系统、神经系统等均有一定作用，具体表现为抗菌、抗炎、抗肿瘤、抗诱变、降血脂、降血压、抗血小板凝集、减慢心率、扩张血管、抗氧化、增强机体免疫力、解痉、兴奋肠道、促进消化液分泌、镇静、抗惊厥等多种活性。一些动物实验已经表明兰科植物的一些植物化学成分如紫杉酚、长春花碱和奎宁，具有相当重要的医学应用价值。有研究将杓唇石斛素（moscatilin）与16种不同人体器官中的癌细胞组织共同培养，发现石斛素具有显著的抗肿瘤功效。《中华人民共和国药典》（2010年版）收录的中药山慈姑的基原植物就是兰科植物中的云南独蒜兰（*Pleione yunnanensis*）和杜鹃兰（*Cremastra appendiculata*），中医临床上常用于淋巴结核以及乳腺癌、食管癌和胃癌等恶性肿瘤的治疗。一些兰科植物也被应用于糖尿病的治疗，如粉红杓兰（*Cypripedium acaule*）、黄囊杓兰（*Cypripedium calceolus*）和宽叶红门兰（*Orchis latifolia*）、强壮红门兰（*Orchis mascula*）和万代兰属等。兰科植物还常用于治疗跌打损伤、溃疡疼痛、高血脂、高血压、毒蛇咬伤、尿路感染、肺结核、百日咳、咯血、风湿疼痛、头晕目眩、神经衰弱、肢体麻木、半身不遂等症，同时也可用于癌症放疗、化疗的辅助治疗。

1.4.3 兰花的食疗

兰科植物最早是作为食材被采集，在世界范围内，人们都有将兰科植物作为食材的传统习惯。在一些欧洲国家，特别是土耳其和德国，兰茎粉是人们日常生活中必不可少的材料，常被用于制作热饮，特别是将其与牛奶、糖、香料等搭配，作为患者和儿童的特殊食物。大约120种兰科植物被作为生产兰茎粉的原材料，尤其是蜂兰属（*Ophrys*）、红门兰属（*Orchis*）、舌兰（*Serapias*）、细距红门兰属（*Anacamptis*）和人帽兰属（*Aceras*）等。香荚兰主要作为上等的天然香精用于冰激凌的制作，同时也有活血、利尿、驱虫、壮阳、止痉挛和催产的功效。在印度，玉凤兰属和沼兰属的一些兰花种类常常被用来制作上等的植物营养品。它富含人体免疫调节所需要的维生素 C、各种脂肪酸、维生素 P、类胡萝卜素等，具有抗氧化、净化血液、滋补、通便、抗衰老、减压等作用，尤其是在缓解咳嗽和哮喘，调经和增强免疫力方面有神奇的功效。

中国将兰科植物作为食材的传统更为悠久。中国传统医学认为兰花药性温和，不燥不热，色泽淡嫩，味道清鲜香爽，用于药膳更有其独到之处。药膳是将中国传统中医药知识与烹调经验相结合、寓医于食的产物，既将药物变为食物，又将食物赋予药用的功效，食助药威、药赖食发，使膳食既有营养成分，又有防病治病、保健养生的药效。以兰花为原料的药膳大都具有滋阴润肺、生津养胃、平肝息风、行气活血的功效。浙南、闽西民间经常用广东石豆兰的假鳞茎炖精肉食用，健脾、润肺、去风湿，长期食用功效显著。这与广东石豆兰含有 SOD、CAT、POD 活性酶物质有关，经常食用可以清除细胞内的自由基、提高免疫能力，达到延缓衰老、增强活力的美容效果。因此，结合现代科学技术，发掘、开发我国民族药用植物具有很大的潜力和市场。

1.4.4 药用兰花应用中存在的问题

尽管兰花作为药用植物已经有相当长时间的历史，并且已经被证实具有抗肿瘤、消炎等多种功效，但是大多数兰花仍然被凭借经验用于疾病的治疗。虽然关于药用兰科植物的化学成分及其生物学、药理学价值的研究已经逐渐增多，但仍有 70% 以上的地生型兰科植物未进行化学成分及药理活性研究，药理活性研究只涉及 38 属中的 7 属，且集中于某类化学成分。我国的 70 余属附生型兰科植物中，仅 17 属有化学成分研究的报道。相应的正规临床试验和量化研究更为匮乏，对于药物产品的精确用量和标准、安全性及与西药之间的相互作用等方面更缺乏深入的研究，这些都是药用兰科植物制品能够通过世界医学权威审核，进入临床应用的不可或缺的步骤。

因此，对于具有重要研究价值的药用兰科植物，应该与现代医学研究相结合充分挖掘其药用价值，在系统研究化学成分及药理活性基础上，对其开展全面的综合性应用研究，开发出更有效的药物为人类健康服务。

1.4.5 中国常用的几种重要药用兰花

1. 天麻的药用

天麻（*Gastrodia elata*），又名赤箭、赤箭芝、定风草等，为兰科天麻属多年生腐生型草本植物。其卵圆形地下块茎的干品是珍贵的中药材和食疗养生食材。表面呈淡黄棕色或黄白色；下端有圆脐形疤痕，顶端有红棕色芽苞或残留茎基或茎痕；坚硬结实，不易折断，断面呈平坦角质样，黄白色至浅棕色；嚼之发脆，有黏性。

天麻以地下干燥块茎入药，其化学成分包括：酚类及其苷类、甾醇、有机酸类、多糖类等。主要有效活性成分是天麻素，在药理上具有抗惊厥、抗癫痛、镇静及催眠的效果，无毒。传统中医学认为天麻性平味甘，具有平肝息火、熄风定惊的功效。现代药理学研究证明，天麻块茎中的天麻素对心脑血管系统、免疫系统、中枢神经系统等均有作用。常用于治疗头晕、头痛、肢体麻木、抽搐、癫痫、神经衰弱、小儿惊风等。

2. 石斛的药用

石斛（*Dendrobium nobile*）是兰科石斛属（*Dendrobium* Sw.）植物的统称。我国有 76 种（包括 74 个种，2 个变种），约有 50 种可作药用。常见的药用石斛有铁皮石斛 *Dendrobium candidum*(Syn. *Den.officinale*）、石斛、环草石斛（*Dendrobium loddigesii*）和马鞭石斛（*Dendrobium fimbriatum* var. *oculatum*）及其相似种的新鲜或干燥茎。

石斛所含化学成分多达 35 种以上，结构类型众多，包括多糖类、生物碱、氨基酸、菲类、联苄类、黄酮类、倍半萜类、甾体类、香豆素等。石斛多糖具有直接促进淋巴细胞有丝分裂的作用，能够显著增强免疫活性、抗癌、防癌、抗衰老；石斛碱为目前所知的石斛的主要药效成分，具有解热和止痛作用，能够降低血压、心率，减慢呼吸；菲类化合物具有抗癌活性。

传统中医学认为石斛味甘，性微寒，归胃、肾经，可益胃生津、滋阴清热，用于热病伤津、口干烦渴、食少干呕、病后虚热、目暗不明等。石斛具有提高免疫力、抗氧化、抗肿瘤、抗白内障、抗高血压与糖尿病、扩张血管、降低血脂、保护肝脏、促进消化液分泌、润肺止咳、抗衰老等作用。在临床上多用于治疗恶性肿瘤、眼科疾病、糖尿病、血栓完备塞性疾病、消化系统疾病、慢性咽炎、关节炎等。

3. 独蒜兰的药用

独蒜兰为兰科独蒜兰属植物，作为药用的主要是属内的独蒜兰（*Pleione bulbocodioides*）和云南独蒜兰（*P. yunnanensis*）两个种，是生药山慈姑的主要基原植物。入药的假鳞茎均多呈圆锥形，直径 1~1.5cm，顶端明显凸起，基部呈脐状，有须根或须根痕。气微弱，味微苦而稍黏。

独蒜兰主要含有菲类化合物和联苄类化合物等。传统中医学认为山慈姑味甘、微辛、性凉，归肝、脾经，有清热解毒、化痰散结等功效。其药用有效成分秋水仙碱及其衍生物秋水仙酰胺，对多种动物移植性肿瘤均有抑制作用。山慈姑具有降血压、抗痛风、抗肿瘤、抗血管生成、抗菌、改善造血系统等作用。在临床上主要应用于各种癌症（口腔癌、食管癌、胃癌、贲门癌、肝癌、肺癌、甲状腺癌、乳腺癌等）、良性增生（血管瘤、甲状腺瘤、乳腺增生、前列腺增生等）、胃炎、呕吐腹泻、蛇虫咬伤、皮肤病等的治疗。

4. 金线兰的药用

金线兰（*Anoectochilus roxburghii*）为兰科开唇兰（金线兰）属多年生草本植物，又称鸟人参、金蚕、石松等。金线兰高 4~18cm，根茎细软，基部匍匐状，茎节明显；叶互生，叶片卵形或圆卵形，上表面黑紫色，有金黄色脉网，下表面淡紫红色。金线兰全草皆可入药，是一种名贵珍稀的中药材，有“药用植物之王”的盛誉。

金线兰含有生物碱、强心苷、甾体、氨基酸、糖类等成分，其中氨基酸、糖类含量较高。传统中医学认为金线兰味甘微苦、性平微寒、无毒，具有清热凉血、除湿解毒、舒展筋络、止痛镇咳等功效。金线兰有保护肝细胞、抗 HBV、抗脂质氧化、降血糖、降血压、保护血管、抗炎、增强机体抵抗力、镇静、保护神经系统、促进儿童生长发育等作用。金线兰在临床上主要用于治疗跌打损伤、毒蛇咬伤、肺结核、咳嗽、小儿惊风、发烧、风湿性关节炎、糖尿病等泌尿系统疾病等症，特别是其对于糖尿病、高血压及肿瘤的治疗作用日益引起医药界的重视。

5. 手参的药用

手参属（*Gymnadenia*）为兰科兰族兰亚族下 19 个属之一，该属约有 10 种，为我国传统中药，其块茎类似手掌而得名，可入药，在福建、台湾等东南沿海地区常用做煲汤的上等食材。手参块茎的化学成分主要为二氢类、苷类化合物、芳香族化合物。药理活性研究结果表明其主要有抗过敏、抗氧化作用和抑制乙型肝炎病毒表面抗原及促进祖细胞增殖作用。该属植物民间药用的主要有手参、短距手参、西南手参和峨眉手参。在临床应用中，手参常与短距手参混用。其块茎具有补益气血、生津止渴的功效，主治肺虚咳喘、虚劳消瘦、神经衰弱、久泻、失血、带下、乳少、慢性肝炎等症。以手参为原材料的复方中成药具有理气、生津、补肾强身的功效。

兰花的栽培管理

Aranda Chark Kuan 'Blue'（黄展发 摄）

2.1 栽培场地和设施

栽培兰花宜选择空气流通而清新的地方。场地四周多树木、水池，最好在城市的郊区或无工业污染的农村。兰花对各种污染是十分敏感的，其中空气和水的污染对兰花栽培影响尤其严重。

1. 栽培场地的选择

中国地域广阔，地跨不同的气候带，环境变化较大。规模化栽培某种兰花的场地最好能选择在与其原生种产地相似的地区。即哪里有野生原生种，那里的气候就应当适于栽培该类植物。这样可以省去改善环境的花费，降低生产成本。

栽培场地应尽量靠近消费的主要大城市，经济中心地区。可以节省长途运输等中间环节的开支。如果在稍边远的地区，则必须靠近高速公路，靠近机场或航运中心。

要求水质优良、充足；空气流通、新鲜，应尽量避开有污染的工业区。森林和植被较好的浅山区是理想的地方。

中国北方气候寒冷而干燥，栽培兰花必须有良好的温室。为避免增加成本，可选择能源供应较便宜又方便的地方，如煤矿或地热附近等。

2. 温室

在我国大部分地区栽培兰花均需建有温室，只是不同地区，用途不同，所要建的温室有所不同。在北方栽种兰花，冬季要在温室越冬。以华北地区为例，大部分热带和亚热带兰花，尤其是附生兰花，几乎全年要在温室内栽培。因此，温室条件的好坏对兰花的生长有较大的影响。国兰和一些较耐寒的兰花在温室内栽种的时间是从 9 月底至翌年的 5 月上中旬，长约半年。夏季可以在露地荫棚中栽培。

目前在北方有两大类型的温室：

（1）连栋式温室 也常称为现代化温室。造价比较高，更适合于大规模种植和栽培。现代化程度比较高，土地和温室的可利用面积比例高。

（2）单坡向的日光温室 在秦岭以北，冬季阳光充足，十分适合于发展单坡向的日光温室。设有电动遮阳网和保温被、水帘 / 风机。日光温室建设成本低，节约能耗。随着设施的改进、完善，目前已发展成一类成本低廉、便于管理、适合于我国北方保护地栽培的优良设施，是我国北方农村花卉种植业主要基础设施之一。

栽培兰花种类比较多的植物园和公园，建设温室时应考虑到各类兰花对环境的不同要求。通常按兰花对温度的不同要求，把温室分成高温、中温和低温三种类型。温室最好是全玻璃面或塑料膜的。温室顶部要设有便于自由调节的遮阳设备，如遮阳网等。冬季在华北地区温室内可以不遮阳或少遮阳，只遮去阳光的 20%~30% 即可。3 月份以后阳光已相当强烈，需遮去阳光的 40%~50%。温室要有良好的顶窗和侧窗，室内温度偏高时，可以开窗通风，降低室内温度。室内最好设置活动苗床，可以提高温室面积的利用率，使兰盆离开地面，以利盆底通风和防止害虫从盆底侵入，伤害兰根。温室的加温必须可靠，可以集中用暖气供暖。温室需设有水帘 / 风机降温系统，以备夏季降温和通风之用。温室内应设有喷雾和喷灌装置，尤其栽培热带或亚热带附生兰花的温室需要经常保持较高的空气湿度，需时常喷雾增加空气湿度。

专门生产某一类兰花，则可以根据这类兰花的需求来建设温室。如蝴蝶兰要高温温室，国兰类则要低温温室，而某些原产高海拔地区的兰花要求夏季凉爽的环境，夏季必须考虑有降温设备的温室。

3. 荫棚

在热带地区，兰花几乎全部栽培在荫棚中。荫棚通常用水泥和钢材作支架，遮阳网搭在顶部，其荫蔽度和开关最好能自由调节。荫棚的荫蔽度在 50%~60%，但应根据不同种类兰花的需要进行调解。荫棚应建在通风良好、空气湿润、水源充足和光照较好的地方。

国兰和较耐寒地兰花，夏季可以搬到荫棚中栽培，秋季搬回温室内栽培。在长江以南和广大的西南地区，国兰类和部分地生种兰花通常周年在荫棚中栽培。

4. 改造家庭阳台栽培兰花

家庭养兰花，要根据阳台的朝向、楼层的高低等客观环境，参照所栽培兰花对各种条件的需求，进行合理的改造。

我国广东、海南、台湾、福建、广西及云南等地冬季较为温暖，不需要温室，可谓得天独厚。适宜栽培大多数热带和亚热带地区原产的兰花。可将阳台作为开放式兰花种植空间。阳台顶部可用透明的遮雨材料，根据光照情况设置遮阳网。阳台外侧可种植喜光性的种类，如卡特兰、石斛等；里面栽种稍喜阴的种类。

北方风大、干燥，阳台养兰花必须封闭。有些兰花爱好者已经把封闭式阳台建设成一个十分现代化、环境完全可控的小温室。设有小型活动苗床、立体盆架、小型的湿帘 / 风机、电加温器和加湿器等设施，种满多种喜爱的兰花。

2.2 花盆和容器

栽培兰花的花盆和容器多种多样，因兰花的种类不同所需的花盆和容器不同；地生兰和附生兰不同；因制作的材料、形状等的不同又分成不同的类别。各类花盆和容器各有其优缺点，适应不同兰花种类需要。盆和容器应根据兰花的种类、植株大小、长势和栽培目的等，综合考虑盆的大小、形状、质地和美观度等要求选择。目前常见的有以下几类。

1. 陶盆

又称瓦盆，是用黏土烧制而成的，通常有灰色和红色两种。世界各地传统的栽培和繁殖兰花，通常使用这种花盆。陶盆价格低、耐用，透气性好，有利于兰花根系的生长发育，适合于大量栽培使用。陶盆底部的排水孔一般都比较小，栽种兰花时应适当扩大。但这种盆美观稍差，重量比较大，不宜直接用做展出和观赏。

2. 紫砂盆

又称宜兴盆，也是陶盆的一种。多产于华东地区，以宜兴产的使用较多，故名为宜兴盆，其以杭州、无锡、苏州、绍兴、上海等地使用最为普遍。其保水能力强，透气性较普通陶盆稍差，但造型美观、形式多样，并多刻花题字，典雅大方。具有典型的东方容器的特点，较受栽培国兰人的欢迎，一般价格较高。

3. 塑料盆

塑料盆造型美观、色彩鲜艳、规格齐全而标准，且价格便宜、轻便耐用、长途运输不易破损，20 世纪末大量发展和应用于花卉栽培和生产中。其缺点是容易老化，在阳光下只能使用两年左右；它透水、透气性较差。若栽培附生类兰花，应当选择盆底和盆壁多孔的专用盆。基质应当更加疏松、透气，排水要好。

塑料盆

多种瓷盆（1）

多种陶盆和吊盆

多种瓷盆（2）

4. 瓷盆

瓷盆的透气、透水性能差，对兰花的根呼吸不利，一般不用来直接栽种兰花。但其外形美观大方，色彩鲜艳并具有东方容器特点。非常适合陈列摆放，多用做套盆使用。将开花展出的兰花带盆套入瓷盆中。

5. 套盆

套盆是装饰用盆，供展出和摆放布置时使用。底部没有排水孔和不透水的容器。用来套在花盆的外面，防止盆花浇水时多余的水外漏，弄湿地面或家具。

6. 树蕨板和木段

树蕨板是由原产于热带大型树蕨的茎干加工而成的，长 20~25cm，宽 15~20cm，厚 4~5cm。树蕨干是由直径 1~2mm 的蕨根组成。其透气和排水性能非常好，又耐腐烂。在热带附生兰花的栽培中广泛应用，既是栽培容器又是栽培基质，两者合二为一。

由于树蕨资源有限，在附生热带兰花的栽培中常以带树皮的木段代替树蕨板。使用效果也比较好。尤其在北方温室内栽培热带兰花，很难买到树蕨类制品。用带皮的木段比较方便。

7. 木条筐和塑料筐

用木条和塑料加工而成。四面和底部均有较大的空隙，有利于通风和排水。常用来栽培万代兰类和热带石斛等要求根部完全暴露在空气中的兰花。在热带兰花园和高温热带兰花温室中经常使用。多悬吊在温室中。

2.3 栽培基质

兰花种类繁多，由于原产地和生态类型的不同，对栽培基质的要求不一样。花盆的容量有限，对基质中的水分、肥料和透气性等要求较高，在栽培过程中十分重要。一般认为，优良的盆栽基质应该疏松透气、透水和透气性能比较好；同时还要求保水持肥能力强、养分充足。在此基础上若能做到重量轻、价格低、资源充足则更加理想了。

1. 腐叶土

腐叶土由阔叶树的落叶堆积腐烂而成。若离林区较近，可到阔叶林山林中沟谷底收集腐叶土，去掉表层尚未腐烂的落叶，挖取已经变成褐色、手抓成粉末又比较松软的一层即可。亦可以自己用落叶堆积。最好是栗树叶的腐叶土。腐叶土含有大量有机质，疏松、透气、透水性好，保水持肥能力强、质量轻。适于栽种多种地生类兰花。如各种国兰、大多数兜兰、鹤顶兰、杓兰等。

2. 泥炭土

泥炭土又称草炭、黑土。花卉市场有销售，是目前花卉育苗和盆栽的主要栽培基质。含有大量有机质，疏松、透气、透水性好，保水持肥，质量轻。

腐叶土

泥炭土

可以作为多种地生兰类栽培基质。泥炭土不具肥力，作为基质栽培兰花后需注意施肥。

通常分为低位泥炭和高位泥炭两类。低位泥炭是在低洼处生长的苔草、芦苇和冲积下来的植物残枝落叶多年积累形成的，pH 6~6.5；高位泥炭由泥炭藓形成，pH 5 左右。

3. 苔藓

苔藓又称水草，是兰花栽培中最常用的盆栽基质和包装材料之一，是低等植物泥炭藓属（*Sphagnum*）植物在园艺上的俗称。通常是将泥炭藓采回后晒干并包装后销售。我国东北林区和西南高原林下寒冷潮湿处均有产。现已得到开发。晒干的苔藓十分轻，吸水能力甚强。有的可以吸收自身重 20 倍的水，是多种兰花的最好盆栽基质之一，既用于附生兰花的栽培，又常用做地生兰花种植。作为盆栽基质的苔藓本身几乎不为植物提供任何养分，故在栽培中需根据植物的需要及时施肥。苔藓本身吸水、持肥能力强，又十分疏松，排水和透气亦较好，是其适宜作为栽培兰花基质主要优点之一。质量好的苔藓为白色，纤维长；黄色、纤维短而含杂质多的质量不好，最好不用。通常苔藓作盆栽使用时间不可超过 1 年，应及时换盆。随着使用时间加长吸水能力降低，透气性变差，极易导致根部腐烂。

苔藓还可以与蛇木屑（树蕨根碎片）、树皮碎块、火山灰等混合后作为基质使用。

4. 蕨根和蛇木屑

蕨根是指紫萁的根，呈黑褐色，直径 1mm 左右。十分耐腐朽，是栽培许多热带附生兰花最常用的盆栽基质。常与苔藓配合使用，效果很好。我国东北和西南地区资源十分丰富。热带林区中的树蕨（桫椤）茎干也属这类材料，将其破碎后称为蛇木屑，加工成板状称为树蕨板，用来栽植热带附生兰花是极理想的材料。蕨根和蛇木屑是最早用做栽培附生兰花的基质。由于其资源缺乏现已日渐稀少，常常用树皮替代；树蕨板和树蕨干亦常用于附生兰花栽培。蕨根和蛇木屑排水和透气功能良好。另据记载，蕨根和蛇木屑有利附生兰类根菌的生长和繁殖，故对兰花的生长是十分有益的。

5. 树皮块

树皮块主要由是松树皮、栎树皮、龙眼树皮和其他较厚而硬的树皮加工而成。广泛用于兰花栽培，是兰花非常优良的盆栽基质。具有良好的物理性能又无毒，代替蛇木屑、蕨根、苔藓。通常破碎成 0.5~1.5cm 的颗粒，按不同直径分筛成 3 种规格。破碎后的树皮块需经数个月的堆积发酵，除去其中对植物有害的物质。树皮块可以单独使用，也可以和其他颗粒状的基质如风化火山灰、碎椰壳等混合使用。

大块的栓皮栎树皮可以直接将附生兰花绑缚栽培在上面，是常用的材料。

6. 风化火山岩

风化火山岩是火山喷发形成的质地比较疏松和多孔的岩石，在多火山地区资源十分丰富。将风化的火山岩破碎成直径 2~10mm 的颗粒，分级存放。单独或与苔藓、树皮块等配合使用。风化火山岩作为盆栽基质，透气、排水和保水能力均较强，作为盆栽兰花基质较好。我国花卉市场上有包装好的商品出售，按不同大小粒度分级。日本称作鹿沼土、赤玉土、兰金石，广泛应用于兰花栽培。国内完全可以开发作商品，供应花卉市场。

7. 峨眉仙土

峨眉仙土是近些年开发的一种盆栽用基质，适合栽种地生兰花和部分附生兰花，是四川峨眉山地区地层中发现的一种类似泥炭土但分解程度较高，不像普通泥炭土那样疏松，是十分黏重的泥土。刚挖出来呈块状，晒干后加工成颗粒状。遇水不变散，腐殖质含量高，呈微酸性。使用时破碎成 0.3~1.5cm 的颗粒，分成小、中、大 3 种颗粒，分别保存。盆栽时，粗粒放在盆底，细粒放在盆上部。花卉市场有售。

8. 火烧土

黏土颗粒或经加工的颗粒经烧结固化而成，是根据我国民间传统兰花栽培方法开发而成的，很值得称赞。作为兰花盆栽基质，透气、排水和保水能力均较强，是较好的兰花盆栽基质。资源丰富，加工成本低，有较大发展前途。我国花卉市场上有包装好的商品出售，按不同大小粒度分级。目前市场上的加工商品，颗粒表面过于光滑，颗粒内部孔隙太少，应加工成内部空隙更多的颗粒，才有利于兰花的生长。

苔藓

蛇木屑

风化火山岩（赤玉土）

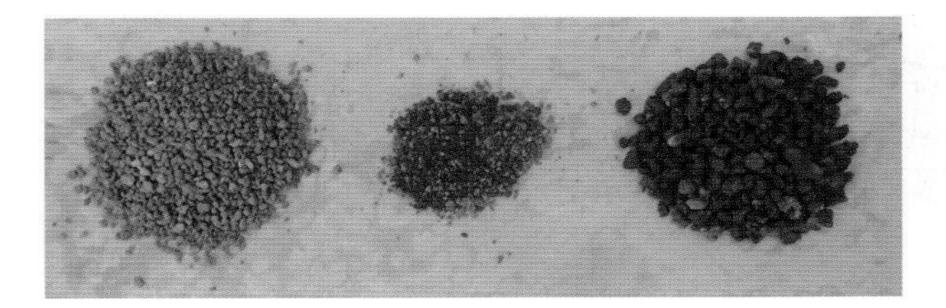
峨眉仙土颗粒（中、细、粗）

树皮块

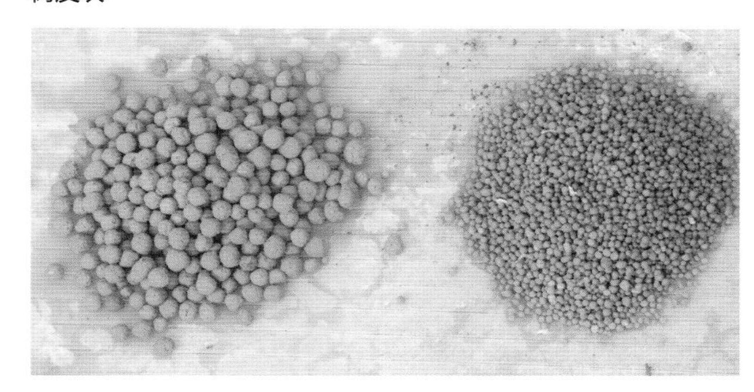
火烧土颗粒（粗、细）

木炭

椰壳块

2.4 兰花盆栽和绑附栽植法

1. 地生兰的盆栽方法

兰花盆栽是艺术性较强的工作，要求既要适合于兰花的生长，又要美观。栽盆时使有新芽的部分向着盆沿，给 2~3 年内生出的新芽留出生长空间。兰盆底部应有一个或几个较大的排水和透气孔。

花盆底部填加一层粗颗粒的基质作为排水层，其厚度为盆深的 1/5~1/4。地生兰用盆栽基质通常颗粒比较细小，可以用单一基质，也可以数种基质混合后应用。基质的排水和透气好坏是栽培地生兰花成功的关键之一。透水层上面是盆栽基质。可先将基质加至盆深的一半，再将兰苗置于盆中心，逐步添加基质。根据苗栽植的深浅向上轻提兰苗，把根系理顺，并同时将根系间的空隙填满基质。包括国兰在内的地生兰花用颗粒状基质盆栽是十分成功的。

用苔藓栽植兰花，栽植方法与其他基质有较大的差异。通常盆的下部 1/4~1/3 填充较大颗粒排水物。苔藓先用清水浸泡 24h，挤干多余的水分，亦可添加上少量直径 1~1.5cm 的颗粒状基质。将兰花的根及 1/3 的假鳞茎用苔藓包好裹紧，放入准备好的花盆中，四周再用苔藓填紧、压实。苔藓做基质盆栽，最重要的是苔藓一定要压紧，千万不能太松。栽植太松浇水后苔藓含水量太大，容易引起根系腐烂。这一点是初用苔藓者最易出现的问题。苔藓栽完后与盆沿平齐，中部稍呈馒头形。最后，用剪刀理平盆面的苔藓。采用此法栽种兰花，管理简便，兰花生长好，在室内栽植又比较清洁。

2. 附生兰的栽种方法

（1）附生兰盆栽法 附生兰的换盆和分株通常在春季新芽生出之前或开花以后进行，也有在秋季进行的。宜选用多孔花盆，盆宜小不宜大。选盆的大小，以使栽植后的植株 3 年左右长满盆为合适，上口直径 10~15cm。

盆栽时，首先在盆的底部填充一层较大颗粒基质，再将基质加至盆深的一半，将兰苗置于盆中心，逐步添加基质，填满根系之间，将兰苗固定。根据苗栽植的深浅向上轻提兰苗，把根系理顺。根系粗大、附生性强的种类应当用粗大颗粒的基质，盆的透气

附生兰栽种在吊兰中

附生兰绑缚栽种在栓皮栎树皮上

附生兰栽种在吊兰中

孔要多而大。

附生兰也可用苔藓盆栽，栽植方法同地生兰。

盆栽时，注意栽植深度，不可太深或过浅。通常将根部和假鳞茎的基部栽入基质中即可。新芽生长的部位应刚好在基质的表面和稍向下一点。如果栽植过深，新芽极易腐烂或生长不良。根系应比较均匀地分布在基质中。

栽植好的植株应放在半阴处，温度在 20~25℃。2 周内一般不应浇水，只是向叶面和盆栽基质表面少量喷水，使植物不干为原则。待新芽和新根长出 2~3cm 时再正式浇水。浇水过早，容易引起根系腐烂。

若新栽植株根系太少，栽植时不易固定，容易在管理中被碰得摇动，新根和新芽容易受损。可以在盆中另插一支柱，将植株捆在上面。

附生兰大多数的种类，如卡特兰、蝴蝶兰、大花蕙兰和大部分石斛均适合用盆栽植，只有少数种类不太适合盆栽。

（2）附生兰的木筐或塑料筐栽植法 有些热带兰花附生性状甚强，根系十分粗壮，在野生状态时根系完全裸露在空气中。如万代兰、蜘蛛兰、鸟舌兰、指甲兰等若在盆中栽植，根系发育不好，影响植株的生长。另外，有的附生兰开花时，其花序不是向上伸展，而是向下穿过栽培基质从木筐或塑料筐的缝隙或孔洞伸出花序开花。像这些兰花不能用花盆栽，只能用木筐或塑料筐栽植，如老虎兰等。

栽植时可根据植株的大小选择适合规格的木筐，先用少量的蕨根、木炭等基质将兰苗的根部包起，然后放在木筐中，再填充一些蕨根、木炭块、风化火山岩等物，将兰苗固定。木筐中放不下的粗大根，可以从缝隙中伸出。

如果是小盆苗，可带盆一起放到木筐中，等植株长大后，根系自然长满筐并伸出筐外生长。

木筐或塑料筐栽植法特别适合于热带潮湿多雨地区和热带兰花温室栽培中使用。防止根部积水和通气不良。若在北方温室中应用，必须注意多喷水

石斛栽种在木筐中

万代兰木筐或塑料筐栽植法

和喷雾，保证温室内足够的空气湿度和充足的水分，否则植株易干缩。

（3）树蕨板和木段绑缚栽植 有些附生兰花喜潮而根部忌水湿有要求透气良好。浇水的水要迅速排出，其根系不像万代兰那样粗大比较细弱。这样的兰花使用树蕨板或带树皮的木段栽植为好。如石仙桃、石豆兰、贝母兰、文心兰和石斛兰属中部分假鳞茎下垂的种类等。栽植方法十分简单，根据植株的大小，选好树蕨板（或木段），然后将兰株放在板的中部靠上的地方，在兰花根部盖上少量苔藓和蕨根，再用尼龙丝、细铜丝或漆包线将其捆在一起，使兰花根系固定在蕨板上。栽植时应注意兰苗植株的方向，原生时植株向上的种类则植株朝上；原生时植株朝下的种类则植株朝下。栽完后，吊在通风半阴处，时常喷水。待发新根后，则可和其他兰一样管理。

附生兰绑缚栽种在树蕨板或木段上

绑缚栽种在木段上

石斛栽种在树蕨干上

2.5 水和浇水

1. 栽培兰花对水质的要求

兰花用水以水质清洁、无污染、微酸性为好。大量种植兰花，需要请专业机构对浇灌用水进行水质检测。水质检测的主要指标包括 pH、EC 等。EC 是用来测量水中可溶性盐浓度的，也可以用来测量液体肥料或基质中的可溶性离子浓度。长期用矿物质含量高的水进行灌溉和施肥，会使兰花栽培基质中的可溶性盐含量加大。高浓度的可溶性盐类会使植株受到损伤或造成根系死亡。一般情况下，将浇灌用水的 EC 值控制在 70 μs（微西门子）以下即可。兰花叶尖变黑，则可能是 EC 值太高引发的。

2. 如何改善水质

一般矿物质含量高的水都偏碱性，EC 值较高，用于兰花浇灌时应当进行水处理。家庭中，若水质太差亦须考虑进行水处理。目前市场上有家庭用小型纯水机，可以为兰花提供优质水源。大量栽植兰花时，必须购置水处理设备。反渗透水处理设备利用反渗透原理，能够有效地去除各种矿物质成分，通常称纯净水机。处理后水质良好，EC 值（电导率）根据需要调制，是比较理想的水处理方法。

3. 浇水注意事项

在兰花原产地各季节的降水量是有变化的，在栽培中应尽量地仿效自然。从春季开始，随着温度的上升，兰花转入旺盛生长期，应逐渐增加灌水量，以保持基质较高的含水量。如果夏季兰花搬到荫棚内培养，要根据雨水的多少和盆栽基质的潮湿程度来调节其含水量。秋末，气温开始下降，可以逐步减少灌水量，使兰花生长坚实，有利于安全越冬。冬季有些兰花停止生长，进入相对休眠期，浇水量应适当减少。以基质微潮为好，千万不可太潮湿，低温潮湿最容易引起兰花烂根。兰花盆栽基质的含水量，对不同种类的兰花应当有所区别。冬季及早春开花的兰花种类，即使在冬季温度较低的情况下，也应当比其他不开花的种类需要较多的水分。

长势强壮的兰花多浇水，长势不良的少浇。兰花生长期或孕蕾期应多浇水，休眠期应少浇或不浇水。

盆栽基质不同，浇水次数和浇水量不同。用苔藓作为盆栽基质时，因其保水强，浇一次透水可以保持较长时间不干，故不能浇水太勤。通常盆面的苔藓变白变干时才可以浇水。用树皮块、火烧土、风化火山岩、蕨根（蛇木屑）、木炭等排水性能良好的颗粒状基质盆栽，因其水分散失快，应多次浇水。尤其在北方干旱少雨地区或夏季高温时期，就更多灌水，每天浇水 1~2 次。用腐殖土栽培的兰花，表土已干，下面的土尚微潮，这时就可以浇水。不可等盆土完全干了再浇水，尤其在夏季，这样对兰花的生长会造成影响。

4. 规模化浇水和人工浇壶浇水

批量栽培兰花，可在温室或荫棚中安装喷灌设施。需要浇水时，只要将水泵打开，便可以将贮水池中水加压后通过各喷头给兰花浇水。用颗粒状的基质盆栽的各种兰花和栽培在树蕨板或木段上的兰花，均可以采用喷灌法浇水。这种浇灌方法适用于苗龄、盆栽基质和盆的规格相同的大量栽培的兰花。用苔藓和腐殖土作盆栽基质的兰花，不可以使用太粗大的喷头，否则浇水量不易控制。同时可以利用这一系统施肥和喷洒农药。另外，喷灌的同时也增加了兰花周围的空气湿度。喷灌系统一次性投资花费大些，但每个工人可以管理很大面积，从长远看是可取的。

浇水方法常因设施和栽培方法不同而有较大差异。若栽培的兰花种类多，植株大小不一，或盆栽基质相差较多，管理起来就比较麻烦，这种情况下必须用人工灌水。浇水必须浇透，不可浇半截水，即盆栽基质，表面湿底下干。长期这样，盆内下部的兰根会干枯而死。

2.6 空气湿度的控制

栽培的兰花大多原产热带和亚热带地区山区森林中，生长季节多云雾濛濛，空气湿度较高。在植物园和公园中，兰花温室通常分成三大类型，即高温热带兰花温室、中温兰花温室和低温兰花温室。高温热带兰花温室主要栽培原产于热带地区的兰花，这里要求全年高温多湿，除冬季（相当于热带干季）较短时期空气湿度稍低外，周年保持较高的空气湿度。中温兰花温室，在春、夏、秋三季空气湿度较高，冬季、初春和秋末则比较低。低温兰花温室主要栽培热带和亚热带高山区生长的兰花，常年低温且全年保持较高的空气湿度。

在北方栽培兰花，经常保持温室及荫棚内较高的空气湿度是十分必要的。冬、春、秋 3 季，北方气候十分干燥，空气相对湿度常在 30% 左右，显然不利于兰花的生长。需每日数次向温室内喷雾，增加空气湿度。

湿度与通风是相对的两个矛盾因素，多通风就会降低湿度。为了保持空气湿度，应适当通风，但不要过度。温室中多装湿帘 / 风机系统，既可以通风又不降低空气湿度。

2.7 肥料和施肥

1. 有机肥料

发酵后的油粕和骨粉作为固体肥料可以追施在树皮、椰壳和蕨根（蛇木屑）、木炭、风化火山岩等为基质的盆栽兰花的盆面上。但不能在以苔藓为基质的兰花盆中施用，苔藓接触有机肥后会很快腐烂。在兰花旺盛生长的春、夏、秋 3 季，每 4 周左右施用一次。夏季温度过高的地区，应停止施用。根据兰花不同生长阶段，氮、磷、钾的配比最好能有所调节。营养生长时期，氮的比例应稍高些，骨粉 1/3，菜籽饼 2/3；秋季养分积累时期，磷、钾的比例可高些，骨粉和饼肥的比例各 1/2。一般来说，这类肥料主要是以骨粉所占比例的多少进行调整。每盆肥料的施用量可据盆的大小而定，小盆 2~3 g，稍大些的盆 5~10 g。盆直径 6~8 cm 和 8~10 cm，肥料施在盆边某一点上，下次施在对面盆沿，每次换一个位置。

加水发酵后的液体有机肥，施用时仍需再加水稀释数倍至十余倍后才能作为追肥浇于兰花的根部基质中。通常用树皮块、碎砖块、木炭、火山灰，树蕨根（蛇木屑）等基质盆栽的兰花可以施用这种有机肥水，配合浇水时施肥。苔藓作基质的不能施用。生长季节每 1~2 周施用一次，液体有机肥只能施用到根部的基质上，不宜浇到叶面、花枝及嫩芽上。

2. 化肥

化肥是化学合成或从矿物中提取的肥料，有单一性化肥和复合性化肥。复合化肥为几种化肥配合而成。一般农用化肥，每种只含有一种或两种肥料成分（氮、磷、钾），施用这种化肥比较便宜，但施肥时应根据兰花生长的需要，将 2 种以上的化肥配到一起施用，以保持兰花不同生长阶段对氮、磷、钾三元素的需求。

施用复合化肥则较为简单，只需选择氮、磷、钾适合的配比即可。化肥浓度较高（包括复合化肥）施用时需加水稀释 1000~2000 倍，浓度太大易出现肥害。另外，切记不可将未经稀释的化肥直接撒在盆面上（盆栽基质表面），这样会造成盆栽幼苗或成苗的死亡。

3. 缓释性肥料

缓释肥是几种化肥配合在一起，用树脂类物质作为外壳将其包成颗粒状，树脂包壳有一定的透性，可以控制其包壳内肥料在施入盆内遇水后缓慢释放出来。不同型号的缓释肥，其包壳内肥分的释放速度不同，如有供肥期 3、6 个月等。缓释肥具有用肥量少、利用率高、施用方便、省工安全等优点，是较为理想的施肥选择。

规模化商业性栽培，多采用大型连栋式温室。栽培同样苗龄的植株，盆具及基质均比较规范。浇水和施肥采用喷灌，通常的做法是在室内修建贮水池，平时池内贮水供喷灌用，施肥时按一定比例将化肥加到水池中，用泵打入喷灌系统，既浇水又施肥，十分方便。旺盛生长时期，每 5~7 天施一次。

若规模小，叶面施肥可用喷雾器，根部浇肥，可用壶浇灌。

4. 施肥的时期和施肥量

目前我国农资市场上的肥料种类十分多，大多数均可作为兰花栽培用肥。大型生产场圃均购买大包装的肥料。家庭爱好者多选用小包装的花肥，按说明要求加水后施用。但这种肥料包装上说明的施用浓度都比较高，施用的浓度应当在 0.05%~0.1%。

株型小的兰花和株型大的兰花需肥量有较大差异。不同生长时期兰花需肥的数量和肥料中氮、磷、钾的比例是不相同的，春至夏季生长旺季，氮肥的需要量比较多。如能配合适量的钾肥，则可以提高氮肥的利用率，植株也可以生长得更健壮。夏末秋初，植株逐渐成熟，也是大多数兰花花芽的分化形成时期，这时应增加磷、钾肥的施用量，稍降低氮肥比例，利于花芽的分化和生长。冬季处于休眠状态和开花期的兰花，应完全停止施肥。

盆栽基质不同，施肥次数和成分比例也不同。保水和持肥力强的基质，如腐殖土和苔癣，施肥次数可以少些；排水好持肥力差的基质，如木炭、风化火山岩，则需每周施 1 次追肥。

5. 施肥的方法

固体肥料和缓释性肥料在以木炭、风化火山岩、树皮或苔藓为盆栽基质栽种的兰花中，可以作为基肥盆栽时添加在基质的中下部，应稍与根部有一定的距离；亦可以作追肥撒施在盆面，让其慢慢吸收。作为追肥在盆面施用时，应将缓释肥颗粒施在没有新芽的一侧。新芽和新根对肥料十分敏感，肥料浓度稍大便会导致新根和新芽的腐烂。

液体有机肥和速溶性花肥可以按比例稀释后随浇水时施用。

2.8 温度调控

2.8.1 三类兰花温室

1. 高温兰花温室

原产于热带低到中海拔地区的兰花，温室内白天温度应在 25~30℃，夜间在 18~21℃，常年保持高温高湿的环境。栽培的兰花主要有：秋石斛、万代兰、乌舌兰、指甲兰、卡特兰、热带石斛、蝴蝶兰、五唇兰、文心兰、兜兰、密尔顿兰、齿瓣兰、火焰兰、苞舌兰、老虎兰、香荚兰、树兰、鹤顶兰、贝母兰、石豆兰、长萼兰、柏拉索兰等。这些兰花在花卉市场上占有很大的份额，几乎包括了多数重要的商品兰花。

2. 中温兰花温室

产于亚热带地区的兰花，温室内越冬温度保持在白天 18~21℃，夜间 12~15℃。春、夏、秋三季温室内的温度亦应注意调节，白天的温度不宜长时间超过 30℃。夜间的温度要低于白天，日夜之间必须要有一定的温差。这样兰花才能正常生长和发育。栽培的兰花主要有：大花蕙兰、国兰、兜兰、卡特兰、蕾丽兰、石斛、薄叶兰、尾萼兰、血叶兰、树兰、贝母兰、虾脊兰、石豆兰、长萼兰、柏拉索兰、乌舌兰、武夷兰、风兰等。这部分兰花中有许多是重要的商品兰花和兰花爱好者喜爱的种类。

3. 低温兰花温室

（1）普通低温温室　在华北以南的广大地区，夏季通过水帘 / 风机系统降温，可以把室温保持在 30℃以下，冬季室温最低 5℃左右。该温室可以栽培大多数亚热带低至中海拔地区原产的兰花。如国兰、兜兰、卡特兰、蕾丽兰、大部分石斛、春石斛、薄叶兰、虾脊兰、风兰等。

（2）高山型低温温室　高山型低温温室常年要保持较低的温度，夏季的室温应当在 20℃左右，冬季室温 5℃左右。该类温室主要设在热带和亚热带地区，主要栽培热带和亚热带高山区生长的兰花。如独蒜兰（*Pleione*）、多种高山分布的石斛

（*Den.hellwigianum*、*Den.vexillarius*）、多种石豆兰（*Bulbophyllum*）等夏季生长时期需要低温的兰花。这样的温室面积不宜太大，但没有这种低温温室，许多高山的兰花很难在夏季高温地区栽培成功。

上述三大类兰花只是笼统地按温度的大致需求把它们分开，每个属内各种间尚有较大的差异，在具体到每个种时，还应根据其分布地区来决定它对温度的要求。

2.8.2 如何调节温度

1. 温室的加温和保温

日光温室可通过冬季加盖塑料膜、保温被的方式防止白天温室内积累的热能散失，以免室内温度降得太低。在我国北纬 36° ~37° 线以南、秦岭以北，由于日光充足，该地区的日光温室若冬季加覆盖保温被，其最低夜间温度可以在 8℃左右，冬季栽培西红柿和黄瓜，可以不加温或很少加温。在北纬 38° 线以北的地区，如北京及以北地区，日光温室则必须有加温设备。

大型连栋温室夜间要将内遮阳布（最好应设有内保温幕布）打开，防止室内热量向外散发。东北、西北和华北地区的温室应当有锅炉等主动加温设备，需要时进行加温。

2. 温室的降温

兰花夏季一般也在温室内栽培。冬、春、秋三季，温度不是特别高的时期，应当加强遮阳调节，开启顶窗和侧窗，用通风和遮阳方法降低室内温度。在高温的夏季，应启动温室安装的水帘 / 风机系统，降温效果比较明显。经常向地面、台架和四壁洒水或喷雾也可以起到降温和增加湿度的作用。

3. 建立高山基地

大规模商品化生产，为降低成本，可在附近相同纬度山区海拔 800~1000m 处建立生产基地。事实证明，高山基地夏季温度低，中午最高温 28~30℃或更低。高山区日夜温差比较大，有利于兰花养分的积累；高山区紫外光强，植株生长健壮，茎叶短而直立，开出的花色彩更加艳丽。许多大型兰花公司均建立有高山基地。

2.9 阳光和遮阳

常见兰花大都原产于热带和亚热带森林中，多属于半喜阴类植物，在栽培中通常都需要给予遮阳。但实际上，由于种类不同，在原产地的生态环境不同，各种类之间对光线强弱的要求差异较大，因此在栽培中应区别对待。

大多数落叶类的兰花比常绿种类需要较强的阳光。叶片肥厚多肉，叶面有较厚角质层的种类喜较强的阳光。反之，则喜欢较弱的阳光。附生兰类较地生兰类需要的阳光要多。叶片呈黄绿色的种类较暗绿色的需要较多的阳光。

通过观察栽培兰花的生长状况，也可以知道兰花在栽培中光线强弱是否适当。叶片暗绿色时，表明阳光不足；叶片呈黄白色，说明阳光过强。植株生长细长、软弱而弯斜，是阳光不足的表现。植株较一般生长高大，而开花少、不开花或花色不够鲜艳，同样表示阳光不足。

如果把常见栽培的兰花按其喜光的程度排列一个顺序，大概是：万代兰、石斛、文心兰、卡特兰、蕾丽兰、大花蕙兰、国兰、贝母兰、蝴蝶兰、薄叶兰、兜兰、齿瓣兰、血叶兰。排在前面的喜较强的阳光，后面的较耐阴。具体到某一类兰花，又各有不同的情况。

栽培兰花的温室多在顶部用遮阳网遮阳。连栋式温室在建设时应考虑设有外遮阳材料，且可以根据需要随时开启或遮闭。另外，温室内部顶层还应设有内遮阳材料。内遮阳材料有两种作用，夏季增大遮阳量，冬季夜间打开防止温室内热空气上升，减少温室热量散失。单坡向日光温室亦应设有外遮阳。最好能做到开启和关闭灵活，操作简便。

在热带地区栽培兰花，通常修建永久性的荫棚，以水泥构件做骨架，顶部铺设木条或竹帘，其荫蔽度根据栽培兰花的种类进行调节。或用钢铁结构支架，上面覆盖遮阳网。

光照强度的调整实际上受许多因素的影响，如周围环境温度的高低，高温时可增大遮阳量，低温时可减少遮阳；高海拔地区可以适当减少遮阳，低海拔应增大遮阳；为让栽培的植株多开花、开好花，应适当增强光照；若想让叶片浓绿、美观，可适当增加遮阳量。幼苗期遮阳较多，成苗相对较少；在春、夏、秋 3 季，每天上午 10 点之前和下午 4~5 点之后应当不遮阳或少遮。开花期的植株，为延长观赏花期应避免阳光直射。新分盆或换盆的植株，在 2 周左右应避免强阳光的直晒。刚喷洒完农药和肥料的植株，应避免阳光直射等。

2.10 通风

栽培在温室和荫棚中的兰花，通过通风调节其温度和空气湿度。兰花病虫害的发生与温室内空气的流通不良及高温高湿有极大的关系。

温室最好设有开关灵活的顶窗和侧窗；室内要有便于空气循环流通的风扇或轴流风机；湿帘风机是温室夏季降温和通风的必要设备。

兰花栽培温室在春、夏、秋 3 季，应经常开窗通风、换气，尤其湿热的夏季，如果只靠开启顶窗和侧窗自然通风不能排除室内的湿热空气，则应及时启动水帘风机，既通风又可以降温。北方冬季温室内的通风则比较麻烦，若室外气温不是太低，在中午时可以短时间开窗进行室内外空气交流，让新鲜空气进来，排出污浊的室内空气。开窗后必须密切关注温室内温度的变化，不要让室温降得太低，若室外温度太低，不便于开窗，则可以启动室内的风扇（或轴流风机），使室内的空气流动起来。冬季温度低，栽培在温室中的兰花浇水（尤其是喷灌式浇水）或喷水后，一定及时通风，降低室内的湿度，促使滞留在叶面，特别是叶心中的水分尽快蒸发掉，以防腐烂病的发生。

耐阴程度变化趋势示意图

图左侧为原产于东南亚地区的兰花，自上而下为：棒叶万代兰、石斛、贝母兰、蝴蝶兰、兜兰；图右侧为原产于中南美洲的兰花，自上而下为：文心兰、卡特兰、蕾丽兰、捧心兰、齿瓣兰；图中箭头为兰花习性自上而下，由喜光逐步趋向喜阴

3

兰花的繁殖

*Cym.*Sweet Moon 'Insect'

3.1 常规繁殖法

3.1.1 分株繁殖

分株繁殖法在兰花栽培中应用较多，尤其在种植数量不大，或家庭中少量栽培时。分株繁殖又称分盆，将生长过于密集的一盆兰花分栽成两盆或数盆。合轴类的各种兰花，如大花蕙兰、卡特兰、兜兰、文心兰、米尔顿兰、石斛等适合用分株法繁殖。这种繁殖方法技术比较简单，容易掌握，不易损伤兰苗。只要掌握好，也不会影响开花，并且不会变异，能够确保品种的优良特性。

1. 分株繁殖的适宜时期

一般来说，只要不是在兰花的旺盛生长时期，均可以进行分株。但比较适宜的时间是兰花的休眠期，即新芽尚未伸长之前和兰花停止生长以后。新芽伸长后，操作十分不便，稍不小心即碰断、碰伤新芽和新根。

不同种类和不同品种的兰花，花期不同，不同对待。早春开花的种或品种，就在花开过以后，生长势相对较弱时分盆，这样可不影响看花；或在花芽尚未伸长之前的休眠期分株。操作应十分小心，不要损伤花芽。夏季开花的品种，最好在早春分株。

兰花在旺盛生长的月份，需要水分较多，温度也比较高，这时期最好不要分株，否则容易引起根系腐烂。这时期新芽、新根都很细嫩，分株操作极不方便，稍不留心就会碰伤。

长江流域（包括部分西南地区），栽培兰花的温室或塑料大棚冬季往往不加温（或温度很低），在这样的条件下最好不进行分株，分株后处于低温环境下几乎完全停止生长，分株过程中形成的各种伤口不能及时愈合，便会造成植株的腐烂。

2. 分株的准备工作

（1）盆苗 为了分株时操作方便，尽量少损失根系，在分株前让该盆基质适当干燥，数日不浇水，不向叶面喷水，使根系发白，产生不明显的凋缩，这样本来脆而易断的肉质根会变得绵软，根系容易和盆脱离。

（2）基质和各种用具 应在开始分株前把准备工作做好，根据分株的种类和数量，准备好需用的盆栽基质，如不同规格的树皮块、碎砖块、苔藓、椰壳、蕨根（蛇木屑）等；栽种用的盆具，底部要透气好，底孔要大或多。分株用的刀剪及消毒剂、一些缓释性肥料，也应先买好备用。

（3）消毒剂 分株时各伤口最易受到各种菌类和病毒的侵染，因此，应准备好一些抗菌类和病毒药品，并配好分切工具的消毒液。分株和修剪用的工具往往是兰花病毒传染的主要途径，可以用5%磷酸三钠（Na_3PO_4）水溶液浸泡分切工具1~3min。这种消毒液呈强碱性，对金属器械无损伤，对兰花病毒有较强的杀灭作用；也可用0.5%升汞水溶液浸泡15min。

3. 分株

（1）分株盆苗的选择 待分株的兰花盆苗应当生长良好，无病虫害，并且已长满盆。尤其注意将带病毒的植株尽量挑出、焚毁，不宜再用作繁殖。

（2）分株方法 分株时首先将兰花从盆中倒出，通常兰花根系十分发达，往往根系大量固着在盆壁上，退盆十分困难。可先轻轻叩击盆的四周，用左手托住长满假鳞茎的盆面，右手将盆倒置过来，把盆提起，使盆与根分开。如果盆实在脱不下来（这种情况经常出现），可将盆打碎；若是塑料盆，可以剪开。保护兰花根很重要。兰株从盆中脱出后，用镊子或竹签将旧基质清除掉。操作时要细心，手要抓住较老而无嫩芽的假鳞茎，尽量避免伤害根群。新芽和新根应特别注意保护，清除部分旧基质后，再将腐朽的根和部分老根剪掉。若根系特别多，可以将部分老根剪切去，部分枯老的叶片和假鳞茎亦应去掉。通常一盆可以分成两盆，如果盆中假鳞茎数太多也可以分成数盆。但每丛应当至少有3个相连的假鳞茎，这样新植株才能在明年开花。若分株过小则开花可能要推迟到后年或更晚。分株后的各处伤口最容易受到菌类的感染，因此在各伤口处应涂抹杀菌剂或硫黄粉以防发生腐烂。

分株后须放在温室背阴处阴干伤口后方可盆栽。大花蕙兰叶片较多，不可阴干时间太久；卡特兰类耐干旱的能力较强，较长时间阴干可促进新芽和新根生长；其他叶片大而薄的兰花分株后亦不可干燥过久。

兜兰的分株繁殖通常在早春进行，或开花后的短暂休眠期进行。将生长旺盛栽培3年并已长满盆的植株分盆。分盆时先将植株从盆中倒出，再用镊子或竹签轻轻将根部附着的基质去掉。去掉基质后，再用双手各执一部分植株靠近根部的部位，用力向两侧拉开，或将连接处的根状茎切断再拉开。兜兰远较石斛、大花蕙兰等根系脆弱，而且再生能力较差，若损伤过重，或伤及新株的根或新芽，会严重影响新株的恢复和生长。生长过大的植株可以分成3盆或更多。兜兰没有假鳞茎，抗干旱能力远不如石斛和大花蕙兰，分株的伤口涂抗菌剂后稍干即可盆栽，不可放置过久。

万代兰类分生侧芽很少，自然分株比较慢。有些品种在栽培3年以上，生长旺盛植株可在基部生出1至数枚分枝，这时可将母株上部连同2~3条根一起剪下，重新栽植成为新株。留在原盆中的分枝很快长大，这时再将其分切开来。这一工作应在生长旺季的5~7月进行，恢复比较快。有些万代兰不容易分枝，则可等它生长得比较高大时，从中部将其剪断，剪下的部分最好能带有2~3条气生根，重新栽植成新株。留下的基部的一半，很快会在叶腋间生出 1 或数个幼芽，恢复成较大植株。

其他各类兰花，如石斛、卡特兰、文心兰、国兰、米尔顿兰等的分株繁殖法大体类似于上述兜兰和万代兰类的分株繁殖法，可以仿照进行。

4. 盆栽

分株后兰花的盆栽方法请参考本书第二章中第五节栽种方法和换盆。

3.1.2 假鳞茎扦插繁殖

常见栽培的兰花中用假鳞茎扦插繁殖的主要是石斛类，不论是春石斛还是秋石斛，均有细长的假鳞茎，假鳞茎上有许多节，每个节上可以产生新芽，用假鳞茎扦插繁殖石斛，繁殖系数高，技术简单又容易成活。

选取生长健壮植株上未开花而生长充实的假鳞茎，从根际之上剪下来作插条用。开过花和老的假鳞茎，很难再萌发新芽。将假鳞茎每 2~3 节切成一段（也有用单节的）直立扦插在用粗泥炭或苔藓做成的小插床上，1/3~1/2 露在苔藓的外面。小插床可以用浅盆或塑料筐做成，内装潮湿的苔藓。将插好的浅盆或塑料筐放在半阴、湿润而温度比较高（18~25℃）的温室中，待苔藓表面变干时，喷水少许，保持苔藓湿润。如果环境适宜，约 2 个月后，新芽长出 2~3 条小根，将其连带老的假鳞茎一起栽种到小盆中，成为新植株。石斛的扦插繁殖通常在春季进行，夏季温度高容易腐烂，冬季温度低休眠芽不易萌动。扦插时期往往拖得很久，稍有管理不善，插条易腐烂。

剪下的石斛成熟假鳞茎

假鳞茎去掉叶片

假鳞茎分切后扦插在插床上

插条生出新芽

3.1.3 老假鳞茎催芽

在兰花的分株繁殖时，常常剪下一些老的假鳞茎，叶片已经脱光，假鳞茎本身还很丰满，显然仍具有一定的活力，这些材料也可以用作繁殖。兰属植物和其他具有假鳞茎的兰花种类，每个假鳞茎的基部有两个容易萌发的芽（上部还有数个隐芽）。一般每年萌发 1 个，有时 2 个；上部的隐芽通常不萌发。如果将这些作为废物剪下来的假鳞茎剥除上面的叶鞘，剪除老根，用清水洗净后，再用湿苔藓密集地栽培在浅盆或塑料浅筐中。经常保持苔藓湿润和温暖的环境。大约在数个月后，每个老的假鳞茎上可以生长出 1~3 个新芽。待新芽的基部长出 数条根后，可连带老的假鳞茎一起移栽到小盆中，成为新的植株。这种繁殖方法在贵重的兰花品种栽培中应用比较多。

3.1.4 高芽繁殖

在兰科植物中有些种类会在假鳞茎或花茎的节上长出新芽，并在芽的基部长出新根，形成一株小植物（如石斛、万代兰）；也有一些兰科植物可以在其花茎上长芽并生根（如某些品种的蝴蝶兰），成为一新生植株。这些长出的芽可以很方便地用于繁殖。

春石斛在入冬之前形成十分充实的假鳞茎，经过冬季干燥低温，这些假鳞茎节上的芽可以分化成花芽，第二年春节开花。若冬季给予这些芽温暖和潮湿的环境，则不能形成花芽而春季长成小植株，也就是前面提到的高芽。

当假鳞茎节上的高芽生出 2 条以上、长 2~3cm 的小根时，即可用剪刀剪下来栽种到直径 6~8cm 的小盆中，成为新植株。剪切的伤口应用杀菌剂涂抹，防止腐烂。小盆底部填充大颗粒的树皮块，上部用中小树皮块，栽培后数日内不必浇水，适当的干燥可以促进新根的生长，发现太干时，可在叶面少量喷水，保持茎叶不干缩，待新根长出后，再进入正常栽培管理。

以石斛为例，既要商业化大规模繁殖，又要尽快生产商品花，可以将扦插成活的植株 3~4 株栽培一盆。如果栽培好，2 年便可以成为开花丰满的商品盆花。

蝴蝶兰某些种和品种的花茎在开完花以后，其靠近基部的 2~3 节处休眠芽可以萌发而长成小苗。开始时只长芽，后长根。待有 2~3 条小根时将其剪下来盆栽即成新的植株。盆栽的方法请参考本书兰花的栽培管理部分。

石斛假鳞茎的高芽

高芽生根后剪下

生根后剪下盆栽

3.2 兰花无菌播种繁殖

本书涉及的兰花属及种类甚多，用简单介绍的一般兰花无菌播种或组织培养方法不能完全满足多种兰花的不同需要。现推荐读者必要时查阅：Joseph Arditti .Micropropagation of Orchids.2 edition，Blackwell Publishing，2008。Joseph Arditti 教授在该书中几乎集中整理了 2008 年以前发表的世界有关兰花无菌播种和组织培养方面的重要学术论文。

3.2.1 种子播种工作发展简况

在 20 世纪之前，主要是靠无性繁殖（分株）和到原产地采集野生植物来供应市场。为了获得理想的杂交种，许多植物学家和园艺学家及兰花爱好者都试图用种子培育兰花。为此，他们把种子播种在母本植株下面的基质（土壤）上，或利用这种基质（土壤）播种。有偶然成功者，但所得幼苗甚少，无实用价值。

经过多年的研究，直到 20 世纪伯纳德（Bernard）和布吉夫（Burgeff）才弄明白兰花种子发芽需要种胚中有真菌的存在。某些研究者认为，真菌的存在，有利于兰花种子胚细胞中的淀粉转化为糖，促进种子的萌发，从而产生一种较为完善而实用的种子繁殖兰花的方法，即共生法。在无菌培养基中既播种兰花种子，又接种特定的真菌。这一方法很快在兰花杂交育种上得以应用，但远没有达到满意的程度。其缺点在于设备费昂贵，菌种分离、保存和接种适宜时期的掌握等，都不是简单的事情。

克努森（Kundson）在 1922 年、1924 年、1930 年的研究中发现在人工无机培养基中补充糖类能促进兰花种子发芽，并且证明在没有共生真菌的作用下，这些播种苗能健康地成长直到开花。例如，1920 年 10 月播种的卡特兰杂种种子，在 1927 年 12 月和 1928 年开花。克努森的研究工作在实践中意义极其重大。他提出的用种子无菌播种繁殖兰花的简便方法，为以后数十年间兰花杂种的大量出现和兰花的大量发展提供了必要的条件。

3.2.2 兰花果实和种子的特点

兰花的果实为蒴果，其形状、大小常因不同种而有较大的差异。小的只有几毫米，大的可长至 10~20cm。果实的形状，有卵圆形的，如卡特兰；梨形的，如石斛；长形的，如蝴蝶兰；圆形的，如凤兰等。通常蒴果有 3 条纵向的裂缝，蒴果成熟时裂开，散出细小的种子。

兰科各属果实中含种子数目很不相同，其粒数在几千至几百万粒之间，如红门兰，一个蒴果中约有种子 6200粒；卡特兰 50万 ~75万粒；安顾兰 393 万粒。一般来说，地生种类较附生种类蒴果所含种子要多。

兰花种子非常细小，呈粉状，只有在显微镜下才能看清它的构造。种子的形态变化很大，颜色有黄色、白色、乳白色和棕褐色。虽然兰花种子很小，但许多种类从开花授粉至果实成熟期时间却很长。如石斛要几个月，春兰要 1 年，贝母兰属的某些种要 2 年。

兰花种子的形态与大小各式各样。大多数兰花种子具有透明、无色的种皮。它由一层透明的组织组成。有加厚的环纹，种皮内含有大量的空气，不易吸收水分，适宜于随风和水流传播。

在我们所接触到的兰花种子中，兰属的种子比较大，尤其常见的春兰、蕙兰、墨兰和寒兰，种子最长，其种皮呈翅状伸展开来。据严楚江教授测定，建兰种子长 1.008~1.126mm，直径 0.118~0.185mm。

兰花种子的胚具有未分化的特点，只是一团未分化的胚细胞。胚很小，呈圆形或微卵圆形。常呈乳黄色、无色、褐色，也有绿色的。具有这种发育不完全胚的植物，在绝大多数情况下（不只是兰科植物）是附生、腐生、寄生或短命植物。在兰花的种子中常观察到多胚现象，如蝴蝶兰、虾脊兰和兰属植物。兰花种子几乎没有贮藏物质，而且种子也未发现有贮藏营养物质的组织。兰花种子在萌发过程中缺少营养物质，所以在自然条件下很难发芽，并且幼苗生长缓慢。

3.2.3 人工授粉

兰科植物多数是异花授粉。在原产地大多有与其共生的昆虫为之传粉。如卡特兰 原产地是南美洲，有一种大蜂，在沿着唇瓣和蕊柱下面的空隙进入内部吸取花蜜时，背部粘有柱头上分泌出来的黏液。出来时背部又触及花粉盖使之张开，脱出的花粉块即可粘在蜂背上，兰花花粉块上生有黏盘，待再到其他花上采蜜时，背部上粘的花粉块与该花的柱头区接触时则被粘在上面，完成传粉动作。但是，许多种兰花离开产地因无特定的昆虫，无法完成传粉受精作用，不能结实。即便有此类昆虫，但因所传花粉未必和我们要求的目的相同，故仍需进行人工授粉。

为了获得优良的杂交种，人们进行了大量的杂交工作，培育出许多新品种，在花的大小、花形、色泽、花形及生长势等方面都远远超过了原生种。兰科植物在种间及属间杂交都比较容易成功，如著名的蕾丽卡特兰（*Lc.*）就是卡特兰和蕾丽兰的属间杂交种（人工属）。

人工授粉时首先选好亲本，一般情况下开花第一天花粉发芽力最强，开花后 7 天花粉块仍可应用。雌花最好的授粉时间是在开花后 3~4 天。授粉时先将雌花（母本）的花粉块除出（去雄），再将采集的父本花粉块用小镊子镊起轻轻地放在母本的柱头上。因为柱头有黏液，不必担心花粉块脱落。为防止已受粉的花再被昆虫传粉，可将母本花上的唇瓣除去，一般不必套纸套。用铅笔写好标牌，挂在受粉后的花枝上，做好记录，写清父母亲本、受粉日期等，留意受粉花朵的变化并防止损坏。果实将近成熟时及时将果实和标牌一起采收，立即播种，或干燥后密封放在冰箱中保存。

在授粉父母本花期不一致时，可以采集花粉块

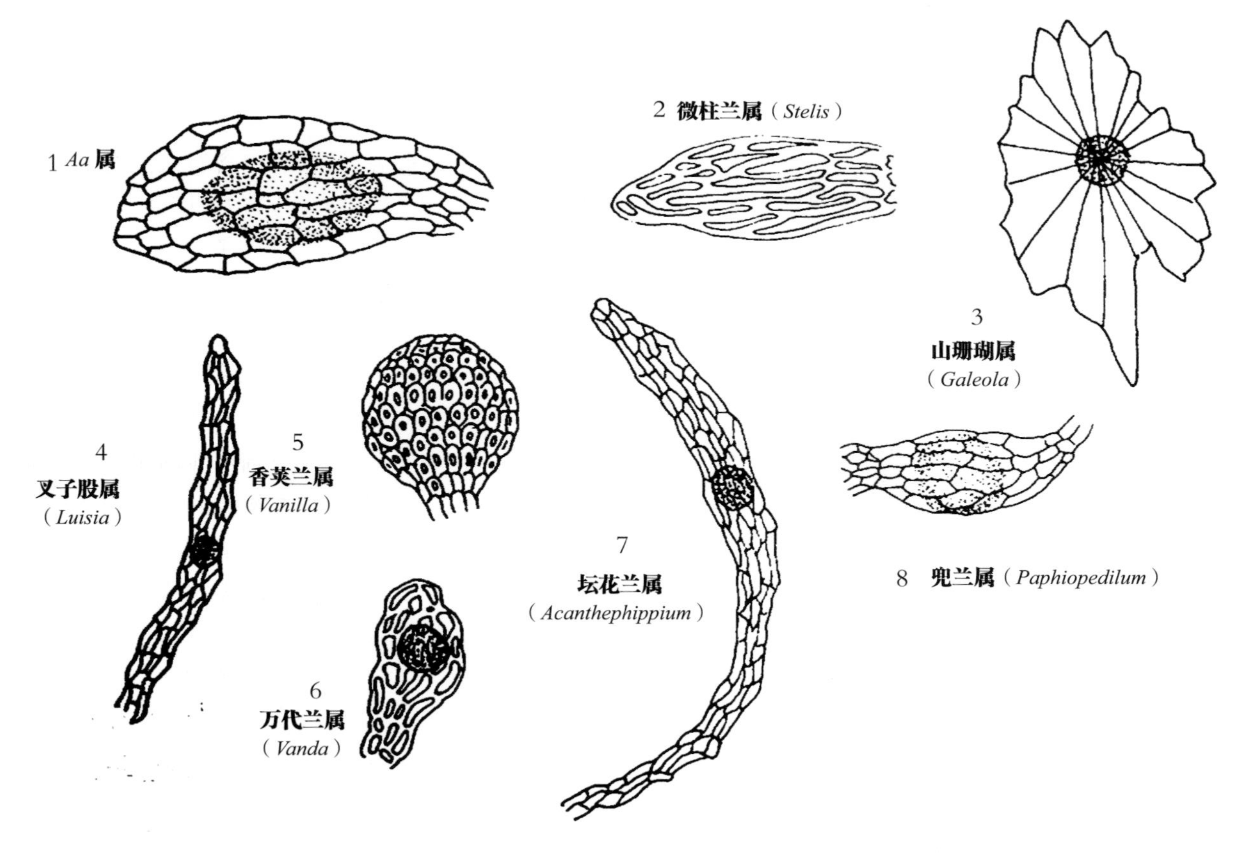

各种不同兰花种子形状（Carl. L. withney,1959）

风干后密封放在干燥器中。将干燥器放在温度 −21~−8℃的冰箱中。花粉块可以保存 1 年以上。

3.2.4 果实采收和播种

早期进行兰花胚培养的工作者普遍认为成熟的兰花种子其种皮较硬化，胚内部产生抑制发芽的物质阻碍了种胚的萌发。1954 年 Tsuchiya Itaru 用兰花未成熟（绿色）蒴果中的胚培养成功，并萌发成苗。所以许多兰花工作者在兰花播种中常常采用未成熟的绿色果实。

现在看来，当时有些兰花播种有困难并不一定是上述原因，可能是培养基配方不甚合理，现在由于培养基的改进，许多过去播种有困难的种类已经解决。

笔者在工作中曾从兰属、石斛属和万代兰属的一些种的绿色未成熟的蒴果中取出种子，接种在培养基上，均能很好地生长发育并长成幼苗，所以认为这种方法是值得提倡的。其优点：可以简化成熟兰花种子的消毒手续；由于对种胚提前进行培养，可以缩短杂交种（新品种）的培养时间；由于缩短了果实在兰花植株上的生长时间，减少了兰花植株营养的消耗，可避免由于授粉结果而导致生长瘦弱植株的死亡。

部分兰花授粉后至未熟种子胚能无菌培养的天数：

Aerides doratum	150~180
Ansellia 原种和杂交种	150~180
Ascocenda	120~150
Ascocenda 杂交种	120~190
Ascocenda Mem Jim, Wikins ×*Vanda* Patricia Lee	90~150
Ascocentum	110~180
Brassavola	120~150
B. cucullata	75~80
B. nodosa	70~75
Brassocatlleya	130~180
Brassolaeliocatteya	130~180
Braughtonia	60~75
B. sanguinea	32~34
Cattleya 2 叶系	110~150
C. Bowsingiana	75~80
C. elongata	55~60
C. labiata	130~180
C. loddigesi	80~85
C. skinneri	85~90
C. violacea	80~85
C. 单叶系	120~150
Chysis	140~180
Cirrhopetalum	140~180
Cymbidium	280~360
Cypripedium	30
Cyrtopodium	150~270
Dndrobium Bali	60~65
Dndrobium D. A. Spalding×*Dndrobium* Slriotes	55~60
D. devonianam	160~250
D. J. Thcmas	55~60
D. lituiflorum	150~180
D.nobile 及杂交种	150~180
D.phalaencpsis 及杂交种	120~140
D. E. kawamoto × *D.gouldi*	55~60
D. stratiotes 及杂交种	150~200
D. superbiens 及杂种	150~200
D. superbum 及杂种	160~250
Doritaenopsis	90
Doritis puleherrina	65~70
Encyclia	130~180
Epidendrum	100~120
E.atropurpureccm	150~160
E. tampense	70~75
Laelia anceps	120~150
L.cinnabarina	110~120
L.flava	110~120
L. harpophylla	110~120
L. perrinii	120~180
L. parpurata	120~180
L. rubescens	120~150
L. xanthina	120~180
Laeliocattleya 杂交种	120~180
Maxillaria	120~140
Miltonia candida	120~140
M. donesii	120~140
M. flavescens	120~140
M. spectabills	120~140
Odontoglossum	80~90
Oncidium altissimum	110~140
O. ampliatum	45~50
O. bahamense	65~70
O. baueri	110~140
O. carthagenense	180~240
O. carendishianum	180~240
O. cebolleta	110~130
O. Flexuosum	110~140
O. jonesianum	110~130
O. Kramerianum	90~120
O. lancenum	180~240
O. limminghei	90~120
O. luridum	75~80 100~180
O. M. P. de Ristrepo	95~100
O. maculatum	110~140
O. micnochilum	130~170
O. paplic	90~120
O. paplio× *O.luridum*	90~120

O. pulchellum		65~70
O. retenieyeranum		180~240
O. senderae		90~120
O. sphacelatum		110~140
O. splendidum		130~170
O. stiptatum	30~35	110~130
O. teres		110~130
O. Tetropelum		65~70
O. urophyllum		65~70
O. variegatum		65`70
Orchis morio		35~40
Paphiopedilum		240~300
Phaius		120~150
Phalaenopsis chieftain		70~75
P. Doris		75~80
P. Elizabethae		75~80
P. 杂交种		110~120
P. 原种		110~120
P. sluartiana ×*P.amablis*		75~80
Potinara		130~150
Renanthera		150~180
R. R.B.chandler		70~75
Rhyncholaelia		120~180
Rhynchostylis		150~250
Rodriguezia		110~130
Sophrocattleya		110~150
Sophrolaelia		110~150
Sephronitis		75~100
Vanda Bargeffi		70~75
V. E. Noa × *V.suavis*		70~75
V. M. Fostor		70~75
V. 杂交种		150~195
V. H. Paoa		70~75
V. luzonica × *V.sandoriana*		70~75
V. Patnicia Lee 自交		120~150
V. Patricia Lee × *Ascecenda* Mem lim Wilkins		90~150
V. 原种		150~195

（引自 Joseph Arditt. Orchid Biology II ）

兰花种子以随采随收播种为好。兰花种子在高温和高湿的环境中寿命极短。通常将种子在室内干燥 1~3 天后，装在试管中用棉塞塞紧，再将试管放入干燥器内，并置于 10℃或更低温的环境中保存，这样可在 1 年内保持种子的良好发芽率。第二年发芽率有所下降，第三年完全丧失发芽力。

采收的成熟并已开裂果实的兰花种子，在接种到培养基之前必须灭菌。可以用 10% 次氯酸钠水溶液浸泡 5~10min，再用无菌水冲洗。种子在消毒液中若不沉淀，可将种子及消毒液装入密封的小瓶中，强烈振动数分钟，使种子和灭菌液密切接触，并排除种子表面的空气，以达到灭菌的目的。

尚未开裂的兰花蒴果，可用 10%~15% 次氯酸钠溶液浸泡 10~15min 灭菌。在无菌条件下切开，取种子播种。灭菌后的种子用镊子移入培养基上，为使种子在培养基表面分布均匀，可以滴数滴无菌水到接种后的培养瓶中。

种子接种在培养基上，通常在超净工作台上进行。工作人员的手需经过消毒，各种器具也需经过高压灭菌。整个接种过程需遵从无菌操作的要求，以避免菌类的污染，致使工作失败。

我们在多年兰花胚培养中注意到，兰属地生兰类（国兰）几个种的种皮与附生兰有较大的区别。它们的种皮有较强的不透水性，若按附生兰的播种方法处理，绝大部分种子不能出苗。我们用 0.1mol/L 的氢氧化钾溶液浸泡种子 10min，腐蚀种皮，以增大其种皮的透水性。腐蚀后的种子在显微镜下可以看到种皮已被腐蚀出许多大小不等的孔洞。而后经灭菌并用无菌水冲洗后，再接种到培养基上。经过腐蚀种皮的种子，则有 2/3 的种胚萌发，基本上可以满足一般播种的要求。若在播种的同时，在培养基的表面添加少量的无菌水，对种子的萌发有益。

3.2.5 接种瓶的管理和试管苗出瓶盆栽

接种后的培养瓶可以放在培养室中或有散射光的地方，温度 20~25℃。在胚明显长大以后，需给予 2000 lx 光照，相当于 40 W日光灯下距 15~20cm，每日 10~12h。

不同种类的兰花，胚生长快慢有明显的差异。大花蕙兰、石斛、万代兰、卡特兰和独蒜兰等接种后 1~2 周，胚明显长大，4~6 周胚变成绿色，表明胚上已生成叶绿素。在播种后 2~3 个月，第一枚叶片从原球茎的顶部中间生出。在出现 2~3 片叶时，原球茎伸长，并且有第一条根生出来。在播种后 9~12 个月或更长时间，小苗可出瓶移植到小盆中。不同兰花种类播种苗生长速度不同，出瓶时间不同。因为播种较密，通常在长出第一枚叶片时进行分瓶。经 2~3 次分瓶后使每瓶幼苗保持 20 株左右为好。最后一次分瓶应使用较大的培养瓶，以使幼苗生长健壮。

附生兰类多由胚直接生长发育成原球茎，再出芽而成幼苗。国兰类几个种用种子播种后3~6个月可见部分胚芽突破种皮。由胚萌发成原球茎后不直接长成幼苗，而是由原球茎长成有许多根毛状附属物的根状茎（俗称龙根），再由根状茎上产生幼苗。这种呈爪状生长的根状茎可迅速生长，如果不改变培养基中植物激素的成分配比，不改变培养室的环境条件，通常不会或极少分化形成能发育成幼苗的芽。

实验表明，在每升培养基中添加150~200mL椰子水和微量的NAA（萘乙酸）；或每升培养基中添加5mg 6−BA（6−苄基腺嘌呤）和极少量的NAA，都可以促进根状茎上芽的分化。另外，培养基中适量添加水解蛋白、酵母提取液、香蕉等也对芽的分化有益。通常将根状茎转移到分化培养基后4~6周，可以看到新形成根状茎的节处生出乳白色的芽点。如能适当增强光照至3000~5000 lx，则对芽的生长有促进作用。这些芽可以生长发育成正常的幼苗。

在培养瓶中的兰花幼苗当生长到高8~10cm，有2~3条发育较好的根时，可将幼苗移出培养瓶，栽植到盆中。幼苗在试管中长大些移栽到盆中成活率高，抗逆性强。小苗从培养瓶中取出后需轻轻用水将其根部粘着的培养基洗去，用苔藓、细颗粒的树皮、木炭块、泥炭等作基质将试管苗集中栽植在浅盆中，称为CP盆。每盆10~20株，放在25℃左右的温室中，保持较高的空气湿度和较强的散射光。每周施1次液体肥料，并喷洒抗菌剂，或结合施肥喷药，也可以浇灌根部。化肥的浓度应在0.1%左右，1个月后可移植到光线较强的地方。随植株长大及时分栽和换盆。附生兰有6~8个月开花的最快记录，通常两年左右可以开花。国兰开花较迟，需要3~4年或更长的时间。

Mokara Walter Oumae 'Yellow'（黄展发　摄）

3.2.6 兰花播种用培养基及其配制

克努森（Kundson）在1922年、1924年、1930年的研究工作为兰花无菌播种用培养基打下了基础，他明确了在人工无机营养培养基中补充糖类，能促进兰花种子发芽、生长直到开花。此后，经各研究工作者的努力，又开发出了许多适合于多种兰花无菌播种用的培养基。

日本的市桥正一先生（1988）给予了比较详细的说明，十分可贵。特在这里摘录有关部分，以供我国兰花业界开展此项工作的人员参考。

兰花无菌播种用培养基，应含有最少量必需的无机盐和能源供应的碳水化合物。另外，因种类不同，培养基中需添加有机态的氮或氨态氮，再添加某些有机物，促进发育。不同种类的兰花其异养情况是不同的，白芨在没有作为能源的碳水化合物和还原态氮的培养基中虽然发育较差，但也能发芽。卡特兰在发芽初期必须还原态的氨态氮或有机态氮才能生长。对大多数兰科植物所需的（培养基）成分并不是都了解，但很多情况下在培养基中添加有机物能显著地促进发育。

兰花无菌播种中，其种子的发芽会受到培养基组成的影响，在高离子浓度培养基下受阻较多，其一部分原因是特定离子引起的，但这些离子种类因兰花种类不同而异，故为得到较高的发芽率，需对培养基的组成进行必要的调整。

最适宜的培养基组成随培养条件、培养时间和培养目的而不同。短期培养时，实生苗在最高浓度培养基中生长较差，而在低浓度培养基中生长较好。但在长期培养时，相反地低浓度培养基下生长较差，而在高浓度培养基中生长较好。植物生理学上较适宜的培养基浓度，较实际所使用培养基浓度为低。

兰花实生苗的生长受培养基离子组成的影响。阳离子中钾离子有促进生长的效果；铵离子多时，实生苗的发育，特别是根部的生长有受抑制的趋势；阴离子中缺少硝酸根离子时，也就是培养基中磷酸根离子（$H_2PO_4^-$）和硫酸根（SO_4^{2-}）离子比率高时，生长会受抑制。

因此，实生苗的生长可利用培养基组成稍加控制，哪一种培养基具有何种特性，应事先知道（表3-1）。

实生苗的生长除受培养基离子组成的影响外，还会受其他因子的影响。适应于种子发芽的培养基，不一定是适合生长发育的培养基。有时不适合于发芽的培养基，反而是实生苗生长发育的良好培养基。应当注意的是，不适合发芽的培养基（因发芽数量少）发芽后实生苗间无营养上的竞争现象，使生长发育变好，这并不是该组成适合于（实生苗）生长，有待进一步观察。

应该知道，没有适合于所有兰花的万能培养基，培养某一种兰科植物的最适培养基也并不是一种。最理想的方法应该是随着实生苗的不同生长阶段，调整培养基的组成。据市桥正一先生以前的研究结果，得到各种适当的培养基组成。这些培养基以实用为目的，继续培养一定时间实生苗能生长良好（以鲜重计）所设计出来的培养基，其无机盐的具体组成如表所示。

种子发芽采用固体培养基，习惯上采用琼脂为凝胶剂。琼脂并不是兰科植物生长的必需物质，但却占了培养基成本的较大比例。如果只用水，每升只需5g便可以固化。但在培养基中通常需用6~10g/L才能固化，这是受酸碱度、培养基中含NH_4^+、$H_2PO_4^-$等的影响。有机酸盐、尿素、黏土矿物质等有增强琼脂硬度的作用，可以添加这些物质来降低琼脂的使用量。另外，市场上有一种和琼脂类似的固化剂——卡拉胶价格较低，也很好用。

表 3-1　影响种子发芽和实生苗发育的培养基因素

发育		培养基中因素	受影响种类
发芽	促进	低离子浓度	白芨、虾脊兰、鹤顶兰、兰属、米尔顿兰、蕾丽兰
		高比率钾离子	卡特兰、蕾丽兰
	抑制	高离子浓度	白芨、虾脊兰、鹤顶兰、兰属、蕾丽兰
		高比率铵离子	白芨、鹤顶兰
		高比率钙离子	兰属
		高比率硝酸根离子	卡特兰
		高比率磷酸根离子	石斛、鹤顶兰、蕾丽兰
		高比率硫酸根离子	白芨、石斛、米尔顿兰
生长	促进	高离子浓度	石斛
		高比率钾离子	虾脊兰、鹤顶兰、兰属、石斛、卡特兰
		高比率铵离子	石斛、米尔顿兰、卡特兰
		高比率硝酸根离子	白芨、石斛、虾脊兰、鹤顶兰、兰属、米尔顿兰
	抑制	低比率硝酸根离子	虾脊兰、鹤顶兰、兰属、卡特兰
		低比率铵离子	兰属

1. 培养基的配制

培养基的种类很多，常根据需要选用不同的培养基。为了说明方便，选用最常用的 MS 培养基为例进行说明（表 3-2）。

表 3-2 MS 培养基成分及用量

成分		用量 /mg
硝酸铵	NH_4NO_3	1650
酸硝钾	KNO_3	1900
氯化钙	$CaCl_2 \cdot 2H_2O$	440
硫酸镁	$MgSO_4 \cdot 7H_2O$	370
硫酸亚铁	$FeSO_4 \cdot 7H_2O$	27.8
乙二胺四醋酸二钠	Na_2-EDTA	37.3
硫酸锰	$MnSO_4 \cdot H_2O$	22.3
硫酸锌	$ZnSO_4 \cdot 7H_2O$	8.6
氯化钴	$CoCl_2 \cdot 6H_2O$	0.025
硫酸铜	$CuSO_4 \cdot 5H_2O$	0.025
钼酸钠	$Na_2MoO_4 \cdot 2H_2O$	0.025
碘化钾	KI	0.083
硼酸	H_3BO_3	6.2
烟酸		0.5
维生素 B_6（盐酸吡哆醇）		0.5
维生素 B_1（盐酸硫胺素）		0.1
肌醇		100
甘氨酸		2
蔗糖		20~30g
琼脂		7~10g
去离子水		1000mL

（1）母液的配制和保存 为减少工作量和便于低温贮藏，一般配成比所需浓度高 10~100 倍的母液，配制培养基时只要按比例量取即可。配好的母液需装在棕色小口瓶中，存放在 0~4℃冰箱中可使用半年至 1 年。如发现有沉淀物则不可再用，需重新配制。各种 MS 培养基母液见表 3-3。

（2）培养基的配制过程 将母液从冰箱中取出，依次排好，按需要定量吸取，放入量筒中。称取琼脂，加少量水后加热，并不断搅拌，直到全部溶化。再加入称好的糖和前面备好的各种成分，不

表 3-3 MS 培养基母液

	成分		用量
母液 1	硝酸铵	NH_4NO_3	82.5g
	硝酸钾	KNO_3	95g
	硫酸镁	$MgSO_4 \cdot 7H_2O$)	18.5g
	去离子水		1000mL
	配 1L 培养基取 20mL（50 倍液）		
母液 2	氯化钙	$CaCl_2 \cdot 2H_2O$	22g
	去离子		500mL
	配 1L 培养基取 10mL（100 倍液）		
母液 3	磷酸二氢钾	KH_2PO_4	8.5g
	去离子水		500mL
	配 1L 培养基取 10mL（100 倍液）		
母液 4	乙二胺四醋酸二钠	Na_2-EDTA	3.73g
	硫酸亚铁	$FeSO_4 \cdot 7H_2O$	2.78g
	蒸馏水		1000mL
	配 1L 培养基取 10mL（100 倍液）		
	硼酸	H_3BO_3	620mg
母液 5	硫酸锰	$MnSO_4 \cdot H_2O$	2230mg
	硫酸锌	$ZnSO_4 \cdot 7H_2O$	860mg
	碘化钾	KI	83mg
	钼酸钠	$Na_2MoO_4 \cdot 2H_2O$	12.5mg
	硫酸铜	$CuSO_4 \cdot 5H_2O$	1.25mg
	氯化钴	$CoCl_2 \cdot 6H_2O$	1.25mg
	配 1L 培养基取 10mL（100 倍液）		
	肌醇		5g
母液 6	甘氨酸		100mg
	烟酸		25mg
	维生素 B_6（盐酸吡哆醇）		25mg
	维生素 B_1（盐酸硫胺素）		5mg
	去离子水		1000mL
	配 1L 培养基取 10mL（100 倍液）		

断搅拌，使之充分混合，测定已配好的培养基 pH，用 0.1~1mol/L 氢氧化钠和盐酸将培养基调至所需的 pH。

将配好的培养基分别灌注到培养瓶中（试管或三角瓶），用盖子（棉塞、橡胶塞、铝箔）将瓶盖好，外面再包一层牛皮纸，标明编号。

大批量生产通常采用冷灌装，有专用的冷灌装机。不必经过加热。每次可以配制灌装数十升培养基，增加效率，节省劳力，其固化剂通常用卡拉胶。

培养基通常用高压灭菌锅灭菌。气压 111.46~121.59kPa（1.1~1.2kg/cm^2），10~20min，冷却后备用。

2. 兰科植物种子发芽用培养基

兰花种类繁多，种子发芽要求各不相同，故培养基的配方亦不相同，现介绍一些比较实用而又容易使用的配方。

（1）京都培养基（狩野 1968） 用量 /（mg/L）

①卡特兰用培养基

成分	用量
花宝 1 号（Hyponex No.1）	3g
蔗糖	35g
琼脂	15g
去离子水	1000mL

本配方的氢离子浓度为 10000nmoL/L（pH 5）

②大花蕙兰、兜兰用培养基

成分	用量
花宝 1 号（Hyponex No.1）	3g
蔗糖	35g
蛋白胨	2g
琼脂	15g
去离子水	1000mL

本配方的氢离子浓度为 10000nmol/L（pH 5）

③石斛及万代兰用培养基

成分	用量
花宝 1 号（Hyponex No.1）	3g
蔗糖	35g
琼脂	15g
苹果汁	100~200mL
加去离子水至总量	1000mL

本配方的氢离子浓度为 10000nmol/L（pH 5）

④蝴蝶兰用培养基

成分	用量
花宝 1 号（Hyponex No.1）	2.5g
花宝 2 号	0.5g
蔗糖	25g
蛋白胨	2g
琼脂	10g
香蕉	50g
去离子水	1000mL

本配方的氢离子浓度为 1000~3163nmol/L（pH 5.5~6）

（2）市桥培养基（1985） 用量 /（mg/L）

白芨兰（*Bletilla striata*）

成分	化学式	用量
硝酸铵	NH_4NO_3	961.2
硝酸钙	$Ca(NO_3)_2 \cdot 4H_2O$	949.6
硝酸镁	$Mg(NO_3)_2 \cdot 6H_2O$	592.8
硫酸铵	$(NH_4)_2SO_4$	264.4
磷酸二氢钾	KH_2PO_4	1633.2
去离子水		1000mL

黄花鹤顶兰（*Phajus minor*）

成分	化学式	用量
硝酸铵	NH_4NO_3	576.8
硝酸钾	KNO_3	242.6
硝酸钙	$Ca(NO_3)_2 \cdot 4H_2O$	522.2
硝酸镁	$Mg(NO_3)_2 \cdot 6H_2O$	296.4
硫酸铵	$(NH_4)_2SO_4$	132.2
磷酸二氢钾	KH_2PO_4	272.2
去离子水		1000mL

石斛（*Dendrobium nobile*）

成分	化学式	用量
硝酸铵	NH_4NO_3	352.4
硝酸钾	KNO_3	626.8
硝酸钙	$Ca(NO_3)_2 \cdot 4H_2O$	356.2
硝酸镁	$Mg(NO_3)_2 \cdot 6H_2O$	207.4
磷酸二氢钾	KH_2PO_4	190.6
硫酸铵	$(NH_4)_2SO_4$	238.0
去离子水		1000mL

大花蕙兰（*Cym.* Thelma）

成分	化学式	用量
硝酸钙	$Ca(NO_3)_2 \cdot 4H_2O$	1234.4
硝酸镁	$Mg(NO_3)_2 \cdot 6H_2O$	207.4
磷酸二氢铵	$NH_4H_2PO_4$	114.2
磷酸二氢钾	KH_2PO_4	789.4
硫酸铵	$(NH_4)_2SO_4$	52.8
硫酸镁	$MgSO_4 \cdot 7H_2O$	74.0
去离子水		1000 mL

黄花石斛（*Den.tosaense*）

成分	化学式	用量
硝酸钙	$Ca(NO_3)_2 \cdot 4H_2O$	902.2
硝酸镁	$Mg(NO_3)_2 \cdot 6H_2O$	207.4
磷酸二氢钾	KH_2PO_4	163.4
硫酸铵	$(NH_4)_2SO_4$	198.4
硫酸镁	$MgSO_4 \cdot 7H_2O$	74.0
去离子水		1000 mL

建兰（*Cym.ensifolium*）

成分	化学式	用量
硝酸铵	NH_4NO_3	496.6
硝酸钾	KNO_3	586.4
硝酸钙	$Ca(NO_3)_2 \cdot 4H_2O$	284.8
硝酸镁	$Mg(NO_3)_2 \cdot 6H_2O$	237.2
硫酸铵	$(NH_4)_2SO_4$	119.0
磷酸二氢钾	KH_2PO_4	299.4

去离子水			1000 mL

杂交种大花蕙兰
（*Cym*.Stanley Fourakar×*Cym*.Thelma）

硝酸铵	NH_4NO_3		16.0
硝酸钾	KNO_3	182	303.4
硝酸钙	$Ca(NO_3)_2$•$4H_2O$	1305.8	1305.8
硝酸镁	$Mg(NO_3)_2$•$6H_2O$	296.4	296.4
硫酸铵	$(NH_4)_2SO_4$	79.4	92.6
磷酸二氢钾	KH_2PO_4	517.2	272.2
硫酸钾	K_2SO_4		52.2
去离子水			1000 mL

旗瓣米尔顿兰 × 米尔顿兰
（*Miltonia vexillaria* × M.Spring Cinthia）

硝酸铵	NH_4NO_3	368.4	48.0
硝酸钾	KNO_3	141.6	141.6
硝酸钙	$Ca(NO_3)_2$•$4H_2O$	831	664.8
硝酸镁	$Mg(NO_3)_2$•$6H_2O$	296.4	296.4
硫酸铵	$(NH_4)_2SO_4$	79.4	595.0
磷酸二氢钾	KH_2PO_4	517.2	190.6
去离子水			1000 mL

蕾丽兰（*Laelia ancepse*）

硝酸钙	$Ca(NO_3)_2$•$4H_2O$	237.4
硝酸镁	$Mg(NO_3)_2$•$6H_2O$	296.4
硝酸钾	KNO_3	647.0
磷酸二氢钾	KH_2PO_4	598.8
硫酸铵	$(NH_4)_2SO_4$	132.2
硫酸钾	K_2SO_4	278.8
去离子水		1000 mL

虾脊兰（*Calanthe furcata*）

硝酸铵	NH_4NO_3	32.0
硝酸钾	KNO_3	1132.4
硝酸钙	$Ca(NO_3)_2$•$4H_2O$	237.4
硝酸镁	$Mg(NO_3)_2$•$6H_2O$	296.4
硫酸铵	$(NH_4)_2SO_4$	105.8
磷酸二氢钾	KH_2PO_4	381.0
去离子水		1000 mL

上述培养基中还要添加 MS 培养基中的微量元素、Fe－EDTA、蔗糖 25g/L 和琼脂 10g/L，pH 5.0~5.2，石斛和卡特兰还要添加 1ppm 烟酸。

（3）其他常用培养基

① 卡特兰适用培养基

花宝 1 号（Hyponex No.1）	2g
丰多乐（Phostrogen）	1g
蛋白胨	1g
香蕉	30g
蔗糖	20g
琼脂	12g
去离子水	1000mL

本配方的氢离子浓度为 10585 nmol/L（pH 5.8）

② 附生兰适用培养基

花宝 1 号（Hyponex No.1）	2g
丰多乐（Phostrogen）	1g
蛋白胨	2g
香蕉	30g
苹果	20g
肌醇	0.5g
蔗糖	20g
琼脂	10~12g
去离子水	1000mL

本配方的氢离子浓度为 3981nmol/L（pH 5.4）

③ 国兰适用培养基

花宝 1 号（Hyponex No.1）	3g
蛋白胨	2g
甘氨酸	2mg
肌醇	100mg
6－BA	2mg
腺嘌呤（Adenine）	2mg
椰子水	50g
香蕉	30g
苹果	20g
蔗糖	25g
甘露醇	1g
琼脂	12g
去离子水	1000mL

本配方的氢离子浓度为 3163nmol/L（pH 5.5）

④ Knudson C 培养基

磷酸二氢钾	KH_2PO_4	0.25 g
硝酸钙	$Ca(NO_3)_2$•$4H_2O$	1.0g
硫酸铵	$(NH_4)_2SO_4$	0.5g
硫酸镁	$MgSO_4$•$7H_2O$	0.25g
硫酸亚铁	$FeSO_4$•$7H_2O$	0.025g
硫酸锰	$MnSO_4$•$2H_2O$	0.0075g
蔗糖		20g
琼脂		17.5g
去离子水		1000 mL

⑤ Burgeff Eg－1 培养基（1936 年）

硝酸钙	$Ca(NO_3)_2$•$4H_2O$	1.0g
硫酸铵	$(NH_4)_2SO_4$	0.25g
硫酸镁	$MgSO_4$•$7H_2O$	0.25g
硫酸亚铁	$FeSO_4$•$7H_2O$	0.02g
磷酸二氢钾	KH_2PO_4	0.25g
磷酸氢二钾	K_2HPO_4	0.25g
蔗糖		20g
琼脂		15g
去离子水		1000 mL

⑥ N3f 培养基（兜兰用）

硫酸镁	$MgSO_4$•$7H_2O$	0.25g
氯化钾	KCl	0.25g
硫酸亚铁	$FeSO_4$•$7H_2O$	0.02g
硝酸钙	$Ca(NO_3)_2$•$4H_2O$	1.0g
硫酸铵	$(NH_4)_2SO_4$	0.25g
枸橼酸		0.09g
磷酸氢二钾	K_2HPO_4	0.25 g

葡萄糖	10g
果糖	10g
琼脂	12g
去离子水	1000 mL

Knudson C. Burgeff Eg−1和 N3f培养基中的硫酸亚铁最好能用 MS培养基中的 Fe−EDTA代替，使用效果较好；琼脂可改为10g/L。Burgeff Eg−1培养基为一般兰科植物用；N3f培养基为兜兰专用培养基。这两种培养基有较强的缓冲作用，其 pH值不需调整能保持在 5左右。

3.3 兰花的组织培养繁殖

从兰花的栽培史看，其繁殖技术的进步大体上可以分为三个时代：采集野生兰花并栽植后进行分株繁殖，这是最原始的做法；通过杂交播种等方法选出优良植株并进行分株繁殖，这是 20 世纪中期以前的模式；通过杂交、播种等方法培育出优良品种，用组织培养的方法大批量繁殖。这开始于 Morel（1960）观察到大花蕙兰的茎尖在无菌培养基上能形成扁圆形的小球体，这些小球体与种胚发育成的原球茎非常相似，故称为类原球茎（PLB）。在一定的条件下，类原球茎增殖较快，并可形成幼苗。Morel 的这一发现很快地被从事兰花研究和生产经营者应用到兰花新品种的快速繁殖中去。使优良的新品种在短短的数年内通过组织培养的方法，由几株繁殖成数万株或更多。从根本上改变了兰花育种、繁殖和生产的面貌。对兰花以及其他花卉生产有极大的促进，形成了现代农林园艺业界重要的生产手段之一——组织培养繁殖法。经过许多研究者的努力，目前有 100 余属兰科植物可以用组织培养的方法进行繁殖。这一方法在许多重要的商品兰花，如大花蕙兰、卡特兰、石斛、蝴蝶兰、文心兰、万代兰、米尔顿兰、树兰等的生产中得到应用。

另外，通过兰花的组织培养方法，可以对病毒感染的品种进行脱毒，也可以在组织培养的过程中对培养物加入诱变剂，促使幼苗产生变异，以达到培育新品种的目的。如 Winber（1963）用大花蕙兰进行液体振荡培养时，在培养液中加入秋水仙碱，成功地取得 40% 的类原球茎细胞染色体加倍。

用组织培养的方法生产兰花种苗有非常明显的优点：它能很好地保持原母本植株的品种特性，在一定的范围内不会产生明显的变异；可以在短期内繁殖出大批量商品性状一致种苗；与常规的繁殖比较，要求较多的设备和稍复杂的技术条件。

3.3.1 培养物（外植体）的采集和灭菌

兰花外植体采集部位常因属的不同而有所区别，并且会对培养成功与否有所影响。一般来说，正在生长中的芽是比较理想的用于组织培养的外植体，成功的可能性最高。但因属和种的不同，采芽的大小有区别，大花蕙兰 3~8cm，卡特兰 6~8cm，米尔顿兰 2~3cm，国兰（地生种）2~3cm，石斛 3~5 cm；单轴类的，如万代兰、树兰等应从旺盛生长的顶尖上采切一段，取其生长点部位；有些兰花其花茎上的营养芽比较发达，容易采切，如蝴蝶兰，文心兰可以切取花茎基部的芽作外植体。

有些种类兰花切下来的芽上面包括有数个隐芽（休眠芽）和生长芽。生长芽是细胞分裂活动最旺盛的部分，也是培养成功率最高的部位；休眠芽也可用来培养，但往往该芽体积比较小，剥离比较困难，生长也较慢，有时还要在培养基中加入植物生长调节剂以打破其休眠。

切下的芽经简单处理和剥制后，应充分用流水冲洗 30 min 左右，并把最外面的 1~2 片苞叶去掉，放在 10% 次氯酸钠溶液或漂白粉溶液（10g 漂白粉溶解于 140mL 水中，充分搅拌后静置约 20min，取其上清液）中浸泡 10~15min，或在 0.10% 升汞溶液中浸泡 10~15min。灭菌的时间和灭菌液的浓度应根据芽的大小和成熟度及不同种属的进行调整。做到既要防止菌类的污染，又要避免因灭菌液的杀伤作用而引起外植体组织的坏死。而后用无菌水冲洗 2~3 次，将残留的消毒物质去掉。

灭菌后的芽，应在无菌条件下剥离和切割。卡特兰类容易产生褐变，在切割时应将芽放在无菌水中操作，这样会比在空气中褐变的机会少些。剥离出芽的大小要依培养目的而定。以消除病毒为目的时，要尽量小，可以小到 0.1mm³；若以繁殖为目的的培养物可以大到 2~5mm³。体积越小，越难成活。大体积的剥离可以肉眼直接操作，太小则需要在解剖镜下才能看清。剥出的组织可以直接接种在已准备好的培养基上，在瓶上做好标记，而后移到培养室。各种兰科植物用于生产组培苗的可能部位见表3-4。

3.3.2 培养基

在植物组织培养中，培养基的组成成分是极其重要的一环，培养基不合适一切工作均很困难，不能使培养物成活、生长和繁殖。兰科植物组织培养所用的培养基，开始时都用兰花种子无菌播种（胚培养）所用的培养基，或其他植物组织培养用的培养基。所以，其配方中无机盐的成分无独特的地方。与种子发芽用培养基相比，其不同之处是增加了植物生长素和细胞分裂素，在某些兰花的培养中常常采用液体培养基。

1. 初生代培养用培养基

许多兰花种子无菌播种用培养基的无机盐稍加修改，并添加植物生长素类物质或其他有机物组成。关于兰花茎尖或组织块的成活及初期的生长，系统的研究不多，故很难说哪种培养基的组成较好。市桥正一（1988）对不同培养基做比较试验，石斛类使用 MS 培养基比较好；大花蕙兰使用 MS 培养基或 Knudson 培养基较佳；而蝴蝶兰类使用 Knudson 培养基较好。从植物营养学看，培养基中含有大量钠离子或氯离子，被认为是不必要的或有不良影响，故大量添加是有问题的（市桥正一，1988）。

在初生代培养基中添加植物生长素类物质有促进存活的功能，因此，在培养基中每升添加 0.1~1ppm NAA 能增加存活率。接种外植体的初期，细胞分裂素并不是成活的必要物质，但细胞分裂素有促进类原球茎（PLB）增殖的功能。另外，有些报告指出，在初生代培养基中添加维生素类、氨基酸或其他天然有机物质（如椰汁），有利于各种兰科植物培养成功或加速生长。

初生代培养需要解决的另一个问题是培养物必须是无菌的，这为以后的增殖培养打下良好的基础。在液体培养中，菌类污染很难区分，除必须使用液体培养的种类，如卡特兰类，应尽可能应用固体培养比较好。

表 3-4 各种兰科植物用于生产组培苗的可能部位（外植体）

（引自：（中国台湾）园艺世界杂志社．图解兰花栽培入门．1995:17.）

培养部分＼种类	新芽茎尖	新芽的侧芽	休眠芽	茎的潜在芽	花茎的腋芽	花茎的顶芽	新叶	根	花器
卡特兰	○	○	○				○	○	
蝴蝶兰	○	○	○	○	○	○	○	○	
石斛	○	○	○	○	○				
大花蕙兰	○	○	○						○
兜兰	○	○	○						
万代兰	○	○	○	○	○				
树兰	○	○	○	○	○				
米尔顿兰	○	○	○	○	○				
文心兰	○	○	○	○	○				○
齿舌兰	○	○	○	○	○				
虾脊兰	○		○						
春兰	○	○	○						
寒兰	○	○	○						

2. 增殖用培养基

据了解，没有一种可通用的增殖类原球茎的培养基。即使接种初期合适的培养基，在生长过程中由于某些物质的被吸收，也会致使培养基的组成产生变化。另外，不同兰花所需培养基也有所不同，在大规模的商品兰花的生产中，各公司均有自己的一套办法，但这些均作为商业机密，不可能公开。

在类原球茎的增殖中，大花蕙兰用 Knudson C 培养基 +10% 椰乳液体培养，通过 70 天的培养，生长指数可以达到 200 左右（是原来的 200 倍）；在 Knudson C 培养基 +NAA（萘乙酸）1ppm+ 细胞激动素（KT）0.01ppm 的固体培养基上也有比较好的效果。

繁殖卡特兰的类原球茎，通常用 MS 培养基 +NAA 1ppm 和 6−BA（苄基腺嘌呤）5ppm 的固体培养基，培养 60 天时生长指数可达 30 左右。也可以用 MS 培养基 +NAA 0.1ppm+KT 0.5ppm；或 MS 培养基 +NAA 0.5ppm+KT 0.1ppm；也可用 MS 培养基 +BA 0.1ppm+ 香蕉 15% 或椰乳 15% 效果也比较好。

对于米尔顿兰、树兰，用 MS 培养基作基本培养也很好。

蝴蝶兰用狩野培养基（1963 年）+ 蛋白胨 3g+NAA 1ppm+KT 0.1ppm 效果较好。

Vanda Udomsi AQ OAT（黄展发　摄）

一般来说，类原球茎分化苗是比较容易的，通常用基本培养基。固体培养时就能分化幼苗和根，先出芽后生根，形成新的个体。添加植物生长调节剂可以促进分化。

卡特兰在 MS 固体培养基上用作分化培养。再添加 NAA 0.5~1ppm 与 BA 0.1~1ppm 这一广泛的组合中都非常有效，因此，可以放心使用。

我们观察到，继代培养不可太久，否则会出现坏的趋向。如发生此倾向，最好重新采芽，从头开始。2,4−D 如果使用过多，会出现畸形的类原球茎，幼苗也会产生变异，使用时要注意用量。在规模化生产中尤其应避免这种情况，否则会给企业带来巨大损失。

3. 促进幼苗生长的培养基

一般情况下，用基本培养基可以连续完成类原球茎分化苗和长壮苗两步工作。但有实验表明，培养基不同，幼苗生长的健壮程度是有区别的。大花蕙兰在 White 培养基（成分及用量见表 3−5）上添加 10% 香蕉，生长较好。蝴蝶兰在狩野培养基上加 10% 香蕉也比较好。值得注意的是，蝴蝶兰在幼苗生长过程中，不喜欢转移培养瓶和更换培养基，每次转移都会有一批幼苗受到损伤。可以在原瓶中加注经过灭菌的培养液。

狩野卡特兰用培养基（1963 年）配方：花宝 3g、蔗糖 35g、琼脂 15g、蒸馏水 1000 mL（pH 5.0）。

石斛、蝴蝶兰、万代兰用培养基配方：花宝 3g、10%~20% 苹果汁、蔗糖浓度 3.5%、琼脂 15g，加水至 1000mL（pH5.0）。

兜兰用培养基配方：花宝 3g、蔗糖 35g、琼脂 25g、水 1000mL（pH5.0）。

另外，商业化生产的试管苗和实验室中产生的试管苗往往是有较大区别的。前者要求生产的试管苗要有较强的适应性，栽植后成活率高且生长迅速；实验室产生的试管苗则考虑后面的问题比较少。故在兰花种苗生产的企业对培养壮苗的培养基比较重视，也已经找出适于培养各种兰花壮苗的培养基。但这些往往是各企业的保密范围内的事。

表 3-5 White 培养基成分及用量

成分		用量 /mg
硫酸镁	$MgSO_4 \cdot 7H_2O$	360
碳酸钙	$Ca(CO_3)_2 \cdot 4H_2O$	200
硫酸钠	Na_2SO_4	200g
硝酸钾	KNO_3	80
氯化钾	KCL	65
硫酸锰	$MnSO_4 \cdot H_2O$	4.5
磷酸二氢钠	NaH_2PO_4	16.5
硫酸锌	$ZnSO_4 \cdot 7H_2O$	1.5
硼酸	H_3BO_3	1.5
碘化钾	KI	0.75
硫酸铁	$Fe_2(SO_4)_3$	2.5
甘氨酸		3
硫胺素		0.1
吡哆醇		0.1
烟酸		0.5
蔗糖		20g
琼脂		15g
水		1000mL

3.3.3 培养器材及培养环境

1. 容器和塞子

采芽后，培养的初期可以用 50~100mL 小培养瓶，而后期的幼苗生长阶段则需要较大的培养瓶，可以用 200~500mL 三角瓶。目前国外多用一次性的耐高温平底塑料瓶，省事，效果也好。

瓶塞十分重要，如果瓶口塞得过严密，根会向上伸长；如果用棉塞，因为水分散失过快，培养基会很快干缩，对幼苗生长有较大的影响。在橡胶瓶塞的中间打一个直径 5~6mm 的洞，洞中再用棉花塞紧，这样培养基干缩比较慢，幼苗生长也正常。

2. 超净工作台

各种无菌接种工作均需在超净工作台上进行，兰花无菌播种和组织培养必须使用。

3. 显微镜和解剖镜

切取较细小的兰花茎尖或生长点时需要，观察种子有无胚及胚的萌发和发育状况时使用。

4. 光照培养箱

在开发新种组培和实验时使用，可以探索新培养物所需的环境条件。

5. 普通冰箱和冰柜

贮藏生物制剂、培养基母液、椰汁及制作好的培养基等。

6. 计算机

计算机是组织培养室各种管理工作的必要设备。

7. 培养室

培养室是兰花无菌播种和组织培养工作最重要的设施之一，可根据实验室的任务和工作量确定所需的面积，并做好屋顶和四壁的隔热保温，安装可靠的空调机，室内设有多台培养架和振荡培养器（摇床）。培养室主要条件要求有：

（1）光照 在兰花培养中，通常多用光照强度约 2000lx，每天光照 12h，黑白交替。目前多用 40W 日光灯，在灯下 15~20cm 处培养。

（2）温度 恒定在 22~25℃，温度低培养物易生长缓慢，温度过高容易发生褐变、坏死等，尤其在夏季应特别注意防止高温，温度的变化可增加培养瓶的污染。当然，温度的设置应依培养的兰花种类而定，若是喜高温的秋石斛、万代兰，则应给予较高的温度，如 27~30℃。

（3）空气湿度 培养室内的空气湿度不宜过高，太高的空气湿度是增加培养瓶污染的原因之一。

蝴蝶兰在兰展中

尤其在热带地区，更应注意这一因素的影响。

（4）清洁卫生 应经常保持培养室内清洁、干燥，与外界空气交流不宜太多。这样可减少培养瓶的再污染。

3.3.4 液体培养

在大量生产的组培室中，多使用液体振荡培养。可根据生产的需要，设有数台摇床。在液体培养中，可以加快类原球茎的增殖速度，增大繁殖量。液体培养可以增加和改善培养液中的氧气供应量，增加类原球茎和培养液的接触面，促进培养物的快速生长和增殖。通常使用液体振荡培养机或旋转培养机，一般认为旋转培养机比振荡培养机对类原球茎更好些，在液体培养期间，最好能保持24h连续光照和适宜培养物生长的温度。

液体培养通常用200~300mL培养瓶（三角瓶），瓶内装相当于瓶高1/4~1/3的培养液，每瓶内放置的培养物（类原球茎）不宜太多，否则培养液中的氧气供应不足。摇床的振荡速度可根据瓶内液体的振荡情况而定，不宜过快或过慢。太快，易将培养液溅到瓶塞上，产生污染；太慢，液体内氧气不足。普通的振汤摇床在80~120次/min。瓶中的培养液约2周更换一次。当培养液的颜色变深、透明度变差时即应当更换新培养液。在液体培养中，应随时注意污染的情况，发现后及时清除。区别液体培养中的污染瓶，要比固体培养稍难些。通常，开始污染时培养液明显变浑浊，培养物（类原球茎团）表面由鲜绿色变成褐绿色，最后变为褐色，培养液表面和瓶壁上有时出现白色的小球状物，通常为真菌性污染。细菌性污染主要表现为培养液浑浊，如果是比较贵重的材料，发现污染后尽快从瓶中取出，灭菌后再培养，若是细菌性污染，则比较难以处理。

在液体培养中往往会形成较大型的许多个类原球茎结合在一起的球状体。在进行分化幼苗培养前必须把其切割成许多小块，如果能分清楚一个个的类原球茎，最好是每个一块，这样转接到固体培养基上，以后可以比较快地直接形成幼苗。否则，还需要经过几次的分割才能成为单一的类原球茎；或长成一团幼苗，分切比较困难。

目前，我国在兰花组培中应用液体培养苗比较少，也没有看到有大型的摇床出售。实际上，在兰花的组培中，液体培养占有较重要的位置，希望能引起有关方面的重视。

3.3.5 试管苗的驯化和出瓶移栽

1. 试管苗驯化阶段

类原球茎分化出幼苗后，通常将其转接到长壮苗的培养基上。为了使幼苗在这一阶段生长到足够高度，多采用较大型的培养瓶和灌注多量的培养基。以前国内多采用实验室的某些做法，培养容器偏小，培养基灌注量也少，故出瓶的试管苗多数偏小，这样对其移栽的成活率有较大的影响。

幼苗转接到长壮苗的培养瓶2周后，可将培养瓶从培养室转移到专用的驯化室。在驯化室培养约3个月或更长的时间。驯化室中用阳光替代人工光，试管苗成长远比培养室中要健壮，这样可以减少培养室的负担，又能节约能源的耗费。实际上将兰花幼苗栽培温室的一部分稍加改造，即可以作为驯化室用。

2. 试管苗的出瓶和栽种

试管苗一般长至高5~8cm，有3片以上的叶和2~3条根时，即可以移出培养瓶，栽种到盆里。苗稍大些移栽成活率高，但太大又不易出瓶。栽培用的基质同播种苗；每盆栽种10余株（通常称为CP苗）。从试管中取出的幼苗要用水轻轻将附着在根上的琼脂洗掉，以免琼脂发霉引起烂根。另外，为了避免出瓶困难，在配制培养基时，可适当减少些琼脂，降低培养基的硬度，便于幼苗出瓶。另外，在瓶中加一些清水，并用力摇动，这样可以使瓶内的培养基与根部分离，可以减少出瓶的困难。

盆栽试管苗必须特别细心，因为它十分脆弱，很易受伤。为了能使试管苗得到一些锻炼，可在出瓶前24~48h把瓶盖全部打开或打开一半，使幼苗叶片增强一些抗性。但打开时间不要太久，以免引起培养基发霉。

栽植后的试管苗需放在与培养室和驯化室温度相近的温室内。可根据不同种类兰花的要求调整温度，亚热带地区的种类可调到25℃左右；真正热带兰花要在30℃左右。空气湿度应稍高些，但盆栽基质和叶片不能过潮，以免引起腐烂。温室内应有较强的散射光，或30%左右的阳光能照射到室内。每周施一次液体复合肥（氮磷钾之比为20:20:20），浓度在0.1%左右，进行叶面喷洒或根部浇灌。每周喷一次抗菌剂。1个月以后可移至光线稍强的地方。应注意不同种类的兰花对光照强度的要求不同。通常试管苗出瓶后，在CP盆中要栽2~3个月后再单株栽植在6~8cm的小盆中。或作为商品苗出售（亦称为CP苗）。经过CP苗栽种阶段的小苗抗性较强，一般的花农买去后容易栽培成功。由于种类不同，生长的快慢差异较大。生长快的种类，盆栽后6~8个月可以开花，有些种类要3~4年。通常认为，组培苗比播种苗开花期要提早许多。

3.3.6 组培中防止变异和保持种苗的一致性

目前市场上见到的大部分商品化生产的兰花，如卡特兰、大花蕙兰、蝴蝶兰、文心兰、秋石斛、春石斛、万代兰、米尔顿兰等绝大多数是通过组织培养的方法繁殖出来的。从理论说，通过组织培养繁殖出来的种苗应当和母本植株是完全相同的。尤其是在实验的阶段，绝大多数情况下也确实如此。但在大批量的生产中，长时期的组织培养期间其培养物会受到各种因素的影响而产生变异。这一点已经得到多方报告证实。组培苗变异的直接后果是种苗的不一致性，这是兰花种苗供应商和种苗购买者（兰花种植场）最不愿意看到的。我国大规模生产兰花的组培苗起步比较晚，自己生产的组培苗数量比较少。消费者对于花卉的质量要求尚未提高到对品种标准的认可程度；国内也没有组织有关专家进行调查，所以这一问题显得不是很突出，但事实上是存在的。据笔者的了解，有的国内兰花种苗生产公司对这一问题一直认识不清，从开始组培的几个品种培养物连续生产数年，中间没有更替新的种源。这实在太危险了。当然，这种情况早年在国外也曾发生过，并给兰花的生产带来损失。为避免这种现象在国内兰花业界的发生，现提出一些建议。

1. 用于组培的母株必须是优良植株

（1）不能用没有开花的组培苗作种源（母本植株）进行组培繁殖 做组培工作的人员为了减少外植体消毒的麻烦，常常从已开展兰花组培的实验室买进带瓶的试管苗，回来后进行增殖培养，这看起来是省事，实际上存在许多隐患，可能出现许多麻烦。如：品种名称是否正确？原母本植株是否带有病毒？该瓶苗在原实验室已培养了多少代，是否产生了变异等？从市场上买来的开花植株，往往没有正确品种名称。没有看到开的花，不知道其价值如何，不能用作组培的母本植株。

（2）严格挑选用于组培的母本植株

a. 组培品种必须是数年后会受到消费者喜爱的品种。不论是引进的或自己培育品种，在决定进行组培大量繁殖之前必须认真地审定。这里不只是组培人员的认可，还需负责销售的人员认可。

b. 用作组培繁殖的母本植株必须逐棵挑选，使每一株均具有该品种的典型特征（尤其是花）。

c. 植株生长健壮，绝对无病毒感染，如果可能还需进行病毒测试。

2. 如何防止组培中产生变异

（1）采集的每个茎尖的繁殖量必须控制在一定的范围之内，不可过大 如大花蕙兰采切的每个茎尖的繁殖数量应控制在1000~10000苗。

（2）初代培养时可以用NAA、6BA、KT 尽量不用或少用2,4-D；继代培养时，尽量减少生长素和细胞分裂素（NAA、6BA、KT等）的用量。在培养基中添加天然的有机物，如椰汁、香蕉、土豆、西红柿汁、苹果汁等是有益的。许多兰花类原球茎的分殖能力是十分强的，不一定非在培养基中添加人工激素。

3. 及时剔除变异的类原球茎（PLB）和幼苗

在继代培养的后期，有经验的组培工作人员可以很容易识别出那些在培养瓶中产生变异的类原球茎和幼苗。它们往往在颜色、个体的大小、叶片长宽比等方面均有明显的变化。在每次类原球茎分割和幼苗分瓶时将这些变异个体全部剔除出去，只保留那些正常培养物。试管苗出瓶时也是一个挑选合格试管苗的时机，一些大的兰花种苗公司只保留一级的瓶苗用于栽种，二级以下试管苗全部淘汰，这在很大程度上可以避免产生变异的种苗流入市场。据笔者了解，在我国兰花种苗的生产中能认识到这一做法重要性的公司并不是很多。

Grammatocymbidium Lovely Melody 'Jumbo FiFi'

兰花的杂交育种

Den. MU807（谢平　摄）

兰花的新品种培育工作也和其他农作物和园艺植物一样，是发现和利用兰花产生的自然变异及人工创造的新变异，通过选择、培育和鉴定把其中符合育种目标要求的变异植株，繁育成为一个有栽培价值群体的品种。

兰花的变异植株可以通过野外调查、栽培中的芽变和实生（播种）选种等途径获得。

人工诱发变异手段较多，如有性杂交、物理或化学方法诱发染色体倍性变异和基因突变、体细胞杂交、基因工程等。本书只介绍兰花育种中应用较普及的有性杂交和染色体倍性育种。

由于兰花栽培繁殖的技术进步，通过上述方法选出的优良植株可以应用组织培养的方法将其繁育成一个能充分体现其母本植株特性、表现一致和性状稳定的群体，可根据需要提供市场或其他用途。

4.1 有性杂交育种

在兰花新品种培育中，早期多是利用自然变异，选择优良单株成新品种。但自然变异发生频率低、范围窄，其变异性状也未必符合我们的育种目的。而有性杂交育种，可以克服这方面的限制，通过人工有意识地创造变异，育成新品种。在新品种培育中有性杂交育种占有重要的地位，仍是目前培育兰花新品种应用最广泛和最有效的育种途径。

有性杂交是根据育种目标选配亲本，通过人工杂交，把分散在不同亲本中的优良性状组合到杂种之中。通过对其后代进行选择、比较鉴定，获得遗传性相对稳定而又符合育种目标的新品种。

兰科是有花植物中最大的科之一，有800个属，25000余个原生种。世界兰花消费约年70亿美元。荷兰、美国兰花占据盆栽花卉的第二位。近3年每年平均以20%以上的速度增长。商品化生产的兰花主要有蝴蝶兰、大花蕙兰、卡特兰、文心兰、石斛、兜兰、万代兰等热带兰花。上述7个属已发现的原生种1675种，只占兰科植物原生种的6.7%。这7个属的杂交栽培种多达101044个，占11万兰科植物杂交种的92%。

兰科植物种类多，而且种间甚至是属间杂交比较容易。种间的杂交种甚多，往往是一个杂交种集中了许多种的优良特性；现在已经有几个属之间的杂交种的记录。与其他科的植物相比较，兰科植物中进行人工有性杂交成功率比较高。

兰科7个属植物杂交种数

属名	品种（种）间杂种	属间杂种（作母本）	属间杂种（作父本）	杂交种总数
蝴蝶兰	20000	1751	2377	24128
兰属	11499	33	6	11538
卡特兰	25164	3474	2272	30910
兜 兰	17890	32	6	17928
石斛兰	9441	5	0	9446
文心兰	807	564	739	2110
万代兰	2511	1392	1081	4984
合 计	87312	7251	6481	101044

（引自：朱根发，2004）

兰科7个属原生种数

属名	原生种数	中国原生数	中国原生所占比例/%
蝴蝶兰	70	6	8.6
兰属	50	29	58.0
卡特兰	50	0	0
兜兰	65	18	27.7
石斛	1000	76	7.6
文心兰	400	0	0
万代兰	40	9	22.5
合 计	1675	138	8.2

（引自：朱根发，2004）

4.1.1 种质资源库（圃）的建立

要通过杂交培育新品种，必须掌握尽可能多的种质资源，这样才有可能选出为培育新品种所需性状的亲本。

1. 原生种的收集

兰科植物种类比较多，收集原生种时不可过于盲目。应当根据育种的需要，主要集中收集某个属或几个属的原生种。在可能的条件下，应当将该属有用的种尽量收集齐全，栽种在种质资源圃内（也称为原始材料圃）。

在收集原生种时，应特别注意收集该原生种的一些具有特殊性状的类型和植株，而不是到山区随便采集某个原生种的一般植株。以大花蕙兰为例，应当收集那些花大型、花瓣形态好、色彩有可取之处、花茎直立性强、有较强耐低温或抗高温等特性的植株。只要从育种的角度看，有可取的特点便可作为种质资源收集到圃中。再如莲瓣兰，要收集其中的大雪素、丽江星蝶。前者是取其花色洁白的基因，后者看中的是其花瓣的唇瓣化。这些特点在杂交育种中均可能为改善新品种特性起到关键作用。同样，各种花形、株型的原生种收集也照此进行。

2. 杂交种品种的收集

经过百余年的杂交育种，在兰科主要属，尤其是商品化栽培比较发达的属，如蝴蝶兰、石斛、大花蕙兰、兜兰、卡特兰、万代兰等，出现的杂交组合已十分复杂。有一代杂种、二代杂种至多代杂种。有些品种已经含有许多原生种和杂交种的优良特性。而且杂种的数量十分庞大，不可盲目收集。

朱红鸟舌兰（*Asctm. miniatum*）

作为种质资源收集品种需注意如下事项：

（1）不能收集杂种，而要收集杂交种品种。

（2）收集的种质应当紧密为育种目标服务，即收集的品种有些特性与育种近期和远期目标有关联。这些植株并不一定是开花最漂亮的。

（3）收集的种质必须有正确的品种名称，或可以查出其品种名称。

（4）收集植株不带有病虫害，尤其不能有病毒病。

（5）收集开花植株或从开花株上采集花粉块；没有开花的植株须在信誉好的种植场购买。一般情况下，不购买小苗作种质资源。

（6）种质资源的收集应当是长期的工作，逐年积累品种量，逐渐扩大，这些是最宝贵的育种资料。

3. 种质资源圃的管理

（1）种质资源圃是杂交育种和种质保存的基地，应有单独的种植区、温室、荫棚。注意不能与生产圃混在一起，通常不对外开放。

（2）资源圃保存的品种必须有详细记录。包括该品种的彩色照片、历年栽培管理情况、生长发育情况、开花期和有关该品种的各种记载。最好能查清该杂交种的系谱，即每个品种要有一份详细的档案。

（3）花粉块的采集和保存。兰花不同种和品种开花期不同，往往从春至冬均有开花的品种。为使不同开花期的品种能够进行杂交，最方便的办法就是将花粉块贮存起来，待母本株开花时授粉。花粉块采下并风干后，分品种密封放在干燥器中，再将干燥器放在 −21~ −8℃的冰箱中。这样花粉块活力可保持 1 年以上；在 0~5℃的冰箱中，也可保持活力数月。保存的各品种花粉块须认真编号，并做好记录。如品种名称、采集时间、贮存温度等。

采集和保存花粉块的品种，在可能的范围内应

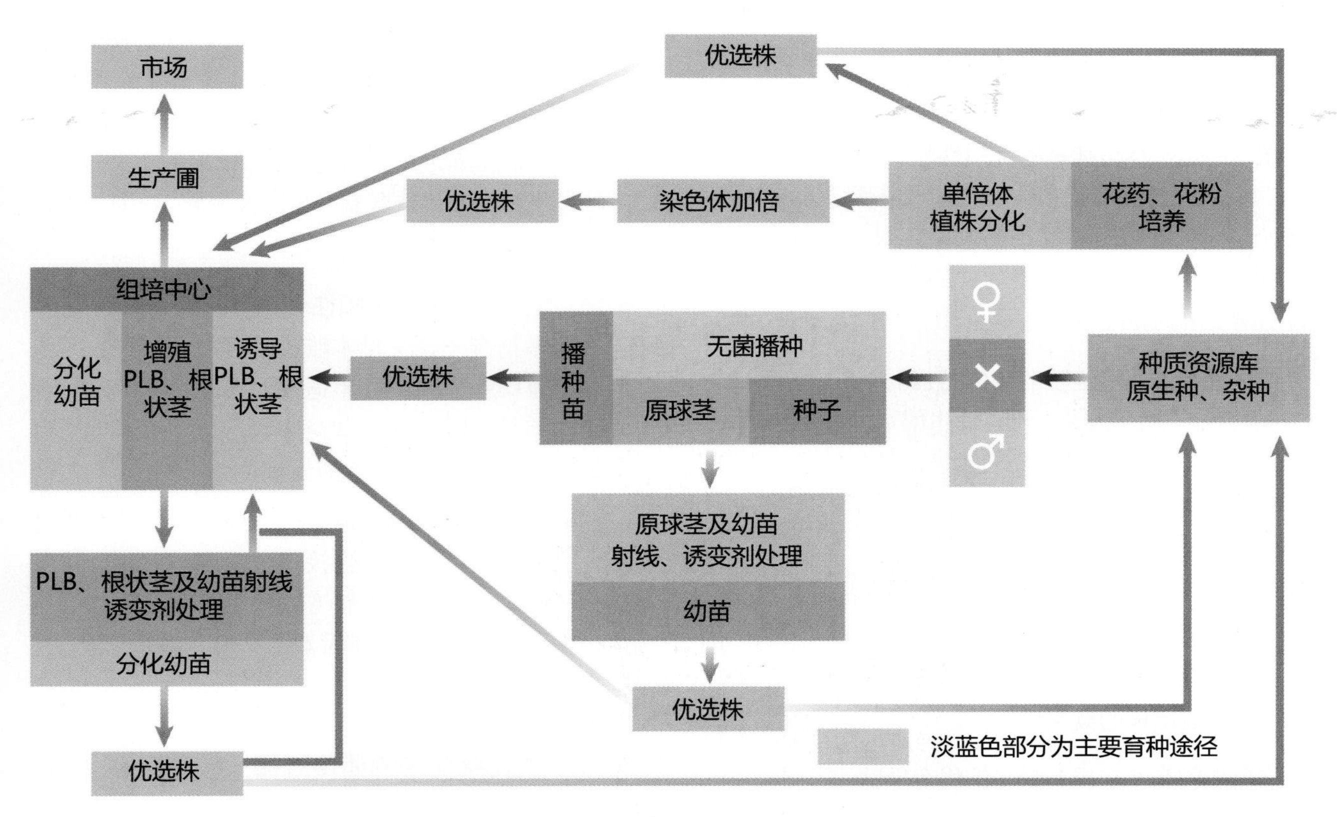

兰花育种路线图

尽量多些。可以备而不用，但不可用而无备。除本地种质资源圃，还可以采集外地或其他单位的品种。另外，花粉块的交换和邮寄工作在兰花爱好者之间经常进行，这对促进兰花新品种的培育十分有益。

（4）种质资源生物学特性调查了解。这是一项育种工作者比较细致的工作。许多性状可以通过查阅资料获得，有些则要求自己进行检测。

在杂交育种中影响比较大的染色体数目，许多原生种可能有记载，但杂交种品种的染色体数目则很少公布。如果实验室有高倍的显微镜或能通过分子手段检测，应当尽量查清主要品种的染色体情况。如果染色体数目不整齐，是不能用作杂交亲本的。

4.1.2 杂交亲本的选择和选配

1. 明确选择亲本的目标性状

根据选育品种的目标，确定选择亲本的性状要求，并分清主次。对主要性状要有较高的要求，必要的性状不低于一般水平。如为了解决切花品种花茎的直立性为目标，在挑选亲本时花茎的直立性是主要的，其他性状则不低于一般水平。

2. 亲本应具备尽可能多的优良性状

亲本的优良性状多，十分便于选配能互补的双亲。这样可以缩短新品种的培育年限。也就是，具有目标性状的优良品种与优良品种杂交，更容易培育出所要求的新品种。

3. 要注意亲本优良性状的遗传力强弱

育种的实践证明，通常野生的或原始类型的性状遗传力大，较稳定，大于栽培品种的性状；纯种性的性状大于杂种性的；长期表现稳定的性状大于不稳定的。母本的性状多数情况下大于父本的；少数基因控制的性状大于多基因控制的性状。

在选择亲本时，应该选择优良性状遗传力强，不良性状遗传弱的亲本，使杂交后代群体内具有优良性状个体出现的概率增加。

4. 作母本的亲本应具有最多的优良性状

在杂交的情况下，其后代性状较多倾向母本。因此，用优良性状比较多的亲本作母本，用需要改良性状的亲本作父本，杂交后代出现综合优良性状的个体往往较多。在兰花杂交中，由于优良品种比较多，要选择最优良的品种间进行杂交。不必再重复前人走过的路，用原生种间去杂交。如野生种具有特殊的优良特性可以利用时，通常以其作父本，以栽培品种作母本。

5. 根据性状的遗传规律选配亲本

在选择亲本时，要选择那些目标性状为显性的品种作为亲本之一，不必双亲都具有。

6. 用普通配合力高的亲本配组

普通配合力是指某一亲本品种或品系与其他品种杂交的全部组合的平均表现。普通配合力的高低决定于数量遗传的基因累加效应，基因累加效应控制的性状在杂交后代中可出现超亲变异，通过选择可以稳定成定型的优良品种。选择普通配合力高的亲本配组有可能育出超亲的定型品种。

7. 注意亲本繁殖器官的能育性

在选配亲本时，应注意选择雌性器官发育健全、结实性强的品种作母本。雌性器官不健全、不能正常受精或不能形成正常种子的品种不能用作母本。在现代兰花的优良品种中这一现象十分普遍，许多品种是不育的或生殖器官产生巨大变异。作为父本，其花粉可育性必须正常。

8. 注意父母本之间的亲和性

许多情况下，父母本雌雄器官发育均很正常，但由于雌雄配子间相互不适应而不能结实。这种现象往往容易出现在远缘杂交中，自交结实率低或自交不结实的品种间杂交也有发现。

另外，目前市场上流行的一些兰花优良品种是不育的，多数不能拿来直接作杂交亲本之用。这些品种往往染色体数目不整齐，或是高多倍体、三倍体，其开花期往往较一般品种长。叶片浓绿、肥厚；花瓣亦较宽、大而肥厚。

4.1.3 兰花杂交中的遗传规律

不同种类兰花在杂交育种中往往表现出不尽相同的遗传特性。在进行某一类兰花的杂交育种时，应尽可能多地查阅前人发表的实验（论文）报告和相关的书籍，了解其相关的遗传特性。这样可以避免走弯路。目前世界上流行的几大类兰花，如蝴蝶兰、大花蕙兰、卡特兰、石斛、兜兰、文心兰和万代兰均进行了大量的杂交育种工作，明确了许多有关的遗传规律。在开展工作时完全可以借鉴。

1. 以细茎石斛为主要亲本的杂交育种

日本野生的细茎石斛（日本江户时代被栽培而受宠的长生兰，直至现今仍有一部分日本和韩国的爱好者），耐寒性强，芳香而娇小，具有观赏价值的种类。

英国人 Cookson 最早将细茎石斛的优良特性导入春石斛品系中，在以后的一个世纪里产生了很多优秀的园艺品种。据《国际散氏兰花杂种登记目录》在 1980 年的记录，登录的杂种一代和二代有 56 个。

据报道，吉野忠男（1988）以四倍体春石斛和细茎石斛（*Den. moniliforme*）与其他春石斛进行杂交育种工作。其目的为获得具有下列优良性状的品种：①耐寒性强；②着花性良好；③花形和花色优美；④适于盆栽而不需要支柱的植株形状；⑤容易在新生假鳞茎上着花及具备两亲本的优良性状。

吉野先生将其杂交的部分结果整理得出下列几点遗传规律：

（1）株形、花形 大花四倍体和近于细茎石斛系列品种的一代杂交后代，一般呈现亲本之中间型。株型变大，花瓣有变薄的倾向。

（2）花色 白花 × 白花之后代通常多为白花，但也会出现粉红、樱花色。以鹭娘品种为亲本时出现这种情形较多。白花 × 黄花之后代多白色，也会出现黄色，但多为淡黄色。黄花 × 黄花之后代全部呈现黄色，但有浓淡之差异。白色花 × 紫红色之后代全部变成紫红色，但颜色稍淡，偶尔也出现白花。

（3）新假鳞茎着花的情形 一般黄色大花系统的品种在新假鳞茎上不形成花；但与细茎石斛杂交后代中会出现很多在新假鳞茎上着花的植株(个体)。白色花系中以白王（White King）为亲本，通常在新假鳞茎上不会着花，但偶尔会出现在新假鳞茎上开花的植株。

（4）花香 该育种的目标是将细茎石斛的花香导入杂交的后代中，黄花或白花系中有很香的植株出现。

（5）如何选择母本 该实验表明，母本的影响较多。因此，宜选择经多次改良的具优秀品质的优良品种作为母本植株。以近于野生性状的植株作为父本为佳。

2. 大花蕙兰早期人工杂交育种

（1）花色遗传 构成花色的基本物质是花色素苷、黄花素和质体素三类，每类包含几种色素。花色的形成受控于基因，并受酶的制约。兰属中碧玉兰白色花品种（*Cym. lowianum* var. *concolor*）、白色花美花兰（*Cym. insigne*）和白花独占春（*Cym. eburneum*）三种遗传纯白色；绿花的墨兰、建兰和素心建兰不含花青素，但它们在遗传上不是纯白色。据报道，很多大花蕙兰的杂种白色后代，都是由白花碧玉兰、白花美花兰和白花独占春三者杂交而来。两个有色亲本杂交，一般有色为显性，无色为隐性。另有报道，黄绿色在遗传上与米白色比较为显性。粉红色与白色比较，粉红色为显性。红色与黄色比较，红色为显性。

（2）花期遗传 兰属春花品种与秋花品种杂交，其后代倾向秋季开花品种；但冬末至春天开花的台兰，与别的种或杂种杂交其后代开花期与别种一样，在秋天或初冬开花。雪兰与青蝉兰交配种的花期有部分出现超亲现象，在 11 月上旬开花，比亲本提前 2~3 个月。

（3）株型等的遗传 在兰属种间的杂交后代中，大部分植株在叶片的长宽、片数及叶形上倾向于母本植株，受父本影响略小。在花梃高度、着生状态上基本倾向母本，但受父本的影响略大。在花朵形态及唇瓣斑纹上受父本影响很大。花序上的花朵数，兰属植物约为父母本双方平方根之和。

（4）香味遗传 在兰属的种间杂交中，母本的花幽香，父本不香，其杂交后代大部分有浓淡不等的香味（吴应祥，吴汉珠，1998）。

3. 国兰类：春兰和寒兰之间的人工杂交育种

据记载，田原望武先生（1988）开展了春兰和寒兰的杂交育种工作。通过花粉的采集、贮藏、授粉、播种时期、播种方法、培养基、发芽、根状茎的形成及营养芽的产生和诱导等 8 个方面对东洋兰（国兰）的育种工作进行了详细的表述，并最后对春兰和寒兰人工杂交育种中的一些特点进行总结。

（1）从播种到开花所需的年限 随个体而异，最快者需五年，大多数情况下需 6~7 年。

（2）开花期 在不加温的温室（指日本）栽培的植株大多数于 11 月中旬至 12 月中旬开花。但也有一部分迟至 1 月才开始开花。

（3）花 花的形态几乎介于两亲本的中间型，但也出现一部分属于寒兰型或者春兰型的个体，花瓣和寒兰一样为厚肉状。

以绿色花的寒兰为授粉亲本者产生绿色花；以黄色花的寒兰为授粉亲本者，产生黄绿色花；以红色花的寒兰为授粉亲本者，产生稍带红色的绿底有红条斑的花。

一花茎上的着花数，大多数为一茎二花，较强壮株出现过一茎三花者。

所有杂交种都具有芳香，香气几乎属寒兰型；有少量植株产生类似报岁兰的香气。

（4）叶 叶的性状也属于两亲本的中间型，稍下垂，叶宽为 1~1.5cm，叶长为 30~50cm，较春兰的叶有光泽；叶缘变化很大，从完全无锯齿到有细锯齿。

（5）植株性状 该杂交种表现出较强的 F_1 杂种优势。因此，很少看到叶尖枯黄的现象；对寒冷的冬季也具有相当于春兰的耐寒性。

今后如果能以红花或黄花系统的日本春兰和同色花系统的寒兰杂交，或和优美的中国春兰杂交，推测必能出现有高园艺价值的杂种后代。

本杂种最大优点为容易栽培。

4.1.4 育种目标

进行新品种培育工作时，不可盲目进行植株间杂交；也不能看到所栽的兰花结果，采下便播种。这样的做法随意性太大，不可预知其后代情况。播种一个果实的种子不难，一旦种子萌发后有大量的工作要做。以大花蕙兰为例，从开始授粉至播种苗开花需 4~5 年时间，并占用大面积的实验室、温室，消耗大量人力、物力。如最终开花植株不符合要求的新品种特性，会造成巨大浪费。

另外，市场的变化非常快，在确定培育新品种时，应当对市场的需求和发展有所预测。在进行市场需求预测时必须有主管销售的经理和总经理参与，这项工作绝不只是技术人员可以完成的。

Bc. Morning Glory

Blc. Rustic Spots 'H and R'

C. Orange（谢平　摄）

可从以下几方面改善新品种的性状。

1. 提高观赏价值

（1）丰富花色　兰花色彩虽很丰富，但仍缺乏某些色彩，如春兰的朱金红色、艳红（相当于国旗红）在大花蕙兰中尚极少见到，如果通过杂交，应当不难将这种色彩转到新品种的大花蕙兰上。同样，国兰的这些种中，除莲瓣兰外，其他的种如春兰、蕙兰、建兰、墨兰、春剑等均缺乏纯白色的品种，如果把杂种大花蕙兰纯白色、花瓣呈荷形的品种（这样的品种比较多）与国兰的名品杂交，其后代一定可以选出白色而花瓣又较宽的单株。

另外，蝴蝶兰的花色虽十分丰富，但缺少蓝色，而万带兰中奇妙蓝色非常诱人，如果能通过远缘杂交或其他手段将这种色彩的基因转移到蝴蝶兰中，应当是很可贵的。

（2）改良花形　在兰科植物中，其花均为左右对称，原始种的花萼和花瓣大多比较窄而长；栽培品种通常要求花朵要丰满、圆润，花形要大。在新品种培育中花形的改良举例如下：

大花蕙兰现有品种的花形基本上保持了该属花形的模式，比原种显得丰满，花瓣和萼片更宽。而国兰中某些花形的变化完全可以作为改良大花蕙兰花形的取材，如国兰中的三星蝶模式，其花瓣全部唇瓣化，整个花形呈辐射对称（原为左右对称）。另外，国兰中一些多瓣型、花序分枝型的品种，均可以用做改良现有大花蕙兰和国兰育种的优良原始材料，以改变现有品种的花形。若能培育出这样的品种，应当很受欢迎。当然，国兰花形的加大也是一项很重要的工作。

（3）改良株形　兰花种类多，株形各不相同，因用途不同，对株形的要求亦不尽相同。在育种工作中应根据市场的需求和个人的爱好确定育种目标。以大花蕙兰为例，目前栽培的品种中，多数大、中型品种比较完美，小型品种的株型多数较差。通常叶片较松散，花较小而稀疏。应培育出株形更紧密、叶片较短而花箭多、大花型的品种。目前我国大多数城市居民住房不是很宽敞，客厅里放上 1~2 盆大株型品种盆花显得太臃肿。垂花大花蕙兰中国刚刚出现几年，十分讨人喜爱，应及时引入优良品种，与我国的垂花型原生种亲本进行品种间、品种与原生种间的杂交。以选择出适合于中国市场和各地不同气候条件的品种。

（4）增强花的香味　大多数人除了喜欢国兰花的色彩和形态之美，还很喜欢花香，这和多数西方人有差异。尤其谈到兰花，中国人一定会想到花香，这可能与中国传统的国兰以香闻名于世有关。在大花蕙兰中，已经培育出许多香花型的品种。如新月（*Cym.* Lovely Moon Crescent）、幸运阿里（*Cym.* Lucky Gloria Aguri）、钢琴家（*Cym.* Fortissimo Piarlist）、金色海滩（*Cym.* Lovely Fantasy Luna Boach）、月神（*Cym.* Palm Lime Luna）和恋人（*Cym.* Geat Katy Love Me）等。

在蝴蝶兰中，亦培育出了具有香味的品种，如 1984 年登录的兰花世界（*Phal.* Orchid World）曾在 1987 年的第 12 届世界兰花大会上荣获两项最高大奖。其亲本为 *Phal.* Malibu Imp × *Phal.* Deventeriana。

（5）关于国兰的育种　在中国大陆，国兰的人工杂交育种工作开展得较少。作为中国十大传统名花之一的国兰，在育种中首要的条件是其可观赏性和芳香。植株的形态，花形和花色均应美观、好看。只有这样的品种才能流传久远，受到广大兰花爱好者和经营者的欢迎。

2. 改变或延长花期

（1）培养多季开花的品种　多数兰花种类开花期比较固定，作为商品盆花或切花这样受限制比较大。应当培育多季开花的品种，或培育出不同季节开花的品种。这一点卡特兰、秋石斛比较好，大花蕙兰则差些，缺少夏季开花的品种；蝴蝶兰类则是靠温度调节，控制花期。

（2）延长花的开放时间　在目前商品化生产的几大类热带兰花中，大多数花期比较长。如蝴蝶兰、万代兰和部分兜兰，每朵花可以开放一个月或更长。有些种类则比较差，如卡特兰，虽然花非常美丽，但往往一朵花的寿命太短，只能开 1~2 周，这在一定程度上影响了卡特兰在普通居民中的普及。在大花蕙兰中，有些大花型的品种花期非常短，特别是在北方城市居室有加温的条件下凋谢得更快。如果这一性状能得到改善，可延长观赏期。

（3）培育夏季开花的品种　有些种类的兰花，如大花蕙兰的品种主要在晚秋至初春开放，夏季开花的品种很少，质量也差，如果能培育夏季开放的品种，则可以使大花蕙兰的花期更长。

3. 增强品种抗性

（1）增强品种耐高温的特性　一些原产于热带高山区和亚热带山区的兰花种类，如大花蕙兰、春石斛等对高温很难适应。在我国大陆地区的华南、长江中下游和华北地区夏季均较热，大花蕙兰和春石斛的许多优良品种在这些地区过夏较困难。如果将国兰中建兰和墨兰耐高温的特性转移到大花蕙兰的优良品种中，把秋石斛耐高温的特性转移到春石斛中，则可能减少在这些地区栽培大花蕙兰和春石斛的困难。

（2）增强品种耐低温的育种　目前许多热带兰花对低温的忍耐能力均比较差，要扩大热带兰花在我国的栽培区域，这是一个十分重大的课题。以大花蕙兰为例，许多优良品种在 5℃以下时间稍长便会受害，0~2℃下严重冻害。本属中有些地生种的耐寒能力较强，如蕙兰（*Cym. faberi*），抗低温和干旱的能力甚强，在 −5~−3℃的冬季不会受害，且花也很美又芳香，若能将其作为亲本之一，可培育出耐寒品种。

秋石斛是一类喜高温的热带兰花，在海南岛南部栽培冬季生长仍受到一定的影响。要彻底解决海南大面积栽培秋石斛，冬季生长正常，必须进行耐低温品种的培育工作。

（3）抗病毒病品种的培育　在兰花的规模化生产中，病毒病是最大的危害之一，稍不留意便易感染病毒病。目前，对病毒病尚无有效的治疗方法，只能严格地防疫，彻底解决的方法是培育抗病毒品种，然而，到目前为止，尚未见相关报道，这应当

Calanthe Five Oaks

Catasetum fimbriatum 'Golden Horizon'

是兰花育种家和分子生物学家共同的一项重要课题。

4.1.5 有性杂交的方式和技术

为了把亲本的优良性状综合到杂种后代中去，人工有性杂交这一手段比较容易实现。人类通过杂交这种方式培育出了大量的适合于人类要求的品种，在兰花中亦是如此。

1. 杂交组合的类型

（1）原生种（或属）和原生种（或属）之间的杂交 原生种之间的杂交工作开始得较早，早期的杂交工作通常是在原种间进行的。在进行原种间的杂交时并不是随意找出两个种的任意植株进行杂交。实际上，任何一个原生种中都有许多经园艺学家挑选出来的优良植株（品种）。这里指的原生种间的杂交，事实上是原生种优良品种间的杂交。这种杂交产生的后代通常称为一代杂种。

如石斛属中完成最早也是最著名的原生种之间的人工杂交种 *Den*. Cassiope ， 1890 年登录，亲本为细茎石斛（*Den. moniliforme*）× 石斛（*Den. nobile*）。该杂交组合中出现许多优良的品种，如‘Miss Biwako’、‘Miss Beppu’、‘Red Knight’、‘Shigisan’等。该杂种将细茎石斛的较强的耐寒性和花的芳香与石斛美丽的色彩完美地集中到一起，是石斛属人工杂交中比较成功的组合之一。该杂交种在以后的春石斛新品种培育中得到较多的应用。

（2）原生种（或属）与杂交种（或人工属）品种间的杂交 一般是指原生种（或属）品种与杂交种（或人工属）品种间的杂交。

在石斛属中，*Den*. Snowflake 是这一类杂交种组合的典型代表，也是春石斛中最有名的杂交种之一。亲本为杂交种 *Den*. Cassiope × 石斛（*Den. nobile*），1904 年登录。该杂交种 *Den*. Snowflake 中产生许多十分优良的品种，如目前在春石斛市场上仍然较受人们喜欢的品种‘Red star’，便是该杂交种的优良品种；另外，还有‘Otome’、‘Asabi’等。

（3）杂交种品种间的杂交 目前大多数兰花杂交种品种均代表着某个杂交种，而不是普通原始的品种。实际上这些品种间的杂交是代表着杂交种（已注册的）与杂交种之间的杂交，一旦杂交成功，便又创造出一个新的人工杂种，并可登录注册。当前，在新品种培育中，这一杂交组合应用最多，也最容易培育出新的优良品种。因为作为亲本应用的每个杂交种品种均集中了其祖代各亲本的许多优良特性。再在品种间的杂交过程中将两者的优良特性集中在一起，必然会产生出优秀的后代。

杂交种品种间的杂交，多数情况下其亲本系谱（Family Tree Orchid Hybrid）十分复杂。有的多达 10 余代，集中了数十个原生种和杂交种品种的优良特性。如杂交种蝴蝶兰（*Phal*. Musashino Moon）其亲本十分复杂，亲本的系谱表打印出来长达 18 页之多（1992 年登录）。

2. 查阅《国际兰花杂种登记名录》

该目录由英国皇家园艺学会（RHS）负责编辑，登录全世界的兰花人工杂交种。英国皇家园艺学会是国际兰花杂种登录的权威机构，登录的杂交种名单定期发表在 RHS 出版的《兰花评论》（*The Orchid Review*）月刊上。

通过查阅《国际散氏兰花杂种登记目录》，可以了解前人进行的杂交工作，可知道那些杂交种品种各代亲缘关系。从事杂交育种工作的人员应逐渐熟悉所进行杂交育种兰花的各品系的著名品种及其亲本。了解该属内各原生种及其主要品种，这样才能在进行杂交时比较自如地运用已收集的种质资源，有利于选配交配亲本，更容易培育出所希望的新品种。

另外，通过查阅《国际散氏兰花杂种登记目录》，知道前人已登录的杂交种，我们就不必再重复前人所做过的工作。按国际规定，只承认最先登录的杂交种，在这一点上和专利登记十分相似。故在选择杂交组合时，应充分考虑这一规定。

3. 杂交授粉的操作程序

（1）有目的地选择父母亲本 母本植株最好在自己的园圃内，这样授粉后数个月的保护和管理比较方便。亲本选择的基本原则要由培育新品种的方向确定，如希望新品种是粉红色大花型红唇，则必须挑选亲本一方或双方具有所要求的特性。花型大、粉红色、红唇的品种为亲本。

（2）母本植株花去雄 兰花（不包括杓兰和兜兰）去雄比一般的花要简单，授粉前将蕊柱顶部的花粉囊盖打开，可以看到黄色的花粉块，不同种类花粉块数目不同，用镊子轻轻取出即可（花的结构可参看本书有关部分）。如想保留取出的花粉块，仍需放入冰箱中的干燥器内。

（3） 父本花粉块的准备 花粉块最好现采现用，这种花粉块的生活力最强。也可以使用冷冻贮藏的花粉块，授粉前从冰箱中取出，争取在短时间内使用，不可在外面放太久，否则易发霉。

（4）授粉 多数兰花在蕊柱顶部稍向下一点，有一凹陷的椭圆区，即是柱头区。柱头区有一些黏性分泌物，将父本的花粉块轻轻放在柱头区内，就完成了授粉工作。因为柱头区内有黏性物质，花粉块只要放进去便不会掉出。

（5）去掉唇瓣 授粉后的花必须将其唇瓣去掉，这样可以避免昆虫的再次授粉。一般来说，唇瓣是来拜访兰花的昆虫的“停机坪”，去掉唇瓣以后，昆虫没有落脚的地方，就不可能再在采蜜的过程中给兰花授粉。

常见栽培的兰花授粉后不必再套袋，只有极特殊的兰花种类需要人工授粉后套袋防止意外再授粉。

（6）每花序上只授粉 1~2 朵花 有些兰花每枝花箭上有花 10~20 朵，一般情况下，只要授粉 1~2 朵花。在授粉工作完成后，将其他没有给予授粉的花朵全部剪掉。这样做是为了集中植物的营养供应已授粉果实的发育。避免植株消耗过大，影响其正常生长。如果授粉的 2 个果实（子房）全部开始膨大，这时可以剪掉发育较差的一个，以保证另一个果实生长得更好。

（7）挂标牌和认真记录 授粉工作完成后，必须立即在授粉花朵的部位悬挂标牌。牌上写明授粉的父母亲本、授粉日期和操作者，亲本的写法是：前面的是母本（♀）， × 号为杂交符号，写在后面的为父本（♂）。标牌通常用塑料片制成，用专用的油性记号笔或铅笔书写，用细铜丝或尼龙线悬挂，这样可以保持数月不会模糊或丢失。另外，还需要有专用长期保存的杂交育种记录本，详细地记录杂交授粉及授粉后各时期子房的发育变化情况，直到果实接近成熟时止。如果授粉后很快变黄、坏死和中期败育，也应记录在案，以便查找原因。

4. 杂种种子的无菌播种和幼苗培养

（1）发育正常果实的无菌播种 授粉后果实发育一直比较正常，可以在果实接近成熟时（各种兰花授粉后至果实成熟时间不同，有的只有数日，有的 3~5 个月，有的 9~11 个月）采下尚未开裂的果实进行无菌播种。未开裂的果实可整体灭菌，要比种子灭菌操作简单容易。果实开裂后，收集的种子需灭菌后方能播种（无菌播种方法请参阅本书兰花的繁殖一章）。

一次播种没有用完的种子，可以风干后密封放在冰箱中贮存。

每次播种前，最好取出部分种子放在显微镜下检查一下，看种子是否有胚，或有胚的种子占有多大比例。一般的规律是亲缘关系越远其杂交种子可育胚的数量越少。为了得到新品种，无论种子中有胚的数目占多小的比例均应进行播种，并将幼苗培育长大。

（2）杂种苗的栽培和管理 一般来讲，杂种苗在出瓶后幼苗及成苗的栽培和管理方法基本与组培苗相同。只是每粒种子只需要其长成一株苗，不必经过增殖阶段。在试管苗、CP 苗、幼苗及成苗栽培期间均需注意苗的变化，这期间也可以发现一些产生变异的植株。

（3）每杂交组合保留的开花株数 一个发育好的杂交果实中含有数万至数十万粒种子，如果全部发芽成苗数量太大，没有必要让其全部开花。因为杂交种后代分离比较严重，其开花株一般不作商品花销售。按照惯例，每个杂交组合需最后保留 500~800 盆的开花植株。植株大的种类可少一些，小的可多些，以便从中选出优良单株。

5. 杂种苗开花后的选择

从杂交授粉开始至播种苗开花需要的时间，不同种类的兰花有较大差异。石斛和蝴蝶兰比较快，

1.5~2 年；大花蕙兰比较慢，要 3~4 年。

杂种苗开花后可以比较容易观察到各种不同花形、花色、开花期和株形等的植株。这时应根据育种的目标和未来市场发展的方向，组织专门人员进行挑选。这是一项细致而繁琐的工作，选种的人员应具有较强的洞察力和敏锐的眼光，能在千变万化的花丛中挑选出有潜力的植株。

如果育种工作是为公司提供未来生产的品种，在选种工作中首先要考虑的是市场的发展趋势。出于个人爱好的育种，则选种的标准完全取决于个人的喜爱。一个杂交组合可以选数个至十余个优良单株。将这些单株栽培好，在开花时参加国内或国际的大型兰展。在展览会上获得金、银和铜奖的植株（品种），应当是有发展前途的。获奖的品种可以参加拍卖，或作为本公司开发生产的品种。

挑选剩余的植株可低价销售或送人。这些均没有开发价值，而且这一部分花占的比例较大，这是育种工作中常会碰到的问题。不淘汰差的，就不可能有优秀的品种出现。这些花通常称为“淘汰花”，并不是栽培和生长不良，而是育种中没有选中的植株。

4.2 染色体倍性育种

兰科植物和其他植物一样，其细胞中所包含的染色体数目是一定的，其体细胞中有两套完整的染色体组，称为二倍体。其性细胞，如花粉和卵细胞都是只具有一套染色体。大多数的原生种和比较原始的品种，其体细胞一般都是二倍体。如果体细胞中的染色体数目为 3 倍或 3 倍以上的称为多倍体。所谓染色体倍性育种，就是利用各种实验技术，获得植物表现良好的倍性植株，并从中筛选出最优良类型，以便最终培育成优良的新品种。

多倍体育种具有较强的实用性，通过染色体的加倍或改变，可以培育出优良的多倍体新品种。这在农林和园艺方面应用已十分广泛，在兰花的育种中也使用较多。

4.2.1 多倍体植物的特点

（1）植物器官的巨大性　由于染色体数目的增加，植物细胞核及细胞都相应变大，致使植物器官整体变大。如多倍体大花蕙兰花变大，萼片和花瓣增宽、变厚，花茎变粗，叶片变宽、变长、变厚。

（2）通过无性繁殖能固定其多倍体的优良特性　多倍体的兰花花大型、花色美、适应性强等优良特性可以通过无性繁殖的方法固定下来。目前大量生产的多倍体优良品种均是通过组织培养和传统分株方法繁殖的。

（3）生长健壮且抗逆性强　多数的多倍体植株生长健壮，有较强的适应能力，栽培较容易。在兰花中这一特性表现突出，因为染色体数目的增加，提高了酶的活性，增强了多倍体植株的生活能力。

（4）兰花育种中充分利用高多倍性　栽培的兰花品种中，尤其是国兰中许多矮生、畸形品种许多是高多倍体。如果需要培育这一类的品种，可以利用高多倍体的这种特性。

（5）结实性下降或不孕　某些多倍体植株由于染色体发生不同程度的错乱，致使结实率下降或完

酒红肉唇兰（*Cycnodes* Wine Delight ‘J.E.M’）

全不孕。这一现象在优良的兰花品种中较多，作为观赏花卉这类品种花期较长。

4.2.2 多倍体的种类

多倍体按其来源，主要可分出为两大类，即“同源多倍体”和“异源多倍体”。此外，还有介于二者之间的衍生类型。

1. 同源多倍体

同源多倍体成对染色体的来源是相同的，通常是由原生种或较原始的品种在有丝分裂时，染色体加倍后直接发生的。

2. 异源多倍体

异源多倍体成对染色体的来源是不同，其来源有两种：一种是由不同类型亲本（至少一个是多倍体）杂交而来。这种情况比较多的出现在兰花的早期育种中，如原生种和多倍体品种间的杂交。另一种是由不同种类或类型杂交获得不孕性二倍体杂种，染色体加倍而来。后者称为“双二倍体”，它常具有与二倍体相似的可孕性。这种方法是产生新种和品种的主要途径之一，这种在现代兰花育种中应用比较多，而且成效显著。

4.2.3 多倍体培育途径

获得兰花多倍体的途径是多种多样的，可以通过大量的调查，如各种兰花种植场、兰花大型销售场地和野外考查中进行选择；也可通过有性杂交、人工诱变和组织培养等途径获得。其中人工诱变和有性杂交是获得兰花多倍体的主要途径。

1. 在资源调查中有目的地选择

这种方法在国兰的品种选择中应用最为普及，我国国兰的品种几乎全部是从野生变异中选择出来的，其中不少优良品种为多倍体。

在兰花种植场和花卉市场中也常可以发现一些变异的兰花植株，其中有不少可能是有变异的多倍体植株。

另外，通过芽变选种，也是获得兰花多倍体和其他变异的重要途径之一。这种变异在兰花的栽培中是经常碰到的现象，只是没有引起人们足够的重视。当然在大量组织培养及其幼苗的栽培过程中，这种变异发生的概率更高。

2. 化学诱变

人工化学诱变是获得兰花多倍体最有效、成就最显著的一种方法。常用的化学诱变剂为秋水仙素，培育成了许多优良的多倍兰花品种。另外，还有萘嵌戊烷 [分子式为 $C_{10}H_6(CH_2)_2$] 和富民隆，在处理园艺植物诱变多倍体方面均取得较好的效果。

3. 有性杂交育种

通过有性杂交可以获得更多和不同类型、不同种类的多倍体类型。

4. 组织培养

在兰花的组织培养过程中，有目的地添加诱变剂等方法，使培养物产生变异，变异率比较高。通常在进行兰花的无菌播种繁殖和组织培养繁殖工作的个人或公司均建有或大或小的组培实验室。有了这样一个实验室开展人工诱变工作是十分方便的。

4.2.4 秋水仙素诱导兰花多倍体植株

人工化学试剂诱变是获得园艺植物多倍体的有效方法之一，常用于诱变多倍体的化学药剂为秋水仙素。

秋水仙素是从原产于地中海沿岸的秋水仙属植物的球茎和种子提取出来的一种有剧毒的植物碱。纯秋水仙碱是无色或黄色的结晶，溶点 155℃，可溶于酒精、氯仿、苯和冷水、热水中溶解度较小。在实验中常以水或酒精作溶媒，也可将其加入洋菜培养基中。秋水仙素的水溶液渗入植物分生组织后，能防止正在分裂的纺锤丝的形成。因而使分裂的染色体停留在赤道板上，不向两极移动。细胞中间也不形成新的初生壁，从而产生染色体数目的加倍，形成多倍体细胞。再由这些细胞分裂，发育成多倍体植株。秋水仙素只是影响正在分裂的细胞，防止纺锤丝的形成，而对染色体的结构无显著影响。

秋水仙素不耐高温、高压，在培养基的配至过程中，不能将秋水仙素添加到培养基中。否则，在培养基的高温、高压灭菌时，秋水仙素会变质，失去使染色体加倍的作用。

进行兰花的染色体加倍时，通常将秋水仙素直接溶解于酒精中，再以无菌水稀释。这一操作最好能在无菌条件下进行，配出的无菌秋水仙素稀释液在超净工作台上直接添加到需进行加倍处理的无菌播种瓶；PLB 培养瓶或幼苗培养瓶中，可以避免菌类的污染。

兰花的染色体加倍较简易的方法是在液体震荡培养瓶中，按照设计的浓度添加无菌的秋水仙素稀释液。而后再在这些培养瓶中接种需加倍的 PLB 或已萌动的无菌播种的种子。

接种在洋菜培养基上的 PLB、初期萌发的种子和幼苗，也可以通过在培养瓶内添加经无菌稀释的秋水仙素水溶液进行染色体加倍。但这些工作均需在超净工作台上，按无菌操作的要求进行。

应控制使用秋水仙素的浓度，正在旺盛生长的 PLB 和已萌发的种子可用 200~500mg/L，处理的时间为 1~10 天。取出后用无菌水冲洗 2~3 次，再转移到固体培养基中培养观察。用秋水仙素处理出瓶的幼苗，其浓度应高于 PLB 和萌发的种子 1~2 倍。

诱导成功的多倍体植株，不等于产生了新品种。它们只能是作为选择优良品种的原始材料。待其开花后，经过认真的评选，只有那些最优秀的中选者才能成为新品种。经过染色体加倍处理的植株，产生优良植株品种的比率会更高一些。

Cycnodes Jumbo Micky 'Jumbo Fiff'（陈隆辉　摄）

5 兰花的分类、命名与登录

Z. Redvale ‘PrettyAnn’（古屋进 摄）

5.1 兰花的分类

兰科（Orchidaceae）是被子植物中最大的科之一，约 800 属 25000 种，由各种进化机制导致的花部和营养体形态特征变化多样，是植物分类研究中难点之一。在分类阶层系统上，兰科植物由于种类众多，采取了多阶层逐级划分的分类系统，包括亚科、族、亚族、属、亚属、组、种等，其中属、种为分类研究中最基本的等级。在分类性状上，每个阶层划分依据的形态特征不同：亚科、族、亚族的划分主要依据可育雄蕊的数目、花粉聚合成花粉块的方式和程度、营养体形态和习性、地理分布等；而属、亚属主要考虑蕊柱的特征、营养体特征、地理分布等；种的分类主要依据花被片特征。

历史上，植物分类学家对兰科植物的形态学性状，尤其是花部性状开展了广泛的研究，提出了兰科植物许多分类系统，并认为兰科植物是被子植物中最为进化的类群，这些工作为后续研究奠定了坚实基础；而 20 世纪末兴起的分子系统学为兰科植物的分类学研究等提供了新的观点和证据。在分类上，确认拟兰科（Apostasiaceae）和杓兰科 Cypripediaceae）应并入兰科植物中，将原来的鸟巢兰亚科（Neottioideae）并入树兰亚科（Epidendroideae），将香荚兰族（Vanilleae）和朱兰族（Pogonieae）处理为一个独立的香荚兰亚科（Vanilloideae），将绶草亚科（Spiranthoideae）并入红门兰亚科（Orchidoideae）；在系统学位置上，原来的微子目不成立，确认兰科属于天门冬目（Asparagales），位于被子植物的基部位置。目前，基于形态学、分子系统学和地理分布方面的资料，亚科和族的划分基本稳定，分类学家观点基本一致，将兰科植物分为 5 个亚科和约 30 个族：拟兰亚科（Apostasioideae）（2 属 /16 种）、香荚兰亚科（15 属 /250 种）、杓兰亚科（Cypripedioideae）（4 属 /150 种）、红门兰亚科（195 属 /4800 种）、树兰亚科（Epidendroideae）（600 属 /20000 种），其中树兰亚科约占兰科植物的 75%。

在亚族和属的划分上，尤其是一些大属的分类处理上，学术观点比较多，争议比较大：一些学者建议将一些大属，如石斛属（*Dendrobium*）、毛兰属（*Eria*）等，进一步划分成若干小属，如将石斛属划分为 50 个属，而另一些学者则建议归并，将一些大属及其卫星属进行合并，如将石斛属、金石斛属（*Flinkingera*）、厚唇兰属（*Epigeneium*）等合并成一个广义石斛属。这些争议一方面涉及分类学中的一些理论争论，如单系与并系问题、属的定义问题、未来植物命名法的发展等；另一方面则涉及基础研究和生产方面的冲突，尤其是一些传统形态上比较一致但多系属的处理问题，这些属传统的分类处理已广泛使用，如文心兰属复合体（*Oncidium* alliance）的处理问题。目前，这些争论还在持续，为了方便大家使用，本书中属的概念将基本上依据英国邱园主编的《兰科属志》（*Genera Orchidacearum*， Vol. 1–6）所采用的分类体系。

Cycnodes Jumbo Puff 'Jumbo Emperur' SM/TOGA

5.2 兰花的命名

所有的植物物种拥有且仅拥有一个唯一的拉丁学名。兰花与其他植物一样，其命名要遵循《国际植物命名法规》（ICBN）的规则。该命名法规在 2011 年 7 月于澳大利亚墨尔本举行的第十八届国际植物学大会（XVIII International Botanical Congress）上已修改为《藻类、真菌和植物国际命名法规》，大会通过了一系列关于该命名法规的修正案。其中最重大的修正包括：以命名为目的、出现在有统一书号的电子出版物中发表是有效的；新类群可使用英语或是拉丁语进行描述。人工栽培兰花的命名细节同时还要遵守《国际栽培植物命名法规》（*International Code of Nomenclature for Cultivated Plants*，ICNCP）。

5.2.1 兰花原生种的名称

兰科植物同其他植物一样，其中文名和英文名称在科研、生产和交流过程中，容易出现同物异名或同名异物的情况，导致一些混乱和不必要的错误，因此，物种的科学名称采用双名法确定，即属名加种名（又称种加词）。属名为拉丁化的名词，采用斜体，而且首字母必须大写；种名为拉丁化的单词，常描述植物突出特征，或纪念相关人物、发现地等与植物密切相关的信息，它的首字母小写，也用斜体；在属名和种名之后还有命名人的名字或其缩写，如杏黄兜兰的完整学名是 *Paphiopedilum armeniacum* S. C. Chen et F.Y.Liu。在园艺应用中，为了使用的方便，口头和日常应用中常将后面的命名人部分省略，写作 *Paphiopedilum armeniacum*。

Paphiopedilum *armeniacum* S. C. Chen et F.Y.Liu
属名 种名 命名人

而对于种下等级，采用三名法，用 ssp.，var. 或 f. 表明种下等级亚种、变种或变型。如：*Cymbidium faberi* var. *omeiense*，其中"var." 是变种的标志。

5.2.2 人工培育兰花的名称

人工培育的兰花名称常包括栽培品种、栽培群和杂交群（Grex）的名称概念。

1. 栽培品种（cultivar）

栽培植物的基本阶元是栽培品种。栽培品种是这样一个植物集合体：（a）它是为特定的某一性状或若干性状的组合而选择出来的；（b）在这些性状上是特异、一致、稳定的；并且（c）当通过适当的方法繁殖时仍保持这些性状。栽培品种各有不同的产生方式和生殖方式。不论采用何种方法繁殖，只有那些继续保持特定栽培品种的限定性状的植物才能被包含在该栽培品种内。

当考虑两个或多个植株属于相同的还是不同的栽培品种时，它们的来源与之无关。由自然传粉得到的种子或倍性变化等途径得到的若干单株植物的集合体，如果符合上面栽培品种的3个特征标准，并且总是可以通过一个或多个性状区别出来，尽管该集合体的单株植物之间不一定在遗传上完全一致，仍然可以构成同一个栽培品种。通过任何一种当前用来鉴定相关类群栽培品种的方法都无法互相区别的栽培品种，被视为同一个栽培品种。如由芽变产生的一些栽培品种，尽管芽变发生在不同的时间和地点，但彼此之间无法区别，因而可以看做同一个栽培品种。但如果一个栽培品种繁殖方法的改变导致它赖以区别的一系列性状发生改变，这样产生的植株就不被认为属于同一个栽培品种，如：一个栽培品种通常靠营养体无性繁殖。如果用种子进行有性繁殖，可能产生在高度、重瓣程度和花色等性状方面广泛变异的植株。这样的实生苗，除了与该栽培品种无法区别的那些单株植物之外，其余植株不能再被认为和该栽培品种相同，也不能再叫这个栽培品种的名称。

在兰花组培微繁殖（micropropagation）过程中，可能产生一些突变体，如果这些突变体可以被分离、固定、增殖成为一个新的可以满足栽培品种3个特征标准的植物集合体，则可以被看做一个新的栽培品种。

一般来说，植物学的阶元 varietas（变种，缩写为 var.）和 forma（变型，缩写为 f.）并不等同于园艺学中所说的 cultivar（栽培品种）。英文中的 variety（品种、变种、种类）、form（类型、变型、种类）和 strain（品系）与 cultivar（栽培品种）也不同。但是当在一些国家和国际立法或其他具有法律效力的公约、协定中，variety（品种）一词或其他语言中的对应词是一个法定术语或其他方面的法律术语，用来称呼一个业经证实的特异、一致、稳定的变异体，这种情况下可以认为其含义等同于 cultivar（栽培品种）一词。同样地，当英语中 form 这个词意指栽培类型或园艺类型（cultivated or garden form）时，也被看做 cultivar（栽培品种）的同义词。

2. 栽培群（Group）

栽培群是根据栽培或外形性状等限定的相似性，可包含若干栽培品种、若干单株植物或它们的组合的正式阶元。构成和保持一个栽培群所依据的标准因特定使用者的需要而异。园艺应用中，如果这种归属具有实用目的的话，一个栽培品种、一株植物或其组合在构成一个栽培群的一部分的同时，也可以被指定为属于另外一个栽培群。一个栽培群的所有成员应当共同具有该栽培群据以限定的一个或多个性状。一个种或种下等级的分类群，如果在植物学中不再被承认具有分类学价值，但在农业、园艺或林业分类中仍然有用，可以被指定为一个栽培群。有时在命名中可能使用了其他诸如 sort（类）、type（型）、selections（选系）或 hybrids（杂种）之类的称呼作为等同于栽培群（group）一词的用语，这类用语应改换为 group（栽培群）这个词。在兰花叶艺变化中，属于某一特定叶艺的栽培品种的集合体可被指定为一个栽培群。尽管"艺"这个字通常不包括在这样一个栽培群加词里边，但是可以加上 group 这个词。如日本十分流行的风兰（*Neofinetia falcata*）的栽培类型中有 Hariba（针叶，叶尖端如针的类型）、Mameba（叶短而宽的类型）、Shiro-fukurin（白覆轮，叶具白边的类型）和 Tora-fu（叶具虎斑类型）等艺。这些叶艺每一个都包含许多已命名的选系（selections），其中有些已栽培了几个世纪。如果这些艺被承认为栽培群，要分别写做 *Neofinetia falcata* Hariba Group、*N. falcata* Mameba Group、*N. falcata* Shiro-fukurin Group 和 *N. falcata* Tora-fu Group。

3. 杂交群（Grex）

杂交群是是指两株不同种的植物经过有性繁殖的方式所产生的全部直接后代的总称，是基于明确表述的家系而把若干植物集合在一起的正式阶元。杂交群到目前仍为仅应用于兰科植物的专有概念，按照现行的用法，杂交群的亲本只限于种这一等级或另外一个其他的杂交群。同一个杂交群名称既用于正交，也用于反交。如：*Paphiopedilum* Atlantis grex × *P. aphiopedilum* Lucifer grex 正交的杂交群名称是 *P. phiopedilum* Sorel grex，其反交的杂交群名称也是 *P. aphiopedilum* Sorel grex。

一个杂交群内可以建立一个或多个栽培群，当杂交群的一个或多个亲本的名称被认为是其他分类群的异名（synonym）时，不要为该杂交群另行建立新的名称，而要使用同一杂交群最早的建立名称（established name）。如：*Dendrobium* Alan Mann grex 建立于 1970 年，陈述的家系是 *D.* Caesar grex × *D. ostrinoglossum*。D. Soo Chee grex 建立于 1985 年，陈述的家系是 D. Caesar grex × *D. lasianthera*。因为 *D. ostrinoglossum* 后来降为 *D. lasianthera* 之下的异名，所以 *D.* Soo Chee grex 相应地成为 *D.* Alan Mann grex 的异名。除了以上情况之外，杂交群的一个或多个亲本的名称，由于任何其他命名法的或分类学上的原因而改变时，不要另行建立新的杂交群名称，而要重新陈述该杂交群的家系。如：× *Renades* Arunoday grex 原来发表时陈述的家系是 Aerides multiflorum × *Renanthera imschootiana*。如果现在认为 *Aerides roseum* 明显不同而从 *A. multiflorum* 划分出来，并且上述杂交群的亲本之一若因此转而归入 *A. roseum*，那么要把陈述的家系改为 *A. roseum* × *R. imschootiana*。兰花杂交种筛选出来的性状优良的杂交种品系在杂交群名后面还被给予一个栽培品种或栽培群二级名称。如兜兰（*Paphiopedilum noble*）与 *P. belisair* 的杂交群植株都被称做 *Paphiopedilum* Paeony，其中一个选出的品系可写作 *P.*Paeony ‘Regency’。其属名仍采用首字母大写和斜体字书写，但杂交群以及栽培群名用正体字、首字母大写，品系名称需用单引号括上来做相应的标志。

兰科最早期的杂交种是属内杂种，可以沿用亲本共同的属名；但是随着越来越多有近缘关系的两属间，甚至多属间的杂交种诞生，要求给予这些属间杂种以新的杂交属名。

两个属和三个属之间的杂交种的名称一般取各自的属名的一部分组合成一个新的属名，如：杂交属 × *Laeliocattleya* 就是雷丽兰属（*Laelia*）与卡特兰属（*Cattleya*）之间的杂交种的属名，常简称 *Lc.*。

但是对于四个或四个以上的属间杂种，为了避免过于冗长的名称，我们给予它们一个全新的杂交属名，而且统一以‘-ara’词根结尾。如：杂交属 × *Kirchara* 是 *Cattleya*、树兰属（*Epidendrum*）、Laelia、贞兰属（*Sophronitis*）这四个属之间的杂交种的属名。为了与天然属的属名相区别，在人工杂交属的属名前加‘×’号。

5.3 兰花杂交种的国际登录

1854 年世界上第一个人工培育的兰花杂交种诞生，从那以后详细的杂交育种信息一直完整保存延续至今。与绝大多数其他植物不同，不仅同属内的种间可以杂交，属间杂交也很常见，在野外还拥有大量的天然杂交种（群）。因此，兰花杂交种的血统往往十分复杂，目前已知的一个杂交种融合有多达 9 个不同属的 20 个原生种的血统。在过去的 150 年里，全世界已经培育出超过 11 万个杂交群（grexes）。因此，其杂交种的登录管理工作显得更为重要。

兰花杂交种的国际权威登录机构是英国的皇家园艺学会（Royal Horticulture Society，RHS），作为世界栽培植物国际登录权威机构网络（International

Cultivar Registration Authorities，ICRAs)的一部分，在促进保持栽培植物名称的一致性、准确性和稳定性方面扮演着关键的角色。RHS从建立至今已经有100多年的历史，长期坚持完成了大量登录工作，完整保存了兰花杂交种的家谱，在兰花的杂交育种史上有着举足轻重的位置。

RHS自1962年开始承担兰花杂交种的国际登录工作，在过去的50多年里，新的杂交种一直以一年超过3000个杂交种的速度不断增加。世界上历史最长的兰花杂志《兰花评论》（*The Orchid Review*）每逢双月出版公布最近新登录的兰花杂交种清单，同时也在其他地区的几个兰花杂志上复制公布。新登录的兰花杂交种清单以PDF的形式也可以在线查阅。

当准备申请登录一个新的杂交种，首先从RHS网站http://www.rhs.org.uk/Plants/Plant-science/Plant-registration-forms/orchidform下载一份登录申请表（兰花杂交种国际登录申请表也可以在中国植物学会兰花分会的网站下载）。申请表中需要填写的主要信息如下：

（1）待登录的杂交种名称（Grex）2个（含一个备用名称） 包括属名（Genus）和杂交种名（Grex Epithet）两部分。目前，属名的确定可以参照英国邱园（Royal Botanic Gardens, Kew）编写的兰科属志（*Genera Orchidacearum*）1~6册。同时，申请人也可以根据园艺通用名称书写。例如，用*Brassolaeliocattleya*和*Potinara*代替*Thwaitesara*和*Rhynchosophrocattleya*，或者用*Laeliocattleya*代替*Sophrocattleya*或*Sophranthe*。杂交种登录成功后，RHS会冠以合适的属名。命名细节请参考最新版本相关国际植物命名法规。另外，2005年和2008年版的《国际散氏兰花杂种登记目录》中也都有陈述。

（2）授粉日期和杂交后代第一次开花时间。

（3）亲本名称及来源 亲本名称至少包含属名和种名（杂交种名）两部分，例如，*Oncidium* Sharry Baby。但如果能提供变种、品种和公知的获奖情况等详细信息则更有帮助，如*Oncidium* Sharry Baby 'Sweet Fragrance' AM/AOS。

（4）登录申请人及联系方式 申请人是培育该杂交种第一次开花的人，但不一定是当初做授粉的人。二者如果不是同一人，需要注明授粉者信息。另外，如果不知道最初授粉者是谁的情况下也可登录，但必须申明你已经为确认最初授粉者做出努力但未果。

（5）彩色照片 申请者提供亲本和杂交后代的彩色照片（打印版，电子版或者幻灯片）有助于完善登录信息。但当待登录杂交种的亲本均为原生种，或者是有成为一个新杂交属的可能，则必须提供相关的彩色照片。RHS 会对相关图片进行存档。请声明您是否同意授予 RHS 对此图片的使用权，包括网站上的使用等。

（6）登录费用金额及支付方式。目前，登录一个新的杂交种的价格大约是 10 欧元或者 16.5 美元（以 RHS 兰花登录机构规定为准），请在申请中附带支票或提供其他的信用卡（American Express/ Visa / Mastercard/ Diners credit card）支付方式。注意，请不要使用除此之外的货币或支付方式，否则手续费会超过登录费用。上述支付方式中以信用卡支付最为便捷，但请注意务必提供信用卡有效截止日期及背面的三位安全密码。 中国大陆地区的银行卡，推荐使用银联发行的具有 Visa 标识的信用卡或储蓄卡，但仅有银联标识的卡则不能使用。

（7）每一个待登录的杂交种需填写一张完整的表格 登录数据库中会对已接受登录的杂交种信息进行备份。为方便今后查询联系，请尽量提供电子邮箱地址作为联系方式。

（8）申请表提交 申请表格用英文完整填写之后，请务必以照片或者 PDF 格式作为附件进行提交，可直接发送到 RHS 邮箱 orcreg@rhs.org.uk。如果手写填写表格，请寄至如下地址：International Orchid Hybrid Registrar, 83 Victoria Road, Selston, Nottinghamshire, NG16 6AR, UK（英国）. 材料收到后，登录负责人会尽快回复。如有不明之处，可以通过电子邮箱 orcreg@rhs.org.uk 联系登录负责人。

（9）更多登录信息 请参考网站：http://www.rhs.org.uk/Plants/Plant-science/Plant-registration/Orchids 或 http://apps.rhs.org.uk/horticulturaldatabase/orchidregister/orchidregister.asp。

5.4 兰花植物新品种权的申请

我国于 1999 年 4 月 23 日开始实施《中华人民共和国植物新品种保护条例》，目前，农业部植物新品种保护办公室（以下简称品保办）接收的品种权申请量已有几千件。由此可见，人们的新品种保护意识正在逐步加强。但我国兰花新品种保护申请工作才刚刚开始 ，多数兰花产业从业者对如何申请植物新品种权以及在申请中的注意事项仍不清楚。我国申请植物新品种权可以从下面三方面入手。

5.4.1 申请品种选择

首先，育种者应精选具有良好开发前景的品种。因为，国内企业申请获得一个品种权，需花费 6000~10000 元人民币，国外企业申请时费用还要高些。而且，申请后还需每年交付年费。与农作物相比，花卉园艺作物的品种多，但单一品种种植规模有限，这笔费用还是比较高的。不熟悉情况的申请者在申请前可以向品种权代理事务所咨询相关事宜，以避免走弯路。代理事务所有农学、园艺、花卉、法律等专业相结合的专业人才，而且代理事务所具有信息灵、接触面广、专业性强、政府资源多等特点，不仅可以提供新品种权代理和咨询服务，更重要的是还能作为技术中介帮助品种所有者将品种权实施转让、许可、合作、开发等专业化技术工作。

5.4.2 申请品种资格确定

从技术层面，一个兰花品种是否为新品种，必须符合以下 6 个条件：

（1）在农业或林业植物新品种保护名录范围内；

（2）具有新颖性；

（3）具有适当的名称；

（4）具有特异性；

（5）具有一致性；

（6）具有稳定性。

其中特异性、一致性、稳定性（简称“DUS”）是植物新品种的实质审查内容。《植物新品种保护条例》规定，授予品种权的植物新品种应当具备新颖性。新颖性，是指申请品种权的植物新品种在申请日前该品种繁殖材料未被销售，或者经育种者许可，在中国境内销售该品种繁殖材料未超过 1 年；在中国境外销售藤本植物、林木、果树和观赏树木品种繁殖材料未超过 6 年，销售其他植物品种繁殖材料未超过 4 年。然而，有些国外的花卉品种上市 10 年多了，已经被市场广泛认可，他们希望进入中国市场，也来申请保护，这不符合我国的要求，因此不能申请。但应该注意的是，按照《植物新品种保护条例实施细则（农业部分）》的规定，自名录公布之日起 2 年内，申请新品种的新颖性有 4 年宽限期，即在申请日前 4 年内有公开销售行为（以发票为准）的品种都可以申请；在名录公布之日起 2 年以后，则只能在申请日前 1 年内有销售行为的品种才有权申请保护。

5.4.3 申请内容

在申请时要填写相关申请表格（相关信息在中国植物学会兰花分会网站可下载，供参考，如有更新以中国农业部植物新品种保护办公室公布最新版本为准），新品种要有适当的名称；申请人要对新品种的来源叙述清楚，结合谱系图，详细叙述并公开申请品种的亲本来源、选育办法、步骤等；申请时还应详细描述近似品种的特征特性；近似品种要与申请品种具有在形态学特征和植物学特性方面的最相近性，要与申请品种有血缘关系，并为公知共用的已有品种。除此之外，在申请时还要有有关销售情况说明，对新品种的特异性、一致性、稳定性的详细说明，适合种植地区以及栽培要点的说明等等，同时还要提供照片。

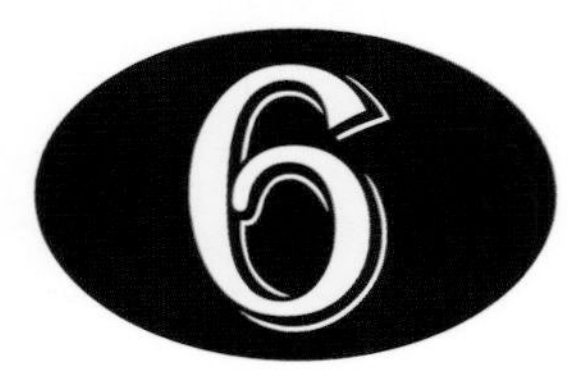

兰花病虫害及综合治理

偏花石斛（*Dendrobium secyndum*）

6.1 兰花病虫害的综合防治

在兰花的引种栽培中，要科学合理地进行养护管理和病虫害综合防治。随着兰花产业的发展和国际交流的增多，兰花受有害生物危害的风险增加。兰科花卉携带有害生物种类多，组分复杂。据报道在入境兰花上曾检出有482种有害生物危害，其中昆虫151种、病害197种、杂草119种、其他生物15种。兰花在人工栽培过程中，如果管理不力，减弱了兰花对病虫的抵抗能力，其病虫害的发生比自然条件下更加严重。兰花一旦遭受病虫侵害，其损伤往往具有不可恢复性，直接影响了兰花的观赏价值和经济价值，严重时还会导致兰花死亡。因此在兰花病虫害治理时，必须认真贯彻 “预防为主、科学防控，依法治理、促进健康”的园林植保方针，凡是影响兰花健康生长的因素都要加入病虫害的综合治理之列。通过植物检疫、园艺措施、物理防治、药剂防治等措施的综合运用，消灭病虫源、改善环境条件、提高植株的抗性、控制病虫传播途径，将病虫防治工作做到治早、治少，有效控制兰花病虫害的发生，保障兰花健康生长。

6.1.1 加强植物检疫；杜绝病虫害的人为传播

兰花在引种过程中，存在兰花携带有害生物异地传播的风险，威胁引入地的生态安全。因此，兰花引种必须严格执行植物检疫程序，新引入的植物材料必须经过严格的消毒处置后方可移入兰花室栽培。首先要在专门的兰花隔离圃种植一个生长周期（没有独立隔离圃的，也要设置隔离区种植），确定带有检疫病虫的植株立即销毁处理，经检疫部门复检确定无病虫异常后方可移入正常栽培区。对引种兰花实行全面检疫，从源头杜绝兰花病虫害的人为传播。

6.1.2 改善园艺栽培措施，促进兰花健康生长

兰花的种类繁多，生物学特性差异很大，如万代兰等热带附生兰大多需要高温高湿的环境；而来自高山地区的兰花又喜欢昼夜温差大，夏季冷凉的环境。因此，兰花的人工栽培要遵循仿生栽培的原则，通过各种园艺设施，创造与兰花原产地生态条件相近的适生环境。改善栽培环境的不利因素，提高植株的抗逆性是病虫害预防的根本。兰花的栽培中，根据不同的兰花种类选用合适的盆具和盆栽基质；提供兰花正常生长所需的光照环境；浇灌使用适合兰花生长的清洁、无污染、微酸性（pH 5.5 ~ 6.5）水质；制定配套的管理技术方案：根据不同兰花品种、季节、天气的变化，调节通风、透光、温湿度；合理浇水和施肥等。

日常管理精细化，切断病虫传播途径。如建立兰花隔离种植区，为新引种的兰花、零星发病较重的兰株、疑似病毒病的兰花提供独立的空间环境。根据兰花的生长状况合理安排盆距，盆间空隙以两株的叶片不相互交错为宜。加强对盆具、栽培基质等消毒处理，消灭病虫源后方可使用。特别是剪刀等工具使用过程中要及时用火焰（酒精灯）、5% 磷酸三钠（Na_3PO_4）水溶液浸泡 1~3min 或 2% 氢氧化钠水溶液（变绿后不能再用）进行消毒。至少在修剪另一株前一定要消毒。随时搞好环境卫生，及时清除有病虫的植株、杂草和病残叶等集中销毁。

6.1.3 物理防治

高温处理法：可设置蒸汽锅炉对旧陶盆和栽培基质等进行较彻底消毒。

防虫网阻隔法：温室的入口、透风口、窗户等处安装防虫网，设置人工隔离屏障，阻止室外的蚜虫、潜蝇、夜蛾类害虫进入。

色板诱杀法：在温室内悬挂黄色诱虫板监测诱杀蚜虫、粉虱等成虫；悬挂黄色诱虫板监测诱杀蓟马成虫。

黄板诱杀白粉虱

饵料诱杀法：如堆放菜叶诱集兰花的食叶害虫蜗牛、蛞蝓，清晨集中清理消灭。用蟑螂喜食的肉粉、豆粉等混合成饵料，放于粘虫板上或矿泉水瓶内制成诱捕器，诱杀室内的蟑螂。也可直接购买成品毒饵进行诱杀。

6.1.4 药剂防治

兰花病虫害发生初期或病害易发期，无公害的生物农药是药剂防治的首选，必要时采用化学农药进行补充。在农药使用时要注意如下 4 个方面。

（1）在药剂防治前，明确防治对象，根据其发生发展情况对症选药、适时用药 在病害易发生期喷施保护性杀菌剂可使兰花避免或减少病菌侵染，预防病害发生。一般在容易发病的 5~10月，半个月一次交替用药进行预防。在兰花发病初期使用治疗性杀菌剂效果最佳。杀虫剂宜在害虫危害初期使用，根据害虫虫态的发生情况，选择正确的药剂适期 用药。

（2）根据兰花病虫的不同发生部位，正确施药 如药液灌根处理防治土传病害和根部害虫；防治红蜘蛛的危害，要做到叶片背面药液均匀附着，才能达到最佳的防治效果。稀释使用时严格按照农药说

明上的使用浓度配置，切不可随意加大浓度。两次施药间隔时间要根据农药的持效期合理安排。

（3）在病虫害药剂防治过程中，注意交替用药、科学混药 选用作用机制不同而防治范围相同的农药，按照农药间隔期交替使用，可延缓病虫抗药性的产生，提高防治效果。农药混用前要仔细阅读农药说明，混用农药使用一定要先进行小面积的试验，防治效果好、无药害时方可大面积喷施。农药展着剂与农药的混合应用，增强了农药在植物体上的均匀附着程度、且药膜耐雨水冲刷，降低了农药的用量、节约成本、提高药效、减少污染。如农用有机硅、倍倍佳、矿物油等已经作为增效剂广泛地应用于植物病虫害的药剂防治工作中。

（4）在使用农药时，不可忽视用药安全 选购正规厂家生产的合格农药，不使用国家明令禁止的高毒高残留农药，尽量减少施用化学农药，多选用无污染、无残留的生物农药防治兰花病虫害。喷施农药时应避开大风、强光、高温时段以免对兰花产生药害，影响施药效果。喷药操作者需要穿着防护服装、佩戴口罩、帽子做好自我防护，确保喷药人员安全。防止出现人畜中毒、环境污染及兰花药害。

6.2 兰花常见病害及防治

6.2.1 真菌病害

寄生在兰花上的真菌以菌丝体在兰花细胞间或穿过细胞扩展蔓延，从而导致兰花发生真菌病害，引起兰花呈现变色、坏死、枯萎、腐烂、畸形等病状；一般到后期感病部位上会伴有真菌形成的霉状物、粉状物、锈状物、粒状物、絮状物等病症。兰花常见的真菌病害有炭疽病、圆斑病、叶枯病、茎腐病、疫病、根腐病等。

1. 兰花炭疽病

寄主： 危害兰属、蝴蝶兰属、卡特兰属、石斛兰属等多种兰花，为世界性兰花病害。炭疽病是兰花上发生普遍又严重的病害之一。

症状： 主要危害叶片，以叶尖、叶边缘易感病。有时也侵染假鳞茎和花朵。发病初为淡黄绿色小点，逐渐扩大为暗褐色，后期病斑外围呈黑褐色，中部灰褐色或灰白色，相邻病斑发展融合为不规则形大病斑，病斑多云纹状，其上轮生小黑点，当湿度大时病部多生粉红色胶质物。

病原菌： 刺盘孢属的多种真菌引起。包括兰刺

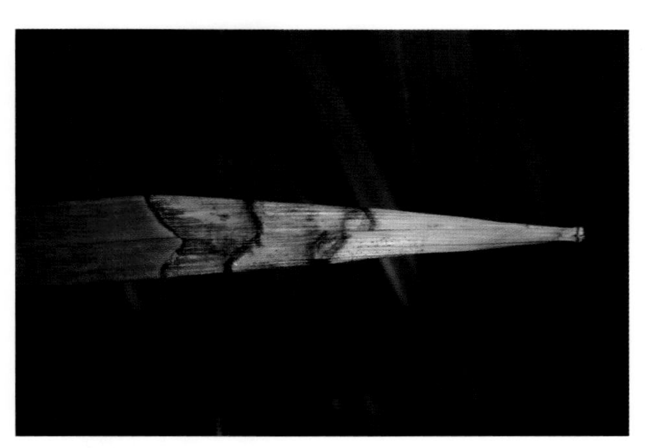

兰花炭疽病

兰花炭疽病

盘孢菌（*Colletotrichum orchidearum* Allesch）；兰叶短刺盘孢菌（*Colletotrichum orchidearum* f. *cymbidium* Allesch）；环带刺盘孢（*Collectotrichum cinctum*）；盘长孢状刺盘孢（*Colletotrichum gloeosporioides* Penz，又称胶孢炭疽菌）其有性阶段为围小丛壳菌（*Glomerella cingulata*（Ston）Spanld. et Schrenk），属子囊菌门亚门真菌。

刺盘孢菌：分生孢子盘在寄主表面生成后突破表皮外露。黑褐色，圆盘状，其上生有黑褐色刚毛或无刚毛，刚毛有分隔。分生孢子梗粗短，圆筒形，顶端着生分生孢子。分生孢子圆柱形、椭圆形或卵圆形，无色透明，单胞，具油球或颗粒状内含物。

发病规律：病菌以菌丝体、分生孢子盘在病株及病叶残体内越冬。北方温室内和南方广东一带条件适宜时终年可发病。以飞散在空气中的分生孢子萌发芽管附着于植株叶片上潜伏。当叶片出现伤口或遭受高温、低温、日灼、药害、肥力不足等造成植株活力下降时，分生孢子萌发侵入寄主细胞危害，温度、湿度适宜时可多次再侵染扩散危害。病菌生长的温度范围大，3~37℃均可生长，最适宜温度为20~30℃，分生孢子在相对湿度85%以上利于萌发，水滴中萌发最好，故湿度越大发病越重。

防治要点：

（1）加强栽培管理　注意通风、透光，植株不要摆放过密，避免造成叶片伤口；避免当头喷淋叶面；及时清除病残体，减少病源；适当增施磷、钾肥，提高兰株抗病能力。

（2）药剂防治　①发病前期保护预防：可用2%农抗120水剂400倍、水溶性小分子甲壳素稀释1000倍、70%代森锰锌可湿性粉剂800倍、75%百菌清可湿性粉剂800倍、80%炭疽福美可湿性粉剂600倍、70%甲基硫菌灵可湿性粉剂800倍，10~15天喷一次，预防兰花炭疽病的发生。

②发病初期保护治疗：可用50%咪鲜胺锰盐（施保功）可湿性粉剂1000倍、10%苯醚甲环唑（世高）水分散颗粒剂1000~2000倍、25%嘧菌酯（阿米西达）悬浮剂1500倍、20%丙环唑乳油2500倍、58%瑞毒霉锰锌800倍，7~10天喷1次，连续3~4次。

2. 兰花圆斑病

寄主：墨兰、寒兰、建兰、大花蕙兰等兰花叶片，是兰花上发生较严重的病害。

症状：发病初期叶片出现红褐色小点，后扩展为圆形黑色病斑，直径1~3mm，边缘黑褐色，中间浅褐色，病斑可相互融合导致叶片成段枯死。

病原菌：壳多孢属的真菌，主要是水仙壳多孢菌[*Stagonospora curtisii*（Berk.）Sacc.]。

水仙壳多孢菌的分生孢子器球形至扁球形，淡红褐色至黄褐色，有圆形孔口。分生孢子长椭圆形至圆筒形，无色，有1~3个隔膜，多数为3个隔膜，分隔处稍缢缩。

发病规律：病菌以菌丝体和分生孢子器在病叶、鳞茎的膜质鳞片内越冬、越夏。以分生孢子从伤口或气孔侵入，侵染多发生在叶片自然披落易截留水滴部分，通过浇水或淋溅分生孢子进行再侵染。病菌易侵染老叶，生长衰弱的植株易发病。发病适温20~26℃，4~5月为发病盛期；气温30℃以上，停止

兰花圆斑病

发病。

防治要点：

（1）加强栽培管理 调整盆花间距，注意通风透光；浇水避免叶面积水，降低植株间和小环境的湿度；及时剪除病叶集中销毁。

该病可与水仙、文殊兰、朱顶红、君子兰等发生交叉感病，故应与这些花卉分开种植。

（2）药剂防治

①发病前期保护预防：50% 多菌灵可湿性粉剂 800 倍、75% 百菌清可湿性粉剂 800 倍、70% 甲基托布津可湿性粉剂 800 倍或 25% 咪鲜胺乳油 1000 倍，易发病期开始 10~15 天喷药一次，连续 3~4 次。

②发病初期保护治疗：10% 苯醚甲环唑水分散颗粒剂 1000~2000 倍、25% 嘧菌酯悬浮剂 1500 倍、25% 腈菌唑乳油 5000 倍液与 70% 代森锰锌可湿性粉剂 1000 倍混用，防效更佳。7~10 天一次，连续 2~3 次。

3. 兰花叶枯病

寄主：所有兰花均可感病，易危害墨兰、春兰、建兰、寒兰等，以寒兰感病重。

症状：危害兰花叶片，初期在叶片上出现红褐色小斑点，后扩展为半圆形、圆形或不规则水浸状黑褐色斑。在叶缘处发病时，病斑呈半圆形病斑较大，边缘有黑褐色宽带，病斑中央逐渐变成灰白色至灰褐色。病斑正反面着生褐色疱状小粒点，为病菌的分生孢子盘，小点开裂后为白色。湿度大时涌出黄白色胶质物，四周有翘起的表皮。当病斑发生多时，病斑之间的叶组织失绿变黄，导致整叶枯死。如病斑在叶基部时，叶片很快枯死。

病原菌：柱盘孢属的几种真菌。包括：蝴蝶兰柱盘孢（*Cylindrosporium phalaenopsidis* Saw.），李属柱盘孢（*Cylindrosporium padi* Karst），薯蓣柱盘孢（*Cylindrosporium dioscoreae* Miyabe et Ito）。

柱盘孢菌的分生孢子器盘状，白色或灰白色，生于寄主表皮下，顶破植物皮层后开裂；分生孢子梗短小，栅栏状排列；分生孢子长圆柱形，无色，单细胞或多细胞。

发病规律：以分生孢子盘、分生孢子或菌丝体在病叶上越冬或越夏。温度、湿度适宜时飞散出的分生孢子借风雨及浇水溅射传播。主要从伤口入侵，也可由嫩叶表皮入侵。病菌的生长适温为 20~25℃，高于 30℃生长缓慢。4~11 月均可发病，5~6 月当气温适宜，相对湿度高时发病高峰。盆花放置过密、通风不良发病重，且有明显的发病中心。此病的病斑扩展较大，多发于叶片的中下部，易造成病斑以

兰花叶枯病

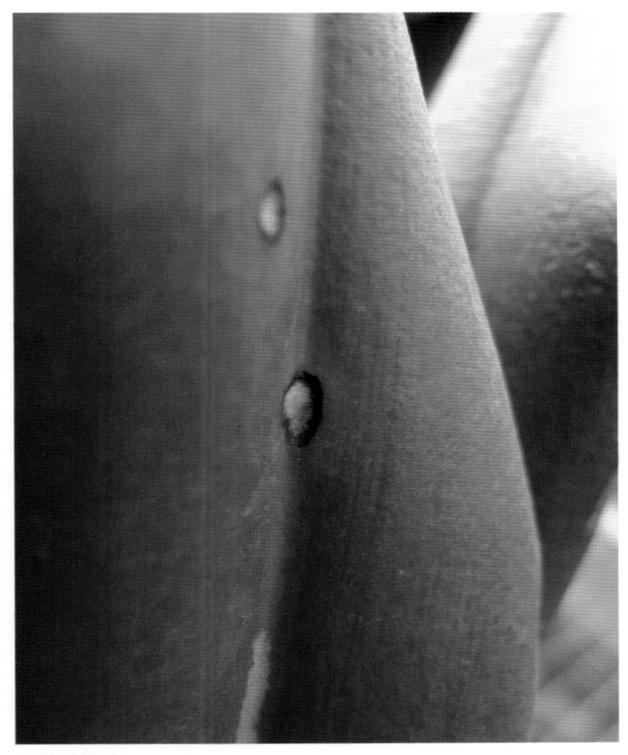

兰花叶枯病

上的叶段枯死，危害比炭疽病严重，因此叶枯病的防治重点更应该放在预防上。

防治要点：

（1）加强养护管理 注意通风降湿，浇水时不要把叶片浇湿，盆花不宜放置过密；发现病叶及时剪除，病株与其他植株远离，以减少侵染。

（2）药剂防治

①发病前期保护预防：叶片喷施47%加瑞农可湿性粉剂800倍、75%百菌清可湿性粉剂600倍、70%代森锰锌可湿性粉剂1000倍，10~14天喷一次。

②发病初期保护治疗：30%苯甲·丙环唑乳油3000倍、25%腈菌唑乳油5000倍、50%醚菌酯干悬剂3000倍、10%苯醚甲环唑水分散颗粒剂1000~2000倍。7~10天一次，连续3次。

4. 兰花疫病

寄主：蝴蝶兰属、兰属、石斛兰属、卡特兰属、万代兰属、兜兰属、文心兰属等多种兰科植物，是兰花的毁灭性病害。

症状：兰花各部位均可感病，分为黑腐病、冠腐病、心腐病、猝倒病等，尤以叶及根茎部发病较多。地上部植物组织感染时，初生水浸状褐色小斑点，后扩大为黑褐色腐烂状病斑，最后病部呈黑色干枯。感染幼芽使得未长出的小叶脱落。假鳞茎受感染变为黑色后缢缩。根部受害形成根腐，造成植物上部组织因水分供应失调而凋萎，最终导致整株死亡。幼苗感染疫病严重时可导致全部幼苗死亡。潮湿条件下病部表面产生发达或不发达的白色霉层。

病原菌：疫霉属和腐霉属的低等真菌引起。如棕榈疫霉（*Phytophthora palmixora* Butler），恶疫霉（*Phytophthora cactorum* Schrote），烟草疫霉（*phytophthora nicotianae* Breda de Hann），终极腐霉（*Pythium ultimum* Trow），刺腐霉（*Pythium spinosum* Saw），德巴利腐霉（*Pythium debaryanum* Hesse）。

疫霉菌：菌丝白色透明，无隔膜，未见菌丝膨大体，或偶有膨大。孢囊梗合轴分枝或不规则分枝，孢子囊球形、卵形、椭圆形、倒梨形或不规则形，

兰花疫病

兰花疫病

孢子囊具乳突或无乳突。游动孢子在孢子囊内形成，具鞭毛，可在水中游动。部分的疫霉菌种类可形成球形的休眠孢子或厚垣孢子。有性阶段产生藏卵器和雄器，同宗配合或异宗配合。几乎均为植物的寄生菌。

腐霉菌： 与疫霉菌比较相近。不同的是腐霉菌的孢子囊萌发时产生泡囊，游动孢子在泡囊内形成。有性阶段大部分为同宗配合，雄器均侧生。为兼性寄生或腐生。

发病规律: 病菌在病残组织和潮湿基质内存留，以游动孢子通过污染的盆土及淋水传播。病菌由兰花根的先端及根茎处侵入，也可借助水滴由叶片侵入。腐霉科真菌生活在水中或潮湿的土壤中，营寄生或腐生生活。当基质长时间水渍，通风不良，特别是夏季多雨时期，病原菌就会生侵染长，呈现暴发性危害。病菌生长适温一般在 24~36℃。

防治要点：

（1）加强栽培管理 注意通风，合理控制基质的含水量，满足兰花对温湿度条件的需要；进行基质消毒；疫病流行期控制浇水；发现病叶及时剪除，并用药剂处理剪口；病株隔离管理，严重的及时清除销毁处理。

（2）药剂防治 发病前期保护预防：30% 恶霉灵水剂 1000 倍、40% 乙磷铝可湿性粉剂 800 倍、2% 农抗 120 水剂 200 倍在基质需浇水时灌根处理、10~15 天灌根一次。

发病初期保护治疗：30% 甲霜·恶霉灵水剂 1000 倍、25% 嘧菌酯悬浮剂 1500 倍或 72.2% 霜霉威水剂 600~800 倍灌根处理。7~10 天一次，连续 2~3 次。

5. 兰花茎腐病（又称枯萎病）

寄主： 兰属、兜兰属、卡特兰属、石斛兰属等兰花根茎部。

症状： 病菌从兰花根部侵入，通过维管束向上发展。受害兰株根茎部初期出现带状或环状紫色病变，后逐渐变为暗黑色。叶由于组织输导管堵塞，初期呈现褪绿失水状，后变为灰褐色，叶基部逐渐腐烂，腐烂叶片易拔出，拔出的腐烂叶基可见白色小点。切开假鳞茎观察，假鳞茎由内向外腐烂，初期维管束呈淡紫红色，最后感病的部位变为暗紫色。

病原菌： 镰孢属的尖孢镰刀菌卡特兰专化型 *Fusarium oxysporium* f. sp. *Cattleyae*。

由于镰孢菌对寄主的感染有专一性，即一个镰孢菌只危害一种植物，故同一种镰孢菌有很多种生理型，并以该主要寄主植物的名字命名该菌的生理型。

尖孢镰刀菌卡特兰专化型的菌株白色、桃红色、堇色至紫色。小型分生孢子生于气生菌丝中，卵形至椭圆形，无色，单胞。大型分生孢子纺锤形至镰刀形，镰状弯曲，基部有足胞，多为 3 个隔膜。厚垣孢子多，间生或顶生，胞壁光滑或粗糙，单生或成对。

兰花茎腐病

发病规律： 镰刀菌可在土壤中存活多年。病菌以分生孢子、厚垣孢子或菌丝体在病残体、基质内存活越冬。厚垣孢子可长时间抵抗土壤中不良的环境条件，当条件适合时，才会萌发侵染。病菌从植株的根或茎基部伤口入侵，以分生孢子借助气流、水滴、各种伤口、人工操作等传播危害。在中、高温高湿的环境中最易发病，气温 25~30℃，空气相对湿度超过 80%，盆土含水量超过 90%，土壤酸性，土温 28℃是该病暴发的有利环境条件。

防治要点：

（1）加强栽培管理 使用消毒后的盆器和基质，

养护管理过程中避免造成根部伤口，避免盆内基质过湿。降温、控湿、通风是防病的重要措施。

发现感病兰花植株后，要立刻将病株隔离放置，及时彻底清除病残体和带菌植株，销毁发病严重的病株和基质，防止病残物传染。

发病轻的植株及时换盆，清洗兰根，药剂浸泡后并切除发病组织，在伤口涂抹药剂，浸泡后阴干到根表面无水即可上盆，结合浇水定期灌药处理。

（2）药剂防治

①发病前期保护预防：在高温高湿季节，选用2% 农抗 120 水剂 200 倍、50% 甲基硫菌灵可湿性粉剂 400 倍、30% 恶霉灵水剂 2000 倍、2.5% 咯菌腈悬浮剂 800 倍，结合基质需浇水时灌根处理。10~15 天一次。也可用水溶性小分子甲壳素及放线菌稀释 1000 倍，7 天浇灌一次，连续 3~4 次。

②发病初期保护治疗：可用 20% 甲基立枯磷乳油 1000 倍液或 30% 甲霜·恶霉灵水剂 1000 倍、23%噻氟菌胺悬浮剂 2000 倍灌根处理，7~10 天灌一次。处理伤口也可用甲壳素稀释液蘸根处理。

6. 兰花根腐病

寄主：卡特兰属、文心兰属、兜兰属、石斛兰属、蝴蝶兰属、万代兰属等。危害根部和根茎部生成白色绢状菌丝，又称兰花白绢病，是兰花的毁灭性病害。

症状：根部发病初期肉质根呈水浸状，后变黑腐烂，根组织坏死，并扩展到茎及未出土的幼芽、幼小的假鳞茎；当茎基部严重受害且温度、湿度适合菌丝生长时，病部表面便出现白色放射状菌丝层，菌丝层上长出白色萝卜籽大小的菌核（该病菌的有性阶段），后逐渐变为黄褐色或黑褐色。受害轻时叶尖干枯，叶色黄绿，发病重时全株死亡。

病原菌：小核菌属和丝核菌属的真菌。如齐整小核菌（*Sclerotium rolfsii* Sacc.）、立枯丝核菌（*Rhizoctonia solani* Kuhn），其有性态为瓜亡革菌（*Thanatephorus cucumeris* （Frank） Donk），属担子菌亚门。

齐整小核菌的菌丝白色，集结成球形或椭圆形的菌核，初为白色，最后变为红褐色，表面光滑。

立枯丝核菌的菌丝体絮状或蛛丝状，初无色后变黄褐色，菌丝粗，直角分枝，分枝处有缢缩。菌核多近球形或不规则形，初为白色后变为不同程度的褐色，表面粗糙。

发病规律：病菌以休眠菌丝或菌核在病残组织及污染基质中越冬，从根茎部的伤口侵入，通过水流、带菌基质或肥料、人工操作等传播扩散。该菌具较强的腐生习性，平时能在土壤的植物残体上腐生存活。当新换盆的兰花生长在曾用过的基质或未腐熟的吸足水的树皮中时最易感病。该菌在土壤下 2.5cm 以下菌核的萌发率逐渐降低，到 7cm 时几乎不萌发。菌核的萌发适温为 21~30℃，在高温、土壤湿度高、未腐熟的基质或施肥过多易发病。

兰花根腐病

防治要点：

（1）加强养护管理 换盆选用消毒处理后的基质，避免盆内积水，施肥宜少宜淡，以防伤根烂根；发现烂根及时清除腐烂部位，并用清水洗净用高锰酸钾 1000 倍浸泡 20~30min，晒干后剪口涂上木炭粉。

（2）药剂防治

①发病前保护预防：2.5% 咯菌腈悬浮剂 800 倍、50% 乙烯菌核利水分散颗粒剂 500~1000 倍、72.2% 霜霉威水剂 600 倍、用 75% 甲基托布津可湿性粉剂 600 倍， 10~15 天结合浇水药液灌根一次，连续 2~3 次。

发病初期保护治疗： 20% 甲基立枯磷乳油 1000 倍、23%噻氟菌胺悬浮剂 2000 倍、50% 腐霉利可湿性粉剂1000倍， 30%甲霜恶霉灵水剂1000倍灌根。7~10天灌根处理一次，连续3次。

7. 兰花煤污病

寄主：由昆虫的危害诱发而生，危害兰科植物等多种花卉。在兰花体表生存，影响植物的光合作用和观赏效果。

症状：初期叶片表面生灰黑色小煤污斑，分布于叶面或叶背蚧虫发生处，严重时叶面覆盖一层煤状物，影响叶片的光合作用和观赏。

病原菌：芽枝霉属的真菌。包括多主枝孢[*Cladosporium herbarum*（Pers.）Link ex Gray]、大孢枝孢（*Cladosporium macrocarpum* Preuss）。

枝孢菌的菌丝体暗色有隔膜及分枝，分生孢子梗直立或弯曲，褐色。产孢细胞圆柱形，分生孢子常芽殖形成孢子链或单生，分生孢子淡褐色，圆柱形、梭形等多种形状。

发病规律：病菌以菌丝体、分生孢子、子囊壳在病残体上越冬。以分生孢子借风雨、蚜虫、蚧虫等传播危害。寄生在植物上的蚜虫、蚧虫等昆虫分泌物和排泄物上生长。高温高湿、通风不良及蚜虫、蚧虫等刺吸害虫大发生时，危害严重。

防治要点：

（1）加强养护管理　合理密植，注意通风；因其在叶表附生，可用湿布擦发病部位以去掉表面附生的病菌。

兰花煤污病

（2）药剂防治

①及时药剂防治蚜虫、蚧虫等刺吸害虫：0.36%苦参碱水剂800倍、5%高渗吡虫啉乳油2000倍、3%啶虫脒乳油2000倍、15%阿维毒死蜱乳油1000倍。根据害虫的发生情况决定施药次数。

②喷杀菌剂控制病菌生长：可用50%多菌灵可湿性粉剂800倍、75%百菌清可湿性粉剂800倍、25%咪鲜胺乳油1000倍叶片喷施，10天喷一次，连续2~3次。

6.2.2 细菌病害

细菌是细胞结构简单，细胞核无核膜包裹，形态多为球状、杆状或螺旋状的原核微生物。细菌一般以二分裂方式进行繁殖，营自养或异养生活。细菌比真菌个体小，必须借助光学显微镜才能看见。兰花细菌病害大多数在根、茎、叶片上发生腐烂、褐斑、枯萎等病状，病部一般无明显附属物。感染细菌的腐烂型病组织往往有恶臭味，镜检有菌雾、菌溢出现便可断定是细菌病害。兰花的细菌病害有软腐病、褐斑病、褐腐病。

1. 兰花细菌性软腐病

寄主：蝴蝶兰属、万代兰属、虾脊兰属、兜兰属、卡特兰属等兰科植物的地上部分。

症状：新芽、叶片、假鳞茎均可感染发病。新芽幼叶感病，初生水浸状斑点，后扩大为褐色腐烂。幼芽叶片黄化腐烂后极易拔出，用手轻压病部组织即破裂，腐烂处发出恶臭，病部崩溃内含物流出后病部干枯。假鳞茎感病后初呈水浸状黄化不规则病斑，后逐渐扩大至整个假鳞茎软腐，其上生长的叶片黄化枯死。严重时，全株黄化腐烂死亡。

病原菌：胡萝卜软腐欧氏杆菌（*Erwinia carotovora* subsp. *carotovora*）， 菊欧氏杆菌（*Erwinia chrysonthemi*）为欧氏菌杆属的细菌。其中，菊欧氏杆菌被列入我国三类检疫性有害生物。

此外，2010年褚晓玲等分析认为武汉地区的蝴蝶兰软腐病病原菌是格林蒙假单胞菌（*Pseudomonas grimontii*），2012 年肖爱萍等在广州地区的蝴蝶兰软腐病病叶上分离出病原菌是布克什菌属的洋葱伯克赫尔德氏菌（*Burkholderia cepacia*）。

胡萝卜软腐欧氏杆菌：革兰氏反应阴性，菌体杆状，不形成芽孢，具周生鞭毛 4~6 根，有时多达 14 根。兼性厌氧。病菌在大多数培养基上的菌落是淡灰白色至乳酪色，光滑、圆形，有光泽，轻微隆起，在 24 h 后出现肉眼可见菌落。

菊欧氏杆菌：革兰氏反应阴性，菌体杆状，具周生鞭毛 3 ~ 8 根，能游动，兼性厌氧，不产生芽孢。在大多数培养基上的菌落也呈淡灰白色至乳酪色，光滑、圆形，但边缘渐变成波状至羽毛状，较扁平或轻微隆起。

发病规律：病菌在患病组织、基质和土壤中生存越冬。细菌具有鞭毛，可经雨水或灌溉水流从伤口或自然孔口侵染传播。高温高湿、植株过密叶片相互叠加而造成伤口利于发病，尤其是氮肥过多时更易导致此病发生。当环境温度在 24~32℃，相对湿度在 70%~100% 时发病最严重，3~5 天即可使整叶腐烂死亡。本病原细菌一般不感染根部。对根部进行针刺接种仅出现局部软腐，未见扩散蔓延。温度、空气湿度和伤口是该病发生的重要影响因素。

防治要点：

（1）加强栽培管理 保持良好的通风透光，控制栽培环境的温度、湿度；适当调整株间距，避免叶片重叠擦伤；基质为酸性且透水、透气性好，可增强植株抗逆性，减轻发病；清洁田园，净土栽培，清除病残叶。

（2）药剂预防及治疗

发病前期或初期喷药：72% 农用链霉素可溶性粉剂 4000 倍、90％新植霉素可溶性粉剂 4000 倍、农用青霉素可溶性粉剂 6000 倍、3% 中生菌素可湿性粉剂 600 倍、20% 噻菌铜悬浮剂 1000 倍，7~10 天用药一次。值得注意的是：抗生素类药物虽然对细菌病害有抑制作用，同时也可能对兰花菌根菌的正常生长造成影响，谨慎使用。

兰花细菌性软腐病

兰花细菌性软腐病

2. 兰花细菌性褐斑病

寄主：石斛兰属、卡特兰属、蝴蝶兰属、万代兰属、国兰属、指甲兰属、鸟舌兰属、盆距兰属、文心兰属等兰花的叶片。

症状：叶片受害，从叶缘、叶尖、叶基开始发病。初为水浸状斑，后扩大成圆形、椭圆形或长条形，病斑中间褐色或黑色坏死，周围有明显的黄晕，严重时整叶干枯，引起整株死亡。湿度高时发病部破裂出现白色菌溢。卡特兰上发病轻，限于少数叶片发病，病斑凹陷，黑色水浸状。

病原菌：为假单胞菌属和黄单胞杆菌属的细菌。

野油菜黄单胞菌[*Xanthomonas campestris*（Pammel）Dowson]：革兰氏阴性，严格好氧，菌体短杆状，单胞，极生一根鞭毛。培养基上产生黄色黏稠菌落，边缘不整齐，表面有光泽、较透明，非荧光菌。细菌生长适温25~30℃。

以下两种兰花褐斑病的病原细菌在我国大陆未见分布报道，被列入我国入境植物检疫有害生物：

卡特兰假单胞菌[*Pseudomonas cattlegae*（Pavarino）Savulescu]：革兰氏阴性，菌体杆状，极生鞭毛1~2根，好气性，非荧光菌。细菌生长适温20~35℃。

燕麦嗜酸菌卡特兰亚种（*Acidovorax avenae* subsp. cattlegae）

发病规律：栽培基质和病株带菌。细菌通过园艺操作、洒水溅到其他植株上，沿水膜由叶面伤口和张开的气孔入侵危害。从病斑溢出的菌溢是该病再侵染、传播扩散的菌源。温暖高湿、通风不良发病重；荫棚栽培雨季发病重。细菌性褐斑病的扩展速度较兰花细菌性软腐病慢，但是一旦发生此病，难以根除，因此不能将带病兰花引进兰圃。

防治要点：

（1）加强栽培管理　要注意环境通风，浇水应避免叶面积水。园艺操作中尽量减少植株受伤；病残体、病株基质要及时清除；病盆器盆架等应及时进行消毒处理后可再用。

（2）药剂保护治疗　同兰花细菌性软腐病。

3. 兰花细菌性褐腐病

危害：石斛兰属、蝴蝶兰属、杓兰属、兜兰属、万代兰属等兰花的叶片。

症状：芽及新叶易发病，初在叶上呈淡黄色水浸斑，逐渐变为褐色油浸状，中部微凹陷，后病斑腐烂。病菌从根部侵入后，叶基部和假鳞茎上最先出现紫色或紫褐色的病斑，渐呈水渍状，病斑亦随之扩大，3~5天后，叶片深褐色变软，同时假鳞茎的输导组织变黑，不久腐烂脱落，直至整株变黑枯死。危害石斛兰时假鳞茎不腐烂。

病原菌：为欧氏杆菌属、假单胞菌属、布克什菌属的细菌。

唐菖蒲假单胞菌（*Pseudomonas gladioli* pv. gladioli Severini）。

杓兰欧文氏菌（*Erwinia cypripedii*（Hori）Bergy et al）：革兰氏阴性菌，短杆状，以周生鞭毛运动，不形成芽孢，好气或兼性厌气。

唐菖蒲伯克霍尔德杆菌（*Burkholderia gladioli* pv. Gladioli）：杆状，革兰氏阴性，有1～3条甚至3条以上的鞭毛，具有移动性。

发病规律：病原菌在寄主组织上或病残体内越冬。沿着植株上的水膜游动，由气孔、水孔等自然孔口和伤口侵入寄主植物组织内。栽培管理不当、栽培小环境高温高湿、不通风时易发病。

防治要点：

（1）加强栽培管理　改善高温潮湿的环境条件，保持植株干燥；剪除感病叶片，清理病残体，伤口涂抹抗生素类药剂。

（2）药剂保护治疗　同兰花细菌性软腐病。

6.2.3 兰花病毒病

兰花病毒病是一种系统性侵染病害。兰花一旦感染病毒，全株都可携带病毒粒子，病毒与兰花的细胞遗传物质结合在一起生长复制，很难用药物直接杀灭，被称为兰花的“癌症”。

病毒病的症状复杂多样，因病毒种类的不同株系、兰花品种、栽培环境的不同症状表现差异很大；

一种病毒单独侵染和多种病毒复合侵染症状也不同。此外，还有一种病毒的隐性状态，即植物体内携带病毒粒子，环境条件利于植物生长时植株不表现感毒症状，当环境条件不利植株生长导致衰弱时病毒就会迅速增殖，危害植物使其表现症状。病毒病症状为花叶、变色、坏死、畸形。如植株矮化、萎缩、畸形；叶上多出现花叶、叶面不平扭曲变形、坏死；或出现明亮叶脉、沿脉变色、沿脉坏死、条纹、条点；或出现单线圆纹和同心纹的环、全环、半环；或出现连续屈曲环状、楔形状、形成山水画状斑纹；以及出现各种坏死斑、坏死环纹、坏死条纹、坏死叶脉及蚀纹等。

据报道，有近 30 种病毒可侵染兰花，其中建兰花叶病毒（Cymbidium mosiac virus，CyMV）和齿舌兰环斑病毒（Odontolossum ring spot virus，ORSV）是兰科植物中常见且危害严重的病毒种类，并且有混合侵染现象。兰花常见病毒病介绍如下。

1. 建兰花叶病毒病

危害：侵染兰科植物多个属，包括兰属、兜兰属、蝴蝶兰属、卡特兰属、万代兰属、石斛兰属、虾脊兰属、文心兰属等。

症状：受害兰花叶片发生花叶和坏死。主要表现有黄绿斑驳，褪绿黄化伴有褐色坏死斑；有些受害部位角质层消失，叶面粗糙，凹陷脱水，出现褐色或黑褐色坏死斑；卡特兰感病还出现株型矮化、心叶变小并皱缩畸形。建兰病株上形成花叶。

病原：建兰花叶病毒（Cymbidium mosiac virus CyMV），又称国兰花叶病毒，属马铃薯 X 病毒群。病毒粒子线状，480nm × 13nm。

发病规律：病毒汁液借由桃蚜、园艺工具、栽培操作过程的伤口感染传播。带病植株盆下流出的水及清洗病株的水也可传播国兰花叶病毒。病毒粒子室温下的体外保毒期为 7~30 天。

2. 齿舌兰环斑病毒病

危害：兰科多属植物，包括兰属、卡特兰属、齿舌兰属、蝴蝶兰属、万代兰属、文心兰属、虾脊兰属、石斛兰属、毛兰属、树兰属、竹叶兰属等。

症状：叶片病症表现为环斑、花叶、坏死，以嵌纹与轮纹最为常见。如卡特兰上的楔形“∧”状的褐色轮纹；钻喙兰上出现波纹状排列的失绿线纹；墨兰上为轮纹状褐色同心圆环；蝴蝶兰上眼状褪绿环斑，中央为褐色坏死；蝴蝶兰轮环状凹陷坏死；

建兰花叶病毒病

建兰花叶病毒病

卡特兰上褐色坏死；钻喙兰上的失绿疱状坏死斑点；大花蕙兰、蝴蝶兰叶上形成黄化斑驳褐色坏死；建兰、墨兰上形成黄绿斑驳花叶；危害花朵时造成花瓣畸形、碎色病、花瓣褐色坏死斑。

病原：齿舌兰环斑病毒（Odontolossum ring spot virus,ORSV），又称烟草花叶病毒兰花株系（Orichid strain of tobacco mosaic virus,TMV-O），为烟草花叶病毒属。病毒粒体杆状，大小为300nm×18nm。

发病规律：以汁液借助园艺操作、伤口或摩擦等传播。病毒的潜伏期可达1年之久，长期处于隐性状态。

兰花病毒病的综合治理：

① 加强植物检疫，严格控制带病植株的引入。

② 严格选用和栽种无病毒苗及播种苗。

③ 分株、换盆等操作时注意用肥皂洗手，工具、花盆消毒后再用。接触病株的工具用5%磷酸三钠（Na_3PO_4）水溶液浸泡1~3min。这种消毒液呈强碱性，对金属无损伤，对兰花病毒有较强的杀灭作用。用过的旧基质通常不能再重复使用；若必须使用，则需用蒸汽消毒1h方可再用。

感染病毒病的兰花全株带毒，不能做母株用于分株繁殖，即使表面看很健康的子株也是病毒携带者。发现病株应立即销毁。栽种过病株的盆及盆栽基质、接触病株的工具都要进行彻底消毒或销毁处理。

④ 保持植株适当的间距，避免叶片叠加相互摩擦形成微伤口为病毒的传播提供条件。

⑤ 注意园艺卫生，及时清除园内杂草，防治害虫。具体害虫防治参见兰花害虫防治部分。

⑥ 药剂预防治疗：嘧肽霉素为胞嘧啶核苷肽类新型抗病毒制剂，具有预防和治疗植物病毒病的作用。发病前期或初期喷施6%嘧肽霉素水剂800倍、10%混合脂肪酸水乳剂100倍、8%菌克毒克水剂800倍 、5%菌毒清水剂200倍或31%吗啉胍·三氮唑可溶性粉剂（病毒康）500倍，5~7天喷1次，连续2~3次。

齿舌兰环斑病毒病

齿舌兰环斑病毒病

齿舌兰环斑病毒病

齿舌兰环斑病毒病

6.3 兰花常见虫害及其防治

1. 广食褐软蚧（*Coccus hesperidum* Linnaeus），同翅目蚧科

危害特点：食性杂，危害多种花木，兰科中危害蝴蝶兰等。以成虫、若虫聚集在叶背的叶脉两侧危害，严重时叶面出现黄色褪绿斑点，并易引发兰花煤污病，影响植物生长和观赏价值。

形态特征：雌成虫黄褐色、褐色、深褐色等深浅不一，体长卵形，扁平或略隆起，体长3~4mm，左右不对称，体背中央有一纵隆起，虫体前端窄后端宽，边缘薄，体背软或略硬化，体背常构成不规则图案。雄成虫体长1mm，黄绿色，前翅白色透明。若虫初孵时椭圆形黄绿色，2龄若虫体长1mm，扁平浅褐色，背中央微显现背脊。

生活习性：温室内可终年发生，且世代重叠，卵产于雌介壳下，每雌产卵量300余只。若虫孵化后，经过短时间爬行，寻找到适宜的位置固定生活，刺吸植物汁液，随后逐渐形成蜡质介壳保护虫体。介壳紧贴植物表面抗药能力强，一般药剂难以渗入其内，防治比较困难。若虫形成介壳前的低龄期喷药防治效果好。

防治要点：

（1）引种栽植前，认真检查兰花的叶片、鳞茎、根部是否健康无病虫，及早发现及时刷除，并进行药剂处理，消灭虫源。

（2）调整植株间距保持通风，同时加强管理，促进植株健壮生长。

（3）初孵若虫期喷药防治：可用15%阿维毒死蜱乳油1000倍加入农用有机硅4000倍、3%高氯·甲维盐微乳剂2000倍、3%高渗苯氧威300~500倍、10%吡虫啉可湿性粉剂2000倍或95%矿物油乳油2000倍（矿物油一定要喷到虫体上才有效果），15天1次，每季最多喷2次。

2. 长尾粉蚧 [*Pseudococcus longispinus*（Maskell）]，同翅目粉蚧科

危害特点：食性广泛，危害兰科植物的嫩芽和新叶等。在叶背和叶腋处刺吸危害，受害部位叶色发黄，严重时整叶枯萎死亡，其分泌物易诱发煤污病，影响植物正常生长和观赏。

广食褐软蚧若虫

形态特征：雌成虫体椭圆形，体长 2.5 mm，宽 1.5 mm，薄被白蜡粉，体缘有 17 对长蜡丝，腹末对等于或超过体长，末前对约为末对的 1/2 长，其他对近相等，均为末前对的 1/2 长。卵产于白絮状卵囊内，淡黄色。若虫似成虫，但较扁平，触角 6 节。雄若虫老熟后形成白色茧，并在茧内化蛹。

生活习性：南方地区以老熟若虫在叶背或枝条上越冬，翌年 3 月越冬若虫开始活动，取食危害。北方温室内可终年危害，世代重叠。温度高，通风不良时，30~40 天完成一代，雌虫将卵产于白色的卵囊内。

防治要点：同广食褐软蚧。

3. 兰白蚧壳虫（*Diaspis boisduvalii* Signoret），同翅目盾蚧科

危害特点：以成虫、若虫群集在叶背、叶腋、假鳞茎等处刺吸危害，受害部位叶色褪绿发黄，严重时变褐色坏死斑。危害兰科的卡特兰、石斛兰等，是温室内常见的蚧虫。

形态特征：雌成虫蚧壳圆形，中部淡黄周缘白色，直径约 2mm，雄虫蚧壳长条形，背面有三条明显的隆起线。雄成虫具翅，体被白色蜡粉。卵产于白絮状卵囊内，淡黄色。若虫似成虫，但较扁平，触角 6 节。雄若虫老熟后形成白色茧，并在茧内化蛹。

生活习性：温室内可终年危害，世代重叠。虫体喜群集于叶腋、假鳞茎、根茎基部等具有褶皱的隐蔽处危害，难以发现，一旦看到危害已经严重。

长尾粉蚧和蚂蚁

防治要点：同广食褐软蚧。

4. 兰矩瘤蛎蚧（Eucornuaspis machili Maskell），同翅目盾蚧科

危害特点：危害兰科兰属的墨兰、建兰等植物。以成虫、若虫在叶片正反面群集刺吸危害，受害严重叶片脱水发黄，其分泌物易诱发煤污病，严重时整株枯萎死亡。

形态特征：

成虫：雌成虫介壳前狭后宽，呈长梨形，长 2.4mm，宽 1.46mm，黄褐色至深褐色，孕卵后体色逐渐变为淡紫色，到产卵前期除头、尾外则呈淡紫红色。雄成虫蚧壳较小呈狭长状，长 1.46mm，宽 0.59 mm，卵椭圆形，淡紫色。

若虫：1、2 龄若虫体长梨形，黄白色，介壳随着虫龄增加由黄褐色逐渐变成深黄、黄褐和黑褐色。

兰白蚧壳虫雌成虫群集危害假鳞茎

兰白蚧壳虫雄成虫群集叶背

生活习性： 南方 1 年发生 3 代，以受精雌虫和若虫越冬。翌年的 3~10 月群集刺吸危害。初孵若虫多在主脉两侧爬行，寻到合适的位置后固定刺吸危害，并分泌蜡质逐渐形成蚧壳。北方温室条件适宜终年发生，世代重叠危害重。

防治要点： 同广食褐软蚧。

5.兰圆盾蚧（*Aspidiotus chinensis* Kuwanaet Muranatus），又称中华圆盾蚧，同翅目盾蚧科

危害特点： 兰科中危害兰属植物。以成虫若虫群集叶片或假鳞茎等处刺吸危害，受害部位初期为黄白色小点，严重时整叶枯萎死亡，其分泌物易诱发煤污病，影响植物正常生长和观赏。

形态特征： 雌成虫蚧壳圆形，直径约 2 mm，灰褐色，不透明，两个壳点位于蚧壳背中央或微偏，雌成虫体倒梨形，鲜黄色。雄蚧壳椭圆形，壳点 1 个，位于蚧壳中央，雄虫体长 1mm，杏黄色。若虫初孵时椭圆形，淡黄色。

生活习性： 温室内可终年危害。南方地区以受精雌成虫越冬，1 年 3~4 代。翌年 3 月越冬成虫刺吸危害并陆续产卵，初孵若虫进行短距离爬行后即固定取食，分泌白色蜡毛层形成介壳固定寄生危害。

防治要点： 同广食褐软蚧。

6. 二斑叶螨（*Tetranchus urticae* Koch），属蛛形纲真螨目叶螨科，俗称红蜘蛛

危害特点： 食性广泛，兰花中危害兰属植物。以成螨、若螨在叶背刺吸植物汁液，受害叶片出现黄白色的斑点，被害叶背布满丝网，严重时整个叶面褪绿变黄干枯。

形态特征： 雌螨卵圆形，体长 0.4~0.5mm，体背两侧各有一明显黑斑，夏秋活动时期多为黄绿色，深秋时深红色。

雄螨近菱形，体长 0.3~0.4mm，体色淡黄或黄绿色。

卵为球形，光滑，直径 0.13mm，初产时乳白色或半透明，孵化前透过卵壳可见红色眼点 2 个。

幼螨初孵时近圆形，白色，取食后淡黄绿色，眼红色，体长 0.16~0.18mm，足 3 对。

若螨：长椭圆形，黄绿色，体背出现色斑，足4对。

生活习性： 温室内可终年发生，多为两性生殖，少数为孤雌生殖，每雌产卵 50~150 粒，多者可达 700 粒。高温干燥时发生严重。

叶螨危害状

防治方法：

① 保持环境卫生，清除杂草，减少螨源。

② 及时处理受害植株，适当喷水增加叶片及环境湿度。

③ 发生初期喷施杀螨剂，喷药时做到叶背、叶面均匀着药。可使用 5% 甲氨基阿维菌素苯甲酸盐水分散粒剂 4000~6000 倍、25% 丁醚脲乳油 4000 倍、15% 哒螨灵乳油 2000 倍或 1.8% 爱福丁乳油 2000 倍，10~15 天一次，连续 2 次。

7. 桃蚜 [*Myzus persicae*（Sulzer）]，同翅目蚜科

危害特点： 危害多种兰花的嫩芽、花蕾等。以成虫、若虫群集在嫩叶和花序上刺吸汁液，造成新叶、花序生长畸形。蚜虫分泌的蜜露可诱发煤污病，影响植株的生长和观赏。蚜虫还可传播多种植物病毒病。

形态特征： 无翅蚜，体长 1.5~2.5 mm，淡黄绿、绿色或红褐色；复眼红色；触角 6 节，端部灰黑色；额瘤显著，中额瘤微隆；腹部背面有 3 条深色线纹；腹管长筒形。无翅成蚜体卵圆形；腹管黑色；尾片黑褐色，圆锥形，近端部 1/3 收缩。有翅蚜体长约

2mm，翅两对透明，头部和胸部黑色，腹部色淡。腹部第3~6节背面有一块大黑斑，腹管黑色，尾片圆锥形，黑色，曲毛6根。第8腹节常有1对突起。

生活习性： 桃蚜的生活史复杂，一年发生数代，具有迁飞转主危害的习性。以卵在桃树等核果类果树枝条的芽腋缝隙处越冬。翌年春季果树发芽时，越冬卵孵化生长为干母，孤雌胎生若蚜危害。5月份，形成有翅雌蚜从核果类果树迁飞到烟草、蔬菜、杂草上繁殖危害。9月份在形成有翅蚜迁飞回桃树上，孤雌胎生性蚜，10月中下旬交尾产卵越冬。有翅蚜迁飞时期，在兰花上易形成危害。

防治要点：

① 温室窗口安装防虫网阻隔有翅蚜飞入。

② 利用有翅蚜虫的趋黄性，在室内挂黄色粘虫板诱杀有翅成蚜。

③ 药剂防治可用10%烯啶虫胺水剂2000~3000倍、1.8%爱福丁乳油2000倍、2.5%吡虫林乳油2000倍或3%啶虫脒乳油2000~3000倍、0.3%苦参碱水剂1000倍、50%吡蚜酮水分散粒剂2500倍，7~10天1次，连续2次。

8. 花蓟马 [*Frankliniella intonsa*（Trybom）]，缨翅目蓟马科

桃蚜

危害特点： 危害蝴蝶兰、卡特兰、大花蕙兰、墨兰等兰花的花朵。以成虫和若虫刺吸花器、嫩芽、嫩叶的汁液，形成白色斑点或褐色条斑。受害严重的花芽萎缩脱落；花苞受害使花朵皱缩畸形开放；花瓣受害褪色干枯，花期缩短。花后成虫、若虫转移到嫩芽和新叶上继续危害，导致叶片出现白斑或淡褐色条纹。

形态特征： 雌成虫体长约1.3mm，头胸部黄褐色，腹部黑褐色。翅两对，翅边缘具长缨毛。雄成虫体黄白色，比雌虫体小。若虫细长，淡黄色。

生活习性： 温室内终年发生，世代重叠。蓟马成虫具有很强的趋花习性，故花期危害严重。成虫行动迅速，喜藏于花朵内，怕光，雌成虫产卵于花或嫩叶组织内。低龄若虫的活动能力弱，隐藏危害。随虫龄增加可在株间转移危害。前蛹和蛹期存在于基质中，成虫羽化后飞出。高温干旱条件易大发生。

防治要点：

① 调整植株间距，适当增加环境的湿度，避免高温干旱。

② 利用蓟马成虫的趋蓝性，可在室内挂蓝色粘虫板监测诱杀蓟马成虫。

③ 药剂防治：傍晚时用药，可选5%啶虫脒乳油4000倍、5%甲氨基阿维菌素苯甲酸盐水分散粒剂4000倍~6000倍、10%烯啶虫胺水剂2000~3000或25%阿克泰水分散粒剂5000倍喷药或药剂灌根。

9. 温室白粉虱 [*Trialeurodes vaporariorum*（Westwood）] 同翅目粉虱科

花蓟马成虫

危害特点： 危害叶片角质层薄的兰花。以成虫和若虫群集在叶背刺吸植物汁液，造成叶片卷曲，褪绿发黄，甚至干枯。成虫有翅能飞行，若虫固定

取食危害。此外，白粉虱还会分泌大量蜜露，诱发叶片产生霉菌，发生煤污病，影响植物生长和观赏。

形态特征：成虫体长约1.5mm，体被白蜡粉，腹部浅黄色或浅绿色。翅白色膜质，前后翅上各有一条翅脉，停息时双翅屋脊状紧密合拢体背。卵长椭圆形，一端有短卵柄黏附于叶面，呈朝天椒状。初产时淡黄色，后变黑色。若虫体扁平，椭圆形，黄绿色，体长0.5mm左右。伪蛹椭圆形，扁平，淡黄色半透明，背面覆盖白色絮状蜡丝。

生活习性：温室内终年发生，世代重叠现象明显，在同一时期可见到各种虫态。成虫、若虫均喜在嫩叶叶背栖食，雌虫多在嫩叶叶背产卵。植株上各虫态的分布有规律，最上层嫩叶以成虫和初产的淡黄色卵为最多，稍下叶片多为初龄若虫，再下为中老龄若虫，最下部叶多伪蛹。成虫在阳光充足时在株间飞翔，对黄色有较强的趋性，忌白色、银灰色。若虫孵化后即固定在叶背刺吸危害。该虫随风和寄主植物的引种运输而传播。

防治要点：

① 加强栽培管理，避免与白粉虱喜食的花卉如一品红、扶桑等同室栽植。清除有虫植株或隔离养护管理。

② 室内悬挂黄色诱虫板监测诱杀粉虱成虫。

③ 药剂防治：在虫口密度较低时用药效果好。可用50%吡蚜酮水分散粒剂2500倍，25%阿克泰水分散粒剂5000倍、3%啶虫脒乳油2000~3000倍或5%甲氨基阿维菌素苯甲酸盐水分散粒剂4000倍等喷药防治。10~15天喷药1次，连续2~3次。

温室白粉虱成虫

10. 双线嗜黏液蛞蝓（*Philomycus bilinenatus* Bonson）

属软体动物门，腹足纲，柄眼目，蛞蝓科。俗称鼻涕虫。

危害特点：食性较杂。取食多种兰花的幼嫩组织，如嫩叶、新芽、根尖、花朵等，造成不规则的伤痕、孔洞或缺刻，凡软体动物爬行过的路径，均留下一条白亮的黏液痕迹，影响兰花的观赏价值和经济价值。

形态特征：成体柔软，无外壳，体长35~37mm，宽6~7mm。体为灰白色或淡黄褐色，背部中央有一条褐色斑点纵带，体两侧也各有一条暗褐色纵带，其色较背部深。触角两对，前短后长。黏液乳白色。卵椭圆形，白色半透明。

生活习性：温室内环境适宜可终年危害。低温时以成体或幼体在植物的湿土中越冬。蛞蝓喜潮湿阴暗。白天藏在土壤、花盆或砖块底下，晚间出来觅食危害和产卵繁殖。有趋香、甜、腥的习性。蛞蝓为雌雄同体，异体受精，卵产于土壤中。蛞蝓爬行时分泌的黏液干后硬化发亮。

防治要点：

① 注重环境卫生，清除杂物，避免过于潮湿，减少适宜蛞蝓生存的场所。

② 基质消毒：基质进入兰圃前必须进行彻底的消毒处理，以免有害软体动物的虫源随椰壳、椰丝、水苔、树皮等基质进入兰园。

③ 人工捕杀：结合日常养护管理，移动花盆时清查盆底隐藏的蛞蝓。傍晚时在兰室放置菜叶诱饵堆，并洒水造成阴湿环境可引诱野蛞蝓前来取食，清晨清除菜叶，集中消灭。

④ 药剂诱杀：使用多聚乙醛类的专杀蜗牛、蛞蝓的药剂。在兰圃内成堆撒施8%灭蜗灵颗粒剂或6%蜗克星颗粒剂等进行诱杀，每100㎡用药50~100g。室外以雨后转晴傍晚施药效果最好。

蜗牛防治方法同上。

11. 美洲大蠊（*Periplaneta americana* Linnaeus）昆虫纲蜚蠊目，俗称蟑螂、小强、偷油郎

危害特点：蟑螂具群居性、活动范围广、食性杂、污染食物、传播疾病的特点，是世界性卫生害虫。可随人为携带或栽培基质运输进入兰园。因缺少喜欢吃的食物，时常在夜间啃食危害兰花的根尖、新芽、花朵。对兰花的生长点造成严重伤害，同时降低兰花的品质。

形态特征： 美洲大蠊是蜚蠊中体型最大的。成虫体长 30~40mm，体红褐色，背腹扁平，具油状光泽。触角长丝状，前胸背板中央具有黑褐色大蝴蝶斑，斑纹的边缘有黄色带纹。成虫具 1 对翅，长于腹部末端。3 对足强壮。雌虫将卵产业卵鞘内，每鞘有卵 14~16 粒，卵鞘初期为白色，渐变褐至黑色。若虫形体似成虫，体小，无翅。初孵若虫为白色，随着生长颜色逐渐变深。

生活习性：群栖躲藏在阴暗潮湿的缝隙、孔洞等处，有怕光、怕风的弱点，白天隐藏夜晚取食活动，其隐蔽场所周围具有丰富的食物和水。蟑螂的适应力和繁殖力极强。适宜多种生活场所，即使在无水的环境中也能活 1 个月，无食物时可以活 2~3 个月。当若虫的附肢或触角受损后，在下一龄蜕皮还会重新再生。美洲大蠊的若虫期因环境食物不同约为 4 个月至一年，成虫可存活 1~2 年。雌成虫喜欢在有棱角的地方产卵，一对一年内可繁殖几十万只。出现食物缺乏时，有互相残杀和吃掉卵鞘的现象。室内常见到美洲大蠊与黑胸大蠊或德国小蠊有共栖生活。

防治方法：

① 加强检查对运入兰园的货物仔细查看，避免蟑螂随包装物、花卉或栽培材料一起进入种植区。

② 保持园圃的环境卫生清理保管好个人物品及杂物，减少盆器等物品形成的缝隙，不给蟑螂提供滋生的空间。

③ 发现蟑螂危害后查找蜚蠊的栖息场所，如缝隙和空洞、管道和阴沟等周围以及能爬行的空间。以便决定采用设置诱饵、诱捕器进行防治。

④ 药剂防治发生不严重时也可采用毒饵诱杀法防治。可用 2.5 % 灭幼脲 · 乙酰胺磷杀蟑饵剂、2% 氟蚁腙杀蟑胶饵或 2.5% 吡虫啉杀蟑胶饵施于缝隙、边角、转角等处点状用药，尽量接近蟑螂活动场所。还可以用 2.5% 高效氯氟氰菊酯微胶囊悬浮剂 100 倍喷施。

⑤ 发生数量大时请专业灭蟑队伍进行全面除治。

蛞蝓危害大花蕙兰

双线嗜黏液蛞蝓

各　论

乳白细距兰（*Aerangis luteo alba*）

A

美兰属
Acacallis

附生兰花。全属 1 种。原产于南美洲的巴西、哥伦比亚、委内瑞拉、圭亚那和秘鲁等地低海拔森林中。短的匍匐茎，顶端形成纺锤形的假鳞茎；顶端有叶 1~2 枚，叶革质披针形。花茎从假鳞茎基部生出，每花茎有花数朵至十来朵。花通常带蓝色。

栽培：高温或中温温室栽培。栽培较困难。喜温暖环境，白天 25~30℃，夜间 20℃。绑缚栽植在树蕨板或大块栓皮栎树皮上，生长良好；亦用树皮块、风化火山岩、木炭或蛇木屑盆栽。旺盛生长时 2 周左右施一次液体肥料。要求湿润的环境，生长时期每天向绑缚的植株喷水；并经常保持盆栽基质有充足的水分、较高空气湿度和中等的遮阴。北方温室栽培，冬季不遮阴。开花期春季至初夏。

常见栽培种：

美兰（*Acacallis cyanea*）

美兰是一种小型的附生兰花，假鳞茎高约 5cm，有叶 1 枚，约长 20cm；花序长 15~20cm；花径约 6cm，淡蓝紫色，唇瓣色较浓。

美兰（*Acacallis cyanea*）

脆兰属
Acampe（*Acp.*）

附生兰花。全属约 5 种。产于中国、印度、尼泊尔、缅甸、越南、泰国、马来西亚和热带非洲。我国有 3 种，分布于南方热带和亚热带地区。主要生长在低海拔和稍高海拔的林中。单轴生长型。植株中等至大型，肉质根粗大。叶片肉质，生长在茎的两侧；花序直立，通常分枝，花密生。花质地厚而脆，小或中等大，不扭转（唇瓣在上方），近直立；中裂片和侧裂片相似或不相似，花瓣比萼片小。

杂交育种：据记载，该属与万代兰杂交的人工属为万代脆兰属 *Vancmpe*（*Acampe* × *Vanda*），该属与蜘蛛兰杂交的人工属为蜘蛛脆兰属 *Aracampe*（*Acampe* × *Arachnis*）。

至 2012 年，共有杂交种 6 个。如：*Vancampe* Utaradit（*Acp. rigida* × *Vanda coerulea*）登录时间 1984；*Vancampe* Beans（*Vanda* Frank Scudder × *Acp. rigida*）登录时间 1958；Ascocampe Siam Amber（*Ascocentrum garayi* × *Acampe papillosa*）登录时间 2012；*Aracampe* Chen's Superstar（*Acp. labrosa* × *Acp. rigida*）登录时间 1980。

栽培：植株大型，应在高温或中温温室栽培，越冬最低温度 16℃左右。可篮式垂吊栽植，或绑植于树蕨干上，任其粗大的气生根在空气中伸展；也可用排水良好的木炭、粗粒树皮等基质盆栽。栽培场地应排水和通风良好，绑缚栽种的植株，每天至少喷水一次。喜充足的阳光，温室遮阳 50% 左右，冬季不用遮阳。在植株旺盛生长时期，2 周左右施用一次复合液体肥料。全年保持较高的空气湿度。其栽培方法可参照万代兰栽培方法。

常见种类：

长叶脆兰（*Acp. longifolia*）

产于喜马拉雅至马来西亚。茎粗壮，常有分枝，直立或向外弯曲，高约 50cm 以上，叶紧密着生；叶多肉，长约 20cm。花序直立，长约 10cm。花密集着生在一起；花期长。花肉质，开放不够充分，直径 2cm；芳香；花瓣和萼片浅黄色，上有深红色条纹和斑点，唇瓣白色，具少量紫色斑点。花期夏季。生长健壮，栽培较易。栽培同热带产的万代兰。

短序脆兰（*Acp. papillosa*）

产于中国的海南和云南西部，附生于海拔约 500m 的山地林中树干上。尼泊尔、印度北部、缅甸、老挝、泰国、越南也有分布，茎长 5~20cm 或更长。叶长 7~14.5cm，宽 1.4~2.3cm。花序长 1~4cm，密生花数朵；萼片和花瓣黄色带有有红褐色横斑纹；唇瓣乳白色稍具紫红色斑点。花期 11 月。

多花脆兰（*Acp. rigida*）

广泛分布于热带喜马拉雅、印度、缅甸、泰国、老挝、越南、柬埔寨、马来西亚、斯里兰卡至热带非洲，在中国分布于广东南部、香港、海南、广西、贵州、云南。附生于海拔 560~1600m，林中树干上或林下岩石上。大型附生植物。茎粗壮，近直立，长达 1m，具多数二列的叶。叶近肉质，带状，长 17~40cm，宽 3.5~5cm。花序腋生，长 7~30cm，具多数花；花黄色带紫褐色横纹，不甚开展；具香气；萼片和花瓣近直立；萼片相似，等大，长圆形；花瓣狭倒卵形；唇瓣白色，厚肉质，3 裂；花期 8~9 月，果期 10~11 月。

多花脆兰（*Acp. rigida*）

短序脆兰（*Acp. papillosa*）

坛花兰属
Acanthephippium

地生兰花，很少附生。分布于热带亚洲至巴布亚新几内亚和太平洋岛屿。全属约10种，我国有3种，分布于南方省区。假鳞茎肉质，卵形或卵状柱形，顶生1~4枚叶片。叶大型，具折扇状脉。花葶侧生于近假鳞茎顶端，通常短粗，肉质，直立，不分枝，远比叶短；总状花序，具少数花；花大，稍肉质，不甚开张，萼片除上部外彼此联合成膨胀的坛状筒；花瓣藏于萼筒内，较萼片稍窄；唇瓣具狭长的爪，以一个活动关节与蕊柱足末端连接，3裂。

栽培：可以参照鹤顶兰栽培方法种植。用透水和通气良好的腐叶土做基质盆栽；盆底部最好填充一层颗粒状排水物。中温或高温温室栽培，全年保持较高的空气湿度；全年保持充足的水分和肥料，尤其旺盛生长时期更应注意。若冬季室温太低，应减少浇水量，保持盆土微潮。喜半阴环境，春、夏、秋三季遮阳量约50%，冬季可以不遮阳。

常见种类：

爪哇坛花兰

（*Acanthephippium jivanicum*）

产于马来西亚、印度尼西亚。假鳞茎圆锥状，长可达25cm，直径5cm。顶部有叶3~4枚，也长可达60cm，宽约15cm；花茎从假鳞茎中部节上生出，高约12cm，有花数朵；花长约5cm，有浓香味，萼筒深黄色或浅粉色，具紫红色条纹和斑点，花瓣与萼筒色彩相同，唇瓣3裂。夏季开花。高温温室栽培。

坛花兰（*Acanthephippium sylhetense*）

印度、缅甸、老挝、泰国和马来西亚，以及中国的云南南部和台湾，生于海拔540~800m的密林下或沟谷林下阴湿处。假鳞茎圆柱形，长15cm，基部粗1.5~4cm。叶2~4枚，生于假鳞茎顶端，纸质，长椭圆形，长达35cm，宽8~11cm。花葶肉质而肥厚，长15~20cm；总状花序具花3~4朵；花白色或稻草黄色，萼片合生成坛状筒，长2~2.5cm；唇瓣基部有长爪。花期4~7月。

华美坛花兰（*Acanthephippium splendidum*）

坛花兰（*Acanthephippium sylhetense*）

阿森兰属

Acineta

附生兰类。全属15~20种。分布于热带美洲墨西哥、委内瑞拉、厄瓜多尔和秘鲁的广大地区。附生于海拔800~2000m树上或岩石上。常绿多年生，植株健壮，假鳞茎较大，扁平的卵形到纺锤形，有纵沟。叶革质，2~4枚，大型，长约60cm，生于假鳞茎顶部。花茎从假鳞茎基部生出，下垂，与老虎兰（*Stanhopea*）相似；生多朵肉质花，花蕾发育时间较长，但开放时间较短，仅数日。花向下半开，有特殊香味。

栽培：阿森兰栽培较容易，也容易开花。本属植物是典型的附生兰花，花茎是从假鳞茎基部生出后下垂。通常用木条框或多孔花盆作篮式栽培。盆栽基质应当透气透水性好，或者将其栽种在树蕨板上，其根系和假鳞茎大部分都露在外面，便于将来花茎自由生长。盆栽基质可用蕨根、苔藓、粗泥炭或树皮块。栽植好的植株必须悬吊在温室中，不能放在台架上。否则花茎不能伸出来开花。中温或高温温室栽培。在旺盛生长期应保持较高的空气湿度和充足的水分；在新芽生长成熟后有约1个月的休眠期，这时期根部应当保持干燥，以便促进花芽的形成。休眠期少浇水但根部不能完全干燥；并需保持较高的空气湿度。该属植物喜半阴的环境，避免阳光直晒，否则叶片变黄，甚至出现日灼病，夏季遮阳50%左右，冬季30%左右。旺盛生长期2周左右施用一次液体肥料。

常见种类：

华丽阿森兰（*Acineta superba*）

产于南美洲委内瑞拉、厄瓜多尔。假鳞茎长约13cm，叶长约60cm。花茎下垂，有花5~10朵。花径约7cm，半开。花色淡黄到深红褐色，有小红褐色斑点。唇瓣多肉质，3裂。花期春季。

Acineta hennesiana

华丽阿森兰（*Acineta superba*）

华丽阿森兰（*Acineta superba*）（特写）

合萼兰属
Acriopsis

附生兰类。全属 12 种。分布于热带亚洲至大洋洲，我国仅 1 种，生云南南部。假鳞茎聚生，卵形或近球形，顶部生叶片 1~3 枚；花序从假鳞茎基部生出，疏生多数小花。花呈十字形，两枚侧萼片完全合生而成一枚合萼片，位于唇瓣正后方；中萼片与合萼片相似。蕊柱近直立，上部有 2 个臂状附属物。

栽培：中温或高温温室栽培。中小盆栽种；盆栽基质要求透气和排水良好，可以用较细颗粒的树皮块、风化火山灰、木炭等作盆栽基质；亦可以绑缚栽种在树蕨板上。喜半阴，生长时期遮阳量约 70%，温室冬季可以不遮阳。旺盛生长时期须保证有充足的水分和肥料供应。新芽萌发和生长时，需经常喷雾，以增大空气湿度。全年保持较高的空气湿度，一般以 70%~90% 为宜。

常见种类：

合萼兰（*Acriopsis liliifolia*）

该种分布甚广，老挝、泰国、越南、马来西亚、印度尼西亚等地均有分布。生长在从海平面到海拔 1500m 的地方。在马来西亚常被作为草药使用。株高约 30cm；花序有较长分枝，生有许多十字形小花。中温或高温温室栽培。喜湿热的环境（栽培中常用名称：*Acriopsis javanica*）。

合萼兰（*Acriopsis liliifolia*）

爱达兰属
Ada

附生兰类。全属 16（2）种。分布于从南美的哥斯达黎加、巴拿马、委内瑞拉和秘鲁。大多生在热带高海拔 1500~2800m 山区，多云雾，低温潮湿。常附生于乔木或灌木的茎干上、裸露的岩石上。

假鳞茎长卵圆形，常被许多叶状的叶鞘所覆盖。叶片呈披针形或窄披针形，革质、有光泽。花茎从假鳞茎基部生出，直立或向下弯曲，花多数。花苞呈船形，甚是醒目。花形变化较大，萼片和花瓣的形状及色彩均十分相似，只是花瓣稍小一点。唇瓣从宽卵圆形到线形都有，基部有隆起物，越往前端越尖。蕊柱比较短，药帽又圆又大，十分醒目，有花粉块 2 枚。

栽培：爱达兰属是较好的冬、春季盆栽兰花。通常低温或中温温室。栽培较易。夏季温度不高，日夜温差较大，夜间温度低；怕高温湿热。喜半阴和潮湿环境。适于低纬度高海拔地区种植，我国西南地区的云南、贵州等地可以尝试引种栽培。冬季温室越冬最低温度应在 5℃以上，温度太低时栽培基质要保持稍干燥为宜。盆栽要求栽培基质透气和排水良好，可以用树皮块、苔藓、风化火山灰、木炭等作盆栽基质，可单独使用，亦可两种基质混合使用。

常见栽培种：

金黄爱达兰（*Ada aurantiaca*）

生于高海拔的安第斯山脉的哥伦比亚、厄瓜多尔和委内瑞拉。花期冬季至早春；花茎长 30cm 以上，有花 1 至数朵，花金黄色。有数个栽培品种。要求低温环境栽培。

金黄爱达兰‘伊考’（*Ada aurantiaca* ‘Eikoh’）

金黄爱达兰‘凤凰’（*Ada aurantiaca* ‘Phoenix’）

细距兰(船形兰)属
Aerangis（*Aergs.*）

附生兰类。全属约60种。分布于非洲西部和马达加斯加、科莫隆及附近岛屿，有一个种分布于斯里兰卡。生长在低海拔至海拔1950m处。附生于树木茎干上。环境潮湿、阴蔽。茎为单轴生长型，较短，直立或下垂；叶片革质，稍多肉，生于茎的两侧。总状花序，长约30cm，下垂或呈弓形，因种不同，有花多数或少数。花呈星形，花直径约4cm，萼片与花瓣相似，椭圆形或卵圆形；唇瓣较大，基部生有长距。花白色；夜间芳香；蕊柱短，白色或朱红色。春、夏季开花，亦有冬季开花种类。

杂交育种：该属植物较受兰花爱好者欢迎，栽培也较普及。在属内的种间杂交种较多。许多杂交种品种花十分美丽，有的品种其距甚长。已知该属与*Anargaecum*、*Eurychone*、*Aeranthes*等属间杂交已产生数个人工属。

至2012年该属已有属间杂交种和属内杂交种共62个（属内杂交种44个）。如：*Aergs.* Primulina（*Aergs. citrate* × *Aergs. hyaloids*）登录时间1941。*Aergs.* Amado Vasquez（*Aergs. cryptodon* × *Aergs. articulate*）登录时间1976。*Rhipidangis* Niagara Spring（*Aergs. kotschyana* × *Rhipidoglossum kamerunense*）登录时间2008。*Aergs* Hawaiian Star（*Aergs.* Brian Perkins × *Aergs. articulate*）登录时间1976。*Aergs.* Keystone Heights（*Angraecum eichlerianum* × *Aergs. brachycarpa*）登录时间1985。*Euryangis* Reyna's Apricot Stars（*Eurychone galeandrae* × *Aergs. modesta*）登录时间2012。

栽培：中温或高温温室栽培；喜半阴，生长时期遮阳量约70%，北方温室冬季可以不遮阳。白天温度21~27℃，最高不超过32℃，夜间13℃左右，最低不低于10℃。大型植株可以盆栽；小型植株可绑缚栽种在树蕨板、带皮木段或较大块的栓皮栎树皮上。盆栽基质可选用树皮快、蛇木屑、风化火山灰、木炭或苔藓等。小型植株也可用苔藓栽种在小盆中。春、夏和秋季前期，旺盛生长时期须保证有充足的水分和肥料供应。新芽萌发和生长时，需经常喷雾，以增大空气湿度。花芽生长时，要提供充足的水分。植株生长成熟后，秋末和冬季的1~2个月，保持根部和基质适当干燥。全年保持较高的空气湿度，一般以70%~90%为宜。

常见栽培种：

二裂细距兰（*Aergs. biloba*）

产于西非热带地区。生长在热带雨林中阳光充足或有部分遮阳的地方。茎长7.5~12.5 cm。叶4~10枚。叶倒卵形，先端2裂，长约18cm，宽3~6cm。花序长10~40cm，有花8~20朵，花芳香，花瓣平展，萼片和花瓣披针形；距长5~6cm。花期秋季。

马达加斯加细距兰（*Aergs. citrata*）

乳白细距兰（*Aergs. luteoalba*）

二裂细距兰（*Aergs. biloba*）

马达加斯加细距兰（*Aergs.citrata*）

产于马达加斯加。是一种较好的盆栽兰花，栽培较广，容易栽培。叶光亮，深绿色，紧密地着生在短茎上。常生有多个总状花序，每个花序上有花较多，花白色或乳白色。花期春季；有柠檬香味。栽培要求较强的遮阳和较大的温差。

高贵细距兰（*Aergs. fastuosa*）

产于马达加斯加。生长于海拔 1000~1500m 处潮湿的常绿森林中。小型附生种。茎短，叶倒卵形至楔形。先端不均等 2 裂，长 1.8~7.5cm，宽 1.2~2cm。花序长约 5cm，有花 1~3 朵。萼片和花瓣长椭圆形，长 1.6~3cm，宽 0.6~1.1cm。唇瓣长椭圆形至菱形，长 2~2.5cm，宽 0.4~0.8cm，花径约 5cm，距细长，约 8cm。花期冬季至春季。花期可长达 3 周。低温或中温温室栽培。

淡褐色细距兰（*Aergs. fuscata*）

产于马达加斯加。附生于从海平面至海拔 1000m 左右森林树干上。茎短，革质叶片长约 20cm；花序下垂，长约 20cm，花多数，芳香，花径 2.5~3.5cm。夏季开花。高温温室栽培。该种易与 ***Aerangis umbonata*** 混淆。

高贵细距兰（*Aergs. fastuosa*）

乳白细距兰（*Aergs. luteoalba*）

分布于非洲埃塞俄比亚、肯尼亚向南延至坦桑尼亚及喀麦隆等地不同海拔高度的林中。植株细小，栽培比较普及。中温温室栽培，但应保持较高的空气湿度。白色的花具有橘红色的蕊柱，甚为美观。

米氏细距兰（*Aergs. mystacidii*）

长距细距兰（*Aergs. splendida* 'Lillian Sparks'）

Aergs. pumilo

气花兰属

Aeranthes(Aerth.)

附生兰花。全属约有 30 种；主要分布于马达加斯加及周围岛屿。附生于海平面至海拔 1500m 的热带雨林中潮湿半荫处的大树干上。该属植物植株小到中型。茎单轴生长型，较短；叶数枚，呈扇状排成二列；叶长椭圆形到长舌形，肉厚革质。花序侧生，较长，呈铁丝状，下垂，有分枝，顶端有花数朵。花大，呈半透明的绿、黄、白色。花连续开放。萼片和花瓣同形，先端细长伸出。唇瓣基部有呈棍棒状的短距。

杂交育种：已知该属与 *Angraecum*、*Jumella*、*Aerangis* 3 属杂交产生 3 个以上的人工属 *Angranthes*、*Jumanthes*、*Thesaera*。

至 2012 年该属已有属间和属内杂交种共 30 个（属内杂交种 6 个）。如：*Aerth.* Grandianne（*Aerth. neoperrieri* × *Aerth. grandiflora*）登录时间 1979。*Aerth.* Grandiose(*Aerth. grandiflora* × *Aerth. ramose*）登录时间 1990。*Angraecyrtanthes* Rumrill Seafoam（*Angraeorchis* Mad × *Aerth. grandiflora*）登录时间 1991。*Jumanthes* Memoria Paul Friedrich Werner（*Aerth. grandiflora* × *Jumellea comorensis*）登录时间 2008。*Aerth* Hsinying Ramosa（*Aerth.* Grandiose × *Aerth. ramose*）登录时间 2013。

栽培：中温或高温温室栽培。和所有花序下垂种类的兰花一样，可以绑缚栽种在树蕨板或带皮木段上；亦可选用粗颗粒的树皮块、木炭、风化火山岩为基质，栽种在多孔的花盆或木框中，悬吊在温室或荫棚。盆栽基质必须通气和排水良好。旺盛生长时期保持水分充足和较高的空气湿度。但每年冬季有一短暂的相对休眠期，应减少浇水量，使盆栽基质保持稍干状态。浇灌用水必须经反渗透纯化处理，去掉水中大部分钙、镁和盐类。栽培要求半阴环境，北方温室栽培，春、夏、秋 3 季遮阳量 60%~70%，冬季可以不遮或少遮。旺盛生季节，每 2 周施用一次液体复合肥料，浓度为 2000 倍左右。

常见栽培种：

大花气花兰（*Aerth. grandiflora*）

该种分布于马达加斯加中部到东部海拔 1200m 以下的地区；附生于雨林中的树干上。茎短，有叶 5~7 枚，革质，长椭圆形，长 15~25cm，宽 3~3.5cm。花序下垂，长 10~30cm，有的可长达 1m。花可以开放达 3 个月之久。花大型，白色至绿色。花被片先端细长，长可达 5cm。唇瓣椭圆形，长 4cm，宽 2cm。夏秋季开花。

多枝气花兰（*Aerth. ramosa*）

该种只生长于马达加斯加海拔约 1350m、长满苔藓的森林中，生长地雨量充沛，空气湿度高。短茎上有 4~5 枚叶片，叶长约 30cm，宽 3cm。花茎下垂，分枝，可长达 1.5m；有花数朵；花直径 5cm。于 2 月（夏季）开花。

蜘蛛样气花兰（*Aerth. arachnites*）

大花气花兰（*Aerth. grandiflora*）

多枝气花兰（*Aerth. ramosa*）

指甲兰属
Aerides（*Aer.*）

附生兰花。全属约20种，分布于东南亚至中国南方。中国有4种，产于南部诸省区。茎单轴生长型，粗壮，直立或斜立，具粗壮的根。叶数枚，二列，扁平，狭长，稍肉质。总状花序或圆锥花序侧生于茎；花中等大，萼片和花瓣相似；花瓣较小；唇瓣基部具距，3裂；侧裂片直立，中裂片向前伸展；距狭圆锥形或角状，向前弯曲。

杂交育种：该属属内和属间杂交比较多，已培育出许多优良的杂交品种。在世界各地兰花市场上均可看到。人工属中结合不同属的优良特性，培育出了原属中不曾有的品种。

该属与近缘属 *Arachnis*、*Ascocentrum*、*Ascoglossum*、*Cleisocentron*、*Cleisostma*、*Doritis*、*Luisia*、*Neofinetia*、*Phalaenopsis*、*Renanthera*、*Rhynchostylis*、*Sarcochilus*、*Trichoglottis*、*Vanda*、*Vandopsis*等15属间杂交至少已产生 36个以上的人工属，其中包括 2属至 4属间的人工属。

至 2012年该属已有属间和属内杂交种共 395个（属内杂交种43个）。如：*Aerasconetia* Rumrill Spu（*Aer. multiflora* × *Ascofinetia* Peaches）登录时间 1977。*Aer.* Dominyanum（*Aer. affinis* × *Aer. rosea*）登录时间 1909。*Aer.* Chiara Maree（*Aer. multiflora* × *Aer. flabellate*） 登录时间 2009。*Aeridachnis* Mandai（*Aer. hookeriana* × *Aer. augustian*）登录时间 1963。*Aerasconetia* Bouquet（*Ascofinetia* Peaches × *Aer. odorata*）登录时间无。*Aer.* Flynn Andrew （*Aer.* Rita Beltrame × *Aer. multiflora*）登录时间 2012。

栽培：指甲兰属植物株形优美，花序和花形美丽，花色丰富，花香宜人；花呈硬蜡质，寿命较长。生长势强健，栽培较容易；开发比较早，不断有新品种出现。因其花序较长而大，着生许多美丽的花朵，十分可爱。整个花序形似狐尾状，故在西方又俗称为狐尾兰“Fox-tail Orchids”。是热带和亚热带栽培十分普及的附生兰花，深受普通市民和兰花爱好者欢迎，亦是重要的商品兰花之一，生产和销售均较多。

热带地区荫棚种植，北方高温或中温温室栽培。通常选用大块树皮、木炭或蛇木作基质，将指甲兰苗固定在多孔花盆或木条筐中，垂吊栽培。任其粗大的根系在空气中自由生长。指甲兰要求有充足的阳光，生长季节遮阳 50%~70%，北方温室栽培冬季不遮阳。喜较高的空气湿度和充足的水分。旺盛生长的春、夏、秋3季，每天至少向植株及其周围喷水一次；使用的水需经过反渗透纯化处理，去掉多余的矿物质。每 1~2 周喷施一次复合液体肥料。

Aerides crispa

镰叶指甲兰（*Aerides falcata*）（Dr.Kirill 摄）

常见栽培种：

Aer. crispa

产于印度和斯里兰卡；生于中海拔地区。茎长可达 1.5m。叶长约 20cm，宽 5cm。花具甜香味；花径约 3cm，着生于半直立的花茎上，花茎长可达 90cm，花茎偶尔有分枝。花期夏季。中温温室栽培。

指甲兰（镰叶指甲兰）(*Aer. falcata*)

分布于中国东南部、印度东北部、缅甸、泰国、柬埔寨、老挝、越南。附生于山地常绿阔叶林中的树干上。茎粗壮，具数枚二列的叶；叶带状，长 20~29cm，宽 2.5~3.7cm。总状花序疏生数朵花，花直径 2~2.5cm；萼片和花瓣淡白色，上部具紫红色；侧萼片宽卵形；唇瓣 3 裂，侧裂片镰状长圆形；中裂片近宽卵形，前半部紫色，后半部白色带紫色斑点和条纹；距几乎与中裂片平行而弯曲向上，长 3~4mm。

Aer. houlletiana

产于泰国和中南半岛；生长在中低海拔地带，较荫蔽的环境。下垂的花序长约 25cm，有花多数；花径约 1.8cm；萼片和花瓣黄色；唇瓣黄色，前端白色，边沿成不规则齿状，深粉红色，从蕊柱到唇瓣中央有一条深粉红色带。花较大且色泽艳丽。花期春季到夏初。

有品种间的杂交种：*Aer. houlletiana*‘AM/AOC’ ×‘Buttcrup’。

科拉比指甲兰（*Aer. krabiensis*）

产于泰国和马来西亚，生于低海拔地区有充足阳光的石灰岩悬崖峭壁上。1970 年从 *Aer. multiflora* 中分出来。茎较短，长约 20cm，有肉质叶片，长约 12cm，宽 1cm，横切面呈 V 字形。花序呈拱形，有花 12~15 朵，花径大于 2cm。

罗氏指甲兰（*Aer. lawrenceae*）

产于菲律宾的棉兰老岛；生长在低海拔地区。罗氏指甲兰栽培较普及，生长势强健，栽培较容易。是指甲兰属栽培最多、最受欢迎的种类。已知该种中有数个变种和较多品种。株高可达 1.5m。有时可呈下垂状生长。叶长达 30cm，宽 5cm；下垂的花序有花 30 朵以上，花径约 4cm，香味甚浓。不同变种和品种花色变化较大，花色有白、黄、紫红等，常伴有美丽的斑纹。花期为夏、秋季。

香花指甲兰（*Aer. odorata*）

分布于热带喜马拉雅至东南亚。在中国分布于广东、云南。附生于山地林中树干上。茎粗壮。叶厚革质，宽带状，长 15~20cm，宽 2.5~4.6cm。总状花序下垂，近等长或长于叶，密生多数花；花大，开展，直径约 3cm；芳香；白色带粉红色；中萼片长约 1cm，宽 8mm；侧萼片长 1.2cm，宽 9mm；花瓣近椭圆形，比中萼片稍小；唇瓣 3 裂；侧裂片直立，较大，上缘具不整齐的齿；中裂片长 1.2cm，宽约 3mm，先端 2 裂；距狭角状，长约 1cm，向前弯曲。花期 5 月。

Aer quinqevulnera

Aer. houlletiana‘AM/AOC’ ×‘Buttcrup’

科拉比指甲兰（*Aer. krabiensis*）（卢树楠　摄）

罗氏指甲兰（*Aer. lawrenceae*）

产于菲律宾和巴布亚新几内亚。地生或附生。茎长20~40cm，叶片呈带状，长20~35cm，宽3~4cm。总状花序长20~40cm，密生多数花。花径2cm，花绿白色具有紫红色斑点，花被片先端深紫红色。花色有变化，有纯白色和紫红色变异。该种与香花指甲兰（*Aer.odorata*）亲缘关系密切，有人将其作为香花指甲兰的变种*Aer. odorata* var.*quinqevulnera*。有变种：var. *farmeri*。

多花指甲兰（*Aer. rosea*）

产于不丹、印度东北部、缅甸、老挝、越南以及中国的广西、贵州、云南。附生于海拔320~1530m的山地常绿阔叶林中树干上。茎粗壮，长5~20cm。叶肉质，狭长圆形或带状，长达30cm，宽2~3.5cm。花序叶腋生，常1~3个，比叶长；花序轴较长，密生许多花；花白色带紫色斑点，开展；花瓣与中萼片相似而等大；唇瓣3裂；距白色，向前伸，狭圆锥形，长约5mm。花期7月，果期8月至次年5月。

香花指甲兰（*Aer. odorata*）

Aer. quinquevulnera

香花指甲兰（*Aer. odorata* 'CT-Hsuan'）

多花指甲兰（*Aer. rosea*）

蓝花指甲兰（*Aer. coerutis*）

Aer. quinquevulnera

Aer. quinquevulnera var. *farmeri*

万代指甲兰属

Aeridovanda（*Aerdv.*）

本属为指甲兰（*Aerides*）与万代兰属（*Vanda*）间的人工属。最初是由 *Aerides vandarum* × *Vanda teres* 杂交成功，1918 年登录。该人工属植株形态承袭了其亲本的单茎特性。叶厚革质，互生，宽 2~9cm，长 15~40cm，横断面呈 V 字形，浓绿色到黄绿色。花茎从茎干中上部叶腋处生出，常呈拱形或下垂；总状花序，具多数花。

杂交育种：至 2012 年该属以母本作杂交种约有 29 个，以父本作杂交种约有 7 个。如：*Aerdv. Dickie* Yawata（*Aerdv.* Mundyi × *Vanda teres*）登录时间 1947。*Aerdv.* Arnold Sanchez（*Aerdv.* Vieng Ping × *Aerides lawrenceae*）登录时间 1984。*Christieara* Long and Lavish（*Aerdv. Barney* Garrison × *Christieara* Krailerk Gold）登录时间 2009。*Aerdv.* Rumpeey（*Vanda sanderiana* × *Aerdv.* Vieng Ping）登录时间 1978。*Aerdv.* Golden Key（*Vanda* Josephine van Brero × *Aerdv.* Vieng Ping）登录时间 1983。*Vandensonides* Kasorn's Rising Star（*Chrisanda* Chao Praya Emerald × *Aerdv.* Kasorn Extraordinary）登录时间 2008。

栽培：可参照万代兰和指甲兰的栽培方法进行。高温或中温温室栽培。常年给予充足的水分、较高的空气湿度和较强的阳光；可绑缚栽种在树蕨干或带皮的木段上，亦可栽种在多孔花盆或木筐中，垂吊栽培，任其粗大的气生根在空气中自由生长。生长季节遮阳 50% 左右，北方温室栽培冬季不遮阳。旺盛生长的春、夏、秋 3 季，每天至少向植株及其周围喷水一次，以增加空气湿度。每 1~2 周喷施一次复合液体肥料。

Aerdv. Somsri Sunlight

钩唇兰属

Ancistrochilus

小型附生兰花。全属2种。原产于非洲西部，乌干达和坦桑尼亚。其营养体与独蒜兰（*Pleione*）相似。假鳞茎扁平圆锥状，紧密着生成丛状；顶部有叶1~2枚。叶薄，呈披针形，有柄；秋季落叶。花茎从假鳞茎基部生出，直立，具花1到少数。花平开，花瓣和萼片呈窄长的披针形；唇瓣深3裂，中裂片先端向下反卷。

杂交育种：至2012年该属已有属间和属内杂交种共2个（属内杂交种1个）。*Ancistrochilus* Cameroon Star（*Ancistrochilus rothschildianus* × *Ancistrochilus thomsonianus*）登录时间2006。*Ancistrophaius* Clown（*Phaius tankervilleae* × *Ancistrochilus rothschildianus*）登录时间2009。

栽培：中温环境栽培；盆栽基质要透水良好，可用细颗粒的树皮和风化火山岩；从旺盛生长时期直至落叶均需要有充足的水分；旺盛生长时期直至假鳞茎生长成熟，每1~2周施一次液体复合肥料。华北地区盆栽，春、夏、秋3季需给予50%左右的遮阳。花茎从成熟的假鳞茎基部生出的同时，开始落叶。

常见种类：

钩唇兰（*Ancistrochilus rothschildianus*）

产非洲热带，从几内亚和塞拉利昂到乌干达。假鳞茎圆锥形，直径约3cm，顶部生1~2枚叶片。叶倒披针形，长20cm左右。花茎长10cm左右，直立，有花1~2朵。花径7~8cm。呈淡桃红色，萼片较宽，花瓣窄长。唇瓣3裂，侧裂片暗灰褐色，中裂片舌状，深粉紫红色，先端向下反卷。花期冬春季。

钩唇兰（*Ancistrochilus rothschildianus*）

武夷兰属

Angraecum（*Angcm.*）

附生、石生及地生兰花。全属约200种，主要产于非洲热带，马达加斯加及其附近的岛屿和斯里兰卡。生于从海平面至海拔2000m以上的热带雨林中，附着于树干、树杈或灌木枝上。因种类不同，有的在密林深处，有的在稀疏的林荫或森林边缘，有的则在全光下亦生长良好。茎短，单轴生长型；叶革质，呈两列生于茎左右；有的叶片扁平，长达60cm，有的呈圆柱状或卵形肉质。茎下部生出许多气生根。该属因种类多，不同种类植株体量大小差异很大。大型种类如长距武夷兰（*Angcm. sesquipedale*）高可达1.8m，多分枝，大花花径可达22cm；而小型种类如二列武夷兰（*Angcm. distichum*），株高10~12cm，小花花径小于6mm；一般种类介于两者之间。唇瓣基部包围蕊柱，均有距；花质地较厚，花色淡雅。有的种茎密集成簇，有的种仅有单茎。多为秋、冬季开花。花通常为白色或绿色，呈星状，花大小变化很大。冬季自叶腋间抽出花茎；花蜡质、美丽；唇瓣有细长的距，长者可达30cm。芳香。花期长，可达50天。

杂交育种：最早的种间杂交种为维奇武夷兰（*Angcm.*Veithii），于1899年第一次开花。据不完全统计，至1997年该属与亲缘关系密切的属*Aerangis*、*Ascocentrum*、*Cyrtorchis*、*Rhynchostylis*、*Tuberolabium*、*Vanda*等6属间杂交至少已产生6个人工属。全部为2属间杂交的人工属。

至2012年该属已有属间杂交种和属内杂交种共91个（属内杂交种57个）。如：*Angcm* Alabaste（*Angcm. eburneum* × *Angcm.* Veitchii） 登录时间1960。*Angcm* Crystal Star（*Angcm. rutenbergianum* × *Angcm. magdalenae*） 登录时间1989。*Angranthes* Paille en Queue（*Angcm. sesquipedale* × *Aeranthes arachnites*）登录时间2011。*Angcm. Angraecum* Christmas Star（*Angcm.* Alabaster × *Angcm.* Alabaster） 登录时间1975。*Angranthes* Christina（*Aeranthes neoperrieri* × *Angcm. rutenbergianum* ）登录时间1981。*Vandaecum* Enzomondo Amore（*Vanda* Rothschildiana × *Angcm. sesquipedale*）登录时间2009。

栽培：喜温暖环境，高温或中温温室栽培。冬季最低气温不低于15℃。多数无明显休眠期，但低温季节后开花。较大型植株可篮式栽种；较小植株盆栽。栽培基质需透气和排水良好，可选用粗颗粒的树皮、木炭、树蕨等。小型植株亦可绑栽于树蕨板上。全年需要充足的水分，旺盛生长时期，每天至少喷水或浇水一次，每1~2周施一次液体肥料。尤其绑栽的植株，其根系大多暴露于空气中，极易干旱。每年从植株基部会萌发新芽，待新芽稍长大并生出新根后即可进行分株繁殖。若不分株也可任其生长成大从的植株，十分壮观。温室栽培，应注意经常通风。

常见种类：

鞋形唇武夷兰（*Angcm. calceolus*）

产于马达加斯加、法国留尼汪岛、毛里求斯和塞舌尔等地，从海平面至海拔2000m处。生长于潮湿森林中较荫蔽环境中，附生于乔木或灌木茎的基部。茎短，有叶片10枚左右；叶长16~20cm，宽1.5cm。花序长约30cm，有分枝；有花4~6朵，花径约2cm，距长10~12mm。在产地，花期从春末到

鞋形唇武夷兰（*Angcm. calceolus*）

夏末。中温或高温温室栽培。

迪氏武夷兰（*Angcm. didieri*）

产于马达加斯加潮湿的森林中，从低海拔到海拔1500m地区，较多生长在海拔600m以上。茎通常较短但许多可以长至20cm。叶5~7枚。革质，舌形，长5cm，宽1cm。每花序有花1朵。花白色，直径5~6cm。花瓣和萼片同为披针形。唇瓣长椭圆形，距长8~15cm。花期春至夏季。

二列武夷兰（*Angcm. distichum*）

小型附生种。产于非洲热带乌干达西部。茎长而弯曲，叶腋生出短小花絮，有花一朵。花小，白色，花瓣和萼片长椭圆形，长0.3~0.4cm，宽0.15cm。唇瓣3裂，先端钝形。要求高温、高空气湿度和半阴的环境栽培。花期秋冬季。

象牙白武夷兰（*Angcm. eburneum*）

产于马达加斯加、科摩罗等岛屿。附生于海岸附近的树干或岩石上。植株大型，高可达1.3m。茎常有分枝，有叶10~15枚，生于茎两侧，叶革质，舌形，长30cm以上，宽3cm。花大型，花瓣和萼片黄绿色至白色，披针形，长4~5cm，宽1cm，萼片常向后反卷。唇瓣心形，长3.5cm，宽3cm。距长6~7cm。高温室栽培。花期冬季。

有品种：*Angcm. eburneum* 'Shiro'。

有变种：华丽武夷兰 var. *superbum*（syn. *brongnearteanum*）。

鞋形唇武夷兰（*Angcm. calceolus*）（特写）

Angcm. eichlerianum

二列武夷兰（*Angcm. distichum*）（特写）

二列武夷兰（*Angcm. distichum*）

武夷兰（*Angcm. leonis*）（卢树楠 摄）

Angcm. eichlerianum

产于西非尼日利亚南部到安哥拉。附生于低海拔热带雨林中的树干或岩石上。茎干直立或下垂，长 60cm 或更长，叶两列互生。叶革质，肉厚，长椭圆形，长 7~10cm，宽 1.5~4cm。茎上部叶腋生出长 5cm 的花序，花 1 朵，直径约 8cm，白绿色，距长 3~4cm。高温室栽培。花期通常夏季。

武夷兰（*Angcm. leonis*）

产于马达加斯加和科摩罗群岛。生于从海平面到海拔 900m 处；茎短，有叶片 4~5 枚；叶长 5~25cm，宽 2cm。花序上有花 1~7 朵，花呈星形，花径 4~9cm；距长达 9cm。花期冬季。中温或高温温室栽培。

马达加斯加武夷兰（*Angcm. magdalenae*）

原产于马达加斯加。生于海拔 800~2000m 山区，稍有遮阳的岩石上或缝隙间。茎长 15cm 以下，有叶 6~8 枚，叶片灰绿色，肉厚革质，舌形，长 13~36cm，宽 2.5~4.5cm。花序侧生，有花 1~5 朵。花大型，花色洁白，中萼片披针形，而侧萼片微向唇弯曲呈镰刀形，两花瓣基部稍阔，先端渐尖向外伸展，唇瓣较阔。距长约 10cm。花期夏季。低温或中温温室栽培。

武夷兰（*Angcm. leonis*）（特写）

司考替武夷兰（*Angcm. scottianum*）

原产于科摩罗群岛。茎分枝，细长，常下垂生长，长可达 60cm 以上。叶四棱状，弯曲，长 8~10cm。花序细长，长约 10cm，有花 1~2 朵，花径约 5cm，蜡质，芳香；萼片和花瓣淡黄色到白色；唇瓣洁白色；距长 10~12.5cm，浅红色到棕色。花期秋季。高温温室栽培。

长距武夷兰（*Angcm.sesquipedale*）

原产于非洲马达加斯加东部。生于低海拔 100m 以下，空气流通的稀疏林中，附生于树干或岩石上。株形较高大，茎高可达 1.2m 或更高一些，很少分枝。叶密生于茎两侧，带状革质，长约 40cm，宽 5~7cm。花序有花 1~4 朵；花大型呈星状，萼片和花瓣披针形，长 7~9cm，宽 2~2.8cm。唇瓣卵形，先端锐尖，长 6.5~8cm，宽 3.5~4cm。距长达 30~35cm（笔者实测北京植物园温室盆栽株距长为 32cm）。花乳黄色，唇瓣白色。低温或中温

司考替武夷兰（*Angcm. scottianum*）

马达加斯加武夷兰（*Angcm. magdalanae*）

温室栽培。花期冬春季。栽培容易，可大盆种植。

长距武夷兰是十分有名的兰花。C・达尔文记述生长在马达加斯加岛的长距武夷兰传粉时，推测"它有一个长度惊人的、绿色的鞭状蜜腺距悬在唇瓣下面。贝特门先生送给我的几朵花中，我发现蜜腺距长达 11.5 in（1 in=2.54 cm），只有下面的 1.5 in 半充满着花蜜。人们会问，长度这样不相称的蜜腺距能有什么用处呢？我想，我们将会依靠这种长度了解这种植物的传粉，靠着只藏在蜜腺距下部渐狭的末端的花蜜……那么，在马达加斯加岛有些蛾的吻长一定能伸展到 10~11 in！"，一段十分经典而著名的论述，深受之后的生物学者（尤其研究植物传粉工作的学者）的广泛推崇和赞赏 （详见 C・达尔文．兰花的传粉．唐进，汪发缵，陈心启等，译．北京：科学出版社，1965：122~125）。

约 30 年后，终于在该地发现了一种蛾的吻长约 30 cm，证实了达尔文的预言。

武夷兰'明日之星'（*Angcm.* Crestwood 'Tomorrow Star'）

长距武夷兰（*Angcm sesquipedale*）

华丽武夷兰 [*Angcm. eburneum* var. *superbum*（syn.*brongnearteanum*）]

迪氏武夷兰（*Angcm. didieri*）

安顾兰属
Anguloa（*Ang.*）

附生或地生兰类。全属有9个原生种和4个天然杂交种。产于南美委内瑞拉、厄瓜多尔、哥伦比亚、玻利维亚、秘鲁等安第斯山脉海拔1500~2500m地区，其中哥伦比亚为其物种形成和分布中心。

大而扁的椭圆形假鳞茎顶部生有3~4枚宽而薄的大叶片，新生叶片常具扇状褶皱，叶片渐尖并带有凹槽，叶革质，长椭圆形。花茎从假鳞茎基部生出，直立的花茎上生有1朵非常美丽、呈杯状大型花，近肉质，呈半开状。花与郁金香十分相似，故西方将其称为“郁金香兰”（Tulip-Orchids）。花色常因种不同而有变化。现在该属中已培育出许多园艺品种，是美洲最漂亮的兰花之一。

杂交育种：至2012年该属已有属间和属内杂交种共97个（属内杂交种28个）。如：*Angulocaste* Apollo（*Ang. clowesii* × *Lycaste Imschootiana*）登录时间1952。*Angulocaste* Flamenco（*Ang. cliftonii* × *Lycaste brevispatha*）登录时间1985。*Ang.* Beatrice Malaquin（*Ang. virginalis* × *Ang. ruckeri*）登录时间2012。*Lysudamuloa* Tudor（*Lycamerlycaste* Queen Elizabeth × *Ang* clowesii）登录时间1952。*Ang.* Intermedia（*Ang clowesii* × *Ang. clowesii*）登录时间1888。*Angulocaste* Arquimedes（*Lycaste dowiana* × *Ang. virginalis*）登录时间2010。

栽培：栽培比较容易，可用附生兰花的栽培方法栽种，也可用地生兰的栽培方法盆栽。用疏松排水良好的腐殖土或泥炭土盆栽，要求排水和透气良好，盆底部必须填充颗粒状物，以利盆土排水和透气。低温或中温温室栽培，要求夏季凉爽；夏季温度高易导致植株生长不良，甚至根部腐烂。旺盛生长时期保持基质中有充足的水分和肥料；2周左右施液体复合肥一次。喜较高的空气湿度和良好的通风。冬季休眠期，落叶后，保持较低的温度，盆栽基质保持适当的干燥；近些年我国春节花市上已有出现，深受人们喜爱。若令其元旦和春节开花，则必须冬季提高温度进行促花栽培。当新的假鳞茎生长成熟后要较为严格地控制水分供应，这是安古兰栽培的要点之一。花期5~7月（春末至夏末）。

Ang. tognettiae（Ecuagenera 摄）

常见种类：

克劳氏安顾兰（*Ang. clowesii*）

原产于哥伦比亚、委内瑞拉。生于高海拔地区林下腐叶土上。假鳞茎丛生，呈圆锥状，高13cm以上，顶部生有数枚叶片；叶长45~80cm；花序长约30cm，有花1朵，花大型，美丽，蜡质，橙黄色或金黄色，长约8cm。开花寿命长。常见在一植株上产生数个花序。已培育出数个园艺栽培品种。比较容易栽培，低温或中温温室栽培。花期春至夏季初。

单花安顾兰（*Ang. uniflora*）

原产于哥伦比亚、厄瓜多尔和秘鲁。假鳞茎丛生，长卵圆形，高10~18cm。叶宽披针形，长约30cm。顶部生有1~2枚叶片；一个植株上常有数枝花茎出现，花序直立，高15~25cm，有花1朵，花大型，呈杯状，开展，蜡质，花径约10cm，花白色或乳白色，内部粉红色或玫瑰红色；早春开花，开花寿命长。低温或中温温室栽培。

洁白安顾兰（*Ang. virginalis*）

syn. *Ang. turneri*

原产哥伦比亚和南美北部。生于中到高海拔地区。假鳞茎丛生，呈圆锥状，高 15cm 以上，顶部生有 1~2 枚叶片；叶长 18~45cm，宽约 16cm；花序有花 1 朵，花白色，有密集的粉红色或褐色细小斑点，花大型，美丽，蜡质，有香味。花径约 10cm。春季开花，开花寿命长。

克劳氏安顾兰（*Ang. clowesii*）

单花安顾兰（*Ang. uniflora*）（Ecuagenra 摄）

低温或中温温室栽培。

常见在一植株上产生数个花序。已培育出数个园艺栽培品种。较易栽培，低温或中温温室栽培。花期春至夏季初。

薄叶安顾兰属 *Angulocaste*

该属是安顾兰 (*Anguloa*)× 薄叶兰（*Lycaste*）两属间的人工属，1903 年登录。最初是由 *Anguloa clowesii* × *Lycaste skinneri* 交配而成。

通过杂交选出许多优良杂交种品种。该人工属已发展成一类十分美丽的商品兰花。在国际花卉市场和重要国际兰花展览中均受到爱好者的普遍喜爱。株型与薄叶兰（*Lycaste*）相近。春季假鳞茎基部生出新芽，夏季生长，至秋季长成新的假鳞茎。假鳞茎卵形，顶部生有 1~2 枚宽大的叶片，冬季落叶。假鳞茎基部生出 1 至数枚花茎，顶部通常有花 1 朵。花萼片宽大，花瓣较小，向前伸出。花色有白、乳白、黄、红褐等色。

在花卉市场上通常将该人工属的品种看作为薄叶兰 。

洁白安顾兰(*Ang virginalis*)(Ecuagenra 摄）

‘红孩儿’薄叶安顾兰（*Angulocaste* Red Jewel Taiwan Sunshine ‘Red Baby’）

杂交育种：至2012年该属以母本作杂交的种约有51个，以父本作杂交的约有38个。如：*Angulocaste* Dusty Gold（*Angulocaste* Georgius Rex × *Lycaste lasioglossa*）登录时间1983。*Angulocaste* Argonaut（*Angulocaste* Apollo × *Lycaste macrobulbon*）登录时间1987。*Lycafrenuloa* La Folie（*Angulocaste* Augres × *Bifrenaria harrisoniae*）登录时间2012。*Angulocaste* Andromeda（*Lycaste skinneri* × *Angulocaste* Apollo）登录时间1976。*Lysudamuloa* Chawton（*Lycamerlycaste* Virgo × *Angulocaste* Paul Gripp）登录时间1992。*Angulocaste* Perruque（*Lycaste suaveolens* × *Angulocaste* Paternoster）登录时间2012。

栽培：生长势强劲，栽培较易。可以参照安顾兰（*Anguloa*）和薄叶兰（*Lycaste*）的栽培方法种植。

开唇兰(金线兰）属 *Anoectochilus*（*Anct.*）

地生兰花。全属约40种，分布于亚洲热带和亚热带地区至大洋洲。我国产20种，分布于西南部至南部。

具横走根状茎。茎下部匍匐，连接根状茎，上部上升或直立，多节，具叶数枚。叶卵形或披针形，绿色或暗绿色，表面常有彩色网纹。总状花序顶生，具花数朵；花中等大，美丽；萼片离生，中萼片较小；侧片较大；花瓣常与中萼片靠合成盔状；唇瓣常2裂，基部具圆锥状距或凹陷成囊状。

栽培：中温或高温温室栽培，亦可家庭中栽培。喜散射光和较高的空气湿度；用腐殖土、树皮块和木炭等配制成基质浅盆栽种，要排水和透气良好；亦可作附生兰花将其种植在岩石上，但必须保持环境较高的空气湿度。旺盛生长时期保持有充足的水分，每2周左右施一次0.05%~0.1%复合肥。冬季相对休眠期，温度低于15℃时减少浇水，停止施肥。开花以后或春季新根开始生长时换盆或分株繁殖。

常见栽培种：

花叶开唇兰（*Anct. roxburghii*）

地生兰花。日本、东南亚和南亚地区均有分布，中国境内分布于浙江、福建、江西、湖南、广东、海南、广西、云南、四川、西藏。生于海岸至海拔50~1600m处常绿阔叶林下。根状茎匍匐，多节。具叶2~4枚。叶卵形或卵圆形，长1.5~3.5cm，上面暗紫色或近紫黑色，网脉常具金属光泽的红色或近黄色，背面淡紫红色。花序具花2~6朵，花径约2cm，白色或淡红色；中萼片卵形，舟状，侧萼片斜长圆形或椭圆形；花瓣似镰刀状，歪斜；唇瓣位于上方，呈Y字形，前部2裂，唇瓣爪两侧各具6~8条流苏状细裂条；距圆锥形。花期9~11月。

滇南开唇兰（*Anct. burmannicus*）（金效华 摄）

开唇兰（*Anct. lanceolatus*）（金效华 摄）

花叶开唇兰（*Anct. roxburghii*）（特写）（金效华　摄）

花叶开唇兰（*Anct. roxburghii*）

安舌兰(豹斑兰)属

Ansellia(*Aslla.*)

附生兰类。该属仅1种，*Ansellia africana* 广泛分布于非洲热带地区。假鳞茎呈棒状，粗大，丛生；叶革质，数枚着生于假鳞茎上部。圆锥花序着生于假鳞茎顶部；每花序有花30~40朵；花直径4~5cm，黄色上面生有棕色斑点，呈豹斑状，常多变。故又名豹斑兰。花期冬春季。有香味。

杂交育种： 至2012年该属已有属间和属内杂交种共17个。如：*Ansidium* Bess Waldon（*Aslla. africana*× *Cymbidium* Dunster Castle）登录时间1966。*Ansidium* Magic Wand（*Cymbidium* Peter Pan × *Aslla. africana*）登录时间1985。*Ansidium* Pasatiempo（*Cymbidium madidum* × *Aslla. gigantean*）登录时间1967。*Cymbisellia* Jumbo Yenlin（*Cymbidiella pardalina* × *Aslla. africana*）登录时间2010。

栽培： 中温或高温温室栽培；通常用大盆或吊篮栽植，要求基质透气和排水良好。盆栽基质用树皮块、木炭、蛇木屑、苔藓等。喜高温、潮湿和阳光充足的环境。生长时期保持有充足的水分供应和较高的空气湿度。经常向植株周围喷水，以增加空气湿度。旺盛生长时期，每1~2周施一次复合液体肥料。温室栽培遮阳50%~60%；秋季末植株生长成熟时，应当给予较强阳光，这样有利于花芽的分化、形成和开花。

常见栽培种：

安舌兰（*Aslla. africana*）

（syn. *Aslla. nilotica; Aslla. gigantean*）

产于南非热带地区，生于海岸至海拔2200m林中开阔地带。棍棒状假鳞茎丛生，大量白色气生根向上生出。假鳞茎长10~50cm；有叶8~10枚，窄披针形，长15~50cm，革质。花序高达30~90cm；有花数十朵至百余朵。花开展，直径5~6cm，萼片和花瓣同形，椭圆至长舌形，黄色上面有红褐色斑纹。开花时甚为壮观。

有变种：var. *concolor* 同色安舌兰。花淡黄色。

同色安舌兰（*Aslla. africana* var. *concolor*）

安舌兰（*Aslla. africana*）

安舌蕙兰属
Ansidium

该属是安舌兰属（*Ansellia*）×兰属（*Cymbidium*）两属间的人工属。

假鳞茎高 20 ~ 30cm，较细长；叶革质，宽线形。假鳞茎和叶的形态介于两属性状之间。花茎从假鳞茎顶部的叶腋处抽出，这一性状与安舌兰相近；总状花序直立生长，有分枝，着生多朵美丽的花；花形似兰属植物的花，不像安舌兰属的花。花浅黄色，无斑点。

杂交育种：据记载，至 2011 年已登录 7 个杂交种。如：*Ansidium* Tessa Hedge、*Ansidium* Jumbo Elf、*Ansidium* Magic Wand、*Ansidium* Pasatiempo *Ansidium* Bess Waldon、*Ansidium* Charles Rick。

栽培：生长势十分强劲，栽培容易，可参照兰属植物的栽培方法种植。

'素心'安舌蕙兰（*Ansidium* Africana 'Alba'）

牛齿兰属
Appendicula

附生或地生草本。全属约 150 种，主要分布于亚洲热带至大洋洲，印度尼西亚和巴布亚新几内亚为最多见。我国有 4 种。茎纤细，丛生，多节，直立或下垂。叶多枚，2 列互生。总状花序侧生或顶生，具少数或多数花；花很小。

栽培：中温或高温温室栽培。盆栽用透气和排水良好的颗粒状基质。喜高温、潮湿和半阴的环境。生长时期保持有充足的水分供应和较高的空气湿度。经常向植株周围喷水，以增加空气湿度。旺盛生长时期，每 2 周左右施一次复合液体肥料。温室栽培遮阳量 50%~60%。因为花甚小，未见商业栽培，只有植物园和兰科植物收集者少量种植。

常见种类：

牛齿兰（*Appendicula cornuta*）

附生兰花。产于中国的广东、海南、香港，生于海拔 0 ~ 800m 处的林中岩石上或岩壁上。印度、印度尼西亚、马来西亚、缅甸、菲律宾、泰国、越南也有分布。茎长 20~50cm，粗 2~3mm，完全包藏于叶鞘中。叶多枚，2 列，长 2.5~3.5cm，宽 0.6~1.2cm。总状花序顶生或侧生，长 1~5cm，花 2~6 朵；萼囊长 1mm；唇瓣长 4mm。花期 7~8 月。

牛齿兰（*Appendicula cornuta*）（卢树楠　摄）

牛齿兰（*Appendicula cornuta*）（特写）（卢树楠　摄）

蜘蛛兰属
Arachnis（*Arach.*）

附生兰花类。全属约13种，分布于东南亚至巴布亚新几内亚和太平洋一些岛屿。我国仅1种，产于南方热带地区。茎单轴生长型，短或较长，坚实而粗壮，具多数二列的叶。叶革质或稍肉质，扁平而狭长。总状花序或圆锥花序侧生，较长；花大或中等大，开展，肉质；萼片和花瓣相似，狭窄，通常向先端变宽；唇瓣3裂；侧裂片小，直立；中裂片较大，厚肉质，上面中央通常具1条龙骨状的脊；距短钝，圆锥形，通常近末端稍向后弯曲；有黄色或红色蜘蛛状花。西方称为蝎兰（Scorpion Orchid）。

杂交育种：据不完全统计，至1997年蜘蛛兰属与兰科中的近缘属*Aerides*、*Ascocentrum*、*Ascoglossum*、*Luisia*、*Neofinetia*、*Phalaenopsis*、*Renanthera*、*Rhynchostylis*、*Trichoglottis*、*Vanda*、*Vandopsis*等11个属间杂交，产生了2属、3属、4属和5属间的人工属34个。其中不少人工属十分著名，如蜘蛛万代兰属*Aranda*（*Arachnis* × *Vanda*），有许多优秀兰花品种。

至2012年该属已有属间和属内杂交种共352个（属内杂交种7个）。如：*Arach.* Capama（*Arach.* Maggie Oei × *Arach. breviscapa*）登录时间1957。*Aranda* Emas Peh（*Arach.* Maggie Oei × *Vanda denisoniana*）登录时间1982。*Mokara* Pure Heart（*Arach.* Maggie Oei × *Ascocenda* Kwa Geok Choo）登录时间2012。*Aeridachnis* Alexandra（*Aeridachnis* Bogor ×*Arach flos-aeris*）登录时间1969。*Arach.* Ishbel（*Arachnis maingayi* × *Arach. hookeriana*）登录时间1951。*Aranda* Jairak Delight（*Vanda* Kasem's Delight × *Arach. hookeriana*）登录时间2009。

栽培：在热带的东南亚和夏威夷广泛栽培在园林中。已培育出许多优良的杂交品种。适合于我国海南岛等热带地区引种栽培，是一类有发展前途的热带兰花。蜘蛛兰要求高温和潮湿的环境，高温或中温温室栽培。无休眠期；喜较强的阳光，在热带地区露地栽培，不遮光或少遮，大面积栽培，生长十分健壮，大量生产切花。矮生种类可作盆栽。常年给予充足的阳光，如果温室栽培，光线不足，植株可以长得很大，但开花甚少。蜘蛛兰属于喜肥的兰花，常年处于生长时期，应保持有充足的肥料供应和水分供应，每1~2周施一次复合液体肥料。盆栽基质主要起固定植株的作用，可以用大块的树皮、风化火山岩、木炭、碎砖块等，用多孔的花盆或木筐作垂吊栽植。保持较高的空气湿度和空气流通，可参照万代兰的栽培方法。

常见种类：

香花蜘蛛兰（*Arach. hookeriana*）

产于马来西亚、印度尼西亚。茎粗壮，高约50cm；花茎分枝细长；花乳白色到黄色。在马来西亚、印度尼西亚、新加坡等地露地栽培，生产切花。要求充足的阳光、低海拔、沙质土和高温高湿的环境。现在野外已很难找到该种的野生植株。温室栽培较困难。

香花蜘蛛兰（*Arach. hookeriana*）（黄展发　摄）

Arach. Maggie Oei 'Orange'（黄展发　摄）

Arach. Merry Maggie（黄展发　摄）

毛舌蜘蛛兰属
Arachnoglottis（*Arngl.*）

该属是蜘蛛兰属（*Arachnis*）×毛舌兰属（*Trichoglottis*）两属间的人工属。通常茎高30~50cm，茎单轴生长型，较细；叶革质，宽线形、互生；茎中下部的叶基部常有气生根生出。茎叶形态介于两属性状之间。花茎从上部的叶腋处抽出，总状花序直立生长，着生多朵美丽的花，花形似蜘蛛兰。花浅黄色，上面有或多或少的红褐色斑点。

杂交育种：至2011年已经发现6个杂交种：*Arngl.* Brown Bars；*Arngl.* Chen's Dream；*Arngl.* Ladda Tiger；*Arngl.* N. Sorapure；*Arngl.* Olarn和*Arngl.* Boun Nhang Vorachith。

栽培：生长势十分强健，栽培容易，可参照蜘蛛兰的栽培方法。

Arngl. Boun Nhang Vorachith（*Arach.* Maggie Oei ×*Trichoglottis luzonensis*）（黄展发　摄）

钻喙蜘蛛兰属 *Arachnostylis*（*Arnst.*）

该属是蜘蛛兰属（*Arachnis*）× 钻喙兰属（*Rhynchostylis*）两属间杂交产生的人工属。

茎高 30cm 以上，茎单轴生长型；叶革质，宽线形、互生。茎中下部的叶基部常有气生根生出。茎叶形态介于两属性状之间。花茎从上部的叶腋处抽出，总状花序直立生长，紧密着生多朵美丽的花。花桃红色。

杂交育种：至 2012 年该属已有属间和属内杂交种共 4 个。如：

Arachnostynopsis Lanna Delight（*Arnst* Jittima × *Phalaenopsis* Kiat Kong）登录时间 2008。*Arnst* Jittima（*Arnst* Chorchalood × *Rhynchostylis gigantean*）登录时间 1967。*Chuanyenara* Fuchs Ruby（*Arnst* Chorchalood × *Renanthera philippinensis*）登录时间 1992。

栽培：生长势十分强健，强大的肉质根攀缘固着在附生物上。栽培容易，喜较强阳光，典型的热带附生兰花。在热带地区，可露地种植，参照火焰兰的栽培方法。我国华南地区可引种栽培。

Arnst. Chorchalood

万代蜘蛛兰属
Aranda

该属是 1930 年登录的蜘蛛兰属（*Arachnis*）× 万代兰属（*Vanda*）两属间杂交产生的人工属。最初的杂交种是 *Aranda* Jacoba Louisa（*Arachnis maingayi* × Vanda Miss Joaquim）。

茎高 1m 以上，茎单轴生长型；叶革质，宽线形、互生。茎中下部的叶基部常有气生根。花茎从上部的叶腋处抽出，总状花序直立生长，着生多朵美丽的花。花色有蓝紫、紫红、桃红、橙红、蓝、黄等。

目前在东南亚地区，万代蜘蛛兰属是深受人民喜爱的兰花之一，在庭园美化布置和花卉市场上大量出现，是东南亚地区的重要兰花切花之一。我国海南、广东、广西、云南等省区的热带地区可以引种栽培。可利用保护地栽培，并培育自己的较耐寒品种，以扩大其栽培范围。

杂交育种：至 2012年该属以母本作的杂交种约有 183个，以父本作杂交的种约有 13个。如：*Aranda* Adrian Cheok（*Aranda* Lucy Laycock × *Vanda* Ellen Noa）登录时间 1965。*Aranda* Biva Dan（*Aranda* Eric Mekie × *Vanda* Dawn Nishimura）登录时间 1986。*Moihwaara* Sieok Cheng（*Aranda* Wan Chark Kuan × *Christensonia vietnamica*）登录时间 2006。*Aranda* Barbara Bush（*Arachnis hookeriana* × *Aranda* Wan Lai Chan）登录时间 1982。*Holttumara* Ruby Star（*Renanthera storiei* × *Aranda* Deborah）登录时间 1960。*Bovornara* Jairak Blue（*Vascostylis* Blue Haze × *Aranda* Christine）登录时间 2009。

栽培：在东南亚地区作为切花生产，大面积露地栽培。顶部拉一层比较稀疏的遮阳网。为防倒伏，每株或数株以支柱支撑。喜较强的阳光、充足的水分、高空气湿度和良好的通风。每 1~2 周施一次复合液体肥料。北方通常高温温室栽培，常用吊篮式种植，根系露在空气中。吊篮可用木筐或多孔花盆，要求基质透水和通气特别良好，常用椰壳、大块树皮、碎砖、木炭或蛇木屑。周年生长，无休眠期。北方冬季温室必须保持高温。

Aranda Chark Kwan Wonder（黄展发 摄）

Aranda Noorah Alsagoff Blue

Aranda Batha Braga ‘Green’

Aranda christine ×*Vanda* Gordon Dillon

火焰蜘蛛兰属
Aranthera（*Arnth.*）

该属是蜘蛛兰 (*Arachnis*) 属 × 火焰兰（*Renanthera*）属两属间杂交的人工属，在形态上具有其父母亲本的明显特征。花序大、多分支、花朵数量多；萼片和花瓣窄而细长；色彩艳丽，花色丰富，有黄色、粉红色、红色、红褐色，并常有褐色斑点。生长势强健。

杂交育种： 至 2012 年该属以母本作杂交的种约有 43 个，以父本作杂交的种约有 12 个。如：*Arnth.* Paul David（*Arnth.* James Storie × *Renanthera storiei*）登录时间 1967。*Lymanara* Tubtim（*Arnth.* Anne Black × *Renades* Pink of Thailand）登录时间 1982。*Arnth.* Bay East（*Arnth.* Beatrice Ng × *Renanthera storiei*）登录时间 2010。*Holttumara* Emperor Akihito（*Vanda* Seethong × *Arnth.* Beatrice Ng）登录时间 1989。*Arnth* Thomas de Bruyne（*Arnth.* Lilleput × *Arnth.* James Storie）登录时间 1976。*Arnth.* Yen Firebird（*Renanthera coccinea* × *Arnth.* Anne Black）登录时间 2012。

栽培： 喜高温、高湿和较强的阳光。周年旺盛生长，无休眠期。在热带东南亚地区大量露地栽培，生产切花。有时稍给予遮阳。可以参照蜘蛛兰和火焰兰的栽培方法。我国华南地区可引种栽培。

Arnth. Gloria Macapagal-Arrayo（黄展发　摄）

Arnth. Anne Black（黄展发　摄）

镰叶兰属
Arpophyllum

附生，地生或石生兰花。全属4种，产于中美洲，南美洲北部和牙买加。根状茎肉质；假鳞茎细圆筒形，基部苞叶纸状，顶部有叶片一枚。叶片窄披针形，弯曲，肉质。花序顶生，直立，不分枝，密生多数小花。花小，粉红到紫红色；萼片开展，卵形到三角形；花瓣小于萼片；唇瓣全缘，基部囊状。花粉块8枚。

栽培：中温温室栽培。用疏松和粗质腐殖土盆栽，要求排水和透气良好。喜欢高空气湿度和较强的阳光。全年保持有充足的水分，开花后要减少浇水。根系长满盆后开花最好。

常见栽培种：

镰叶兰 (*Arpophyllum giganteum*)

产于墨西哥南部到哥伦比亚和委内瑞拉。附生于海拔700~1850米处热带雨林中。有3个亚种：Subsp. ***giganteum***（产于墨西哥到委内瑞拉西北部）、Subsp.***alpinum***（产于墨西哥东南部和中美洲，花序较短，花稀疏）、Subsp.***medium***。

植株大型，高可达70~100cm；假鳞茎长20cm，直径1cm，有纸状苞片包裹。叶长55cm，宽2cm，呈剑形。花序长15~20cm。花唇瓣上位，花平开，花径约0.8cm，桃紫色，唇瓣深紫红色。萼片椭圆形，长约0.6cm。花瓣倒披针形，与萼片等长。唇瓣倒卵形，凹形，长约0.7cm，基部呈袋状。春季开花。

镰叶兰（*Arpophyllum giganteum*）（特写）

镰叶兰（*Arpophyllum giganteum*）

竹叶兰属

Arundina

地生兰类。本属 1~2（8）种，广泛分布于热带亚洲，自东南亚至南亚和喜马拉雅地区，向北到达我国南部和琉球群岛，向东南到达塔希堤岛。地下具粗壮的根状茎。茎直立，常簇生，不分枝，具多枚互生叶。叶二列，禾叶状。花序顶生，不分枝或稍分枝，具少数花；花大；萼片相似；花瓣明显宽于萼片；唇瓣贴生于蕊柱基部，3 裂，基部无距；侧裂片围抱蕊柱，中裂片伸展；唇盘上有纵褶片。

杂交育种：至 2012 年该属已有属间和属内杂交种共 2 个（属内杂交种 1 个）。如：*Arundina* Singapore Botanic Gardens（*Arundina caespitosa* × *Arundinagraminifolia*）登录时间 2011。*Bletundina* Miyako-beni（*Bletilla striata* × *Arundina bambusifolia*）登录时间 2009。

栽培：在热带地区露地种植十分成功。喜高温和充足的阳光。种植床上需填上排水比较好的沙砾层，上面用腐殖土，最好能高畦栽培，亦可盆栽，大盆成丛栽种效果更好。盆栽基质需用排水好的腐殖土，盆底填充部分颗粒状物作为排水层。通常高温温室栽培，在北方夏季需给予 30% 左右的遮阳；热带地区露地栽培不必遮阳或极少遮阳。可以分株或扦插繁殖。茎部节上常见有气生根生长时，可以剪取下来，单独栽培即成新株。

常见种类：

竹叶兰（*Arundina graminifolia*）

产于尼泊尔、印度、斯里兰卡和太平洋一些岛屿，以及中国的浙江、江西、福建、台湾、湖南、广东、海南、广西、四川、贵州、云南和西藏。生长于海拔 400~2800m 溪谷旁、灌丛下或林缘。株高 40~80cm，茎直立，常呈丛生，细竹竿状，具多枚叶。叶线状披针形，薄革质，长 8~20cm，宽 3~15（20）mm。花序长 2~8cm，总状，具 2~10 朵花，但每次仅开 1 朵花；花较大，直径 6~7cm，淡紫红色、粉红色至白色；全年有花开放，十分美丽，看上去像小朵的卡特兰。有香味。

红花竹叶兰（*Arundina caespitosa*）

白花竹叶兰（*Arundina graminifolia* ‘Alba’）（特写）

粉唇竹叶兰（*Arundina graminifolia* ‘Pink Label’）

竹叶兰（*Arundina graminifolia*）

千代兰属

Ascocenda（*Ascda.*）

附生兰花。该属是万代兰属（*Vanda*）× 乌舌兰属（*Ascocentrum*）（台湾称百代兰）两属间杂交的人工属。最早于 1950 年 Meda Arnold 登录；其杂交组合为 *Vanda rothschildiana* ×*Ascocentrum curvifolium*。

半个世纪以来出现了大量的该两属和多属间杂交种新品种，受到世界的注目。该人工属中出现了许多比原亲本万代兰和乌舌兰更优良的特性。其花色更为艳丽，如亮丽的黄色、红色等；花型变化较大，既有花直径 2cm 的小花型品种，又有花直径 6~7cm 的大花型品种。花序的直立性更强，通常高 20~30cm，有花 10~30 朵。大花型品种花朵数较少，小花型品种花朵数较多。花期变化亦较大，有些品种花期不定，一年内可以开花数次，尤其是一些小花品种，往往可以看到常年有花开放。一般来说，该人工属的植株较万代兰要娇小些，当然其株形也会因品种的不同（杂种亲本不同）而有较大的变化。如果用万代兰回交，2~3 代后，其花明显变大，花朵数减少，植株也随之变大。

该属为单轴类茎。茎中下部叶片基部生出气生根。无性繁殖可以保持本植株的优良特性，规模化生产可用组培法大量繁殖；品种内植株间授粉，后代分离很严重，变化甚大。

杂交育种： 至 2012 年该属以母本作杂交的种约有 1245 个，以父本作杂交的种约有 1834 个。如 *Ascda.* Aiyasen（*Ascda.* Araya × *Vanda bensonii*）登录时间 1976。*Ascda.* Ann Lofton（*Ascda.* Jacob Fuchs × *Vanda sanderiana*）登录时间 1987。*Vascostylis* Sasicha（*Ascda.* Varut Fuchsia × *Rhynchostylis coelestis*）登录时间 2008。*Ascda.* Anjomea（*Vanda* Onomea × *Ascda.* Anjo Mitterer）登录时间 1974。*Devereuxara* Kaneohe（*Asconopsis* Irene Dobkin × *Ascda.* Yip Sum Wah）登录时间 1982。*Ascofadanda* Lorna Craig（*Seidenfadenia mitrata* × *Ascda.* Vermilion Delight）登录时间 2011。

栽培： 栽培方法可参照万代兰。千代兰类在热带地区栽培十分广泛，并生产大量切花和盆花；我国台湾亦有较多栽种；近年来海南、广东等地已开始引种栽培。栽培方法与万代兰相近，其抗逆性更强。要求高温、高湿和较强的阳光。热带地区露地荫棚下种植；亚热带以北高温温室栽培。通常用木框或带孔花盆行垂吊式栽培，根部全部暴露在空气中。常用大块木炭、火山灰、树皮、椰壳等作盆栽基质，只起到固定作用。全年给予充足的水分和较高的空气湿度；若冬季温度低，可适当减少浇水；1~2 周施一次液体肥料，通常用喷雾法施用；北方高温温室栽培，越冬最低温度 16℃。

Ascda. Thai

V. JVB × *Ascda.*Fudis Jog

Ascda. Princess Mikasa（*Ascda.* Royal Sapphire × *V. coerulea*）（黄展发 摄）

Ascda. Thai Spot × ***Ascda.*** Sursamran Spot'Asane'

Ascda. Somsri gold

Ascda. Fuchs Ruby

Ascda. Kenny Gold × ***Ascda.*** Mem. Thianchai

Ascda. Somsri Gold 'Asane'

Ascda. Muang Thong

Ascda. Fuchs Gold

鸟舌兰(百代兰)属

Ascocentrum（*Asctm.*）

附生兰花类。全属约13种，分布于东南亚至热带喜马拉雅。我国有3种，产南方省区。茎上具多数长而粗厚的气根；叶数枚，半圆柱形或扁平。花序腋生；总状花序密生多数花；萼片和花瓣相似；唇瓣3裂；侧裂片小，近直立；中裂片较大，伸展而稍下弯，基部常具胼胝体；距细长，下垂，有时稍向前弯。花序和花朵远较万代兰要小。该属植物有较强的观赏价值，花十分亮丽，为醒目的红、黄、橙等色。

据文献记载，有兰科植物分类学家将该属并入万代兰属(*Vanda*)。

杂交育种：据不完全统计，该属至少已与近缘的*Aerides*、*Angraecum*、*Arachnis*、*Ascoglossum*、*Chiloschista*、*Cleisocentrom*、*Cleisostoma*、*Doritis*、*Gastrochilus*、*Kingidium*、*Luisia*、*Neofinetia*、*Pelatantheria*、*Phalaenopsis*、*Pomatocalpa*、*Renanthera*、*Rhynchostylis*、*Sarcochilus*、*Trchoglotlis*、*Pomatocalpa*、*Vanda*、*Vandopsis*等22属间杂交产生了人工属52个。其中有2属、3属、4属、甚至是5个属间杂交的人工属。有些人工属，如*Ascocenda*（*Vanda* × *Ascocentrum*）十分著名。有许多优良杂交种品种，多次在兰展中获大奖，亦是重要切花或盆栽兰花品种。

至2012年该属以母本为亲本的杂交种约有31个，以父本作杂交的种约有310个。如*Ascocenda* Chryse（*Asetm. miniatum* × *Vanda lamellate*）登录时间1951。*Asetm.* Khem Thai（*Asetm. ampullaceum* × *Asetm. curvifolium*）登录时间1980。*Ascocampe* Siam Amber（*Asetm. garayi* × *Acampe papillosa*）登录时间2012。*Asetm.* Sidhi Gold（*Asetm miniatum* × *Asetm.* Sagarik Gold）登录时间1976。*Rumrillara* Golden Shower（*Neostylis* Dainty × *Asetm. miniatum*）登录时间1989。*Ascoglottis* Siam Orange Berry（*Trichoglottis triflora* × *Asetm. garayi*）登录时间2012。

栽培：该属植物及其杂交种在东南亚等热带地区广泛栽培，十分受人们喜爱。建议在我国南部热带省区引种栽培。是一类有发展前途的盆栽、悬垂栽培和大面积切花栽培的兰花。北方地区，中温或高温温室栽培，无明显的休眠期。中小植株可以盆栽，较大株可以绑缚植于假附生树或庭园的树干上。喜明亮的阳光，充足水分和肥料。要求空气流通良好，根部最好能露在空气中。栽培可参照万代兰的方法。

常见种类：

鸟舌兰（*Asctm. ampullaceum*）

产于中国云南南部至东南部。生于海拔1100~1500m的常绿阔叶林中树干上。从喜马拉雅西北部经尼泊尔、不丹、印度东北部到缅甸、泰国、老挝都有分布；生于低海拔至中海拔地区。株高约10cm。茎短，直立；叶厚革质，扁平，有黑褐色斑点，狭长圆形，长5~20cm，宽1~1.5cm。花序直立，总状花序密生多数花；花色丰富，从粉红色到橙红色；花径2 cm。休眠期需干旱和冷凉。如此，才能开好花。中温或高温温室栽培。花期春季。有粉红和橙红色花品种。

朱红鸟舌兰（*Asctm. miniatum*）

产于印度东北部到马亚西亚和印度尼西亚等广大地区。高温温室栽培，栽培较困难。花橙红色，花期春季至初夏。

鸟舌兰（*Asctm. miniatum* 'Thada'）

朱红鸟舌兰（*Asctm. miniatum*）

‘橙红’乌舌兰（*Asctm. ampullacemum*‘Orange’）

‘玫瑰红’乌舌兰（*Asctm. ampullacemum*‘Rose Pink’）

万代朵丽乌舌兰属
Ascovandoritis（*Asvtis.*）

附生兰花。该人工属是乌舌兰属（*Ascocentrum*）× 朵丽兰属（*Doritis*）× 万代兰属（*Vanda*）三属间杂交而成。*Ascovandoritis* Thai Cherry 是由朵丽兰（*Doritis pulcherrima*）× 千代兰（*Ascda.* Elieen Beauty）杂交而成，1992 年登录。生长势较强，栽培较易。

植株形态更趋向于万代兰和乌舌兰；花序较大，花朵数多，花形和花色更接近朵丽兰；花远较朵丽兰要大，花朵丰满圆润。观赏性较强，适合于热带地区园林美化布置并可做盆花栽培。可以引种至华南地区试种。

杂交育种：至 2011 年该属登录的杂交种至少已有 8 个，如：*Asvtis.* Prapin；*Asvtis.* Thai Cherry；*Asvtis.* John Miller；*Asvtis.* Lion's Doll；*Asvtis.* Pulchrine Gold；*Asvtis.* Sonnhild Kitts；*Asvtis.* Brighton Gold；*Asvtis.* Worathawin。

栽培：可参照带叶万代兰栽培方法种植。

Asvtis. Thai Cherry（*Doritis. pulcherrima* × *Ascda.* Elieen Beauty）

喜兰属
Aspasia

附生兰花。全属约 8 种，分布于南美洲的危地马拉到巴西。生于海拔 1000m 以下低地热带森林中。中型植株。假鳞茎短，扁平，直立，顶部生有 1 ~ 2 枚叶片；叶革质。花序总状，从假鳞茎基部生出，直立，有花 1 至数朵。花平开，萼片窄长。花美丽，花期长。

杂交育种：已知该属与近缘属 *Brassia*、*Cochlioda*、*Miltonia*、*Odontoglossum*、*Oncidium*、*Rodriguezia*、*Trichopilia*等属交配，到 1997年止，至少产生了 2属、3属、4属和 5属间的人工属 15个。

至 2012年该属已有属间杂交种和属内杂交种共 124个（属内杂交种 2个）。如：*Aspasium* Rex（*Aspasia principissa* × *Oncidium sphacelatum*）登录时间 1961。*Aspasia* Frank Johnston（*Aspasia epidendroides* × *Aspasia principissa*）登录时间 1985。*Aspasium* Moonless Night（*Aspasia* Tight Jeans × *Oncidium* California Cardinal）登录时间 2011。*Aspopsis* Rio Luna（*Psychopsis papilio* × *Aspasia lunata*）登录时间 1974。*Aspasium* Everglades（*Oncidium* Spaceman × *Aspasia epidendroides*）登录时间 1985。*Aspasia* Tight Jeans（*Aspasia psittacina* × *Aspasia epidendroides*）登录时间 2009。

栽培：栽培较易。可以绑缚栽种在树蕨板上，或用排水和透气良好的颗粒状基质盆栽。要求高温温室栽培；旺盛生长时期给予较高的空气湿度和充足水分。每 1~2 周施一次液体复合肥料。若冬季室温较低，可适当减少浇水量。

常见种类：

Aspasia epidendroides

产于南美洲危地马拉到巴拿马地区海拔 700m 以下潮湿的森林中。高 40cm 以上。假鳞茎长 5.5~12cm，宽 1.5~4cm；叶线状椭圆形至窄披针形，长 15~30cm；花序长 10~25cm，有花 4~6 朵；花径约 4cm；唇瓣色彩常有变化，中部有紫色斑。春夏季开花。

喜兰（*Aspasia lunata*）

产于巴西。假鳞茎扁，从根状茎上生出，纺锤形，高约 5cm。叶长约 20cm。春季生出花序，有花 1~2 朵；花平开，直径 5~6cm。萼片和花瓣窄披针形，淡黄绿色，有深褐色斑块；唇瓣基部有淡红紫色斑。花期春季，花期长。

Aspasia epidendroides

喜兰（*Aspasia lunata*）

碧拉兰（*Beallara* Tahoma Glacier）

巴波兰属
Barbosella

本属大约 20 个种，广泛分布于西印度群岛和中美洲到巴西南部。大多生于高海拔地区。小型附生或岩生草本。块状或匍匐状，茎直立，被 1 枚或多枚的鞘包裹，有 1 片叶。叶线形或长圆形兼有，肉质或革质。花序直立，顶生 1 花，嵌在叶上的薄鞘中。萼片大，背萼单生，两枚侧萼片合并形成一个合萼片。花瓣细小，各自独立，间或有流苏。唇瓣短小，短于萼片，肉质，带状或卵圆形，生于合蕊柱的基部。有时球窝连接，有时简单地连接。蕊柱通常有翼，柱头无裂，有 4 个花粉块。

栽培：大多数原生种来自高海拔地区。低温或中温温室栽培。要求温度在 12~25℃，需适度遮阳，同时保持高的空气湿度和良好的空气流通。可以在浅盆中以细树皮和水苔混合的基质栽种，亦可以固定在一个木筐上，用活苔藓作为基质栽种更佳。也可以用活苔藓栽种在树蕨板上。需定期喷水，不可过于干燥。

常见种类：

Barbosella cucullata

生于委内瑞拉到玻利维亚的安第斯山脉地区。株高 7~8cm。根状茎匍匐生长，叶直立，密生。叶长约 5cm，窄倒披针形，肉质。花茎长约 8cm，直立，有花 1 朵。花纵长约 5cm。淡绿黄色到浅褐色。萼片上下垂直伸展，背萼片针形，两枚背萼片合生呈披针形，或基部合生大部分裂开。花瓣短，针形。唇瓣小，椭圆形，肉质。花期夏秋季。

Barbosella cucullata（Ecuagenera 摄）

Barbosella prorepens（Ecuagenera 摄）

Barbosella fuscata（Ecuagenera 摄）

Barbosella hirtzii（Ecuagenera 摄）

林氏巴克兰（*Barkeria lindleyana*）

巴克兰属
Barkeria

附生兰。本属有15个原生种，产自墨西哥、危地马拉和哥斯达黎加等中、南美洲国家的森林地带。

竹节状的假鳞茎常从中部分枝。叶两列互生，略带肉质、能维持1～2个生长季。气生根肉质、肥厚，附着力很强。浅红或略带紫粉红色的花非常美丽。低垂的花序顶生于假鳞茎上。花萼与花瓣相似、平展；唇瓣扁平，远宽于花萼和花瓣，与蕊柱离生，但近基部包围蕊柱。

栽培：本属植物易于栽培。喜欢具明亮散射光的低温至中温环境，最低夜温可低至10℃。花后换盆，换盆时将植株分成由1~2个新鳞茎带3~5个老鳞茎的小株，采用排水性非常好的以树皮为主的混合基质，放入小盆中或吊篮中栽培。也可以绑植，悬挂于一个空气湿润、通风良好、具有明亮散射光的地方。在根尖变为绿色、假鳞茎正在生长时，给予充足的水肥供应。休眠期需适度控水以促进花芽发育。花期常在深冬，这时应给予低温、干燥而阳光充足的环境。

常见种类：

林氏巴克兰（*Barkeria lindleyana*）

产于墨西哥到哥斯达黎加。在当地已在公园内栽种，亦作为商品花栽培。花朵大型，着生于长的花序上，十分美丽；萼片和花瓣玫瑰粉色，唇瓣上有深玫瑰色斑点。

碧拉兰属
Beallara

该属是四个属长萼兰 [*Brassia*（*Brs.*）] × [*Cochlioda*(*Cda.*)] × 米尔顿兰 [*Miltonia*（*Milt.*）] × 齿舌兰 [*Odontoglossum*（*Odm.*）] 杂交产生的人工属，1970 年登录。

该属植物集中了长萼兰属生长强健，齿舌兰属植物花形丰满，*Cochlioda* 属和米尔顿兰属植物花色亮丽、花大等优良特性。应当说，这是一个多属间杂交比较成功的组合。培育出的许多品种深受喜爱；在世界各地兰花博览会和花卉市场上常可以见到。

杂交育种：至 1994 年登录的该属杂交种已达 52 种。

栽培：可以参照米尔顿兰和齿舌兰的栽培方法种植。

双柄兰属
Bifrenaria

附生或地生兰花。全属约 20 种，分布于巴西和南美其他地区。生长于低到中海拔地区热带雨林中。假鳞茎长卵圆形或圆锥形，四棱，顶生叶 1~2 枚；叶革质，较厚，宽卵状披针形。总状花序从假鳞茎基部生出，较短，有花 1~5 朵。花美丽，有香味。萼片和花瓣较宽，稍肉质；唇瓣 3 裂，肉质，中裂片呈方形或圆形，基部具有黄色胼胝体。花期春季，花期长。

杂交育种：至 2012 年该属已有属间杂交种和属内杂交种共 18 个（属内杂交种 11 个）。如：*Bifrenidium* Miyajima（*Bifrenaria harrisoniae* × *Cymbidium floribundum*）登录时间 1988。*Bifranisia* Cyanthina（*Bifrenaria tyrianthina*×*Aganisia cyanea*）登录时间 1997。*Bifrenaria* Atris（*Bifrenaria atropurpurea* × *Bifrenaria harrisoniae*）登录时间 1999。*Bifreniella* Aurora（*Rudolfiella aurantiaca* × *Bifrenaria inodora*）登录时间 1989。*Bifrenaria aurantiaca*（*Bifrenaria inodora* × *Bifrenaria tetragona*）登录时间 2000。*Lycafrenuloa* La Folie（*Angulocaste* Augres × *Bifrenaria harrisoniae*）登录时间 2012。

栽培：通常中温温室栽培。喜明亮的散射光，北方温室栽培，夏季遮阳 50%~70%，冬季 50%。阳光充足生长良好，但不易于开花。假鳞茎充分成熟后，降低温度，增加光照，严格控制浇水施肥，在花芽发育期有时每天只喷雾一次即可，这样可以促进开花。用稍小花盆栽种，基质可用透气和排水良好的颗粒状基质如松树皮、火烧土、木炭、风化火山岩。双柄兰类不喜欢被打扰生长，而且它常常在长满盆或长出盆外时才容易开花。尽可能少换盆，花后换盆时，宜用稍小的花盆，换盆时尽量避免弄散根团。经常保持基质中有充足的水分和温室中较

碧拉兰（*Beallara* Tahoma Glacier）

Bifrenaria siliana（Ecuagenera　摄）

高的空气湿度。温度下降时减少浇水。旺盛生长时期注意定期施肥。

常见种类：

双柄兰（*Bifrenaria harrisoniae*）

该种原产于巴西低海拔地区，但现在广泛栽培于世界各地。紧密丛生的假鳞茎呈卵圆形，有四棱，高约 7.5cm。顶生叶片一枚，革质，长约 30cm，宽约 10cm。花茎长约 15cm，从假鳞茎基部生出，有花 1~2 朵。花芳香，平开，蜡质，直径 6~7cm。萼片和花瓣宽，白色。唇瓣 3 裂长约 5cm，紫红色，中裂片密生软毛。开花期春季。

Bifrenaria atropurpurea（Ecuagenera　摄）

双柄兰 (*Bifrenaria harrisoniae*)（Ecuagenera　摄）

拟白芨属
Bletia

地生或石生。全属约 40 种，广泛分布于从美国的佛罗里达和墨西哥到阿根廷和玻利维亚的西北部。生长于低到稍高海拔山区混交林下山坡或草地上。为中大型落叶兰花。假鳞茎呈扁球状，常大部分生于近地表面之下，有叶 2~3 枚，基部呈细柄状，长可达 1m，薄革质，宽线性。花茎直立，从假鳞茎顶部偏侧处叶的中心部生出，有花数朵。花有白、黄绿、粉红、紫等色，变化较大；花型很像白芨（*Bletilla striata*）。该属与鹤顶兰属（*Phaius*）和苞舌兰属（*Spathoglottis*）亲缘关系密切。

杂交育种：至 2012 年该属已有属间杂交种和属内杂交种共 18 个（属内杂交种 11 个）。

栽培：中温或高温温室栽培。可以用粗腐叶土或泥炭土作基质栽种在中小盆中。栽种时假鳞茎顶部与盆栽基质表面相平，不可过深。亦可以在长江流域以南的公园或植物园中露地花坛中种植，应对黏重的土壤稍加改良。从春到秋的旺盛生长时期，盆栽基质和土壤中保持有充足的水分；2 周左右施一次复合肥料；并保持较高的空气湿度和空气的流通。华北地区温室栽培，夏季遮阳 50% 左右。至秋末，假鳞茎生长近成熟时可以适当减少浇水，并停止施肥。冬季来临时，叶片脱落，进入休眠期，应保持盆土微干。春季来临，假鳞茎新芽开始萌动时进行换盆和分株繁殖。

常见种类：

Bletia catenulata

分布于哥伦比亚到玻利维亚。生于海拔 400~2500m 处。植株强健；地下球茎长 6~8cm。叶长 90cm，宽 8 cm。花序长 50~150cm，花数朵到多朵。花大，花径 8cm，亮丽的粉红色到洋红色，很少白色，花瓣宽圆；唇瓣深红色。

紫花拟白芨（*Bletia purpurea*）

广泛分布于佛罗里达、安第斯山脉西部、墨西哥、中美洲和南美洲北部。假鳞茎扁圆形，直径约 4cm。叶长约 1m，花茎高 1.5m，有分枝，有花多数，花期可达 1 个月。花茎 3~5cm。花色多变，有白、玫瑰紫、紫红。唇瓣较其他萼片和花瓣颜色要深。花期早春至夏季。中温或高温温室栽培。

紫花拟白芨（*Bletia purpurea*）
（Ecuagenra 摄）

Bletia catenulata

白芨属
Bletilla

地生兰花。全属约 6 种，分布于亚洲的缅甸北部、中国、日本。中国产 4 种，北起江苏、河南，南至台湾，东起浙江，西至西藏东南部（察隅）都有分布。茎基部具膨大的假鳞茎，常多枚新老扁球形假鳞茎丛生在一起。假鳞茎上具荸荠似的环带，肉质，富黏性，生数条细长根。叶 3~6 枚，披针形至线状披针形。花序顶生，总状，常具数朵花；花紫红色、粉红色、黄色或白色；萼片与花瓣相似，近等长；唇瓣中部以上常明显 3 裂；侧裂片直立，唇盘上具 5 条纵脊状褶片。花美丽，观赏价值高；我国南北各地常见有作盆栽观赏，很受人们喜爱。假鳞茎均供药用，有止血、补肺、生肌止痛之效。

杂交育种：至 2012 年该属已有属间杂交种和属内杂交种共 32 个（属内杂交种 29 个）。如：*Bletilla* Yokohama（*Bletilla striata* × *Bletilla formosana*）登录时间 1956。*Bletilla* Penway Princess（*Bletilla formosana* × *Bletilla yunnanensis*）登录时间 1994。*Bletundina* Miyako-beni（*Bletilla striata* × *Arundina bambusifolia*）登录时间 2009。*Bletilla* Coritani（*Bletilla formosana* × *Bletilla ochracea*）登录时间 1993。*Calopotilla* Julia Yannetti（*Calopogon tuberosus* × *Bletilla striata*）登录时间 2002。*Thunilla* Himuka-beni（*Thunia brymeriana* × *Bletilla striata*）登录时间 2009。

栽培：栽培容易，在中国长江流域及西南广大地区，通常作为药用植物大面积露地栽种。选择疏林下、排水比较好的地方做种植床栽种。在城市园林中，常栽种在花坛中。这是在我国长江流域花坛中仅看到的少数兰花之一。北方低温温室栽培，耐寒力较强，甚至耐短时间 -10℃的低温。以透气好的腐殖土、腐叶土、粗泥炭土浅盆栽植；也可以几种基质配成排水和透气良好的盆栽用土。春、夏、秋三季要求有充足的水分和肥料。冬季休眠后叶片脱落，应完全停止浇水和施肥。保持假鳞茎不干缩即可。喜较强的阳光，生长时期，遮阳量 30%~50%；春季从老的假鳞茎侧面生出新的茎叶，到秋末生长期结束时茎基部形成新的假鳞茎。

常见种类：

黄花白芨（*Bletilla orchracea*）

产于中国的陕西、甘肃、湖北、湖南、广东、广西、四川、贵州和云南。生于海拔 300~2400m 的林下，灌木丛或溪边荫蔽处。株高 25~55cm。叶长 8 ~ 35cm，宽 1.5~2.5cm。总状花序，具花 3~8 朵；花黄色，萼片和花瓣长 1.8~2cm；唇瓣 3 裂。花期 6~7 月。

白芨（*Bletilla striata*）

白芨（*Bletilla striata*）

产于朝鲜、韩国和日本以及中国的陕西、甘肃、江苏、安徽、浙江、江西、福建、湖北、湖南、广东、广西、四川和贵州。生于海拔 100~3200m 的常绿阔叶林、栎树林或针叶林下，路边草丛或岩石缝中。常有人工栽培。株高 18~60cm。假鳞茎扁球形。茎粗壮；叶 4~6 枚，狭长圆形或披针形，长 8~29cm，宽 1.5~4cm。花序具 3~10 朵花；花大，紫红色或粉红色；萼片和花瓣近等长，狭长圆形，长 25~30mm，宽 6~8mm；花瓣较萼片稍宽；唇瓣长 23~28mm，白色带紫红色，具紫色脉；唇盘上面具 5 条纵褶片，从基部伸至中裂片近顶部。花期 4~5 月。

黄花白芨（*Bletilla orchracea*）

白花白芨（*Bletilla striata* cv.*albo*）

伯克兰属
Bokchoonara

该属是3个属蜘蛛兰属（*Arachnis*）× 蝴蝶兰属（*Phaleanopsis*）× 万代兰（*Vanda*）杂交产生的人工属，集中了这 3 个属植物花色彩亮丽、花大等优良特性。从花形看更趋向于蜘蛛兰。这是一个多属间杂交比较成功的组合，深受东南亚兰花爱好者喜爱。杂交种优势十分明显，生长势强健，栽培比较容易。

栽培： 可以参照蜘蛛兰和万代兰的栽培方法种植。喜较强的阳光，在东南亚等热带地区不遮阳，露地大面积种植，生产切花。建议我国引种在热带地区试种。

Bokchoonara 'Khaw Bian Huat'（黄展发 摄）

宝丽兰属
Bollea

附生兰花。原产于南美洲哥伦比亚、厄瓜多尔到巴西、委内瑞拉的安第斯山脉海拔1000~1800m处较高地区潮湿多云的森林中。附生于树干或岩石上。全属约11种。假鳞茎不发达，叶草质，呈扇状展开，长30~40cm；花茎短，腋生，顶部有花一朵。萼片和花瓣肉质，几乎同形大小。唇瓣近圆形，肉质，厚实，全缘，基部有一宽大的胼胝体，胼胝体浅黄色，有光泽，上有多条纵条状突起。

杂交育种：至2012年该属已有属间杂交种和属内杂交种共3个。即 *Chondrobollea* froebeliana（*Bollea coelestis* × *Chondrorhyncha chestertonii*）天然杂交种。*Pescatobollea gairiana*（*Pescatoria klabochorum* × *Bollea lawrenceana*）天然杂交种。*Pescatobollea bella*（*Pescatoriakla bochorum* × *Bollea coelestis*）天然杂种。

栽培：通常中温温室栽培。用透气和排水良好的颗粒状基质如松树皮、火烧土、木炭、风化火山岩等盆栽；或绑缚栽植在树蕨板上。旺盛生长时期注意定期施肥，温室喷雾和按时浇水。保持基质中有充足的水分和温室中较高的空气湿度。温度下降时减少浇水。

常见种类：

天蓝宝丽兰（*Bollea coelestis*）

产于哥伦比亚安第斯山脉坡地。叶扇状，约10枚，长20~30cm。花茎细，长10~15cm。花径8~10cm，花瓣稍肉质，较厚，紫藤色，植株间有差异。萼片和花瓣卵状椭圆形，边缘呈波状，顶端白色，靠近白色部分色彩较深。唇瓣中央鲜黄色，并呈纵条状突起。先端深紫藤色，并反卷。花甚芳香。花期夏季。低温温室栽培。

厄瓜多尔宝丽兰（*Bollea ecuadorana*）

白心厄瓜多尔宝丽兰（*Bollea ecuadorana* 'semialba'）（Ecuagenera 摄）

天兰宝丽兰（*Bollea coelestis*）（Ecuagenera 摄）

波纳兰属
Bonatea

地生兰类。全属约 10 种；分布于热带非洲东部与南部，南自好望角向北经埃塞俄比亚至亚洲的也门。生长在海平面至海拔 1200m 近海的林下沙质土壤中。该属与 *Habenaria* 属亲缘关系比较密切，一些分类学家在某些种的归属问题时常有不同看法。茎直立，包括花序在内高约 1m；叶片深绿色，下面叶片大，上面小。花序较大，茎顶部密集着生花多朵；花径约 5cm，白、乳白至绿色；常在叶枯萎后开花。开花后，地上部枯萎，地下块状根进入休眠期，直至下一个生长期开始。

杂交育种：至 2012年该属有属内杂交种共 2个。如：*Bonatea* Emerald Star（*Bonatea speciosa* × *Bonatea cassidea*）1997登录。*Bonatea* Steudnerosa（*Bonatea steudneri* × *Bonatea speciosa*）2009登录。

栽培：中温或高温温室栽培。多为盆栽。用腐叶土、粗泥炭土或腐殖土添加 1/4 左右的粗沙和少量基肥配制成排水和透气良好的盆栽用土。开花后，休眠期间，盆栽基质适当干燥，过湿易引起块根腐烂。春季新芽长到 3~4cm 高时，开始浇水、施肥；生长期应保持充足的水分和肥料的供应。喜温暖和阳光充足的环境；北方温室栽培夏季遮阳光 30%~50%。

常见种类：

美丽波纳兰（*Bonatea speciosa*）

分布于南非东部及南部，生于海平面至海拔 1200m 的沙质土壤中。株高约 1m；叶稍肉质，深绿色，长椭圆形到宽披针形，长 2.5~10cm，宽 3~4cm。花序密生多数花朵，萼片和唇瓣绿色；花瓣白色，花径 4~6cm，距长 2~5cm。

美丽波纳兰‘绿鹭鸶’（*Bonatea speciosa*‘Green Egret’）

柏拉索兰属
Brassavola

附生兰类。全属有 17 种，产于墨西哥、牙买加、巴西、玻利维亚和秘鲁。多生长在自低海拔至海拔 1000m 的湿度较高的森林地区。附生于树干及粗大枝干上。合轴类茎。假鳞茎短小，顶生 1 或 2 枚叶；叶稍肉质，椭圆形或圆柱状。花序生于假鳞茎顶端或侧面，有花 1 至数朵；花白、乳白、淡绿色，少数红褐色或有斑点。花有香味，傍晚较明显。

杂交育种：该属是一个在育种中亲和力十分强的原生种。据不完全统计，该属与兰科近缘属 *Barkeria*、*Broughtonia*、*Caularthron*、*Epidendrum*、*Cattleya*、*Domingoa*、*Laelia*、*Laeliopsis*、*Leptotes*、*Schomburgkia*、*Sophronitis*、*Vandopsis* 等至少 12 属间杂交，产生 2 属、3 属、4 属、 5 属和 6 属间人工属 33 个。培育出许多美丽的杂交种品种。在商品兰花和世界各种兰花博览会中常可见到。

至 2012 年该属已有属间杂交种和属内杂交种共 648 个（属内杂交种 18 个）。如：*Brassocattleya* Harposa（*Brassavola nodosa*×*Cattleya harpophylla*） 登录时间 1974。*Brassavola* Bellita Lago（*Brassavola subulifolia* × *Brassavola cucullata*）登录时间 1981。*Brassavola* Adrian Hamilton（*Brassavola nodosa* × *Brassavola perrinii*）登录时间 2010。*Brassanthe* Arima（*Guarianthe bowringiana* ×

Brassavola martiana）登录时间1965。*Brassavola* Yaki（*Brassavola cucullata* × *Brassavola nodosa*）登录时间1946。*Brassavola* Green Stars（*Brassavola* Little Stars × *Brassavola subulifolia*）登录时间2009。

栽培：中温温室栽培，保持15~30℃的温度、较高的空气湿度、充足的光照、良好的通风环境。多数种无休眠期。可用树皮块、树蕨块、木炭等排水良好的基质盆栽或种于吊篮或树蕨板上。是深受人们喜爱的兰花之一，栽培比较普及，容易栽植成功。在商品兰花中亦常可见到，是兰花爱好者常收集的兰花种类。栽培方法可参照卡特兰部分。

常见种类：

兜唇柏拉索兰（*Brassavola cucullata*）

产于西印度群岛以及墨西哥、委内瑞拉。附生于海拔1800m以下的热带雨林中树干或岩石上。株高约40cm。茎长21cm，顶生叶一枚。叶肉质，圆柱形，长18~35cm，宽0.7cm。花序短，有花1~3朵，花柄长23cm。花瓣和萼片线形，白色。唇瓣心形，基部筒状，先端细长，侧裂片细裂，长6~9.5cm，宽1.5~2.5cm。花夜间芳香。夏季开花。

亚马逊柏拉索兰（*Brassavola martiana*）

(syn: *B.amazonica,B. multiflora*)

产于亚马逊和南美洲北部低海拔热带地区。茎细长，10~25cm，直立或半下垂，有一枚棒状下垂的叶，叶长25~50cm。每花序有花4~6朵或更多。花夜间甚香。花径8cm；萼片和花瓣黄白色，线状，黄白色；唇瓣白色或黄白色，喉部有苹果绿色条纹，基部边缘呈锯齿状。花期长。通常夏季开花。高温温室栽培。

多节柏拉索兰（*Brassavola nodosa*）

多节柏拉索兰（*Brassavola nodosa*）

产于安第斯山西部，墨西哥经中美洲至委内瑞拉和秘鲁。花茎长约 12cm，有花 1~6 朵；花寿命长。花径约 9cm，花瓣和萼片从浅绿色到黄色甚至洁白色；唇瓣白色，基部呈筒状，在筒内常有一些紫色点。夜间极香。几乎全年有花。

心唇柏拉索兰（*Brassavola sublifolia*）

（syn: *Brassavola cordata*）

产于西印度群岛（特别是牙买加）和安地列斯群岛。茎圆柱形，长 2~6cm，顶生 1 枚叶。叶肉质，圆柱形，有沟槽，长 12~15cm，宽 1~1.2cm。花序长 7~8cm，有花 3~5 朵。花淡绿色，唇瓣白色。花瓣和萼片线形，长 3cm，宽 0.3~0.4cm。唇瓣卵形至心形，长 2.5cm，宽 1.2~1.3cm。夏秋季开花。

***Brassavola tuberculata*（syn. *B. ceboletta, B. fragrans, B. Perrinii*）**

产于巴西；附生或石生于林中。假鳞茎细长，长约 15cm。叶棒状，长达 25cm，下垂；花序短，有花 3~6 朵。花径 7cm，夜间甚芳香；萼片和花瓣线形，乳黄色或柠檬绿色，有时有红色斑点；唇瓣椭圆形，白色，常常喉部为绿色。

心唇柏拉索兰（*Brassavola. sublifolia*）

亚马逊柏拉索兰（*Brassavola martiana*）

兜唇柏拉索兰（*Brassavola cucullata*）

Brassavola Perrinii ‘Charlton’

长萼兰属

Brassia

多为附生兰类。全属约 29 种，产于美洲热带低海拔区至海拔 1500m 的潮湿森林中。假鳞茎大而稍扁，卵圆形，顶端着生 1~3 枚叶；叶线形、长椭圆状披针形。花茎从假鳞茎基部侧面的叶鞘中伸出，高出叶面；有花 3~12 朵；萼片细长而窄，有的可长达 30cm，甚为奇特。花通常为浅绿色、黄色，常有褐色的斑点；唇瓣较宽大。有香味。

该属植物在西方常称为蜘蛛兰（spider orchid），因其花形而得名。在我国所称的蜘蛛兰则是另一属 *Arachnis* 的兰花，与该属植物不是同一类植物。

长萼兰及其杂交种早已作为商品兰花在世界各地栽培、销售，深受人们欢迎。近些年来在我国各中心城市也常可以见到。

杂交育种： 长萼兰属与兰科近缘属中的 *Ada*、*Aspasia*、*Catteya*、*Cochlioda*、*Laelia*、*Leochilus*、

Miltonia、*Odontoglossum*、*Oncidium*、*Rodriguezia*、*Schombugkia* 等至少 11 个属间杂交，产生 2 属、3 属、4 属、5 属和 6 属间人工属 26 个以上。

至 2012 年该属已有属间杂交种和属内杂交种共 425 个（属内杂交种 86 个）。如：*Bramesa* Ballerina（*Brassia caudate*×*Gomesa* Kanoa）登录时间 1960。*Aliceara* Jim Krull（*Brassia gireoudiana* × *Miltonidium* Jupiter）登录时间 1984。*Bramesa* Shioya（*Brassia* Rex × *Gomesa sarcodes*）登录时间 2008。*Brapasia* Panama（*Aspasia principissa* × *Brassia arcuigera*）登录时间 1959。*Bramesa* Concosa（*Gomesa concolor* × *Brassia verrucosa*）登录时间 1988。*Brassidium* Golden Jaguar（*Oncidium* Golden Afternoon×*Brassia* Chieftain）登录时间 2011。

栽培：中温温室栽培，栽培比较容易。用树皮块、苔藓、蛇木屑等基质盆栽。要求根际透气和排水良好；喜较强的阳光；生长期供给充足的水及肥料。秋末当年新生的假鳞茎成熟后应减少浇水和施肥。冬季给予 2~3 周休眠，有利于花芽的分化形成。栽培方法可参照卡特兰，或与卡特兰放在同一处栽培。

常见种类：

长萼兰（*Brassia arcuigera*）

产于安第斯山脉从哥斯达黎加到厄瓜多尔和秘鲁。假鳞茎扁卵圆形，长 18cm 以上。有叶一枚，长约 50cm。花序从假鳞茎基部生出，有花 15 朵以上。花大，萼片可长达 24cm。较喜光，中温或高温温室栽培。花期春季。

尾状长萼兰（*Brassia caudata*）

产于中南美洲和佛罗里达。名称来源于其花被片呈尾状伸长。假鳞茎长 15cm 以上。花序长达 45cm，呈弓形。有花 12 朵以上，

白绿长萼兰（*Brassia chloroleuca*）

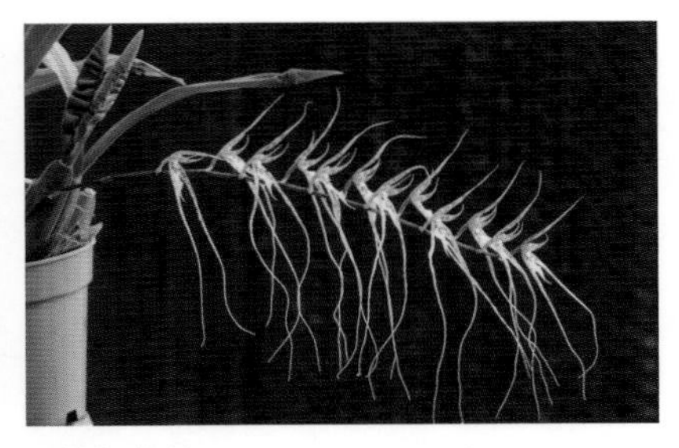

尾状长萼兰（*Brassia caudata*）

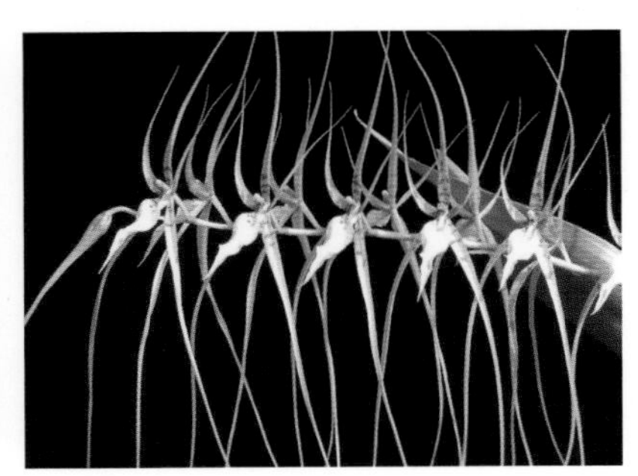

长萼兰（*Brassia arcuigera*）

花长约20cm。花期秋季至冬初，花芳香，可开放数周之久。中温或高温温室栽培。

多疣长萼兰（*Brassia verrucosa*）

产于美洲从墨西哥到委内瑞拉的广大地区，生于潮湿的森林中。假鳞茎扁卵圆形，顶部生有2枚叶片。萼片和花瓣淡绿色，有深绿色或红棕色斑点。唇瓣绿白色到白色，后半部有墨绿色的多个疣状突起物。花大型，最大直径约20cm。春夏季开花。中温或高温温室栽培。

帝王长萼兰（*Brassia* Rex‘*Sasaki*’）

该种是*Brassia verrucosa* × *Brassia gireoudiana*两种的杂交种，1964年登录。植株健壮，花茎呈弓形向斜上伸展，有花8~15朵。花茎12~15cm，花被片窄长，萼片和花瓣黄绿色，基部有黑色斑点。唇瓣黄白色。花期初夏。

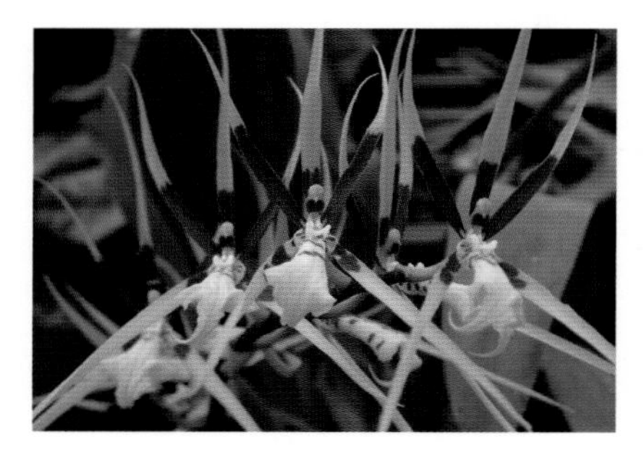
Brassia gireoudiana

帝王长萼兰（*Brassia* Rex‘Sasaki’）

瓦锦长萼兰（*Brassia wageneri*）

杂交种长萼兰
[*Brassia*（*longissima* × *laceana*）]

柏拉索卡特兰属
Brassocattleya(*Bc.*)

该属是柏拉索兰属（*Brassavola*）和卡特兰属（*Cattleya*）间杂交产生的人工属，于1889年登录。经长期杂交育种，该属中出现了大量优良的杂交种品种，是卡特兰类中主要类群之一。我国花卉市场和兰花展览中均有出现，深受栽培者喜爱，是重要的商品兰花之一。

杂交育种：至2012年该属以母本作杂交的种约有239个，以父本作杂交的种约有100个。如：*Vaughnara* Rumrill（*Bc.* Edna × *Epidendrum stamfordianum*）登录时间1976。*Brassacathron* Soonvijai（*Bc. Binosa* × *Caulocattleya* Chastity）登录时间1988。*Bc.* Bebuquina（*Bc.* Memoria Bernice Foster × *Brassavola cucullata*）登录时间2012。*Brassocattleya* Eisah（*Cattleya* Irish Helen × *Bc*

Bc. Maikai‘Mayumi’

Bc. Okamodosa（黄展发　摄）

Bc. Morning Glory

Bc. Binosa（*B. nodosa*×*C. icolr*）

Bc. Star Ruby（黄展发　摄）

Vaughnara Jupiter（Epicattleya Charlesworthii × *Bc.* Le Superbe）登录时间 1910 。*Brassocatanthe* Julie Morrison（Brassanthe Maikai × *Bc.* Morning Glory）登录时间 2011。

据 2009年《兰花新旧属名种名对照表》记载，该人工属中已有 68个杂交种改变为 *Rhyncholaeliocattleya*（*Rlc.*）。

栽培：可以参照卡特兰栽培方法种植。

柏拉索树兰属 *Brassoepidendrum* (*Bepi.*)

该属是柏拉索兰属（*Brassavola*）×树兰属（*Epidendrum*）间杂交的人工属，1902年登录。最初登录的名称为 *Bepi.* T. L. Mead Cuco（*Epi. cochleatum* × *B. cucullata*）。

杂交育种：至 2012年该属以母本作杂交的种约有 6个，以父本作杂交的种有 1个。如 *Rhynchavolarum* Janette Reder（*Bepi.* Pseudosa × *Hyncholaelia glauca*）登录时间 1982。*Bepi.* Sarah Jean Hill（*Bepi.* Pseudosa × *Epidendrum cinnabarinum*）登录时间 1986。*Encyvolendrum* Terrington（*Bepi.* Pseudosa × *Encyclia tampensis*）登录时间 1993。*Hummelara* Ed（*Barkeria skinneri* × *Bepi.* Pseudosa）登录时间 1987。

该人工属植物株型和花的形态多介于两属之间，出现许多花美丽又珍奇的类型，甚为可贵，是一个十分有趣的人工种群，深受爱好者欢迎。

栽培：可以参照卡特兰栽培方法种植。

Bepi.（*Epi. atropurpureum* 'Alba' × *B. nodosa*）（黄展发　摄）

Bepi. Kan Yuet Him（*B. nodosa* × *Epi. cinnabarium*）

柏拉索蕾丽兰属 *Brassolaelia*(*Bl.*)

附生兰类。该属是柏拉索兰属（*Brassavola*）× 蕾丽兰属（*Laelia*）间的人工属，1898 年登录。最初的杂交工作是在维奇（Veitch）苗圃完成的。*Bl.* Digbyano-purpurata（*B. digbyana* × *L. purpurata*）。

杂交育种：至 2012年，该属以母本作杂交的种约有 2个，以父本作杂交种有 1个。如：*Pynaertara* Kauai Showers（*Bl.* Kauai Clouds × *Enanthleya* Kauai *Summer*）登录时间 1989。*Rhynchovolaelia* Chien Ya Pearl（*Bl.* Suzette Chaney × *Rhyncholaelia glauca*）登录时间 2011。

据 2009 年《兰花新旧属名种名对照表》记载，该人工属中的 10 个杂交种已改变成 *Brassocattleya*（*Bc.*）人工属的杂交种。

栽培：可以参照卡特兰栽培方法进行。

Brassolaeliocattleya (*Blc.*) 属

该属是柏拉索兰属（*Brassavola*）、蕾丽兰属（*Laelia*）和卡特兰属（*Cattleya*）3 属间杂交的人工属，1897 年登录。经长期杂交育种，培育出大量优良品种，是卡特兰类群中最重要的组成部分。这一杂交组合在很大程度上使卡特兰类的花变得更加完美，花色更丰富。相继涌现出大量受欢迎的新品种，多次获得世界性的大奖。经大量商业化栽培，很快普及到世界各地。是西方花卉市场上最重要的盆栽和切花用兰花之一。

据 2009 年《兰花新旧属名种名对照表》记载，该人工属中约 700 个杂交种已改变成 *Rhyncholaeliocattleya*（*Rlc.*）人工属的杂交种。

栽培：可以参照卡特兰栽培方法进行。

柏拉索蕾丽兰［*Bl.*（*B. perrinii* × *L. anceps*）］

Blc.‘Shingaki’（*C.* Horace Maxima × *Blc.* Bryce Canyoa）

Blc. Hey Song‘Tien Mu’

Blc.（Haadyai Delight ‘Bangpron Gold’ × *Blc.* Monte.Moon）

'大牛' (*Blc.* (*Rsc.*) Parmela Finney 'Big Foolish')

Blc. (*Blc.* Holiday inn 'Magic Carpet'AM /*AOS* × *Bc.* Beranee'Bengal Beauty' HCC/AOS)

Blc. Ports of Paradise G. G. G.

Blc. Eagle Eye

Blc. Mystic Isles

Blc. Young Kong（Green Fantasy × Tassie Barbero）

Blc.（Gerge King Serendipty × *Blc.* Makaha Gold ‘Carmela’）

大新一号（*Blc.* King of Taiwan）

Blc. Tzeng Wen Queen

Blc.（*C.* Ruth Gee ‘Whillikers’ × *Blc.* Mary Tuavera ‘Ice Age’）

Blc. Sanyang Ruby

Blc. Taiwan Yellow Ball

Blc. Triumphal Coronation‘Seto’

波东兰（布劳顿氏兰）属
Broughtonia（*Bro.*）

附生或石生兰花。全属3~5种。分布于牙买加、古巴、巴哈马和波多黎各。生长在低海拔、潮湿的森林中。植株呈丛状生长，假鳞茎较扁平，深绿色至灰绿色，顶部有叶片1~4枚，革质或稍肉质。花茎长，不分枝或分枝，着花少数。栽培容易，可以常开花。花色有深红色、白色、黄色到浅粉红色。萼片与花瓣离生。萼片披针形，花瓣较宽；唇瓣浅3裂，边缘呈细齿状。

杂交育种：该属与卡特兰类为近缘属，杂交比较容易成功。据记载，至1997年该属至少与*Cattleya*,*Cattleyopsis*、*Caularthron*、*Domingoa*、*Epidendrum*、*Laelia*、*Laeliopsis*、*Leptotes*,*Schomburgkia*、*Sophronitis*约10个属已成功地进行了2属间、3属间、4属间和5属间的杂交，产生了34个以上的人工属。这些人工属的育成在改善卡特兰类株型和花色等方面有一定的作用。

至2012年该属已有属间杂交种和属内杂交种共214个（属内杂交种15个）。如：*Bro.* Kingston（*Bro. sanguinea* ×*Bro. domingensis*）登录时间1959。*Bro.* Annie（*Broughtonia* Noel × *Bro. domingensis*）登录时间/1982。*Guaritonia* Montego Girl（*Bro.* Kingston× *Guarianthe bowringiana*）登录时间2011。*Bro.* John H. Miller（*Brassavola nodosa* × *Bro. sanguinea*）登录时间1960。*Bro.* Seagulls Jamaica（*Bro. sanguinea* × *Broughtonia negrilensis*）登录时间1985。*Volkertara* Cotton Candy（*Rhyncattleanthe* Pokai Tangerine × *Bro. negrilensis*）登录时间2011。

栽培：可以参照卡特兰类的栽培方法种植。可以和卡特兰放在同一温室中栽培，但冬季温度应适当稍高些为好。

常见种类：

波东兰（*Bro.domingensis*）

（syn.*Bro.negrilensis*）

产于牙买加低海拔地区。假鳞茎卵圆形，长约6cm，有叶2枚，叶长约18cm，宽3cm。花序可长达1m，有花可达15朵，花径约5cm。喉部为白色。

Bro. jamaicensis

Bro. domingensis

石豆兰（豆兰）属
Bulbophyllum（*Bulb.*）

附生兰类。全属约1000种，兰科中较大的属之一。分布于亚洲、美洲、非洲等热带和亚热带地区，大洋洲也有。我国有98种和3变种，主要产于长江流域及其以南各省区。巴布亚新几内亚被认为是石豆兰的分布中心。种间形态差异甚大。根状茎匍匐，少有直立的，具或不具假鳞茎。假鳞茎紧靠，聚生或疏离，形状、大小变化甚大，具1个节间。叶通常1枚，少有2~3枚，生于假鳞茎顶部，无假鳞茎的叶直接从根状茎上发出；叶片肉质或革质。花葶侧生于假鳞茎基部或从根状茎的节上抽出；具单花或多朵组成总状或近伞状花序；花小至中等大；花瓣比萼片小；唇瓣肉质，比花瓣小，向外下弯。花形变化甚大，深受兰花栽培者和爱好者的喜爱，有专门的石豆兰爱好者群。

杂交育种：至2012年该属已有属间杂交种和属内杂交种共327个（属内杂交种326个）。如：*Buob.* Adoribil Whisper（*Buob. lobbii* × *Buob. annamense*）登录时间2013。*Buob.* Alpha（*Buob. longiflorum* × *Buob. baileyi*）登录时间1985。*Buob.* Chitchote（*Buob. putidum* × *Dendrobium* Anucha Flare）登录时间2006。*Buob.* Daisy Chain（*Buob. makoyanum* × *Buob. cumingii*）登录时间1996。*Buob.* Fantasia（*Buob.* Fascination × *Buob. fascinator*）登录时间1997。*Buob.* Vincent Yap（*Buob. mandibulare* ×

Buob. siamense）登录时间 2011。

石豆兰属内种间杂交最早登录于 1936 年。据报道，石豆兰类的杂交遗传规律掌握的不太多。杂交后代不能很好预测。另外，石豆兰类商品化程度不高，从事该属植物研究和育种工作的人比较少。

栽培：高温或中温温室栽培。生长时期需要充足的水分、较高空气湿度、半阴的环境，2 周左右施一次液体肥料。高海拔地区种类要求湿度大，温度较低，怕高温，尤其夜间温度要低；通常用苔藓、树皮、蛇木屑栽植在多孔透气排水良好的小花盆中；根状茎较长的种类应当绑缚种植到树蕨板、大块的栎树皮上，并沿新梢生长的方向预留出足够 2~3 年生长的空间。尽量少移植，以免因移植中伤根而干扰它们的正常生长。因该属植物种类太多，分布地区广，各地气候差异大，在栽培中不同地区的种类应有所区别。热带种类，喜高温和高的空气湿度，没有休眠期；亚热带及长江流域或低纬度高海拔地区的，冬季需一定的休眠期；在这期间应适当地减少浇水量，降低空气湿度。

常见种类：

芳香石豆兰（*Bulb. ambrosia*）

产于越南和中国的福建、广东、广西、海南、香港、云南。生于海拔 1300m 林中树上。假鳞茎相距 3~9cm，圆筒状，长 2~6cm。叶 1 枚，长 3.5~13cm，宽 1.2~2.2cm。花序具单花。花期 2~5 月。

梳帽卷瓣兰（*Bulb. andersonii*）

产于印度、缅甸、越南和中国的广西、四川、贵州、云南。生于海拔 400~2000m 的山地林中树干上或林下岩石上。根状茎匍匐。假鳞茎彼此相距 3~11cm，卵状圆锥形，顶生 1 枚叶。叶革质，长圆形，长 7~21cm。花葶从假鳞茎基部抽出，直立，通常长约 17cm，伞形花序具数朵花；花浅白色密布紫红色斑点；中萼片卵状长圆形；侧萼片长圆形，比中萼片长 3~4 倍；唇瓣肉质，茄紫色，卵状三角形。花期 2~10 月。

聚苞石豆兰（*Bulb. amplebracteatum*）

蛇纹石豆兰（*Bulb. arfakianum*）

产于新几内亚的 Arfak 山。

金色石豆兰（*Bulb. auratum*）

产于泰国、马来西亚、苏门答腊、加里曼丹；附生于从海平面至海拔 1100m 处森林中的树干上。株高约 15cm，假鳞茎高 2.5cm，粗约 1.2cm，有叶 1 枚。长 13cm。花序高约 15cm，花序上的花呈轮形排列，每个花长约 4cm。花萼通常粉红色。有变型金色石豆兰（f. *aurea*），较珍贵，栽培较多。

柏氏石豆兰（*Bulb. beccarii*）

产于印度尼西亚。是本属株型最大、最著名的种。根状茎攀生在树干上像一条巨大的蛇。假鳞茎上有一枚叶片，长约 60cm，宽 20cm；花茎从靠近假鳞茎的根状茎上生出，长 25cm，下垂，上面有许多小花；花不完全开放，直径 1~2cm；开花时有腐臭气味。

芳香石豆兰（*Bulb. ambrosia*）

梳帽卷瓣兰（*Bulb. andersonii*）

金色石豆兰（*Bulb. auratum* f.*aurea*）

春季开花。高温温室栽培，栽培较困难。

Bulb. burfordiense

产于从苏门答腊经巴布亚新几内亚到所罗门群岛。该种是世界著名的种类；常常将其与大花石豆兰混淆。附生于海拔100~800m处。株高约20cm。假鳞茎间相隔5cm，卵圆形到圆锥形，高4~7cm，叶片1枚，长约15cm；花葶长约20cm，有花1朵，花长约10cm。春季开花。要求高温和潮湿的栽培环境。

Bulb. careyanum

产于印度、尼泊尔、缅甸、泰国等地；生于海拔1200m以下。与*Bulb. crassipes*十分相似。冬春季开花。

Bulb. carunculatum

产于印度尼西亚的苏拉威西岛和菲律宾。生长健壮，株高可达45cm。假鳞茎高6cm，有1枚叶片，叶长40cm，宽7cm。花着生于高45cm，直立的花茎上；每花茎上可以相继开出12朵左右的花朵。每朵花长约9cm。该种与棘唇石豆兰亲缘关系密切。中温或高温温室栽培。

柏氏石豆兰（*Bulb. beccarii*）（黄展发　摄）

直唇卷瓣兰（*Bulb. delitescens*）

产于印度、越南和中国的福建、广东、香港、西藏、云南。生于海拔约1000m林中岩石或树干上。假鳞茎卵形或近圆筒形，长1.7~3.5cm，直径5~10mm。叶1枚，16~25cm，宽3.5~6cm。花葶长10~20cm；伞形花序，具2~4花；侧萼片长6cm上下侧边缘彼此合成管状。花期4~11月。

棘唇石豆兰

（*Bulb. echinoloabium*）

产于印度尼西亚。附生或石生；植株大型，假鳞茎生长较密，圆锥形，顶部有一枚革质叶片。每花茎上有花1朵，花大型，竖径可达35cm，开展，暗粉红色；萼片细长；花瓣远较萼片短。开花期长，花色个体间变化较大。具有难闻的气味。生长强健，栽培比较容易。栽培环境要求高空气湿度和通风良好。

Bulb. burfordiense

Bulb. carunculatum

小眼镜蛇

[*Bulb. falcatum*（green）]

产于非洲热带，从塞拉利昂经圭亚那到乌干达。附生于从海平面到1200m处。假鳞茎长约6cm，有棱；假鳞茎之间相隔5cm生长在根状茎上。顶端生叶片2枚，叶长15cm。花序轴呈扁平状栽培，长约13cm，两侧着生小花。花长约12mm，有难闻的臭味。中温或

刺唇石豆兰（*Bulb. echinolabium*）

小眼镜蛇（*Bulb. falcatum*）

高温温室栽培，盆栽或绑缚栽植在树蕨板上，栽培容易成功。花期春至夏季。

尖角卷瓣兰（*Bulb. forrestii*）

产于云南。生于海拔1800~2000m的山地林中树干上。分布于缅甸、泰国。假鳞茎卵形，长2~3 cm，粗1~2cm；顶生1枚叶。叶厚革质，长圆形，长15cm，宽1.3~2.8cm。花葶从假鳞茎基部抽出，直立，纤细，长达15cm；总状花序缩短呈伞形，有花10朵；花杏黄色；中萼片卵形，长7~10mm，宽约4mm；侧萼片披针形，长1.5~2.5cm；花瓣卵状三角形，长2~3mm，中部宽1.5~2mm；唇瓣披针形，黄色带紫红色斑点。花期5~6月。

弗氏石豆兰（*Bulb. frostii*）

产于越南、泰国和马来西亚。假鳞茎很小，只有长约1.2cm，高约2cm，生长在根状茎上；顶部生有叶片1枚，长圆形，肉质，长约4cm；短的花茎从假鳞茎基部的根状茎上生出，上面丛生有数朵花；花小，长约2cm。可以盆栽或绑缚栽种在树蕨板或大块的栎树皮上。冬季开花。

大花石豆兰

（*Bulb. grandiflorum*）

产于印度尼西亚尼、新几内亚、所罗门群岛。有人认为该种与*Bulb. burfordiense*相近，只是后者花较小，并且这两个种产地相近。

黑花石豆兰（*Bulb. klabatense*）

产于印度尼西亚的苏拉威西岛。株高约25cm，假鳞茎和叶片均较大。花序十分长，呈弓形，有

弗氏石豆兰（*Bulb. frostii*）

大花石豆兰（*Bulb. grandiflorum*）

广东石豆兰（*Bulb. kwangtungens*）

整洁卷瓣兰（*Bulb. lepidum*）

花数朵；花径约3cm，几乎可以同时开放。花期可长达11个月之久。该种植物引种到美国栽培后，常称为棘唇石豆兰 。

广东石豆兰

（*Bulb. kwangtungens*）

产于中国的广东、福建、广西、贵州、香港、湖北、湖南、江西、云南、浙江。生于海拔880m处，附生于林中岩石上。假鳞茎圆筒形，长1~2.5cm。花葶长9~10cm；总状花序，具2~7花，萼片长8~10mm。花期5~8月。中温温室栽培。

整洁卷瓣兰（*Bulb. lepidum*）

广泛分布于东南亚到印度尼西亚。假鳞茎生长较密，呈球形，高约2cm，有叶1枚，长13cm。花茎高约15cm，有花8~10朵，花长约2.5cm。花期秋季。

劳氏卷瓣兰（*Bulb. lobbii*）

产于泰国、马来西亚、印度尼西亚等热带地区。附生于海拔1000~1800m处林中树干上。栽培较多，为著名种类。假鳞茎相距3~8cm；卵形，高3~5cm，顶生叶1枚。叶革质，长椭圆形，叶长约25cm，宽约7cm。花茎从根状茎节上生出，直立，长约15cm，单花；花径6~7cm，芳香。萼片和花瓣黄褐色，花瓣向后反卷。唇瓣有暗紫红色细点。花期春夏季。中温或高温温室栽培，易栽培。

长瓣石豆兰（*Bulb. longissimun*）

产于泰国；附生于低海拔地区森林中，是深受欢迎的种类。假鳞茎圆锥形，紧密生长呈丛，长2.5cm以上。有叶片一枚，叶长15cm以上。

伞形花序，有花4~10朵，花长可达20cm。高温温室栽培。

马氏石豆兰（*Bulb. makoyanum*）

产于菲律宾和婆罗洲；附生于低海拔的100~200m处。株高约20cm。假鳞茎着生于根状茎上，间隔2cm，细长卵形，长1.5~2cm，顶部生叶片1枚。叶长椭圆形，长6~10cm，稍肉质，有短柄。花茎从假鳞茎基部生出，长约20cm，呈伞形花序，有花5~10朵。花长3.5~4cm，黄色有红色细点。萼片与花瓣生有缘毛。有香味。高温温室栽培。花期冬季。

Bulb. mandibulare

花朵半开型品种，产婆罗洲的沙巴。

马克西姆石豆兰（*Bulb. maximum*）

产于西非热带地区，塞拉利昂到喀麦隆。假鳞茎长圆形，有四棱，高约10cm。有叶2枚，革质，线形到舌状，长约17cm，宽约4cm。花序通常直立，扁平边缘波状，宽约2.5cm，长可达30cm，有深褐色到黑色条斑，小花朵着生于花序两侧中间线上，从顶部一直延伸至底部。花有臭味，长约1cm，黄色，外面有红色条斑，里面有淡红色斑点，小唇瓣暗红色。花期夏季。高温温室栽培。

拂尘石豆兰（*Bulb. medusae*）

产于泰国、马来西亚、苏门答腊、婆罗洲等处低地，附生从海平面到海拔400m处的树干、枝杈或岩石上。假鳞茎间隔3~4cm，着生于根状茎上，高约4cm，有叶片一枚，叶长约20cm。花序长10~20cm，直立或呈弓形，头状花序，花数朵呈细丝状下垂，长约15cm。花期秋冬季。深受爱好者欢迎。中温或高温温室栽培。

朱红石豆兰（*Bulb. miniatum*）

据记载，该种产于越南。从形态看，该种与《中国植物志》记载的斑唇卷瓣兰（*Bulb. pectenveneris*）几乎相同，斑唇卷瓣兰产于中国的安徽、福建、台湾、湖北、香港、海南、广西。只是该种花为朱红色，斑唇卷瓣兰花为黄绿色或黄色稍带褐色。假鳞茎卵球形，长5~12mm，顶生叶1枚；叶革质，卵圆形，长1~6cm；花葶长约10cm，伞形花序，具花3~9朵。花期4~6月。中温或高温温室栽培。

劳氏石豆兰（*Bulb. lobbii*）

马克西姆石豆兰（*Bulb. maximum*）

马克西姆石豆兰（*Bulb. maximum*）（特写）

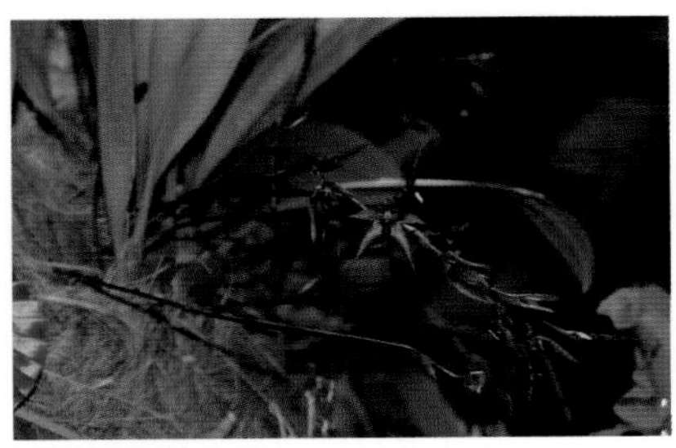

黑花石豆兰（*Bulb. klabatense*）

拂尘石豆兰（*Bulb. medusae*）

画斑石豆兰（*Bulb. picturatum*）

香石豆兰（*Bulb. odoratum*）

产于爪哇。有长长的花序。

画斑石豆兰（*Bulb. picturatum*）

产于印度到越南等地。生于海拔约1000m的林中。卵形的假鳞茎丛生，高约5cm；顶部生1枚叶，质硬，长约18cm以上；伞状花序，高约25cm，有花8~10朵；花长约6cm，具有图画样斑纹。气味微香。春季开花，花寿命较短。中温或高温温室栽培。

Bulb. plumatum

产于苏门答腊和菲律宾，在苏门答腊生长在海拔1000m的森林中，在马来西亚则生长在海拔200m处的深林中。前者花长9~32cm，后者花长6~11cm。是一个广泛栽培的种类。高温温室栽培。

滇南石豆兰

（*Bulb. psittacoglossum*）

产于中国云南，缅甸、越南、泰国也有分布；生于海拔1500m处，疏林中的树干上或岩石上。假鳞茎密集丛生，卵形，长1.5~3cm；顶部有叶一枚，长3~15cm，宽1.7~3.7cm。总状花序具花1~2朵；侧萼片长约1.7cm；唇瓣具活动关节。花期6月。

***Bulb. putidum* 'T.C.'**

广泛分布于从印度锡金到菲律宾北部的广大地区，生长在海拔1000~2500m处山区；在印度生长在山区落叶林下。广泛栽培。据记载，不同栽培环境，花的形态有所不同；有的花比较细长，称为*Bulb. fascinitor*；在另外环境下栽培，花比较宽，色彩偏红，别称为*B. appendiculatu*。假鳞茎长约2cm；叶坚硬革质；花序从假鳞茎基部生出，每花序只有花一朵。花长20cm，背萼片有紫色细毛。

藓叶卷瓣兰

（*Bulb. retusiusculum*）

产于尼泊尔、不丹、印度、缅甸、泰国、老挝、越南和中国的甘肃、台湾、海南、湖南、四川、云南、西藏。生长于海拔500~2800m的山地林中树干上或林下岩石上。假鳞茎卵状圆锥形，长5~25mm；顶生1枚叶；叶革质，长圆形，长1.6~8cm；花葶长14cm，伞形花序具多数花；侧萼片黄色，狭披针形或线形，长11~21mm，宽1.5~3mm；中萼片黄色带紫红色脉纹，长圆状卵形；花瓣黄色带紫红色脉；唇瓣肉质，具活动关节。花期9~12月。中温或高温温室栽培。

美花卷瓣兰

（*Bulb. rothschildianum*）

产于中国云南南部和印度东北部；附生于海拔1550m山地密林中树干上。根状茎上疏生假鳞茎。假鳞茎卵球形，中部粗3cm，顶生1枚叶。叶厚革质，近椭圆形，长9~10cm；花序从假鳞茎基部生出，长20~24cm，伞形花序，具花4~6朵。花大，淡紫红色；中萼片卵形，长约15mm，边缘具流苏；侧萼片披针形，长15~19cm；花瓣卵状三角形，长约1cm。通常大盆或吊篮种

Bulb. putidum 'T.C.'

滇南石豆兰（*Bulb. psittacoglossum*）

Bulb. Louis Sander

植，中温或高温温室栽培。花期秋季。

伞花卷瓣兰（*Bulb. umbellatum*）

附生兰花。产于不丹、印度、缅甸、尼泊尔、泰国、越南和中国的贵州、四川、台湾、西藏、云南。生长于海拔 1000~2200m 处林中树上。假鳞茎相距 1~2cm，卵形或卵状圆锥形，长 1.3~3.5cm，直径 1~2cm。叶 1 枚，长 8~19cm，宽 1.3~2.8cm。花葶长 8~12cm；伞形花序，有花 2~4 朵；侧萼片长约 1.5cm，沿上侧边缘彼此合生。花期 4~6 月。

温氏卷瓣兰（*Bulb. wendlandinum*）

产于云南。生长于海拔 1000~1500m 处，林缘树上或岩石上。缅甸、泰国也有。假鳞茎相距 2~4cm，卵形，长 1.5~2cm, 直径 1.5cm；具叶一枚，长 3.5~5cm，宽 2~2.5cm；花葶长 7~14cm，伞形花序，具花数朵至多朵；中萼片长约 1.3cm，边缘有长缘毛，先端尾状；尾上具多枚流苏状的浆片；花期 5~6 月。

Bulb. Elizabeth Ann（*longissimum* × *rothschildianum*）

Bulb. mandibulare

杂种卷瓣兰 [*Bulb.*（Eeabeth Ann× Pingtungensis）]

伞花卷瓣兰（*Bulb. umbellatum*）

Bulb. arfakianum × *Bulb. burfordiense*

蜂腰兰属
Bulleyia

附生草本。本属仅 1 种，产于我国云南。假鳞茎密着生于短粗的根状茎上，顶端生 2 枚叶。叶狭长，具多脉。花葶生于两叶中央，下垂；总状花序具多数花。

栽培：中温或高温温室栽培。用栽植附生兰的颗粒状基质盆栽。旺盛生长时期应给予充足的水分和肥料。喜半阴的环境，春、夏、秋 3 季温室遮阳约 50%，太阴不易开好花。秋季逐渐进入休眠期，减少浇水，停止施肥。

常见种类：

蜂腰兰（*Bulleyia yunnanensis*）

产于中国云南。附生于海拔 1300~2500m 处林中树干上或山谷旁岩石上。假鳞茎窄卵形，长 3.5~7cm，直径 1~2cm。顶生叶 2 枚，长 16~43cm，宽 1.5~3cm。花葶下垂，长 30~66cm；总状花序，有花 10 余朵；侧萼片长 1.5~1.8cm。距钩状，长 4~6mm。花期 7~8 月。

蜂腰兰（*Bulleyia yunnanensis*）（金效华　摄）

肾唇虾脊兰（*Calanthe brevicornu*）

C

卡德兰属
Cadetia

附生或石生。全属约 65 种，分布于巴布亚新几内亚及其周围，如澳大利亚、所罗门群岛、摩洛哥和加里曼丹群岛。生于低海拔至中海拔的热带雨林中。短小的假鳞茎棒状，丛生，顶端有叶片一枚；叶革质，椭圆形到线状椭圆形。假鳞茎顶端有花 1 朵；花白色或粉红色。该属与石斛属（*Dendrobium*）亲缘关系密切。

栽培：高温温室栽培。用排水良好的颗粒状基质，如木炭或树皮小盆栽植，或绑缚栽种在树蕨板上。喜高温、高湿和空气流通。经常保持充足的水分和肥料。可以与秋石斛和蝴蝶兰放在同一温室栽培。

常见种类：

卡德兰（*Cadetia taylori*）

产于澳大利亚和巴布亚新几内亚；附生于海岸或山边潮湿的森林中树干上或岩石上。假鳞茎长 2.5~10cm，直径 0.3~0.5cm。叶肉质，长 2~5cm，线状长椭圆形。花茎顶生，一年可以开花数次。花径 1cm，白色，唇瓣淡黄色。侧萼片宽，平开，花瓣线形，向下弯曲。花期不定。

瓦瑞卡德兰（*Cadetia wariana*）

产于澳大利亚北部和巴布亚新几内亚南部。附生于低到中海拔地区湿度较大的雨林中树干或岩石上。假鳞茎高约 1cm，有 1 枚革质的叶片，长约 1cm。花径约 6mm，几乎全年有花，秋季花最多。高温温室栽培；绑缚栽植在树蕨板上或用排水和透气好的基质小盆栽培；全年保持充足的水分供应；半遮阳并放置在通风良好处。

卡德兰（*Cadetia taylori*）

瓦瑞卡德兰（*Cadetia wariana*）

裂缘兰属
Caladenia

地生兰类。全属70~160种，不同植物分类学家意见不同，有的将其分成3个不同的属。分布于澳大利亚的南部和东部，附近的新西兰、印度尼西亚和新喀里多尼亚（New Caledonia）、马来西亚也有分布。夏季落叶后休眠。具地下匍匐根状茎，其前端会形成新的块状根茎。生长在湿地或干燥的草地上。通常冬季和春季新芽生出地面。叶为一片，呈线状披针形，表面有细微腺毛；花茎直立，有花1至数朵；不同种间花大小相差甚远，最大直径可达数十厘米；萼片和花瓣细长，呈线形；唇瓣小3裂，侧裂片直立，边缘细裂。花粉块4枚。

杂交育种：至2012年该属已有属间杂交种和属内杂交种共38个（属内杂交种34个）。如：*Caladenia aestantha*（*Caladenia corynephora* × *Caladenia serotina*）天然杂交种。*Calassodia* Nossa（*Caladenia latifolia* × *Glossodia major*）登录时间1999。*Caladenia cala*（*Caladenia falcate* × *Caladenia longicauda*）天然杂交种。*Caladenia variabilis*（*Caladenia cardiochila* × *Caladenia patersonii*）天然杂交种。*Caladenia idiastes*（*Caladenia gardneri* × *Caladenia latifolia*）天然杂交种。*Caladenia* Spiderman（*Caladenia latifolia* × *Caladenia tentaculata*）登录时间1999。

栽培：该属植物栽培困难。栽培基质为桉树（*Eucalyptus*）林下的腐叶土，并添加部分粗沙。在植物旺盛生长的冬季和春季，应保持湿润；植物落叶以后应减少浇水。当叶片完全枯死后，可以将块状根茎挖起来进行储存。当休眠季节结束、新芽开始生长时，则可以进行换盆。

常见种类：

淡黄裂缘兰（*Caladenia flava*）

产于澳大利亚西部。高约30cm。叶线形，长约12cm，上面无毛背面有红色毛。有花1~4朵，花径约4cm。黄色，背萼和花瓣上有红色条斑和斑点。花瓣和萼片平展，披针形，唇瓣小，侧裂片全缘，中裂片边缘有棍棒状附属物2~3对。花期春季。

宽叶裂缘兰（*Caladenia latifolia*）

产于澳大利亚南部，包括塔斯马尼亚。生于热带海岸沙滩和开阔林地。有毛的叶片长20cm以上，宽约2.5cm，常平铺于地面生长。花序高约40cm，有花1~4朵。花径约3.5cm。花期冬末至春季。

宽叶裂缘兰（*Caladenia latifolia*）（马庆虎　摄）

淡黄裂缘兰（*Caladenia flava*）（马庆虎　摄）

虾脊兰属

Calanthe(*Cal.*)

地生兰类。全属约150种，分布于亚洲热带和亚热带地区、巴布亚新几内亚、澳大利亚、热带非洲和中美洲。我国有49种及5个变种，主要分布于长江流域及其以南各省区。假鳞茎圆锥状。叶少数，常较大，先叶开花或少有带叶开花。花葶出自当年生假鳞茎顶部、侧部或基部；直立，不分枝；总状花序具少数至多数花；花通常张开，小至中等大；萼片近相似，离生；花瓣比萼片小；唇瓣常比萼片大而短。

杂交育种：据记载，该属内已进行了许多种间、杂交种品种间的交配，通过杂交培育出许多优良的杂交种品种。如早在1894年就登录的著名杂交种 *Catanthe* Bryan（*Catanthe vestita* × *Catanthe williamsii*）。

至2012年该属以母本作杂交的种约有406个，以父本作杂交的种约有382个。如：*Cal.* Winnii（*Cal. regnieri*×*Cal.veitchii*）登录时间1889。*Phaioca-lanthe* Centuari（*Cal.vestita*× *Phaius tankervilleae*）登录时间1989。*Phaiocalanthe* Southside（*Phaiocalanthe* Irrorata×*Cal.*Brandywine）登录时间2000。*Cal.* Aurora（*Cal. regnieri* × *Cal. rosea*）登录时间1899。*Phaiocalanthe* Dougie（*Phaius* Gravesiae × *Cal.* Baron Schröder）登录时间1956。*Cal.* Yamatozuka（*Cal.* Yamato × Calanthe Kaizuka）登录时间2003。

虾脊兰在日本和韩国爱好者较多，人工培育的新品种也比较多。在日本举办的各种兰花展览和兰花市场上均可以看到有虾脊兰优良品种出现。有关虾脊兰的参考文献也较多。世界有些地区大量栽培虾脊兰作为庭园花卉和商品切花。作为花卉栽培的大多为落叶种类。虾脊兰类是值得开发的兰花，在我国应当受到重视。栽培比较容易，有利于普及。可以在长江流域及以南地区园林及庭园中应用。我国虾脊兰资源丰富、种类多、气候适宜更有利于培育出新品种。

栽培：为栽培方便，常将该属植物分为常绿和落叶两大类。常绿类假鳞茎小；落叶类假鳞茎较大，秋季落叶。虾脊兰叶片均较大，明显呈折叠状。花序直立或呈弓形，长达数十厘米或更长，有少数或许多美丽的花朵；花色以白色、粉红和黄色为主，常具有许多理想的色彩结合。常绿虾脊兰栽培方法可以参照鹤顶兰和墨兰进行，要求条件与鹤顶兰相似。中温温室栽培，越冬最低温度8~10℃。用透气和排水良好的腐殖土或泥炭土添加少量的河沙作基质盆栽。盆底部填充1/4盆深的颗粒物作排水层。生长时期保证有充足的水分、肥料、半阴和稍高空气湿度的环境。落叶种类，秋季假鳞茎生长成熟时，天气逐渐变冷，叶开始枯黄并最终脱落，这时出现花芽。从秋季末开始逐渐减少浇水，直至停止浇水。落叶类在低温温室栽培，冬季休眠，保持5℃的温度；土壤微潮。虾脊兰通常每年需换盆和分株，在春季新芽萌动之前进行。

常见种类：

银带虾脊兰（*Cal. argenteo-stairata*）

产于中国广东、广西、贵州和云南；生于海拔500~1200m林下腐殖土上。为常绿种。无明显的根状茎；假鳞茎小，圆锥形；叶3~7枚，长18~27cm，宽5~11cm，深绿色的叶面上有5~6条银灰色条带；总状花序长达60cm，有花10余朵；花白色至黄绿色，唇瓣3裂；距长1.5~1.9cm。花期4~5月。

肾唇虾脊兰（*Cal. brevicornu*）

产于中国的湖北、广西、四川、云南和西藏；尼泊尔、不丹和印度也有分布。生于海拔1600~2700m的山地密林下腐殖土上；落叶种。假鳞茎圆锥形，直径2cm。叶3~4枚，长9~31cm，宽5~12cm。花葶长40~50cm，总状花序疏生多花；萼片和花瓣黄绿色，萼片长1.2~2.3cm；唇瓣粉红色，3裂，具3条黄色的高褶片。距长2mm。花期5~6月。

棒距虾脊兰（*Cal. clavata*）

产于中国的福建、广东、海南、广西、云南和西藏；印度、缅甸、越南和泰国也有分布。生于海拔800~1300m，林下腐殖土上。具粗壮、直径达1cm的根状茎；假鳞茎短小；叶2~3枚，长50~65cm，宽4~10cm；花葶直立，长40cm，总状花序，具花数朵；花黄色，萼片长1.2cm，唇瓣3裂；中裂片圆形；距棒状，长约9mm。花期11~12月。

白花虾脊兰（*Cal. amamiana*）

银带虾脊兰（*Cal. argenteo-stariata*）（特写）

肾唇虾脊兰（*Cal. brevicornu*）

叉唇虾脊兰（*Cal. hancockii*）

产于中国广西、四川、云南。生于海拔1000~3600m处林下或山谷旁荫蔽地上。假鳞茎直径1.5cm；叶3枚，长20~40cm，宽5~12cm。花葶长80cm，总状花序具花数朵；萼片长2.5~3.5cm；唇瓣3裂；距纤细，长2~3mm。花期4~5月。

镰萼虾脊兰（*Cal. puberula*）

产于中国云南和西藏，海拔1200~2500m常绿阔叶林下腐殖土上。印度和越南也有分布。假鳞茎长圆锥形，长2cm，直径1.5cm。叶4~5枚，长12~22cm，宽5~7cm；花葶发自叶腋，长20~40cm，总状花序疏生数朵至10朵花；花径2~3cm，淡紫色至粉红色；萼片长1.1~1.6cm；唇瓣3裂，无距；花期6~8月。

棒距虾脊兰（*Cal. clavata*）

叉唇虾脊兰（*Cal. hancockii*）

镰萼虾脊兰（*Cal. puberula*）

长距虾脊兰（*Cal. sylvatica*）

美丽虾脊兰（*Cal. pulchra*）

产于老挝、泰国、马来西亚、苏门答腊、爪哇、婆罗洲、菲律宾。生于海拔 30~1700m 处有丰富的腐朽树干和腐叶层的地面上。为热带常绿种，株高可达 120cm。假鳞茎小型，有叶片数枚，长椭圆形，长 35~50cm。花茎直立，长 40~60cm，密生多数花。花半开，花径约 1.5cm，橙黄色，唇瓣橙红色。花期春季。中温或高温温室栽培。

长距虾脊兰（*Cal. sylvatica*）

产于中国广东、广西、香港、台湾、西藏、云南；生于海拔 800~2000m 处林下或山谷和溪边潮湿地上。假鳞茎直径约 1cm，叶 3~6 枚，长 20~40cm，宽 10~11cm；花葶长 45~80cm；总状花序疏生数花；花深紫堇色；萼片长 1.8~2.3cm；唇瓣 3 裂；距圆筒形，长 2.5~5cm。花期 4~5 月。

有白色变种‘Alba’白花长距虾脊兰。

三棱虾脊兰（*Cal. tricarinata*）

产于中国甘肃、陕西、台湾、湖北、四川、贵州、云南和西藏；生于海拔 1300~3500m 的混交林下或草坡上。尼泊尔、不丹、印度和日本也有分布。落叶种。假鳞茎球形，直径 2cm；叶 3~4 枚，长 20~30cm，宽 5~10cm；花葶发自假鳞茎顶端叶腋间，长达 60cm；总状花序疏生数花；花径 2.5~3cm，萼片与花瓣淡黄绿色，唇瓣血红色，唇盘上具 3~5 条鸡冠状褶片。花期 5~6 月。

三褶虾脊兰（*Cal. triplicata*）

产于中国的福建、台湾、广东、香港、海南、广西和云南；生于海拔 700~2400m 常绿阔叶林下。日本、菲律宾、越南、马来西亚、印度尼西亚、印度、澳大利亚及非洲的一些岛屿也有分布。常绿种。根状茎不明显；假鳞茎卵圆柱形，长 1~3cm，叶 3~4 枚。叶在花期全部展开，长 30cm，宽 10cm；花葶从叶丛中抽出，直立，可高达 70cm；总状花序，密生许多花；花白色或偶见淡紫红色，直径 2.5cm；唇瓣基部具 3~4 行金黄色或橙红色小瘤状附属物，3 深裂。中温温室栽培。

三棱虾脊兰（*Cal. tricarinata*）

三褶虾脊兰（*Cal. triplicata*）

Cal. vestita

Cal. Five Oaks #58

Cal. Mont Ube 'Saint Clement'

Cal. Mont Sohier

美柱兰属
Callostylis

附生兰花。全属仅 2 种，分布于东南亚至喜马拉雅地区。中国有 1 种。根状茎延长；假鳞茎生于根状茎上，相距数厘米，圆筒状。叶 2~5 枚，生于假鳞茎顶端。总状花序顶生或上部侧生，通常 2~4 个花序，具数朵至 10 余朵；花中等大；萼片与花瓣离生，两面均多少有些被毛；花瓣略小于萼片；唇瓣基部以活动关节连接于蕊柱足，不裂，唇盘上有 1 个垫状突起；蕊柱长，向前弯曲成钩状。

栽培：参照热带石斛的栽培方法。中温或高温温室栽培，冬季无休眠期；喜温暖、充足的阳光和较高的空气湿度；旺盛生长时期，根部要求有充足水分和良好的透气。用树皮块、蛇木屑和苔藓等做盆栽基质。

常见种类：

美柱兰（*Callostylis rigida*）

产于中国的云南南部。生于海拔 1100~1700m 混交林中树上。印度、缅甸、越南、老挝、泰国、马来西亚、印度尼西亚也有分布。根状茎横走；假鳞茎近梭状，长 6~16cm，中部粗 2~3cm，顶端具 4~5 枚叶。叶近长圆形，长 12~17cm，宽 2.4~4.3cm。总状花序 2~4 个，长 1.5~4.5cm，具 10 余朵花；花直径 1.2~1.5cm；除唇瓣褐色外，均绿黄色；萼片背面被灰褐色毛，内面与花瓣两面均疏生白色短柔毛；花瓣狭椭圆状倒卵形；唇瓣近宽心形，长约 3mm，宽约 4mm。花期 5~6 月。

美柱兰（*Callostylis rigida*）（Dr. Kirill 摄）

布袋兰属

Calypso

地生兰花。全属1~2种。分布于北半球温带及亚热带高山。中国仅1种。具假鳞茎，有珊瑚状根状茎。假鳞茎球状，基部有肉质根。叶1枚，生于假鳞茎顶端，卵形，具长叶柄。花葶生于假鳞茎顶端；花单朵，生于花葶顶端；萼片和花瓣离生，相似；唇瓣深凹呈囊状。囊先端呈双角状。花粉团4个，成2对，蜡质，黏盘很小，有一个方形黏盘。

栽培：稀有植物，应严加保护。尚未进行繁殖和栽培。栽培较困难。如果必要，建议只在少数园林科研单位有少量引种，供研究工作之用。高山型低温温室栽培；喜湿润和半荫蔽环境；夏季生长时期温度在28℃以下，冬季可在0℃左右或更低。用排水和透气良好的泥炭土或腐叶土做盆栽基质，小盆种植。北方要用雨水或经反渗透纯化处理过的低电导率水浇灌；冬季休眠期盆土保持微潮，不可过于潮湿。

常见种类：

布袋兰（*Calypso bulbosa*）

地生兰花。产于中国吉林、内蒙古、甘肃和四川；在甘肃和四川生于海拔2900~3200m处云杉林下或其他针叶林下。日本、俄罗斯、北欧和北美也有。假鳞茎近圆形，长1~2cm，宽5~9mm，根状茎细长。叶1枚，卵形，长3.4~4.5cm，宽1.8~2.8cm。花葶长10~12cm，花单朵，直径3~4cm；萼片和花瓣相似，线状披针形；唇瓣扁囊状，3裂；唇瓣基部有宽阔的距，前方为冠檐，两侧有耳；距向前水平伸展，长2~2.3cm，粗1cm，末端呈双角状。花期4~6月。

布袋兰（*Calypso bulbosa*）（程瑾　摄）

龙须旋柱兰属
Catamodes

该属为旋柱兰属(*Mormodes*)×龙须兰属（*Catasetum*）两属间杂交的人工属。该人工属新品种生长势强健，栽培较容易。花葶直立或稍侧弯曲，色彩鲜艳，花形美丽。受兰花爱好者的欢迎。

杂交育种：至2011年登录的杂交种已有17个，如*Catamodes* Jumbo Rubytex；*Catamodes* Black Magic；*Catamodes* JEM's Black Tower；*Catamodes* JEM's Golden Mode；*Catamodes* Jumbo Barbie等。

中国台湾珍宝兰园在该类植物的杂交育种方面做了大量工作，培育出数个人工属和许多杂交种优良品种。其中*Mormodes badium* × *Catasetum* Orchidglade杂交并选出优良品种：*Catamodes* Jumbo Riet 'Jumbo Sunrise' BM/GOTA。其亲本*Mormodes badium*的花较小，黄色；*Catasetum* Orchidglade花为紫红色。其亲本旋柱兰（*Mormodes*）不会将其小花形的特性遗传给子代。其子代选出的品种'Jumbo Sunrise'的花为黄色。花朵非常漂亮，十分可爱。

栽培：栽培方法同肉唇兰属（*Cycnoches*）。可以和卡特兰放在同一个温室中。

Catamodes Jumbo Riet 'Jumbo Sunrise'（陈隆辉　摄）

龙须兰（瓢唇兰）属

Catasetum(*Ctsm.*)

附生兰类。全属约 70 种和 10 个自然杂交种。分布于西印度群岛、中美洲的墨西哥至南美洲的阿根廷。落叶附生兰类；假鳞茎粗壮、肉质，顶部生有 8~12 片叶，叶片长椭圆形，薄；本属是兰科中非常特殊的一类植物。总状花序从假鳞茎基部生出，直立或弯曲下垂；着生花数朵至多朵，花肉质。多雌雄异株，雄株植株较小，多开雄花；雌株较大，多开雌花。或不同的花序分别着生雄性花或雌性花。花多为单性，两性花很少见到。雌花形态较为一致，通常黄绿色；雄花形态多变，色彩艳丽。

杂交育种：该属与近缘属间杂交已产生了数个人工属，如：

Ctsm. expansum

Catamodes（*Ctsm.*× *Mormodes*）；

Catanoches（*Ctsm.*× *Cycnoches*）；

Clowesetum（*Ctsm.*× *Mormdes*×*Clowesia*）；

Catasandra（*Ctsm.*× *Catasetum*）；

Cloughara（*Ctsm.*×*Clowesia* ×*Cycnoches*）；

Cymaclosetum（*Ctsm.*× *Clowesia*×*Cymbidium*）；

Fredclarkeara（*Ctsm.*× *Clowesia*×*Mormodes*）；

Kalakauara（*Ctsm.*×*Clowesia* ×*Cym.*× *Grammatophyllum*）等。

至 2012 年，该属以母本作杂交的种约有 275 个，以父本作杂交的种约有 382 个。如：*Ctsm.* Flying Saucer（*Ctsm. expansum* × *Ctsm.* Sumani）登录时间 1979。*Ctsem.* Bravo（*Ctsm.* Flying Saucer × *Ctsem. expansum*）登录时间 1982。*Catamodes* Dragons Tail（*Ctsm. denticulatum*×*Mormodes ignea*）登录时间 2009。*Ctsm.* Daniel Toledo（*Ctsem. macrocarpum* ×*Ctsm. osculatum*）登录时间 1998。*Catamodes* Black Magic（*Mormodes sinuate*×*Ctsm.* Orchidglade）登录时间 1987。*Catanoches* Cesar Wenzel（*Cycnoches pentadactylon*×*Ctsm. denticulatum*）登录时间 2010。

栽培：龙须兰喜欢通风良好、光照充足而潮湿的中温或高温环境。用栽植附生兰的基质，如苔藓、树皮等盆栽或吊篮栽培。旺盛生长时期应保证有充足的水分和肥料。秋季逐渐进入休眠期，减少浇水，停止施肥。落叶后要保持盆栽基质微干，只有基质十分干燥时再浇水。春季开始萌发新芽时换盆；新芽萌发时浇水要小心，不可将水浇到新叶心部，并且应逐步增加浇水量。龙须兰产生雄花或雌花与光照强度有关，成年植株在阳光弱的环境下倾向于开雄花，在强阳光下开雌花。此时需保持较高的空气湿度和良好的通风，防止阳光过强引发植株的灼伤病。

Ctsm. tenebrosum 'Dark'

Ctsm. atratum

常见种类：

睫毛龙须兰（*Ctsm. fimbriatum* ‘Golden Horizon’）

产于巴西和近南美热带地区。假鳞茎圆锥状纺锤形，长12~20cm；叶长椭圆舌形，长30~55cm。雄花序约长45cm，弯曲，有花20余朵；肉质，芳香；花径约7cm；雌花稍小，花径约6cm。萼片和花瓣绿色，有褐色斑点。唇瓣黄绿色，扇状，边缘呈细齿状裂。花期春季和夏季。中温或高温温室栽培。

大果龙须兰（*Ctsm. macrocapum*）

产于哥伦比亚、委内瑞拉、特立尼达和多巴哥、圭亚那和巴西。落叶种；总状花序直立，高约45cm，有花5~10朵；花肉质，长约7.5cm，萼片和花瓣向内弯，唇瓣呈卵状钢盔形。芳香。花期秋冬季。栽培较易。

委内瑞拉龙须兰（*Ctsm. pileatum*）

产于委内瑞拉、哥伦比亚、厄瓜多尔、巴西等地。是委内瑞拉的国花，是本属中最美丽种之一。栽培较困难。假鳞茎高20厘米以上，直径7.5cm；花茎长约30cm，呈弓形弯曲，有花4~10朵；花开展，直径约10cm，通常洁白色；唇瓣直径约7cm，洁白色。气味甚芳香。花期6~10月。有许多不同花色的品种，如黄花委内瑞拉龙须兰（*Ctsm. pileatum* ‘Yellow’）。

扁头龙须兰（*Ctsm. planiceps*）

产于巴西北部至委内瑞拉和秘鲁。生于沿海平原和山麓地区岩石和土地上。假鳞茎纺锤形，长5cm以上。有叶片8枚以上，叶长达35cm。雄花序长约25cm，有花4朵，花径3.5cm。花期从春季到夏季。和本属其他地生种一样，高温温室栽培。

囊唇龙须兰（*Ctsm. saccatum*）

产于哥伦比亚、圭亚那、巴西、厄瓜多尔、秘鲁和玻利维亚。附生兰花，栽培较易。总状花序上有花多朵；花期6~12月。该种是一个变化较大的种，花色多变，从亮绿色到深紫红色；唇瓣基部有一液囊，唇瓣边缘多变，有的呈齿状至流苏状。

大果龙须兰（*Ctsm. marcrocarpum*）

睫毛龙须兰（*Ctsm. fimbriatum* ‘Golden Horizon’）

委内瑞拉龙须兰（*Ctsm. pileatum*）

囊唇龙须兰（*Ctsm. saccatum*）

卡特兰属

Cattleya(*C.*)

附生兰花。该属有原生种48个。卡特兰原产于美洲热带和亚热带，从墨西哥到巴西都有分布，其中以哥伦比亚和巴西原生种最多。主要生长在安第斯山脉从海平面到海拔高约3050m的地方。附生于森林中树木枝干或岩石上。卡特兰有假鳞茎，因种类不同有较大的变化。小的只有3cm长，大的可长至40cm，一般长20cm左右。假鳞茎顶端着生1~2枚厚革质叶片；叶片的数目因种而异。单叶类：假鳞茎呈球棒状，顶生一片大而宽的叶，花较大。双叶类：假鳞茎一般较第一类长，形状更像圆柱形，顶生2片较短的叶。花相对较小，质地较厚实。叶片表面有较厚的角质层，所以抗干旱的能力比较强。花朵的大小，种间变化较大，多在5~20cm。原生种花小，杂交种花大。花色极为多彩艳丽，从纯白色至深紫红色、朱红色，也有绿色、红褐色、黄色以及各种过渡色和复色。

卡特兰又称嘉德丽亚兰，是世界上栽培最多，最受人们喜爱的兰花之一。是世界各国公认的兰花的代表种类。在国外，兰花爱好者一提到兰花首先想到的是卡特兰类。在兰花市场上占有率最高。花形优美、色彩艳丽，并具特殊芳香。一年四季都有不同品种开花，一般可开放2~3周。生长势强，抗逆性强，比较容易栽培。是世界商品化程度最高的兰花，是珍贵而又普及的盆栽兰花，还是重要的高档切花。

杂交育种：卡特兰属内种间容易杂交，产生了大量的杂交种优良品种，深受爱好者和普通百姓喜爱，广泛在世界各地栽培和销售。

卡特兰属植物亲和力比较强，与兰科的近缘属杂交比较容易成功。经兰花育种家们一百多年的努力，创造出了大量自然界不存在的人工属。

据记载，至1997年该属与*Barkeria*、*Brassavola*、*Broughtonia*、*Cattleyopsis*、*Caularthron*、*Dendrobium*、*Domingoa*、*Epidendrum*、*Laelia*、*Laeliopsis*、*Schomburgkia*、*Sobralia*、*Sophronitis*等13个属已成功地进行了2属间、3属间、4属间、5属间和6属间的杂交，至少产生了约

紫堇英特卡特兰（*C. intermedia* var. *vinicolor-punatat*）

C. warscewiczii coerulea

61个人工属，形成目前全世界兰科中最庞大的卡特兰家族。其中有些人工属，如 *Blc.*、*Ctna.*、*Lc.*、*Pot.*、*Rlc. Sc.*、*Sl.*、*Slc.*、*Rolf.* 等，每个人工属均已发展成十分庞大的优良人工种群，包含众多的杂交种和优良品种。其品种多似繁星，数以万计。花形千姿百态，花色应有尽有，光彩夺目。虽然如此，在全世界统一的兰花杂交种登记制度严格管理下，并不紊乱。

2009 年卡特兰类大变革中，又有近缘属的一些种归并到卡特兰属内。卡特兰属的原生种数目又有了新的变化，又增加了一些种。

至 2012 年，以卡特兰作为母本的杂交种有 33996 个，作为父本的杂交种有 33574 个。如：*C.* Abdoysiana（*C.* Mossiana × *C.* Abydos Ⅱ）登录时间 1958。*Brassocatanthe* Hawaiian Treat（*Brassocattleya* Richard Mueller× *Cattlianthe* Trick or Treat）登录时间 1989。*C.* Birucha（*C.* Iris （1901）× *C.* Mrs. Pitt） 登录时间 1923。*Brassocatanthe* Linneiana（*Guarianthe bowringiana* × *Brassocattleya lindleyana*） 登录时间 1913。*Cattleychea* Avatar（*Ca-ttleychea* Christine Fredrica × *C. granulose*）登录时间 1977。*C.* Wonderland（*C.* Wayndora × *C.* Interglossa）登录时间 1993。

据 2009 年公布的《兰花新旧属名种名对照表》记载，该属又增加了由蕾丽兰属 [*L.*] 和贞兰属 [*S.*] 归并过来的原生种和杂交种。该属部分原种变更为 *Guarianthe*（*Gur.*）属；该属部分杂交种变更为 *Cattlianthe*（*Ctt.*）人工属。

卡特兰类属名变革

1. 卡特兰属及其近缘属变革前分类

截至 2007年 1月，卡特兰类最主要由 4个属组成：除卡特兰属 [*Cattleya*（*C.*）]外，还有柏拉兰 [*Brassavola* （*B.*）]、蕾丽兰 [*Laelia* （*L.*）]及贞兰 [*Sophronitis*（*S.*）]，这四个属的兰花经杂交育种而形成许多新的人工杂交属，依其四个属组合的不同而形成卡特兰各人工属名，常缩写为 *Bc.*，*Blc.*，*Lc.*，*Slc.*，*Sc.*等，它们分别为：*Brasso-cattleya*，缩写为 *Bc.*= *B.*×*C.*。*Brassolaelia*，缩写为 *Bl.*= *B.*× *L.*。*Brassolaeliocattleya*，缩写为 *Blc.*=*B.*×*L.*×*C.*。*Brassophronitis*，缩写为 *Bnts.* =*B.*×*S.*。*Laeliocattleya*，缩写为 *Lc.*= *L.*×*C.*。*Sophrocattleya*，缩写为 *Sc.*= *S.*×*C.*。*Sophrolaelia*，缩写为 *Sl.*=*S.*×*L.*。*Sophrolaeliocattleya*，缩写为 *Slc.*=*S.*×*L.*×*C.*。*Lowara*，缩写为 *Low.*=*B.*×*L.*×*S.*。*Rolfeara*，缩写为 *Rolf.*=*B.*×*C.*×*S.*。

其中，值得注意的是：

（1）*Brassophronitis* 的缩写并不是 *Bs.*，而是 *Bnts.*。

（2）三个自然属杂交形成的人工属属名，除了 *Blc.*、*Slc.* 是以属名合并而成外，*Low.* 和 *Rolf.* 是以人名来做登录，所以这两个人工杂交属的属名缩写并非以 *B.*、*C.*、*L.*、*S.* 的组合方式来呈现。

（纯色小粉花）拉比阿塔卡特兰
（*C. labiata* var. ）*concolor*

C. chocolata

C. intermedia f.*suave*

C. intermedia f. *aquinii*

C. aurea

（3）由 *B.*、*C.*、*L.*、*S.* 四个自然属杂交而成的人工属为波廷兰属（*Potinara*），简称为 *Pot.*，登录于 1922 年，用以纪念法国园艺协会会长朱立恩·波廷（M. Julien Potin），也有人以属名的发音直译为波地那拉兰属。

（4）所谓“卡特兰”大家族并非只有 *B.*、*C.*、*L.*、*S.* 这 4 个基本属的族群组成，它们的近缘属类也被兰花育种者用于跨属杂交育种，形成包含数十个属可以互相杂交亲和的族群，被称之为蕾莉亚亚族（The subtribe Laeliinae，也有人称之为树兰亚族 The subtribe Epidenrinae，但较少采用），形成广义的卡特兰大家族。蕾莉亚亚族中较常见或较常用于杂交育种的自然属有 *Epidendrum*、*Encyclia*、*Broughtonia*、*Schomburgkia*、*Prosthechea*，*Barkeria* 等。

2. 第一次变革

2007 年 1 月，负责《国际散氏兰花杂种登记目录》的英国皇家园艺学会（RHS）召开了“Advisory Panel on Orchid Hybrid Registration”（简称APOHR）会议，对卡特兰属名进行变革。

（1）原来的拟蕾莉兰属 [*Laeliopsis*（*Lps.*）和（拟卡特兰属 [*Cattleyopsis* (*Ctps.*）一并归入波东兰属 [*Broughtonia*（*Bro.*）。

（2）原来的树兰属 [*Epidendrum*（*Epi.*）] 划分为 [*Epidendrum*（*Epi.*）]、围柱兰属 [*Encyclia*（*E.*）]、[*Nidema*（*Nid.*）]、佛焰苞兰属 *Prosthechea*（*Psh.*）及蝶唇兰属 [*Psychilis*（*Psy.*）]5 个属。

（3）经多次修改的 *Diacrium* 属（*Diacm.*）取消，从此完全更正为节茎兰属 [*Caularthron*（*Cau.*）]。

（4）经多次修改后新设立的 Euchile（Ech.）属改并入佛焰苞兰属 [*Prosthechea*（*Psh.*）]，包括 *citrina* 和 *mariae*。

3. 第二次变革

2007 年 5 月，RHS 召开 APOHR 会议，对卡特兰类属名进行第二次变革。自 2007 年 10 月起，卡特兰属及其相关近缘属的原生种、属名做了以下四大变革：

（1）原 *Brassavola*（*B.*）中的两个原种 *digbyana* 及 *glauca* 改为早已被国际上广泛承认多年的 *Rhyncholaelia*（喙蕾莉亚兰属，*Ri.*），即原来的 *B. digbyana*、*B. glauca* 改为 *Ri. digbyana*、*Ri. glauca*.

C. luteola

杰马尼卡特兰 (*C. jenmanii*‘Colour’)

C. intermedia × *walkeriana* × *amethystoglossa*

（2）原产于中美洲的双叶种 *Cattleya* 属改为圈聚花兰属 [*Guarianthe*（*Gur.*）]，包括 *aurantiaca*、*skinneri*、*guatamalensis*、*bowringiana*、*deckeri*、*patinii*。

（3）所有巴西原产的 *Laelia*（*L.*）属归入 *Sophronitis*（*S.*）。

请注意，此点于 2009 年 5 月的公告中，连同原有的 *Sophronitis* 属全部改归入 *Cattleya* 属。

（4）熊保兰属 [*Schomburgkia*（*Schom.*）] 则分为两部分：原来的 *Chaunoschomburgkia* 亚属改为蚁媒兰属、蚁嗜兰属 [*Myrmecophila*（*Mcp.*）]，其余原来的 *Schomburgkia* 亚属改归入 *Laelia*（*L.*）属，熊保兰属取消。

4. 第三次变革

前两次变革一经公布并执行，全世界的兰界陷入了一片争议之中，几经讨论，RHS 于 2009 年 5 月 20 日再次做出变更公告，将所有索芙罗兰属 [*Sophronitis*（*S.*）]（包括原有的，以及自巴西原产

英特卡特兰‘索尼娅’(*C.intermedia*‘Sonia’)

的 *Laelia* 并入的）全部改归入 *Cattleya* 属，索芙罗兰属自此取消。如此一来，原有的 *B.*、*C.*、*L.*、*S.* 四个自然属的人工杂交属名发生了巨大变动，其中有的依然存在，但属内的成员可能大大地增加或减少，值得一提的是，*Sc.*，*Sl.*，*Slc.*，*Bnts.*，*Low.*，*Rolf.*，*Pot.* 属名不再存在。

经过三次变革，形成了所谓的"卡特兰属类的属名大变革"，原来全世界所认同的卡特兰属类属名发生了翻天覆地的变化。关于"卡特兰属类的属名大变革"，综合记述要点如下：

（1）原来的拟蕾莉亚兰属 [*Laeliopsis*（*Lps.*）] 和拟卡特兰属 [*Cattleyopsis*（*Ctps.*）] 取消，一并归入波东兰属 [*Broughtonia*（*Bro.*）]（2007 年 1 月，APOHR）。

（2）原来的树兰属 [*Epidendrum*（*Epi.*）划分为 *Epidendrum*（*Epi.*）围柱兰属 *Encyclia*。

（*E.*）*Nidema*（*Nid.*）、佛焰苞兰属 [*Prosthechea*（*Psh.*）] 及蝶唇兰属 [*Psychilis*(*Psy.*)]5 个属(2007 年 1 月，APOHR）。

（3）原来经多次修改的 *Diacrium* 属（*Diacm.*）取消，从此完全更正为节茎兰属 [*Caularthron*（*Cau.*）]（2007 年 1 月，APOHR）。

（4）原来改来改去而后新设立的 *Euchile*（*Ech.*）属改为并入佛焰苞兰属 [*Prosthechea*（*Psh.*）]，包括 *citrina* 和 *mariae*(2007 年 1 月，APOHR）。

（5）原 *Brassavola*（*B.*）属中的 *B. digbyana* 及 *B. glauca* 改为喙蕾莉亚兰属 [*Rhyncholaelia*（*Rl.*）]，成为 *Rl. digbyana*、*Rl. glauca*（2007 年 10 月，APOHR）。

（6）原产于中美洲的双叶种卡特兰属 [*Cattleya*（*C.*）] 改为圈聚花兰属（*Guarianthe*（*Gur.*）]，包括 *aurantiaca*、*skinneri*、*guatamalensis*、*bowringiana*、*deckeri*、*patinii*（2007 年 10 月，APOHR）。

（7）原来的匈伯加兰属 [*Schomburgkia*（*Schom.*）] 划分为两部分：其一，原来的 *Chaunoschomburgkia* 亚属改为蚁媒兰属 *Mymecophila*（*Mcp.*），包括：*albopurpurea*、*brysiana*、*chionodora*、*christinae*、*exaltata*、*galeottiana*、*grandiflora*、*humboldtii*、*lepidissima*、*anderiana*、*thomsoniana*、*tibicinis*、*wendlandii*；其二，其余的 *Schomburgkia* 亚属改为归入蕾莉亚兰属 [*laelia*（*L.*）]，如：*elata*、*gloriosa*、*rosea*、*lueddemannii*、*superbiens*、*splendida* 等（2007 年 10 月，APOHR）。

（8）所有巴西原产的蕾莉亚兰属 [*Laelia*（*L.*）] 改为归入卡特兰属 [*Cattleya*（*C.*）]（2009 年 5 月 20 日，ASCOHR）。

（9）所有索芙罗兰属 [*Sophronitis*（*S.*）] 全部改归入卡特兰属 [Cattleya（*C.*）]（2009 年 5 月 20 日，ASCOHR）。

当这些自然界原生种和属变更了属名之后，相对的人工杂交种的登录名在《国际散氏兰花杂种登记目录》上的属名也跟着一起变更，有的是原来就有的人工杂交属名，有的则是新产生的最新公告的人工杂交属名，各自汇入兰花杂交种登录名录，归建新的家系。

白天母（*C.* Orglade's Grand）

栽培：卡特兰的原生地主要在美洲热带和亚热带地区。不同种分布地域和海拔高度不同，其生态环境往往有较大差异。加之该属内各种间的杂交和该属与其他属之间的杂交极多，产生了大量的杂交种。各杂交种所要求的生长环境千差万别。所以，若想提出一个适合于所有卡特兰及其杂交种的栽培方法是很困难的。栽培者只能根据不同种和杂交种的不同要求分别处理。然而，卡特兰又是兰花中适应性最强的种类之一，只要能了解它的基本要求，多动脑、勤动手，让其生长健壮、开好花，还是可能的。下面简单介绍卡特兰及其杂交种栽培中一些主要注意事项。

栽培卡特兰，通常用苔藓、蛇木屑（树蕨碎块）、蕨根、树皮块、风化火山岩、木炭、椰壳块或碎砖等作盆栽基质。栽种时盆底先填充一些较大颗粒的基质，以利于排水和透气。栽植卡特兰宜用多孔的陶盆或塑料盆。盆栽基质要在使用前24h用水浸透。用纯苔藓栽植时，一定要栽紧栽实，以用手提植株时根不从盆（陶盆）中拔出为好。根系要均匀分散在基质中。最后用剪刀将盆面苔藓剪平，使中间稍突起为好。若用树皮块或火山灰、木炭块栽植时，盆下部应放大颗粒的基质，上部应放小颗粒的基质，以便于保持盆内的湿度。

卡特兰类喜温暖湿润的环境。冬季夜间温度保持在15℃左右，白天高出夜间5~10℃。在这种环境中，叶与假鳞茎呈深绿色，富有光泽，生机盎然。花芽可顺利成长，花朵盛开，花色艳丽。新根及嫩芽生长旺盛。若温度在10℃左右，花期推迟，花不能完全盛开，且花期较短。若温度在5℃左右，叶片呈现黄色，显得无生气，假鳞茎产生纵皱纹，花芽不能长大、长高，且花鞘变成褐色，生长严重受阻。若温度降至1~2℃，叶片枯黄或变成褐色而脱落，花蕾枯死。应特别说明，夜间温度也不宜过高，若夜间温度高于20℃，往往导致花期过短。在北方温室栽培中，应特别注意保持昼夜较大的温差，不可日夜温度相等，更不能夜间温度高于白天。

春、夏、秋3季，卡特兰生长旺盛，要求充足的水分和较高的空气湿度。不可过分干燥，否则影响生长。并保持盆栽基质内透气良好，绝不能积水。冬季卡特兰几乎停止生长，处于相对休眠期。应保持盆栽基质微干，假鳞茎不出现萎缩为好。北方，地下水矿物质或盐含量过高的地区，浇灌用水需经过反渗透纯化处理，去除水中多余矿物质和盐类，降低水的电导率。目前常用纯水机处理用水，效果较好。水质好坏对栽培好卡特兰十分重要，许多栽培者对此重视不够。

冬季卡特兰类正是花芽发育的时期。北方由于温室加温，使本来已十分干燥的空气湿度更加干燥。因此，在温室加温的同时，应设法增加温室内的空气湿度。在这期间（包括春季）如果发现花蕾枯黄、无法开花，或未完全绽开的花朵提早凋萎，甚至新根生长速度缓慢，或老叶片迅速变黄而脱落等现象时，充分说明温室内湿度不足，应设法提高空气湿度。需及时增加喷雾、向地面和台架的洒水次数，或少量叶片喷水，入夜前地面洒水等。

在夏季旺盛生长时期气候炎热，温室内栽培卡特兰，需注意良好的通风、透气、降低温度。华北地区夏季中午往往温度很高，应及时开启水帘 / 风机通风降温系统，并适当遮阳。否则生长不良，也易发生腐烂病。

像其他大多数兰花一样，卡特兰类适合一般花卉所需肥料一半的浓度即可。在早春换盆后和新芽开始生长时，应待新的根系建立后开始施肥。可在基质靠盆沿的地方施用适量的缓释性复合肥。旺盛生长时期，每2周施一次液体肥料，一直持续到夏末。而后，改施高磷钾复合肥促使假鳞茎充分成熟、促进花芽分化。休眠期停止施肥。

卡特兰喜半阴的环境，在华北地区春、夏、秋3季可用遮阳网遮阳，上午10点以后至下午4时可遮阳50%~60%。阳光太强可导致严重的日灼病或生长停滞、叶片

C. Angel Song ‘La La’

变黄。冬季在温室内，可少遮或不遮。卡特兰在兰花中是属于喜光的种类。如果光线不足，则开花少、不开花或花的质量差。叶片变薄而软，假鳞茎细长，生长势减弱。为了开好花，可使光稍强些，甚至叶片微黄也不会影响植株的生长。以生产切花为目的的栽培者，常采用这种栽培方式，产花量明显增多。

栽种2~3年的卡特兰，植株逐渐长大。原来的花盆已无法容纳拥挤的植株和根系，盆内的栽培基质大都腐朽，这时应当及时换盆和分株。在华北地区，一般在3月中旬新芽刚刚长出的时候分盆比较合适。即将开花的植株，等开过花以后再进行分株或换盆。分株时，通常先将植株从盆中扣出，去掉根系周围的旧基质、露出根系。生长过旺的植株，可以切除底部部分根系。一般的植株则剪除已腐朽的根和假鳞茎；并顺便进行分株繁殖，将较大的植株分剪成2至数小丛。使分离后的每丛最少要有3个假鳞茎，并带有新芽。若分剪过小，对新株的恢复生长和开花都有影响。将整理好的新株栽植在新花盆中。栽植时一定要注意使新芽必须向着盆沿，并留出生长2~3年的位置来。新栽的卡特兰在2~3周内宜放在半阴、潮湿的地方。每日向叶面少量喷水，保持叶片及假鳞茎不干缩。根部不浇水，也不施肥。待新根长出2~3cm时再开始浇水。

常见种类：

C. Aloha Case'Ching Hua'

C. White Spark 'Panda'

C. Ruth Gee 'Whillikers' × *Blc.* Mary Tuavera 'Ice Age'

C. Clark Aorman'Carl'AM/AOS

阿克卡特兰（*C. aclandiae*）

原产于巴西东海岸的巴州。常附生于海边空气流通的小树干上，是双叶卡特兰中很有特色的种。假鳞茎细棒状，长7~10cm，两叶顶生。叶椭圆形，长5~8cm，稍肉质。花茎顶生，有花1~2朵。花平开，花径8~10cm，肉质，芳香。萼片和花瓣线状长椭圆形，长4~5cm，黄绿色底有暗紫褐色的斑纹。唇瓣长约5cm，3裂。侧裂片直立，淡粉红色；中裂片大，扇形，鲜紫红色。花期夏、秋季。有数个栽培品种。

二色卡特兰（*C. bicolor*）（黄褐色品系）

产于巴西东南部。附生于海拔800~1500m处森林中的树干上，是巴西产原生种卡特兰中海拔较高的种类。假鳞茎细长棒状，长约30cm。叶2枚，顶生，长椭圆形，厚革质，12~20cm。花茎顶生，长10~25cm，有花2~8朵；花开展，花径8~10cm，蜡质，绿色带浅褐色，后变成褐色，色彩变化较大。唇瓣3裂，多色浅，中裂片长舌形或前端宽大肾形，多紫红色，边缘有波纹。花期夏秋季。

道萨卡特兰（*C. × dolosa*）

原产于巴西。该种是瓦氏卡特兰（*C. walkeriana*）和 *C. loddigesii* var. *Harrisoniana* 的自然杂交种。植株形态与瓦氏卡特兰十分相似。假鳞茎不膨胀，高约15cm，通常具2枚叶片，质硬，长约13cm，宽约4cm，长椭圆形。花茎从假鳞茎顶部生出，而不像瓦氏卡特兰（*C. walkeriana*）那样从根状茎上生出；通常有花1朵，花径可达

12~13cm，芳香，质地较厚；花瓣和萼片深玫瑰红色，或边缘玫瑰红色，唇瓣基部深玫瑰红色，尖部浅玫瑰红色，唇盘黄色，边缘具深紫堇色脉纹。花期 5 ~ 6 月。中温或高温温室栽培。

长茎卡特兰（*C. elongata*）

原产于巴西东海岸，附生于海拔 500~700m 处的岩石上。假鳞茎细长，呈细圆筒形，长 30~70 cm。双叶，长椭圆形，长 15~20cm，斜向上，质硬。花茎长 30~60cm，有花 2~9 朵；花瓣展开，花径 7cm；花色通常为褐色，唇瓣桃紫色，有不同花色变化的品种。花期春、夏季。有香味。该种栽培者少。

佛氏卡特兰（*C. forbesii*）

原产于巴西东海岸，生于海拔 600m 的山林中。假鳞茎细圆柱形，长 10~20cm。顶生叶 2 枚，叶长椭圆形，长 15~20cm，革质。花序顶生直立，有花 2~5 朵；花径约 10cm，花黄绿色，唇瓣粉白色，质厚；花色常有变化。花期秋季，开放时间较长。气味芳香。

嘎斯凯卡特兰（*C. gaskelliana*）

产于委内瑞拉东北部、海岸山脉的东侧。附生于海拔 800~1500m 山林高树上和山脉南部地区的岩石上。假鳞茎扁平棒状，长约 20cm。但也有长椭圆形。花径 12~17cm，普通花色为淡紫红色，花色品种变异个体很多；唇瓣喉部黄色或橙色，中裂片两侧有白色脉纹。花期长，有香味。

细斑卡特兰（*C. guttata*）

产于巴西东南部沿海地区。1827 年发现。假鳞茎细长，圆筒形，长 20~70cm；具叶片 2 枚。叶长椭圆形，长 15~25cm。花茎顶生，有花 5~20 朵；花平开，直径 5~10cm，萼片和花瓣黄绿色，有红褐色斑点。稍肉质，有光泽。芳香。唇瓣深度 3 裂，长约 3cm，侧裂片包裹蕊柱，中裂片鲜紫红色。花期通常夏季。

有白色变种：var. *alba* 白花细斑卡特兰。

哈利桑卡特兰（*C. harrisoniana*）

原产于巴西东南部，附生于海拔 950m 以下，沿河流两岸的树干上。假鳞茎细长，20~30cm，有的高达 50cm；叶窄长，8~10cm，革质。花梗直立，长 7~10cm，有花 2~3 朵；花堇红色，唇瓣桃红色，前端紫红色或具紫色斑纹；花瓣比萼片小；唇瓣 3 裂，中裂片边缘波纹状。秋季开花，花期长，有香味。花色有变化。

英特卡特兰（*C. intermedia*）

产于巴西、巴拉圭、乌拉圭等地海拔 300m 以下的低海拔地区。1824 年发现。假鳞茎圆柱形，高 50cm，顶部着生叶片 2 枚。每花序有花 2~9 朵；花径 11~12cm，萼片和花瓣质地较厚，少肉质；

道萨卡特兰（*C.* × *dolosa*）

佛氏卡特兰（*C. forbesii*）

嘎斯凯卡特兰（*C. gaskelliana*）

C. Monte Elegante（李潞滨　摄）

阿克卡特兰（*C. aclandiae*）（卢树楠　摄）

二色卡特兰（*C. bicalor*）

花白色有紫粉色晕，唇瓣3裂，中裂片带有红色晕。芳香。花寿命较长。花期春至夏初。广为栽培，变种和品种较多，如：普通类　型 *C. intermedia*；紫堇英特卡特兰（var.*vinicolor-punatata*）；白花类型 *C. intermeda* f. *alba*；*C. intermedia* f. *aquinii*；唇瓣多变类型 *C. intermedia* f. *multiforme*多变英特卡特兰；*C. intermedia* f. *suave* 等。

杰马尼卡特兰（*C. jenmannii*）

原产于委内瑞拉；生于海拔800~1200m处原始森林中。是最晚发现的卡特兰原生种之一。由于花色美丽，被誉为"委内瑞拉的女王"。植株和花与拉比阿塔卡特兰（*C. labiata*）相似，只是花稍小。有许多品种，色彩变化大，有粉红色、蓝色和白色花系。花期11~12月。栽培中温度比拉比阿塔卡特兰稍高，为13~35℃。

拉比阿塔卡特兰（*C. labiata*）

产于巴西东北部，生于海拔400~1000m山区。该种是卡特兰属的代表种。1818年发现，1821年定名。是创立卡特兰属并最早定名的种。为纪念成功的栽培者William Cattley，将该植物定名为 *C. labiata-autumnalis*。后来省去了 *autumnalis*，成为 *C. labiata*。

假鳞茎棍棒状，长12~30cm，少扁平，顶部着生叶1枚。叶长椭圆形，长15~25cm。花茎着生于假鳞茎顶部，有花2~5朵。花平开，桃红色，直径12~17cm。唇瓣深紫红色，边缘色稍浅，喉部淡黄色。萼片披针形，花瓣卵圆形。唇瓣卵圆形，3裂，侧裂片包裹蕊柱，呈筒状，先端平展，边缘有皱褶，深紫红色。花期秋冬季。变种和品种较多。如变种 var. *concolor* 同色卡特兰。

鲁迪氏卡特兰(*C. lueddemanniana*）

产于委内瑞拉北部、加勒比海海岸海拔400~1300m山林中，附生于树干上。假鳞茎圆柱形，长约25cm。单叶，长约15cm。花序有花3~5朵，花径15~20cm。萼片和花瓣玫瑰粉红色，并且有弥漫的白色，花瓣很宽。唇瓣基部呈窄的筒

白花细斑卡特兰（*C.guttata* var. *alba*）

状，与花瓣和萼片的颜色相同；中裂片圆形，2裂，在黄白色唇盘上具有深紫色向外的辐射线条。花期1~3月。芳香。中温或高温温室栽培。

马克西马卡特兰（*C. maxima*）

产于哥伦比亚、秘鲁和厄瓜多尔靠近太平洋海岸一侧，附生于海拔500~1400m的雨林中。假鳞茎扁平棍棒状，长20~35cm。有叶1枚，长椭圆形，长20~30cm。花茎顶生，有花3~7朵。花径8~12cm，桃红色，具紫红色脉。唇瓣粉白色，具鲜紫红色脉纹，中部黄色。萼片披针形平开；花瓣长椭圆形，半开。唇瓣3裂，侧裂片卷成筒状；中裂片宽椭圆形，边缘呈波状。开花期秋、冬季。中温或高温温室栽培。

莫西卡特兰（*C. mossiae*）

产于委内瑞拉北部近海处，附生于海拔900~1500m处山林中。该种花色品种多，是委内瑞拉国花。假鳞茎纺锤形，长约25cm。单叶，长椭圆形。一花梗着花2~6朵，花径12~20cm；花瓣粉红色到紫红色；唇瓣底色与花瓣同，喉部橙黄色，甚而有黄眼，唇瓣有各种各样紫红色脉纹，唇瓣边缘呈波浪状。花色品种丰富，是典型的大花种类。缺点是多数花落肩和萼片尖端反卷，但好的品种还是有的。花期3~5月。花期长，香味浓烈。

特利氏卡特兰（*C. trianaei*）

产于哥伦比亚安第斯山脉，附生于海拔1500~2500m的树上。假鳞茎纺锤形，长15~25cm，顶部有1叶。叶长椭圆形，长20~25cm。花茎顶生，有花2~3朵。花开展，花径16~18cm，花色变化大，有白色、淡桃红色到深紫红色，喉部黄色有紫色脉纹。唇瓣长卵圆形，大型，开张，边缘呈波状。有许多优良品种。是卡特兰中的佼佼者，其花期可长达40天之久，香味浓烈。冬季开花。

有多个变异类型和品种：如同色特利氏卡特兰（*C. trianaei* f. *concolor*）

紫堇卡特兰（*C. violacea*）

产于巴西、委内瑞拉、哥伦比亚、秘鲁、厄瓜多尔、圭亚那等地海拔300m以下林中。假鳞茎细棍棒状，长20~30cm，顶部有2叶片。叶卵状长椭圆形，长10~15cm。花茎顶生，有花2~7朵，花平开，花径10~12cm，明亮的紫堇色，唇瓣深紫红色，喉部白色。花寿命长；芳香。萼片狭长椭圆形，花瓣菱状

多变英特卡特兰（*C. intermedia* f. *multiforme*）

杰马尼卡特兰（*C. jenmannii*）

鲁迪氏卡特兰（*C. lueddemanniana*）

哈利桑卡特兰（*C. harrisoniana*）

椭圆形。唇瓣3裂，侧裂片内曲，中裂片肾形，边齿状。花期夏季。

瓦氏卡特兰（*C. walkeriana*）

主要分布于巴西东部圣保罗州、米纳斯.吉拉斯州和巴依亚洲；附生于海拔500~1000m处的树干和岩石上。假鳞茎纺锤形，长5~10cm。单叶，长卵圆形，长5~10cm，厚革质，偶尔有双叶植株出现。花茎从假鳞茎顶部生出，长3~5cm，有花1~3朵，或从根状茎生出，长7~10cm，有花1~3朵。花径8~10cm；萼片长椭圆披针形，花瓣宽椭圆形；唇瓣3裂，侧裂片短而张开，不包蕊柱；中裂片小贝壳形；花通常紫红色，但有不同色彩类型。

紫堇卡特兰（*C. violacea*）

特利氏卡特兰（*C. trianaei*）

莫西卡特兰（*C. mossiae*）

马克西马卡特兰（*C. maxima*）

瓦氏卡特兰（*C. walkeriana* f. *perola*‘Leste Lago’）

C. Green Emevain 'Orchid Queen'

C. Porphyrgolssa Sharrison

C. Love Castle 'Kurena'

C. Interglossa

波东卡特兰（布劳顿氏兰）属
Cattleytonia(*Ctna.*)

该属是波东兰（*Broughtonia*）× 卡特兰（*Cattleya*）两属间杂交的人工属，1956 年登录。最初是由 *C. bowingiana* × *Bro. sanguinea* 两个不同属间的种交配而成。该人工属植株矮小，花色、花形优良。出现了许多优良品种，适合于小盆种植。

杂交育种：至 2012年该属以母本作杂交的种约有 259 个，以父本作杂交的种约有 248 个。如：*Ctna.* New Era（*Ctna.* Keith Roth × *Cattleya* California Apricot）登录时间 1994。*Ctna.* Adopt Me（*Ctna.* Maui Maid× *Cattleya* Batemaniana）登录时间 1988。*Ctna.* Charlie Schack（*Ctna.* Peggy San × *Cattleya amethystoglossa*）登 录时间 2011。*Rhyntonleya* RIO's Surprise（*Rhyncholaelia glauca* × Cattleytonia Koolau Sunset）登录时间 2012。*Aschersonara* Elizabeth（*Myrmechea* Old Gold × *Ctna.* Keith Roth ）登录 时间 1982。*Ctna.* Barracuda（*Cattleya* Lavender Ice × *Ctna.* Maui Maid）登录时间 2009。

*Ctna.*Why Not 是 *C. aurantiaca* × *Bro. sanguinea*杂交种，1979 年登录。株高约 15cm。花茎细，花直径约 4cm，有花数朵至十余朵。萼片和花瓣较厚、稍肉质；花为浓艳的绯红色，有光泽。是小型花中经常得奖的种之一。Ctna. Why Not ‘Roundabout’ AM/AOS 是该杂交种选出的优良单株。花期春夏季。

栽培：同卡特兰。

Ctna. Capri Lea AM/AOS × *Ctna.* Brandi *‘O.C.’* AM/AOS

Ctna. Why Not ‘Roundabout’ AM/ AOS

Ctna. Maui Mai

瓜利卡特兰属

Cattlianthe(*Ctt.*)

该属是卡特兰属（*Cattleya*）× 瓜利兰属（ *Guarianthe*）2属间的人工属。瓜利兰属是不久前从卡特兰属中分布于危地马拉和洪都拉斯等地的5个种分出去，成立的新属。在 2618个登录杂交种中有很大一部分是原来在卡特兰属内时的这 5 个种与卡特兰其他种间的杂交种。现在瓜利兰属从卡特兰属分出来后则成为瓜利卡特兰属内的杂交种。

杂交育种：至 2012 年该属以母本作杂交的种约有 1977 个，以父本作杂交的种约有 1838 个。如：*Barcatanthe* Serendipity（*Ctt.* Ibbie × *Barkeria lindleyana*）登录时间 1965。*Ctt.* All Ashore（*Ctt.* David Sweet × *Guarianthe skinneri*）登录时间 1981。*Ctt.* Achental（*Ctt.* Wössner Goldbaby × *Ctt.* Wössen）登录时间 2011。*Ctt.* Acantha（*Cattleya* Meuse × *Ctt.* Aureata）登录时间 1931。*Bullara* Canyada（*Rhyncatclia* Midnight Magenta （1972） × *Ctt.* Rajah's Ruby）登录时间 1983。*Laeliocatanthe* Living Jewel（*Laelia undulate* × *Ctt.* Rose Drop）登录时间 2006。

栽培：同卡特兰。

瓜利卡特兰（*Ctt.* Tsiku Oriole 'PT#80'）

围柱卡特兰属

Catyclia（*Cty.*）

该属是卡特兰属 (*Cattleya*) × 围柱兰属（*Encyclia*）两个属间的人工属。植株形态介于两属之间，不同杂交种常有较大差异。高 15~30cm、30~45cm 或 45~60cm；叶常绿，革质，光滑；每个花序花朵数较多，花较小；花色有黄色、绿色、粉红、玫瑰红、紫红等。已培育出不少优良品种，尤其是小花型品种。在国际兰花大展中常可以看到获奖品种，并有商品盆花销售。

杂交育种：至 2012年该属以母本作杂交的种约有 68个，以父本为亲本的杂交种约有 12 个。如：*Rhyncatclia* Anne（*Cty.* Hawaiian Gem × *Rhyncholaeliocattleya* Gordon Siu)登录时间 1975。*Cty.* Roman Comet（*Cty.* Dowsett Gem × Encyclia *phoenicea*)登录时间 1995。*Enanthleya* Auraverde(*Cty.* Joseph Riley × *Cattlianthe Auratona*）登录时间 2010。*Enanthleya* Dadeland（*Cattlianthe* Penang × *Catyclia* Night Hawk）登录时间 1974。*Cty.* Caguas Rose（*Cattleya* Lorraine Shirai × *Cty.* Purple Glory）登录时间 1983。*Encyleyvola* Equinoccio FCA（*Brassavola perrinii* × *Cty.* Purple Glory）登录时间 2012。

栽培：同卡特兰。

围柱卡特兰‘绿鸟’（*Cty.* Green bird‘Brilliants’）

双角兰（茎节兰）属

Caularthron

附生兰花。原产于中美洲和南美洲；附生于靠近海岸较干燥的森林中。该属很小，只有2~3种。肉质的假鳞茎紧密着生在一起，上部着生叶片数枚。叶长椭圆形，革质。花茎顶生，近直立，总状花序，有花数朵至多朵。花中型。萼片与花瓣离生，椭圆形。唇瓣3裂，中裂片披针形。唇瓣基部有2个多肉的角状突起。

杂交育种：该属原属于*Diacrium*属，后分出单立新属。双角兰属与卡特兰族中的各个属亲缘关系比较密切。不完全统计，至1997年双角兰属至少与*Brassiavola*、*Broughtonia*、*Cattleya*、*Cattleyopsis*、*Epidendrum*、*Laelia*、*Laeliopsis*、*Schomburgkia*、*Tetramicra*等9属植物成功地进行了2属间、3属间和4属间的交配，至少产生了20个人工属。

至2012年该属已有属间杂交种和属内杂交种共100个。如：*Caulaelia* Orchidglade（*Caularthron bicornutum* × *Laelia undulata*）登录时间1964。*Epiarthron* Modest Charm（*Caularthron bilamellatum* × *Epidendrum calanthum*）登录时间2007。*Epiarthron* Boundii（*Caularthron bicornutum* × *Epidendrum ellisii*）登录时间1907。*Caulavola* Colmanii（*Brassavola nodosa* × *Caularthron bicornutum*）登录时间1909。*Tetrarthron* Jeanette Mallory（*Tetramicra canaliculata* × *Caularthron bicornutum*）登录时间1986。*Duckittara* Darling Lilac（*Guaritonia* Why Not × *Caularthron bicornutum*）登录时间2008。

栽培：栽培方法与卡特兰相似，可以参照卡特兰的栽培方法种植。开花之后应当有一段休眠期，这期间需保持盆栽基质干燥。旺盛生长时期保持较高的空气湿度；并保证有充足的水分，经常保持盆栽基质湿润和良好的排水透气；每两周施一次液体复合肥料。双角兰较卡特兰稍喜阴，华北地区温室栽培，春、夏、秋三季遮阳量40%~50%。

常见种类：

双角兰（*Caularthron bicornutum*）

产于巴西、哥伦比亚、委内瑞拉。假鳞茎圆筒形，长10~30cm，中空。叶3~4枚，长椭圆形，长6~20cm，肉厚革质。花茎直立，长30~40cm，总状花序，有花多数；花平开，花径5~7cm，白色芳香。萼片卵状披针形，长约3cm。花瓣宽卵形。唇瓣3裂，长约2cm，厚肉质，有深红色小点。花期春季。

双角兰（*Caularthron bicornutum*）

金兰（*Cephalanthera falcata*）（徐克学 摄）

头蕊兰属
Cephalanthera

全属约 16 种，主要产于欧洲至东亚，北美也有。中国有 9 种，主要分布于亚热带地区。地生兰，具短根状茎。茎直立，不分枝。总状花序顶生，通常具花数朵。花两侧对称，常不完全开放。萼片离生，相似；花瓣略短于萼片；唇瓣常近直立，3 裂。

栽培：中国产种类较多，大多分布在华中、华南和西南地区；生长在海拔较高的山区。有条件的园林科研单位可以在海拔较高的山区引种栽培。选择腐殖质含量较高，排水透气良好的地方种植。或用排水透气良好的基质，如树皮块、木炭、泥炭藓、粗泥炭、珍珠岩等混合或单独使用做基质盆栽。保持较高的空气湿度。旺盛生长时期，保持有充足的水分和肥料。忌强光照射，夏季遮光 60%~70%，冬季可以不遮光。北方中温或低温温室栽培。

常见种类：

金兰（*Cephalanthera falcata*）

地生草本兰花。产于中国的安徽、贵州、湖北、湖南、江苏、江西、广东、四川、云南、浙江；日本、朝鲜、韩国也有。生于海拔 700~1600m 处，林下、灌丛中或草地上。株高 20~50cm。茎直立，具叶 4~7 枚；叶长 5~11cm，宽 1.5~3.5cm，基部包茎。总状花序长 3~8cm，通常有花 5~10 朵；花黄色，十分艳丽，直立，稍微张开；萼片长 1.2~1.5cm。花期 4~5 月。

牛角兰属
Ceratostylis

全属约 80 种，主要分布于东南亚，西北到喜马拉雅，东南到巴布亚新几内亚。我国有 3 种。附生兰类，茎丛生，无假鳞茎，基部常被鳞片状鞘；鞘常为干膜质，红棕色。叶一枚，常革质或肉质；花序顶生，花通常数朵丛生。

栽培：中温或高温温室栽培，栽培容易。在东南亚地区已作为商品用花栽培。用颗粒状的基质中小盆栽植，基质要排水和透气良好。旺盛生长的春、夏、秋 3 季要有充足的水分和高的空气湿度；冬季若室温低，可适当减少浇水。生长时期 2 周左右施一次复合液体肥料。喜较强的光线，夏季温室栽培遮光 30%~50%，冬季不遮光。

常见种类：

橙红牛角兰 (*Ceratostylis retisquama*)

产于菲律宾等地。附生于海拔 1500m 以上雨水十分丰富的山区。该种植物曾以 *Ceratostylis rubra* 著称。株高约 20cm；根状茎下垂，攀援，布满棕红色的鳞片。每个芽顶端有叶片 1 枚，叶稍肉质，较长。花橙红色，十分鲜艳；植株虽小，但花相对较大。

牛角兰 (*Ceratostylis retsquama*)

独花兰属
Changnienia

地生兰类。单种属，仅见于我国亚热带地区。具地下假鳞茎。假鳞茎球茎状，有节。叶一枚生于假鳞茎顶部，椭圆形至宽卵圆形，有长柄。花葶从假鳞茎顶端发出；花单朵，较大，萼片和花瓣离生，开展；3 枚萼片相似；花瓣较萼片宽而短；唇瓣较大，3 裂，基部有距；距较粗大，近角形；蕊柱近直立两侧有翅。花粉团 4 个，成 2 对，蜡质。

栽培： 稀有植物，应严加保护。该植物只在少数园林科研单位有少量引种，供研究工作之用，尚未进行繁殖和栽培。栽培较困难。低温或中温温室栽培，喜湿润和半荫蔽环境；夏季生长时期温度在 28℃以下，冬季 5~10℃。用排水和透气良好的泥炭土或腐叶土做盆栽基质小盆种植。北方要用雨水或经反渗透纯化处理过的低电导率水浇灌；冬季休眠期盆土保持微潮，不可过于潮湿。

常见种类：

独花兰（*Changnienia amoena*）

产于中国的陕西、江苏、安徽、浙江、江西、湖北和四川。生于海拔 400~1800m 处，疏林下腐殖质丰富的土壤上或沿山谷荫蔽的地方。假鳞茎近椭圆形，长 1.5~2.5cm，宽 1~2cm，肉质，有 2 节。叶 1 枚，椭圆形至宽卵圆形，长 6.5~11.5cm，宽 5~8.2cm；叶柄长 3.5~8cm。花葶长 10~17cm，紫色；花大，白色而带有肉红色或淡紫色晕，唇瓣有紫红色斑点；萼片长 2.7~3.3 cm；唇瓣 3 裂；距角状，常 2.3cm，基部粗 7~10mm。花期 4 月。

独花兰（*Changnienia amoena*）

拟乔巴兰属
Chaubardiella

附生兰花。全属约 8 种；主要分布于热带的中美洲和南美洲。生长在海拔 500~1200m，多云、十分潮湿的森林中。茎短，假鳞茎不显著。有叶 2~3 枚，倒披针形，薄革质。花茎短，从茎基部生出，有花 1 枚。花中型，开张，黄色或黄绿色，有褐色斑点。萼片同形，窄卵形。花瓣窄倒卵形。唇瓣不分裂，深度凹陷。无距。花粉块 4。

栽培：中温温室栽培。用颗粒状树皮、风化火山岩、木炭等基质中小盆栽植。盆栽基质中全年保持有充足的水分和良好的透气，经常浇水，根部不能太干。保持温室内较高的空气湿度和良好的通风。保持半阴的环境，生长时期，遮阳量在 50%~70%；旺盛生长时期，2 周左右施一次液体复合肥料。

具毛拟乔巴兰（*Chaubardiella pubescens*）

具毛拟乔巴兰（*Chaubardiella pubescens*）（特写）

角柱兰属
Chelonistele

附生或石生兰花。全属 11 种，有 1 种分布广，其他 10 种分布于婆罗洲中部和北部山地。该属与贝母兰属（*Coelogyne*）亲缘关系密切。有假鳞茎，假鳞茎上有叶 1 或 2 枚。花序从尚未展开叶片之前的新生幼芽上生出。花序中等大小，花白色或黄色。

栽培：可以参照贝母兰类的种植方法。中温或高温温室栽培。具体到不同种类，应当参考其原产地的不同气候进行处理。

常见种类：

角柱兰（*Chelonistele sulphurea*）

附生兰花。广泛分布于印度尼西亚、马来西亚等地区。附生于海拔 600~2300m 处树干或岩石上。假鳞茎上生有 1 枚叶片；花色常有变化，从白色到黄色、绿色、浅黄色、褐色、橙红色或紫红色；唇瓣淡白色，上面有黄色到金黄色的斑块。有些植株有甜香味。

该种另有一个变种 var. *crassifolia*，假鳞茎上生有 2 枚叶片。生于马来西亚 Sabah 州，海拔 2100~2700m 处，地生种。

角柱兰（*Chelonistele sulphures*）

角柱兰（*Chelonistele sulphures*）（特写）

鸟喙兰属

Chondrorhyncha

附生兰花。全属约31种，分布从墨西哥南部，经中美洲和南美洲北部，到玻利维亚。生于海拔500~2000m处多云潮湿的森林中。无假鳞茎或仅有退化假鳞茎。叶2列，呈折扇形或条形，薄革质，有光泽。花序从叶腋处伸出，比叶短，有花1朵，花白色到黄色、褐色。萼片与花瓣同形同色，大小也相同；萼片相似，侧萼常反折或呈钩状。唇瓣不裂或浅裂，凹形，围绕着花柱，在中部有多个条状的胼胝体。蕊柱短，无翅；花粉团4。

杂交育种：至2012年该属已登录有杂交种7个。如：

Keferhyncha Gargoyle（*Chondrorhyncha amabilis* × *Kefersteinia tolimensis*）登录时间2008。*Keferhyncha* Success（*Chondrorhyncha lendyana* × *Kefersteinia tolimensis*）登录时间2000。*Warchlerhyncha* Ballerina（*Chondrorhyncha flaveola* × *Cochlezella* Overbrook）登录时间1998。*Chondrobollea* × *froebeliana*（*Bollea coelestis* × *Chondrorhyncha chestertonii*）自然杂交种。*Kanzerara* Seagulls Landing（*Propetalum* Stepping Stone × *Chondrorhyncha lendyana*）登录时间1985。*Warczerhyncha* Andrea Niessen（*Warczewiczella amazonica* × *Chondrorhyncha andreae*）登录时间1998。

栽培：中温温室栽培。用排水和透气良好的基质种在盆中或吊篮里。全年保持有充足的水分，吊篮里栽培的植株尤其应注意喷灌浇水，确保植株不能完全干透；并保持较高的空气湿度；两周左右施一次液体复合肥料，秋季减少或停止施肥。华北地区温室栽培，旺盛生长时期遮阳50%~70%，冬季少遮或不遮。

赫兹鸟喙兰（*Chondrorhyncha hirtzii*）（Ecuagenera 摄）

绿花鸟喙兰（*Chondrorhyncha viridisepala*）

拟鸟喙兰属

Chondroscaphe

附生兰花。全属约 13 种；分布于哥斯达黎加、秘鲁。植株中型；丛生，假鳞茎退化或不显著；茎短。叶数枚，倒披针形，革质，排成两列，成扇形。花茎腋生，直立，有花 1 朵。花开张，大型，黄色。萼片同形，披针形。背萼片较长。花瓣长椭圆形，比萼片短，较宽，薄肉质，边缘有细裂。唇瓣倒卵圆形，全缘，边缘有细裂，成流苏状。蕊柱无翅状物。花粉块 4 枚。

该属与鸟喙兰属(*Chondrorhyncha*) 亲缘关系密切，并且该属以前有的种已列入拟鸟喙兰属。这些种的花瓣和唇瓣的边缘细裂呈流苏状。

栽培：可以参照鸟喙兰属的栽培方法种植。中温温室栽培；用栽培附生兰花的基质，如树皮颗粒、风化火山岩、木炭等盆栽，或栽种在吊篮中。盆栽基质要求排水和透气良好，基质中经常保持较高的湿度，不可以干透了再浇水。北方温室栽培，必须用纯水机处理过的水浇灌。温室要保持高空气湿度，和中等遮阳。旺盛生长的春、夏、秋 3 季，2~3 周施一次液体复合肥。

常见种类：

拟鸟喙兰（*Chondroscaphe chestertonii*）

Syn. *Chondrorhyncha chestertonii*

产于哥伦比亚、厄瓜多尔。附生于海拔 1400~1500m 处潮湿的森林中。有叶 5~6 枚，呈扇形排列，叶线状披针形，长 20~30cm。花茎直立，长约 10cm；有花 1 枚；花开张，花径 8~9cm，淡黄绿色，唇瓣淡黄色，基部有深褐色的斑点。背萼片披针形，长约 4cm，侧片同形，长约 5cm。花瓣长椭圆形，长约 5cm，向上，边缘细裂。唇瓣倒卵圆形，长约 4cm，边缘强烈的细裂，成流苏状。夏季开花。

拟鸟喙兰（*Chondroscaphe chestertonii*）

科丽斯坦兰属

Christensonia

附生兰花。该属是1993年发表的新属，是一个单种属。发现于越南。许多兰花爱好者有收集。

杂交育种：至 2012年该属已有属间杂交种和属内杂交种共 33 个。如：*Aeridsonia* Kasorn's Flabel-lmica（*Christensonia vietnamica* ×*Aerides flabellate*）登录时间2011。*Yinwaiara* Charles Antono（*Christensonia vietnamica* × *Perreiraara* Luke Thai）登录时间 2005。*Christocentrum* WaiRon（*Christensonia vietnamica*× *Ascocentrum miniatum*）登录时间 2006。*Phalaensonia* Kdares Sunrise Light （*Phalaenopsis* Ruey Lih Beauty ×*Christensonia vietnamica*）登录时间 2012。*Coronadoara* Penang（*Ascocenda* Suksamran Sunlight× *Christensonia vietnamica*）登录时间 2003。*Chrisnopsis* Ong Siew Hong（*Paraphalaenopsis serpentilingua* × *Christensonia vietnamica*）登录时间2008。

栽培：栽培容易成功，高温温室栽培。用颗粒状的盆栽基质中小盆栽植，基质要排水和透气良好。旺盛生长的春、夏、秋3季要有充足的水分和高的空气湿度；冬季若室温低，可适当减少浇水。生长时期2周左右施一次复合液体肥料。喜较强的光线，夏季温室栽培遮光30%~50%，冬季不遮。

常见种类：

科丽斯坦兰
（*Christensonia veitnamica*）

产于越南，附生于从海平面到海拔700m处干燥的落叶或半落叶的森林中。茎直立，株高约50cm，有革质叶片2排，叶长5~7cm，叶尖不等长的2裂。花序长于叶片，有7朵较大花朵，花宽2.5~3cm，黄色到黄绿色，唇瓣白色。花期秋冬季。

科丽斯坦兰（*Christensonia veitnamica*）（特写）

科丽斯坦兰（*Christensonia veitnamica*）

克瑞斯替兰属

Christieara(Chtra.)

该属是指甲兰属 [*Aerides*（*Aer.*）]×鸟舌兰属 [*Ascocentrum*（*Asctm.*）]×万代兰属[*Vanda*（*V.*）]3属间杂交产生的人工属，1969年登录。最初是由 Welda F.Christie先生培育而成。

具单茎，与万代兰相似；叶互生，肉厚，断面呈V字形。花茎横生，呈弓形；花形介于指甲兰和万代兰之间，花形丰满，近圆型；花萼和花瓣稍肉质。花期较长。

杂交育种：至 2012年该属已有属间杂交种和属内杂交种共约 14个（属内杂交种约 8个）。如：*Ronnyara* Blue Delight（*Chria.* Jiad × *Rhynchostylis coelestis*）登录时间 1991。*Chria.* Ang Kim Kee（*Christieara* Jiad × *Vanda* Nam Phung）登录时间 1985。*Robinara* Lucas Schmidt（*Chria.* Nicolas Schmidt × *Renanthera coccinea*）登录时间 2008。*Viraphandhuara* Little Fancy（*Sanjumeara* Luke Neo× *Chria.* Viraphandhu Delight）登录时间 1999。*Chria.* Ngee Ann（*Ascocenda* Fuchs Harvest Moon × *Chria.* Jiad）登录时间 2004。*Ronnyara* Orchid Paradise（*Vascostylis* Blue Kahili × *Chria.* Paradise Heaven）登录时间 1986。

栽培：可参照热带的指甲兰和万代兰种植方法栽培。适合于热带地区和高温温室栽培。生长势强健，栽培较容易。

克瑞斯替兰（*Chtra.* Fuchs Sundance）

长足兰(吉西兰)属
Chysis(Chy.)

附生兰类。全属有6种。产于美洲热带地区，从墨西哥经委内瑞拉至秘鲁。附生于海拔500~1000m森林中大树干上。属内所有种类生长习性及形态均近似，少数种类植株较大。假鳞茎纺锤形至三棱形，长30~40cm，有数个节。叶生于假鳞茎的上部，质地较薄，叶脉明显，常在开花前落叶。花序与新的假鳞茎同时生长，花茎着生于新生假鳞茎的节上，具5~10朵花，花色有白、黄、橙红等色、花径4~6cm。花期春到夏初。

杂交育种： 在西方，这类兰花俗名叫“婴儿兰”（Baby Orchids）。1874—1896年Veitch（英国大园艺家）便在该属内种间开展杂交育种工作。培育了杂交种长足兰（*Chy.* Langleyensis）和西氏杂交种长足兰（*Chy.* Sedenii）两个人工杂交种。

早期的记载中可以查到该属与虾脊兰属（*Calanthe*）、兰属（*Cymbidium*）和鹤顶兰属（*Phius*）的杂交记载；近期（至1997年）只看到有*Chyletia*（*Bletia* × *Chysis*）一个属间杂交的人工属，前面3个属间杂交种均未见到记载。

至2012年该属已有属间杂交种和属内杂交种共9个（属内杂交种8个）。如：*Chy.* Chelsonii（*Chy. bractescens* × *Chy. laevis*）登录时间1874。*Chy.* Rumrill Vanguard（*Chy. bractescens* × *Bletia purpurea*）登录时间1980。*Chy.* Golden Rose（*Chy. aurea* × *Chy. rosea*）登录时间2006。*Chy.* Langleyensis（*Chy. bractescens* × *Chy.* Chelsonii）登录时间1896。*Chy.* Delores Garcia（*Chy. aurea* × *Chy. bractescens*）登录时间1989。*Chy.* Jackie Lawson（*Chy. bractescens* × *Chy.* Langleyensis）登录时间2007。

栽培： 中温或高温温室栽培。盆栽可用蕨根、苔藓、树皮块等排水良好的基质。旺盛生长期要求较高空气湿度、半阴的温暖环境和充足的水分，2周左右施一次液体复合肥。当新生的假鳞茎生长成熟后，进入休眠期。休眠期宜放在凉爽的环境，减少浇水量，保持根部适当干燥。直至春季新的生长开始后，再放到温暖的室内按正常生长期栽培管理。

常见种类:

金黄长足兰（*Chy. aurea*）

分布于委内瑞拉及哥伦比亚等地。附生于海拔1700m高湿度森林中的树干上。假鳞茎长约45cm，纺锤形，肥厚。有叶数枚，长40cm，长椭圆披针形；花茎从假鳞茎下部叶腋间生出；有花4~12朵，花蜡质，芳香，花径4.5~7.5cm；萼片与花瓣黄色，先端有红晕。唇白色，有3~5条黄色隆起平行等长的龙骨。花期长。

长苞长足兰（*Chy. bractescens*）

分布于墨西哥至尼加拉瓜。附生于海拔850m高湿度森林中的树干上或潮湿的岩石上。花蜡质、白色；有较长的苞片，一个花序具10余朵花；花较大，花径6~7.5cm；唇瓣黄色，具5~7条黄色平行的褶片，褶片有部分红色，自基部向前延伸。喜温暖。花期夏季。

Chy. laevis ‘Fine Form’

分布于从墨西哥到尼加拉瓜。该种植株体量小于金黄长足兰（*Chy. aurea*），花亦为黄色；芳香；并且花期长，从春季到初夏。

长苞长足兰（*Chy. bractescens*）

金黄长足兰（*Chy. aurea*）

Chy. laevis 'Fine Form'

西宣兰（*Cischweinfia parva*）（Ecuagenra 摄）

西宣兰属

Cischweinfia

小型附生兰花。全属7~10种，分布于哥斯达黎加到玻利维亚。生长在海拔500~1000m处多云潮湿的森林中。假鳞茎小，横向扁平，卵形，顶端生有叶1~2片，基部由叶鞘包着。叶薄质，窄椭圆形到椭圆形。花序短，从基部叶腋处生出，不分枝，常呈弧形，有花数朵。花径小于2cm，无距，萼片和花瓣相似，分离，平展，肉质。唇瓣基部呈漏斗状，基部与蕊柱相连，前端变宽，全缘。蕊柱较短，花粉块2枚。

杂交育种：至2012年该属已有属间杂交种和属内杂交种共3个。如*Cischweinidium* Rumrill Nubbin（*Cischweinfia dasyandra* × *Oncidium pictoides*）登录时间1990。*Lesliehertensteinara* Patsy Hertenstein（*Leomesezia* Karen Martel Utuado × *Cischweinfia dasyandra*）登录时间2002。*Schweinfurthara* Nova Starliara（*Cinamon* Drop Utuado × *Cischweinfia pusilla*）登录时间2002。

栽培：中温温室栽培。用附生兰花的盆栽基质，如颗粒状的树皮、风化火山岩、木炭和蛇木屑等做盆栽基质栽种在中小盆中。保持基质排水和透气良好。全年保持有充足的水分和较高的空气湿度。每天数次向温室内的道路、台架等处喷水或喷雾。旺盛生长时期，2周左右施一次液体复合肥；冬季停止施肥。华北地区，春至秋季温室遮阳量应在50%~70%，冬季少遮或不遮。经常保持温室内空气新鲜和流通。

隔距兰属

Cleisostoma

附生兰类。全属约 100 种，分布热带亚洲至大洋洲。中国有 17 种和 1 个变种，主要产于南方诸省区。没有假鳞茎；茎直立或下垂，质地硬；叶质地厚、二列、扁平、半圆柱形或细圆柱形。总状花序或圆锥花序，腋生，具多数花；花小，多少肉质，开放；有距；花瓣通常比萼片小；唇瓣 3 裂，唇瓣贴生于蕊柱基部或蕊柱足上，基部具囊状的距，3 裂，唇盘通常具纵褶片或脊突。

杂交育种：至 2012年该属已有属间杂交种和属内杂交种共 8个（其中属内杂交种 2 个）。如：*Cleisotheria* Rumrill Firefly（*Cleisostoma simondii* × *Pelatantheria insectifera*）登录时间 1990。*Cleisostoma* Zeus（*Cleisostoma simondii* × *Cleisostoma rostratum*）登录时间 1994。*Cleisostoma* Jeep（*Cleisostoma chantaburiense* × *Cleisostoma crochetii*）登录时间 2005。*Ascocleiserides* Vishit Beauty（*Aeridocentrum* Luke Nok × *Cleisostoma duplicilobum*） 登录时间 1982。

栽培：高温或中温温室栽培；休眠期不明显或有较短的休眠期。栽培较易，可以栽种在树蕨板或带皮的木段上，亦可以盆栽，基质用颗粒比较大的树皮块或木炭，根部要求透气性强；野外附生在树干的中上层。喜较充足的阳光。旺盛生长时期保证有较高的空气湿度和充足的水分与肥料。笔者曾栽种过几年，认为是一种十分受人喜爱的小型附生兰花，值得收集栽种。

常见种类：

美花隔距兰（*Cleisostoma brirmanicum*）

产于中国海南（五指山一带）。越南、缅甸也有分布。茎直立，长 8~9cm，具数枚叶。叶厚肉质，扁平，长达 15cm，宽 1.5cm；花序侧生，具分枝；圆锥花序具多数花；花肉质，开展，美丽，萼片和花瓣除边缘和中肋为黄绿色外其余为紫褐色；中萼片椭圆形，长 12mm；侧萼片斜卵形，长 9mm；花瓣近镰刀状长圆形，长 10mm；唇瓣白色，约等长于花瓣，3裂；中裂片三角形，先端急尖并且深裂为 2条尾巴；距白色，近圆锥形，长约 5mm。 花期 4~5月。

勐海隔距兰（*Cleisostoma menghaiense* ）

产于中国云南南部和东部。附生于海拔 700~1150m的山地林缘树干上。叶下部常呈 V 字形对折；花序下垂，比叶长；花稍肉质，开展，萼片和花瓣淡黄色；唇瓣 3裂，中裂片三角形，与侧裂片等大，侧裂片紫丁香色，有唇瓣淡黄色植株；距近角状。花期 7~10月。

有白花类型：白花勐海隔距兰（*C. menghaiense* f. *alba*）。

美花隔距兰（*Cleisostoma birmanicum*）（金效华 摄）

大序隔距兰（*Cleisostoma paniculatum*）

产于中国福建、广东、广西、海南、香港、江西、四川、台湾；生于海拔 200~1300m 处林中树干上或沿山谷林下岩石上。茎长超过 20cm。叶多枚，2 列，长 10~25cm，宽 0.8~2cm。圆锥花序多分枝，大型，具多花；萼片长 4.5mm，唇瓣 3 裂；距长约 4.5 mm。花期 5~6 月。

短茎隔距兰（*Cleisostoma parishii*）

产于中国的广东、海南、广西；附生于海拔 1000m 以下常绿阔叶林中树干上。缅甸也有分布。茎短粗，长 1~6cm。叶扁平，二列，稍肉质，带状，长 6~20cm，宽 6~24mm；花序从茎中部或下部叶腋发出，远比叶长；总状或圆锥状花序生多数花。花小，开展。花期 4~5 月。

广东隔距兰（*Cleisostoma simondii* var. *guangdongense*）

产于中国的福建、广东南部、香港、海南。常生于海拔 500~600m 的常绿阔叶林中树干上或林下岩石上。为毛柱隔距兰（*Cleisostoma simondii*）的变种。茎细圆柱形，长达 50cm，通常分枝，具多数叶。叶二列互生，肉质，深绿色，细圆柱形，斜立，长 7~11cm。花序侧生，总状花序或圆锥花序具多数花；花近肉质，黄绿色带紫红色脉纹；萼片长 6~7mm；唇瓣 3 裂；中裂片浅黄色；距内壁上的胼胝体为四边形。花期 9 月。

短序隔距兰（*Cleisostoma striatum*）

产于中国的云南、海南、广西；生于海拔 500~1600m 处的常绿阔叶林树干上。印度、马来西亚、越南也有分布。花序短，不分枝；花肉质，开放，萼片和花瓣橘黄色，带紫色条纹；唇瓣 3 裂，中裂片厚肉质，紫色，箭头状三角形，其他为淡黄色。花期 6~7 月。

红花隔距兰

（*Cleisostoma williamosonii*）

产于中国的广东、海南、广西、贵州、云南；生于海拔 300~2000m 的山地林中树干上或山谷林下岩石上。不丹、印度东北部、越南、泰国、马来西亚、印度尼西亚也有分布。植株通常悬垂，茎细圆柱形，长达 70cm，常分枝；具多数肉质、圆柱形叶，长 6~10cm，粗 2~3mm。花序侧生，比叶长，常分枝，总状花序或圆锥花序密生许多小花；花粉红色，开放；萼片长 2~2.5mm；唇瓣深紫红色，3 裂；距近球形，两侧稍压扁，直径约 2mm；胼胝体 3 裂。 花期 4~6 月。

勐海隔距兰（*Cleisostoma menghaiense*）

大序隔距兰（*Cleisostoma paniculatum*）

白花勐海隔距兰（*Cleisostoma menghaiense* f.*alba*）

广东隔距兰（*Cleisostoma simondii* var. *guangdongense*）（金效华　摄）

细叶隔距兰（*Cleisostoma tenuifolium*）

红花隔距兰（*Cleisostoma williamsonii*）

短茎隔距兰（*Cleisostoma parishii*）

短序隔距兰（*Cleisostoma striatum*）

龙须克劳兰属

Clowesetum

该属是克劳兰（*Clowesia*）×龙须兰（*Catasetum*）2属间的人工属。不同杂交种株型和开花有较大差异。株高30~60cm，假鳞茎纺锤形，高20~30cm；有叶数枚，倒披针形，长20~40cm；开花时常无叶片。花茎下垂着生在假鳞茎上部，长20 ~ 40cm，有花数朵至十余朵；花大型；通常淡黄色。

杂交育种：至2012年该属以母本作杂交的种约有12个，以父本作杂交的种约有10个。如 *Clowesetum* JEM's Pink（*Clowesetum* Pink Lemonade × *Catasetum* Orchidglade）登录时间1986。*Clo-wesetum* Alabaster（*Clowesetum* Pink Lemonade × *Catasetum pileatum*）登录时间1991。*Geor-gecarrara* Jose's Red Magic（*Clowesetum* Dragon's Treasure × *Cycnodes* Wine Delight）登录时2011。*Clowesetum* Dragon's Treasure（*Clowesia warczewitzii* × *Clowesetum* Pink Lemonade）登录时间1991。*Cymaclosetum* Diana Rose（*Cymbidium* Peter Pan × *Clowesetum* Raymond Lerner）登录时间1994。*Clowesetum* Loppe Farlansiae（*Catasetum barbatum* × *Clowesetum* Black Jade）登录时间2004。

栽培：参照龙须兰属和克劳兰属的栽培方法种植。

Clowesetum ‘Jumbo Glory Jumbo Golden Elf’ BM /JOGA

克劳兰属
Clowesia

落叶附生兰类。该属有6个原生种；主要分布于从墨西哥到厄瓜多尔海拔200~1500m的热带森林中。该属与龙须兰属（*Catasetum*）亲缘关系密切，1975年才从龙须兰属中单独分出，立为新属。克劳兰属植物全为两性花，蕊柱上具有花药和柱头，且没有天线状的突起物或触角，这是两属间比较大的差异处。假鳞茎肉质，短纺锤形；叶片披针形，较薄，具明显的叶脉；休眠期落叶。花序从假鳞茎基部的节上生出，花序下垂；花膜质，唇瓣为囊状，与蕊柱离生，3裂，侧裂片直立，中裂片较大，全缘或较深的细裂。

杂交育种：该属与龙须兰、肉唇兰属（*Cycnoches*）、*Mormodes* 等近缘属杂交产生数个人工属。

至2012年该属以母本作杂交的种约有73个，以父本作杂交的种约有10个。如：*Clowenoches* Green Beret（*Clowesia warczewitzii* × *Cycnoches ventricosum*）登录时间1967。*Clowesetum* Pink Lemonade（*Clowesia* Rebecca Northen × *Catasetum fuchsia*）登录时间1982。*Clowesia* Eunice Bragg（*Clowesia* Rebecca's Daughter × *Clowesia* Grace Dunn）登录时间2013。*Clowenoches* Lunar Cheese（*Cycnoches haagi* × *Clowesia russelliana*）登录时间1982。*Clowenoches* Green God（*Cycnoches chlorochilon* × *Clowesia warczewitzii*）登录时间1980。*Clowesetum* Mark Margolis（*Catasetum* Durval Ferreira × *Clowesia dodsoniana*）登录时间2009。

栽培：中温温室栽培。栽培环境与龙须兰相似，可以放在同一温室中。用树皮、木炭、风化火山岩等作基质盆栽，要求排水和透气良好。栽植不宜太深，假鳞茎基部接近基质表面。这样有利于下垂花序的生长并开好花。旺盛生长时期应保证有充足的水分和肥料供应。休眠期保持适当干燥和冷凉的环境；减少浇水，并停止施肥。

常见种类：

粉花克劳兰（*Clowesia rosea*）

产于中美洲的墨西哥及附近地区，生于海拔500~1300m处栗树林和亚热带落叶林中。假鳞茎纺锤形，长约10cm。花茎下垂，长约8cm，有花约19朵，花淡粉红色，萼片和花瓣较宽，花呈半开展状。唇瓣的边缘不规则地外卷，细裂成丝状，为柠檬黄色。十分美丽。花期冬季。

粉花克劳兰（*Clowesia rosea* cv.Chico）

茹赛克劳兰（*Clowesia russelliana*）

产于墨西哥到委内瑞拉和哥伦比亚。假鳞茎卵状纺锤形，长约10cm。叶数枚，倒披针形，长20~40cm。花茎下垂，长30~40cm，密生多花。花径5~7cm，淡绿色，有深绿色脉。萼片椭圆形，长3.5cm；唇瓣基部呈袋状。芳香。花期夏秋季。

茹赛克劳兰（*Clowesia russelliana*）

Clowesia Grace Dunn 'Chadds Ford' AM/AOS

壳花兰属

Cochleanthes (*Cnths.*)

附生兰类。全属约15个原生种。分布于哥斯达黎加、哥伦比亚、巴西及秘鲁等地。附生于海拔500~1500m的山林中高大树木的树干及分枝上。无假鳞茎，叶排列于茎的两侧，形成扇面状的株形。花茎腋生，直立或下垂；具单花，花中到大型，肉厚，花径5~7cm；萼片与花瓣离生，形状相似；白或绿色，唇蚌壳形。花芳香，几乎周年开花。

杂交育种：据不完全统计，至1997年该属与其近缘属*Huntleya*、*Lycaste*、*Mendoncella*、*Pescatorea*、*Stenia*、*Zygopetalum*杂交已产生2属和3属间的人工属7个。

至2012年该属已有属间杂交种和属内杂交种共11个。如：*Pescoranthes* Sunnybank（*Cnths. aromatica* × *Pescatoria cerina*）1965。*Keferanthes* Tamara（*Cnths. flabelliformis* × *Kefersteinia taurina*）登录时间1991。*Warscatoranthes* Nanboh Comet（*Cnths. aromatica* × *Warczatoria* Moon Shadow）登录时间2005。*Cochlezella* Nanboh Pixy（*Warczewiczella wailesiana* × *Cnths. aromatica*）登录时间2001。

栽培：中温温室栽培。常用蕨根、苔藓和较细颗粒的树皮块作基质盆栽。喜较高的空气湿度；要求散射光，遮阳50%~70%；周年均衡浇水，忌根部过于干燥或排水不良；旺盛生长时期2周左右施一次液体复合肥料。无休眠期。北方冬季温室若温度低，可适当减少浇水量，保持基质潮湿即可；冬季温室可以不遮阳。

常见种类：

亚马逊壳花兰（*Cnths. amazonica*）

产于哥伦比亚、厄瓜多尔、秘鲁和巴西。该植物呈丛状生长，叶长20cm以上。花序短，有花一朵，直径在7cm以上，是本属中花最大的一个种。花白色，在唇盘上有蓝色脉纹。花期秋末至冬季。

亚马逊壳花兰（*Cnths. amazonica*）

两色壳花兰（*Cnths. discolor*）

产于哥斯达黎加到委内瑞拉和安第斯山西部。萼片和花瓣呈苹果绿色；或萼片白色，花瓣白色弥漫有淡淡的蓝色，唇瓣深紫红色或绿色的唇瓣上有紫红色条斑褐黄色胼胝体。花直径约5cm。栽培比较容易。

Cnths. todos

Cnths. marginata

两色壳花兰（*Cnths. discolor*）

蝎牛兰属

Cochlioda

附生或石生。全属 5 种，分布于哥伦比亚、厄瓜多尔、秘鲁和玻利维亚。生于海拔 2000~3500m 高的安第斯山脉多云的森林中。常附生于树干及分枝上。假鳞茎短小，卵圆形，顶生 1~2 枚叶片，叶长约 30cm。花茎长，弯曲，具花数朵；花径 3~5cm，花色鲜艳，以红色为主，有鲜红、猩红、洋红、紫红等色。

杂交育种： 至 2012 年该属已有属间杂交种和属内杂交种共 2 个（属内杂交种 2 个）。如：*Cochlioda* Miniata（*Cochlioda noezliana* × *Cochlioda vulcanica*）登录时间无。*Cochlioda* Floryi（*Cochlioda noezliana* × *Cochlioda rosea*）登录时间无。

栽培： 栽培可参照高山区生长的齿舌兰属（*Odontoglossum*）植物。该属植物分布海拔高，在栽培中要求温度比较低。低温或中温温室栽培，应避免夏季温度过高，最高温度应在 25~28℃。用排水和透气良好的颗粒状作为基质，中小盆栽植；亦可以用苔藓盆栽，用活苔藓种植最好。喜半阴的环境，北方温室栽培生长季节遮阳约 50%；要求通风良好和空气新鲜；经常保持基质有充足的水分和较高空气湿度；休眠期减少浇水。

血红色蝎牛兰（*Cochlioda sanguinea*）（特写）

血红色蝎牛兰（*Cochlioda sanguinea*）

粉兰（*Coelia bell*）

粉兰属
Coelia

多为附生兰类，但也可作为地生类兰花栽培。产于墨西哥和安第斯山脉西部到危地马拉、洪都拉斯、萨尔瓦多和巴拿马。全属约 5 种。假鳞茎卵圆形，肥大。花茎从假鳞茎基部生出，花朵密生。

栽培：中温温室栽培。喜高空气湿度环境，基质保持水分充足。北方温室栽培，夏季遮阳 50% 左右，冬季不遮阳。在盆栽条件下生长良好，适宜用较细颗粒基质中等盆栽培。不宜经常换盆和分株，只有生长过于紧密时才换盆或分株。

常见种类：

粉兰（*Coelia bell*）

地生种。产于墨西哥、洪都拉斯和危地马拉。生长在海拔约 1500m 处的热带雨林中。株高约 80cm，假鳞茎卵圆形到球形，长约 5cm。有叶片数枚，长约 50cm，常集中生于假鳞茎上部。花序从假鳞茎基部生出，短于叶片，长约 15cm。有花 2 至数朵，花芳香，花径约 5cm。通常夏秋季开花。中温或高温温室栽培。

贝母兰属

Coelogyne（*Coel.*）

附生兰类。全属约 200种，分布于亚洲热带和亚热带南缘至大洋洲。我国有 26种，主要产于西南地区，少数见于华南地区。合轴生长型。根状茎延长；假鳞茎粗厚，以一定距离着生于根状茎上；顶端一般生有 2枚叶。花亭生于假鳞茎顶端，常与幼叶同时出现；总状花序直立或下垂，通常具花数朵，较少超过 20朵；花较大或中等大，常为白色或黄绿色。唇瓣多有斑纹；萼片相似，有时背面有龙骨状突起；花瓣常为线形；唇瓣 3裂或罕有不裂；唇盘上有 2~5条纵褶片或脊，后者常分裂或具附属物。

杂交育种：至 2012 年该属已有属内杂交种共 51 个。如：*Coelogyne* Albanense（*Coelogyne pandurata* × *Coelogyne sanderiana*）登录时间 1913。*Coelogyne* Neroli Cannon（*Coelogyne speciosa* × *Coelogyne fragrans*）登录时间 1981。*Coelogyne* Golden Bug（*Coelogyne speciosa* × *Coelogyne fuscescens*）登录时间 2006。*Coelogyne* Burfordiense（*Coelogyne asperata* × *Coelogyne pandurata*）登录时间 1911。*Coelogyne* Edward Pearce（*Coelogyne fragrans* × *Coelogyne mooreana*）登录时间 1995。*Coelogyne* Beatrice Schmidt（*Coelogyne Burfordiense* × *Coelogyne velutina*）登录时间 2012。

栽培：低温、中温或高温温室栽培。由于产地不同，其休眠期要求不同的温度，休眠期的长短亦不同。为栽培的方便，通常按产地不同将其分成三类：①产于热带的种，要求高温，全年生长，无休眠期，常绿，不落叶；②产于亚热带和低纬度高海拔地区的种，要求中温或低温环境，有明显的休眠期；③分布海拔特别高或高纬度的种，冬季休眠期长，并且叶片脱落，要求低温环境栽培。热带种用排水好的盆栽基质，如树皮块、蛇木屑、木炭等栽培在吊篮或浅盆中，悬吊在温室中；容器要求排水和透气良好，常绿热带种类或根状茎上节间比较长的种类（假鳞茎相距比较远），可用树蕨板、树蕨干或带皮的木段绑缚栽植。落叶种可以浅盆栽植，冬季落叶后保持其假鳞茎不至于因干燥缺水而萎缩即可，太潮湿可能引起腐烂。在新芽生长初期千万不

Coel. Intermedia ‘Sakuko’

可浇水，只能保持盆栽基质微潮，可少量向叶面和假鳞茎喷水。这时期往往因浇水引起新芽大批腐烂。热带种类除保持冬季较高的温度外，生长时期应给予充足的水分、阳光和肥料。另外，换盆和分株的时期很重要，冬季开花的种类要等开花后，在春季换盆；春、夏季开花的种类，可以在秋季换盆和分株。

贝母兰（*Coel. cristata*）

Coel. dayana

常见种类：

贝母兰（*Coel. cristata*）

产于中国的西藏东部和南部。该种生长在海拔 1700~1800m 林缘的岩石上。尼泊尔和印度也有分布。假鳞茎在根状茎上相距 1.5~3cm，长圆形或卵形，长 2.5cm；顶端生 2 枚叶；叶线状披针形，长 10~17cm；是本属中最美丽的种之一，总状花序长 5~7cm，弯曲下垂，有花 10 余朵；花白色，较大；萼片披针形，长 3~4cm；花瓣与萼片相似，宽 9~11mm；唇瓣卵形 3 裂；中裂片宽倒卵圆形，长 1.2~1.5cm，唇盘上有 5 条褶片完全撕裂成流苏状毛。芳香。栽培普及且容易。喜冷凉环境，宜低温温室栽培。已选出许多栽培品种。

流苏贝母兰（*Coel. fimbriata*）

产于中国江西、广东、海南、广西、云南、西藏；生于海拔 500~1200m 的溪旁岩石或林中树干上。越南、老挝、柬埔寨、泰国、马来西亚和印度也有分布。假鳞茎相距 2~8cm，卵状圆筒形，长 2~4.5cm，直径 5~15mm；叶 2 枚，长 4~10cm，宽 1~2cm。花茎从假鳞茎顶部两叶间生出，花葶长 5~10cm，总状花序具 1~2 花；花径 3~4cm，每次只开一花；花序轴顶端具数枚白色不育苞片；唇瓣 3 裂，中裂片边缘具流苏。花期 8~10 月。中温温室栽培，喜凉爽。

流苏贝母兰（*Coel. fimbriata*）

Coel. marmorata

栗鳞贝母兰（*Coel. flaccida*）

产于中国贵州、云南、广西；尼泊尔、印度、缅甸、老挝也有分布。生于海拔 1600m 处，附生于林中树干上。假鳞茎长圆形，顶生 2 叶。叶革质，长圆状披针形，长 13~19cm，叶长 25~30cm，宽线形。总状花序，有花 8~10 朵。花黄色至白色，唇瓣上有黄色和淡褐色斑。花期春季。有栽培品种：‘Akari’。

栗鳞贝母兰（*Coel. flaccida*）

Coel. Intermedia

该种是贝母兰 × 马氏贝母兰2种之间的杂交种，1913年登录。假鳞茎卵圆形，长8~10cm，顶生2叶。叶长25~30cm，宽线形。花茎从假鳞茎顶部生出，呈弓状下垂，有花8~10朵。花径4~5cm，雪白色，唇瓣中央黄色。花期春季。有栽培品种：'Magnificent'、'Sakuko'作盆栽商品销售。

马氏贝母兰（*Coel. massangeana*）

产于热带的泰国到印度尼西亚。生于海拔1400m处。假鳞茎狭卵圆形，长8~12cm，有叶2枚，宽披针形，长50cm，宽15cm。花茎从假鳞茎基部生出，长40~60cm，有花约20朵。花径5~6cm，淡黄褐色；唇瓣底色为黄色，上面有深褐色斑纹和鸡冠状褶片。花期冬春季。

若氏贝母兰（*Coel. rochussenii*）

该种广泛分布于东南亚的马来西亚、印度尼西亚、菲律宾、泰国。附生于从海平面到海拔1500m处靠近水面的树干和枝杈上。长而下垂的花序从假鳞茎基部的根状茎生出。花有淡淡的柠檬香味。在栽培的环境下，可以周年开花。栽培生长良好的植株可以同时有数十个花序出现，千朵花同时开放，十分壮观。

撕裂贝母兰（*Coel. sanderae*）

产于中国云南西南部至东南部，生于海拔1000~2300m常绿阔叶林缘树上或岩石上，缅甸、越南也有分布。假鳞茎狭卵形，长3~8cm，直径1~2cm。顶端生2枚叶，长9~20cm，宽2.8~4.6cm。花葶从已接近成熟的假鳞茎顶端两叶中间生出，长20~25cm；总状花序，具4~6花；花白色，唇瓣长2.5~2.9cm，3裂；中裂片边缘具不规则齿和短流苏；唇盘上有3条具撕裂状流苏

马氏贝母兰（*Coel. massangeana*）

若氏贝母兰（*Coel. rochussenii*）

的褶片。花期 3~4 月。

美丽贝母兰（*Coel. speciosa*）

产于印度尼西亚。生于海拔 750~1800m 处热带雨林中。卵圆形的假鳞茎丛生，高 5~6.5cm，有绿色革质的叶 1~2 片；叶狭椭圆形，长约 25cm；花葶从假鳞茎顶端未展开的叶中生出，每花序有花 1~5 朵；花大型，半开，淡黄褐色，直径约 15cm；花瓣和萼片黄绿色；萼片长椭圆形，长 5~5.5cm，宽 1.5cm，唇瓣大，白色，有 2 条大的呈赭红色鸡冠状褶片。花型奇特，很受种植者欢迎。春夏季开花。中温或高温温室栽培。

撕裂贝母兰（*Coel. sanderae*）

Coel. pandurata

Coel. mooreana

滇西贝母兰（*Coel. calcicola*）

美丽贝母兰（*Coel. speciosa*）（特写）

Coel. vsitana 'Hans'

考曼兰属
Colmanara

该属是 *Miltonia* × *Odontoglossum* × *Oncidium* 三属间杂交，1963年登录的人工属。品种甚多，国内各地花展中经常可以见到，但大多缺少名称。花色鲜艳，花形美丽；在欧美花卉市场销售比较好，是一类在我国有较大发展前景的商品兰花。应引进国际上优良品种并有计划地开展杂交育种工作，培育更适合中国人喜爱，并且更适于在中国栽培的品种。可以作盆花和切花栽培。生长强健，栽培较易。

杂交育种： 至 2012年该属已有属间杂交种和属内杂交种共 4个。如：*Oncostele* Chetumal（*Colmanara* Masai Red × *Oncidium* Costro）登录时间 1997。*Arthurara* Black Widow（*Bratonia* Royal Robe × *Colmanara* Masai Red）登录时间 2009。*Oncostele*（syn.*Odontocidium*）Aka's Midnight（*Colmanara* Masai Red× *Oncidium* Sharry Baby）登录时间 2007。*Oncostele* Showy Night（*Oncidium* sotoanum × *Colmanara* Masai Red）登录时间 2006。

另有记载，至 1994年完成登录的杂交种已有 60个。

栽培： 中温温室栽培，可以参照文心兰的栽培方法种植。栽培容易。

Colmanara Wildcat 'White Lip'

Colmanara wildcat cv.

凹唇兰属

Comparettia(*Comp.*)

附生兰类。全属10~12种，分布于热带中、南美洲的安第斯山地区。中小型附生兰花。常附生于海拔800~1500m处番石榴树的茎秆上。假鳞茎小，顶部生有一枚革质叶片，长椭圆形。花茎从假鳞茎基部生出，常呈弓形弯曲，有时会分枝；有花数朵；花形开展，粉红色至橙黄色，甚为靓丽。背萼片离生，侧萼片合生，基部被唇瓣包围住。唇瓣为倒心形，前部有一凹缺，基部狭窄；具细长的距。有花粉块2枚。

杂交育种：至1997年登录的该属与兰科近缘属间杂交的人工属有下列6个：*Baumannara*（*Comp.* × *Odontoglossum* × *Oncidium*）；*Bradeara*（*Comp.*× *Gomesa* ×*Rodriaguezia*）；*Brummittara*（*Comp.*× *Odontoglossum* × *Rodriaguezia*）；*Rodrettia*（*Comp.*× *Rodriaguezia*）；*Rodrettiopsis*（*Comp.parettia*×*Ionopsis*×*Rodriaguezia*）；*Warneara*（*Comp.*×*Oncidium*× *Rodriaguezia*）。

至2012年该属已有属间杂交种和属内杂交种共107个（属内杂交种13个）。如*Comparumnia* Golden Spoon（*Comp.speciosa* × *Tolumnia pulchella*）登录时间1969。*Comp.* Afterglow（*Comp. speciosa* ×*Comp. falcate*）登录时间1981。*Ionettia* Cherry Dance（*Comp.* Mount Hiei ×*Ionopsis paniculata*）登录时间2002。*Bradeara* Ruben（*Gomguezia* Primi × *Comp. macroplectron*）登录时间1975。*Comparumnia* Ecuador（*Tolumnia guianensis* × *Comp. speciosa*）登录时间1966。*Comp.* Flames Dance（*Comp. speciosa* × *Comp.* Petite Carrot）登录时间2003。

栽培：中温温室栽培；盆栽基质要透气和排水良好，可绑缚栽植在树蕨干、树蕨板或带皮的木段上；也可用蕨根、树皮块或苔藓作基质盆栽。全年需要给予充足的水分。夏季需要50%~70%的遮阳，冬季少遮或不遮。旺盛生长时期2~3周施一次0.05%~0.1%液体复合肥料。冬季没有休眠期，但在北方温室中若室温太低，则应减少浇水。

常见种类：

粉花凹唇兰（*Comp. falcata*）

广泛分布于从墨西哥到秘鲁、委内瑞拉和安第斯山脉西部。假鳞茎扁平，纺锤形，长1~4cm；叶椭圆形，长3~18cm。花茎细长，30~90cm，具多花；花浓粉红色，基部白色，直径1.5~2.5cm；背萼片长椭圆形，长约1cm；唇瓣3裂，长约1.5cm；中裂片肾形，宽1~1.5cm；有长距。花期秋冬季。中温温室栽培。

该种与*Comp. microplectro*十分相似，只是*Comp. microplectro*花较大，花径可达5cm。花期夏季至秋季。

美丽凹唇兰（*Comp. speciosa*）

产于厄瓜多尔和秘鲁北部。该种在其他方面与本属其他种相同，只是花色为亮丽的橘黄色。花直径5cm。花期秋季。中温温室栽培。

粉花凹唇兰（*Comp. falcata*）

美丽凹唇兰（*Comp. speciosa*）

Comp. macroplectron

盔花兰属

Coryanthes(*Crths.*)

附生兰花。全属约38种，分布于美洲热带洪都拉斯、危地马拉、玻利维亚和巴西。生于从海平面到海拔800m处潮湿高温低地森林或雨林中。为大型常绿附生兰花。假鳞茎长卵圆形到梨形，有多条棱，顶端生有叶片2~3枚。叶片薄而大，薄革质，叶脉非常明显，窄披针形。花序从假鳞茎基部生出，下垂，有花1至数朵；花蜡质，结构复杂。花期较短，通常2~3天。花色多变；有臭味。唇瓣由唇瓣基、唇瓣中部和上唇组成；上唇呈水桶状，负责贮存分泌物；唇瓣中部为水桶凹进去的部分，唇瓣基部为球形或碗状。蕊柱从子房处垂直伸长至位于唇瓣基部为球形或碗状处，形成一个诱骗昆虫从水桶里爬出来的通道。

杂交育种： 至2012年该属已有属间杂交种和属内杂交种共17个（属内杂交种4个）。如：*Crths.* MacRosea（*Crths. alborosea* × *Crths. macrantha*）登录时间1995。*Coryhopea* Freckle Face（*Crths. elegantium* × *Stanhopea oculata*）登录时间1989。*Crths.* Big Bucket（*Crths. bruchmuelleri* × *Crths. speciosa*）登录时间2011。*Coryhopea* Off The Wall（*Stanhopea wardii* × *Crths. macrantha*）登录时间2002。*Coryhopea* Gar-Land-Uz（*Stanhopea platyceras* × *Crths. bruchmuelleri*）登录时间1994。*Crths.* Golden Chalice（*Crths. macrantha* × *Crths. bruchmuelleri*）登录时间2009。

栽培： 中温或高温室栽培；为利于花序伸展和下垂，最好用吊篮式栽培。基质要透气和排水良好，可用蛇木屑、树皮块、木炭、火烧土、风化火山岩或苔藓作基质盆栽。全年需要给予充足的水分。夏季需要遮阳50%~70%，冬季少遮或不遮。旺盛生长时期2~3周施一次0.05%~0.1%液体复合肥料。冬季没有休眠期。

似画盔花兰（*Crths. picturata*）

盔花兰（*Crths. gernotii*）

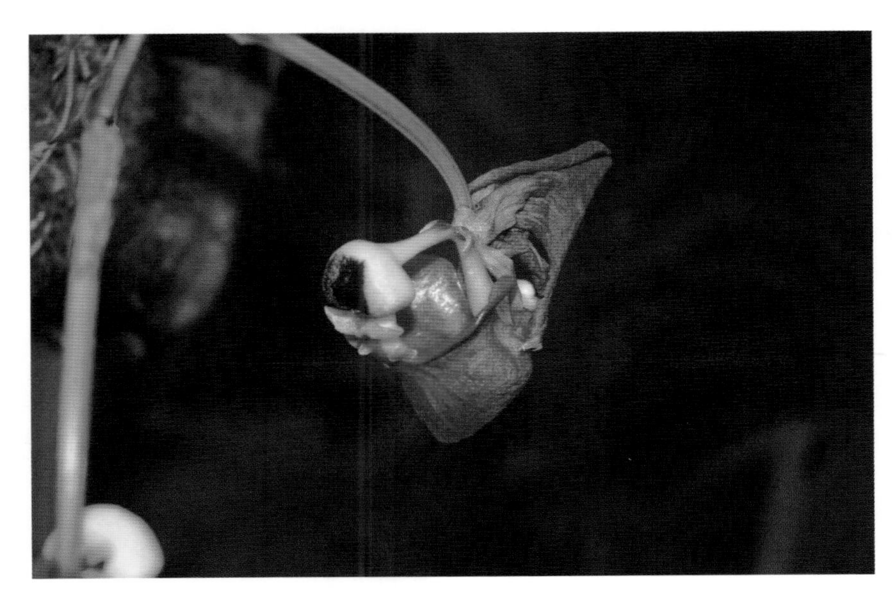

Crths. trifoliata

香花兰属

Cuitlauzinia

附生兰花。是一个单种属。产于墨西哥太平洋西海岸，附生于海拔 1400~2200m 山地橡树或松树林中。假鳞茎大型，扁平或卵圆形，表面光滑，有叶 2 枚，叶薄革质，呈线状舌形，长 5cm 以上。花茎从假鳞茎基部生出，下垂，长约 20cm，有花 15 朵以上，排列紧密。花几乎同时开放。花径约 5cm，白色或稍有紫堇色。萼片稍小，和花瓣几乎同形，边沿微波状。唇瓣基部较窄，顶端呈宽心形。

栽培：通常中温温室栽培。由于花序下垂，适于栽种在吊篮中；基质可选用排水和透气良好的树皮块、木炭、风化火山岩。亦可用苔藓栽种在多孔的花盆中。保持白天温室的温度不超过 28℃，夜间温度 10~15℃，要有较大昼夜温差。春、夏、秋旺盛生长时期保持有充足水分供应和较高的空气湿度。冬季进入相对休眠期后，应减少浇 水量。

常见种类：

垂花香花兰（*Cuitlauzinia pendula*）

本属只有这 1 个种。各种性状同属的记载。花甚芳香。花期春季或初冬。低温或中温温室栽培。

垂花香花兰（*Cuitlauzinia pendula*）（Ecuagenera　摄）

垂花香花兰（*Cuitlauzinia pendula*）（特写）

肉唇兰(鹅颈兰)属
Cycnoches(Cyc.)

落叶附生兰类。全属23种，分布于美洲热带潮湿低地或森林中，从海平面至海拔600m的地方。假鳞茎纺锤形至圆筒形，肉质，顶部生有数枚较大的叶；叶片薄，披针形。冬季休眠时落叶。花茎自假鳞茎顶端抽出，总状花序，有花数朵至十余朵，花多则朵小，花大则朵数少；花肉质，寿命稍长。花有雌花、雄花和两性花，很少同时产生于同一植株上。雌花、雄花和两性花间的大小及结构变化较大。花的颜色有黄色或绿色，常常有褐色，金黄色或绿色斑纹。芳香。蕊柱伸长而直，看似天鹅的脖子，故在西方称为天鹅兰（swan orchids）。

杂交育种： 在国际兰花博览会和花卉市场上常可见到该属内杂交优良品种和多个属间杂交的人工属。兰花爱好者中也有栽培。在国内很少见到栽培。

至2012年该属已有属间杂交种和属内杂交种共177个（属内杂交种44个）。如：*Catanoches* Crazy Creature（*Cyc. chlorochilon*×*Catasetum* Orchidglade）登录时间1978。*Cycnodes* Key Lime Pie（*Cyc. haagii* × *Mormodes buccinator*）登录时间1990。*Cyc.* Alexis Jesus Pardo(*Cyc.* Chloroge× *Cyc. barthiorum*）登录时间2010。*Cyc.* Fantasy（*Catasetum saccatum* ×*Cyc. chlorochilon*）登录时间1978。Cyclodes Jumbo Alpha（*Mormodia* Emiina Watouy ×*Cyc.* Chloroge）登录时间2010。*Cyc.* Expo Hannover（*Cyc.pentadactylon* × *Cyc. suarezii*）登录时间1998。

栽培： 高温或中温环境栽培。旺盛生长时期给予充足的水分、肥料和明亮的光线；休眠期少浇水，保持基质适当干燥。盆栽基质可以用树皮块、蛇木屑或纯苔藓。应保证盆内排水和透气良好。栽培管理方法基本与龙须兰（*Catasetum*）相同。在栽培中禁止从植株顶上浇水，以免引起植株腐烂。

常见种类：

绿花肉唇兰（*Cyc. chlorochilon*）

分布于巴拿马东南部、哥伦比亚和委内瑞拉。栽培较困难。假鳞茎可高达1m，粗壮、灰绿色；叶长约50cm，冬季落叶休眠。花茎从假鳞茎顶端抽出，有花数朵；花大，直径可达13cm，萼片和花瓣绿色或黄绿色，唇瓣大，白色。雄株的蕊柱甚长，十分像天鹅的颈部。芳香。花期夏季。

绿花肉唇兰（*Cyc. chlorochilon*）（黄展发 摄）

娄氏肉唇兰（*Cyc. loddigesii*）

产于巴西和南美洲北部热带地区，气候湿热的海拔低的地方。假鳞茎呈圆筒状纺锤形，长15~35cm。有叶5~7枚，椭圆状倒披针形，长20~30cm。花茎弯曲，有花9~10朵，花径约12cm，雌雄花十分相似，雄花稍大。萼片与花瓣绿色，有密集红褐色斑点。唇瓣肉质，白色，有红紫色斑点。花期夏季。高温温室栽培。

娄氏肉唇兰（*Cyc. loddigesii*）（邢全 摄）

瓦氏肉唇兰（*Cyc. warscewiczii*）

瓦氏肉唇兰（*Cyc. warscewiczii*）

产于哥斯达黎加中部到巴拿马中部地区。雄花直径大于10cm。

Cyc. Jumbo Puff

Cyc. 'JB 600' × *Cyc. chlorochilon*

旋柱肉唇兰属
Cycnodes

该属是肉唇兰属（*Cycnoches*）×旋柱兰属（*Mormodes*）间人工杂交成的人工属。该人工属新品种生长强健，假鳞茎硕壮生长良好，每年开花2~3次。花葶直立或稍侧弯曲，有大型花数朵，花深红色，十分讨人喜爱。这是一个十分成功的育种组合。其亲本 *Cycnoches Chloroge*花较大，花形不够规整，黄色，有褐色条斑；*Mormodes sinuata*花较小，花形规整，紫红色。

杂交育种：至2012年该属以母本作杂交的种共约14个，以父本作杂交的种约2个。如：*Monnierara* Jumbo Moffitts（*Cycnodes* Stephen Moffitt × *Catasetum* expamsum）登录时间2008。*Monnierara* Mary Rose（*Cycnodes* Wine Delight × *Catasetum* Susan Fuchs）登录时间1991。*Cycnodes* Udomsab（*Cycnodes* Jumbo Puff × *Cycnodes* Wine Delight）登录时间2012。*Cycnodes* Jumbo Diamond（*Cycnoches warscewiczii* × *Cycnodes* Jumbo Micky）登录时间2006。

栽培：栽培方法同肉唇兰属（*Cycnoches*）。可以和卡特兰放在同一个温室中。

Cycnodes Jumbo phoenix 'Jumbo Orchids'
（陈隆辉　摄）

酒红肉唇兰（*Cycnodes* Wine Delight 'J. E. M.'）FCC/AO

兰属
Cymbidium (*Cym.*)

兰属是兰科植物中栽培最广、栽培历史最长的属，它完整地包含了附生、地生和腐生三种生态类型。兰属植物主要分布于亚洲热带和亚热带，向南到达巴布亚新几内亚和澳大利亚。不同植物分类学家看法不同，常将属内分为 48~70个种。我国有 49种，广泛分布于秦岭山脉以南各省区，云南分布种类最多。通常具假鳞茎。具叶数枚至多枚，带状或罕有披针形。花葶侧生或发自假鳞茎基部，直立、外弯或下垂；总状花序具数花或多花，较少单花；萼片与花瓣离生，多少相似；唇瓣 3裂；唇盘上有 2条纵褶片。

杂交育种：兰属杂交种早期主要是以大花附生种类做亲本经反复杂交选育出来的大花杂交种优良品种群，并因此而得名“大花蕙兰”；后又把小花地生种和热带垂花种的某些优良特性引入杂交育种中。经过兰花育种者 100多年努力，对属内主要原生种进行了多代杂交、优选，才培育出了多姿多彩的现代大花蕙兰。至 2012年，在国际兰花登录机构 RHS登录的以兰属植物作为母本的大花蕙兰杂交种有 14656个，作为父本的杂交种有 14616个，并仍在不断增加。如：*Cym.* Redcap（*Cym.* Eburneo-lowianum × *Cym. Miranda*）登录时间 1928。*Cym.* Acapulco（*Cym.* Jungfrau × *Cym.* Claudona）登录时间 1958。*Cym.* Sims Vision（*Cym.* Hazel Tyers × *Cym.* Real Vision）登录时间 2004。兰属植物不仅属内杂交种甚多，与其近缘属 *Ansellia*、*Grammatophyllum*、*Phaius*、*Bifrenaria*、*Clowesetum*、*Catasetum*等还产生了大量属间杂交种。如：*Phaiocymbidium* Yellow Bird（*Phaius tankervilleae* × *Cym.* Golden Elf）登录时间 1994。*Grammatocymbidium* Lovely Day（*Grammatocymbidium* Lovely Melody × *Cym. dayanum*）登录时间 2010。

可惜，中国大陆登录者甚少！目前我国栽培的大花蕙兰品种主要是日本的河野、向山和 BIO-U 三家育种公司培育的品种。

国兰在我国栽培历史久远，但很少开展杂交育种工作。20 世纪后期，国兰（日本称东洋兰）的育种工作先是日本兰花种植者开始，之后在中国台湾省和韩国相继进行，培育出一些新品种。这些人工培育的新品种引入中 国大陆后，早期常被混同为新的自然变异，对国内兰花市场形成一定的负面冲击，对国兰商业市场的影响也很大。近些年来，中国大陆一些有远见的国兰产业和科研机构才逐步开始国兰的人工杂交品种培育工作。四川省农业科学院历经 30 多年研究，经吴汉珠、魏亚鉢和何俊蓉等几代兰花育种研究者及其团队的努力，先后培育出‘醉妃’、‘笑春风’、‘中华垂兰’、‘富贵红荷’等杂交品种。近年来成都同心国兰科技有限公司，浙江省农科院孙崇波博士等已经培育出一些国兰杂交品种，十分可喜。

另外，每年春节前后有大量的杂交种墨兰花株从粤北和福建运往全国节日市场，销售甚好，深受国人的欢迎。

为叙述方便，根据形态特征、生态型与栽培要求的不同，大致将本属植物分为国兰、大花型附生种群、热带附生小花种群三类介绍如下。

1 国兰类（小花地生原生种群）

在中国国兰一般是对传统栽培的兰属中的春兰（*Cym. goeringii*）、春剑（*Cym. tortisepalum* var. *longibracteatum*）、蕙兰（*Cym. faberi*）、建兰（*Cym. ensifolium*）、莲瓣兰（*Cym. tortisepalum*）、墨兰（*Cym. sinense*）、寒兰（*Cym. kanran*）7个地生种以及它们的变种和栽培品种的总称。另外，还有几个小花地生种类因为各种原因目前栽培不是十分普及，但仍是中国国兰发展不可或缺的重要资源，也把它们放在本类中一并介绍。

国兰类主产于中国秦岭山脉以南、韩国、日本中南部、印度北部、尼泊尔、越南、缅甸等地区。生于低海拔丘陵区至海拔 3000m 林下的腐殖土上。株型较小、叶片细长；小花型，花葶直立；多数种花芳香。国兰类的栽培品种主要是从野生兰植株的变异中选出，品种甚多。近些年也培育出一些人工杂交优良品种。

1. 国兰栽培简史

虽然关于国兰的文字记载和栽培历史一直存在一些不同观点，但结论总体趋于日渐清晰。依据社会科学范畴的古文字及古典文学演绎推理，以及根据自然科学方法的古气候和古环境重建研究；我们曾经标定了一个今天看来充满预见和幸运的研究起点，即首先从文字诞生的角度考察“兰”字的起源、发生与演变。

在中国文字研究史上占有重要地位的《订正六书通》（一名篆字汇）对“兰”字是这样注释的：

说文 香草也 洛干切

古文

逸古摘

印书

幸运的是，我们充满艰辛的中国兰历史探源之旅，以“兰”字为始的决定使我们正确而迅捷地到达了预期的阶段性终点。

我们认为，下述结论应属客观准确：①“兰”字从造字之初就确指中国兰属植物；②“兰”字在中国古籍上出现，我国人民认识国兰至少应从周代计起，约有3000年历史。③我国人民记载国兰的历史应至少从“《左传》之兰”，即春秋计起，约2700年。④古代的兰蕙（孔子曰“王者香”之兰，《左传》“刈兰而卒”之兰）确是今日之国兰；《楚辞》中兰、蕙最为谨慎的结论也无疑多指国兰。⑤中国栽培国兰的历史，至少从春秋时代计起，约2500年。⑥“兰草”与“草兰”有根本区别。兰草确曾在一定历史时期专指泽兰属植物，而草兰即今日之兰，常特指国兰。⑦《左传》之兰、孔子之兰、屈原之兰均为今人所谓国兰，特别是孔子之兰不可能为泽兰属植物（见李潞滨，卢思聪，程金水.中国花卉科技二十年.北京：科学出版社，2000）。

我国栽培国兰历史悠久，魏晋时期兰花已用于点缀庭苑，美化环境；时曹植（子建）《清夜游西苑》诗中已有“秋兰被长堤”之句。唐末、五代十国至宋朝尤盛。据《汗漫录》载，唐诗人王维（摩诘）对养花颇有心得，“用黄磁斗，养以绮石，累年弥盛。”宋寇宗奭著《本草衍义》也说：“兰叶阔且韧，长及一、二尺，四时常青，花黄绿色，中间瓣上有细紫点，春芳者为春兰，色深。秋芳者为秋兰，色淡。”对兰花的形态作了较确切的描述。此后赵时庚作《金漳兰谱》、王贵学著《兰谱》，前后记载品种数十个，并介绍了较为详细的栽培方法。《金漳兰谱》是世界上流传至今的一本最早且比较完整的兰花论著。稍后又有鹿亭翁撰《兰易》，同样记述了兰花的形态与栽培特点。由于兰花的普及，宋代画兰之风因而兴起。元代孔氏《至正直记》中记述了有关兰花习性和栽培要点，至今仍有一定的参考价值。明代王象晋的《群芳谱》、王世懋的《学圃杂疏》等，都有关于兰蕙的记述。清代也是兰花栽培非常兴旺的时期，兰花园艺品种多有产生。鲍薇省撰《艺兰杂记》，将兰花区分出梅、荷、水仙三种瓣型；一些栽培方法也沿用至今。有关艺兰的记载在陈淏子（扶摇）的《花镜》、汪灏等的《广群芳谱》、吴其浚的《植物名实图考长编》等书中都有记述。此时艺兰名家辈出，并有许多关于兰花的专著。有朱克柔的《第一香笔记》、许霁楼的《兰蕙同心录》、屠用宁的《兰蕙镜》、袁世俊的《兰言述略》、杜筱舫的《艺兰四说》等。至民国年间，又有吴恩元的《兰蕙小史》、于熙的《都门艺兰记》、夏诒彬的《种兰法》都对兰花品种分类及栽培管理方法，有较详尽的叙述。新中国成立以后，较多的有关兰花的专著陆续出版。

2. 国兰的欣赏

国兰品种的形成过程相对简单。长期以来多是通过采集野生植株，经过选择而进行栽培、繁殖，较少进行人工的杂交育种和采用其他育种手段，所以花色、花形的变化幅度远没有一般的观赏植物那样大。这也形成和保持了统一而厚重的国兰鉴赏和品评标准。

国兰是一种姿态秀美，芳香馥郁的珍贵花卉。古人誉为“香祖”、“天下第一香”，亦有“兰之香盖一国，可称国香”之说。2500年前孔子曾赞美兰花：“芝兰生于深谷，不以无人而不芳”，更表达了兰花的高洁和自重气质。人们历来把它与“梅、竹、菊”并列合称“四君子”，用以题诗作画则气韵尤绝。

国兰作为观赏植物栽培和鉴赏源于中国。另一方面，国兰的鉴赏从一开始深受中国传统文化的影响，从而有着较之其他花卉远为深刻厚重的文化内涵。因此，当我们鉴赏品评国兰的形、色、香时，并不是完全在从感官的视觉和嗅觉上来体验那种表观的、直接的美，而是被赋予的文化，调动了我们主观的情感和内心深处的理想和人生追求。这就是人们所说的“赏兰即赏心”这一具有中国传统文化特点—花卉鉴赏的最高境界。

国兰的香气贵在幽玄、温和、纯正。香气过浓谓之“腻”，不佳；若无香气则不足取。

花形优劣重在3枚花萼的形态、质地、位置及相互协调程度。质地以润而厚为贵。两片侧萼片的位置和姿态决定着“肩”的品级，以中萼片为中心，左右两侧萼片呈水平展开者称为“一字肩”或“平肩”，是为上品；侧萼片下垂则为“落肩”，下垂程度大为“大落肩”，为下品。萼片的形状称为瓣型，分荷瓣、梅瓣和水仙瓣。常以荷瓣、梅瓣等瓣型为上。野生兰花瓣型常似柳叶或竹叶，称“柳叶瓣”或“竹叶瓣”，多不入品。

花色以淡绿色为上，浓绿次之；唇瓣上无杂色条纹或斑点者称为素心，亦多为名品；总体以全花一色为好。

对真正植物学意义上的花瓣的形态、位置，雌雄蕊形成的蕊柱的形态以及花梗等还有多角度、多方面的品评标准。

赏叶方面，春兰、蕙兰等一年只开一次花，赏叶也是一项重要的观赏内容，素有“观花一月，观叶经年”之说。

国兰千百年来被赋予独特的中国的传统文化内涵，无论赏花或赏叶均极具人文色彩。兰花从丛生方式上说，或聚或散，聚时似群贤毕至，散时如逍遥八仙。兰叶或垂或立，垂时如雅士低吟，立者如豪杰仗剑；叶阔时如舞女绶带起舞，叶纤时似美人青丝飘动。给人的联想或阳或阴，或刚或柔，实是感慨万千，遐思无限，古人（明）张羽有诗赞曰：“泣露光偏乱，含风影自斜，俗人那解此，看叶胜看花”。

此外，近年来兴起“线艺”品种，指兰花叶片上正常产生（非病态）的白色（银色）或黄色（金色）的斑块或条纹，亦有相当详细的品评标准。仅就兰花的叶形和姿态，的确也俯仰皆宜，气象万千。

通常栽培兰花时要求叶片的长、宽和弯曲程度与整株兰花的形态协调相配，尤其叶片的姿态十分重要，过于弯曲或强直均有失品味。

3. 国兰栽培要点

通常用腐叶土、泥炭土、树皮块、小颗粒的风化火山岩或苔藓作盆栽基质。要求盆内排水和透气良好。栽培环境要通风良好；华北地区温室栽培，春夏遮阳50%~70%，冬季不遮光。越冬最低温度5℃左右；虽然国兰类对夏季高温的耐力较大花蕙兰强，但最好不要超过30℃。较大的昼夜温差对其良好生长是十分必要的。冬季休眠期给予适当的干燥和低温，可促其夏秋季形成的花芽能正常地生长、发育、伸长和开花。无污染的各种水均可以作为浇灌之用。北方地下水矿物质含量过高，须经过反渗透纯水机纯化处理去掉大量有害钙、镁、钠等元素方可利用。生长时期要有充足的水分供应，经常保持基质湿润；休眠期保持基质微干。从晚春到夏季应每2周左右施一次液体复合肥，施用浓度为200ppm；休眠期停止施肥。

4. 国兰类原生种、变种和品种

（1）套叶兰（莎叶兰）（*Cym. cyperifolium*）

地生或石上附生兰。产于中国广东、广西、贵州、海南、四川和云南；生于海拔700~1800m，林中多石腐叶土或石缝中。尼泊尔、不丹、印度及东南亚也有。假鳞茎小，长1~3cm，通常包于叶基内；有叶9~20枚。叶近基部常强烈二列套叠，并具宽2~3 mm的膜质边缘。花葶发自叶腋，直立，长20~50cm，具3~7花。花有柠檬香味。萼片和花瓣通常浅黄绿色，具红棕色或紫色纵条纹；唇瓣浅黄绿色至浅黄色，有紫色条纹、斑点与斑块。花期10~11月。尚未充分开发，品种少。

（2）送春（绿兰）（*Cym. cyperifolium* var. *szechuanicum*）

套叶兰（莎叶兰）的变种。产于中国贵州、四川和云南。生于海拔2300m处，林下灌木丛生山地。假鳞茎每2年生出新假鳞茎。叶9~13枚，多少二列，基部稍二列套叠，并具宽约1mm的膜质边缘。花葶发自叶腋。花期1~4月。

（3）建兰（*Cym. ensifolium*）

地生兰。产于中国华中、华南、西南和台湾。生于海拔600~1800m疏林下地上。东南亚至巴布亚新几

‘素心’套叶兰（*Cym. cyperifolium* ‘Alba’）

送春‘碧云’（*Cym. cyperifolium* var. *szechuanicum*‘Bi yun’）

送春‘国色牡丹’（*Cym. cyperifolium* var. *szechuanicum*‘Guo Se Mu Dan’）

套叶兰（*Cym. cyperifolium*）

送春‘蝶花’（*Cym. cyperifolium* var. *szechuanicum*‘Die Hua’）

内亚也有。假鳞茎卵形。花葶发自假鳞茎基部，直立，长 20~35cm，具 3~9（13）花；色泽变化大，通常为浅黄绿色而有紫色斑。花有香气。花期 6~10 月。该种是最重要的传统国兰之一，品种甚多。参与了大花蕙兰和国兰杂交育种。

常见品种：

建兰‘绿光登梅’（*Cym. ensifolium* ‘Lu Guang Deng Mei’）

产于四川，花浅绿色，花瓣不甚打开，收根放角，为正格梅瓣，捧瓣为蚕蛾捧，尖端起兜，唇瓣为小圆舌，白色带红斑。

建兰‘一品梅’（*Cym. ensifolium* ‘Yi Pin Mei’）

建兰梅瓣花典型代表，整花端庄严整，各瓣为中规中矩之梅瓣，开得甚有法度。

‘丹心荷’（*Cym. ensifolium* ‘Dan xin He’）

产于峨眉山，为四川建兰荷形水仙新品中的佼佼者。

建兰‘君荷’（*Cym. ensifolium* ‘Jun He’）

产自四川，为建兰荷瓣花之佼佼者。主瓣前倾，捧瓣谦恭有内涵，舌瓣色彩艳丽，甚为美观。

建兰‘荷王’（*Cym. ensifolium* ‘He Wang’）

产自四川，为典型的建兰荷瓣花。花瓣厚糯洁润，外三瓣收根放角，捧瓣合抱浑圆，均甚美观。

建兰‘中华水仙’（*Cym. ensifolium* ‘Zhong Hua Shui xian’）

产于四川峨眉。建兰梅型水仙之冠。瓣厚丰满，中宫久开不变，花守极佳。花色温润如玉，整体如天子临朝，大气磅礴。

‘夏皇梅’（*Cym. ensifolium* ‘Xia Huang Mei’）

花瓣短圆，浅绿白色，捧瓣为蚕蛾捧，唇瓣为如意舌，白色带红斑。

建兰‘铁骨素’（*Cym. ensifolium* ‘Tie Gu Su’）

建兰素心，原产广东，很早就有栽培，当今已出现诸如线艺和水晶艺的变异品种。花茎细长绿色，叶质坚硬，故名铁骨。

建兰‘龙岩素’（*Cym. ensifolium* ‘Long Yan Su’）

原产福建龙岩地区，有极久的栽培历史，现有各种线艺的变异品种。花色青白，花瓣窄，花香悠远，是建兰大宗统货之一。

建兰‘小桃红’（*Cym. ensifolium* ‘Xiao Tao Hong’）

原产广东，栽培历史悠久。叶片较宽，直立而刚劲，叶缘近尖端处有金色爪线

建兰‘金丝马尾’（*Cym. ensifolium* ‘Jin Si Ma Wei’）

原产广东，栽培历史悠久，现已有水晶及线艺类变异品种出现。本品种是线艺建兰传统名品中的佼佼者，花白色，素心，极香。

建兰‘蓬莱之花’（*Cym. ensifolium* ‘Peng Lai Zhi Hua’）

原产我国福建，很早就被引入日本栽培并命名。叶面绿色带有不规则的黄白色虎斑线艺，流光溢彩，美轮美奂。

建兰‘宝岛仙女’（*Cym. ensifolium* ‘Bao Dao Xian Nv’）

1975 年在台湾桃源县复兴乡发现。捧瓣变异为唇瓣，与正常唇瓣构成三角鼎立状。

建兰‘富山奇蝶’（*Cym. ensifolium* ‘Fu Shan Qi Die’）

原产台湾，约在 20 世纪 70 年代选育。开多重瓣的奇花，由异化成唇瓣的蝶化花瓣重叠成花中心，台湾奇花代表之一。

建兰‘吹吹蝶’（*Cym. ensifolium* ‘Chui Chui Die’）

建兰三星蝶精品。萼碧如玉，捧瓣完全唇瓣化，元宝形大红点块，色泽鲜艳，花姿端庄，开品稳定，花出架，勤花且花期长。

建兰‘峨眉晨光’（*Cym. ensifolium* ‘E Mei Chen Guang’）

四季兰色花，又名赤诚。花心和花舌为紫黑色，花茎青色，花色对比明显，颜色极为亮丽。

‘花旦’（*Cym. ensifolium* ‘Hua Dan’）

花外五瓣白绿色，润泽如玉，唇瓣上几乎全部被红色心形红斑覆盖，娇俏美丽。

建兰‘甲子荷’（*Cym. ensifolium* ‘Jia Zi He’）

荷瓣花，花瓣肥厚，花大，直径可达 3.2cm，花的主瓣有一条红色的筋脉。

建兰‘玉淑’（*Cym. ensifolium* ‘Yu Shu’）

建兰红花新品，花质糯润如玉，粉嫩娇羞。

建兰‘紫鸾’（*Cym. ensifolium* ‘Zi Luan’）

新品建兰紫花，整花全部呈鲜艳的紫红色，鲜艳夺目，为少见的建兰紫花新品。

建兰‘玉淑’（*Cym. ensifolium*‘Yu Shu’）（黄志雄　摄）

建兰‘花旦’（*Cym. ensifolium*‘Hua Dan’）（黄志雄　摄）

建兰‘甲子荷’（*Cym. ensifolium*‘Jia Zi He’）（黄志雄　摄）

建兰‘光登绿梅’（*Cym. ensifolium*‘Guang Deng Lü Mei’）

建兰‘一品梅’（*Cym. ensifolium*‘Yi Pin Mei’）

建兰‘夏皇梅’（*Cym. ensifolium*‘Xia Huang Mei’）（周波　摄）

建兰‘荷王’（*Cym. ensifolium*‘He Wang’）（郭卫红　摄）

建兰‘君菏’(*Cym. ensifolium*‘Jun He’）

建兰‘宝岛仙女’（*Cym. ensifolium*‘Bao Dao Xian Nü’）

建兰‘吹吹蝶’(*Cym. ensifolium*‘Cui Cui Die’)(王松涛　摄)

建兰‘紫鸾’(*Cym. ensifolium*‘Zi Luan’)(黄志雄　摄)

建兰‘富山奇蝶’(*Cym. ensifolium*‘Fu Shan Qi Die’)

建兰‘峨眉晨光’(*Cym. ensifolium*‘E Mei Chen Guang’)(郭卫红　摄)

建兰 ‘金丝马尾’（*Cym. ensifolium*‘Jin Si Ma Wei’）

建兰 ‘一品黄梅’（*Cym. ensifolum* ‘Yi Pin Huang Mei’）

建兰‘鱼枕大贡’（*Cym. ensifolium* ‘Yu Zhen Da Gong’）

建兰‘红一品’（*Cym. ensifolium*‘Hong Yi Pin’）（周波　摄）

建兰‘浏阳荷’（*Cym. ensifolium*‘Liu Yang He’）（周波　摄）

建兰（*Cym.ensifolium*）（段东太　摄）

（4）蕙兰（*Cym.faberi*）

地生兰。产于中国秦岭以南至华南、西南和台湾。生于海拔900~3000m，湿润但排水良好的坡地。印度北部和尼泊尔也有分布。假鳞茎不明显。花葶发自假鳞茎基部，近直立或稍弯曲，长35~50（80）cm，具5~11朵花；花浅黄绿色或有暗红色晕，唇瓣有浅紫红色斑。常有浓香。花期3~5月。该种是最重要的传统国兰之一，品种甚多。参与了大花蕙兰和国兰杂交育种。

常见品种：

程 梅（*Cym. faberi* 'Cheng Mei'）

由江苏常熟程姓医师选育，赤蕙名品，蕙兰老八种之一，为蕙兰梅瓣代表品种。

老 极 品（*Cym. faberi* 'Lao Ji Ping）

清光绪辛丑年，由杭州公诚花园的冯长金选出，又称为极品。兰界为了与"江南新极品"区别，故称其为"老极品"。本品种是蕙兰的优秀代表品种，蕙兰新八种之一。

元字（*Cym. faberi* 'Yuan Zi'）

清朝道光年间由浒关艺兰者选出。赤壳类绿花梅瓣，蕙兰老八种之一。叶片较阔，花大，外三瓣厚实，舌瓣长，有大红点，色彩鲜艳。

崔梅（*Cym. faberi* 'Cui Mei'）

赤转绿蕙梅瓣，抗战前由杭州艺兰者崔怡庭选出。外三瓣段阔，基部收根，半硬捧，龙吞舌，蕙兰梅瓣精品。

佳韵（*Cym.faberi* 'Jia Yun'）

2001年湖北发现，由江苏宜兴吴佳能选育。绿蕙梅瓣，外三瓣厚实，舌瓣小，舒直，色翠。

元宵梅（*Cym. faberi* 'Yuan Xiao Mei'）

2004年元宵节选育，故名。花瓣厚实，中宫严谨，是近年来选育出的蕙兰梅瓣精品。

老 庆 华（*Cym. faberi* 'Lao Qing Hua'）

民国初年选出。绿蕙梅瓣，外三瓣长脚圆头，瓣质厚实而糯润，紧边；大如意舌，舌面有艳丽的红点。花品端正秀美，为绿蕙中的梅瓣上品。

郑 孝 荷（*Cym. faberi* 'Zheng Xiao He'）

清代郑忠孝选育，并以自己的姓名命名。外三瓣为荷型，蚌壳捧，方缺舌，蕙兰中少见的水仙型荷瓣代表。

荡字（*Cym. faberi* 'Dang Zi'）

清道光年间选育，又名"小塘字仙"。蕙兰荷形水仙瓣，花绿黄色，蚕蛾捧，小如意舌布满红点，被列入传统蕙兰老八种之一。

大 一 品（*Cym. faberi* 'Da Yi Pin'）

清乾隆年间由浙江嘉善胡少梅选出。蕙兰荷型水仙之冠，蕙兰最具代表品种，叶片弯垂，花大出架，极为壮观。

老 朵 云（*Cym. faberi* '*Lao Duo Yun*'）

民国时由无锡兰艺名家蒋东孚先生选出。五瓣呈波状，捧瓣圆阔犹似猫耳状向上翻皱着生，大刘海舌。皱角梅瓣形中别具风格的珍奇品种。

赤蕙外蝶（*Cym. faberi* 'Chi Hui Wai Die'）

赤蕙外蝶，外瓣蝶化程度高，

蕙兰'关顶'（*Cym. faberi* 'Guan Ding'）（肖红强 摄）

蕙兰'新极品'（*Cym. faberi* 'Xin Ji Pin'）（肖红强 摄）

色彩鲜艳明亮，犹如彩蝶飞舞。

灵巧仙（*Cym. faberi* 'Ling Qiao Xian'）

蕙兰飘门水仙新品，灵动含蓄，极具动感，富有神韵。

铁甲将军（*Cym. faberi* 'Tie Jia Jiang Jun'）

蕙兰荷形素心，外瓣拱抱，短圆严谨，唇瓣阔大素雅，蕙兰荷形素心代表品种。

十八罗汉（新种）（*Cym. faberi* 'Shi Ba Luo Han'）

蕙兰绿蕙外蝶精品。因多次开花，花朵数均在18朵，很有特色，故名。

至尊红颜（新种）（*Cym. faberi* 'Zhi Zun Hong Yan'）

蕙兰绿蕙红素极品，对比鲜明，红色透底，实为难得之佳品。

菊水轩（*Cym. faberi* 'Ju Shui Xuan'）

又称素十八，蕙兰新老种菊瓣素花，花柄赤色，开花浓香，叶质厚硬，叶面有小波浪。

潘绿（*Cym. faberi* 'Pan Lv'）

清朝乾隆时由宜兴潘姓选出。外三瓣头稍圆、略带尖锋，有时开连肩合背、有时呈分头合背；三瓣微皱，尖如意舌。

蕙兰'解佩梅'（*Cym. faberi* 'Xie Pei Mei'）（肖红强 摄）

蕙兰'佳人'（*Cym. faberi* 'Jia Ren'）（肖红强 摄）

蕙兰'大一品'（*Cym. faberi* 'Da Yi Pin'）（沈荣海 摄）

蕙兰'翠云荷巧'（*Cym. faberi* 'Cui Yun He Qiao'）（肖红强 摄）

蕙兰‘老极品’（*Cym. faberi*‘Lao Ji Pin’）（肖红强　摄）

蕙兰（*Cym. faberi*）

蕙兰‘荷仙鼎’（*Cym. faberi*‘He Xian Ding’）（肖红强　摄）

蕙兰‘新梅’（*Cym. faberi*‘Xin Mei’）（肖红强　摄）

蕙兰‘江山素’（*Cym. faberi*‘Jiang Shan Su’）（肖红强　摄）

蕙兰‘江南新极品’（*Cym. faberi*‘Jiang nan Xin Ji Pin’）（肖红强　摄）

蕙兰‘元字’（*Cym. faberi*‘Yuan Zi’）（王松涛　摄）

蕙兰‘素心’（*Cym. faberi*‘Su xin’）（王松涛　摄）

蕙兰‘至尊红颜’（*Cym. faberi*‘Zhi Zun Hong Yan’）（王松涛　摄）

蕙兰‘荡字’（*Cym. faberi*‘Dang Zi’）（沈荣海　摄）

蕙兰‘新蕊蝶’（*Cym. faberi*‘Xin Rui Die’）（肖红强　摄）

蕙兰‘老庆华'（*Cym. faberi*‘Lao Qing Hua'）（王松涛　摄）

蕙兰‘桂字’（*Cym. faberi*‘Gui Zi’）（肖红强　摄）

蕙兰‘崔梅'（*Cym. faberi*‘Cui Mei’）（王松涛　摄）

蕙兰‘赤蕙外蝶’（*Cym. faberi*‘Chi Hui Wai Die’）（王松涛　摄）

（5）春兰（*Cym.goeringii*）

地生兰花。产于中国秦岭以南至华南、西南和台湾省。生于海拔 300~2200 m（在台湾可达 3000m），山地、丘陵。印度、日本、朝鲜、韩国也有。假鳞茎小。花葶发自假鳞茎基部，直立，长 2~5cm，明显短于叶；多单花；花浅黄绿色并具浅紫褐色脉。芳香。花期 1~3 月。该种是最重要的传统国兰之一，品种甚多。参与了大花蕙兰和国兰杂交育种。

常见品种：

春兰‘宋梅’（*Cym. goeringii*‘Song Mei’）

宋梅，又称‘宋锦璇梅’，于清乾隆年间（1736—1795 年）由绍兴宋锦璇选出，春兰梅瓣花代表品种。花型端庄大方，被列为春兰四大名种之首，与春兰龙字合称“国兰双璧”。

春兰‘知足素梅’（*Cym. goeringii*‘Zhi Zu Su Mei’）

中国浙江产春兰品种，1988 年由浙江省绍兴漓渚徐泉林、胡和金发现并栽培，湖州艺兰名家冯如梅先生命名。春兰梅瓣素心代表品种。

春兰‘廿七’（*Cym. goeringii*‘Nian Qi’）

产于中国浙江绍兴县，1980 年棠棣诸廿七选出。外三瓣圆头收根，有尖峰，质厚；软蚕蛾捧，刘海舌；平肩，花翠绿，花品端正。

春兰‘大富贵’（*Cym. goeringii*‘Da Fu Gui’）

又名‘郑同荷’，清宣统元年选出。外三瓣肉厚，质糯而润，捧

春兰‘宋梅’（*Cym. goeringii*‘Song Mei’）（沈荣海　摄）

春兰‘金山银海’（*Cym. goeringii* ‘Jin Shan Yin Hai’）（周波　摄）

春兰‘姜氏荷’（*Cym. goeringii*‘Jiang Shi He’）（杨开　摄）

瓣短圆，合抱蕊柱，大刘海舌上缀有U形红斑，春兰荷瓣代表品种。

春兰‘绿云’（*Cym. goeringii* ‘Lv Yun’）

1896年杭州五云山选出，我国春兰荷瓣中稀珍名种，此花瓣、唇变化极大，时有多瓣、多捧、多唇、多花形出现，故亦可列入多瓣形奇瓣之列。

春兰‘环球荷鼎’（*Cym. goeringii* ‘Huan Qiu He Ding’）

1922年选育，是春兰中十分名贵的荷瓣花。花外三瓣结圆，收根放角，微有紧边。色绿、红、黄相间；圆蚌壳捧，小刘海舌，捧中间有放射型红条纹。

春兰‘余蝴蝶’（*Cym. goeringii* ‘Yu Hu Die’）

20世纪 50年代初，由山农余氏采集发现，被日本人收走后，在日本开花并命名。花瓣密集，重叠成球状，捧瓣多变为唇瓣，乳白色有红斑。

春兰‘大富贵’（*Cym. goeringii* ‘Da Fu Gui’）（沈荣海　摄）

春兰‘环球荷鼎’（*Cym. goeringii* ‘Huan Qiu He Ding’）（沈荣海　摄）

春兰‘虎蕊’（*Cym. goeringii* ‘Hu Rui’）（沈荣海　摄）

春兰‘绿云’（*Cym. goeringii* ‘Lv Yun’）（沈荣海　摄）

春兰‘大元宝’（*Cym. goeringii* ‘Da Yun Bao’）

1989年舟山兰友选育，春兰蕊蝶代表品种。内三瓣完全对称，白绿底上色斑鲜艳，外三瓣中间各有一条紫筋纹，蕊柱随花开放由淡黄转为银白，花大色丰富，为舟山产三舌蕊蝶的代表，是蝶花中的极品。

春兰‘虎蕊’（*Cym. goeringii* ‘Hu Rui’）

1994年浙江新昌王其宝发现。两捧瓣完全蝶化，捧瓣四周镶有宽阔的白边，捧中部缀有玫瑰色大块红斑，肖似一对虎耳；散发幽香的蕊柱犹如虎鼻，白色卷舌缀有U形红斑，活像虎口伸出之舌，故以“虎蕊”命名。

春兰‘西神梅’（*Cym. goeringii* ‘Xi Shen Mei’）

1912年无锡荣文卿选植。外三瓣宽阔头圆，蒲扇式浅兜捧心，被誉为“梅形水仙之冠”，并被尊为“无上神品”。

春兰‘龙字’（*Cym. goeringii* ‘Long Zi’）

清嘉庆年间在余姚高庙山发现，又名‘姚一色’。外三瓣阔大，副瓣呈拱抱状，软兜蚕蛾捧，被誉为春兰“荷型水仙”之冠。

春兰‘汪字’（*Cym. goeringii* ‘Wang Zi’）

清康熙年间由浙江奉化汪克明选出并命名。花色嫩绿，花品端正，富有筋骨，花期长而耐久。汪字被称为春兰中四大名花之一（宋梅、集圆、龙字、汪字）。

春兰‘西子’（*Cym. goeringii* ‘Xi Zi’）

1945年秋，由江苏无锡沈渊如选出并命名。为春兰新八种之一，外三瓣长脚，收根放角，瓣质糯润；大刘海舌，舌面缀有两条鲜艳的红色条斑；花色翠绿俏丽，花品端正雅洁。

春兰‘定新梅’（*Cym. goeringii* ‘Ding Xin Mei’）

小草大花型梅瓣花。外三瓣宽大，收根细，瓣肉厚而糯润，主瓣呈“遮阳状”，两侧萼紧边，一字肩，瓣端有紫黑色斑纹。春兰新老种梅瓣代表品种 .

春兰‘贺神梅’（*Cym. goeringii* ‘He Shen Mei’）

浙江余姚鹦哥山产，又名鹦哥梅。三瓣极圆头，长脚，收根，花开平肩或飞肩，观音捧，刘海舌，红点鲜明，花格端正，为春兰梅瓣极品。

春兰‘集圆’（*Cym. goeringii* ‘Ji Yuan’）

梅瓣，外三瓣着根结圆，故名集圆。五瓣分窠，小刘海舌，花色微带黄绿色，肩平，瓣肉厚。花容端庄，硬挺，花期长。

春兰‘姜氏荷’（*Cym. goeringii* ‘Jiang Shi He’）

云南产春兰荷瓣代表品种，可谓瓣型绝、瓣色绝、舌绝、株型雅、叶姿雅，三绝二雅之极品。

春兰‘老蕊蝶’（*Cym. goeringii* ‘Lao Rui Die’）

传统春兰蕊蝶代表品种。细垂叶，外三瓣为长竹叶瓣，捧心全舌化反卷，开花率高，为春兰三心蝶花之贵品。

春兰‘龙字’（*Cym. goeringii* ‘Long Zi’）（王松涛　摄）

春兰‘汪字’（*Cym. goeringii* ‘Wang Zi’）（王松涛　摄）

春兰‘知足素梅’（*Cym. goeringii* ‘Zhi Zu Su Mei’）（沈荣海　摄）

春兰‘翠菊’（*Cym. goeringii* ‘Cui Ju’）

春兰‘老天绿’(*Cym. goeringii* ‘Lao Tian Lv’)（王松涛 摄）

春兰‘老蕊蝶’（*Cym. goeringii* ‘Lao Rui Die’）(王松涛 摄)

春兰‘定新梅’（王松涛 摄）(*Cym. goeringii* ‘Ding Xin Mei’）

春兰‘老天绿’（*Cym. goeringii* ‘Lao Tian Lv’）

抗战后选出。三瓣头圆、紧边、半硬捧心，分窠，如意舌，肩平，花葶挺拔且长，惟花色不净绿。苞叶紫色，叶半垂、尖锐，叶质较厚，脚壳低。繁殖快，健花。

春兰‘圣火’（*Cym. goeringii* ‘Sheng Huo’）

春兰极品复色花。花大，瓣厚，出架，浓香，苗壮开双花，色彩漂亮，复色对比度好，大红’像燃烧的火炬，花色神气、稳定。

春兰‘新春梅’（*Cym. goeringii* ‘Xin Chun Mei’）

外三瓣阔大，主瓣呈上盖状，两侧萼字眉。两副瓣头尖， 捧瓣起兜有白头，浅兜软蚕蛾捧，唇瓣圆大而下垂，为大铺舌，舒直而不卷，集梅荷仙一体，浓香。

春兰‘红宝石’（*Cym. goeringii* ‘Hong Bao Shi’）

春兰三星蝶品种，新芽紫色。花朵大，葶高。外三瓣稍宽，呈浅绿色。两捧瓣完全蝶化，大红蝶化大块成片，格外耀眼炫目。底白斑红，如三颗镶嵌在绿如意上的宝石。

春兰‘金山银海’（*Cym. goeringii* ‘Jin Shan Yin Hai’）

产于贵州，牡丹瓣类奇花。花大，常有双花。花芽深绿，玲珑饱满。外瓣深紫红色，达十余个，半蝶化四五个；以变异的蕊柱为中心，辐射状规整排列，呈祥如牡丹。舌与蝶瓣白如玉，斑红似丹，甚艳丽。

春兰‘神舟奇蝶’（*Cym. goeringii* ‘Shen Zhou Qi Die’）

产于浙江，春兰子母类多艺奇花品种。舌及捧瓣周围均可出现数个舌化小花，舌瓣多时达十余个，洁白如玉，蝶化大红鲜艳，红、白对比鲜明。外瓣翠绿，大多带有蝉翼，奇花之上又再加一艺。目前，春兰奇花中，像神舟奇蝶这样多姿多艺的类型极少。

春兰‘贺神’(*Cym. goeringii* ‘He Shen’)（王松涛　摄）

春兰‘天彭牡丹’（*Cym. goeringii* ‘Tian Peng Mu Dan’）（周波　摄）

春兰‘绿英’（*Cym. goeringii* ‘Lv Ying’）（王冠清　摄）

春兰‘红宝石’（*Cym. goeringii* ‘Hong Bao Shi’）（周波　摄）

春兰‘神舟奇蝶’（*Cym. goeringii* ‘Shen Zhou Qi Die’）（周波　摄）

春兰‘翠盖荷’（*Cym. goeringii* ‘Cui Gai He’）

春兰‘集圆’(*Cym. goeringii* ‘Ji Yuan’)（王松涛　摄）

春兰‘大元宝’（*Cym. goeringii* ‘Da Yuan Bao’）（沈荣海　摄）

（6）寒兰（*Cym. Kanran*）

地生兰。产于中国华中、华南、西南和台湾。生于海拔 400~2400m 林中、溪边荫蔽地。日本南部和韩国也有。假鳞茎狭卵形。花葶发自假鳞茎基部，长 25~60（100）cm，直立；有花 5~12 朵；萼片与花瓣浅黄绿色，有浅紫红色条纹；唇瓣浅黄色，有浅紫红色斑；萼片和花瓣远较同属其他种窄长。有浓香。花期 6~10（12）月。该种是传统国兰之一，品种甚多。

常见品种：

寒兰‘丰雪’（*Cym. kanran* ‘Feng Xue’）

素心寒兰传统铭品，花色圣洁，透彻中带鹅黄，呈半透明状，叶斜立，新芽呈黄色全斑艺，随着植株成长而逐渐转绿。

寒兰‘金镶玉’（*Cym. kanran* ‘Jin Xiang Yu’）

细叶寒兰，叶蜡黄，红杆黄花，花亮黄色，外瓣有水晶般的白覆轮，雪白舌苔上鲜红的小斑点显得格外醒目。

寒兰‘婧红’（*Cym. kanran* ‘Jing Hong’）

一字肩，大圆舌，花外三瓣绯红复色，大圆舌洁白圆润，缀有鲜艳红斑，娇俏可人。

寒兰‘隽逸’（*Cym. kanran* ‘Jun Yi’）

下山正格绿花，色纯，型端正，花开 30 天不变形，瓣宽，舌圆，捧覆轮明显，细杆大花。

寒兰‘儒仙’（*Cym. kanran* ‘Ru Xian’）

官种水仙，舌瓣呈如意舌，不卷，舌前有如意小兜；外三瓣收放，瓣尖内扣。花杆叶形比例协调，花朵排铃疏朗，大出架，花型朵朵如一。

寒兰‘天使’（*Cym. kanran* ‘Tian Shi’）

飞肩，花色翠绿，中宫严谨端正，捧瓣合抱含蓄，大圆舌不卷纯净，难得的寒兰素心佳品。

寒兰‘无尘’（*Cym. kanran* ‘Wu Chen’）

寒兰复色素心，外五瓣黄红交错，唇瓣素净不卷，颇具气势。

寒兰‘西湖风韵’（*Cym. kanran* ‘Xi Hu Feng Yun’）

花色翠绿，外三瓣收根放角，大圆舌圆润规整，寒兰中少见荷形佳种。

寒兰‘砚池遗墨’（*Cym. kanran* ‘Yan Chi Yi Mo’）

一字肩，骨力甚佳，外五瓣翠绿清雅，唇瓣洁白覆轮，上缀墨色斑块，对比强烈，极具观赏价值。

寒兰‘紫莲’（*Cym. kanran* ‘Zi Lian’）

寒兰紫红色花，外五瓣紫红色，唇瓣洁白，上缀鲜艳红点。

寒兰‘婧红’（*Cym. kanran* ‘Jing Hong’）（黄志雄　摄）

寒兰‘金镶玉’（*Cym. kanran*‘Jin Xiang Yu’）（黄志雄　摄）

寒兰‘西湖风韵’（*Cym. kanran*‘Xi Hu Feng Yun’）（黄志雄　摄）

寒兰‘紫莲’（*Cym. kanran*‘Zi Lian’）（黄志雄　摄）

寒兰‘砚池遗墨’（*Cym. kanran*‘Yan Chi Yi Mo’）（黄志雄　摄）

寒兰‘紫寒兰’（*Cym. kanran*‘Zi Han Lan’）

寒兰‘丰雪’（*Cym. kanran*‘Feng Xue’）（郭卫红　摄）

寒兰‘隽逸’（*Cym. kanran*‘Jun Yi’）（黄志雄　摄）

寒兰（*Cym. kanran*）

寒兰‘天使’（*Cym. kanran*‘Tian Shi’）（黄志雄　摄）

寒兰‘儒仙’（*Cym. kanran*‘Ru Xian’）（黄志雄　摄）

寒兰‘无尘’（*Cym. kanran*‘Wu Chen’）（黄志雄　摄）

珍珠矮（*Cym. nanulum*）

邱北冬蕙兰（*Cym. quibeiense*）

（7）珍珠矮（*Cym. nanulum*）

地生兰。产于中国贵州西南部、海南和云南东南部。生于海拔 800~ 1200m 疏林中多石地上。无明显的假鳞茎；地下有肉质的根状茎。花葶发自植株基部，直立，长 10~20cm，有花 3~4 朵；花直径 2.5~3.2cm，通常浅黄绿色，萼片与花瓣有浅紫红色条纹；唇瓣上有浅紫红色条纹和斑点。有香气。花期 6~8 月。吴应祥和陈心启教授 1991 年发表的种。尚未能充分开发利用。

（8）邱北冬蕙兰（*Cym. quibeiense*）

地生兰。产于中国贵州西南部和云南东南部。生海拔 700~1800m 林下。假鳞茎小；叶通常 2~3 枚，着生于假鳞茎近顶端，深绿色并多少带暗紫色，叶柄紫黑色，坚硬；花葶发自假鳞茎基部，直立，长 25~30cm，紫色，疏生 5~6 花；萼片与花瓣绿色，在花瓣基部有暗紫色斑；唇瓣白色，侧裂片上有红色晕，中裂片上有绿色晕和紫色斑点。花有香气。花期 10~12 月。是冯国楣、李恒教授 1980 年发现的种。在展览会上已见到选出部分品种参展。

（9）豆瓣兰（线叶春兰）（*Cym. serratum*）

地生兰。产与中国贵州、湖北、四川、云南和台湾。生于海拔 1000~3000m，林下或排水良好的草坡。韩国和日本也有。假鳞茎小，叶 3~5 枚，着生于假鳞生近顶端处，叶脉半透明，近基部处无关节。花葶生于假鳞茎基部，直立，长 20~30cm；具 1 花，极罕 2 花；花质地厚；萼片与花瓣绿色，具紫红色脉；常发现有黄色、红色花植株。唇瓣白色，具紫红色斑；花瓣近矩圆形。无香气。花期 2~3 月。

以前，该种均作为春兰记载。现陈心启教授将其单列为种。该种具有狭窄、无关节的叶片，花葶长达 20~30 cm，花质地厚，不香。甚易区别于春兰（*Cym. goeringii*）。

豆瓣兰‘豆瓣新极品’（*Cym. serratum* Dou Ban Xin Ji Pin’）

豆瓣兰‘红河红’（*Cym. serratum* ‘Hong He Hong’）

豆瓣兰‘红河风光’(*Cym. serratum* ‘Hong He Feng Guang’）

豆瓣兰‘绿豆瓣’（*Cym. serratum* ‘Lv Dou Ban’）

豆瓣兰‘红豆瓣’(*Cym. serratum* ‘Hong Dou Ban’）

豆瓣兰‘红梅’(*Cym. serratum* ‘Hong Mei’）

豆瓣兰‘橙黄豆瓣’（*Cym. serratum* ‘Cheng Huang Dou Ban’）

豆瓣兰‘金如意’(*Cym. serratum* ‘Jin Ru Yi’）

豆瓣兰‘绿云’（*Cym. serratum*‘Lv Yun’）

豆瓣兰‘云南红’（*Cym. serratum*‘Yun Nan Hong’）

豆瓣兰‘九州红梅’（*Cym. serratum*‘Jiu Zhou Hong Mei’）

豆瓣兰‘高原红’（*Cym. serratum*‘Gao Yuan Hong’）

（10）墨兰 (*Cym. sinense*)

地生兰。产于中国安徽南部、福建、广东、广西、贵州西南部、海南、香港、江西南部、四川（峨眉山）、台湾和云南。生于海拔300~2000m林下或溪边灌木林中阴湿而排水良好处。印度、日本、缅甸、泰国和越南也有分布。假鳞茎卵形。花葶发自假鳞茎基部，直立，稍粗壮，长50~90cm，具花10~20朵；花暗紫色或浅紫褐色，唇瓣色泽较浅。芳香。花期10月至翌年3月。该种是最重要的传统国兰之一，品种甚多。参与了大花蕙兰和国兰杂交育种。

常见品种：

墨兰‘金华山’（*Cym. sinense*‘Jin Hua Shan’）

原产中国广东顺德，很早就被家养，并流入日本。叶片宽阔，半下垂，近顶端边缘有一道金黄色的镶边，为金爪线艺，艺色明显。

墨兰‘企黑’（*Cym. sinense*‘Qi Hei’）

广东顺德陈村家种的传统名品，在清代就已广泛栽培。叶片刚劲，半直立，顶端尖锐，挺拔有力。

墨兰‘白墨’（*Cym. sinense*‘Bai Mo’）

传统栽培的墨兰品种，主产广东顺德，在清朝初年即已引入栽培。花茎直立，绿色，大出架，花绿白色，唇瓣雪白，无任何杂色斑。

墨兰‘闽南大梅’（*Cym. sinense*‘Min Nan Da Mei’）

产于中国福建南部山区，于20世纪末选育命名。植株高大，叶片宽阔，花红褐色，为正格的梅瓣花，是闽产梅瓣型墨兰的代表品种。

墨兰‘桃姬’（*Cym. sinense*‘Tao Ji’）

1963年发现于中国苗栗县山区。花茎桃红色，花亦为桃红色，唇瓣白色有红斑，花色娇嫩可爱。

墨兰‘万代福’（*Cym. sinense*‘Wan Dai Fu’）

1972年发现于中国台湾花莲县玉里。本品是台湾线艺墨兰的代表品种之一。

墨兰‘达摩’（*Cym. sinense*‘Da Mo’）

1973年发现于中国台湾花莲县瑞穗山区。植株矮小，叶片厚硬，表面起皱或有行龙，艺向丰富。台湾矮种最著名的代表品种。

墨兰大石门（*Cym. sinense*‘Da Shi Men’）

1927年发现于中国台湾桃源县石门地区。兰界公认的线艺名品之一，艺色鲜艳漂亮，人见人爱。

墨兰‘闪电’（*Cym. sinense* ‘Shan Dian’）

由广东传统墨兰小墨变异而来，于20世纪末在顺德发现并命名。植株矮小，叶片深绿，尖端部分有明显的银白爪艺，其形态似闪电的符号，故名。

墨兰‘大屯麒麟’（*Cym. sinense* ‘Da Tun Qi Lin’）

于20世纪70年代采自中国台湾北部的大屯山区。花茎直立，紫红色，开多瓣多舌的重瓣花，壮观大气。

墨兰‘双美人’（*Cym. sinense* ‘Shuang Mei Ren’）

花艺双全。花瓣紫红色，唇瓣淡黄色素心，花大出架。叶长中等，玲珑挺秀，呈中垂叶姿叶面起浪、叶型微卷，并已进化出多种艺相。

墨兰‘大红梅’（*Cym. sinense* ‘Da Hong Mei’）

花色红艳，花瓣糯质强，骨力佳，花开久不变形。

墨兰‘德兴梅’（*Cym. sinense* ‘De Xing Mei’）

花型端正，软捧。花葶高挑，可达1m多，亭亭玉立，大气磅礴。

墨兰‘富贵红梅’（*Cym. sinense* ‘Fu Gui Hong Mei’）

福建下山，花品为正格梅瓣，舌上带鲜艳的红斑块。

墨兰‘达摩’（*Cym. sinense* ‘Da Mo’）

墨兰‘高艺达摩’（*Cym. sinense* ‘Gao Yi Da Mo’）

墨兰‘绿杆金梅’（*Cym. sinense* ‘Lv Gan Jin Mei’）（黄志雄　摄）

墨兰‘红灯高照’（*Cym. sinense* ‘Hong Deng Gao Zhao’）（黄志雄　摄）

墨兰‘南国水仙’（*Cym. sinense* ‘Nan Guo Shui Xian’）（黄志雄　摄）

墨兰‘古兜梅’（*Cym. sinense*‘Gu Dou Mei’）

墨兰新老种名品，花大出架，开品稳定，花浓香。

墨兰‘红唇梅’（*Cym. sinense*‘Hong Chun Mei’）

花有时开梅瓣或荷形水仙，外三瓣略飘，方缺舌，舌上带大红斑。

墨兰‘红灯高照’（*Cym. sinense*‘Hong Deng Gao Zhao’）

下山墨兰复色荷型，大圆舌不卷，舌上红斑朵朵如一。

墨兰‘绿杆金梅’（*Cym. sinense*‘Lv Gan Jin Mei’）

墨兰新品绿杆、赤金色梅瓣，初开色比较暗，全开以后，色越来越黄。

墨兰‘南国水仙’（*Cym. sinense*‘Nan Guo Shui Xian’）

墨兰正格水仙瓣，至今在同类瓣型中无出其右者，是一个不可多得的好品种。

墨兰‘香梅’（*Cym. sinense*‘xiang Mei’）

墨兰中的浓香品种。花品稳定，香气尤为浓郁，故名。

墨兰‘安康’（*Cym. sinense*‘An Kang’）

墨兰梅瓣，外三瓣端正，捧起兜，色金黄，龙吞舌上翘不卷。

墨兰‘初恋’（*Cym. sinense*‘Chu Lian’）

墨兰色花新品，花黄绿色，唇瓣满布绯红色红晕，粉嫩可人。

墨兰‘水晶梅’（*Cym. sinense*‘Shui Jing Mei’）

墨兰水晶梅瓣，外三瓣因含水晶体略显飘皱，中宫合抱严谨。

墨兰‘新品荷仙’（*Cym. sinense*‘Xin Pin He Xian’）

墨兰荷形水仙新品，花容端正，中宫严谨，不可多得的水仙新品。

墨兰‘永辉梅’（*Cym. sinense*‘Yong Hui Mei’）

墨兰正格长脚梅瓣，外三瓣拱抱内扣，捧色金黄，龙吞舌上翘不舒。

墨兰‘永康’（*Cym. sinense*‘Yong Kang’）

墨兰正格梅瓣新品，花容端庄秀丽，中宫严谨周正。

墨兰‘德兴梅’（*Cym. sinense*‘De Xing Mei’）（黄志雄　摄）

墨兰‘白墨’（*Cym. sinense*‘Bai Mo’）

墨兰（*Cym. sinense*）

墨兰‘永辉梅’（*Cym. sinense*‘Yong Hui Mei’）（黄志雄　摄）

墨兰‘新品荷仙’（*Cym. sinense*‘Xin Pin He Xian’）（黄志雄　摄）

墨兰‘玉观音’（*Cym. sinense*‘Yu Guan Yin’）

墨兰‘岭南大梅’（*Cym. sinense*‘Ling Nan Da Mei’）

墨兰‘富贵红梅’（*Cym. sinense*‘Fu Gui Hong Mei’）（黄志雄　摄）

墨兰‘古兜梅’（*Cym. sinense*‘Gu Dou Mei’）（黄志雄　摄）

墨兰‘瑞晃’（*Cym. sinense*‘Rui Huang’）

墨兰‘闽南大梅’（*Cym. sinense*‘Min Nan Da Mei’）（黄志雄　摄）

墨兰‘安康’（*Cym. sinense*‘An Kang’）（黄志雄　摄）

（11）莲瓣兰（营草兰、卑亚兰）(*Cym. tortisepalum*)

地生兰。产于中国云南西部、四川西部和台湾。生于海拔1500~2500m疏林下或林缘。假鳞茎小，椭圆形或卵形。根粗壮。叶5~7枚，长 30~65cm，宽 4~12cm，近基部处无关节。花葶发自假鳞茎基部，直立，长 20~30cm；具 2~7花；花通常浅绿黄色或稍带白色，唇瓣有浅紫红色斑。有香气。花期12月至翌年 3月。

常见品种：

莲瓣兰‘大雪素’（*Cym. tortisepalum*‘Da Xue Su’）

宽叶莲瓣兰素心，为滇兰四大传统名品之首。相传在云南景东县无量山发现，早在明朝期间就有栽培。

莲瓣兰‘剑阳蝶’（*Cym. tortisepalum*‘Jian Yang Die’）

产于中国云南剑阳，约在 20 世纪末发现并栽培。本品是垂肩蝶花类的代表品种，副瓣下部蝶化程度高，白色质地上着生大块紫红色斑块，花色艳丽，形似蝴蝶飞舞。

莲瓣兰‘点苍梅’（*Cym. tortisepalum*‘Dian Chang Mei’）

产于中国自云南大理的点苍山。长脚梅瓣，外三瓣端圆，起兜，收根放角，蚌壳捧，小圆舌，是莲瓣兰梅瓣的代表品种，深受广大兰友喜爱。

莲瓣兰‘粉荷’（*Cym. tortisepalum*‘Fen He’）

产于滇西，因花色粉红，格外绚丽，故名粉荷。花序与花梗均短缩，花着生较密集。

莲瓣兰‘黄金海岸’（*Cym. tortisepalum*‘Huang Jin Hai An’）

产于云南怒江。花瓣黄绿色，边缘带红晕，在捧瓣和蕊柱的基部长有多个唇瓣，唇瓣数多达 30 余个；唇瓣白色，具有鲜红色斑块，格外鲜艳，盛花时花团锦簇，为莲瓣兰多舌花的代表品种。

莲瓣兰‘金沙树菊’（*Cym. tortisepalum*‘Jin Sha Shu Ju’）

产于四川会理金沙江畔。树形奇花，花序分枝，苞片多数瓣化，花朵为菊形多瓣花，且带有水晶和肉质化现象。

莲瓣兰‘貂蝉’（*Cym. tortisepalum*‘diao chan’）

莲瓣兰‘白雪公主’（*Cym. tortisepalum*‘Bai Xue Gong Zhu’）

莲瓣兰‘大雪素’（*Cym. tortisepalum*‘Da Xue Su’）

莲瓣兰‘永怀素’（*Cym. tortisepalum*‘Yong Huai Su’）

正格荷瓣白花莲瓣素心，花色洁白无瑕，花容端庄秀丽，为目前莲瓣兰素心最高品，曾多次荣获国内各类展览大奖。

莲瓣兰‘北极星’（*Cym. tortisepalum*‘Bei Ji Xing’）

白中透缟艺，产于巍山。叶片半直立，半中透缟艺，镶绿色叶缘，色彩对比鲜明、醒目，性状稳定。

莲瓣兰‘出水芙蓉’（*Cym. tortisepalum*‘Chu Shui Fu Rong’）

莲瓣兰荷瓣。花色为柔美的粉色，花瓣厚实、工整，单瓣看收根、放角、紧边，几近完美，唯小花柄稍短，转茎困难，整杆花稍显局促，却也瑕不掩瑜，极难得！

莲瓣兰‘荷之冠’（*Cym. tortisepalum*‘He Zhi Guan’）

宽叶莲瓣兰大荷瓣花，花色艳丽，花姿高贵典雅，主、副瓣圆阔，收根、紧边，前段起兜有尖，粉色底板起红筋，为何瓣花中最正格的瓣型，捧瓣微张，舌为大圆舌，红斑鲜艳夺目，为莲瓣兰瓣型花中之珍品。

莲瓣兰‘心心相印’（*Cym. tortisepalum*‘Xin Xin Xiang Yin’）

主副瓣荷形，粉红色，具紫红色脉纹；唇瓣仅边缘一圈为白色，中央部分全为紫红色，呈大块的心脏形，故名。

莲瓣兰‘玉堂春’（*Cym. tortisepalum*‘Yu Tang Chun’）

莲瓣兰飘门水仙，花色糯润娇俏，美丽动人。

莲瓣兰‘云熙荷’（*Cym. tortisepalum*‘Yun Xi He’）

花瓣厚而质糯，收根放角，花朵大，显得雍容大度，中宫紧凑，花守极好，为正格荷瓣，是莲瓣兰荷瓣中的极品。

莲瓣兰‘剑阳蝶’（*Cym. tortisepalum*‘Jian Yang Die’）（杨开　摄）

莲瓣兰‘盛祥蝶’（*Cym. tortisepalum*‘Sheng Xiang Die’）（杨开　摄）

莲瓣兰‘永怀素’（*Cym. tortisepalum*‘Yong Huai Su’）（杨开　摄）

莲瓣兰‘点苍梅’（*Cym. tortisepalum*‘Dian Cang Mei’）（杨开　摄）

莲瓣兰‘金沙树菊’（*Cym. tortisepalum*‘Jin Sha Shu Ju’）（杨开　摄）

莲瓣兰‘荷之冠’（*Cym. tortisepalum*‘He Zhi Guan’）（杨开　摄）

莲瓣兰‘心心相印’（*Cym. tortisepalum*‘Xin Xin Xiang Yin’）（杨开　摄）

莲瓣兰‘奇花素’（*Cym. tortisepalum*‘Qi Hua Su’）（杨开　摄）

莲瓣兰‘绿荷’（*Cym. tortisepalum*‘Lv He’）（杨开　摄）

莲瓣兰‘三江星蝶’（*Cym. tortisepalum* ‘San Jiang Xing Die’）

莲瓣兰‘粉荷’（*Cym. tortisepalum* ‘Fen He’）（杨开 摄）

莲瓣兰‘贵妃出浴’（*Cym. tortisepalum* ‘Gui Fei Chu Yu’）

（12）春剑 (*Cym. tortisepalum var.longibracteata*)

地生兰花。莲瓣兰的变种。产广西北部、贵州、湖北西部、湖南、四川和云南。生于海拔 1000~2000 m，多石与灌木丛生的山坡；叶坚挺，近直立，长 50~65cm，宽 1.3~1.8 cm。花苞片通常长 3~4 cm，宽 8~10 mm，明显长于带梗子房，通常同抱子房。花期 1~3 月。

常见种类：

西蜀道光（*Cym. tortisepalum* var. *longibracteatum* ‘Xi Shu Dao Guang’）

民国初年在中国四川青城山选育而出，由徐铁强栽培，故又称为徐家牙黄素。本品种是春剑素心代表品种，并已被四川都江堰市编入史志而名垂青史，被誉为天下第一牙黄。

春剑‘银杆素’（*Cym. tortisepalum* var. *longibracteata* ‘Yin Gan Su’）

隆昌素（*Cym. tortisepalum* var. *longibracteatum* ‘Long Chang Su’）

在四川隆昌栽培，历史悠久，在清朝末期就已引种栽培。本品种属于四川产国兰的名贵素心品种之一，栽培历史悠久，久负盛名。

银杆素（*Cym. tortisepalum* var. *longibracteatum* ‘Yin Gan Su’）

民国初年发现于四川大邑县白岩子一带。本品种被称为四川春剑类素心花类的四大名旦之首。

大红朱砂（*Cym. tortisepalum* var. *longibracteatum* ‘Da Hong Zhu Sha’）

20 世纪中期，从四川灌县选育而出。叶姿挺拔，花色艳丽，为四川色花最具代表品种。

春剑‘隆昌素’（*Cym. tortisepalum* var. *longibracteata* ‘Long Chang Su’）

玉海棠（*Cym. tortisepalum* var. *longibracteatum*‘Yu Hai Tang’）

四川通江 1991 年发现。植株高大，花型端庄大方，瓣质厚糯，色泽翠绿。外三瓣收根放角，捧瓣紧边起兜，半硬蚕蛾捧，小刘海舌。

皇梅（*Cym. tortisepalum* var. *longibracteatum*‘Huang Mei’）

四川万源 1995 年发现。叶片墨绿，半下垂。花初开时由绿转白嫩，外三瓣呈汤匙状，紧边内扣，圆润厚实。

天府荷（老荷瓣）（*Cym. tortisepalum* var. *longibracteatum*‘Tian Fu He’）

花容端庄，花色翠绿，外三瓣收根放角，紧边起兜，短圆捧，大圆舌。

学林荷（*Cym. tortisepalum* var. *longibracteatum*‘Xue Lin He’）

四川芦山 1991 年发现。花容端正，花瓣厚糯，外三瓣收根放角，紧边内扣起兜，短圆捧，刘海舌。

桃园三结义（*Cym. tortisepalum* var. *longibracteatum*‘Tao Yuan San Jie Yi’）

四川马边 1997 年发现的蕊蝶花。叶片时有蝶化现象。花初开时外瓣为桃红色，后逐渐变成玫瑰红色，两捧瓣完全蝶化与唇瓣构成三星蝶。该品种为春剑蕊蝶代表品种。

五彩麒麟（*Cym. tortisepalum* var. *longibracteatum*‘Wu Cai Qi Lin’）

四川通江 1994 年发现的多瓣奇蝶花珍品。花瓣多达 20~30 片以上，大多蝶花，色彩鲜艳，美轮美奂。

盖世牡丹（*Cym. tortisepalum* var. *longibracteatum*‘Gai Shi Mu Dan’）

多瓣多舌奇花。外瓣宽阔，内瓣数量多且大多蝶化。

感恩荷（*Cym. tortisepalum* var. *longibracteatum*‘Gan En He’）

非常稀有的春剑红花荷瓣，花开鲜艳的红色，外瓣先端放角，拱抱有力，罄口捧，柿子舌，花形紧凑，张弛有度，型色皆优。

红霞素（*Cym. tortisepalum* var. *longibracteatum*‘Hong Xia Su’）

先明缟艺素花荷型瓣，春剑中集叶艺、素心、色花为一体的精品。

春剑‘五彩麒麟’（*Cym. tortisepalum* var. *longibracteatum*‘Wu Cai Qi Lin’）（周波 摄）

春剑‘盖世牡丹’（*Cym. tortisepalum* var. *longibracteatum*‘Gai Shi Mu Dan）（周波 摄）

春剑‘玉海棠’（*Cym. tortisepalum* var. *longibracteatum*‘Yu Hai Tang’）（周波 摄）

春剑‘学林荷’（*Cym. tortisepalum* var. *longibracteatum*‘Xue Lin He’）（周波 摄）

春剑‘桃园三结义’（*Cym. tortisepalum* var. *longibracteatum*‘Tao Yuan San Jie Yi’）（周波 摄）

春剑‘天府荷’（*Cym. tortisepalum* var. *longibracteata*‘Tian Fu He’）

春剑‘感恩荷’（*Cym. tortisepalum* var. *longibracteata*‘Gan En He’）（杨开 摄）

春剑‘复色’（*Cym. tortisepalum* var. *longibracteata*‘Fu Se’）

春剑‘九阳荷’（*Cym. tortisepalum* var. *longibracteatum*‘Jiu Yang He’）（周波 摄）

春剑‘红霞素’（*Cym. tortisepalum* var. *longibracteata*‘Hong Xia Su’）（沈荣海 摄）

春剑‘邛州彩虹’（*Cym. tortisepalum* var. *longibracteata*‘Qiong Zhou Chai Hong’）

春剑‘领带花’（*Cym. tortisepalum* var. *longibracteatum*‘Ling Dai Hua’）

春剑‘红蝶花’（*Cym. tortisepalum* var. *longibracteata*‘Hong Die Hua’）

春剑‘中华龙梅’（*Cym. tortisepalum* var. *longibracteata*‘Zhong Hua Long Mei’）

春剑‘点花梅’（*Cym. tortisepalum* var. *longibracteata*‘Dian Hua Mei’）

春剑‘如意梅’（*Cym. tortisepalum* var. *longibracteata*‘Ru Yi Mei’）

春剑‘双花大富贵’（*Cym. tortisepalum* var.*longibracteata*‘Shuang Hua Da Fu Gui’）

春剑‘红斑蝶’（*Cym. tortisepalum* var. *longibracteata*‘Hong Ban Die’）

5. 关于国兰类的杂交育种

国兰类的传统品种和近些年发现的大量新品种全部是从野生兰花中选择出来的。近些年，国兰类已出现许多种间杂交的优良品种。花型、花色较好，深受国兰爱好者的欢迎。但在杂交种登录和品种登录管理方面不够规范和严格。

国兰类杂交种和品种通常生长势较强，栽培方法与国兰相同。一般来说，远较老品种更容易栽培。

'霸王荷'（建兰 × 春兰）（*Cym.* 'Ba Wang He'）

'福娃梅'（春兰 × 春剑）（*Cym.* 'Fu Wa Mei'）（孙崇波 摄）

'富贵红荷'（春兰'大富贵' × 墨兰）（*Cym* 'Fu Gui Hong He'）（何俊蓉 摄）

春兰（龙字 × 宋梅）（*Cym. goeringii*）

春兰'三皇'（春兰'文姬'自交后选出）（*Cym. goeringii* 'San Huang'）（郭卫红 摄）

春兰‘赛牡丹’（‘大富贵’×‘余蝴蝶’）（*Cym. goeringii*‘Sai Mu Dan’）（孙崇波 摄）

2 大花型附生种群

大花型附生类原生种在自然生境中常附生于亚洲热带和亚热带海拔 800~2000m 森林中的树干和岩石上。夏季凉爽，冬季无严寒。生长时期雨水充沛、空气湿度较高、空气流通、光照适宜。冬季休眠期间雨量较少、气候较干燥、阳光充足，有利于植株的休眠和花芽生长发育。花期在冷凉的 10 月至翌年 4 月。

1. 栽培要点

通常用树皮块、风化火山岩、木炭、苔藓等作盆栽基质栽种在深筒的花盆中。花盆底部开孔要多，以利根际透气和排水良好。

通常城市中各种可饮用水均可以作为浇灌之用，无污染地区的雨水比较好。北方有些地方地下水矿物质和盐含量过高，须经过反渗透纯水机处理去掉大量有害钙、镁、钠等元素方可利用。旺盛生长时期，要有充足的水分供应。在干旱高温时期，有时每天要浇水 2 次。经常保持盆栽基质湿润和较高的空气湿度。进入秋季，温度开始下降，植株生长成熟，可适当减少浇水量。开花植株冬季花芽正处在生长时期，为了开好花，盆栽基质不可太干，要及时浇水。不开花的种苗，冬季处于半休眠期，不再生长，盆栽基质应保持微干。常年栽培中温室要保持良好的通风。冬季温度低，在浇水后及时开启室内风扇，可以在中午短时间通风。

大花附生种类更喜欢较强的阳光。冬季在北方温室中，不需要遮光；春、夏、秋三季遮阳 50%~70%。幼苗遮阳 70% 左右。

夏季气温最好不要超过 30℃，并且至少要有 10℃ 以上的昼夜温差。当花芽分化、生长发育时（多为秋冬季），夜温最高不能高于 15℃。否则影响花芽的生长发育，即使已出现的花芽也容易变黄夭折。这也是北方城市中许多人在家中栽培大花蕙兰很少开花的主要原因。冬季白天温度 15~18℃，夜温一般应保持 10℃以上。

大花蕙兰喜肥量较大。从晚春到夏季，每周施用一次含氮肥量高的复合肥料，促进植株的旺盛生长；秋季开始，施用磷、钾含量较高的复合肥；休眠期停止施肥。

掰芽技术是大花蕙兰栽培中一项特有的措施，其原理近似于果树的整枝修剪。即去掉多余的营养芽，集中养分供应主苗的生长。使其在成熟期形成较大的假鳞茎，让假鳞茎贮存更多的养分。以利第二年长出更健壮的新芽、有利于花芽中后期的充分发育生长和开好花。每盆大花蕙兰通常保留 2 ~ 3 枚能开花的健壮苗，并随时掰除所留壮苗基部的侧芽。

2. 大花型附生类原生种简介

（1）独占春 (*Cym. eburneum*)

附生兰花。产于中国广西、海南和云南西部；生于海拔 300~2000m，山谷旁岩石上。印度、缅甸和尼泊尔也有。假鳞茎近梭形，藏于宿存的叶基内。花葶发自叶腋，直立，长 25~40cm；通常 1 花；花较大，白色，有时有粉红色晕；唇瓣白色，有 1 个黄色中央斑块，唇盘上有黄色褶片。有香气。花期 2~5 月。是现代大花蕙兰主要原始亲本之一。

独占春（*Cym. eburneum*）

（2）龙州兰 (*Cym. eburneum* var. *longzhouense*)

附生兰花。独占春的变种。与原种主要区别为唇瓣上有明显的紫红色斑点。花期 4 月。生于疏林中岩石上；海拔 800m。产于中国广西西南部（龙州）。本新变种与独占春相近。以前在育种中作为独占春记载。

（3）长叶兰 (*Cym. erythraeum*)

附生兰花。产于中国贵州中部至西南部、四川西南部、西藏东南部和云南西北部至东南部；生于海拔 1400~2800m，林缘或林中树上或岩石上。不丹、印度、缅甸、尼泊尔也有分布。假鳞茎卵形；花葶发自假鳞茎基部叶鞘内，纤细，近直立，长 40~75cm；具 3~7 朵花；花径 7~8cm；有香气；花绿色，有红棕色条纹和斑点。花期 10 月至翌年 1 月。是现代大花蕙兰原始亲本之一。

（4）越南红柱兰 (*Cym. erythrostylum*)

附生或地生兰花。产于越南中部至南部，海拔约 1500m 处。假鳞茎卵形，长约 6 cm。花葶发自假鳞茎基部叶鞘内，近直立或外弯。长 15~35cm；具 3~12 花；花大形，开展；花色艳丽；无香气；侧萼片近下垂或向下弯。花期 5~7 月。是现代大花蕙兰育种最重要的亲本之一。

（5）金蝉兰 (*Cym. gaoligongense*)

附生兰花。产于越南中部至南部，海拔约 1500m 处。假鳞椭圆状卵形；花葶发自假鳞茎基部叶鞘内，近直立，长 65~100cm；具 8~10 朵花；花直径 7~8 cm；萼片与花瓣绿黄色或橄榄绿，有时有不明显的浅红棕色脉纹；唇瓣黄色而无斑纹或乳白色而有不规则的黄色短条纹与斑点。花期 9~12 月。

（6）虎头兰 (*Cym. hookeranum*)

附生兰花。产于广西、贵州、西藏东南部和云南；生于海拔 1100~2700m，林中树上或沿山谷岩石上。不丹、印度、尼泊尔也有分布。假鳞茎狭椭圆形；花葶发自假鳞茎下部，近直立，长 45~60cm；具 7~14 花；花径 11~12cm；稍有香气；萼片与花瓣绿色；唇瓣白色至乳黄色，有栗色斑点与条纹。花期 1~4 月。是现代大花蕙兰主要原始亲本之一。

（7）美花兰 (*Cym. insigne*)

地生或附生兰花。产于中国海南东部；生于海拔 1700~1900m 处，疏林下腐殖土上或岩缝中。泰国和越南也有分布。假鳞茎卵形或狭卵形；花葶发自假鳞茎基部，近直立，长 28~90cm，稍粗壮；具 4~12 朵或更多的花；花径 6~7cm；无香气；萼片和花瓣白色或稍带粉红色；唇瓣白色，常有浅紫红色斑点与条纹。花期 11~12 月。是现代大花蕙兰育种最重要的亲本之一。

（8）黄蝉兰 (*Cym. iridioides*)

附生兰花。产于中国贵州、四川、西藏东南部、云南；生于海拔 900~2800m，林中树上或岩石上。不丹、印度、缅甸、尼泊尔也有分布。假鳞茎椭圆状卵形。花葶发自假鳞

龙州兰（*Cym. eburneum* var. *longzhouense*）

长叶兰（*Cym. erythraeum*）

茎基部叶鞘内；近直立，长 40~70 cm；具 3~17 花；花径 9~10cm；芳香；萼片与花瓣浅黄绿色，有浅棕色或红棕色纵条纹；唇瓣浅黄色，有红棕色条纹；花期 8~12 月。是现代大花蕙兰主要原始亲本之一。

（9）碧玉兰 (*Cym. lowianum*)

附生兰花。产于中国云南西南部至东南部；生于海拔 1300~1900m，林中树上或岩壁上。缅甸和泰国也有分布。假鳞茎狭椭圆形，花葶发自假鳞茎基部叶鞘内；直立或外弯，长 60~80cm；具 10~20或更多的花。花径 7~9cm；无香气；萼片与花瓣苹果绿色或浅黄绿色，具浅红棕色纵脉；唇瓣浅黄色，中裂片先端边缘有 1个红色至浅栗色的 V形斑块。花期 3~4月。是现代大花蕙兰主要原始亲本之一。

（10）象牙白（马关兰）(*Cym. maguanense*)

附生兰花。产于中国云南马关、麻栗坡。生于海拔 1000~1800m，林中树上。假鳞茎圆筒状卵形；花葶 1~2个，从叶腋发出，近直立，长 20~45cm；具 2~4花；花白色或淡粉红色；有香气；萼片与花瓣背面有时有浅紫色晕；唇瓣中裂片具 1个近矩圆形的黄色中央斑块；花期 10~12月。

（11）大雪兰 (*Cym. mastersii*)

附生兰花。产于中国云南西部至南部；生于海拔 1600~1800m 的林中树上或岩石上。印度、缅甸和泰国也有分布。假鳞茎茎状，长 10~30（100）cm，完全包藏于叶基内；茎中下部出根；偶见基部有分枝生出。总状花序 1~2，生于叶腋，近直立，长 25~45 cm，具 2~10 花；花径 6~6. 5cm，通常不完全开放；白色；有杏的香气；萼片与花瓣背面常带粉红色；唇瓣侧裂片与中裂片上具浅紫红色斑，中裂片基部中央具浅黄色斑块，唇盘上具黄色褶片；花期 10~12 月。是现代大花蕙兰原始亲本之一。

（12）川西兰（红蝉兰）(*Cym. sichuanicum*)

附生兰花。假鳞茎近矩圆形；花葶发自假鳞茎基部，近直立，长 50~70cm；具 10~15 花；花径 6~7cm；稍芳香；萼片与花瓣黄绿

越南红柱兰（*Cym. erythrostylum*）

越南红柱兰（*Cym. erythrostylum*）（特写）

金蝉兰（*Cym. gaoligongense*）（卢树楠　摄）

金蝉兰（*Cym. gaoligongense*）（卢树楠 摄）（特写）

色，有浅紫红色晕，具 9~11 条紫红色纵条纹；唇瓣黄色，有红棕色晕、紫红色纵条纹；唇盘上具 2 条褶片；花期 2~3 月。产四川茂县、汶川。生于海拔 1200~1600m，林中树上或岩石上。本新种与黄蝉兰（*C. iridioides*）相近。以前在育种中作为红蝉记载。

（13）斑舌兰 (*Cym. tigrinum*)

附生兰花。假鳞茎近球形或卵形，强烈压扁，长 3~5cm。有叶 2~4 枚，顶生或近顶生，窄卵圆形，长 15~20cm, 宽 3.5cm, 具明显叶柄。花葶直立或平展，长 10~20cm; 有花 2~5 朵，花径 6~7cm, 萼片和花瓣黄绿色，上面有红褐色晕，基部有紫褐色斑点。唇瓣白色，上面有紫红色斑。花期 3~7 月。生长于岩石上。分布于云南西部，印度东北部和缅甸也有。

虎头兰（*Cym.hookeranum*）

（14）西藏虎头兰 (*Cym. tracyanum*)

附生兰花。产于中国贵州西南部、西藏东南部和云南西南部至东南部；生于海拔 1200~1900m，林中树干上或岩石上。缅甸和泰国也有分布。假鳞茎椭圆状卵形。花葶发自假鳞茎基部的叶鞘内，外弯或近直立，粗壮，长 65~100cm；具 10 朵花以上；花径 13~14cm；芳香；萼片与花瓣浅黄绿色至橄榄绿色，有多条暗红棕色脉和不规则斑点；唇瓣浅黄色至乳黄色，有暗红棕色脉和斑点；花期 9~12 月；果期翌年 10~12 月。是现代大花蕙兰主要原始亲本之一。

（15）文山红柱兰 (*Cym. wenshanense*)

附生兰花。产于中国云南马关、文山；生于海拔 1200m 林中树上。越南也有分布。假鳞茎卵形；花葶发自假鳞茎基部，长 24~39cm，外弯；具 3~7 花；不完全绽开；通常有香气；萼片与花瓣白色，背面常稍有浅紫红色晕；唇瓣白色，有暗紫色或浅紫褐色条纹和斑点；蕊柱上部紫红色。花期 2~3 月。

虎头兰（*Cym. hookeranum*）（特写）

美花兰（*Cym. insigne*）

美花兰（*Cym. insigne*）（特写）

黄蝉兰（*Cym. iridioides*）（何兵　摄）

象牙白（*Cym. maguanense*）（陈蓉　摄）

象牙白（*Cym. maguanense*）（特写）

碧玉兰（*Cym. lowianum*）（曾玉冰　摄）

大雪兰（*Cym. mastersii*）（李茜茜　摄）

大雪兰（*Cym. mastersii*）（特写）(李茜茜　摄)

斑舌兰（*Cym. tigrinum*）(余大鹏　摄)

川西兰（*Cym. sichuanicum*）

文山红柱兰（*Cym. wenshanense*）
（廖开旭　摄）

西藏虎头兰（*Cym. tracyanum*）(刘先贵　摄)

3. 大花蕙兰（大花型附生类杂交种品种）

现代大花蕙兰具有大花、中花、小花和垂花等多种类型的优良品种群。其商品化生产和育种非常发达，进行了大量的属内种间、杂交种品种间的多代杂交。参与其育种的亲本几乎包括了本属中大部分原生种。培育出大量优良品种，在世界各地广为栽培，是世界五大商品兰花之一。 在我国大陆地区先后引进的品种近 1000 个。国内的新品种培育工作十分落后，有待大力加强。大花蕙兰在我国元旦和春节花卉市场上占有极其显要地位，几乎有一半的盆花是各种各样的大花蕙兰。年成品花销售量达 200 万盆左右。

Cym. Beauty Sound 'Lady'

Cym. Keep Fresh'Quality'

Cym. 'Spring window'（邓莲　摄）

白雪姬 (*Cym.* Clear Voice 'Shirayukibime')

黄金小神童 (*Cym.* Golden Elf 'Sundust')

大金星 (*Cym.* Happy Moon 'Daikinboshi')

Cym. Cantern（邓莲　摄）

Cym. Khai Sarah's Star ‘Au Revoir’

Cym. Miake ‘Pieta’

Cym. Moning Moon ‘Great Tiger’

Cym. Sweet Shower 'Little Candy'

Cym. Ruby Sarah 'Gem Stone'

月牙（*Cym.* Lovly Moon 'Crescent'）

Cym. Spring Harp 'Patricia'

Cym. Che's Ruby 'Tian Mu'

Cym. Energy Star 'Impulse'

Cym. Nuchi Yellow（邓莲　摄）

3 热带附生小花种群

小花型热带附生类中的多数种已经参与了大花蕙兰中垂花品系的育种工作。并且已培育出许多优良的品种流行于世界各国。这些垂花大花蕙兰品种在我国深受消费者欢迎。下垂花品系的育种工作目前主要在美国和日本开展得比较多。在我国销售的商品垂花品种主要来自日本向山兰园。

栽培：参考附生大花原生种及杂交种的栽培方法。

常见种类：

（1）纹瓣兰 (*Cym. aloifolium*)

产于广东、广西、贵州、云南。生于海拔 100~1100m 疏林中，光线比较充足的地方，附生于树干或岩石上。孟加拉国、柬埔寨、印度、印度尼西亚、老挝、马来西亚、缅甸、尼泊尔、斯里兰卡、泰国和越南也有。假鳞茎卵圆形，两侧压扁长 6~9cm。叶 4~6 枚，厚革质，带形，长 40~100cm，宽 2~4.5cm；花葶发自假鳞茎基部叶鞘内，下垂，长 20~80cm，有花 25~48 朵。

（2）椰香兰 (*Cym. atropurpureum*)

产于印度尼西亚、马来西亚、菲律宾和泰国。生于海拔 0~2200 m，多见于低地森林的树上，偶尔见于岩石上。假鳞茎卵形，长 10cm。叶 7~9 枚，带形，长 50~120cm，宽 1.5~4cm。花葶发自假鳞茎基部叶鞘内，外弯或下垂，长 28~75cm，有花 7~33 朵。通常有强烈椰香味。花期 3~5 月。

（3）二色兰 (*Cym. bicolor*)

产于斯里兰卡和印度南端。附生于海拔 0~1500m 处树上。假鳞茎长卵圆形，长 4~5cm。叶 4~7 枚，带形，长 30 ~ 90cm，宽 0.8~2.7cm。花葶发自假鳞茎上部叶鞘腋内，外弯，长 26~31cm；有花 9~18 朵。花期 3~6 月。

（4）沟叶兰 (*Cym. canaliculatum*)

产于澳大利亚，生于海拔 0~1000m 的干旱地区的（桉树等）树干上。假鳞茎长卵圆形，长 12cm。叶 3~4 枚，带形，具纵沟，长 15~65cm，宽 1.5~4cm。花葶发自假鳞茎上部叶鞘腋内，外弯或平展，长 15~65cm；有花 20~60 朵。花期 8~12 月。

（5）冬凤兰 (*Cym. dayanum*)

产于中国福建、广东海南、广西、云南和台湾。附生于海拔 300~1600m 处林中树干上或溪边岩石上。柬埔寨、印度、印度尼西

纹瓣兰（*Cym. aloifolium*）

椰香兰（*Cym. atropurpureum*）

二色兰（*Cym. bicolor*）

沟叶兰（*Cym. canaliculatum*）

冯氏兰（*Cym. finlaysonianum*）

冯氏兰（*Cym. finlaysonianum*）（特写）

冬凤兰（*Cym. dayanum*）

亚、日本、老挝、马来西亚、缅甸、菲律宾、泰国和越南也有分布。假鳞茎近纺锤形，少两侧压扁，长 2~5cm，包藏于宿存的叶基内。叶 4~9 枚，带形，长 32~60cm，宽 0.7~1.3cm，纸质。花葶发自假鳞茎基部叶鞘内；长 18~35cm，外弯或近下垂；有花 5~9 朵。花径 4~5cm。花期 8~10 月。

（6）冯氏兰 (*Cym. finlaysonianum*)

产于柬埔寨、印度尼西亚、马来西亚、菲律宾、泰国和越南。附生于海拔 0~300m 树林或次生林树上，常见于海岸地区。假鳞茎卵形，长 8cm，叶 4~7 枚，带形，长 50~100cm，宽 2.7~6cm。花葶发自假鳞茎基部叶鞘内；下垂，长 20~140cm，有花 7~26 朵。花期 6~10 月或全年。

（7）多花兰 (*Cym. floribundum*)

附生或极罕为地生兰。产于中国重庆、福建、广东、广西、贵州、湖北、湖南、江西、四川、台湾、云南西部至东南部、浙江。生于海拔 100~3300m 的林中树上或岩石上。假鳞茎近卵形。花葶发自假鳞茎基部的叶鞘内，通常稍外倾，长 16~35cm；密生 15~40 花；花直径 3~4cm；萼片与花瓣浅红棕色或偶见浅绿黄色；唇瓣白色，有淡紫红色斑。花不香或略有香气。花期 4~8 月；果期翌年 7~9 月。是现代大花蕙兰早期原始亲本之一。

（8）兔耳兰 (*Cym. lancifolium*)

半附生。产于中国浙江、福建、湖南、广东、海南、广西、四川、贵州、云南、西藏和台湾；生于海拔 300~2200m 处林下和溪谷旁的岩石上、树上或地上。喜马拉雅至东南亚和日本及新几内亚均有分布。假鳞茎近扁圆柱形或窄梭形。叶 2~4 枚，近顶生，倒披针形，长 6~17cm，基部收窄为叶柄，叶柄长 3~18cm。花葶侧生，直立，长 8~20cm；总状花序，有花 2~6 朵；花直径 3~4cm，白色至淡绿色，有紫栗色中脉；唇瓣上有紫栗色斑，稍 3 裂；唇盘上有 2 条纵褶片。花期 5 月。常见有栽培。未见杂交育种报道。尚未开发。

（9）硬叶兰 (*Cym. mannii*)

产于中国广东、广西、贵州、云南和香港。附生于海拔 100~1100m 处林中树干上或溪边、山谷岩壁上。孟加拉国、印度、柬埔寨、印度尼西亚、老挝、马来西亚、缅甸、尼泊尔、斯里兰卡、泰国和越南也有分布。假鳞茎卵圆形，两侧压扁长 6~9cm。叶 4~6 枚，带形，厚革质，长 40~100cm，宽 2~3.5cm，花葶发自假鳞茎基部叶鞘内，下垂，长 20~80cm，有花 25~48 朵。花期 4~5 月。

（10）少叶硬叶兰 (*Cym. paucifolium*)

产于中国云南南部。附生于树干上。假鳞茎狭卵圆形，稍两侧压扁，长 7~8cm，宽 4~5cm。叶 2~4 枚，带形，厚革质，长 33~64cm，宽 3~4.7cm。花葶发自假鳞茎基部的叶鞘内，下垂，长 25~40cm；有花 6~11 朵；花径约 4cm，暗紫红色或黑紫色，稍有香气。花期 10~11 月。

（11）果香兰 (*Cym. suvaissimum*)

附生或为地生兰。产于中国贵州和云南；生于海拔 700~1100m 处。缅甸和越南也有。该种与多花兰（*Cym. floribundum*）形态十分相近，但叶较软，宽达 2~3cm，基部有紫色晕；花红褐色，常在 50 朵以上，有水果香味。花期 7~8 月。栽培历史较短，尚未充分开发。

兔耳兰（*Cym. lancifolium*）

多花兰（*Cym. floribundum*）

果香兰（*Cym. suavissimum*）

硬叶兰（*Cym. mannii*）

少叶硬叶兰（*Cym. paucifolium*）

狗兰属
Cynorkia

地生兰花，偶有附生。全属约125种。分布于马达加斯加岛、科摩罗群岛和非洲大陆。块根1~2枚，球形，或有丛生的肉质根。叶1到数枚，基生。茎、子房和萼片常常有腺毛。花序顶生，不分枝，有花1到多朵。花粉红色、洋红色或紫红色，偶有白色、黄色或橘红色；背萼片和花瓣形成盔帽状；侧萼片伸展开；唇瓣不裂或3裂、5裂，距生于基部，通常比萼片和花瓣长许多。

栽培：中温温室栽培。用含腐殖质丰富的粗颗粒腐叶土或泥炭土浅盆种植。要求盆土排水和通气良好。中等荫蔽环境，北方温室生长时期的遮阳量60%~70%。植株开花后地上部分干枯死亡，此时开始应保持干燥。土壤中的块茎可以保存在原盆中，亦可以取出储存在装有微潮沙土盆中。次年待新芽萌动时再重新种植。

常见种类：

狗兰（*Cynorkia lowiana*）

叶1枚，线状披针形，长13cm，宽1.6cm。花序长7~12cm，有花1~2朵。萼片和花瓣绿色染有粉红色。唇瓣3裂，长27mm，宽22mm，洋红色，中部有深红色斑块；侧裂片椭圆形，中裂片2裂；距绿色，细长，长25~45mm。生于常绿林下，或生满苔藓的岩石上。该种有一个古老的杂交种*Cynorkia Kewensis*（*Cynorkia lowiana* × *Cynorkia calanthoides*）1903年登录。

狗兰（*Cynorkia lowiana*）

Cynorkia sp.

杓兰属

Cypripedium(*Cyp.*)

世界著名的温带（高山）地生兰，具匍匐的根状茎。全属约50种，主要分布于东亚、北美、欧洲等温带地区和亚热带山地，向南可达喜马拉雅地区和中美洲的危地马拉。我国有32种。广布于东北地区至西南山地和台湾高山。绝大多数种类可供观赏。根状茎短粗或伸长。茎直立，叶2至数枚，基生或着生于茎上，对生或呈螺旋状排列，光滑或被柔毛。叶片通常椭圆形至卵形，较少心形或扇形，具折扇状脉、放射状脉或3~5条主脉，有时是黑紫色斑点。花序顶生，通常具单花，少数具2~3花，极罕具5~7花。花大，通常较美丽；中萼片较大，2片侧萼合生，有时顶端分离，极罕离生。花瓣形状多样，扭转或不扭转。唇瓣大而显著，呈空囊状，上面中央至基部有一口，上边缘内卷。蕊柱短，能育雄蕊2枚，生于退化雄蕊背面、蕊柱的两侧；花粉粒状，不粘合成花粉块；退化雄蕊呈各种形状，常位于唇瓣的口部；柱头面多隆起，稀凹陷。

杂交育种：杓兰的花与兜兰十分相似。我国原产的种类多、资源丰富，在引种和杂交育种的基础上，选出花大而美丽、适应性强的新品种。在我国夏季冷凉地区培育该类兰花很有发展潜力。该属中有不少天然杂交种，如东北杓兰；在日本和欧美已出现许多属内种间的人工杂交种，并选出不少优良品种。

尚未见属间杂交种登录。

至2012年已选育出237种属内杂交种，如 :*Cyp.* Michael（*Cyp. macranthos* × *Cyp. henryi*） 1998年登录。

栽培：该属植物分布区域广，生境条件差异大，总体而言，多原产于亚热带高山或温带高纬度地区，因此具有高山或亚高山植物习性，喜欢夏季冷凉，昼夜温差大的生长环境，冬季低温期地上部分死亡，休眠期长达数月。不同种对栽培环境条件的要求有较大差别，如有的种类喜欢酸性土质，有的喜欢石灰质丰富的碱性土壤，栽培时要根据具体种类的自然习性而定。因此，在引种时，应先了解该植物原生境的各种环境因素，然后创造或选择相似的生长环境，这样才容易栽培成功。

杓兰生长期喜欢有充足的水分和稍高的湿度。多数喜欢半阴环境、腐殖质丰厚、又排水良好的栽培基质。种植之前土壤中应施用一些有机肥。通常秋末植株地上部枯萎2~3周后，进行移植、分株和栽种。根状茎栽植深度15~20cm，根系应均匀水平散布在土壤中。植株开花后，叶片开始变黄、逐渐枯萎时，应减少浇水，降低温度。从植株休眠开始，至翌年春季新芽长出地面期间，土壤应保持适当的干燥或微潮。一般来说，大部分杓兰种类在温带地区的花园中是耐寒的，冬季可以在严寒地区露地越冬。少数其他种类如：*C. formosanum* 和 *C. japonicum* 等最好在高山温室中种于盆中以避免受到过于寒冷的低温或冬雨的伤害。

近年来，国际市场上已出现较多的通过种子无菌播种的原生种种苗供应，并培育出许多新的杂交种，尤其在德国。

常见种类：

黄囊杓兰（*Cyp. calceolus*）

分布于中国吉林、黑龙江、内蒙古等地。生于海拔500~1000m的林下、林缘、灌木丛中或林间草地上。日本、朝鲜、韩国、西伯利亚至欧洲也有。植株高20~45cm，具较粗壮的根状茎。茎直立，具3~4枚叶。叶椭圆形，长7~16cm，宽4~7cm。花序顶生，具1~2花；花具栗色或紫红色萼片和花瓣，但唇瓣黄色；中萼片卵形或卵状披针形，长2.5~5cm，宽8~15mm，先端渐尖；合萼片与中萼片相似，先端2浅裂；花瓣线形，长3~5cm，宽4~6mm，扭转；唇瓣深囊状，椭圆形，长3~4cm，宽2~3cm。花期6~7月。宜选北温带林下小气候比较潮湿、凉爽的地方种植。

黄囊杓兰（*Cyp. calceolus*）（特写）

黄花杓兰（*Cyp. flavum*）

产中国的甘肃、湖北、四川、云南和西藏。生于海拔1800~3450m林下、林缘、灌丛中或草地中多石湿润之地，植株通常高30~50cm，具粗短的根状茎。茎直立，具3~6枚叶。花序顶生，通常具1花；花黄色，有时有红晕，唇瓣上偶见栗色斑点；中萼片椭圆形，长3~3.5cm，宽1.5~3cm；合萼片宽椭圆形，长2~3cm，宽1.5~2.5cm；花瓣长圆形，长2.5~3.5cm，宽1~1.5cm；唇瓣深囊状，椭圆形，长3~4.5cm，两侧和前沿均有较宽阔的内折边缘。

绿花杓兰（*Cyp. henri*）

产于中国的甘肃、山西、湖北、四川、贵州和云南。生于海拔800~2800m处，疏林或有灌木的山坡上湿润和腐殖土丰富的土壤上。高30~60cm，有粗壮的根状茎。茎直立，有叶4~5枚。叶椭圆形至卵状披针形，长10~18cm，宽6~8cm。花序顶生，有花2~3朵；花绿色或淡绿黄色，直径6~7cm；中萼片卵状披针形，长3.5~4.5cm，宽1~1.5cm；合萼片与中萼片相似，先端2裂；花瓣线状披针形，长4~5cm，宽5~7mm；唇瓣深囊状，椭圆形，长2cm，宽1.5cm，囊口较小；退化雄蕊椭圆形或卵状椭圆形。花期4~5月。

扇脉杓兰（*Cyp. Japonicum*）

产于中国的陕西、甘肃、安徽、浙江、江西、湖北、湖南、四川和贵州；生于海拔1000~2000m处，林下湿润腐殖质丰富的土壤上，或沟谷旁荫蔽山坡上。高35~55cm，具纤细的匍匐根状茎。茎直立。叶2枚，近对生，扇形，具辐射脉，长10~16cm，宽10~20cm。花序顶生，具1花；花直径9~10cm，俯垂；萼片和花瓣黄绿色，基部有紫色斑点，唇瓣淡黄绿色至带白的粉红色，多少具红色斑点和脉纹，深囊状，椭圆形，长4~5cm，宽3.5cm，囊口顶端有强烈的沟槽；退化雄蕊椭圆形，长1cm。花期4~5月。

大花杓兰（*Cyp. macranthum*）

产于黑龙江、吉林、辽宁、内蒙古、河北、山东和台湾。生于海拔400~2400m的林下、林缘或草坡上腐殖质丰富和排水良好之地。日本、朝鲜、韩国和俄罗斯也有分布。植株高25~50cm，具粗短的根状茎。茎直立，具3~4枚叶。叶片椭圆形，长10~15cm，宽6~8cm。花序顶生，具1花；花大，紫色、红色、白色或粉红色，有暗色脉纹；中萼片椭圆形，长4~5cm，宽2.5~3cm；合萼片卵形，长3~4cm，宽1.5~2cm；花瓣披针形，长4.5~6cm，宽1.5~2.5cm；唇瓣深囊状，近球形，长4.5~5.5cm；花期6~7月。

西藏杓兰（*Cyp. tibeticum*）

产于中国的甘肃、四川、贵州、云南、西藏。生于海拔2300~4200m的透光林下、林缘、灌木坡地、草坡或乱石地上。不丹和印度尼西亚也有分布。株高15~35cm，

黄花杓兰（*Cyp. flavum*）

绿花杓兰（*Cyp. henri*）

扇脉杓兰（*Cyp. japonicum*）

大花杓兰（*Cyp. macranthos*）

具粗壮、较短的根状茎。茎直立，具3枚叶。叶片椭圆形，长8~16cm，宽3~9cm。花序顶生，具1花；花大，俯垂，紫色、紫红色或暗栗色，花瓣上的纹理尤其清晰，唇瓣的囊口周围有白色或浅色的圈；中萼片椭圆形，长3~6cm，宽2.5~4cm；合萼片与中萼片相似；花瓣披针形，长3.5~6.5cm，宽1.5~2.5cm；唇瓣深囊状，长3.5~6cm，外表面常皱缩。花期5~8月。

东北杓兰(*Cyp.*× *ventricosum*)

此种是黄囊杓兰(*Cyp. calceolus*)×大花杓兰(*Cyp. macranthum*)的种间杂交种。产中国黑龙江西北部和内蒙古东北部大兴安岭；俄罗斯和朝鲜也有分布。株高50cm。茎直立，叶3~5枚。花序顶生，通常2花；花红紫色、粉红色至白色；花瓣通常多少扭转；唇瓣深囊状，椭圆形或倒卵状球形。花期5~6月。

丽江杓兰(*Cyp. lichiangense*)(金效华 摄)

紫点杓兰(*Cyp. guttatum*)

华西杓兰(*Cyp. farreri*)(金效华 摄)

西藏杓兰(*Cyp. tibeticum*)

东北杓兰(*Cyp.*× *ventricosum*)

离萼杓兰(*Cyp. plectrochilum*)(程瑾 摄)

山西杓兰（*Cyp. shanxience*）

暖地杓兰（*Cypripedium subtropicum*）（金效华　摄）

云南杓兰（*Cyp. yunnanense*）（金效华　摄）

白花大花杓兰（*Cyp. macranthos* var. *alba*）

宽口杓兰（*Cyp. wardii*）（金效华　摄）

无苞杓兰(*Cyp. bardolphianum*)(程瑾　摄)

凸唇兰属

Cyrtochilum

附生或地生兰花。全属约 120 种，产于哥斯达黎加、玻利维亚、委内瑞拉、波多黎各、牙买加。生于高海拔冷凉地区或中海拔山区森林中。植株大型，常绿，假鳞茎扁平，纺锤形到卵形，呈丛状密集生长或疏生，顶部生有数枚长长的叶片。花茎从假鳞茎基部生出，直立、斜生或呈拱形，分枝或不分枝，很长，常呈藤状环绕在植株上。花序上有多数小或大型的花朵，花常常十分美丽，黄色、褐色或紫色，花朵大小变化甚大。萼片宽大开展，边缘呈波状，花瓣通常小于萼片。呈箭状的唇瓣 3 裂或不裂，该属植物的唇瓣远小于文心兰（*Oncidium*）的唇瓣，并且具有一条脊和基部的胼胝体。蕊柱短，直立，并有翅状物。

杂交育种：至 2012年该属已有属间和属内杂交种共 172个（属内杂交种 29个）。如：*Cyrtochilum* Aba（*Cyrtochilum edwardii* ×*Oncidium* Queen Ale×andra）登录时间 1916。*Cyrtochilum* Auriferum（*Cyrtochilum* McBeanianum × *Cyrtochilum macranthum*）登录时间 1955。*Cyrtochilum* Sylvia Budd（*Cyrtochilum falcipetalum* × *Cyrtochilum macranthum*）登录时间 1987。*Cyrtochilum* Anita de Cordero（*Cyrtochilum serratum* × *Cyrtochilum pastasae*）登录时间 2009。*Brassochilum* Carajito（*Brassia neglecta* × *Cyrtochilum annulare*）登录时间 1988。*Otoglochilum* Rustic Ballet（*Otoglossum coronarium* × *Cyrtochilum edwardii*）登录时间 2005。

栽培：可参照文心兰的栽培方法种植。

凸唇兰 (*Cyrtochilum annulare*)

豹斑凸唇兰（*Cyrtochilum pardinum*）

大花凸唇兰（*Cyrtochilum macranthum*）

肉果兰属
Cyrtosia

腐生兰。分布于东南亚和东亚，西至斯里兰卡和印度。全属 5 种，我国有 3 种，腐生草本。根状茎较粗厚，生有肉质根和膨大的块根。茎直立，肉质，黄褐色至红褐色。无绿叶。总状花序或圆锥花序顶生或侧生，具数朵花。花中等大，不完全开放；萼片与花瓣靠合；唇瓣直立，不裂，无距。果实肉质，不开裂。

腐生兰类栽培困难，未见栽培相关报道。

常见种类：

血红肉果兰（*Cyrtosia septentrionalis*）

产于中国安徽、浙江、河南和湖北。生于海拔 1000~1300m 林下。植株较高大，根状茎粗壮，近横走。茎直立，红褐色，高 30~170cm。花序顶生或侧生，具 4~9 花；花黄色，多少带红褐色；萼片椭圆状卵形，长 2cm；花瓣与萼片相似；唇瓣近宽卵圆形，短于萼片。果肉质，血红色，长 7~13cm，直径 1.5~2.5cm。花期 5~7 月，果期 9 月。

血红肉果兰（*Cyrtosia septentrionalis*）（李潞滨　摄）

玫瑰石斛（*Den.crepidatum*）

达尔文兰属
Darwinara(Dar.)

附生兰类。该属是1980年登录的 *Ascocentrum* × *Neofinetia* × *Rhynchostylis* × *Vanda* 四属间的人工属，以著名的生物学家达尔文（Charles Darwin）命名的。该属在株型和花形上与风兰(*Neofinetia*)十分相似，植株和花均较风兰大。是一类中小型的附生盆栽兰花。植株较小，花相对较大，其艳丽的蓝色花甚受人喜爱。

杂交育种： 至 1997年已经有 5个杂交种登录出现。最早登录的是 *Rumrillara* Rosyleen × *Ascda.* Rumrill。三属间的人工属 *Rumrillara*（*Ascocentrum* × *Neofinetia* × *Rhynchostylis*）与二属间的人工属 *Ascocenda*（*Ascocentrum* × *Vanda*）交配，便产生了四属间的人工属 *Darwinara*（*Dar.*）。

至 2012年该属以母本作杂交的种约有 6个，以父本作杂交的种有1个。如：*Dar.* Blue Valley（*Dar.* Walnut Valley × *Ascocenda* Blue Sky）登录时间 2011。*Mendelara* Pauka'a Pearl（*Dar.* Fuchs Cream Puff × *Holcoglossum subulifolium*）登录时间 2003。*Himoriara* Taida Blue Star（*Dar.* Charm × *Phalaenopsis pulcherrima*）登录时间 1997。*Dar.* Rainbow Stars（*Neofinetia falcate* × *Dar.* Charm）登录时间 2009。

栽培： 可参照风兰或鸟舌兰的栽培方法种植。适合用苔藓、树皮块等基质中小盆栽种。根部要透气和排水良好。旺盛生长时期保证有充足的水分，1~2 周施用一次复合肥料；遮阳 50% 左右。北方温室栽培，若冬季温度低，可以适当减少浇水、停止施肥、冬季温室不遮阳。

达尔文兰‘蓝星’（*Dar.* Carm ‘Blue Star’）

达尔文兰‘红姬’（*Dar.*（*Neof. falcata* × *Dar. charm*）‘Benihime’）

达尔文兰‘紫姬’（*Dar.* ‘Murasakihime’）

石斛属
Dendrobium(*Den.*)

附生兰花。该属是兰科中最大的属之一，全世界有1000多个原生种。广泛分布于亚洲和大洋洲的热带和亚热带地区，包括太平洋上的一些热带岛屿。我国有原生种74个和2个变种；产于秦岭以南诸省区，尤以云南南部为多。

假鳞茎丛生，直立或下垂，呈圆柱形，不分枝或少数分枝，具多节，肉质。总状花序或有时伞形花序，生于假鳞茎中上部的节上；具少数或多数花；花小至大。

在世界花卉园艺中，石斛占有十分重要的地位，是世界五大商品观赏兰花之一。

杂交育种：至2012年该属以母本作杂交的种有11767个，以父本作杂交的种有11763个。如：*Dendrogeria* Mistique（*Den.* Ellen × *Flickingeria comata*）登录时间1988。*Phalaenopsis* Jacob Zuma（*Den.* Hsinying Canary × *Phalaenopsis* Hsinying Maki）登录时间2012。*Den.* 100th Battalion（*Den.* Taurus × *Den. lineale*）登录时间1947。*Bulborobium* Chitchote（*Bulbophyllum putidum* × *Den.* Anucha Flare）登录时间2006。

除原生种外，大量作商品花卉的主要有秋石斛和春石斛两大类。

1 原生种石斛

原生种石斛种类繁多，分布十分广泛，各产地的生态环境和气候变化较大。为栽培好不同种的石斛，应认真的了解各原生种所处的原生环境条件，参照秋石斛和春石斛的栽培管理方法进行栽培。其中尤其值得注意的是分布在热带高山区的常绿种石斛，它们需要栽植在高山型低温温室。现介绍一些我国产的原生种石斛和世界各地常见栽培的原生种石斛。

钩状石斛（*Den. aduncum*）

产于中国广东、广西、贵州、海南、湖南、云南；附生于海拔700~1000m林中树干上。不丹、印度、缅甸、泰国、越南也有分布。茎下垂，圆筒形，长50~100cm，粗2~5mm。叶多枚，长7~10cm，宽1~3.5cm。总状花序数个，疏生1~6花；萼片长1.6~2cm，萼囊坛状，长约1cm。花期5~6月。

亚历山大石斛（*Den. alexandrae*）

原产于巴布亚新几内亚的东北部海拔900~1100m的森林中。最高温度33℃，最低温度6℃。株高8~12cm，假鳞茎长5~7cm。叶片革质，椭圆形，长10~15cm。花序长25cm，有花3~7朵，花序从茎顶部生出。花径5~8cm。花瓣边缘波状，萼片向内弯，白色唇瓣3裂，花上有深紫色斑点和条纹。

钩状石斛（*Den. aduncum*）

亚历山大石斛（*Den. alexandrae*）

紫晶舌石斛（*Den. amethystoglossum*）

产于菲律宾吕宋岛。生于海拔较高的地方。常年需要较高湿度；冬季为休眠期，要保持基质稍干。花茎从假鳞茎顶部生出，花序下垂，长 10~15cm，有花 15~25 朵。花芳香。花径 3~3.8cm。花象牙白色，唇瓣紫水晶色。花期冬季，可以开放 3~4 周。

华丽石斛（檀香石斛）（*Den. anosmum*）

分布广泛，从菲律宾到巴布亚新几内亚。生长在海拔 0~1300m 的山林中。假鳞茎长 100~300cm，茎干圆柱形，下垂。叶披针状椭圆形，长 12~18cm，肉质，有光泽。花序短，从假鳞茎的节点处伸出。每花序上着花 1~2 朵，花径 7~10cm；从深玫瑰红色到淡紫色，花瓣宽，萼片窄，两者颜色一致。唇瓣喉部有深紫色的斑纹。有强烈的宜人香味。凉爽和干旱有利于开花。花期持续 3 周。

羊角石斛（*Den. antennatum*）

分布于巴布亚新几内亚及临近的岛屿，沿海低海拔的森林十分常见。海拔 0~1200m 处都有植株分布，海拔 150m 处最为常见。假鳞茎长 20~130cm，圆柱形，基部膨大，丛生，弯曲，下垂。有 10~14 枚叶片着生上半部；茎顶部生出 1~3 个直立或拱形的总状花序，长 20~30cm；每花序上着花 8~15 朵；花径 4~5cm。芳香。花期持续 6 个月。花瓣浅绿色，线形，长 5~8cm，扭曲。萼片通常为白色或白中略微透些浅绿色；唇瓣白色，有紫色或黄色的条纹。

兜唇石斛（*Den. aphyllum*）

产于中国的广西、贵州、云南；生于海拔 400~1500m处疏林树干上或岩石上。印度、尼泊尔、缅甸、泰国、老挝、越南、马来西亚等地也有分布。假鳞茎长 30~60cm，纤细、下垂。叶长 10~13cm，披针形到卵形，靠近茎干顶端，纸质，落叶。花序短，从上一年无叶的茎干上长出，花序多。每花序上着花 1~3朵，花径 3~5cm；萼囊圆锥形，长约 3mm；唇瓣长 2.5cm，喇叭状。有浓郁的紫罗兰香气。

矮石斛（*Den. bllatulum*）

产于中国的云南东南部和西南部，生长在海拔 1200~2100m 处，

紫晶舌石斛（*Den. amethystoglossum*）

兜唇石斛（*Den. aphyllum*）

华丽石斛（*Den. anosmum*）

羊角石斛（*Den. antennatum*）

Den. alaticaurinum 'Milky Way'

白花华丽石斛（*Den. anosmum* var.*alba*）

Den. albosanguineum

矮石斛（*Den. bellatulum*）

生于疏林中树干上。印度东北部、缅甸东南部、泰国北部、越南等地都有分布。假鳞茎长2.5~8.0cm，紧密丛生，表面被黑色茸毛。有叶2~4枚，叶长3~6cm，革质；落叶；叶片背面被黑毛。花序短，着花1朵，偶尔2~3朵。花期长，花径3.8~4.6cm。萼片和花瓣雪白，带有绿色的条纹。唇瓣白色基部黄色，尖端有粉色或紫红色的斑点，侧裂片朱红色，端部是明亮的橘红色。花傍晚时略微芳香。全年除12月外，每月开花。

二镰状裂石斛（*Den. bifalce*）

产于澳大利亚、巴布亚新几内亚、帝汶岛、所罗门群岛等地。在海拔0~1000m处都有分布。生长在高大的树木上或其他阳光充足的地方。在潮湿的热带稀树草原、开阔的雨林地区、光照强烈的海岸沿线也有植株生长。假鳞茎长13~30cm，中部最粗，基部锥形，茎干亮黄色，丛生。每假鳞茎上有叶2~4枚，叶长15cm，革质，绿色，椭圆形，叶片直立。花序长25~40cm，直立，从叶基部的节点下面生出。每花序上着花6~12朵，蜡质，花径1.5~2.5cm，大小和颜色变化多样。萼片和花瓣黄色或绿色，带有深紫色、棕色或栗色的斑点。唇瓣白色、浅黄褐色或黄绿色，在中裂片上带有褐紫色的斑纹。花期长。

Den. amabile cv.

拜氏石斛（*Den. becklcri*）

拜氏石斛（*Den. becklcri*）（特写）

长苞石斛（*Den. bracteosum*）

分布于巴布亚新几内亚低海拔至海拔700m处。生长在森林中树上，或雨林低地接近于地面的红树林中。假鳞茎长20~40cm，直立或者下垂。有叶6~8枚，叶长4~8cm，叶片狭窄，落叶。浓密的丛生花朵从茎干的节点处生出，花序短，花的苞片很大。每花序上着花3~10朵，花径1.3~2.5cm，不完全开放。花芳香。花期长，持续5~6个月。秋季开花最为旺盛。萼片和花瓣白色、绿色、黄色、玫瑰色、粉色、紫色或深红色，唇瓣红色到橘红色。花大小和颜色变化多样。

长苞石斛（*Den. bracteosum*）

长苏石斛（*Den. brymerianum*）

产于中国的云南东南部至西南部；附生于海拔1100 ~ 1900m疏林中树干上。老挝、泰国也有分布。假鳞茎长20~50cm，圆柱形，直立，中部有2个肿胀的节点。有叶6枚生于顶部，叶长10~15cm，椭圆形到披针形，革质，落叶。花序从茎的上部节处生出，长10cm。每花序上着花1~5朵，花径5.0~7.5cm。金黄色的花瓣和萼片大小相等。唇瓣金黄色或深橘红色，边缘有流苏，流苏长1cm，有分叉。花期6~7月，较短。芳香。

布冷石斛（*Den. bullenianum*）

产于萨摩亚群岛西部和菲律宾，生于海拔60m以下森林中树干上。假鳞茎长25~60cm，细长，直立、肉质。叶长10~15cm，椭圆形，革质，落叶。总状花序紧密，从无叶茎干的节处长出，长6cm。每花序上着花24~36朵，花径2cm，蜡质，亮黄色到琥珀色带有红色到紫红色的斑纹。花瓣和唇瓣上的斑纹更为明显。

布冷石斛（*Den. bullenianum*）

短棒石斛（*Den. capillipes*）

分布于中国云南南部；附生于海拔 900~1450m 处常绿阔叶林中树干上。印度东北部、泰国、越南、缅甸也有分布。假鳞茎长 5~15cm，肉质，近于纺锤形，丛生。有叶 3~5 枚，叶长 8~15cm，披针形，叶薄，革质，落叶。花序短而挺直，从无叶的假鳞茎上部的节处长出，长 8~15cm。每花序上着花 1~4 朵，花径 2.5~4.0cm。无香味。狭窄的萼片和圆形的花瓣从亮金黄色到橘黄色，宽阔的、圆形的花瓣遮盖了侧萼，唇瓣长 2cm，圆形，颜色比萼片和花瓣深，边缘有小锯齿，喉部有大的金黄色的圆盘和红色的斑纹。花期 3~5 月，可开几周。

翅萼石斛（*Den. cariniferum*）

产于中国云南东部至西南部海拔 1100~1700m 处；附生于山地林中的树干上；印度东北部、缅甸、泰国、老挝、越南也有。株高约 25cm，假鳞茎肉质，圆柱形或纺锤形，长 10~28cm。叶革质，长圆形或舌状长圆形，长达 11cm。总状花序从茎近顶端生出，常具花 1~2 朵。花径 3.8cm，质地厚，具香气，萼片浅黄色，萼囊圆锥形，花瓣白色；唇瓣喇叭状，3 裂，侧裂片橘红色，中裂片黄色，唇瓣橘红色。花期 3~4 月。芳香。

黄石斛（*Den. catenatum*）

产于中国长江流域以南及台湾；日本也有分布。附生长在海拔 300~1200m 的山地林中树干上或岩石上。假鳞茎常密集丛生，圆柱形，细长，可达 40cm，直立或下垂。有叶数枚，长 6cm，宽 2.5cm，冬季落叶，有时保持 2 年。总状花序

短棒石斛（*Den. capillipes*）

二镰状裂石斛（*Den. bifalce*）（张炳生　摄）

长苏石斛（*Den. brymerianum*）

博曼石斛（*Den. bowmanii*）

较短，从2年生或老的假鳞茎中部节上生出2至数个花序。每花序有花3~5朵，花直径3cm。春季开花。花期长，可开数周。

束花石斛（*Den. chrysanthum*）

分布于中国的广西、云南、贵州。附生于海拔700~2500m处山林中树干上。印度、缅甸、泰国、老挝、越南也有分布。假鳞茎长50~200cm，弯曲、下垂、中部膨大。着生多枚叶片，叶长10~18cm，椭圆形，纸质。伞状花序着生在茎干上部无叶的一侧，每个花序着生花1~6朵；花径4~5cm，萼片和花瓣深黄色、金黄色或橙色，端部向内弯曲，花瓣边缘锯齿状；唇瓣上有两个椭圆形血红色或紫色斑点，唇瓣圆形、凹陷，上下表面均有茸毛。芳香，花期2周，整个夏天可以开花。

金兜石斛（*Den. chrysocrepis*）

产于缅甸的毛淡棉附近。生于海拔1370m处。假鳞茎长15~25cm，基部向上膨胀，扁平。每假鳞茎上有叶3枚或更多，卵状披针形，长5.1~7.6cm；花序从无叶假鳞茎上生出，短，每花序有花1朵；花径2.5~3.8cm，萼片和花瓣金黄色；拖鞋状或梨形的唇瓣，深黄色或橙色，在兜内密布红色的毛。花期短。

鼓槌石斛（*Den. chrysotoxum*）

分布于中国云南，产于海拔520~1620m处。印度、缅甸、泰国和老挝也有分布。假鳞茎长10~30cm，直立，纺锤状或棒状略下垂；每个假鳞茎上有2~8片叶，长10~18cm，宽2~3.5cm，革质。花序长15~16cm，通常弯曲下垂，生于新成熟的假鳞茎的上部节处。每个花序着生花10~21朵，花径5cm，蜡质，萼片和花瓣金黄色或橙黄色，花瓣大，圆形，边缘浅锯齿，唇瓣近圆形，柔软、皱褶，在唇瓣中部有橙色、棕色或红色的条纹。具芳香。花期2~3周。

有将唇瓣棕褐色斑的植株作为变种：紫斑鼓槌石斛（var. *suvaissimum*）。

螺瓣石斛（*Den. cochliodes*）

原产巴布亚新几内亚。假鳞茎长60~122cm，细长、直立。每个假鳞茎上着生4~6片叶，椭圆形，长5~7cm，落叶。花序着生在茎顶端节处，长25~30cm；有花6~30朵，花径4~5cm，黄绿色或紫褐色，萼片直立，卷曲，唇瓣黄绿色带紫色或棕色斑点。全年大部分时间都开花。

卷瓣石斛（*Den. conanthum*）

产于巴布亚新几内亚和南太平洋的岛屿，生长在从海平面到海拔800m处林中树干上。假鳞茎长60~305cm，多分枝。每假鳞茎上着生多片叶，卵形或椭圆形；花序长30~60cm，直立，老茎和新茎均可着生。每花序有花15~20朵，花径4cm，萼片波浪形、翻卷，萼

白花长苞石斛（*Den.bracteosum* 'Album'）

束花石斛（*Den. chrysanthum*）

翅萼石斛（*Den. cariniferum*）

金兜石斛（*Den. chrysocrepis*）（金效华 摄）

片和花瓣金黄色或黄绿色带一点红色，顶部卷曲，唇瓣黄色带有紫色条纹，花色多样。

螺瓣石斛（*Den. cochliodes*）

鼓槌石斛（*Den. chrysotoxum*）

卷瓣石斛（*Den. conanthum*）（张炳生　摄）

黄石斛（*Den. catenatum*）（金效华　摄）

紫斑鼓槌石斛（*Den. chrysotoxum* var. *suarissimum*）

玫瑰石斛（*Den. cepidatum*）

产于中国云南东南部和贵州。附生于海拔1000~1800m处树干或岩石上。印度、尼泊尔、不丹、缅甸、泰国也有分布。假鳞茎长5~45cm，栽培植株通常假鳞茎25cm，下垂，圆柱形。每个假鳞茎上着生5~9片叶，长5~13cm，披针形。花序短，着生于无叶茎干顶部，有花1~4朵，花径2.5~4.6cm；萼片和花瓣白色中上部带粉红色；唇瓣中部以上淡紫红色，中部以下金黄色，近圆形。花期3~4月。芳香。花大小、形状、花色变化不定。

血斑石斛（*Den. cruentum*）

原产于泰国，海拔460m处。假鳞茎长25~30cm，直立，基部肿胀；叶鞘上有黑色茸毛。假鳞茎上有叶多片，椭圆形，革质，叶背多黑毛，长5~13cm，花序着生在成熟假鳞茎的上部，非常短。每花序着花1~3朵，花径4~6cm，萼片和花瓣淡绿色，花瓣厚革质，唇瓣侧裂片和中裂片有血红色的隆起。芳香。花期可持续一个月或更长时间。

晶帽石斛（*Den. crystallinum*）

产于云南南部；生于海拔700m处。印度北部、缅甸、泰国、柬埔寨、老挝、越南均有分布。假鳞茎长60~70cm，直立或斜立，圆柱形。每假鳞茎上有叶2~4片，披针形，纸质，长15cm，落叶。花序短，着生于去年假鳞茎上。每花序着花1~3朵，每个枝条上有多个花序，花同时开放。花径4~5cm，非常美丽，萼片和花瓣均白色，顶端带有紫红色斑点；唇瓣白色或者黄色边缘白色，基部橘黄色，顶部紫色或紫红色斑点。芳香。

贞石斛 [*Den. cuthbertsonii*（syn. *sophronites*）]

产于巴布亚新几内亚高原地区。附生或地生，常附生于有苔藓覆盖的乔木或灌木的茎干或岩石上。茎长1.5cm，直径0.4cm，纺锤形。花长约5cm，直径约3.5cm，

Den. chameleon.tif

玫瑰石斛（*Den. crepidatum*）

贞石斛（*Den. cuthbertsonii*）

密花石斛（*Den. densiflorum*）

血斑石斛（*Den. cruentum*）

花期甚长，可长达10个月。花色多变，有黄色、橘黄色和紫红色，红色最为常见。低温或中温环境栽培，较高的空气湿度。用排水良好的基质小盆种植。常可在国际间大型兰花展中见到。

密花石斛（*Den. densiflorum*）

产于中国广东北部、海南、广西、西藏东南部。生长于海拔400~1000m处，常绿阔叶林树干或岩石上。尼泊尔、不丹、印度东北部、缅甸、泰国、老挝均有分布。假鳞茎长30~45cm，棒状，横向生长或下垂生长，内部的节处有突起。每假鳞茎上有叶3~5片，常绿，长15cm，在假鳞茎上簇生，幼时光滑，成熟变成革质。花序长18~25cm，多数下垂，着生于假鳞茎上半部的节处，每个花序都密集着花多朵；花径3~5cm，萼片和花瓣半透明，淡黄色，唇瓣橘黄色，边缘浅橘黄色，上面覆盖着软茸毛，具芳香。花期4~5月，可持续1~2周。

齿瓣石斛（*Den. cevonianum*）

产于中国广西、贵州、云南、西藏。生长于海拔1850m处，附生于树干上。印度东北部、缅甸、老挝、越南均有分布。假鳞茎长50~70cm，有多片叶，长约10cm，纸质，窄卵状披针形，脱落；总状花序着生于落叶的茎干上。每个花序着花1~3朵，花径5~8cm，萼片和花瓣乳白色，顶端带有淡紫色或淡红色，花瓣边缘有绒毛；唇瓣边缘白色，顶端有红色或淡紫色的斑点，唇盘两侧各具一个黄色斑块，边缘具不整齐的齿。

Den. dichaeoedes

产于巴布亚新几内亚北部；生于海拔1500~2500m的山区森林中，长满苔藓的大树枝干上。假鳞茎高3~12cm。花序着生于假鳞茎顶端，每花序有花3~10朵。花径0.6cm。鲜艳的玫瑰紫色。夏季开花，花寿命短。栽培要求冷凉环境，白天22~24℃，夜间11~13℃。春、夏、秋3季要有充足的水分，冬季3个月要微干。

橙红石斛（*Den. dekockii*）

晶帽石斛（*Den. crystallinum*）

番红花色石斛（*Den. crocatum*）（张炳生　摄）

Den. dichaeoedes

串珠石斛（*Den. falconeri*）

广泛分布于中国的湖南、广西、云南，产于海拔800~1900m处。印度、缅甸、泰国也有分布。假鳞茎长30~60cm，茎干柔软、纤细、多节，多分枝；节常生根；叶薄革质，窄披针形，长5~7cm，落叶；花序从无叶的茎干顶生出，每花序上着花1朵。花径5~10cm。芳香。花期5~6月，花开10~14天。花瓣和萼片尖端锐利，白色至粉白色，尖端紫红色；唇瓣白色，尖端粉紫色，基部两侧黄色；唇盘具1个深紫色斑块。

发米石斛（*Den. farmeri*）

广泛分布于尼泊尔、不丹、印度东北部、缅甸、泰国、老挝、马来西亚。产于海拔300~1000m处。假鳞茎长30~45cm，纺锤形，挺立，粗壮，基部膨大，有叶2~4枚，生于假鳞茎顶端，叶长8~15cm，椭圆形，革质，常绿，端部尖锐。花序从有叶或无叶的假鳞茎顶部生出，长20~30cm，花序下垂，着花或疏或密，有花14~35朵，花径5cm。芳香。萼片和花瓣粉色、淡紫色到紫红色、黄色或白色。唇瓣

齿瓣石斛（*Den. devonianum*）

Den. distichum（特写）

串珠石斛（*Den. falconeri*）

Den. distichum

发米石斛（*Den. fameri*）

圆形，蛋黄色至桔黄色，边缘白色。var. ***albiflorum*** 花白色，花瓣和萼片晶莹透明，唇瓣亮黄色。如果天气凉爽，花期持续两周。

棒节石斛（*Den. findlayanum*）

原产于中国云南南部。附生于海拔 800~900m 处，书林中树干上。老挝、缅甸、泰国也有分布。假鳞茎长 20~50cm，节部肿胀成梨形，每假鳞茎有叶片 3~5 枚，叶革质，长 8~10cm，披针形，落叶。花序着生于无叶、成熟的假鳞茎顶部，每花序有花 1~3 朵；花径 5~8cm，萼片和花瓣常卷曲，从白色到淡紫色，基部为白色，端部颜色最深，唇瓣呈乳白色、橙黄色或白色，具软毛，端部粉红色，美丽，唇盘中央金黄色。芳香。花期 3 月。

美丽石斛（*Den. formosum*）

广泛分布于尼泊尔、不丹、印度东北部、缅甸、泰国和越南。株高 23~45cm。假鳞茎紧凑生长，长 23~45cm，直立或下垂，短粗，纵向突起，外被黑毛；叶很多，长 9~15cm，常绿，厚革质。总状花序从叶腋或茎干顶部生出。每花序着花 2~5 朵，花径 8~15cm，花白，质地晶莹。萼片披针形，花瓣近圆形；唇瓣白色、铲状，喉部有明黄色和桔红色斑点，前端舌状、下弯。花优美，有香味，在原产地晚春开花，花期持续 6 周多。

大花美丽石斛 *Den. formosum* var. *giganteum* 无香味。喜温暖，花较原种大。生长在泰国西南部和印度的低海拔地区。

美丽石斛（*Den. formosum*）

棒节石斛（*Den. findlayanum*）

大花美丽石斛（*Den. formosum* var. *giganteum*）

佛里石斛（*Den. friedericksianum*）

分布于泰国东南部低海拔的森林中。假鳞茎长 45~50cm，近于直立，基部纤细，圆柱形或棒状。有叶数枚，落叶。花序从无叶茎干靠近顶部生出，着花 2~4 朵；花径 4~5cm，花期持续 5 周。萼片和花瓣浅黄色；唇瓣深黄色，边缘锯齿状，喉部基部有两个紫色斑点。花形美丽，颜色多样，在晚春和夏季开花。有变种 var. alba 白花佛里石斛。

曲轴石斛（*Den. gibsonii*）

原产中国广西、云南，海拔 800~1000m 的山地疏林中的树干上；尼泊尔、不丹、印度东北部、缅甸、泰国也有分布。假鳞茎斜立或下垂，圆柱形，长 35~100cm。叶革质，长圆形或近披针形，长 10~15cm；花序总状在落叶的假鳞茎的上部节处抽生，常下垂，长 15~20cm，疏生 10 余朵花。花橘黄色，花径 3~5cm，唇瓣近肾形，先端稍凹，两侧各具一个圆形栗色或深紫红色斑块，边缘具短流苏。花期 6~7 月，可开放 2 周。

红花石斛（*Den. glodschmidtianum*）（syn. *Den. miyatei*）

产于中国台湾省（兰屿）海拔 200~400m 处林中；菲律宾群岛也有分布。假鳞茎长 30~91cm，藤状茎丛生，不分枝，下垂或直立，节点膨大。叶多，长 8~10cm，线形或披针形，落叶。花序丛生，从无叶茎干节处生出，每花序着花 4~8 朵。花小，无味，直径 1.0~1.8cm，从生；花紫色至紫红色有深色条纹。侧萼片卵形，中萼片卵形至披针形，花瓣卵圆形。唇瓣倒披针形，基部有一马蹄形的胼胝体。

杯鞘石斛（*Den. gratiosissimum*）

分布于中国云南南部，产于海拔 800~1700m 处，附生于疏林中树干上。印度、泰国、缅甸、越南等地也有分布。假鳞茎长 30~90cm，下垂，圆柱形，节点处膨大。有叶 8~12 枚，叶长 7~15cm，圆心形，纸质，落叶。花序从无叶茎干的顶部生出，着花 1~3 朵；花白色带淡紫色，直径 6~7cm，萼片边缘锯齿状，萼囊近球形，长约 3mm；唇瓣白色，边缘具睫毛，粉色或紫色，有一大的深黄色圆盘，喉部有红色至深紫色的条纹。花期 6~7 月。

曲轴石斛（*Den. gibsonii*）（叶德平　摄）

红花石斛（*Den. glodschmidtianum*）

佛里石斛（*Den. friedericksianum*）（张炳生　摄））

杯鞘石斛（*Den. gratiosissmum*）

海南石斛（*Den. hainanense*）（宋希强　摄）

滇桂石斛（*Den. guangxiense*）

产于中国广西、贵州西南、云南东南部；生于海拔 1200m 处，石灰岩地区岩石上或树上。假鳞茎长 15~24（60）cm，圆柱形，近直立，不分枝。有叶数枚，长圆披针形，落叶。总状花序在落叶或带叶的老茎上抽生，有花 1~3 朵。花径 2.5cm，花瓣和萼片淡黄白色或白色，近基部稍带黄绿色；唇瓣白色或淡黄色，唇瓣在中部前方具一个大的紫红色斑块，并且密布茸毛，其后方具一个黄色马鞍形的胼胝体。花期 4~5 月。

海南石斛（*Den. hainanense*）（宋希强　摄）

滇桂石斛（*Den. guangxiense*）

海南石斛（*Den. hainanense*）

产于中国香港、海南；生于海拔 300~1700m 山地阔叶林中树干上。越南、泰国也有分布。假鳞茎长 20~45cm，质地硬，直立或斜生，扁圆柱形，不分枝。叶厚肉质，半圆柱形，长 2~2.5cm，宽 1~2mm。总状花序着生在落叶的茎上部；花小，白色，单生，中萼片卵形，侧萼片卵状三角形，花瓣窄长圆形，唇瓣倒卵状三角形。花期 9~10 月。

细叶石斛（*Den. hancockii*）

产于中国云南、四川、甘肃南部、河南、湖北、广西、贵州等地；生于海拔 700~1600m 处林中树干上或山谷旁岩石上。假鳞茎长 15~80cm，直立，圆柱形有分枝；叶长 5~8cm，窄长圆形，生于茎干上部；总状花序长 1~2.5cm，着花 1~2 朵。花黄色，直径 2cm，萼片和花瓣椭圆形，质地厚；唇盘通常浅绿色，侧裂片圆形，中裂片肾形。花有甜香味。花期 5~6 月。晒干后可做中药。

苏瓣石斛（*Den. harveyanum*）

产于中国云南南部勐腊，生长于海拔 1100~1700m 处疏林中树干上；缅甸、泰国、越南也有分布。假鳞茎纺锤形，长 8~16（15~23）cm，直径 8~12mm，通常弧形弯曲，不分枝；上部有叶 2~3 枚，长 10.5~12.5cm，革质，斜立。总状花序从上一年年生假鳞茎具叶的近顶端生出，纤细，下垂，长3.5~9cm，疏生少数花；花金黄色，质地薄，开展，直径5cm，花瓣边缘密生流苏，唇瓣近圆形，边缘具复式流苏。花期3~4月。

疏花石斛（*Den. henryi*）

syn. *Den.daoense*

产于中国湖南南部、广西中部至北部、贵州西南部、云南东南部至南。生长于海拔700m处。泰国、越南也有分布。假鳞茎长30~80cm，圆柱形，斜立或下垂。叶片长圆形或长圆披针形，纸质，长8.5~11cm，宽1.7~3cm。总状花序出自具叶的老茎中部，有花1~2朵。花金黄色，花径5~6cm，质地薄，芳香，唇瓣近圆形，长2~3cm，边缘具不整齐的细齿。花期6~9月。

重唇石斛（*Den. hercoglossum*）

产于中国安徽、江西、湖南、广东、海南、广西、贵州、云南。生长于海拔590~1260m处，林中树干上或山谷边潮湿的岩石上。印度尼西亚、马来西亚、缅甸、泰国、老挝、越南、菲律宾也有分布。假鳞茎长20~35cm，基部细，顶部略微膨大，有时下垂。有叶4~6枚，叶长5~10cm，狭线形，落叶。花序常在叶落前从新成熟植株的顶部生出，长4cm。每花序上着花2~8朵。花蜡质，直径2.5cm。萼片和花瓣玫瑰粉色、亮洋红色或基部白色顶部淡紫色。唇瓣白色，比萼片短，中裂片带有绿色，除锐利的尖端外，被有软毛，其他部位深紫色。花期5~6月。

尖刀石斛（*Den. heterocarpum*）

产于中国云南南部至西部。附产于海拔1500~1750m处疏林中的树干上。印度西部、缅甸、泰国、柬埔寨、老挝、越南、菲律宾也有分布。假鳞茎长15~150cm，直立或下垂，茎干顶部较粗。叶革质，长10~13cm，椭圆形至披针形，落叶。花序从无叶茎干上部生出，短。着花1~4朵，花径3.5~8.0cm。花萼较窄，唇瓣和花瓣宽阔。花美丽，白色、浅黄色、琥珀色，唇瓣卵状披针形，里面金棕色，有红色或棕色的脉络。花期3~4月。有甜香味。

苏瓣石斛（*Den. harveyanum*）（叶德平　摄）

疏花石斛（*Den. henryi*）

重唇石斛（*Den. hercoglossum*）

细叶石斛（*Den. hancockii*）

金耳石斛（*Den. hookerianum*）

产于中国云南西南部至西北部、西藏东南部；生于海拔1000~2300m处，山谷旁岩石上或林中树干上。印度东部也有分布。假鳞茎长30~80cm，圆柱形，不分枝，通常下垂生长或呈拱形。叶薄革质，多枚，长7~17cm，卵状披针形或长圆形。总状花序，下垂，有花1至数朵，侧生于具叶的老茎中部，长4~10cm。花金黄色，花径5~10cm，质地薄，开展，唇瓣近圆形，边缘具复式流苏，上面密布短柔毛，唇瓣两侧各具1个紫色斑块。花期7~9月。芳香。

尖刀石斛（*Den. heterocarpum*）

杰克森石斛（*Den. jacobsonii*）（黄展发 摄）

杰克森石斛（*Den. jacobsonii*）

产于爪哇东部；生于海拔2300~3000m处，多雾地区的树干上。假鳞茎长30cm，紧密丛生。叶长1.0~1.8cm，下部叶片凋落较快，上部叶片持续时间较长。花序从有叶或无叶成熟茎干节处生出，短。每花序上着花1~2朵，花径2.8cm，下垂。明亮有光泽，橘红色至鲜红色。两侧的花萼较宽，唇瓣端部较厚。最高温度20℃，最低温度1℃。低海拔地区，花色变浅，长期处于海拔850m以下，植株无法存活。

小黄花石斛（*Den. jenkinsii*）

产于中国云南南部至东南部；生于海拔700~1300m处。不丹、印度东北部、缅甸、泰国、老挝也有分布。假鳞茎长1.2~2.5cm，2~3节，扁平卵圆形，密集呈丛状，有叶1枚，长3~5cm，多肉，光亮。总状花序短于或等于茎长，有花1~3朵。花金黄色，花径3cm，唇瓣心形，密布短柔毛。

灯心草叶石斛（*Den. junceum*）

产于菲律宾和印度尼西亚加里曼丹岛；附生于低海拔到海拔600m处的林中树干上。株高90cm，基部膨大坚硬，上部细长，常向下弯曲。叶长约10cm，柔软，圆柱形，常在末端交织在一起。在顶端产生花序，每花序有花1朵，花径约2.5cm。每花开放2~5天。

扁茎石斛（*Den. lamellatum*）

分布于老挝、缅甸、泰国、马来西亚、印度尼西亚和菲律宾。生长于海拔460~610m处，附生树上隐蔽处，不常见。假鳞茎长5~13cm，多分枝，每假鳞茎上有叶1~3枚，叶长3.8~7.6cm，椭圆形，长于新生茎干的上部节处。总状花序弓形下垂，着生于茎干的顶部。着花2~6朵，花下垂，不完全展开，花径2.2cm。花形似漏斗，萼片和花瓣乳黄色到白中略微透绿，随开放时间增长，黄色逐渐加深。唇瓣基部狭窄，顶部宽阔，有橘红色斑块。边缘下弯。

金耳石斛（*Den. hookerianum*）（金效华　摄）

小黄花石斛（*Den. jenkinsii*）（叶德平　摄）

佛里石斛（*Den. friedericksianum*）
（张炳生　摄）

美丽石斛（*Den. formosum*）

灯心草叶石斛（*Den. junceum*）

大花美丽石斛（*Den. formosum* var. *giganteum*）

棒节石斛（*Den. findlayanum*）

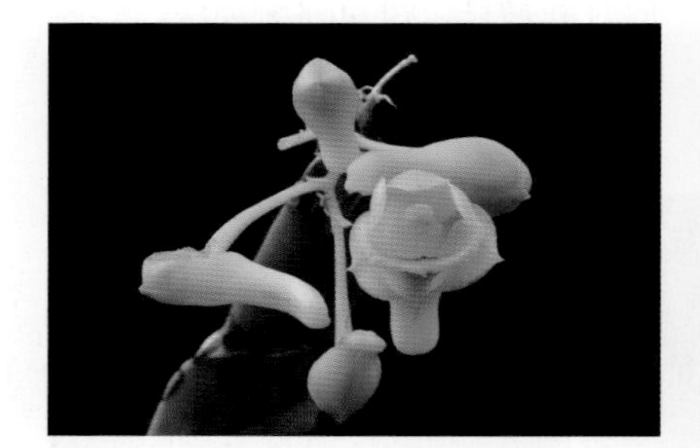

矮扁茎石斛（*Den. lamellatum*）（张炳生　摄）

曲轴石斛（*Den. gibsonii*）（叶德平　摄）

红花石斛（*Den. glodschmidtianum*）

拉威仕石斛（*Den. lawesii*）

产于巴布亚新几内亚中海拔地区的雨林中。茎细棒状，直立或下垂，粗 0.5~1.7cm。叶暗绿色，草质，披针形，长 5~6.5cm，宽 1.5~2cm。落叶后开花，花茎短，生于假鳞茎上部节上，2~5cm，有花 5~8 朵，花钟形。花长 2~2.5cm。花色常有变化，有黄色、红色、橘红色和紫红色。花筒边缘常呈黄色或浅白色。花期不定。中温温室栽培。有品种：'Bicolor' 二色劳氏石斛。

狮黄石斛（*Den. leonis*）

产于泰国、越南、柬埔寨、马来西亚、印度尼西亚。附生于低海拔地区雨林中的树干上。株高约 25cm。茎扁平，叶肉质，呈 2 列排于茎两侧，宽卵圆形，长 1.5~2cm，宽约 1cm。花顶生 1~2 朵，直径约 2cm；狮黄色或金黄色。唇瓣喉部浊黄色。背萼片和花瓣小，长椭圆形，唇瓣舌形。花期春夏季。

聚石斛（*Den. lindleyi*）

分布于中国广东、广西、海南和贵州；印度、缅甸、泰国、老挝、越南也有分布。生于海拔 900~1000m 处。假鳞茎长 1~5cm，从生，卵状矩圆形至纺锤形。有叶 1 枚，革质，不落叶。总状花序侧生，长 15~30cm，略下垂，着花 10~14 朵；花径 2.5~5.0cm；淡金黄色。芳香。花期 4~5 月。

美花石斛（粉花石斛）

（*Den. loddigesii*）

产于中国广西、广东南部、海南、贵州西南部、云南南部。生于海拔 400~1500m 处。老挝、越南也有分布。假鳞茎长 10~45cm，细圆柱形，常下垂；叶矩圆形，长 2~5cm；花序着生在有叶或无叶的茎节上，有花 1~2 朵；花白色或淡玫瑰红色，花径 5cm，中萼片长圆柱形，侧萼片披针形，花瓣椭圆形，全缘，唇瓣近圆形，上面中央金黄色，周边淡紫红色，边缘具流苏。花期 4~5 月。

长距石斛（*Den. longicornu*）

产于中国西南部的云南、广西和西藏；生于海拔 1200~1500m 处。印度东北部、尼泊尔、缅甸、越南北部、老挝也有分布。假鳞茎丛生，长 15~60cm，茎干纤细，挺立，略微弯曲，鞘具黑毛。有叶 5~11 枚，叶片长 3~10cm，窄椭圆形或矩圆状披针形，两面具黑毛。花序从有叶或无叶茎干的顶端或侧面生出，长 1cm，着花 1~3 朵。花直径 4cm，不完全开放。芳香。萼片和花瓣纯白色。漏斗状的唇瓣中心橙黄色或橘红色，有深色的条纹。唇边缘有流苏。花期 9~11 月。

劳氏石斛（*Den. lowii*）

产于印度尼西亚加里曼丹岛西北部的沙捞越。生于海拔 1000m 处林中。假鳞茎长 25~40cm，顶部有叶多枚，叶片长 5~8cm，叶鞘和

杯鞘石斛（*Den. gratiosissmum*）

狮黄石斛（*Den. leonis*）

白花金氏石斛（*Den. kingianum* var. *album*）

金氏石斛（*Den. kingianum*）

叶背上有棕色或黑色的毛。总状花序从有叶茎干的上部生出，着花2~7朵；花直径3.8~5.0cm，漏斗状；浅黄色或深黄色，花瓣和下弯的唇瓣边缘波浪状，唇瓣上有3~6个橘红色的龙骨，覆盖着长毛。芳香。花期夏季，长达1个月；有时一年开两次花。

大叶石斛（*Den. macrophyllum*）

产于印度尼西亚、菲律宾、巴布亚新几内亚、所罗门群岛、瓦努阿图等。附生在海拔200~1700m处大树上。假鳞茎长15~40cm，基部瘦，常呈大丛生长。顶部有叶2~4枚，叶长23~33cm，叶片常绿或至少能持续几个季节。花序从茎干上部长出，长30cm，子房和花梗被有粗大的毛，着花15~20朵。花径4~6cm，萼片为黄绿色，背面有红色或紫色的斑点，被粗毛；花瓣无毛，背面紫红色，有时白色或明黄色；唇瓣很大，浅绿色或黄绿色，带有红色或紫色的斑纹、斑点。春夏季开花，花期长。花香浓郁，味道略酸。

勐海石斛（*Den. minutiflorum*）

产于中国云南东部勐腊、勐海。生于海拔1000~1400m处林中。假鳞茎狭卵形或多少呈纺锤形，长1.5~3cm。叶薄，革质，通常2~3枚，狭长圆形。总状花序1~3个，生于假鳞茎上部，长2~4cm，具数朵小花。花绿白色或淡黄色，开展，花径约1cm；中萼片狭卵形，长约6.5mm，侧萼片卵状三角形，花瓣长圆形；唇瓣近长圆形，中部以上3裂。花期8~9月。

细茎石斛（*Den. moniliforme*）

广泛分布于中国陕西和甘肃南部，经华中至西南各省区和华南的广东、福建、台湾等地。生于海拔590~3000m处阔叶林中树干上或山谷岩壁上。印度东北部、韩国和日本南部也有分布。假鳞茎长5~45cm，直立或下垂，密集丛生，细圆柱形。有叶数枚，长5~13cm，宽5~10mm，落叶，在栽培中有时保持2年。总状花序2至数个，生于成熟的2或3年生老假鳞茎中部以上。每花序有花1~3朵。花星状，直径2.5~3.8cm，萼片和花瓣相似，卵状长圆形或卵状披针形，白色，亦有粉红色；花瓣比萼片稍宽；唇瓣白色、淡黄绿色或绿白色，在唇瓣管内部有紫色、紫红色的斑点。有香味。

该种是石斛属中最早完成种间人工杂交的亲本之一，于1876年登录。现代春石斛几乎所有的优良杂交种品种均或多或少地带有细茎石斛的血统。

在日本，细茎石斛有长达200余年的栽培历史，称为“长生兰”。有广泛的爱好者和协会。主要观赏其变异的叶片、株型和花色，品种较多。韩国也有较多的爱好者。

杓唇石斛（麝香石斛）（*Den. moschatum*）

分布于中国云南南部和西部。生于海拔1300m处，附生于疏林中树干上。印度北部、尼泊尔、不丹、缅甸、泰国、老挝也有分布。假鳞茎长达1m以上，最初直立或弓形，圆柱形。叶长8~15cm，椭圆形或披针形，可持续两年。总状花序花序下垂，长10~30cm。从上一年的有叶或无叶茎干上部生出。每花序上着花5~15朵，花径2.5~4.0cm，甚至8cm，萼片和宽阔的花瓣白色、浅黄或亮黄色、杏黄色带有淡紫色的斑点或整体淡紫色。唇瓣形似杓状，比花瓣和萼片颜色略深，唇盘基部里侧各具1个栗色的斑点。上面有绒毛，下面无毛。香味似麝香或甜香。花期4~6月，1周左右。秋末到春季休眠期的减少浇水。

石斛（*Den. nobile*）

syn. D. *coerulescens; D. formosanum*

广泛分布于中国华南、西南和华中等地区，生于海拔480~1700m处林中树干上和岩石上。尼泊尔、印度东北部、缅甸、泰国、老挝、越南也有分布。假鳞茎长10~60cm，茎干顶部膨大，基部逐渐变细。有叶6~7枚，叶长7~10cm，长圆形，革质，2年后每年落叶。很多花序从老的有叶和无叶茎干上部节生出。每花序上着花1~4朵，花径6~10cm，萼片卵形，花瓣较宽，边缘波浪形，萼片和花瓣白色，尖端玫瑰色。唇瓣基部管状，有茸毛，乳白色，顶部玫瑰色，喉部有深红色和深紫色的斑块。芳香。花期4~5月，持续3~6周。

花色变化较多，很多园艺性状的不同基于花色变化；园艺品种较多，有白花石斛‘Alba’。

本种是春石斛最重要的杂交亲本之一。绝大多数的现代春石斛品种均含有该种血统，广泛在石斛育种应用。是石斛中栽培最广泛的种之一。干后可入中药。

钝瓣石斛（*Den. obtusisepalum*）

产于巴布亚新几内亚，附生于高海拔1850~3260m地区，荫蔽的岩石上或有苔藓覆盖的山林和灌木的茎干上。假鳞茎长约100cm，直立或下垂，叶多枚，长3.5~6cm，卵圆形。常在假鳞茎上部节上有数个花序出现；每花序有花2~5朵；花径2cm。萼片和花瓣橙红色，顶部黄色。花期长。

铁皮石斛（*Den. officinale*）

syn. *Den. catenatum*

产于中国的安徽、浙江、福建、广西、四川、云南等地，附生于海拔1600m处山坡潮湿地岩石上。印度北部、缅甸和尼泊尔也有分布。有记载，近期改名为*Den. catenatum*。假鳞茎细长，长15~60cm，直立。叶数枚，生于假鳞茎的上部，长5~7.5cm，披针形，落叶。花序短，在落叶后的老茎上部出现；有花1~3朵，花径2.5~3.5cm，萼片和花瓣为黄绿色，唇瓣为白色，在基部有一个绿色或黄色斑，中部以下具紫红色条纹。芳香。花期3~6月，维持2周。假鳞茎为名贵的中药材。在中国的云南、贵州、浙江等地有规模种植。

肿节石斛（*Den. pendulum*）

产于中国云南南部；附生于海拔1050~1600m处疏林中树干上。印度、缅甸、泰国、越南、老挝也有分布。假鳞茎长15~60cm，茎斜立或下垂，节部肿胀，圆柱形；长圆形，长10~13cm，落叶。花序自落叶成熟的假鳞茎上部发出，有花1~3朵，花径4~7cm；花大白色，端部红紫色，也有纯白色的类型；玫瑰红或白色，唇瓣喇叭状，大而多毛边缘，乳白色，有的品种唇瓣上具大黄斑。花芳香。花期3~4月。

紫花石斛（*Den. purpureum*）

广泛分布于瓦努阿图、斐济、巴布亚新几内亚、马来西亚。产于海拔0~1150m处。假鳞茎长50~110cm，直立簇生，老时变弯曲下垂，圆柱形。叶披针形，长7~14cm，落叶。花序从老的茎干节部发出，长2.5cm。每个密集簇生的花序上有花10~25朵，花径1.3~2cm，排列紧密，花不展开。较尖的萼片和圆形的花瓣为红色、紫色、玫瑰紫色或白色，但是一般端部都为绿色。在原产地，全年都

二色拉威仕氏石斛（*Den. lawesii* ‘Bicolor’）

劳氏石斛（*Den. lowii*）（张炳生　摄）

Den. linawianum cv.

长距石斛（*Den. longicornu*）

唇瓣白色，中部以下金黄色，顶部紫红色。花芳香。花期3~4月，花期长。

蝴蝶石斛（*Den. phalaenopsis*）

syn. ***Den. bigibbum*** var. ***phalaenopsis***

产于澳大利亚队昆士兰州约克角半岛，生于低山密林的树上。茎粗壮，直立，长40~60cm，直径1.5~2cm。叶革质，互生，阔披针形，长15~20cm，宽2~3cm。总状花序1~5枝，生于假鳞茎近顶端，每花序有花5~20朵；花径6~8cm，开展，花有紫红色和白色；唇瓣宽舌状，顶端尖锐。花期秋季。该种是现代秋石斛类品种的重要杂交亲本之一。

单葶草石斛（*Den. porphyrochilum*）

产于中国广东、云南西部，生于海拔2700m处林中树干和岩石上。尼泊尔、不丹、印度、缅甸至泰国也有分布。株高3~10cm，假鳞茎直立，肉质，圆柱形或狭长的纺锤形，长1.5~4cm。叶3~4枚，纸质，狭长圆形，长4.5cm，宽6~10mm。总状花序单生于茎顶，远高出叶外，长达8cm，弯曲，下垂，具数朵至10余朵花。花开展，花径0.8~1cm，质地薄，具香气，金黄色，或萼片和花瓣淡绿色，带红色脉纹；唇瓣暗紫红色，边缘为淡绿色。花期6月。

聚石斛（*Den. lindleyi*）（李振坚　摄）

Den. leucocyanum

短棒叶石斛（*Den. prenticei*）

产于澳大利亚东北部。附产于海拔600m处林中树干和岩石上，接近海平面的地区也有分布。株高2~6cm。假鳞茎不显著，在根状茎和棒状叶之间的一段可以看到节的部位，相当于假鳞茎的部分。每株1枚叶，肉质，叶型多变，长1~6cm，卵圆形、圆柱形或近圆柱形。花序短小，有的自叶间发出，有的从根状茎上生出；有花1朵，花径0.4~0.9cm，大小、形状、颜色多变，呈透明状；萼片和花瓣乳白色，暗粉红色，有些带有紫红色的条纹；唇瓣黄色或橙色。香味淡。花期可持续2~3周。

报春石斛（*Den. primulinum*）

产于中国云南东南和西南部。产于海拔700~1800m处。尼泊尔、印度、缅甸、泰国、老挝、越南也有分布。假鳞茎长25~45cm，圆柱形，肉质，丛生，下垂。叶多，落叶，叶片长8~13cm，披针形到椭圆形。总状花序具花1~3朵，自落叶的老茎干上部节发出。花美丽，花径4~8cm，萼片和花瓣紫色、洋红色、

美花石斛（粉花石斛）（*Den. oddigesii*）

钝瓣石斛（*Den. obtusisepalum*）

少叶石斛（*Den. oligophyllum*）（张炳生　摄）

大叶石斛（*Den. macrophyllum* ）

细茎石斛（*Den. monilifore*）

Den. masarangense

勐海石斛（*Den. minutiflorum*）（金效华　摄）

杓唇石斛（*Den. moschatum*）（Dr. Kirll　摄）

白花石斛（*Den. nobile*‘Alba’）（张炳生　摄）

Den. leucocyanum（特写）

能开花。

有白花变种 var. *alba* 淡绿紫花石斛。

竹枝石斛（*Den. salaccense*）

产于中国海南、云南、西藏，附生于海拔 650~1000m 处，林中树干或岩石上；广布于亚洲东南部。假鳞茎长达 1m，茎似竹枝，直立，圆柱形，质硬。叶窄披针形，细长，草质，长 10~14cm。花序与叶对生，有花 1~4 朵；花径 0.5~2cm，直立的萼片和花瓣绿色，白色或者黄白色，端部变窄，通常深红色；唇瓣舌形，弯曲，中心部有一个黄色斑点，边缘常带有红色，花色多样。花期 2~4 月。

石斛（*Den. nobile*）

Den. nudum

散氏石斛（*Den. sanderae*）

原产于菲律宾群岛。生长于 1000~1650m 处。假鳞茎长 41~81cm。叶多数，长 5cm，常绿，长椭圆形，革质，叶鞘被有黑毛。总状花序自茎顶部发出，有花 3~4 朵；花径 7~10cm，花大艳丽，亮白色，花瓣宽大，圆形，萼片窄小，唇瓣有锯齿，宽卵形，内部有深红色或紫色的条纹。有纯白色品种。花期秋冬季。

Den. palpebrae

铁皮石斛（*Den. officinale*）

糙唇石斛（*Den. scabrilingue*）

产于缅甸、老挝和泰国；生于海拔 610~1220m 处。假鳞茎长 15~30cm，直立，基部细，上部膨胀，稍微呈块状。有叶 2~6 片，长椭圆形，长 6~10cm，革质，持久，叶鞘被黑毛。数朵花自多叶的茎干顶部和上部发出，花序短；有花 1~3 朵，花径 3.5cm；萼片和花瓣绿色到绿白色，唇瓣 3 裂，黄绿色，龙骨位于唇瓣的基部；单株花期可持续 5 周，但该种可开花长达数月，同时花芽继续形成。花甜香。

斯库兹氏石斛（*Den. schuetzei*）

原产于菲律宾群岛；生于 300~910m 处。假鳞茎长 10~30cm，直立，基部细长，中部较粗，上部多叶。叶椭圆或长椭圆形，长 6~10cm，革质，叶鞘被黑毛。总状花序自茎干近顶部生出。有花 3~4 朵，花径 6~9.5cm，白色，唇瓣基部有一个紫色的斑点。晚冬和

肿节石斛（*Den. pendulum*）

早春开花，花期持续数周。

偏花石斛（*Den. secundum*）

广泛分布于东南亚地区。在泰国生长于海拔300~1600m处林中树干或岩石上。假鳞茎长30~54cm，直立或下垂，中部肿胀，下部较细。叶椭圆到披针形，长6~10cm，硬肉质，落叶或在环境适宜时可以保持几个季节。总状花序从少叶的茎上部生出，通常与茎干成45°，长8~15cm；着花很多，管状到扇形的小花长1.8cm，萼片和花瓣呈粉红色、玫瑰红色、紫色或稀少的白色，唇瓣橙黄色。通常休眠期开花。

有白花变种var. *alba* 白花偏花石斛。

毛茎石斛（*Den. senile*）

产于老挝、缅甸、泰国。生于海拔500~1200m处。假鳞茎长5~15cm，密被柔软白毛，可以存留数年。有叶2~6片，椭圆到披针形，长4~5cm，叶片和叶鞘被有长的银白色毛，半落叶性，在干燥的季节，茎干上常留存一些叶片。花序从茎上部发出，长3~5cm，着花1~3朵，有的7朵。蜡质的花很大，花径4~6cm，完全开放；萼片和花瓣柠檬色到黄色；唇瓣两侧具有绿色的斑，基部有深红色的小斑点。花有柠檬香味。在原产地，从冬季到初夏都可以开花，花期持续3~4周。

华石斛（*Den. sinense*）

原产于中国海南；生长在海拔400~1000m处山地疏林中树干上。假鳞茎长达21cm，丛生，直立，细圆柱形。每株3~5片叶，长2.5~4.5cm，卵状长圆形，革质，幼时有黑毛。花单生于近茎干顶端，花白色，花径4~6cm，唇瓣倒卵形，中裂片先端紫红色，2裂，唇盘具5条纵贯的红色褶片。

斯氏石斛（*Den. smilliae*）

产于澳大利亚东北部和巴布亚新几内亚。生于海拔0~600m的山区雨林树干或林下岩石上。假鳞茎长80cm，竹干状，基部节肥大。叶数枚，纸质，长15~18cm，迅速脱落。总状花序从无叶茎上生出，长13cm，沿中轴密生许多花。小花近筒状，花径0.6~0.8cm，长1.5~2cm，蜡质萼片和花瓣黄色到黄绿色，布满玫瑰红色、绿色或粉红色斑点，唇瓣肉质，不分裂，顶部鲜绿色，距为紫色。产地春季开花，在北半球栽培，除冬季外其他时间均能开花。

丽花石斛（*Den. speciosum*）

原产于澳大利亚东南部。附生于海拔107~760m处林中树干和岩石上。假鳞茎长23~30cm，顶部有2~5片叶；叶常绿，长4~25cm，长椭圆形。数个花序常常同时出现在成熟植株上部，长10~60cm，半直立或下垂。每个花序着花多达100朵，花径2~8cm，通常不完全开放，花的数量越大，每个花越小，花瓣和萼片白色到黄色，唇瓣带有红色或紫色的斑点，短于花瓣。在产地通常在春季和晚冬开花。具芳香。

立瓣石斛（*Den. stratiotes*）

产于巴布亚新几内亚西部、印度尼西亚的马黑拉岛和苏拉威西岛。假鳞茎长38~200cm，基部肿胀。卵形叶片长8~14cm，革质，可持续数年。花序通常直立，自假鳞茎的上部或中部节部生出，长8~30cm，着花3~15朵；花径8~10cm，萼片乳白色带有波状边缘，直立的花瓣是萼片的两倍长，细长，白绿色，扭曲，白色的唇瓣带有紫色的条纹。背萼片弯曲。夏季到秋季开花，花期长达6~9个月。

叉唇石斛（长柔毛石斛）（*Den. stuposum*）

产于中国云南东部至西南部。生于海拔500~2285m处疏林中的树干上。不丹、印度东北部、缅甸、泰国也有分布。假鳞茎长5~30cm，圆柱形。叶革质，狭长圆披针形，长4~7.5cm，宽4~15cm。总状花序出自落叶的老茎上部，长1~2.5cm，有花2～3朵。花小，白色，直径1.2~2.0cm，中萼片长圆形，花瓣倒卵状椭圆形，唇瓣倒卵状三角形，前端三裂，先端尖牙齿状，边缘密布白色长绵毛。花期6月。

球花石斛（*Den. thyrsiflorum*）

产于中国云南东南部、南部至西南部。生于海拔1100~1800m处林中的树干上。印度、越南、缅甸、老挝也有分布。假鳞茎长23~60cm，圆柱形，有数条纵棱。叶5~7片，生于茎顶，长10~15cm，革质，长圆形。花序从茎干顶部发出，下垂，长10~16cm，着花30~50朵，花径3~5cm，萼片和花瓣白色到奶白色，唇瓣金黄色。花期4~5月，开1周左右。

翅梗石斛（*Den.trigonopus*）

产于中国云南南部和东南部。生于海拔1150~1600m处林中的树干上。缅甸、泰国和老挝也有分布。株高23~30cm。假鳞茎长

红花蝴蝶石斛（*Den. phalaenopsis* subvar.）

短棒叶石斛（*Den. prenticei*）（张炳生　摄）

Den. polytrichum

单葶草石斛（*Den. porphyrochilum*）
（金效华　摄）

报春石斛（*Den. primulinum*）

紫花石斛（*Den. purpureum*）（张炳生　摄）

淡绿紫花石斛（*Den. purpureum* var.*alba*）

珍品石斛（*Den. parcum*）（特写）

白花蝴蝶石斛（*Den. phalaenopsis* subvar.）

短棒叶石斛（*Den. prenticei*）（张炳生　摄）

5~11cm，纺锤状，肉质。顶部有叶1~5片，长圆形，长7.5~10cm，革质，叶片背部和叶鞘有黑色毛。花序着生有叶茎干的上部和中部。着花1~2朵，也有的4朵，蜡质，花径5cm，萼片和花瓣金黄色，深黄色的唇瓣中心部位为绿色，两边带有红色的条纹。花芳香。花期3~4月，持续2~3个月。

独角石斛（*Den. unicum*）

分布于老挝、越南。生长于海拔800~1550m处。假鳞茎长7~9cm，短小，棒状。顶端有2~3片叶，长5~7cm，叶片能存留2年。花序顶生，或着生在成熟茎干节处。每个假鳞茎生出几个花序，长3~5cm。每花序着花1~3朵，花径达2.5~5cm，花形奇特，细长的萼片和花瓣呈深橙色或亮红橙色，最上边是宽大的唇瓣，有明显的脉，白色或米色。有橘子香气。原产地冬季到夏季开花。

单花石斛（*Den. uniflorum*）

广泛分布于亚洲南部马来西亚、老挝等地。生长于海拔910~1520m处。假鳞茎长30~40cm，直立。叶多，长1.5~3cm，椭圆形，二列。花序从成熟假鳞茎节处叶片的对侧生出。每个花序1朵花，质地厚，花径1.3~2.7cm，奶白色，三裂的唇瓣从白色到白绿色，具有2龙骨，呈紫色、橙色或深红色。花期长。不香。

大苞鞘石斛（*Den. wardianum*）

产于中国云南东南部和西部。生于海拔1350 ~ 1900m处。不丹、印度、缅甸、泰国、越南也有分布。假鳞茎长16~46cm，直立或下垂，圆柱形。叶长8 ~ 15cm，革质，窄长圆形，落叶。花序从上年茎干的中上部发出，有花2 ~ 3朵，花瓣和萼片宽大，白色端部带有玫瑰红色。唇瓣白色，先端带有紫色，基部金黄色，唇盘两侧各具一个大的深紫色斑。花期3~5月。

威廉氏石斛（*Den. williamsianum*）

原产于巴布亚新几内亚。生于海拔300m以下。假鳞茎长46~200cm。叶常绿，长椭圆形。弓型的花序从茎的顶部生出，长20~25cm。每花序上着花2~3朵，花径2~5cm，花瓣和萼片较大，白色到乳黄色，带有紫红色的晕，长椭圆形到宽卵形，唇瓣深紫色。花期长达2~3个月。

黑毛石斛（*Den. williamsonii*）

产于中国海南、广西西北部和北部、云南东南部和西部。生于海拔1000m处。印度、缅甸、越南也有分布。假鳞茎圆柱形，有时呈纺锤形，长可达20cm，直立。叶数枚，革质，长圆形，长7~9.5cm，宽1~2cm，基部下延为抱茎的鞘，密布黑色粗毛。总状花序，在成熟的假鳞茎顶端生出，具花1~2朵。花径5~8cm，萼片和花瓣淡黄色或白色，相似，近等大，狭卵状长圆形，唇瓣淡黄色或白色，带橘红色的唇盘，长约2.5cm，3裂，中裂片近圆形，边缘波状。花期4~5月。

Den.magistratus

偏花石斛（*Den. secundum*）

竹枝石斛（*Den. salaccense*）

散氏石斛（*Den. sanderae*）

叉唇石斛（*Den. stuposum*）（金效华　摄）

丽花石斛（*Den. speciosum*）

Den. subliferum（特写）

斯库兹氏石斛（*Den. schuetzei*）

斯氏石斛（*Den. smilliae*）（黄展发　摄）

立瓣石斛（*Den. stratiotes*）（张炳生　摄）

毛茎石斛（*Den. senile*）

糙唇石斛（*Den. scabrilingue*）（张炳生　摄）

白花偏花石斛（*Den. secundum* var. *alba*）

华石斛（*Den. sinense*）（宋希强　摄）

Den. subliferum

翅梗石斛（*Den. trigonopus*）

血红色斑石斛（*Den. sanguinolentum*）

Den. serratilabium

奇花石斛（*Den. spectabile* ）

球花石斛（*Den. thyrsiflorum*）

单花石斛（*Den. uniflorum*）

独角石斛（*Den. unicum*）

Den. williamsianum

瓦西里石斛（*Den. wassellii*）

Den. panduriferum

黑毛石斛（*Den. williamsonii*）

大苞鞘石斛（*Den. wardianum*）

Den. vexillarius

2 秋石斛

秋石斛是石斛属中商业化栽培最重要的一大类群。以原产于热带巴布亚新几内亚和澳大利亚的蝴蝶石斛（*Den. phalaenopsis*）为主要亲本与其他热带原生种杂交选出的优良品种群。亦称为蝴蝶石斛或大花石斛，在西方称为 phalaenopsis type dendrobium。另外，以花瓣窄长而卷曲的原生种羊角石斛（*Den. antennatum*）及相近种类为亲本杂交选出的优良品系。也属于秋石斛中的一大类，称为羊角石斛或卷瓣石斛（antelope type dendroium 或 canne type dendrobium）。

杂交育种：随着杂交育种工作的发展，上述两大品系间的杂交品种已不断出现，已看到有许多两大品系间过渡类型品种产生。这些新品种具有蝴蝶形花，花瓣宽短、圆润，又具有卷瓣品系花枝长、色彩丰富和多花的优良特性。应当说，两大品系正处于相互融合之中。

据笔者初步了解，现代秋石斛所包容的石斛属原生种种质十分丰富，有数十个之多。如：*Den. antennalum*；*Den. bigibbum*；*Den. canaliculatum; Den. candium;Den. crumenatum;Den. dalbertisii;Den. discolor;Den. gouldii; Den. grantii; Den.johannis; Den. johannis* var. *gigantea; Den. kingianum; Den. phalaencpsis; Den. sehroederanum; Den. schuller; Den. speciosum; Den. stratiotes; Den. superbies; Den taruinum; Den. umdidatum; Den. varatrifolium* 等。

据记载，秋石斛最早的人工杂交种可能是 1937 年登录

的 *Den.Caesar*，其亲本为：*Den. phalaenopsis* × *Den. stratiotes*, 其登录者和创作者均为 Nagrok Orchid Nursery，该兰花园位于印度尼西亚的爪哇。

在此之后的 1941 年，记录了另一个新的人工杂交种 *Den.* Constance，其亲本为：*Den.* Undulatum × *Den. lasianthera*。其登录人为 John Laycock，创作者亦是 John Laycock。这也是新加坡最早成功完成的石斛人工杂交种，于 1933 年 9 月播种，1941 年 3 月第一次开花。早期的杂交种大多数是原生种与原生种之间杂交后产生的，或是原生种与杂交种交配。目前，秋石斛类的新品种培育工作主要是根据市场的需要，选择优良品种，进行优良品种间的杂交。笔者注意到，有的以生产为主的秋石斛种植场，进行了大量杂交育种，也培育选出了许多优良品种，但这些杂交种和品种均未经杂交种登录（RSH）, 也没有进行专利保护注册。

目前，秋石斛的新品种培育工作主要在热带地区的泰国、新加坡、马来西亚、夏威夷、澳大利亚等地。最近一些年，尤其以泰国和新加坡培育出的新品种比较多。为适应市场的需要，泰国培育出了许多非常优秀的切花品种，目前在我国市场上十分受欢迎的切花品种大多数为泰国兰花育种家培育出来的。

栽培：秋石斛喜高温潮湿的环境，主要在热带的泰国、新加坡、马来西亚等地区大量栽培，以生产切花供应世界各地。亦有花大而花序较短的品种，作为盆花栽培。秋石斛为常绿类型，大多数品种无明显的休眠期，在热带地区全年生长和开花。在亚热带和温带地区温室栽培，多秋冬季开花。花茎长 50~80cm，直立或稍侧伸；有花 5~20 朵；大花蝴蝶形花系的品种，花径 6~8cm；花整体看起来十分丰满，花瓣和萼片均较宽。卷瓣型品种，花瓣和萼片均较狭而长，花直径较大，每枝花的花朵数较多。

栽培秋石斛均采用排水和透气良好的颗粒状基质，如椰壳、火山灰、木炭、树皮块。常年要求较高的温度，最低温度 20℃以上才能维持生长。喜充足的阳光，通常给予 30%~50% 的遮阳。光照强有利开花，假鳞茎生长健壮，不易得病。春、夏、秋三季要求有充足的水分供应和较高的空气湿度。冬季若气温低可以适当减少浇水。温室内栽培，要求室内空气循环流通。秋石斛在热带全年旺盛生长，植株大型，需要较多的肥料，氮、磷、钾保持平衡，可以按 0.05%~0.1% 的浓度随浇水施用，每 3~5 天一次。也可以施用缓释性肥料或腐熟后的有机肥，定期施放到栽培基质上。北方温室栽培，冬季停止施用。

大批量生产栽培，用组织培养法繁殖；少量栽培可以用分株和假鳞茎扦插法繁殖。盆栽开花数年的植株，盆内已经很拥挤，可以在春季大量新芽萌发前进行分株。有 2~3 个老的假鳞茎并带有 1~2 个新芽便可以栽植成新的植株。一盆老植株可以分成数盆。石斛的假鳞茎细长，可以将其分切成数段，每段有 2~3 节，将其扦插在以苔藓为基质的扦插床（或浅盆）上。经常保持基质微潮，2~3 个月可以出芽，待新芽长出 3~5cm 的小根时，即可盆栽成新株。亦可以采用高芽繁殖，在成熟的假鳞茎节部常会生出小芽来，当高芽长出 3~4 枚叶和 3~4cm 长的幼根时，将其从母株上切下来，单独栽植即成新株。

苹果绿（*Den.* Apple Green）（黄展发　摄）

安娜（*Den.* Anna）

Den. Bangkok Land

Den. Burana jade

Den. Joaquim Alberto Chissamo 'Marcelina'（黄展发　摄）

Den. Kasem White × *bigibbum*（黄展发　摄）

Den. Bonie Sophia

Den. Jury

Den. Candy Stripe 'Kodama'

Den. Enobi Purple

Den. Lina（黄展发　摄）

Den. De Klerk（*Mari Michener* × *lena Jansen*）（黄展发　摄）

Den. Frieda Bratanata

Den. Miss Singapore

炳生石斛（*Den.* Peng Seng）（新加坡张炳生培育）

Den. Sabine

Den. Red Lip

Den. White Fairy

Den. Sheikh Sabah Al-Ahmed（Neha× Chao Praya)（黄展发　摄）

*Den.*Singapore White（Jaquelyn Thomas × Walter Oumae)（黄展发　摄）

睡公主（*Den.* Sonia Earsakul）

Den. Young Star

3 春石斛

春石斛是指以原产于亚洲亚热带地区的一些落叶种石斛和稍耐寒的常绿石斛种类为亲本，经过百余年的多代杂交选择培育出来的一大类较耐寒的，以盆栽观花为目的众多优良品系的总称。另有说法春石斛来源于日本，可能由于该类石斛品种的花期多集中在冬春季节。春石斛又称为节生花石斛，因其花序着生于假鳞茎的各个节上。

春石斛株高30~100cm，直立的假鳞茎稍呈扁圆柱形，常多枚假鳞茎丛生在一起。假鳞茎基部较细，中上部肥而粗，茎上有明显的节，节上生有椭圆形的叶。秋末后开始休眠，许多品种落叶，不落叶的植株也停止生长。经过冬季的低温和干燥，在其当年形成的假鳞茎中上部节的部位分化出花芽。春季来临时，从节上萌发出花蕾。如果不进行人工催花，可在3~4月开花。春石斛的花梗极短，通常在1cm以下，每一花梗上有花1~4朵。春季假鳞茎上开满鲜艳的花朵，整盆看似一个花球，十分可爱。

杂交育种：春石斛较早的人工杂交种有：细茎石斛（*Den. Moniliforine*）×*Den. aureum*，注册名称为*Den.* Endocharis，注册者和年度为Veitch（1876）；细茎石斛（*Den. Moniliforine*）× 串珠石斛（*Den. Faleoner*），注册名称为*Den.* Vannerianum，注册者和年度为Vanner（1877）；细茎石斛（*Den. moniliforine*）× 石斛（*Den. nobile*），注册名称为

Den. Cassiope，注册者和年度为 Cookson（1890）；细茎石斛（*Den. Moniliforme*）× 大苞鞘石斛（*Den. wardianum*），注册名称为 *Den.* Veitchi，注册者和年度为 Veitch（1890）等。

上述早期的人工杂交种中对春石斛影响比较大的是 1890 年注册的 *Den.* Cassiope。从该组合中选出了许多优秀的单株（品种），如 'Miss Biwak'、'Miss Beppu'、'Red King'、'Shigisan' 等。其二代杂交种 *Den.* Cassiope × *Den. nobile*，注册名称为 *Den.* Smowflake，1904 年登录。株型较小，花较丰满，花瓣呈圆形，稍肉质，有光泽，花中等大小，直径约 6cm，开花十分密集，植株直立性较强，冬春季开花，花期较早。从该杂交种中选出了许多优良品种（单株）。如著名的红色花品种春石斛'红星'（Red Star），从出现以来一直受到广大兰花爱好者的欢迎。笔者曾在北京地区成功地栽培和催花，并推向市场，甚受消费者喜爱。生长势强健，栽培较易。另外，'Otome'、'Asahi' 等均是栽培较多的品种。

在目前栽培和流行的许多优良春石斛品系中，或多或少均含有原生种石斛（*Den.nobile*）的基因。故在品种的生物学特性和植物学特征等方面保留有石斛原生种的特点。所以，在英文中，又将春石斛称为 nobile type dendrobiwm。

经过百余年，尤其是近 30~40 年石斛属的广泛杂交育种，现代春石斛各品系所具有的亲缘关系已十分复杂。据笔者粗略的了解，至少 20 余个原生种参与了春石斛的杂交育种。如 *Den. albosanguineum*、短棒石斛（*Den. capillipes*）、*Den. dalhousieanum*、*Den. findlayanum*、聚石斛、细茎石斛（*Den. Moniliforme*）、石斛 *Den. nobile*、紫瓣石斛（*Den. parishii*）、报春石斛（*Den. primulinum*）、散氏石斛（*Den. sanderae*）、*Den. sehuetzei*、*Den. superbum*、黄花石斛（*Den. tosaense*）、*Den. unicum* 等。早期的石斛育种工作主要是原生种间或原生种与一代杂交种之间的杂交；近些年春石斛新品种培育工作，主要是在优良的杂交种品种间进行杂交。

栽培：春石斛的盆栽基质主要有苔藓、树皮块、木炭、风化火山岩等，目前大量生产在温室内，栽培主要用苔藓。若在室外栽培可以选用其他几种排水好的颗粒状基质。春石斛比较耐寒，冬季可低至 5℃的温度不会受害；夏季喜凉爽通风的环境，炎热的夏季往往停止生长，最高温度应在 30℃以下。秋末和初冬有 2~3 周 5~12℃的低温，以促进花芽的分化。在花芽出现后，白天 20~25℃，夜间 15℃左右，可促进花芽的正常生长和开花。春、夏、秋三季较强的阳光有利于其旺盛生长。温室栽培遮光量在 30%~50%，冬季温室不遮光。只有光线充足才能使假鳞茎生长粗壮，能形成大量的花芽并开好花。春夏至秋季的前期是春石斛的旺盛生长期，需要充足的水分。在此之后逐渐进入休眠期，浇水量也要随之减少，直至完全停止浇水。在华北等干旱地区，停水后需保持温室内稍高的空气湿度，以免假鳞茎干缩。若仍觉得太干，可 1~2 周盆内浇水一次；花芽出现后逐渐增加盆栽基质的含水量。春石斛喜欢流动的新鲜空气，怕闷热。夏季温度高，良好的通风对春石斛的生长是十分有利的。开过花以后的春石斛，基部新芽开始萌发生长，这时便可开始施肥。7 月末结束高氮肥施用，8~9 月改用高磷钾比例的肥料；液体肥料的浓度在 1/2000 左右，可随浇水施用；3~5 天一次。也可以施用缓释性肥料或腐熟好的有机肥。春石斛和秋石斛一样，可以用分株、扦插和高芽法繁殖。

Den. To My Kids 'Simle'（谢平　摄）

Den. Spring Smile ‘Lovely Paradise’（崔建中　摄）

Den. Beautiful Lady ‘Jet’

Den. Rainbow Dance ‘Akazukin Chan’（谢平　摄）

*Den.*To My Kids ‘Dream’

Den. Rainbow Dance ‘Koiji’

Den. Takarajma ‘Sigiriya Lady’

Den.（Sukura × *moniliforine*）

Den. Pink Pobbits ‘Arace’

Den. Spring Brid

Den. Second Love ‘Tokimeki’

火烈鸟（*Den.*Sundust）

足柱兰属
Dendrochilum

附生草本。全属约100种，分布于东南亚至新几内亚岛，以菲律宾和印度尼西亚为最多。我国仅1种，产台湾。假鳞茎密集或疏离，狭卵形至近圆柱形，顶端生1枚叶。叶近革质。花葶从靠近老假鳞基部的根状茎上发出或生于幼嫩的假鳞茎顶端，通常较纤细；总状花序，花序呈链状，弯曲下垂；小花黄色或白色，具香味，花后常宿存。西方形象地称该植物为'金链'兰花（'golden chain' Orchids）。具多朵二列排列的小花。

杂交育种： 至2012年该属已有杂交种6个（属内杂交种3个）。如：*Dendrochilum acuiferum* × *Dendrochilum stachyodes*）。*Dendrochilum* hybrid A（*Dendrochilum* Gibbsiae × *Dendrochilum exasperatum*）。*Dendrochilum* hybrid B（*Dendrochilum pterogyne* × *Dendrochilum transversum*，均为天然杂交种。

栽培： 中温或高温温室栽培；喜明亮的阳光；可绑植于树皮或蕨板上栽种；但栽种在小盆中生长最佳。基质用排水良好的颗粒状树皮块、木炭或火山灰。不宜苔藓栽植。所用花盆略大于植株本身的大小即可。换盆时应成丛种植，最好不要弄散株丛的根团，以免影响正常生长。

常见种类：

富氏足柱兰（*Dendrochilum cobbianum* 'Fumiko'）

产于菲律宾群岛，生于海拔1400~2500m处，附生于岩石上。假鳞茎长6~8cm长卵形。叶长椭圆形，长6~35cm，宽2.5~6cm。花茎长40~50cm，生于假鳞茎顶端，多数花密生2列；花径1.2~1.8cm，乳白色，唇瓣黄色至橙黄色，芳香。花期秋、冬季。低温或中温温室栽培。

铃兰状足柱兰（*Dendrochilum convallariaeforme* 'Joa'）

产于菲律宾群岛。生于海拔300~1900m处，附生于长满苔藓的森林中。假鳞茎长4cm。叶长30cm以上。花序长30cm，下垂；着生许多小花，花径6mm，花期秋末至冬季。中温温室栽培。

台湾足柱兰（*Dendrochilum formosanum*）

产于中国台湾，海拔500~800m山区。假鳞茎长4cm，纺锤形。叶披针形至长圆形，长15cm，宽约3cm；花茎长20~25cm，生于假鳞茎顶部，花半开，花径1cm，淡黄绿色。花期冬、春季。

颖状足柱兰（*Dendrochilum glumaceum*）

产于菲律宾、印度尼西亚。附生于海拔30~2300m地方。假鳞茎长1.5~5cm，卵形。叶窄椭圆形至倒披针形，长12~45cm，宽1.8~4.5cm。花茎长18~50cm，生于假鳞茎顶端，多数花密生2列。花径1.2~2cm，乳白色，唇瓣淡橙色。浓香。花期冬春季。产地几乎全年开花。中温或高温温室栽培。

富氏足柱兰（*Dendrochilum cobbianum* 'Fumiko'）（李潞滨 摄）

铃兰状足柱兰（*Dendrochilum convallariaeforme* 'Joa'）

长叶足柱兰（*Dendrochilum longifolium*）

分布较广，从马来西亚西部、新加坡到印度尼西亚、巴布亚新几内亚和菲律宾。附生于海拔2200m处树干和岩石上。生长强健，假鳞茎卵圆形，高约9cm。有一枚叶片，长30cm。花序下垂，有花40朵以上；花径1cm。花期冬季。中温或高温温室栽培。

柔弱足柱兰（*Dendrochilum tenellum*）

该种在菲律宾分布甚为普遍。附生于海拔300~2500m长满苔藓的森林中树干或岩石上。是该属中唯一叶片为圆柱形的种。假鳞茎圆柱形，密集着生，长9cm以上。叶长50cm以上，花序长9cm，着生许多小花，花径3 mm。花期秋、夏季。中温或高温温室栽培。

温氏足柱兰（*Dendrochilum wenzelii*）

该种为菲律宾特有种。附生于海拔500~1800m长满苔藓的森林中。假鳞茎长3.5cm；叶长约30cm。花序长约30cm，呈半弓形；花径1cm；花有红色、褐色、橙色、黄色。花期冬季至早春。中温或高温温室栽培。

台湾足柱兰（*Dendrochilum formosanum*）（李振坚　摄）

长叶足柱兰（*Dendrochilum longifolium*）

温氏足柱兰（*Dendrochilum wenzelii*‘Sho’）

柔弱足柱兰（*Den. tenellum.drochilum*）

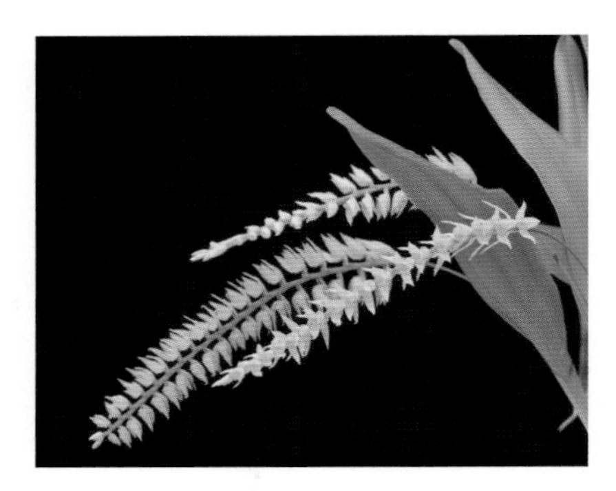

颖状足柱兰（*Dendrochilum glumaceum*）

黄花温氏足柱兰（*Dendrochilum wenzelii*）

薄花兰属
Diaphananthe

附生兰花，单轴生长型。产非洲热带和南非，全属约 45 种。茎通常较短或较长下垂；叶片线形到长椭圆形，顶端呈不整齐的 2 裂。花茎腋生，下垂，花小，有花少数至多朵。萼片和花瓣相似，唇瓣宽阔，边缘有细锯齿。花呈半透明状，花从白色、浅绿色到黄色或褐红色。唇瓣基部有短距。

杂交育种：至 2012 年该属仅登录有一个杂交种 *Diaphanangis* Kotschycida（*Diaphananthe pellucida* × *Aerangis kotschyana*）登录时间 1986。

栽培：中温或高温温室栽培。绑缚栽种在树蕨板或带皮的木段上，亦可用颗粒状排水和透气较好的基质栽植在吊篮中。若种在盆中，往往花序不易伸展开来。

常见种类：

薄花兰（*Diaphananthe pellucida*）

广泛分布于非洲西部，远至乌干达。该种是本属中最大型的种。茎短，叶浅绿色，带状，8~10 枚；长 30~50cm，线状披针形，革质，稍肉质。花茎长约 50cm，下垂，有花 60~80 朵。花径约 1.5cm，薄，半透明状，淡黄褐色；有香味。萼片和花瓣披针形，花瓣边缘有细锯齿，唇瓣宽大于长，呈晶体状，边缘有细齿。

薄花兰（*Diaphananthe pellucida*）

薄花兰（*Diaphananthe pellucida*）（特写）

篦叶兰属

Dichaea

附生兰类。全属 50~100 种。主要分布在古巴、墨西哥、秘鲁到巴西。生长于在海拔 100~2800m 潮湿的森林中。这是一个较少被人们知道的属。单轴生长型；无假鳞茎。叶成两列生长在茎的两侧。常在茎下部生出气生根。新芽从茎基部生出。花序着生在叶腋，每花序只有 1 朵花。花小而多；萼片大小和形状相同；花瓣形状不同于萼片，颜色与萼片相似；唇瓣基部较细，先端较宽，呈锚形。

栽培：通常中温环境栽培。全年需充足的水分供应。下垂的种类栽种在树蕨板或吊篮中，以使其能向下生长；直立种类在盆中栽种，落叶种休眠期保持适当的基质干燥，减少浇水，旺盛生长时期 1~2 周施肥一次， 2000 倍的复合液体肥或使用缓释性复合肥。基质为等量苔藓和蛇木屑，盆表面盖上苔藓；也可以用稍细粒的树皮块等颗粒状材料栽种。保持半阴和较高的空气温度，该植物无假鳞茎，耐干旱能力较差，不可使其过分干燥。

常见种类：

篦叶兰（*Dichaea glauca*）

该种主要生长在墨西哥、哥斯达黎加和安第斯山地区。附生于树干或岩石上。直立生长，茎高约 50cm；常成丛生长。灰绿色的叶片，成两列生于茎秆两侧；叶长约 7cm，薄革质，为落叶种。花单朵，生于叶腋，常多朵同时开放；花径 1.5~1.8cm，灰白色，有时具有淡蓝色或黄色的斑点，特别是唇瓣上。花芳香。花期春季；花朵寿命较短。栽培中注意落叶后保持基质适当干燥。

疏松篦叶兰（*Dichaea laxa*）（Ecuagenera 摄）

囊唇篦叶兰（*Dichaea trulla*）（Ecuagenera 摄）

蓖叶兰（*Dichaea glauca*）

裂床兰属
Dimerandra

附生兰花。全属 4 种；分布于中美洲和南美洲。根状茎短，下垂，假鳞茎杆状。叶呈二列着生于茎两侧，茎基部有鞘状叶。花序顶生，不分枝，有花 1~3 朵，同时开放。花美丽，但寿命短；萼片和花瓣开展，萼片相似，分离，花瓣较宽；唇瓣基部与蕊柱相连；基部有楔形或扇形的复杂胼胝体。蕊柱花药两侧有翅状附属物；花粉块 4 枚。

栽培：中温或高温温室栽培。全年需充足的水分供应。树皮块等颗粒状基质盆栽，要透水和通气良好。冬季适当减少浇水；旺盛生长时期保证有充足的水分； 2 周左右施一次液体复合肥，或半年左右施用缓释性复合肥一次。半阴和较高的空气温度。冬季休眠期适当减少浇水，保持基质微潮。

常见种类：

裂床兰（*Dimerandra emarginata*）

syn. *Dimerandra elegans*

分布于中美洲、南美洲和加勒比地区。附生于海拔 0~300m 处半落叶林和雨林中的树干上。假鳞茎长可达 35cm，上部有叶 3 枚，叶长 12cm，宽 1cm，带形至披针形。花径 3cm，粉红到洋红色，唇瓣基部有一块白色；蕊柱粉红色。

裂床兰（*Dimerandra emarginata*）

多茎小树兰属
Dinema

附生或石生兰花。单种属。生长在古巴、牙买加、墨西哥、洪都拉斯到尼加拉瓜等地区低到中海拔地方，环境湿热的松树、栎树或杂木林中。植株矮小，下垂，假鳞茎浅黄绿色，卵圆形，生长在平伸或下垂的根状茎上，假鳞茎顶部生有2枚窄而深绿色的叶片。花序短，有花单朵，花大而美丽，有甜香味，黄绿色，有红褐色斑纹或晕，萼片和花瓣小而窄，唇瓣短而宽，黄白色。

栽培：中温或高温温室栽培。全年需充足的水分供应。平伸或下垂的根状茎，用排水良好的基质如蛇木屑栽植，也可以用稍细粒的树皮块等颗粒状材料栽种在中小盆中。冬季适当减少浇水；旺盛生长时期1~2周施肥一次，2000倍的复合液体肥或使用缓释性复合肥。半阴和较高的空气温度，该植物无耐干旱能力较差，不可使其过分干燥。

多假鳞茎树兰（花特写）（*Dinema polybulbon*）

多假鳞茎树兰（*Dinema polybulbon*）

蛇舌兰属

Diploprora

附生兰花。全属2种，单轴生长型。主要分布于印度、斯里兰卡、中国南部（福建、云南、香港和台湾）、泰国到缅甸。生于低到中海拔地区。茎短或细长，下垂，叶多数近两列。叶稍肉质，窄卵形至矩圆披针形。总状花序侧生，下垂，具少数花；花不扭转，稍肉质，中等大，张开；萼片相似；花瓣比萼片窄；唇瓣位于上方，肉质，舟形，先端叉状二裂，基部无距。

杂交育种： 至2012年该属已有属间和属内杂交种共3个。如：*Diplopanda* Lollygobble Blissbomb（*Diploprora championii* × *Vanda cristata*）登录时间2011。

栽培： 可以参照热带万代兰类的栽培方法种植。用透气和排水良好的颗粒状基质中小盆栽种。中温或高温温室栽培。全年需充足的水分供应；较喜阳光，北方温室栽培，夏季遮光30%~50%，冬季不遮光或少遮。旺盛生长时期2~3周施一次液体复合肥料。

常见种类

蛇舌兰（*Diploprora championii*）

产于中国福建、广西、香港、台湾、云南等地区，生于海拔200~1500m处林中树干上或山谷边的岩石上。印度、越南、缅甸、斯里兰卡、泰国也有分布。茎长3~15cm。叶多枚，长5~12cm，宽1.6~5.7cm。总状花序侧生，长6~13cm，有花2~5朵；花有香气，萼片与花瓣长8~9mm；唇瓣由两部分组成；下部舟状，长9~10mm；上部为一条长3~5mm的细尾，末端分叉成两枚小裂片。花期2~9月。

蛇舌兰（*Diploprora championii*）（于胜祥 摄）

迪萨兰属

Disa

地生兰类。全属约125种，只有6个种引入栽培，其他各种习性各异，不易栽培。主要分布于南非至马达加斯加，其中1种分布到马斯克林群岛。迪萨兰具块茎，叶子沿花径生长或着生在单独不开花的茎上。花单生或多花形成总状花序；萼片离生，中萼片具距，常形成冠状结构；侧萼片常大而延展；花瓣较小，全缘或浅裂，常生于中萼片的冠状结构内；唇瓣较狭窄无距。盛花期在仲夏，花后老块茎死亡，在旁边长出一个新块茎。双距兰种子较大，兰科中极少有的种类，能用常规播种方法繁殖。

栽培：迪萨兰的6个栽培种均产于非洲西南部好望角西部和西南部的溪间湿润环境。低温或中温温室栽培，夜间温度不低于15℃，白天不高于27℃。喜欢通风良好和半阳的环境。对湿度和水质的要求高，空气湿度常年需保持50%以上。生长季节需保持基质湿润；喜欢排水良好、富含腐殖质的粗泥炭土盆栽，也可用纯粗沙、泥炭土、水苔等混合作盆栽基质。花后浇水略减少，但不能干透，浇水时避免浇到叶片上。双距兰的栽培对水质的要求高，水的pH 4.5~6.0为宜。对基质中盐类的累积忍耐程度较低，要求水中的盐浓度低于200mg/kg。施肥仅在生长季节采用配比均衡的水溶性肥料，浓度约为普通植物的1/4。

常见种类：

单花迪萨兰（*Disa uniflora*）

分布于非洲南部。生于低至中海拔地区，沿溪水岸边生长。株高80~100cm，有叶片数枚，叶长8~20cm。花序高50~100cm，有花1朵（少有多朵）。花径10~15cm，以猩红色为主，亦有粉、橙、黄等色。芳香。中萼片直立，微向内弯曲，具明显的红色脉纹，中萼片下方具一有蜜腺的距，而侧萼片向两侧下方伸展，花瓣在中萼片内较小，唇瓣较小，位于花瓣下方。花期较长，自12月至次年3月。

单花迪萨兰（*Disa uniflora*）（Dr.Kirill 摄）

鸟舌五唇兰属

Doricentrum（*Dctm.*）

该属是鸟舌兰属（*Ascocentrum*）× 五唇兰属（*Doritis*）二属间交配产生的人工属。杂种后代的叶形较趋向于鸟舌兰。五唇兰属与鸟舌兰属相差较大，五唇兰叶片厚而宽、花茎直立，花朵数多，花朵较小，萼片和花瓣较宽，花色多为深紫红色。鸟舌兰叶片较长而窄，花茎较长，直立性稍差，花较大，朵数多，萼片和花瓣较窄。两属间的杂交在很大程度上能够相互取长补短。

杂交育种：至2011年已登录的杂交种有4种：*Dctm.* Merrilee Wallbrunn；*Dctm.* Alphonse Daudet；*Dctm.* Pulcherrimin；*Dctm.* Pulcherrimin ‘Kodama’。

栽培：生长势十分强健，喜温暖和较强阳光；春、夏、秋3季旺盛生长时期给予充足水分和肥料；绑缚栽植在树蕨干、树蕨板或用大颗粒的树皮块、木炭、风化火山岩等排水和透气较好的基质盆栽。适合中温或高温温室栽培。

美丽鸟舌五唇兰（*Dctm. Pulcherrimin*）

五唇蝶兰属
Doritaenopsis (*Dtps.*)

该属是 *Doritis*（*Dor.*）× *Phalaenopsis*（*Phal.*）二属间交配产生的人工属，1923年登录。最初的亲本是 Phal.*lindnii* × Dor.*pulcherrima* 。

五唇兰属与蝴蝶兰属相差甚大，前者叶片厚、花径直立，花朵数多，花朵较小，花色多为深紫红色。而蝴蝶兰大多叶片较大，花茎较软，直立性较差，花大多为浅颜色。两属间的杂交在很大程度上能够相互取长补短。从花卉园艺的角度看，这是一个十分成功的人工属。在目前花卉市场上，受人们喜爱蝴蝶兰优良品种中，许多均出自该人工属。但这些优良品种均作为蝴蝶兰介绍给消费者，很少有人知道它们是兰花育种家培育出的人工属五唇蝶兰属。

杂交育种：至 1970 年登录的杂交种约增至 100 种；至 1996 年则增加到 1500 种。

栽培：目前在大量商品生产中完全和蝴蝶兰一样，用相同的种植方法栽培。

Dtps. Golden Amboin × *Dtps.* Happy Beauty

五唇蝶兰‘小可爱’（*Dtps.* Mount Lip ‘Chou’）

Dtps. Formosa Rose

Dtps. Chain Xen Queen

黑公主（*Dtps.* Ever Spring Prince‘Cover Girl’）

五唇蝶兰‘好运 1 号’（*Dtps.* Malibu Miss×（*Dtps.* Hsin Red Lip × *Dtps.* City Girl）No.1 ）

Dtps. Sogo Ballet × *P.* Cinnamon

Dtps. Golden Peober× Brother Desnsease

Dtps. Little Gem Stripe

Dtps. Yu Pin Butterfly ‘338’

Dtps. Super Berry × *Dtps.* Sogo Vivien

Dtps. Ever-Spring Prince × *P.* Zuma's Pixie

五唇兰属（朵丽兰）*Doritis*

附生兰类。有时着生在腐殖层较厚的岩石上。全属有 2 种。分布于亚洲热带地区。我国有 1 种。缅甸、泰国、柬埔寨、老挝、越南和印度尼西亚也有分布。单轴类茎，短，直立，叶数枚，质地肥厚；总状花序侧生茎基部，花茎直立，高约 60cm 或更长；着花 10~25 朵；花径 2~4cm，中萼片和花瓣相似，玫瑰红色或深洋红色；唇瓣 5 裂，有爪，颜色常更深。花期常在 7~8 月；每朵花可开放数周，整个花序常可以开放 4~5 个月。

有记载，该属又并入蝴蝶兰属，成为蝴蝶兰属的一种。

杂交育种：据记载，至 1997 年五唇兰属与兰科的近缘属：*Aerides*、*Ascocentrum*、*Ascoglossum*、*Kingidium*、*Neofinentia*、*Phalaenopsis*、*Rhenanthera*、*Rhynchostylis*、*Vanda* 等 9 个属已成功地进行了 2 属间、3 属间、4 属间的杂交，至少产生了 18 个人工属。其中五唇蝴蝶兰（*Doritaenosis*）[五唇兰（*Doritis*）× 蝴蝶兰（*Phalaenopsis*）] 最为著名。该人工属在花卉园艺中影响巨大，在很大程度上完善了蝴蝶兰的观赏和栽培性状。

栽培：可参照蝴蝶兰的栽培方法。五唇兰植株较蝴蝶兰小，适宜用小盆栽植，或用直径 10~12cm 花盆，每盆栽种数株。用苔藓、小粒树皮块或粗质腐叶土做盆栽基质。高温高湿环境栽培，无休眠期，可以与蝴蝶兰一起栽培。

常见种类：

五唇兰（朵丽兰）（*Doritis pucherrima*）（syn. *phalacnposis pucherrima*）

产于中国海南省。生于海拔 400m 半裸露、富含腐殖土的岩石上。缅甸、泰国、柬埔寨、老挝、越南和印度尼西亚也有分布。茎短，具 3~6 枚近基生的叶。叶上面绿色，背面淡绿或淡紫色，长圆形，长 5~7.5cm，宽 1.5~2cm。花序直立长达 38cm；总状花序长 10~13cm，疏生数朵花；花具香气，萼片和花瓣淡紫色；中萼片长圆形，长约 8mm；侧萼片稍斜卵状三角形，长 8mm；花瓣近倒卵形，比中萼片稍小；唇瓣 5 裂。不同地区分布的植株，花色常有变化。花期 7~8 月。

有变种和品种：var. *chumpornensis* 白花五唇兰；'Blue' 蓝花五唇兰。

蓝花五唇兰（*Doritis pulcherrima* 'Blue'）

白花五唇兰（*Doritis pulcherrima* var. *chumpornensis*）

五唇兰（朵丽兰）（*Doritis pulcherrima*）

小龙兰属
Dracula

附生、岩生或地生兰花。全属 90~100 种，分布于墨西哥南部到哥伦比亚、厄瓜多尔、秘鲁等地区，以哥伦比亚和厄瓜多尔安第斯山脉分布最多。多生长在海拔 500~2500m 处凉爽潮湿的安第斯山脉森林中。多为簇生或匍匐的附生兰，少数地生兰。很多种最初被认为属于尾萼兰属（*Masdevallia*）。茎被叶鞘包围，先端具 1 枚叶。叶线形至椭圆形或倒披针形，叶质薄，具短梗。花序不分枝，常见的是几朵花陆续开放或具单花，花序大多数下垂；如果花序直立，则花朵下垂。花大，竖径 10~30cm，萼片卵形，通常具长尾巴（萼片尖端延展形成长的尾状物），基部合生形成一个平的或杯状的花；花瓣小。唇瓣肉质，很小，分为下唇（爪），连接着蕊柱足，上唇圆形，通常成凹形，常具各种脊或薄片。蕊柱短而粗壮。花色丰富，有白、红、橙红和各种复色。开花期常因种不同，有春夏开花、秋冬开花和全年开花者。

多数种之间形态相近，主要区别在于大小不同。

杂交育种：杂交种大部分为小龙兰属的种间杂交种，也有部分种与尾萼兰属杂交，这被称为 *Dracuvallia*。

至 2012 年该属已有属间和属内杂交种共 96 个（属内杂种 37 个）。如：*Dracula* × *pinasensis*（*Dracula ophiocep* × *Dracula mopsus*） 天然杂交种。*Dracuvallia* Andean Sunset（*Dracula platycrater* × *Masdevallia veitchiana*）登录时间 1983。*Dracuvallia* Rio Tomebamba（*Dracula* Diana × *Masdevallia uniflora*）登录时间 2010。*Dracula* × *radiosyndactyla*（*Dracula radiosa* × *Dracula syndactyla*）自然杂交种。*Dracuvallia* Clive Henrick（*Masdevallia coccinea* × *Dracula platycrate*） 登录时间 1992。*Porracula* Kay Klumb（*Porroglossum muscosum* × *Dracula vampire*）登录时间 2010。

栽培：低温或中温温室栽培。

巨小龙兰（*Dracula gigas*）（Ecuagenera 摄）

由于小龙兰花序下垂，通常用泥炭和珍珠岩的混合基质，或较细颗粒树皮基质种植于吊篮中。适宜种植在中低温、高湿度和通风良好而阴凉的温室中。常年保持有充足水分和较高的空气湿度。旺盛生长时期2周左右施一次浓度为0.05%~0.1%水溶性复合化肥。夏季遮阳量50%~70%，冬季不遮或少遮。

常见种类：

巨小龙兰（*Dracula gigas*）

产于厄瓜多尔西北部山区。该种是本属中植株最大而健壮的种类。其花序可高达60cm以上。生有大型粉红色花，有深色细点。

Dracula radiella（Ecuagenera　摄）

达氏小龙兰（*Dracula dalstroemii*）（Ecuagenera　摄）

Dracula gorgona（Ecuagenera　摄）

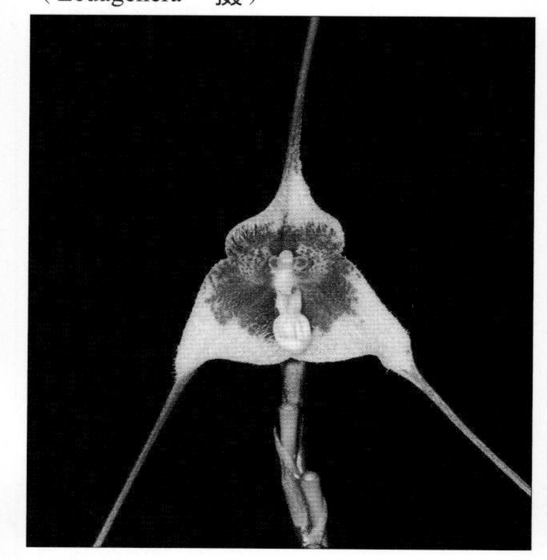

瑞普丽小龙兰（*Dracula ripleyana*）（Ecuagenera　摄）

Dracula bella ‘Ohharauo’

戴阿娜小龙兰（*Dracula diana*）（Ecuagenera　摄）

Dracula falix

玉兔兰属
Dressleria

附生兰，全属约有11个原生种，来自中美洲尼加拉瓜至南美的哥伦比亚、厄瓜多尔和秘鲁的潮湿森林中。具簇生的棒状或纺锤状的肉质假鳞茎。折扇状叶呈两列着生，叶脉明显，多至8枚，与其他龙须兰类叶片每年脱落不同，常在植株上留存2~3年。具几个节间。直立的花序从假鳞茎近基部的节上伸出，不分枝。玉质象牙白色的花肉质，唇瓣常朝上，未倒置。花两性；萼片相似，反折或平展，窄披针形。花瓣略宽，也反折或平展。唇瓣全缘，呈囊状，着生于蕊柱基部，有时具一胼胝体。蕊柱缩短，不具蕊柱足，且包埋于唇瓣中。花粉块2枚。

栽培：可用水苔做基质栽植于陶土盆或吊篮，于中温温室中与它的近缘属龙须兰属植物一起栽培，其温度要求与蝴蝶兰的栽培条件相似，中等遮阳，良好的通风。因为它来自潮湿森林地区，要求空气湿度高的生长环境，植株根系也需全年保持湿润，不能干透。

玉兔兰（*Dressleria dilecta*）

树蛹兰属

Dryadella

附生或岩生兰花。全属40~50种，分布于墨西哥南部到巴西南部和阿根廷北部。该属是1978年从尾萼兰属（*Masdevallia*）中单独分出的。植株小型丛生。茎短，直立，单叶。叶狭椭圆形到倒卵形，革质，具叶柄。花序从茎基部生出，较短，有花1朵或少数，花苞片重叠。花呈三角形，生于植株基部，白色、乳白色、淡绿色或褐色，具褐红色或紫色的斑点和条纹，大多数种相似；萼片肉质，卵形或三角形，基部合生成杯状，侧萼片底部具有横向的胼胝体；花瓣小，三角形；唇瓣小，舌状。花粉块2枚。

栽培：低温或中温温室栽培。通常用细颗粒树皮或泥炭与珍珠岩混合基质盆栽。适宜种植在中低温、高湿度和通风良好的温室中。常年保持基质中有充足水分，避免基质干透了再浇水；并经常保持温室中较高的空气湿度。旺盛生长时期2周左右施一次浓度为0.05%~0.1%水溶性复合化肥。夏季遮阳量50%~70%，冬季不遮或少遮。

小棒状树蛹兰（*Dryadella clavellata*）（Ecuagenera　摄）

Dryadella albicans

小树蛹兰（*Dryadella pusiola*）（Ecuagenera 摄）

鸡冠树蛹兰（*Dryadella cristata*）（Ecuagenera 摄）

红花厄勒兰（*Elleanthus blatteus* f. *red*）

E-F

厄勒兰属
Elleanthus

附生兰花，有些岩生或地生兰花。全属有70~100种，广泛分布于中南美洲安第斯山脉热带地区，从墨西哥到美国的中部和南部，以及西印度群岛。具肉质根。藤条状的茎直立，从生被叶鞘包围，似甘蔗状。叶2列，折扇状或折叠，呈禾草状，硬而薄，呈宽卵状披针形，似竹叶。总状花序顶生，不分枝，有时呈头状，花多数，小花密生；花的苞片明显，时常带颜色。花通常颜色艳丽，黄色、红色到紫色，不开展，多为钟形；萼片和花瓣分离，相似；唇瓣不裂，全缘，常呈扇形或囊状，具2个基生的椭圆形胼胝体，具缘毛或细齿。蕊柱具翼，无足；花粉块8枚。

栽培：中温温室栽培。可以参照白芨属相似栽培方法栽培。可用粗泥炭土、腐叶土或细颗粒的树皮做基质栽种在较大的浅盆中；全年给予充足的水分和较高的空气湿度。要求较强的阳光，华北地区温室栽培，春、夏、秋3季遮阳30%~50%，冬季不遮光；夜间低温15℃左右。华中以南地区，可以种植在公园和植物园露地土壤排水较好的花坛和林地边沿。旺盛生长时期1~2周施一次复合液体肥料。

常见种类：

头状厄勒兰（*Elleanthus capitatus*）

产于厄瓜多尔和秘鲁；生于海拔500~1200m处。这是一个很有趣的种，具有头状花序，花紫红色，花瓣苍白色，蕊柱白色。有几个已栽培的头状花序的种，如：*Elleanthus sphaerocephalus* 和 *Elleanthus casapensis* 很容易与本种混淆。据记载，该类兰花基本上靠鸟类进行传粉。

二色厄勒兰（*Elleanthus discolor*）（Dr. Kirill 摄）

红花厄勒兰（*Elleanthus blatteus* f. *red*）

大花厄勒兰（*Elleanthus ampliflorus*）（Ecuagenera 摄）

头状厄勒兰（*Elleanthus capitatus*）（Ecuagenera 摄）

埃姆兰属

Embreea

产于哥伦比亚西部和厄瓜多尔东南部。附生兰花。是1980年创立的新属，单种属。生于海拔800~1000m处的多云十分潮湿的森林中，附生于树干上。假鳞茎四棱形，紧密呈丛状排列，先端1枚叶。叶灰绿色，折扇状。花序下垂，单花。花大，淡粉色到白色，萼片和花瓣平展，背萼片和侧萼片呈卵形，稍向内弯，萼片上密生棕红色斑点；花瓣窄长；唇瓣肉质，3裂，有鲜红色小点。唇瓣形态复杂，分为下唇与上唇。蕊柱棍棒状，有窄翅。花肉质，花寿命短。

杂交育种： 至2012年该属已有属间和属内杂交种共4个。如：*Acinbreea* Sensacion（*Embreea rodigasiana* × *Acineta erythro×antha*）登录时间1985。*Stanbreea* Forbidden Territory（*Embreea herrenhusana* × *Stanhopea tigrina*）登录时间2007。*Stanbreea* Freckle Face（*Stanhopea connata* × *Embreea herrenhusana*）登录时间2009。*Stanbreea* New Era（*Stanhopea nigroviolacea* × *Embreea rodigasiana*）登录时间2006。

哀姆兰（*Embreea rodigasiana*）（Ecuagenera 摄）

栽培： 中温温室栽培。冬季夜间需保持室温15℃左右。花序下垂，因此须像老虎兰（*Stanhopea*）一样种植在吊篮里。四季均需要保持水分供给充足，栽种在垂吊的花篮或木筐中的植物基质很容易干燥，需经常浇水；并保持较高的空气湿度。每天数次向地面、台架和植株喷水。基质应选择颗粒状的树皮、木炭或风化火山岩以及排水良好混合基质。吊篮或花盆底部的孔洞要比较大些，以便于花序从中伸出。四季都需要保持水分供给充足和较高的空气湿度。轻至中度遮阳，通风好，高湿度。

常见种类：

埃姆兰（*Embreea rodigasiana*）

产于哥伦比亚西部和厄瓜多尔东南部；附生于海拔800~1000m十分潮湿多云的森林中树干上。该属为单种属，假鳞茎呈四棱形，紧密呈丛生长，高约7.5cm，有叶片1枚，叶长约45cm，宽13cm。花序和老虎兰（*Stanhopea*）一样下垂生长，有花一朵，花径约13cm，花期夏至秋季。中温温室栽培。

围柱兰属
Encyclia

附生兰类，有 240余个种，主要分布在热带和亚热带美洲及西印度群岛。主要种类生长在海拔1000m以下的季节干旱的森林中。种间差异大，大多具圆球状或椭圆状的假鳞茎；近顶部生有少数肉质的叶；花序从假鳞茎顶部的节上抽出；总状或圆锥花序，着生少或多数花；花中小型，美丽奇特，直径不超过 4cm；唇瓣 3裂或不裂，与蕊柱分离或部分融合，有时包围蕊柱，无蕊柱足。

本属的一些种类过去曾归入树兰属（*Epidendrum*），故有些种进行的杂交工作是记录在树兰属中。

杂交育种：至 2012 年该属以母本作杂交的种约有 357 个，以父本作杂交的种约有 729 个。如：*Encyclia* Zest（*Encyclia howardii* × *Encyclia* Gail Nakagaki）登录时间 1966。*Catyclia* Coosa（*Encyclia tampensis* × *Cattleya luteola*）登录时间 1987。*Barclia* Rosal Barker（*Encyclia* Rosalie × *Barkeria skinneri*）登录时间 2012。*Encyleyvola* Astronaut（*Encyleyvola* Fantasy × *Encyclia cordigera*）登录时间 1971。*Encyclia* Alda（*Encyclia diurnal*× *Encyclia tampensis*）登录时间 1983。*Ballantineara* Esther Sevilla（*Guaricattonia* Fancy Free × *Encyclia cordigera*）登录时间 2006。

栽培：低温或中温温室栽培；盆栽或绑植在树蕨板上；树皮、木炭等作盆栽基质，与卡特兰的栽培条件相似。喜欢明亮的阳光；冬季休眠期明显。绑植的植株在生长时期必须保证每天浇水和较高的空气湿度。当假鳞茎生长成熟进入休眠期时，应严格控制浇水量，保持基质适当干燥。越冬最低温度2~10℃。春季植株开始生长、新芽萌发，温度逐渐升高。

香花围柱兰（*Encyclia fragrans*）及其相似的种应种植于浅盆或吊篮中，用树皮等透气、排水较好的基质。橘黄围柱兰（*Encyclia citrine*）和玛丽围柱兰（*Encyclia mariae*）应倒置绑缚栽植，并悬挂

Encyclia alata

于冷凉、较干燥和具有明亮散射光的地方。

常见种类：

Encyclia alata

产于墨西哥到哥斯达黎加。生于海拔 1000m 以下，半落叶的森林中。假鳞茎丛生，长约 12cm，生有 2~3 枚带状的叶片，叶长约 50cm。花茎分枝，长可达 2m，生有许多花。花有香味。花径 6cm。花期从春 至秋。

Encyclia ambigua

产于墨西哥南部、危地马拉和洪都拉斯。生长于海拔 1000~1500m 处干燥的橡树林中。假鳞茎丛生，卵圆形，长 8cm 以上。有叶片 2~3 枚，长约 30cm。花茎长约 80cm，分枝，有花少数至多朵，花芳香，花径约 4cm。花期夏季。中温或高温温室栽培。

Encyclia artoruens
（syn. *Encyclia diota* var. *artoruens*）

产于墨西哥；生于海拔 1200m 处栗树林中。假鳞茎圆锥形到球形，直径约 5cm，紧密生长呈丛状。顶部生有狭窄的叶片 1~2 枚，叶长 30cm。花序分枝，长约 1m，生有多数花；花径 3~4cm。花期夏季。中温温室栽培。

Encyclia boothiana

产于墨西哥、古巴和南美洲北部。假鳞茎扁平，卵圆形至纺锤形，长 15~35cm，顶生叶片 2~3 枚。叶革质，披针形，长 15~30cm。花茎顶生，长 2.5~5cm，有花 2 朵。花倒立，花径 7~8cm，有香味。花淡黄白色，唇瓣有深栗色脉多条。花期夏季。

Encyclia bractescens

产于墨西哥、危地马拉和洪都拉斯。生长于海拔 1200m 以下的相当干燥的橡树林中。假鳞茎小，卵圆形高约 3cm，有 2~3 枚带状的叶，长约 20cm。花茎长约 25cm，分枝或不分，有花 2~15 朵，芳香，花寿命长，花茎约 2.5cm。花期春季。

心唇围柱兰（*Encyclia cordigera*）

主要分布在墨西哥、哥伦比亚和委内瑞拉。该种是本属中最美丽种，花瓣和萼片为棕红色，唇瓣的颜色多变，从具有红色条斑的白色上至深玫瑰红色。

有白花变种：var. *alba* 白花心唇围柱兰，花白色。

Encyclia ambigua

Encyclia boothiana

Encyclia hanburyi

产于墨西哥，危地马拉也可能有分布。附生长于海拔1200~1800m处较干燥的橡树林中的树干或岩石上。假鳞茎丛生，圆锥形到卵圆形，长8cm以上，生有1~2枚叶片，长约20cm以上。花茎分枝或不分，长约1m，有花35朵以上，花茎约4cm。花期春季至夏初。

Encyclia megalantha

原产于巴西。附生种。假鳞茎圆锥形，长约10cm，具2枚带状叶片；叶长约50cm。花序分枝，有花多数；花径约5cm。与*Encyclia hanburyi*亲缘关系密切，但该种花唇瓣白色，具有深红色脉纹。花期秋季。中温或高温温室栽培。

白唇围柱兰（*Encyclia tanpensis* var. *albolabia*）

产于美国的佛罗里达、巴哈马；在古巴有一变种，中温环境栽培，花序单生或分枝，着生1到许多花，高可达50~60cm，花期长，芳香，花直径3.5cm，花色变化大，花期冬、春季。

Encyclia hanburyi

Encyclia chiapesensis

Encyclia megalantha

Encyclia adenoanlla

Encyclia bractescens

Encyclia parviflora

Encyclia tanpensis var. *albolabia*

白花心唇围柱兰（*Encyclia cordigera* var. *alba*）（李振坚　摄）

Encyclia tanpensis var. *albolabia*（特写）

Encyclia fragrans

Encyclia linkiana

Encyclia odorata

Encyclia polyardiana

Encyclia belizensis

卡特树兰属

Epicattleya（*Epc.*）

该属是*Cattleya* × *Epidendrum*两个属间交配产生的人工属，1897年登录。最早的杂交种为*Epc.* Matutina（*C. bowingiana* × *Epi. radicans*），由Veitch苗圃登录。杂交种后代植株形态、高矮变化较大；花通常比卡特兰要小，花形和花色十分丰富；创造出许多珍奇美妙的杂交种品种。

杂交育种：至2012年该属以母本作杂交的种约有38个，以父本作杂交的种约有11个。如：*Epc.* Radians（*Epc.* Veitchii (1890) × *Cattleya coccinea*）登录时间1956。*Epc.* Cartago（*Epc.* Pastel Star × *Epidendrum* Costa Rica）登录时间1977。*Epicatanthe* Copperline（*Epc.* René Marqués ×*Cattlianthe* Trick or Treat）登录时间2012。*Epicatanthe* Jenny（*Guarianthe bowringiana* × *Epc.* Orpetii）登录时间2000。*Epc.* Classy Red（*Cattleya* Tangerine Jewel × *Epc.* Golden Sprite）登录时间1985。*Rhyncatdendrum* Polly Juneau（*Rhyncholaeliocattleya* Jane Brecht × *Epc.* Nebo）登录时间2001。

栽培：可参照卡特兰的栽培方法种植，也可以和卡特兰放在同一温室。通常植株较小，茎叶较细，可用小盆栽植。

Epc.（*Epi. cinnabarinum* × *C. autantiaca*）（黄展发　摄）

Epc. Vienna Wands × *Bepi.* Jim Wallace

树兰（柱瓣兰）属

Epidendrum（*Epi.*）

附生或地生兰类。本属是兰科中最大的属之一，有1000多个原生种。广泛分布于美洲热带，从佛罗里达到阿根廷北部。种间差异大，形态各异，株形很小或大；直立或蔓生；具竹节状的茎，少数种类具有假鳞茎。具高大竹节状茎的种多为附生类型。叶1至多枚，生于茎或假鳞茎的上部或顶端。总状花序顶生或少数侧生。花萼与花瓣相同或相似；唇瓣常包围蕊柱，花较大或小型；许多种和杂交种品种具有较大的花序，整体观赏效果很好；花色丰富艳丽。在属内种间或品种间经多年杂交育种，已培育出许多优良品种。在热带和亚热带地区栽培较多，作切花或盆花生产。温带地区作为温室盆栽花卉亦十分受到欢迎。

杂交育种：该属在兰科植物中是一个亲和力比较强的属；据不完全统计，到1997年已经与以下17个属（*Amblostoma*、*Barkeria*、*Bcassavola*、*Broughtonia*、*Cattleya*、*Cattleyopsis*、*Caularthron*、*Dendrobium*、*Domingoa*、*Laelia*、*Laeliopsis*、*Leptotes*、*Nageliella*、*Phaius*、*Scaphyglottis*、*Schomburgkia*、*Sophronitis*）杂交产生了2~6个属间的人工属至少45个。故该属植物是十分宝贵的育种亲本，可以用作改善相关属栽培种和品种的某些性状。并且已知的许多人工属，也值得进行深入的商业开发。

至2012年，该属以母本作杂交的种约有606个，以父本作杂交的种约有673个。如：*Epi.* Armstrongii（*Epi. endresii* × *Epi. wallisii*）登录时间1892。*Epi.* Alexander（*Epi. ciliare* × *Epi.mcnemidophorum*）登录时间1969。*Bardendrum* Fiesta（*Epi.* Rudolph × *Barkeria lindleyana*）登录时间1987。*Epithechea* Phoebus（*Epi.* O'Brienianum ×*Prosthechea vitellina*）登录时间1898。*Bardendrum* Kitty（*Barkeria skinneri* × *Epi.* O'Brienianum）登录时间1984。*Arizara* Yellow Dragon（*Domingleya* Dragon Tongue × *Epi. radicans*）登录时间2011。

栽培：树兰在原生地，从热带低海拔区到高山冷凉地区均有分布。原产地不同的种，对栽培环境要求各不相同。产于热带低海拔地区的种及其杂交种，通常无明显的休眠期；高海拔地区的种，则休眠期十分明显。在生长季节均要求充足的水分供应；夏季遮阳50%~70%；多数种在中温温室栽培生长良好，夜间最低温度8~15℃。可以用粗泥炭土、腐叶土或细粒风化火山岩、细粒树皮等单独或混合盆栽，但必须排水和透气良好。冬季休眠的种类，置于低温温室中；休眠期保持根部稍干，少浇水，增加光照。具有假鳞茎的种类及其杂种，如*Epi. ciliare*，应像蕾丽兰（*Laelia*）一样，采用以细颗粒树皮为主排水良好的混合基质栽种在较小的浅盆中。冬季休眠，要求冷凉的环境。具高大竹节状茎的种在阳光充足的低温条件下生长良好。一般爱好者，可将树兰和卡特兰放在同一温室中。植株较大，而花序下垂的种，可采用篮式或用木条筐栽植，悬吊在温室中栽培。

美花树兰（*Epi. calanthum*）

Epi. collare

这样光照和通风良好，也节省温室面积。树兰类生长量较大，需肥较多。旺盛生长时期每周或两周喷施一次液体肥料。

常见种类：

美花树兰（*Epi. calanthum*）

广泛分布于安第斯山亚马逊地区；生于海拔600~1600m处路旁。地生种。该处阳光充足，雨水丰富。该种与芦茎树（*Epi.ibaguense*）兰亲缘关系密切。花小，通常粉红色。但在粉红色群体中容易产生纯白色植株。适合于在温暖和湿润的环境栽培。

缘毛树兰（*Epi. ciliare*）

产于从墨西哥南部到南美洲的北部地区。附生于低到中海拔地区阳光充足的树干或岩石上。株高约50cm，假鳞茎扁平的长纺锤形，长10~20cm，顶生叶1~2枚。叶革质，长椭圆状披针形，长10~30cm。花茎顶生，直立，长10~30cm，有花数朵。花径7~9cm，芳香。花黄绿色，唇瓣白色。花期秋季到冬季；有时一年开花多次。中温或高温温室栽培；可以和卡特兰放在同一温室。

棒叶树兰（*Epi. corifolium*）

产于危地马拉。附生于低到中海拔地区的树上或岩石上。其强壮的茎干呈丛状，高约50cm。革质的叶片呈茎干状，长约25cm。花序长约25cm，有花数朵，花径约3cm。花寿命长。花期秋到冬季。中温或高温温室栽培。

异形树兰（*Epi. difforme*）

广泛分布于从佛罗里达到巴西和秘鲁。该种高度变异，与该种关系密切的种有100多个。属于这一种群的花多为绿色，有时白色。茎多肉，长12~20cm；叶片多肉，叶长卵形，长4~8cm。花茎顶生，多成伞形。花绿色，有白色品种，花径2.5~4cm。通常秋季开花。高温温室栽培，稍遮阳，生长良好；全年高空气湿度。

有白花异形树兰，花白色。

多花树兰（*Epi. floribundum*）

产于哥伦比亚、委内瑞拉和巴西。植株细长，高约45cm，也较密集。叶形多变，披针形到椭圆形，长15cm，质地较厚重。花茎红色，直立或呈拱形，有花多朵，着生较稀疏，有时有分枝，长约13cm。

棒叶树兰（*Epi. corifolium*‘AR’）

缘毛树兰（*Epi. ciliare*）

多花树兰（*Epi. floribundum*）

花径约 2.5cm，黄绿色，唇瓣白色，有红色斑点。唇瓣 3 裂，中裂片近线形。花期秋冬季。中温或高温温室栽培。

芦茎树兰（*Epi. ibaguense*）

产于墨西哥经中美洲到南美洲。中温或高温温室栽培；无明显休眠期；茎似芦苇，高 1~ 10m；有分枝，形成一个大群落。花茎长，总状花序缩短成伞形状，生许多花，花期很长。花径约 3cm，颜色多变，有黄、橙黄、红、鲜红、朱红、橙红等色；可全年开花。

夜香树兰（*Epi. nocturnum*）

广泛分布在佛罗里达南部和墨西哥经热带美洲到厄瓜多尔、秘鲁和巴西。生长于低到中海拔地区，从潮湿森林到干燥的萨王纳地区。植株高可达 1m 以上。假鳞茎紧密生，扁平，直立，有叶约 10 枚。叶革质，长椭圆形，长 6~17cm。顶部生有短的花序，花序上同时常有 1~2 朵花出现。花大小常有变化，花径 5~10cm，但常不能充分开放。花甚芳香，尤其在夜间。通常可全年开花，但花期主要在夏季和秋季。中温和高温温室栽培。

Epi. paniculatum

产于墨西哥经中美洲到厄瓜多尔、秘鲁、玻利维亚、巴西和阿根廷。植株变异很大，株高约 1m 茎直立，紧密生长。叶薄革质，披针形。长 10~20cm，脉紫色。花茎顶生，弯曲呈拱形，密生多花，呈圆锥状。花的大小和色彩变化大，花径约 2cm。花从绿色到紫红色，唇瓣白色，有紫红色条纹。花期春末至初夏。中温或高温温室栽培。

异形树兰（*Epi. difforme*）

芦茎树兰（*Epi. ibaguense*）

帕克森树兰（*Epi. parkinsonianum*）

帕克森树兰（*Epi. parkinsonianum*）

产于墨西哥、危地马拉、洪都拉斯、哥斯达黎加、巴拿马。附生种，悬垂生长，茎长2m以上，常有分枝。假鳞茎细棒状，长5~10cm，有叶1枚；叶肉质，线状披针形，长30~45cm。花茎顶生，有1~3朵花。花大型，直径10~15cm；芳香；花寿命长。萼片与花瓣线状披针形，长5~8cm。淡黄色至黄绿色，唇瓣白色有黄色脉。花期在夏、秋季，有时每年不止开花一次。绑附栽植在树蕨干或树蕨板上。中温或高温温室栽培。

从生树兰（*Epi. polyanthum*）

产于墨西哥经中美洲到委内瑞拉和巴西。变异甚大的一个种。茎丛生，高30~120cm，叶椭圆到线状披针形，长22cm，宽6cm。花茎长可达45cm，花序总状，有花少数至多数。花径约2cm，从黄白色、黄绿色到棕黄色，或红色。唇瓣深3裂，色浅或深。花期通常

Epi. stamfordianum cv.（李振坚　摄）

丛生树兰（*Epi. polyanthum*）

假树兰（*Epi. pseudepidendrum*）

在夏季。中温或高温温室栽培。

假树兰（*Epi. pseudepdendrum*）

分布于哥斯达黎加及巴拿马西部。附生于低海拔的林中树干上。茎细，成簇生长，高达 1m；假鳞茎棒状，密生，长 50~100cm，上半部具多数叶，互生；叶革质，披针形，长 6~20cm。花茎顶生，有花 2~3 朵；花径 6~7cm；花绿色，唇瓣橙红色、粉色；花蜡质，花期长。夏秋季开花；芳香。栽培普遍，有大花种及小花种，适应于不同环境条件，易于生长及栽培。

Epi. secundum

syn.*Epi.anceps*

大型附生植物。产于中美洲至南美洲北部。常密集生成大丛，植株细长，高可达 1m，叶长 15cm，排成 2 列。花序由许多密集的小花组成，每花直径 1~2cm。花色变化甚大，从黄绿色到紫色。全年有花，主花期在秋季。每花序可以开花数年。中温或高温温室栽培。

Epi. stamfordianum

产于哥伦比亚。假鳞茎呈纺锤形，长 15~25cm，上部有叶 2 枚。叶革质，线状长椭圆形，长 15~20cm。花茎从假鳞茎基部生出，直立或弓形，长 40~60cm，密生多数花。花径 3~4cm。花色多变，通常黄绿色，上有红褐色斑点。花期冬春季。

Epi. vesicatum

产于巴西。植株下垂生长；叶肉质，覆瓦状排列，灰绿色。生长十分强健，较稀有。花肉质，黄绿色，花瓣和唇瓣上有紫色细斑点。高温温室栽培，喜潮湿的环境。绑缚栽植在树蕨板或树蕨干上；亦可颗粒状基质中小盆栽种。生长中暴露出的根系需要用苔藓覆盖好。

Epi. secundum

Epi. viviparum

Epi. embreei

Epi. nitens（特写）

Epi. imatochilum

白花异形树兰（*Epi. difforme*‘Alba’）

Epi. Pirouette ‘Crione’（李潞滨　摄）

Epi. Joseph Lii

Epi. robustum

Epi. rousseauae

Epi. raniferum

Epi. vesicatum

厚唇兰属

Epigeneium

附生兰花。全属约35种，分布于亚洲热带地区，主要见于印度尼西亚、马来西亚。中国有7种，多见于西南地区。根状茎匍匐；假鳞生于根状茎上，单节间，顶生叶1~2枚，少数见3枚。叶革质，椭圆形至卵圆形。花单生于假鳞茎顶端或总状花序，花少至多数。萼片相似，离生，侧萼片基部歪斜，贴生于蕊柱足，与唇片形成明显的萼囊；花瓣与萼片等长，但较窄；唇瓣中部变窄形成前后唇或3裂；侧裂片直立，中裂片伸展，唇盘上常有纵褶片。

栽培：中温或高温环境栽培。下垂植株可以绑缚栽植在树蕨干或树蕨板上；可用蛇木屑、蕨根或树皮块等排水良好的基质栽种在吊篮中或多孔的花盆中，作悬垂栽培。旺盛生长时期应保证有充足的水分和肥料供应。施肥的浓度只相当于一般植物的一半左右即可。全年保持有充足水分和高空气湿度；垂吊植株每日要有2次喷水。

常见种类：

厚唇兰（*Epigeneium triflorum*）

syn. *Dendrobium triflorum*

产于爪哇；附生于海拔1000~1800m处的雨林中。假鳞茎长2~3cm，有4~5棱角。叶窄，长约12cm，宽约2cm。花序长6cm，有花数朵。花径3cm。黄色，唇瓣深黄色，边沿白色，中部红色。容易变化。已发现有3个变种。

变种var. *orientale*东方厚唇兰：花序细长下垂，有花6~17朵；成熟植株若能开好花，十分可观。

厚唇兰（*Epigeneium triflorum* var. *orientale*）

Epilaeliocattleya（*Eplc.*）属

Epidendrum × *Laelia* × *Cattleya* 三属间的人工属，1960 年登录。最初是由 *Lc.* Kahili Kea × *Epi. mariae* 交配而成。树兰属（*Epidendrum*）是个大属，包含有近千个种，各种间形态和习性多种多样，取其用作交配亲本，杂交种后代变化差异甚大。该属中已出现许多优良的杂交种，用作商业栽培。通常植株和花比较小，花序较大，花朵数较多，花形和色彩变化甚大。

栽培：可参照卡特兰的栽培方法种植；不同杂交种间稍有差异。通常中温或高温温室栽培；可以和卡特兰放在同一温室栽培。植株较小，中小盆栽种；用颗粒状的树皮、木炭、风化火山岩等或苔藓作基质。

Eplc. Volcano Trick 'Orange Fire'

火烧兰属 *Epipactis*

地生兰花。主要产于欧洲和亚洲的温带及高山地区，北美也有。全属约20种，我国有8种和2变种。通常具根状茎。茎直立，具3~7枚叶。叶互生；上部叶片逐渐变小而成花苞片。总状花序顶生，花斜展或下垂，多少偏向一侧；花被片离生或稍靠合；花瓣与萼片相似，但较萼片短；唇瓣通常分为下唇与上唇；下唇舟状或杯状，较少囊状；上唇平展；上、下唇之间缢缩或由一个窄的关节相连。

杂交育种：至2012年该属以母本作杂交的种约有41个，以父本作杂交的种约有45个（部分为天然杂交种）。如：*Cattleya* × *merediorum*（*Epipactis pseudopurpurata* × *Epipactis purpurata*）天然杂交种。*Epipactis* Sabine（*Epipactis gigantean* × *Epipactis palustris*）登录时间1984。*Epipactis* Pegasus（*Epipactis* Lowland Legacy × *Epipactis mairei*）登录时间2007。*Epipactis* Mascara（*Epipactis mairei* × *Epipactis veratrifolia*）登录时间1999。*Cephalopactis* Aurora（*Cephalanthera rubra* × *Epipactis veratrifolia*）登录时间1997。*Epipa-ctis* Lowland Legacy（*Epipactis veratrifolia* × *Epipactis gigantean*）登录时间1993。

栽培：通常栽种在岩石园或园林中小花坛中。基质用腐叶土或泥炭土；土壤含有盐分并潮湿，尤其在生长季节；全光照或半阴；耐寒冷，全年保持湿润。春季分株繁殖。

常见种类：

火烧兰（小花火烧兰）（*Epipactis helleborine*）

产于中国的华北、西北、华中和西南。生于海拔250~3600m的山坡林下、草丛或沟边。尼泊尔、阿富汗、伊朗、北非、俄罗斯、欧洲以及北美也有分布。地生草本，高20~70cm；根状茎粗短。茎上具叶4~7枚，互生；叶片卵圆形，长3~13cm，宽1~6cm；向上叶逐渐变窄。总状花序长10~30cm，具3~40朵花；花绿色或淡紫色，下垂，较小。花期7月，果期9月。

Epipactis atrorubens（Dr. Kirill 摄）

新疆火烧兰（*Epipactis palustris*）

产于中国新疆北部和阿尔泰山脉，欧洲、俄罗斯也有分布。地生草本，高 25~60cm；根状茎长，匍匐状。茎直立，上部具 7~8 枚叶。第 1 枚叶片较短，卵形或卵状椭圆形，长 4~5cm，其余叶片较窄长。总状花序长 10~20cm，具 6 至数十朵花；萼片长 8~9mm；花瓣长 7~8mm；唇瓣长约 10mm，明显分为上、中、下三部分；花期 7 月。

新疆火烧兰（*Epipactis palustris*）（Dr. Kirill 摄）

火烧兰（*Epipactis helleborine*）（Dr. Kirill 摄）（特写）

毛兰属

Eria

附生兰花。全属 370 余种，分布于亚洲热带至大洋洲。我国有 43 种，产南部各省区。通常具根状茎。茎常膨大成种种形状的假鳞茎。叶 1 至数枚，通常生于假鳞茎顶端或近顶端的节上。总状花序侧生或顶生，少为单花；花通常较小，极少具有大而鲜艳的花；萼片离生；花瓣与中萼片相似或较小；唇瓣生于蕊柱足末端，无距，常 3 裂，上面通常有纵脊或胼胝体。

杂交育种：尚未见报道该属植物的杂交育种工作，目前栽培的均为野生种植株。

栽培：常在植物园和园林科研单位有少量栽培。低温、中温或高温环境栽培。可根据栽培种类的分布地区和海拔高度来确定其栽培需要的温度。大多喜欢潮湿和阴蔽的环境。因其生态环境变化比较大，很难用一种栽种方式完全满足要求。假鳞茎比较矮小的种类可浅盆栽种或绑缚种植于蕨板上；假鳞茎比较长的种类，如具芦苇状茎的种最好栽种于吊篮中。盆栽基质可以用蛇木屑、蕨根或树皮块等排水良好的基质。旺盛生长时期应保证有充足的水分和肥料供应。施肥的浓度只相当于一般植物的一半左右即可。分布在亚热带和热带高山区的种类大多有明显的休眠期。在假鳞茎生长成熟开始至休眠期内应减少浇水，保持盆栽基质微干。停止施肥，降低温室的温度。为保持绑缚栽植的植株不至于因干燥受害，仍需定期喷水，并保持稍高的空气湿度。毛兰类的栽培中应避免经常换盆。

常见种类：

匍茎毛兰（*Eria clausa*）

产于中国的云南、广西、西藏，附生于海拔 1000~1700m 处阔叶林中树干或岩石上。印度也有分布。假鳞茎卵圆形，具四棱；花浅黄绿色；唇瓣 3 裂，侧裂片近斜长圆形，中裂片宽卵形，唇瓣自基部至顶部具 3 条纵贯的高褶片。花期 3~4 月。

匍茎毛兰（*Eria clausa*）

半柱毛兰（*Eria corneri*）

半柱毛兰（*Eria corneri*）

附生兰类。产于中国的福建、台湾、海南、广东、香港、广西、云南和贵州等省区；日本、越南也有分布。生于海拔 500~1500m 的林中树上或岩石上。假鳞茎密集着生；花序近顶生，长 6~22cm，有花 10 余朵；花白色或略带黄色。花期 8~9 月。

足茎毛兰（*Eria coronaria*）

附生兰类。产于中国的海南、广西、云南和西藏；生于海拔 1300~2000m 的林中树干或岩石上；尼泊尔、不丹、印度和泰国也有分布。假鳞茎密集或每隔 1~2cm 着生，不膨大，圆柱形；顶部着生 2 枚叶。花序长 10~30cm，有花 2~6 朵，花白色，唇瓣有紫色斑纹，花期 5~6 月。

多花毛兰（*Eria floribunda*）

附生兰类。产于泰国、越南、马来西亚和印度尼西亚等热带地区森林中。典型的低海拔附生种类。茎干较细，分枝多。每茎干上常产生数个花序；每花序有花数十朵。在橡胶林和果园中常见有栽培，并且生长良好。在海拔 1200m 处亦有栽培。

风信子毛兰（*Eria hyacinthoides*）

产于马来西亚、印度尼西亚；附生于海拔 500~1500m 树木枝干和岩石上。株高约 25cm，假鳞茎圆锥形，顶部生有 2~3 枚革质叶片。常同时有 2 枚花序出现，花序长约 25cm，每花序上有 30~40 朵风信子状的花朵，大多同时开放。春、夏季开花。中温或高温温室栽培。

香花毛兰（爪哇毛兰）（*Eria javanica*）

地生、半地生或附生。产于中国的台湾和云南；生于海拔 300~1000m 的林中。印度、缅甸、老挝、泰国、马来西亚、印度尼西亚、菲律宾和巴布亚新几内亚也有分布。假鳞茎圆柱状，长 6~7cm，顶端有 2 枚叶片。叶椭圆状披针形，长 36cm。花序近顶生，长约 50cm，具多数花；花白色，芳香；萼片和花瓣近披针形，长 1.5~2cm；唇瓣卵状披针形。花期 8~10 月。

白棉毛兰（*Eria lasiopetala*）

产于中国的海南东南部；生于海拔 1200~1700m 林下，附生于树干或岩石上；尼泊尔、印度、缅甸、泰国、越南等地也有分布。根状茎横走，1.5~5cm 有一枚假鳞茎；假鳞茎纺锤形，顶端有叶 3~5 枚；叶长 12~30cm。花序 1~2 个，生于假鳞茎基部；长 10~20cm，花序轴密生白棉毛；花淡黄绿色，萼片背面被白棉毛；花瓣线形；唇瓣 3 裂，裂片边沿波浪状。花期 1~4 月。

多花毛兰（*Eria floribunda*）（黄展发　摄）

足茎毛兰（*Eria coronaria*）

长苞毛兰（*Eria obvia*）

附生兰类。产于中国的海南、广西和云南；生于海拔700~2000m的林中，常附生于树干上。假鳞茎密集，纺锤形，顶部有叶3~4枚。花序1~3个，生于近假鳞茎顶端，具多花；花径1.5cm，浅黄色。花期4~5月。

竹枝毛兰（*Eria paniculata*）

附生兰类，产于中国云南，生于海拔800~900m的林中树上；尼泊尔、不丹、印度、缅甸、泰国、老挝、柬埔寨和越南也有分布。株高20~60cm。花序1~2个生茎顶，直立，长10~20cm，密生多花；花小，淡黄绿色；密被灰白色绵毛。花期4~6月。

指叶毛兰（*Eria pannea*）

附生兰类。产于中国的海南、广西、贵州和西藏，生于海拔800~2200m的林中树上或林下岩石上；不丹、印度、缅甸、泰国、老挝、柬埔寨、新加坡、马来西亚和印度尼西亚也有分布。植株小，假鳞茎长1~2cm，近顶部有叶3~4枚，叶肉质，圆柱形，长4~20cm。花序1个，着生于假鳞茎顶部；从叶内侧生出，长3~5cm，有花1~4朵。花黄色；萼片和花瓣外被白色绒毛。花期4~5月。

玫瑰毛兰（*Eria rosea*）

附生兰花。产于中国的海南和香港；附生于海拔500~1300m处林中岩石和树干上。假鳞茎密集或相距1~2cm，卵形，长2~5cm，粗1~2cm，顶生叶1枚。叶厚革质，披针形或长圆披针形，长16~40cm，宽2~5cm。花茎从假鳞茎顶部伸出，有花2~5朵，花白色或淡红色；中萼片卵状长圆形；花瓣近菱形；唇瓣倒卵状椭圆形或近卵形。花期1~3月。

密花毛兰（*Eria spicata*）

附生兰类。产中国的云南南部和西藏南部至东南部，生于海拔800~2800m林中树干和岩石上。尼泊尔、印度、缅甸和泰国也有分布。假鳞茎圆柱形，长3~16cm；顶生叶2~4枚；叶椭圆形，长5~22cm；花序从茎顶端叶外侧生出，密生许多花；花白色。花期7~10月。

多刺毛兰（*Eria ferox*）

指叶毛兰（*Eria pannea*）

风信子毛兰（*Eria hyacinthoides*）（特写）

白棉毛兰（*Eria lasiopetala*）

长苞毛兰（*Eria obvia*）

香花毛兰（爪哇毛兰）（*Eria javanica*）

竹枝毛兰（*Eria paniculata*）（Dr. Kirill　摄）

密花毛兰（*Eria spicata*）

玫瑰毛兰 （*Eria rosea*）

毛梗兰属

Eriodes

附生兰花。全属仅 1 种，分布于热带喜马拉雅经中国西南部到缅甸、泰国、老挝、越南。假鳞茎在根状茎上近聚生，较大，近球形，具棱角，顶生叶 2~3 枚。叶大，折扇状，具柄。花序侧生于假鳞茎基部，直立，比叶长，密布短茸毛。花梗和子房远比花长，密布短柔毛；花中等大，中萼片向前倾，侧萼片基部较宽而歪斜；花瓣比萼片窄，无毛；唇瓣舌形。

栽培：中温或低温温室栽培。用颗粒状树皮、木炭、风化火山岩或苔藓等基质中小盆栽种，盆栽基质要排水良好。温室春、夏、秋三季遮阳量 50% 左右，冬季不遮或少遮阳，同时给予充足的水分和较高空气湿度；2 周左右施用一次液体复合肥；冬季若温室温度低，保持基质适当干燥，减少浇水量。

常见种类：

毛梗兰（*Eriodes barbata*）

产于中国的云南南部勐海、景洪、腾冲等地，生于海拔 1400~1700m 处山地林缘或疏林中树干上。也见于印度东北部、缅甸、泰国和越南。假鳞茎近球形，粗达 3cm，顶生 2~3 枚叶片。叶长圆形，长达 37cm，宽 3cm；花葶直立，长 55~65cm，密布柔毛，疏生花数朵；花中等大，萼片淡黄色带紫红色脉纹；中萼片长圆形，长 14~18mm，宽 4mm，具 3 条脉，侧萼片镰刀状长圆形，与中萼片等长而稍宽，具 5 条脉；花瓣紫红色，窄长圆形，与萼片等长，宽 1.2~1.4mm，具 3 条脉。唇瓣淡黄色具紫红色条纹，不裂，向下弯，先端稍大，并在其两侧具小裂片。花期 10~11 月。

毛梗兰（*Eriodes barbata*）

毛梗兰（*Eriodes barbata*）（特写）

埃利兰属

Erycina

附生兰花。全属共2（6）种，主要原产于墨西哥西部、巴拿马、哥伦比亚、厄瓜多尔、特立尼达和多巴哥。该属与文心兰属（*Oncidium*）亲缘关系密切。生于沿海低海拔到较高海拔地区干旱和多刺的林中。植株小，假鳞茎卵圆形，丛生，基部具鞘叶，有数枚狭窄的叶片，呈两侧排列。花葶从假鳞茎基部生出，呈拱形或悬垂，分枝或不分，花少数，美丽，杯状，黄色，有绿色或褐色萼片，花瓣小。唇瓣三裂，金黄色或鲜黄色，比其他花瓣和萼片长，呈扇形；各裂片稍向内侧弯曲；中裂片肾形。具有短而弯曲、无翅的蕊柱，具红色药帽。

栽培：可以参照小型文心兰的栽培方法种植。中温温室栽培。

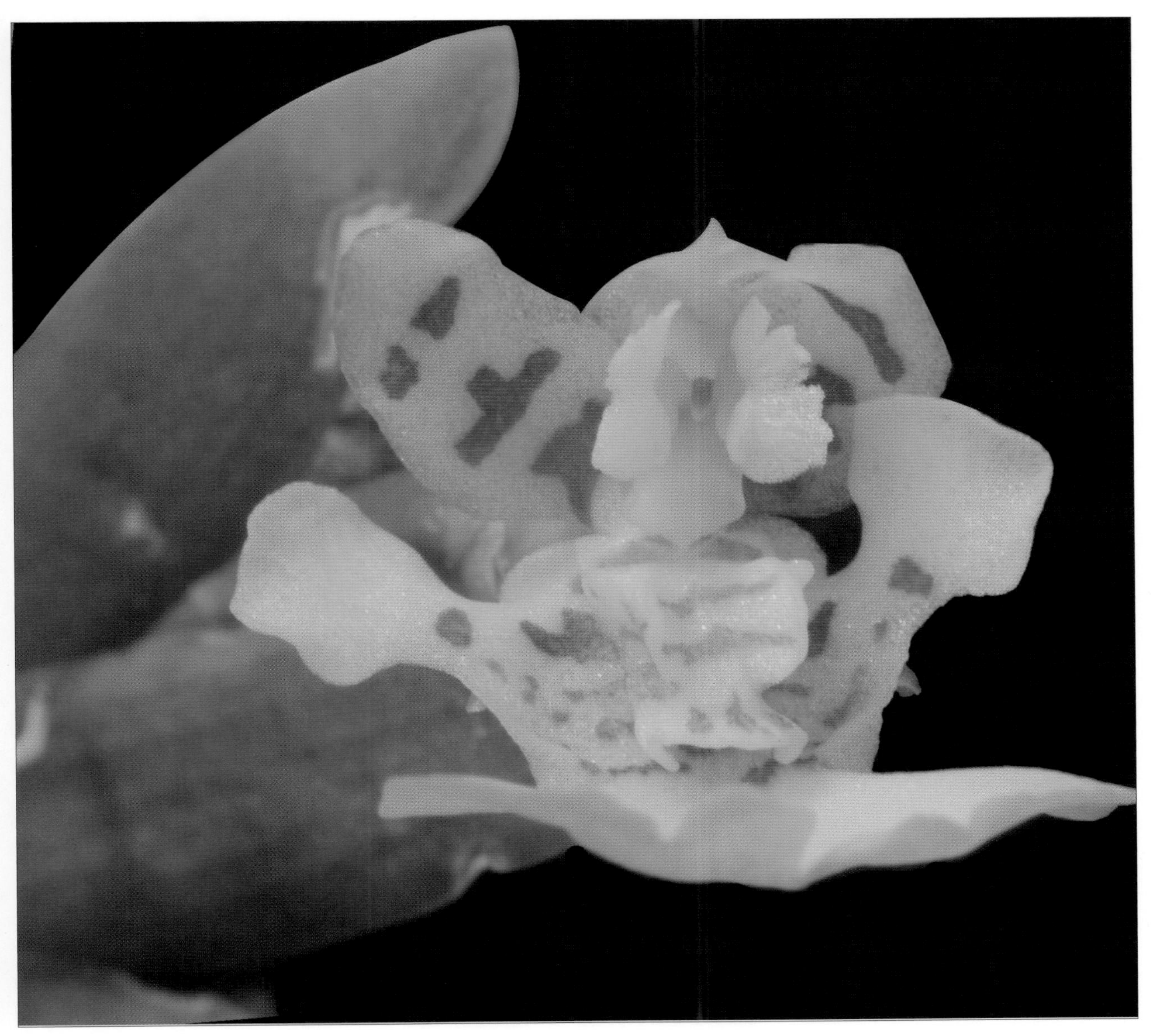

Erycina pusilla

尤旗兰属
Euchile

该属是从树兰属（*Epidendroum*）中分出来建立的新属，其许多形态特征与树兰属较接近。已知该属有 2 个种，仅分布于墨西哥。生长于干燥的橡树林中。这两个种的植株均具有淡灰蓝色或淡灰绿色的特点。

栽培：中到低温温室栽培。用颗粒状树皮、木炭、风化火山岩或苔藓等基质中小盆栽种，盆栽基质要排水良好。旺盛生长的春、夏、秋三季要给予充足的水分；2 周左右使一次液体复合肥；温室遮阳量 50% 左右。冬季温度低，保持基质适当干燥，减少浇水量。

常见种类：

白花尤旗兰（*Euchile mariae*）

syn. *Epi.mariae*；*Encyclia mariae*

该种类是墨西哥北部的特有种。分布于海拔 1000~1200m 处。花葶直立，长约 20cm，有花 4~5 朵，花径达 7.5cm。花瓣和萼片淡灰绿色，唇瓣白色，中心部分淡黄绿色有明显的脉纹。花期从春季到夏季。可以用排水较好的基质盆栽，也可以绑缚栽种在树蕨板上。冬季注意浇水，不可太多或过分干燥。

尤旗兰（*Euchile mariae*）

美冠兰属
Eulophia（*Eupha.*）

地生兰类，极少有腐生兰。全属约 200 种。主要分布于非洲，其次是亚洲热带和亚热带，美洲和澳大利亚也有分布。该属种类多，有许多种的花序高大、花朵色彩艳丽，是值得重视和开发的一个属。中国有 14 种，分布于西南部和东南部。茎较短，通常膨大成球茎状或假鳞茎，位于地下或地上。叶与花同时出现，或先花后叶。叶片禾草状或宽而薄。花茎侧生，总状花序具多花，有时分枝成圆锥花序。花中等大或小型，花瓣与萼片相似。唇瓣较大，基部有距，3 裂，唇盘上有条状突起。

杂交育种：至 2012 年该属已有属间和属内杂交种共 15 个（属内杂交种 6 个）。如：*Eulophyllum* Jumbo Keith（*Eupha. andamanensis* × *Grammatophyllum measuresianum*）登录时间 2008。*Eupha.* Jeannie Wolff（*Eupha. streptopetala* × *Eupha. speciosa*）登录时间 1992。*Eupha.* Douglas McMurtry（*Eupha. ovalis* × *Eupha. speciosa*）登录时间 2012。*Euclades* Saint Léger（*Oeceoclades cordylinophylla* × *Eupha. guineensis*）登录时间 1995。*Eupha.* Michael Tibbs（*Eupha. guineensis* × *Eupha. speciosa*）登录时间 1992。*Gramcymbiphia* Jumbo Lovely（*Grammatocymbidium* Lovely Melody × *Eupha. guineensis*）登录时间 2011。

栽培：高温或中温温室栽培，

有明显的休眠期。栽培方法与热带的鹤顶兰相似。可用腐殖土、苔藓、粗泥炭、细颗粒树皮等基质盆栽。要求排水和透气良好。生长时期，盆栽基质保持充足的水分；2~3周施一次液体复合肥料；半阴环境，遮阳50%~70%。休眠期减少浇水，保持盆土微潮；停止施肥；不遮或少遮。

常见种类：

几内亚美冠兰（*Eupha. guineensis*）

广泛分布于热带非洲，从尼日尔到埃塞俄比亚和南部的安哥拉及赞比亚，在也门北部和阿曼也有分布。地生种。生长在多石的灌木丛或林下半阴处。花美丽。假鳞茎卵形，长3~3.5cm。叶3~4枚，长10~35cm，窄椭圆形，直立。花茎直立，长可达60cm，有花5~15朵。花径约5cm，花瓣和萼片绿色，有紫褐色脉并染有紫褐色；唇瓣白色底染有粉红色和深色脉。唇瓣基部3裂，侧裂片白色，中裂片大，扇形，边缘呈波状。花期秋、冬季。

彼得氏美冠兰（*Eupha . petersii*）

广泛分布于热带非洲东部地区，生长于南非Kwa Zulu Natal省。常发现生长在中海拔的花岗岩砾石滩中。植株粗壮，高2m以上，假鳞茎长6~15cm。叶长40cm以上，宽约4cm。花序高达3m，从高75~100cm处分枝，有花多达50朵以上，花长约3cm。花期从春末到秋季中期。中温温室栽培。

Eupha. scriptus

美冠兰（*Eupha. anieensis*）

几内亚美冠兰（*Eupha. guineensis*）

彼得氏美冠兰（*Eupha. petersii*）

杂种美冠兰（*Eupha.* (*euglossa* × *guiaeensis*) 'Hans'）

金石斛属
Flickingeria

附生兰类。主要分布于热带东南亚、巴布亚新几内亚和大洋洲一些岛屿。全属约 88 种。中国有 9 种和 1 个变种。主要产云南、广西、海南、台湾和贵州。根状茎匍匐生长，其上生多数直立或下垂的茎。假鳞茎稍扁呈圆柱形、棒状或梭状。顶生 1 叶，叶通常圆形至椭圆形。花小，单生或 2~3 朵成簇，花期很短，仅开放数小时即凋谢。萼片相似，花瓣与萼片相似而较窄；唇瓣通常 3 裂。

杂交育种：至 2012 年该属仅有属间杂交种 1 个。*Dendrogeria* Mistique（*Dendrobium* Ellen × *Flickingeria comata*）登录时间 1988。

栽培：中温或高温温室栽培。绑缚栽种在树蕨板上或带皮的木段上，亦可用排水良好的基质盆栽。喜较高空气湿度和阳光，生长时期要有充足的水分和肥料。可以与卡特兰类和较喜温暖的石斛放在同一温室栽培。

常见种类：

三脊金石斛（*Flickingeria tricarinata*）

产于中国云南南部，生于海拔 800~900m 处林中树干上。茎下垂，通常分枝，顶端的一个节间膨大成假鳞茎。假鳞茎梭状，长 4.5~6.5cm，直径 8~15mm，顶端生一叶。叶长 11~12cm，宽 2.6cm。花序短，通常单花；花仅开放半天；萼片长约 1.4cm；萼囊长约 6mm；唇瓣倒卵形，长 1.2cm，3 裂；唇盘上有 2 条褶片。花期 6 月；花寿命甚短，笔者在温室栽培条件下，见到只在上午 9~11 点开放。

三脊金石斛（*Flickingeria tricarinata*）（卢树楠 摄）（特写）

三脊金石斛（*Flickingeria tricarinata*）（**卢树楠　摄**）

白花多花地宝兰（*Geodorum recurvum*‘Alba’）

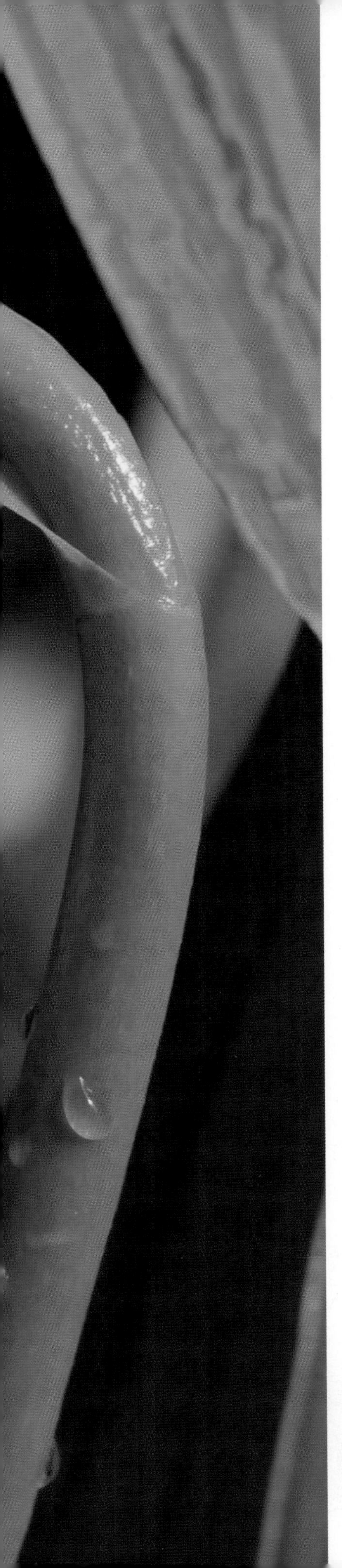

G

鼬蕊兰属

Galeandra(*Gal.*)

大多为附生兰，偶见有地生种。全属约 26种。产于佛罗里达南部、墨西哥至玻利维亚的美洲地区。多分布于亚马逊河流域的森林中，从海平面附近至海拔约 500m的地方。假鳞茎直立，呈细长的圆锥形。地生种的假鳞茎肥大，呈压扁的球形。叶折扇状，叶脉明显。顶生总状花序，着生少数花，有时分枝。花大而美丽，常为白色、玫瑰色或巧克力色。花萼与花瓣离生，相似或略细长一些；唇瓣大，常卷成近管状，基部有距；基部与蕊柱合生。

包氏鼬蕊兰（*Gal. bauerii*）

Gal. leptocera

杂交育种：至 2012年该属已有属间和属内杂交种共 37个（属内杂交种 23个）。如：*Gal.*Sarah Moses（*Gal.* Sandy Stubbings × *Gal. devoniana*）登录时间 2006。*Galeansellia* Gondwanaland（*Galeandra baueri* × *Ansellia gigantean*）登录时间 1981。*Gal.* Kitty Chanson（*Gal.* Sandy Stubbings × *Gal. baueri*）登录时间 1995。*Gal.* Beth Stubbings（*Gal.eandra baueri* × *Gal. pubicentrum*）登录时间 1994。*Catasandra* Fanfare（*Catasetum expansum* × *Gal. baueri*）登录时间 1987。*Cycgalenodes* Jumbo Megastar（*Cycnodes* Wine Delight × *Gal. stangeana*）登录时间 2009。

栽培：中温或高温环境栽培，可与卡特兰类栽培在相似的地方。用排水和透气良好的基质盆栽，如树皮、火山灰等。旺盛生长时期给予充足的水分和肥料供应；并且保持高的空气湿度。喜半阴至明亮的散射光环境。开花以后有休眠期，休眠期间减少浇水，保持基质微干；停止施肥；降低栽培温室的温度。

常见种类：

包氏鼬蕊兰（*Gal. bauerii*）

产于墨西哥、巴拿马和苏里南。茎细长，纺锤形，长约 50cm。叶长 10~25cm，线状披针形，先端尖。花茎长 15~30cm，有数花。花径约 5cm，花瓣和萼片淡黄褐色，唇瓣紫红色。萼片与花瓣窄倒披针形。花期夏秋季。

加柳兰属
Galeottia
syn. *Mendonsella*

附生兰或地生兰。全属有12个种，分布于墨西哥、委内瑞拉、秘鲁和巴西。附生于海拔300~2000m处的森林中，有些种很像地生种。假鳞茎扁平卵圆形，被叶鞘包裹。顶生叶2~3枚，倒披针形，长15cm，革质，薄有光泽。花径从假鳞茎基部生出，直立到拱形，有花1至数朵。花色艳丽，扁平；萼片和花瓣平展，侧萼片基部呈囊状；唇瓣肉质，具瓣爪，有杯状的下唇和卵形的上唇，或具3裂的侧裂片和隆起的胼胝体。花粉块4枚。

杂交育种：至 2012年该属已有属间和属内杂交种共 18个（属内杂交种 1个）。如：*Galeopetalum* Leucochilum（*Galeottia burkei* × *Zygopetalum mackayi*）登录时间 1892。*Galeopetalum* Starburst（*Galeottia fimbriata* × *Zygopetalum* Jumpin Jack）登录时间2009。*Galeopetalum* Princesa Hur í（*Galeot-tia negrensis* × *Zygope-talum* Artur Elle）登录时间 2011。*Gale-osepalum* JEM（*Zygosepalum labiosum* × *Galeottia grandiflora*）登录时间 1992。*Brianara* Brian（*Propabstopetalum Alan* × *Galeottia grandiflora*）登录时间 2000。*Galeopetalum* Giant（*Zygopetalum* Artur Elle × *Galeottia grandiflora*）登录时间 2005。

栽培：中温或高温温室栽培。用排水和透气良好的颗粒状树皮、木炭或风化火山岩等作基质栽种在中小盆中。新芽和花茎旺盛生长时期应保持基质中有充足的水分。经常浇水和施肥，并保持较高的空气湿度。华北地区温室栽培，春、夏、秋三季遮阳量50%~70%，秋季后期减少遮阳，冬季不遮或少遮。新芽生长成熟，假鳞茎长大，叶片枯黄时应减少浇水量，根系适当干燥。休眠期需保持干燥，直到下一个生长期开始时再及时补充水分。大约2年换盆一次，春季新芽开始萌动时是换盆和分株的适宜时期。

常见种类：

流苏加柳兰（*Galeottia fimbriata*）

分布于南美从哥伦比亚到委内瑞拉。附生于海拔900m的山区。假鳞茎高4~8cm。叶倒披针形，长约40cm。花茎直立，高约20cm，有花2朵。花径6~8cm，花瓣和萼片底色为绿色，有紫褐色纵条纹，唇瓣白色，3裂，有紫褐色纵条纹，各裂片边缘有长毛。花期春、夏季。中温或高温温室栽培。

Galeottia negrensis

流苏加柳兰（*Galeottia fimbirta*）
(Ecuagenera　摄）

伽斯托兰属
Gastorchis

地生兰花，稀少附生。全属 8 种，产于马达加斯加。假鳞茎小，有 2~4 枚叶片。花序从假鳞茎基部生出，不分枝。花美丽，如果受到损害会变成蓝黑色；萼片和花瓣分离，相似，通常卵圆形，开展；唇瓣不明显的 3 裂，基部囊状，有龙骨状的胼胝体。花粉团 8 枚，分成 2 组，每组 4 枚。

该属的一些种有时放在鹤顶兰属（*Phaius*）中，但可以从唇瓣基部是否呈囊状，是否具有距和绒毛及胼胝体来区分。

栽培：中温或高温温室栽培，要求较多的遮阳。盆栽基质要求含有丰富的有机质，但透水和通气要好。旺盛生长时期要有充足的水分供应；不要将水喷洒在叶面上，叶面积水容易引起叶片损伤。当植株生长成熟时要减少浇水，休眠期应适当干燥。

伽斯托兰（*Gastorchis schulechterii*）

Gastorchis schlechterii ‘Fredensborg’

盆距兰属
Gastrochilus

附生兰类。全属约 47 种，分布于亚洲热带和亚热带地区。中国有 28 种，产长江以南各省区，尤其台湾和西南地区较多。单轴生长型，无假鳞茎；茎短或细长，常弯曲，甚至整个茎下垂；叶多肉或革质；花序侧生，总状花序或缩短呈伞形花序，具少数或多数花。花小至中等大小，稍肉质；萼片和花瓣近似，稍伸展成扇状；唇瓣分为前唇和后唇（囊距）。

杂交育种：至 2012年该属已有属间和属内杂交种共 15个（其中属内杂交种 2个）。如：*Gastrochilus* Bellino-Bigibbus（*Gastrochilus bellinus* × *Gastrochilus* obliquus）登录时间 1899。*Gastisia* Peewee（*Gastrochilus formosanus* × *Luisia teres*）登录时间 1980。*Gastronopsis* Tiwanond（*Gastrochilus bellinus* × *Phalaenopsis pulcherrima*）登录时 1991。*Gastronopsis* Classic's Snowdrop（*Phalaenopsis* Purple Gem × *Gastrochilus bellinus*）登录时间 1986。*Gastrostoma* Helios（*Cleisostoma simondii* × *Gastrochilus acutifolius*）登录时间 1994。

栽培：大多数种类中温环境栽培；喜半阴或明亮阳光；因没有假鳞茎，不耐干旱，生长时期需充足水分和较高的空气湿度。可以绑缚栽植于树蕨板、蕨干或带皮的木段上，或用树皮、木炭、风化火山岩等排水和透气良好的颗粒状基质栽植于吊篮和多孔的花盆中。春季开始生长以后，要给予温暖、半阴和湿润的环境。增加浇水的次数，提高温室内空气湿度；每 1~2 周施液体复合肥一次。冬季减少浇水量，适当降低空气湿度并增加光照。在温暖的上午可以喷雾，使植株和基质不会过分干燥。

常见种类：

镰叶盆距兰（*Gastrochilus acinacifolius*）

产于中国海南，附生于海拔约1000m的山地林中树干上。茎扁圆柱形，长8~11cm；叶镰刀状长圆形，长7~14cm，宽1~2cm；伞形花序具数朵花；萼片和花瓣淡黄色带紫红色斑点；萼片与花瓣相似，但花瓣较小；前唇白色。花期9~12月。

镰叶盆距兰（*Gastrochilus acinacifolium*）

大花盆距兰（*Gastrochilus bellinus*）

产于中国云南，生于海拔1600~1900m处林中树干上。缅甸、泰国也有分布。茎长2~5cm。叶数枚，长11~24cm，宽1.5~2.3cm。花序2~3个，近伞形，具4~6花；萼片长1.2~1.7cm；唇瓣由1个囊状的下唇与肾状三角形的上唇组成；下唇近圆锥形或半球形，长约9mm，上唇长7~10mm，边缘齿蚀状或有流苏，上面有白色乳突状毛和1个中央垫状物。花期4月。

盆距兰（囊唇兰）（*Gastrochilus calceolaris*）

产于中国海南、西藏、云南；生于海拔1000~2100m处林中树干上。印度、缅甸、尼泊尔、泰国、越南也有分布。茎长5~30cm，叶多枚，2列，长20~23cm，宽1.5~2.5cm。花序数个至多个，近伞形，具数花至多花；萼片长7~8mm，唇瓣由上唇与下唇组成；下唇盔状，直径约5mm；上唇半圆三角形，宽5~7mm，边缘有流苏。花期3~4月。

大花盆距兰（*Gastrochilus bellinus*）

盆距兰（囊唇兰）（*Gastrochilus calceolaris*）

天麻属

Gastrodia

腐生兰，全属约 20 种，分布于东亚、东南亚至大洋洲。我国有 13 种。

地下具根状茎，呈块茎状、圆柱状，有时多少呈珊瑚状，通常平卧，稍肉质，具节，节常较密。无绿叶。花茎直立，常为黄褐色，一般在花后延长，中部以下具数节，节上被筒状或鳞片状鞘。总状花序顶生于块茎，具数花至多花，较少减退为单花；花近壶形、钟状或宽圆筒状，不扭转或扭转；萼片与花瓣合生成筒，仅上端分离；花被筒基部有时膨大成囊状，偶见两枚侧萼片之间开裂；唇瓣贴生于蕊柱足末端，通常较小，藏于花被筒内，不裂或 3 裂；蕊柱长，具狭翅，基部有短的蕊柱足；花药较大，近顶生；花粉团 2 个，通常由可分开的小团块组成，无花粉团柄和黏盘。

栽培：适宜于疏松、湿润的沙质壤土中生长，生长最适温度为 15~28°C，当地温度低于 8°C、高于 30°C 即停止生长。天麻不具绿叶，不能进行光合作用行自养生活。在自然条件下，天麻的种子必须在小菇属的真菌（萌发菌）的帮助下才能萌发，萌发长成原球茎后又必须依靠蜜环菌提供养分才能生长发育。因此，天麻不能采用普通兰花的栽培方法。

如果是从种子开始栽培，一般采用“三下窝”的栽培方法，即种子、萌发菌和蜜环菌三者同时下地。一般要先分别培养好萌发菌的菌叶和帮助天麻生长发育的蜜环菌的菌材。栽培时，选择湿润透气和渗水性良好、疏松、腐殖质含量丰富的沙壤土，挖深 35cm 的坑穴栽培。先将天麻种子与培养好的萌发菌菌叶拌菌播种，同时放入砍好鱼鳞口的青冈、板栗、榆树、桦树等阔叶树的茎段，与培养好的菌材间隔交错放置。种子与菌叶菌材要合理均匀分布。用腐殖土或细沙填平，轻轻压紧，不留空隙。最后在上面覆盖细土 15cm 左右，上盖枯枝落叶，成龟背形，略高于地面，以利排水。

种子萌发后长出原球茎，自然感染周围的蜜环菌，开始生长。如果是从种麻开始种植，只需要放入蜜环菌菌材，不用萌发菌。在选择麻种时选取当年挖出的天麻，除去商品麻，把所有麻种选出再筛选，拣除烂麻、畸形麻等劣质麻，最后确定为个头相当、健壮、外观整齐、个头大、成色好、无创伤的天麻麻种。

天麻栽种后不需要施肥，不用松土除草，保持自然野生状态。夏季高温季节应用遮阳网或树枝遮光降温。若遇干旱，可适量浇水，应经常保持土壤含水量在 40% 左右，地温 15~28°C。同时在雨季注意防止积水。

常见种类：

乌天麻（*Gastrodia elata* f. *glauca*）

亦称铁干天麻，为天麻中的一个变型，含水量常在 70% 以内，有时仅为 60%，在云南栽培的天麻多为此变型，是药用天麻中的上品。用以治疗头晕目眩、肢体麻木、小儿惊风等症。主产中国云南东北部和贵州西部。天麻（*Gastrodia elata*）的分布区域广，还有绿天麻（*Gastrodia elata* f.viridis）和黄天麻（*Gastrodia elata* f. *flavida*）等变型。植株高大，最高可达 150~200cm，茎秆灰褐色，有白色条斑。花黄绿色，花期 6~7 月。果实有棱形、倒楔形。根状茎椭圆形至卵状椭圆形，节较密，最长可达 15cm 以上，单个最大重量达 800g。

乌天麻（*Gastrodia elata* f. *glauca*）

天麻根状茎（加工成的药用成品）

绿天麻（*Gastrodia elata* f. *viridis*）

地宝兰属 *Geodorum*

地生草本。全属约10种，分布于亚洲热带地区至澳大利亚和太平洋岛屿。我国有5种。假鳞茎球茎状或块茎状，位于地下或近地面。叶数枚，基生，有长柄。花葶生于假鳞茎侧面，顶端为缩短的总状花序；总状花序俯垂，头状或球形；花中等大或小；萼片与花瓣相似；唇瓣通常不分裂或不明显3裂。

杂交育种： 至2012年该属仅有1个属内杂交种记录。如：*Geoclades* Jumbo Promise（*Oeceoclades calcarata* × *Geodorum recurvum*）登录时间2008。

栽培： 中温温室栽培，少数热带种喜欢较高的栽培温度。亚热带种类在长江流域室外林下溪水边或北方低温温室栽培，生长良好。建议适宜地区可以有意识引种，在园林中栽培。要求富含腐殖质的微酸性土壤；喜欢潮湿、阴蔽的环境。可用腐殖土或泥炭土盆栽，盆下部1/4~1/3的部分填充颗粒状排水物，以防止根部通气和排水不良。亦可以用较细颗粒的基质盆栽。春季假鳞茎开始萌发新芽和新根时，逐步增加浇水量。旺盛生长时期保持有充足的水分和较高的空气湿度；遮阳量50%~70%；每2周左右施用一次0.1%~0.2%的液体复合肥。秋季植株生长成熟，可逐渐减少浇水，停止施肥。冬季叶片枯黄后，及时将其清除掉。冬季温度低，蒸发量小，应减少浇水，保持盆土微潮，保证假鳞茎不萎缩。

常见种类：

密花地宝兰（*Geodorum densiflorum*）

产于中国的广东、广西、贵州、海南、四川、云南；广布于亚洲热带。生于海拔1500m以下的林下、溪边或草坡上。假鳞茎块茎状，粗1.5~2cm，位于地下。叶2~3枚，长16~29cm，宽2~7cm；叶柄常套叠而形成假茎。花葶发自假鳞茎基部，长30~40cm；总状花序俯垂，长2.5~3cm，具花2~5朵，萼片长约1cm，唇瓣长约1cm，基部浅囊状；唇盘上有1~2条脊。花期6~7月。

多花地宝兰（*Geodorum recurvum*）

产于中国的广东、海南、云南；柬埔寨、印度、缅甸、泰国、越南也有分布。生于海拔500~900m以下的林下、林缘。假鳞茎块茎状，直径1.5~2.5cm。叶2~3枚，长13~21cm，宽5~7cm；叶柄常套叠而形成8~18cm假茎。花葶发自假鳞茎基部，长15~18cm；总状花序俯垂，长2.5~3cm，具花10朵，萼片长1~1.2cm，唇瓣宽矩圆状卵形，长8mm，基部具囊；唇盘上有2~3条肉质的纵脊。花期4~6月。

有白花变异植株：'Alba'白花多花地宝兰。

多花地宝兰（*Geodorum recurvum*）

密花地宝兰（*Geodorum densiflorum*）

白花多花地宝兰（*Geodorum recurvum* 'Alba'）

宫美兰属

Gomesa(*Gom.*)

附生兰花。全属约13种，附生于巴西中部和南部森林中。假鳞茎扁平，卵圆形至椭圆形；顶端生有2~3枚相当柔软的叶片，叶长椭圆形；花茎从假鳞茎基部生出，着生多数黄绿色至黄褐色的花，花小型、芳香。萼片和花瓣同形，侧萼片基部联合。唇瓣长椭圆形至卵圆形，向下弯曲，基部有2条突起。花寿命较长。西方俗称为“小人兰”（Little Man Orchids）。

杂交和育种：该属与文心兰属（*Oncidium*）亲缘关系密切。至1997年，已知该属与近缘属杂交至少产生如下3个人工属：*Barbosaara*（*Cochlioda* × *Gomesa* × *Odonlossum* × *Oncidium*）。*Bradeara*（*Comparettia* × *Gomesa* × *Rodriguezia*）。*Oncidesa*（*Gomesa* × *Oncidium*）。

至2012年该属已有属间和属内杂交种共1052个（属内杂交种366个）。如：*Golumnia* Canary（*Gom. flexuosa* × *Tolumnia guianensis*）登录时间1943。*Aspomesa* My Darlings（*Gom. marshalliana* × *Aspasia epidendroides*）登录时间1969。*Golumnia* Tsiku Jasmine（*Gom.* Hamana Elfin × *Tolumnia* Colorburst）登录时间2001。*Aliceara* Mimi（*Aliceara* Jet Setter × *Gom.* Gardneri）登录时间1989。*Aspomesa* Flutterby（*Aspasia principissa* × *Gom. imperatoris~maximiliani*）登录时间1994。*Zeloncidesa* Anzac Handshake（*Zeloncidesa* Golden Handshake × *Gom.* Palolo Gold）登录时间2007。

栽培：栽培方法可以参照文心兰和卡特兰的做法。可以绑缚栽种在树蕨板上或用排水和透气良好的颗粒状树皮块、木炭、蛇木屑、风化火山岩等栽种在花盆中。

常见种类：

皱波宫美兰（*Gom. crispa*）

产于巴西东南部，生长于中海拔地区潮湿森林中。假鳞茎紧密地着生在一起，长5~10cm，扁平，长椭圆形，顶端生有2枚叶片。叶线状披针形，长15~28cm，宽2~3.5cm。花茎长15~22cm，多花，生长密集。花径1.5~2cm，黄绿色，芳香，萼片和花瓣边沿呈波状皱褶。花期春至夏初。

宫美兰（*Gom. recurva*）

产于巴西东南部，潮湿冷凉的山区。假鳞茎扁平，卵圆形，长5~7cm，顶端有叶2~3枚，线状披针形，长20~30cm，宽2~3cm。花茎长20~35cm，多数花密集生长。花径2cm，淡黄绿色，芳香。萼片和花瓣长椭圆形，长1~1.2cm，侧萼片基部联合，呈Y字形。唇瓣卵形，长1cm，基部有2个大突起。

宫美兰（*Gom. recurva*）

皱波宫美兰（*Gom. crispa*）

爪唇兰属
Gongora

附生兰类。全属有52个种，分布于墨西哥和中美洲玻利维亚的广大地区。假鳞茎卵圆形；顶生2~3枚大叶片，叶脉明显。总状花序从假鳞茎的基部伸出，呈链状，细长而下垂；花中等大小，颜色较暗，具斑点。有香味。子房弯曲，唇瓣朝下，花的形状看似游弋的天鹅或飞翔的昆虫。主萼片和花瓣小，贴生于蕊柱中部；侧萼片大而反转，比主萼片宽，着生于蕊柱足上；唇瓣由蕊柱足延伸，分为上唇和下唇，结构复杂。原生于低海拔地区，且与蚂蚁窝为邻。在自然环境中，爪唇兰由一种雄蜂来授粉，传粉昆虫专一。

杂交育种：至2012年该属已有属间和属内杂交种共45个（属内杂交种39个）。如：*Gongora* Armadon（*Gongora armeniaca* × *Gongora maculate*）登录时间1997。*Gongora* Sharon Giles（*Gongora truncate* × *Gongora boracayanensis*）登录时间2007。*Stangora* Elcimey（*Stanhopea ecornuta* × *Gongora horichiana*）登录时间1984。*Gongora* Leucatrodon（*Gongora leucochila* × *Gongora atropurpurea*）登录时间2004。*Gongora* Canary（*Gongora flaveola* × *Gongora galeata*）登录时间2011。*Gongora* Golden Eagle（*Gongora flaveola* × *Gongora Colibre*）登录时间2011。

栽培：本属与老虎兰（*Stanhopea*）亲缘关系密切。栽培条件相近，需要阴蔽和高空气湿度。中温或高温温室栽培。生长时期需给予充足的水分，最好能每日喷水一次。旺盛生长期1~2周施一次0.1%~0.2%的复合肥料。冬季温度低，要减少浇水的次数，使栽培基质微潮即可。通常用苔藓作为基质，栽种在多孔的吊篮中，这样下垂的花序可以从假鳞茎的基部顺利地生长出来，并下垂开花。

常见种类：

蟾蜍色爪唇兰（*Gongora bufonia*）

syn. *Gga.irrorata*

产于巴西。假鳞茎有明显的纵沟。花茎下垂，长约60cm，密集着生花数朵。花膜质，长约5cm，桃红色有红褐色小斑点。侧萼片长三角形，反卷。唇瓣多肉质，结构十分复杂，分泌芳香物质引诱昆虫。花期秋冬季。中温或高温温室栽培。

盔状爪唇兰（*Gongora galeata*）

仅产于墨西哥。假鳞茎长7cm；叶片常30cm以上。花茎从假鳞茎基部生出，细长，下垂，长20~30cm，有花十余朵。花柄明显向内弯曲。花径3.5cm，黄绿色到黄褐色。侧萼片水平开展，背萼片呈盔状，包围蕊柱。唇瓣小，肉质。夏、秋季开花。中温或高温温室栽培。有分类学家将该种放到奇唇兰属（*Acropera*）中。

蟾蜍色爪唇兰（*Gongora bufonia*）（特写）

盔状爪唇兰（*Gongora galeata*）

Gongora histrionica

Gongora histrionica

产于哥斯达黎加、巴拿马和哥伦比亚，分布于海拔100~750m处。假鳞茎有纵深脊，高约7cm，有叶片2枚，长约40cm，宽约12cm。花序长40cm以上，有花25朵以上。花径约5cm。花期从春季至夏末。中温或高温温室栽培。

白唇爪唇兰（*Gongora leucochila*）

产于墨西哥、哥斯达黎加和巴拿马。生于海拔200~1200m处。假鳞茎有深棱角，近圆柱形，高约7cm。叶长约40cm，宽约12cm。花序下垂，长约20cm，有花可达15朵，花径约5cm。花期春、夏季。中温或高温温室栽培。

五脉爪唇兰（*Gongora quinquenervis*）

产于墨西哥到玻利维亚。花茎细长，下垂，有花15~20朵。花淡黄色，有红褐色密集的斑点。花形十分奇特，与常见的兰花差异极大。唇瓣呈爪状。秋季开花。

哥伦比亚爪唇兰（*Gongora rufescens*）

只产于哥伦比亚。在其延长的圆锥状假鳞茎上有深脊；高约7cm。顶部有两枚叶片，长约30cm。花序长约50cm，有花15~20朵；花径5cm。花期春季。中温温室栽培。

平头爪唇兰（*Gongora truncata*）

产于墨西哥到洪都拉斯。花茎长约60cm，下垂，有花多数。花径约5cm，花白色，有红色斑点和条纹，萼片淡黄色，有红褐色小斑点，侧萼片椭圆形，向上翻卷。唇瓣多肉质，黄色。芳香。花期夏季。中温或高温温室栽培。

五脉爪唇兰（*Gongora quinquenervis*）

奇唇兰（*Gongora horichiana*）

白唇爪唇兰（*Gongora leucochila*）

哥伦比亚爪唇兰（*Gongora rufescens*）

黑爪唇兰（*Gongora nigrita*）

Gongora scaphephorous

Gongora chocoenis

爪唇兰（*Gongora irmgardtiae*）
（黄展发 摄）

黄爪唇兰（*Gongora fulva*）

斑叶兰属
Goodyera

地生兰类。全属约40种，主要分布于北温带，向南可达东南亚、澳大利亚、墨西哥和非洲。我国产29种，各地均有分布，以西南部和南部为多。茎直立，具根状茎。叶常绿，稍肉质，具彩色斑纹，常具有天鹅绒和宝石般的光泽。十分美丽，有些种作为观叶植物栽培。在西方称为“宝石兰”（Jenel Orchids）。总状花序顶生，花小。花期春天到秋天。常在植物园中见到引种栽培的叶片上具彩色斑纹的种类。

杂交育种： 至2012年该属已有属间和属内杂交种共10个（属内杂交种5个）。如：*Dossinyera* Tapestry（*Goodyera pubescens* × *Dossinia marmorata*）登录时间2003。*Goodisia* Fandango（*Goodyera pubescens* × *Ludisia dawsoniana*）登录时间2004。*Goodyera* East~West（*Goodyera schlechtendaliana* × *Goodyera pubescens*）登录时间2007。*Dossinyera* Purple Haze（*Dossinia marmorata* × *Goodyera tesselata*）登录时间2006。*Macodyera* Amphisilva（*Macodes sanderiana* × *Goodyera pubescens*）登录时间2009。

栽培： 低温或中温环境栽培，少数热带种喜欢较高的栽培温度。温带或亚热带种类在长江流域室外林下水沟边或北方低温温室栽培，生长良好。要求富含腐殖质的微酸性土壤；喜欢潮湿、荫蔽的环境。盆栽基质可用腐殖土4份、沙1份混合而成；也可以用泥炭土、沙、腐殖土配制，用中、小浅盆栽植。盆下部1/4~1/3的部分填充颗粒状排水物，以防止根部通气和排水不良。栽植好的植株可以放在温室或荫棚的水池边，以保持植株周围有较高的空气湿度。旺盛生长时期每1~2周施用一次0.1%~0.2%的液体复合肥。冬季低温，减少浇水，保持盆土微潮。因常年生长在潮湿的地方，应注意防止蜗牛和蛞蝓的危害。不宜随意移放在日照过强的地方，防止灼伤叶片。

常见种类：

Goodyera hispida

产于印度北部到中南半岛。生于低到中海拔地区森林中荫蔽环境的地面上。 该种叶片花纹十分美丽；叶长约7cm，宽约2.5cm。叶片深绿色，脉纹呈现出晶体的银白色。花序长约10cm，生有花数朵，花径约 3mm。夏季开花。中温温室栽培。

高斑叶兰（*Goodyera procera*）

产于中国华东、华南和西南地区。生于海拔 250~1550m 的林下。从印度到日本都有分布。本种全草民间作药用。株高 20~80cm，茎直立。花茎长 12~50cm；总状花序穗状，具多数小花，长 10~15cm；花小、白色带淡绿色。芳香。花期 4~5 月。

Goodyera hispida

高斑叶兰（*Goodyera procera*）

小斑叶兰（*Goodyera repens* ）

分布甚广，从中国黑龙江经内蒙古、河北、山西直至青海、新疆，经长江流域至西藏。生于海拔 700~3800m 的山坡、沟谷林下。日本、朝鲜、韩国、俄罗斯、缅甸、印度、不丹以及欧洲、北美洲的一些国家也有分布。本种全草民间作药用。株高 10~25cm，茎直立，绿色，具 5~6 枚叶；叶深绿色具白斑纹。花茎直立，总状花序具几朵至十余朵花，密生，花稍偏向一侧；花小，白色或带绿色、粉红色。花期 7~8 月。

小斑叶兰（*Goodyera repens*）

斑唇兰（条斑兰）属

Grammangis

大型附生兰。全属只有 2 种，原产于马达加斯加中部。假鳞茎纺锤形，大型，上面生有灰绿色的大叶 5~6 枚。在野生环境中，附生在森林中阳光充足的树干上部或分枝上较高的地方。用强大的肉质根附生在树皮上，可以长达数米。花茎和新芽几乎同时生出，巨大的花序从新生的假鳞茎基部生出；呈拱形的花序上着生许多中等大小的花；花肉质，有光泽；萼片较大，革质，平展开；花瓣和唇瓣小；唇瓣 3 裂，没有距。

杂交育种：至 2012年该属已有属间和属内杂交种共 6 个。如：*Catamangis* Jumbo Passer（*Catasetum barbatum* × *Grammangis ellisii*）登录日期 2006。*Eulomangis* Jumbo Keith（*Eulophia andamanensis* × *Grammangis spectabilis*）登录日期 2010。*Cymbidimangis* Jumbo Spectrum（*Cymbidiella pardalina* × *Grammangis spectabilis*）登录日期 2011。

另外，见到斑唇兰（*Grammangis ellisii*）× 巨兰（*Grammatophyllum scriptum*）之间杂交的开花植株。该人工属具有两属间的特征。

栽培：中温或高温环境栽培；喜欢较强的阳光；生长时期要求充足的水分和高的空气湿度；每 1~2 周施用一次 0.1%~0.2% 的液体复合肥。开花后有一短暂的休眠期，这期间应适当减少浇水量，并停止施肥。根际要透气和排水良好，用多孔的花盆栽种，也可以栽种在吊篮中，用树皮、蛇木屑、木炭、风化火山岩等颗粒状的材料作为盆栽基质。亦可以绑缚栽种在树蕨干或带皮的木段上。换盆时应尽可能减少对其根系的损伤，以免影响其正常的生长和开花。斑唇兰属植物生长十分健壮，在一般热带附生兰花温室中栽培不是很困难，并容易开花。

常见种类：

斑唇兰（*Grammangis ellisii*）

产于马达加斯加低海拔的海岸附近的雨林中，往往发现其悬垂生长在河流水面上的树干上。假鳞茎长 10~20cm，直径 4~6cm，纺锤形，有叶 3~5 枚；叶长 16~40cm，宽约 1~4cm，长舌形；花序从假鳞茎基部生出，长 60cm；有花约 40 朵；花径 5~6cm；巨大的金黄色萼片上布满深栗褐色斑纹，有光泽，是最显眼的部分；花瓣和唇瓣小而色泽较淡。

杂种斑唇兰（*Grammangis ellishi* × *Grammatophyllum scriptum*）（黄展发　摄）

斑唇兰（*Grammangis ellisii*）

斑被蕙兰属

Grammatocymbidium (*Grcym.*)

该属是巨兰属（斑被兰属）（*Grammatophyllum*）× 兰属（*Cym.*）2属间杂交的人工属。目前在我国大陆地区见到的斑被蕙兰属种类仅为建兰'素心'（*Cym. ensifolium*）× *Grcym.scriptum* 两个种杂交而成*Grcym.*Lovely Melody Sweet。其他杂交种尚未看到。这两个种均属于植株和花较小的种。其花的形态在很大程度更接近兰属的特点，植株变的小型化。目前尚未看到这两个属间巨大植株与大花型种类杂交成功的后代。

杂交育种：至2012年该属已有属间和属内杂交种共5个。如：*Grcym.* Long Pride Green Emperor（*Grcym.* Lovely Melody × *Grcym. scriptum*）登录时间2002。*Grcym.* Jumbo Medusae（*Grcym.* Lovely Melody × *Cyrtopodium polyphyllum*）登录时间2008。*Gramcymbiphia* Jumbo Lovely（*Grcym.* Lovely Melody × *Eulophia guineensis*）登录时间2011。

栽培：中温或高温温室栽培。可以仿照建兰和大花蕙兰的栽培方法种植。用树皮块、风化火山岩等颗粒状基质盆栽；根际要求排水和通气良好。生长时期保持充足的水分和较高的空气湿度。1~2周施一次液体复合肥料；冬季适当减少浇水，停止施肥。遮阳50%~70%，秋冬季少遮；越冬最低温度10~12℃；夏季白天最高温度30~32℃，最好有较大的昼夜温差。

美妙的旋律（*Grcym.* Lovely Melody）（黄祯宏　摄）

Grcym. Lovely Melody 'Jumbo FiFi'（黄祯宏　摄）

巨兰（斑被兰）属

Grammatophyllum (*Gram.*)

大多数为附生种，亦有地生种。全属12种，分布于巴布亚新几内亚、菲律宾和太平洋上的一些岛屿。是兰科中最巨大的种类，假鳞茎短或长，有的种茎形似甘蔗，高可达数米；有些种假鳞茎长卵圆形，更接近一般兰科植物的假鳞茎的形状。花茎从假鳞茎基部生出，花序巨大、长而粗壮，有花10~100朵。花大而美丽，稍肉质；花色较多，有绿、棕褐和黄色。该属与兰属（*Cymbidium*）亲缘关系密切。

杂交育种：至2012年该属已有属间和属内杂交种共46个（属内杂交种14个）。如：*Gram.* William Kirch（*Gram. papuanum* × *Cymbidium Oiso*）登录时间1978。*Eulophyllum* Epithet Jumbo Amos（*Gram. scriptum* × *Eulophia andamanensis*）登录时间2008。*Gram.* Wrights Pride（*Gram. elegans* × *Gram. rumphianum*）登录时间1994。*Cycnophyllum* Jumbo Script（*Cycnoches* Jumbo Dragon × *Gram. scriptum*）登录时间2003。*Clomophyllum* Jumbo Scriptum（*Mormodia* Jumbo Ruby × *Gram. scriptum*）登录时间2003。*Eulophyllum* Jumbo Hope（*Eulophia graminea* × *Gram. scriptum*）登录时间2007。

栽培：高温环境栽培，最低温度18℃，适宜生长的温度应在

23~33℃；喜潮湿、高空气湿度及稍强的阳光；地生类型种类，盆栽基质可用腐殖土 4 份、沙和苔藓各 1 份；或蕨根 2 份、碎苔藓 1 份、沙 3 份组成。高大的种类在温室内栽种困难，可在热带地区选择透水好的地方露地种植；并且要准备较大容量的种植床，种植床的基质要有足够的厚度，以保证其根系生长的需要。较矮小的种类，可以盆栽或吊篮式栽种；用多孔的盆具或吊篮，以保证其根系透气和排水良好。巨兰类为典型的热带大型兰花，栽培时必须要保持全年高温、高空气湿度、有充足的水分供应、常年的新鲜流通空气和根际良好的排水。由于巨兰类植株高大，生长快，需要常年有充足的肥料供应和较强的阳光。

常见种类：

巨兰‘云南虎’（*Gram. multflorum* var. *tigrinum*‘Yunnan Tiger’）

是巨兰中栽培较广的一个品种；植株较小，通常作为盆栽。

斑花巨兰（*Gram. scriptum*）

原种多花巨兰产于缅甸、摩洛哥、菲律宾、巴布亚新几内亚和所罗门群岛。假鳞茎丛生，甚粗壮，高约 20cm，直径约 4cm，顶生叶 2~5 片；花茎直立或弯曲，长 1.2m，密生 100~150 朵花；花径 4cm，花色多变，常外面黄绿色，里面有不规则的深褐色条斑。芳香。花期夏季。

有变种：var. *citrinum* 橘黄巨兰变种。

巨兰（*Gram. speciosum*）

产于东南亚到巴布亚新几内亚。是有假鳞茎的兰花中植株体型最巨大的种，单株丛可重达 1t 以上。该种兰花在英文中称为“Giant Orchid”、“Queen Orchid” 或 “Tiger Orchid”。假鳞茎呈茎状，直立或斜伸，长 1.6~8m，常连续数年伸长，直径 7.5cm；落叶，叶长 75cm。花茎直立，高 3m，甚粗壮，常生有许多（100 余）朵花；花径 12~20cm，花色多变，萼片和花瓣为黄绿色，有深褐色或深紫红色的斑点或条纹；唇瓣小，白色，有黄色、棕红色或紫红色的斑点。花甚香或无味。多在秋季开花。

斑花巨兰（*Gram. scriptum*）

橘黄斑花巨兰（*Gram. scriptum* var. *citrinum*）

巨兰（*Gram. speciosum*）（黄展发　摄）

巨兰‘云南虎’（*Gram. multflorum* var. *tigrinum* ‘Yunnan Tiger’）

斑花巨兰（*Gram. scriptum*）（花特写）

巨兰（*Gram. speciosum*）（特写）（黄展发 摄）

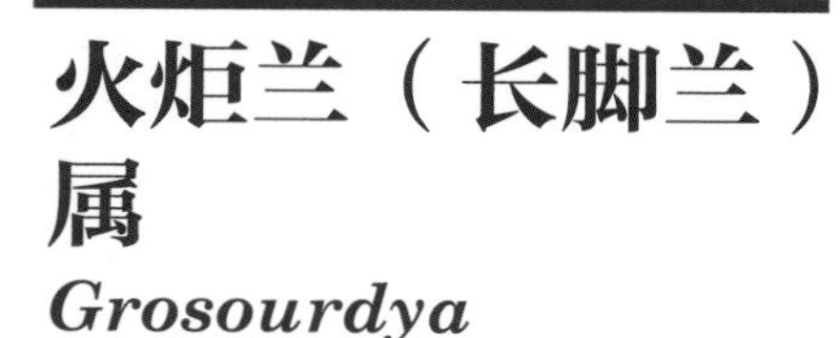

火炬兰（长脚兰）属

Grosourdya

附生草本。全属约10种，分布于东南亚，向北到越南和中国。我国仅见1种。茎很短，具数枚二列的叶。叶窄长圆形至披针形。花序侧生于茎，直立，不分枝；具少数花。花小，开展；萼片相似，花瓣比萼片窄。

栽培：中温或高温温室栽培。喜欢较强的阳光，遮阳量50%左右；春、夏、秋旺盛生长时期要求充足的水分和高的空气湿度；每2周施用一次0.1%~0.2%的液体复合肥。用排水良好的颗粒状基质小盆栽植，亦可以绑缚栽种在树蕨板或带皮木段上。冬季若温度偏低，应减少浇水量，停止施肥。

常见种类：

火炬兰（长脚兰）（*Grosourdya appendiculatum*）

产于中国海南，生于海拔300~400m的山地常绿季雨林中树干上。菲律宾、越南、泰国、缅甸、马来西亚和印度尼西亚也有分布。茎不明显。叶数枚，二列，近肉质，长7~10cm，宽1.4~1.9cm。总状花序很短，疏生2~3朵小花；花黄色，有许多褐色细斑点；中萼片与侧萼片相似；花瓣长圆形，长3mm；唇瓣3裂，具囊状距。花期8月。

火炬兰（长脚兰）（*Grosourdya appendiculatum*）（特写）

火炬兰（长脚兰）（*Grosourdya appendiculatum*）

瓜利兰（圈聚花兰）属
Guarianthe(*Gur.*)

附生兰类。该属是从卡特兰属（*Cattleya*）中原产于危地马拉、洪都拉斯等南美地区的5个种分出来的，兰花界大多数人对卡特兰名称的变革尚不太了解，还不习惯使用新的名称，依然使用旧名称的人还很多。尤其在查阅较早的文献和书籍时，瓜利兰属的5个种全部记载在卡特兰属中。

假鳞茎呈棒状，长20~35cm；顶部生有2枚叶片。花茎直立，顶生，长5~25cm，有花4~15朵。花色丰富。

杂交育种：该属的五个种从卡特兰属分出。原来进行的杂交育种是以卡特兰的属名进行的。

至2012年该属已有属间和属内杂交种共763个（属内杂交种9个）。如：*Brassocatanthe* Linneiana（*Gur. bowringiana*×*Brassocattleya lindleyana*）登录时间1913。*Barkeranthe* Cat's Fancy（*Gur. bowringiana* × *Barkeria skinneri*）登录时间1986。*Rhyncattleanthe* Thai Girl（*Gur. bowringiana*×*Rhynch olaeliocattleya* Aketie）登录时间2004。*Gur.* Bill Worsley（*Brassavola nodosa* × *Gur. aurantiaca*）登录时间1966。*Cattlianthe* Winniebow（*Cattleya Winnietha* × *Gur. bowringiana*）登录时间1982。*Gur.* Cattlianthe Winniebow（*Cattleya Winnietha* × *Gur. bowringiana*）登录时间1982。

栽培：瓜利兰属几个种栽培均比较容易，常作为新手初期栽培卡特兰类植物的推荐种类。可参考卡特兰栽培部分。常用苔藓、树皮颗粒或木炭做盆栽基质。根部要排水和透气良好。中温温室栽培，10~35℃。春、夏、秋3季要有充足的水分和肥料。旺盛生长时期，每1~2周施一次液体复合肥料，浓度为0.01%~0.05%。冬季若温度低，应减少浇水。华北地区温室栽培，夏季遮阳量50%~70%。

常见种类：

橙黄瓜利兰（*Gur. aurantiaca*）

分布于从墨西哥到洪都拉斯地区，生于海拔1600m左右的山林中。假鳞茎密生，棍棒状，长20~30cm。具2叶，长椭圆形，长5~15cm，革质。花茎顶生，直立，长5~10cm，有花5~15朵；花半开，花径3~4cm，橙黄色至橙红色，花瓣和唇瓣长椭圆形，唇瓣上有褐色脉纹。花色有红、黄、橙、白、斑点等。花期春季。中温或高温温室栽培。

有品种‘樱桃谷’橙红瓜利兰（Cherry Valley）、‘黄花’橙黄瓜利兰‘Orchidglade’、红花橙黄瓜利兰‘Red’。

包氏瓜利兰（*Gur. bowringiana*）

产于南美洲洪都拉斯和危地马拉。附生于湍急河流沿岸的树干和岩石上。植株高约60cm。假鳞茎密生，棒状，长25~80cm，具有2枚叶片；叶长15~20cm，长圆形。花序生于假鳞茎顶部，直立，总状花序，有花5~20朵；花径5~7cm，紫红色；唇瓣宽卵形，基部包裹蕊柱呈筒形，先端圆形开展，深紫红色，喉部淡黄白色；萼片线状长圆形，花瓣宽卵形。花期秋至初冬。中温至高温温室栽培。栽培品种较多。有蓝花保铃瓜利兰 f. *coerulea*。

‘黄花’橙黄瓜利兰（*Gur. aurantiaca* ‘Orchidglade’）

橙黄瓜利兰（*Gur. aurantiaca*）

德克瓜利兰（*Gur. deckeri*）

粉花危地马拉瓜利兰（*Gur. guatemalensis* f.）

德克瓜利兰（*Gur. deckeri*）

产于南美洲从巴拿马、危地马拉到哥伦比亚等地。1855年以Deckeri人名命名，登录。该种与斯氏瓜利兰（*Gur. skinneri*）的植株和花十分相似，差别在于该种于秋冬季开花，唇瓣喉部没有白色。若非花期，很难将二者区分开来。

该种栽培较少。栽培方法与斯氏瓜利兰相似，只是该种冬季休眠。休眠期减少浇水；冬季温度13~20℃。春季来临时，待新芽萌发时再换盆和分株。

危地马拉瓜利兰（*Gur. guatemalensis*）

该种是橙黄瓜利兰和斯氏瓜利兰的天然杂种。植株和花有两亲本种的特性，常成其中间型特征。花期长；有微香。花色有紫红、红、黄、白、橙等色。有栽培品种：'Cherry Valley'。

斯氏瓜利兰（*Gur. skinneri*）

产于中美洲，从墨西哥到哥斯达黎加，海拔1200m山区高湿度的森林中。是哥斯达黎加的国花。假鳞茎下部纤细，上部稍扁平，纺锤棍棒状，长25~35cm，直立。双叶，长椭圆形，长10~20cm，厚革质。花茎直立，长12~15cm，有花4~12朵，平开，花径约8.5cm，通常为紫丁香色。萼片线状披针形，花瓣宽卵圆形；唇瓣呈漏斗形，长3~5cm。花期3~5月。有香味。有栽培品种数个，如：*Gur. skinneri*'Valley'；*Gur. skinneri*'Heiti Jacobs' CCE/AOS；*Gur. skinnerii* f. *alba*。

Gur. skinneri'Heiti Jacobs' CCE/AOS

白花斯氏瓜利兰（紫喉）（*Gur. skinnerii* f. *alba*

Gur. skinnerii f. *coerulessense*‘Orchidglade’

蓝花保铃瓜利兰（*Gur. bowringlana* f. *coerulea*）

‘红花’橙黄瓜利兰(*Gur. aurantiaca*‘Red’)

黄花危地马拉瓜利兰（*Gur. guatemalensis* f.）

Gur. Chongkolnee（*Gur. bowingiana* × *C.* Chocolate Drop.）

红花包氏瓜利兰（*Gur. bowingana* f.）

瓜利围柱兰属
Guaricyclia（*Gcy.*）

该属是围柱兰属（*Encylia*）× 瓜利兰属（*Guarianthe*）2属间的人工属。植株较小，趋向于其亲本；每花序花朵数较多，花较小，亦与其双亲本的特性十分接近。花色常因亲本的不同而有所变化。

杂交育种： 至 2012年已登录的杂交种有 29种。如：*Ballantineara* Ramona Dangler（*Gcy.* Honey × *Cattleytonia* Keith Roth）登录时间 1985。*Enanthleya* Betty Ho（*Gcy.* Voila × *Cattlianthe* Blue Boy）登录时间 1990。*Gcy.* Beau Sillage（*Guaricyclia Gcy.* Kyoguchi × *Encyclia incumbens*）登录时间 2007。*Gcy.* Kathleen Oka（*Guarianthe* Barbara Kirch × *Guaricyclia* Voila）登录时间 1981。*Enanthleya* Kauai Summer（*Cattleya* Wine Festival × *Gcy.* Voila）登录时间 1988。*Ballantineara* Kimberly Belisle（*Cattleytonia* Keith Roth × *Gcy.Guaricyclia* Rosita）登录时间 2004。

栽培： 生长势强健，栽培较易成功；容易开花。中温或高温温室栽培。可以和卡特兰、瓜利兰和围柱兰放在同一温室中种植。用颗粒状的树皮快、风化火山岩、木炭等基质中小盆栽植。

瓜利围柱兰‘福米’（*Gcy.* Kyoguchi ‘Fumii’）

红花瓜利围柱兰（*Gcy.* Yucatan）

手参属
Gymnadenia

地生兰花。全属约 10 种，分布于欧洲与亚洲温带及亚热带山地。我国产 5 种，多分布于西南部，其中 2 种较为广布。地下具肉质块茎。茎直立，叶互生，基部下延为抱茎的长鞘，无关节。总状花序顶生，常呈圆筒状，密生许多小花；花苞片狭长，通常略长于花；萼片离生，中萼片舟状，侧萼片反折；花瓣直立，与萼片相似，唇瓣基部凹陷，前部 3 裂或近不裂；距细长，多少向前弯曲。

杂交育种：至 2012 年该属做母本的杂交种有约 25 个，做父本的杂交种有约 20 个。如：*Dactylodeniavaria*（*Gymnadeniaconopsea* ×*Dactylorhiza purpurella*）自然杂交种；*Gymnanacamptis reserata*（*Gymnadenia conopsea*×*Anacamptis morio*）自然杂交种；*Gymnigritella pyrena-ica*（*Gymnadenia conopsea* × *Nigritella gabasiana*）自然杂交种；*Dactylodenia lebrunii*（*Dactylorhiza majalis* × *Gymnadenia conopsea*）自然杂交种；*Gymnadenia godferyana*（*Gymnadenia conopsea* × *Gymnadenia rubra*）自然杂交种；*Dactylodenia Legrandian*（*Dactylorhiza maculate* ×*Gymnadenia conopsea*）登录时间 2001。

栽培：可以在我国华北、东北、西北和西南等地区作为宿根花卉引种栽培。

国内栽培较少，只在药用植物园或西北地区有少量引种，在宿根花卉区露地栽培。土壤有较丰富的有机质；疏松、透气和排水良好，对生长有益。旺盛生长时期可少量施肥，并应保持土壤中有充足的水分；遇到干旱时期需适当浇水。喜充足的阳光。冬季休眠期，地上部分干枯，应保持土壤微潮，避免土壤过于潮湿。

常见种类：

手参（*Gymnadenia conopsea*）

产于中国黑龙江、吉林、辽宁、内蒙古、河北、山西、陕西、甘肃东南部、四川西部至北部、云南西北部、西藏东南部。生于海拔 265~4700 m 的山坡林下、草地或砾石滩草丛中。朝鲜、韩国、日本、俄罗斯西伯利亚至欧洲一些国家也有。总状花序顶生，密生多花；花粉红色，罕为粉白色；中萼片宽椭圆形或宽卵状椭圆形；花瓣直立，斜卵状三角形，边缘具细锯齿，先端急尖；唇瓣向前伸展，宽倒卵形，长 4~5 mm，前部 3 裂；距细而长，狭圆筒形，下垂，长于子房。花期 6~8 月。块茎药用。有补肾益精、理气止痛之效。

手参（*Gymnadenia conopsea*）

覆瓦六瓣兰（*Hexisea imbricata*）（Ecuagenera　摄）

玉凤花属
Habenaria

地生兰类。全属约 600 种，分布于全球热带、亚热带至温带地区。我国有 55 种。主要分布于长江流域和其以南、西南部，特别是横断山脉地区为多。块茎肉质，卵形，球形或椭圆形。茎直立，具叶 1 至多枚，稍肥厚。花序总状，顶生，具少数或多数花；花小型、中等或大型；花色通常为绿色、白色，有些种为黄色、橘红色、粉红色或红色。萼片离生，中萼片常与花瓣靠合呈兜状；唇瓣一般 3 裂，基部有距，有时囊状或无距。

杂交育种：笔者认为该属植物值得引种栽培，可能是一类有开发价值的兰花，尤其是一些大花型的种。我国原生种比较多，并且大多数种类适合于我国中部地区生长。应该在引种栽培的基础上进行一些种间杂交，选育出优良的品系，提供给生产应用。据记载，该属中已有一些人工杂种出现。该属与白蝶兰属（*Pecteilis*）亲缘关系密切，据记载，两属间已产生有人工属 *Pectabenaeria*（*Habenaria* × *Pecteilis*）。

至 2012 年该属已有属间和属内杂交种共 31 个（属内杂交种共 22 个）。如：*Pectabenaria* Original（*Habenaria rhodocheila* × *Pecteilis susannae*）登录时间 1912。*Habenaria* Charm（*Habenaria lindleyana* × *Habenaria xanthocheila*）登录时间 1998。*Habenaria* Tracey（*Habenaria rhodocheila* × *Habenaria erichmichelii*）登录时间 2012。*Habenaria* Regnieri（*Habenaria carnea* × *Habenaria rhodocheila*）登录时间 1910。*Habenaria* Hampson（*Habenaria rhodocheila* × *Habenaria roebelenii*）登录时间 2003。*Pectabenaria* Perseus（*Pecteilis hawkesiana* × *Habenaria medusa*）登录时间 2011。

栽培：低温、中温或高温环境栽培。不同种原产地纬度和海拔高度不同，要求栽培环境不同。盆栽基质可用腐殖土、苔藓或泥炭土。换盆的同时可进行分株繁殖。盆栽方法可以参照鹤顶兰和墨兰的作法。栽培中注意遮阳，开花时可光照稍强些；旺盛生长时期，需充足的水分和肥料供应，并要求较高的空气湿度。热带种类，应在高温温室栽培，休眠期最低温度不应低于 15℃；生长时期最低温度不应低于 18℃。亚热带和温带地区的种类开花之后不久会进入休眠期。休眠期间，保持盆土较干燥，并在低温处越冬。春季新芽和新根开始萌发时，方能逐渐增加盆栽基质的湿度，开始浇水。

常见种类：

Habenaria medusa

分布于老挝、泰国、印度尼西亚等地；生长在海拔 400~800m 处干燥的草地。这是一个小有名气而又较稀有的种，花形奇特而美丽。株高约 60cm，茎短，有绿色叶片 4~5 枚；花茎高约 20cm，有花可达 30 朵以上，花径 6~8cm，同时可以开放 7~10 朵。该种与产于老挝的 *H.myriotricha* 可能是同一个种；与产自泰国的 *H.trichosantha* 相似。高温温室栽培；喜充足的水分和较多的阳光。秋季开花。

橙黄花玉凤花（*Habenaria rhodocheila*）

分布于中国的江西、福建、广东、广西、贵州、湖南、海南等地；生于海拔 300~1500m 的山坡或沟谷林下阴处地上；东南亚也有分布。株高 25~50cm，块茎矩圆形，肉质。总状花序，疏生 2~10 朵花；花甚美丽，花径约 4cm，开花期长，萼片和花瓣绿色，唇瓣橙黄色，比萼片长 2~3 倍，橘黄色、下垂，长 2~3cm。花期 7~8 月。

该种花色也有黄色、橙色、粉红色和鲜红色。

黄唇玉凤花（*Habenaria xanthocheila*）

橙黄花玉凤花（*Habenaria rhodocheila*）

粉红玉凤花（*Habenaria rhodocheila*‘Pink’）

林德氏玉凤花（*Habenaria lindleyana*）

黄玉凤花（*Habenaria rhodocheila*‘Yellow’）

香兰属
Haraella

附生兰类。单种属，产我国台湾。茎短，具数枚2列叶。叶扁平，长镰刀状倒披针形。花序从叶腋生出，不分枝，下垂，具花1~4朵。唇瓣比萼片和花瓣大，中部缢缩而形成等大的前后唇。

杂交育种：至2012年香兰仅与蝴蝶兰之间登录有一个杂交种：*Haraenopsis* Nanzhi Pink（*Phalaenopsis* Wedding Promenade × *Haraella retrocalla*）登录日期2005。

栽培：尚很少见引种栽培。中温或高温温室栽培。用蛇木屑、树皮块、风化火山岩、木炭等栽种在多孔的盆中，盆宜小；也可以绑缚栽种在树蕨板或带皮的木段上。全年均需充足的水分和较高的空气湿度。喜半阴的环境，春、夏、秋三季温室栽培，遮阳50%左右，冬季可不遮阳。生长旺盛时期每1~2周施用1次液体复合肥料。冬季若温度低，需保持盆栽基质微干，防

香兰（*Haraella retrocalla*）（Thomas Ditlevsen 摄）

止过于潮湿。冬季停止施肥，适当增加光照。可以和万代兰类放在一起栽培。

常见种类：

香兰（*Haraella retrocalla*）

仅见于中国台湾；生于海拔500~1500m处阔叶林中。茎长约1cm。叶2列，互生，镰刀状，长2.5~4cm，宽5~10mm，革质。总状花序长2~4cm，具花1~4朵；花黄白色，开展，质地厚；萼片相似，多少倒卵形；花瓣斜椭圆形，与萼片等长；唇瓣中部缢缩而形成等大的前后唇，后半部两侧边缘稍抬起。花期7~11月。

枷兰属

Helcia

附生兰类。全属约4种，分类存在争议。产于哥伦比亚、厄瓜多尔和秘鲁。生于低到中纬度地区的山区多云雾的森林中。该属与毛床兰属（*Trichopilia*）亲缘关系密切，株型十分相似。萼片和花瓣大小、色彩和形状近似。假鳞茎肉质，生长紧密，椭圆形或卵形。有叶片一枚，叶柄短，窄革质，较厚。每花序有花一朵，花较大，花色艳丽；萼片和花瓣相似，开展。唇瓣完整无裂。花冠盔状，带有流苏。花芳香，寿命长；秋、冬季开花。

杂交育种： 至2012年该属已登录有属间杂交种3个。如：*Helpilia* Apache（*Helcia sanguinolenta* × *Trichopilia suavis*）登录时间2008。*Helpilia* Dream Quest（*Trichopilia marginata* × *Helcia sanguinolenta*）登录时间1986。*Helpilia* Becky Unruh（*Trichopilia fragrans* × *Helcia sanguinolenta*）登录时间2007。

栽培： 低温或中温温室栽培；用排水良好的颗粒状基质中小盆栽植，亦可以用苔藓盆栽。喜半阴的环境，华北地区温室栽培遮阳量约50%，冬季可以不遮阳；旺盛生长时期保持有充足的水分和较高的空气湿度；2周左右施一次液体肥料。植株生长成熟后可以给予3~4周休眠期，这期间减少浇水。

常见种类：

枷兰（*Helcia sanguinolenta*）（syn. *Trichopilia sanguinolenta*）

产于厄瓜多尔。假鳞茎生长密集，长约8cm，卵圆形到长圆形，稍扁；顶生叶片1枚，长10~20cm，宽4cm，长圆形至椭圆形，革质。花茎从假鳞茎基部生出，生长优良时可有数朵花同时出现；花有光泽，开展，花径约7cm，萼片和花瓣窄长圆形，淡绿色，有红褐色横的斑点。唇瓣基部有紫红色斑点，先端纯白色。花芳香，寿命长。花期冬季。

枷兰（*Helcia sanguinolenta*）

舌喙兰属

Hemipilia

地生兰类。全属共 13 种，主要产中国西南部山地及喜马拉雅地区，南至泰国。中国共有 9 种。块茎椭圆状；茎直立；具 1 枚叶，罕有 2 枚，叶心形或卵状心形，无柄，基部抱茎。总状花序顶生，具数朵或 10 余朵花；花中等大，中萼片通常直立，与花瓣靠合成兜状，花瓣一般较萼片稍小；唇瓣伸展，分裂或不分裂；距长或中等长。

杂交育种：至 2012 年，已登录的杂交种有 1 种（属内种间杂交 1 种）。如：*Hemipilia* × *mixta*（*Hemipilia cordifolia* × *Hemipilia flabellate*）登录时间不清。

栽培：尚未见引种栽培。多数种类花美丽，建议引种栽培。低温或中温环境栽培。冬季落叶，休眠期明显。用浅盆栽植，基质用 3 份腐殖土或泥炭土和 1 份沙配制而成；盆底部填充一层颗粒状材料。生长季节要有充足的水分和肥料；较高的空气湿度；喜较荫蔽的环境。休眠期间保持基质微干，停止浇水和施肥，保持较低的温度。春季新芽和新根萌发后开始浇水，两次浇水之间应使盆土稍干。

常见种类：

扇唇舌喙兰（*Hemipilia flabellate*）

产于中国四川南部、贵州西北部及云南中部和西北部；生于海拔 2000~3200m 林下、林缘或石灰岩石缝中。茎直立，高 20~28cm；块茎长 1.5~3.5cm；有 1 枚心形叶片，长 2~10cm，上面绿色具紫色斑点，背面紫色。总状花序长 5~9cm，有花 3~15 朵；花色紫红到近纯白色；唇瓣基部具明显的爪，距长 15~20mm。花期 6~8 月。

短距舌喙兰（*Hemipilia limprichtii*）

产于中国贵州、云南。生于海拔 1000~1300m 处开阔、湿润的山坡。株高约 37cm。叶 1 枚或罕见 2 枚，近基生，心形至卵形，长 5.6cm，宽 4~6.5cm。总状花序，有花数朵至 10 朵；萼片长 5.5~6.5cm，宽 4~6.5cm；唇瓣近圆形，或宽倒卵形，长、宽各 10~11mm，先端 2 裂，边沿和先端有细齿，近距口有 2 枚胼胝体；长 6~7mm。花期 8 月。

扇唇舌喙兰（*Hemipilia flabellata*）

短距舌喙兰（*Hemipilia limprichtii*）

六瓣兰属

Hexisea

附生兰花。全属 6 种，产于古巴、墨西哥、秘鲁、委内瑞拉、圭亚那和巴西北部。生于低到中海拔的 200~500m 处的山区潮湿的森林中。假鳞茎呈棒状，有数节。顶生叶 1~2 枚，叶厚，革质。花茎顶生，有花数朵，花柄短；花红色、橙红色或白色。萼片和花瓣同形同大小，离生开展；唇瓣与蕊柱基部粘连。

栽培：中温或高温温室栽培。冬季温室夜间的温度应保持在 15℃左右。喜欢半阴环境，华北地区温室栽培，春、夏、秋遮阳 50% 左右，冬季不遮。用排水和透气良好的附生兰花栽培的基质盆栽。旺盛生长时期保证充足的水分供应；和高的空气湿度；1~2 周施一次液体复合肥料；秋季后期至冬季，应该控水，保持适当干燥，容易种植成功。

常见种类：

覆瓦六瓣兰（*Hexisea imbricata*）

产于委内瑞拉。该种与二齿六瓣兰十分相似，只有假鳞茎的棱沟不明显；这两个种的花十分相似。故有的分类学家将这两个种作为同物异名。

二齿六瓣兰（*Hexisea bidentata*）

广泛分布于安第斯山脉东麓，从墨西哥到巴西。棱沟较突出的假鳞茎丛生，高约 45cm。有叶片 2 枚，叶长约 11cm，着生于茎顶端。顶生的花序长约 4cm。有花 4~6 朵，花径约 2.5cm，但往往开张度不够宽。花期常在夏季，但也可随时开放。中温或高温温室栽培。

Hexisea bidentata（Ecuagenera　摄）

覆瓦六瓣兰（*Hexisea imbricata*）（Ecuagenera　摄）

槽舌兰属
Holcoglossum

附生兰类。全属8种，分布于东南亚至越南、老挝、缅甸、泰国、印度。中国有8种，主要分布于南部热带和亚热带地区。茎短，叶肉质，圆柱形或半圆柱形。花序侧生，总状花序具少数或多数花；花较大，侧萼片较大，花瓣较小，或与中萼片相似；唇瓣3裂，侧裂片直立，中裂片较大，基部常有附属物。距通常细长而弯曲。

杂交育种：至 2012年已登录的属间和属内杂交种有 22种（属内种间杂交种 1种）。如：*Vandoglossum* Any Frederique（*Holcoglossum kimballianum* × *Vanda* Miss Joaquim）登录时间 1944。*Holcocentrum* Asuka（*Holcoglossum flavescens* × *Ascocentrum ampullaceum*）登录时间 2000。*Holcoglossum* Pink Duck （*Holcoglossum flavescens* × *Holcoglossum amesianum*）登录时间 2006。*Vandoglossum* Ann Kirsch（*Vanda hookeriana* × *Holcoglossum kimballianum*）登录时间 1947。*Mendelara* Pauka' a Pearl（*Darwinara* Fuchs Cream Puff × *Holcoglossum subulifolium*）登录时间 2003。*Holcofinetia* Doctor Judy（*Neofinetia falcate* × *Holcoglossum kimballianum*）登录时间 2011。

该属植物株型较矮小但花较大，通过杂交育种，有可能开发作为小型盆栽商品兰花的前途。

栽培：尚很少见引种栽培。中温或高温环境栽培。喜充足的阳光，用蛇木屑、树皮块、风化火山岩、木炭等栽种在多孔的盆中，盆宜小；也可以绑缚栽种在树蕨板或带皮的木段上。全年均需充足的水分和较高的空气湿度。生长旺盛时期每1~2周施用1次液体复合肥料。冬季若温度低，需保持盆栽基质微干，防止过分潮湿。冬季停止施肥，适当增加光照。可以和万代兰类放在一起栽培。栽培比较容易，初学者也可以试种。

常见种类：

大根槽舌兰（*Holcoglossum amesianum*）

产于中国云南，附生于海拔1200~2000m 处长绿林树干上。缅甸、越南、老挝和泰国也有分布。茎长 2~5cm。叶 4~5 枚，肉质线形。花序直立，约长 25cm，有花数朵。花径 2.5cm，白色至粉红色；唇瓣3裂，中裂片先端微凹，中部深粉红色。

短距槽舌兰（*Holcoglossum flavescens*）

产于中国福建、湖北、四川、云南，生于海拔 1200~2000m 的常绿阔叶林中树干上。花序短于叶，近直立；总状花序具花 1~3 朵，萼片和花瓣白色；唇瓣白色，3 裂，侧裂片直立，内面具红色条纹。花期 5~6 月；果期 8~9 月。

大根槽舌兰（*Holcoglossum amesianum*）

短距槽舌兰（*Holcoglossum flavescens*）

中华槽舌兰（*Holcoglossum sinicum*）

产于中国云南西部；附生于海拔 2600~3200m 的高山栎树林树干上。茎很短。叶多枚，近基生，半圆柱形，长约 32cm，粗 2mm。总状花序短，具 1~3 花；萼片长 9~10mm，唇瓣有距，3 裂；中裂片近菱形，宽约 7mm；距长约 8mm。花期 5 月。

白唇槽舌兰（*Holcoglossum subulifolium*）

产于中国海南；生于海拔约 1300m 山地阔叶林中树干上；缅甸、越南、泰国也有分布。植株下垂或斜立。茎长约 2cm，叶 3~4 枚，肉质，近半圆形。花序侧生于茎，直立或斜出，长约 14cm；总状花序，具花数朵；花质地薄；萼片和花瓣白色，上部背面具浅紫色晕；唇瓣白色；距圆锥形，短而钝。花期 3~4 月。

棒距槽舌兰（*Holcoglossum wangii*）

产于中国云南、广西；附生于海拔 1400~1800m 处林中树干上或岩石上。越南也有分布。植株悬垂；叶半圆柱形，较长；花白色，唇瓣 3 裂，侧裂片黄色具紫红色斑，唇盘具 3 条脊突和紫红色斑；距棒状，先端稍膨大。花期 10~11 月。

棒距槽舌兰（*Holcoglossum wangii*）（特写）

Holcoglossum subulifolium × *Ascocentrum pumilum* ‘Jia ho Red’

滇西槽舌兰（*Holcoglossum rupestre*）（金效华　摄）

中华槽舌兰（*Holcoglossum sinicum*）（金效华　摄）

白唇槽舌兰（*Holcoglossum subulifolium*）

侯勒兰属

Houlletia

附生或地生兰花。全属10种，产于危地马拉到哥伦比亚。生于海拔1000~2200m处。中大型兰花。假鳞茎卵形到纺锤形，丛生紧密，顶部有叶片一枚。叶大型，有褶，叶披针形到椭圆形，具柄。花序侧立，拱起或下垂，花序松散，1至数朵花。花大型，花色艳丽，萼片和花瓣离生，相似，花瓣狭窄，花开展。唇瓣3裂呈锚形，侧裂片较窄，呈镰状向上伸展，中裂片浅3裂，整体呈铲形。蕊柱细长弓形。花序直立种为地生，像鹤顶兰（*Phaius tankervilleae*）一样栽培。

栽培：低温或中温温室栽培。该类植物需要冷凉至中温的环境。华北地区，春、夏、秋三季遮阳50%~70%，冬季不遮或少遮；旺盛生长时期需给予充足的水分，尤其是用吊篮栽培附生种类，每天需喷水1~2次，1~2天浇水一次。生长时期1~2周施一次液体复合肥料。植株休眠时期减少浇水，保持基质相对干燥，但不可完全干透。花序下垂种为附生，像马车兰（*Stanhopea*）一样栽培，栽种在吊篮中。直立花序的种类可以盆栽，用排水良好的细颗粒基质栽种。

散氏侯勒兰（*Houlletia sanderi*）（Ecuagenera　摄）

豪威兰属

Howeara（*Hwra.*）syn.*Leomesezia*

该属是光唇兰属 (*Leochilus*)× 文心兰属（*Oncidium*）× 凹萼兰属（*Rodriguezia*）3 属间交配产生的人工属。该人工属的 3 个亲本属花枝较细，花均较小。可做小盆花栽培，色彩比较好。很少见到栽培，花卉市场更没见商品出售。只在兰花展览中见到。

杂交育种：至 2011 年该属已登录的杂交种至少有 7 种，如：*Leomesezia* Mini-Spots；*Leomesezia* Lava Burst；*Leomesezia* Anika；*Leomesezia* Marianne；*Leomesezia* Suzy Bridges；*Leomesezia* John Kelly；*Leomesezia* Karen Martel Utuado 等。

栽培：可参照文心兰的栽培方法种植。

豪威兰（*Howeara* Lava Burst）

Howeara Lava Burst

洪特兰属

Huntleya

附生兰花。全属14个种，产于哥斯达黎加到玻利维亚。附生于海拔500~1200m处多云潮湿的森林中树干上。无假鳞茎。叶2列，形成一个扇形，叶革质，有光泽，淡绿色。花序腋生，单花，短于叶。花大、色彩艳丽，肉质，晶莹，有光泽，呈五角星形。萼片和花瓣相似，开展。唇瓣小，3裂，中裂片半圆形，基部有肋状胼胝体并有流苏或毛状突起，唇瓣基部窄，与蕊柱足基部连接。蕊柱顶部有翼状突起；花粉块4枚。

杂交育种：至 2012年该属已有属间和属内杂交种共4个。如：*Huntleanthes* Croydon（*Huntleya meleagris* × *Cochleanthes aromatica*）登录日期 1967。*Hunzella* Narberth（*Warczewiczella discolor* × *Huntleya burtii*）登录日期 1965。*Hunzella* Haverford（*Warczewiczella discolor* × *Huntleya meleagris*）登录日期 1967。*Huntzellanthes* Chris Ellis（*Cochlezella* Overbrook × *Huntleya meleagris*）登录日期1992。

栽培：中温温室栽培。可以用颗粒状的树皮、木炭、风化火山岩等基质栽种在花盆或吊篮中，亦可绑缚栽种树蕨板上。全年保持基质中有充足的水分，每日或隔日浇水一次，避免基质完全干燥。同时保持温室有较高空气湿度和良好的通风，每天数次向温室内道路、台架等处喷水。北方温室栽培，春、夏、秋三季中午应遮阳50%~70%，早晚和秋末至冬季可以少遮或不遮。

橘黄洪特兰（*Huntleya citrina*）（Ecuagenera　摄）

Huntleya gustavi（Ecuagenera 摄）

珠鸡斑洪特兰（*Huntleya meleagris*）（Ecuagenera 摄）

湿唇兰属

Hygrochilus

附生兰类。本属只有一种，产中国云南南部。生于海拔800~1100m山地，疏林的树干上。印度东北部，缅甸、泰国、越南、老挝也有分布。茎短，具数枚叶。叶肉质肥厚，扁平，宽阔。花序斜立或近平伸，不分枝，总状花序疏生数花；花大，美丽，开展；花瓣和萼片相似，花瓣稍短而宽；唇瓣质地厚，3裂。

杂交育种：至2012年，已登录的属间和属内杂交种有2种。如：*Hygranda* T. N. Khoshoo（*Hygrochilus parishii* × *Vanda testacea*）登录时间2010。*Hygrodirea* Nagasaki（*Sedirea japonica* × *Hygrochilus parishii*）登录时间2011。

栽培：生长势强健，栽培较易。可以参照万代兰类的栽培方法。花瓣厚实肉质，花期较长。

常见种类：

湿唇兰（*Hygrochilus parishii*）

茎粗壮，长10~20cm，具叶3~5枚。叶长圆形或倒卵状长圆形，长17~29cm，宽3.5~5.5cm；花序1~6个，长达35cm；疏生花5~8朵，花大，稍肉质，萼片和花瓣黄色带暗紫色斑点。花期6~7月。

湿唇兰（*Hygrochilus parishii*）

朱红艾达兰（*Ida cinnabarina*）（Ecuagenera　摄）

I-K

艾达兰属

Ida

地生或附生兰类。全属约35种，产于美洲的牙买加、古巴、哥伦比亚、玻利维亚、委内瑞拉和巴西。生于潮湿、冷凉到温暖的低到高海拔山区的森林、草坡、海岸沼泽和河流沿岸。假鳞茎纺锤形倒卵圆形，高3~10cm，粗壮；顶生叶片数枚，叶大而宽阔，呈折扇状。花序从假鳞茎基部生出，一个假鳞茎可着生数个花序；花单生，花葶高30~40cm，花大，绿色、白色、黄色或橙色。花夜间芳香。萼片相似；花瓣窄或宽，张开或不太张开，环生在细长弯曲的蕊柱周边。唇瓣3裂，侧裂片窄，中裂片边缘呈流苏状或全缘。

杂交育种：至2012年已登录的属间和属内杂交种有49种（属内杂交种3个）。如：*Aeridachnis* Alexandra（*Aeridachnis* Bogor × *Arachnis flos-aeris*）登录时间1969。*Lawara* Aining Law（*Aeridachnis* Bogor × *Christensonia vietnamica*）登录时间2006。*Burkillara* Archbishop Nicholas Chia（*Aeridachnis* Bogor × *Vanda* Kewal）登录时间2011。*Aerachnochilus* Medellin（*Staurochilus fasciatus* × *Aeridachnis* Colombia）登录时间1972。*Hanesara* Golden Beauty（*Neofinetia falcate*×*Aeridachnis* Bogor）登录时间1977。*Ida* × *tornemezae*（*Ida costata* × *Ida fimbriata*）登录时间无。自然杂种。

栽培：用苔藓、粗泥炭或细粒树皮块为基质盆栽，通常中盆或大盆栽植。夏季喜凉爽环境，最高温在30℃以下；冬季最低温在15℃以上。叶片常绿，周年要求全光，只给以较少的遮阳，生长期注意及时浇水、施肥，当假鳞茎成熟后进入休眠期，应保持干燥，以促进花芽分化。

常见种类：

流苏艾达兰（*Ida fimbriata*）

分布于厄瓜多尔。假鳞茎纺锤形，高3~10cm，顶生2枚叶片，叶柄长，叶长50~80cm，宽8~10cm，折扇状。花葶长30~40cm，单花；花径25~30cm，淡绿色，唇白色，主萼片直立，披针形，两侧萼片长20cm；花瓣较萼片小，唇瓣裂，两侧裂片直立，中裂片圆形，边缘具流苏状。有品种：流苏艾达兰‘爱多’（*Ida fimbriata*‘Eldorado’）。

朱红艾达兰（*Ida cinnabarina*）（Ecuagenera 摄）

暗黄艾达兰（*Ida fulvescens*）（Ecuagenera 摄）

白花芳香艾达兰（*Ida fragans*）（Ecuagenera　摄）

流苏艾达兰（*Ida fimbriata*）（Ecuagenera　摄）

绿花芳香艾达兰（*Ida fragrans*）（Ecuagenera　摄）

Ida linguella（Ecuagenera　摄）

Ida lata（Ecuagenera　摄）

新堇兰属
Ionopsis

附生或地生兰类。全属5~10种；广泛分布于美洲亚热带和热带低海拔地区。生长在从海平面到海拔800m处。假鳞茎小，顶生叶片1枚。叶较厚，稍肉质。花茎从叶腋生出，有分枝，有花多数。花小。萼片开张，侧萼片合生，呈布袋状。唇瓣中裂片大，呈倒心形，侧裂片不明显，基部有2条隆起。

杂交育种：至2012年已登录的属间和属内杂交种有25种。如：*Ionocentrum* Little Bit（*Ionopsis utricularioides* × *Trichocentrum splendidum*）登录时间1968。*Ionettia* Swing Feather Hokuto（*Ionopsis utricularioides* × *Comparettia speciosa*）登录时间2006。*Ionocidium* Blue Mist（*Ionopsis utricularioides* × *Oncidium incurvum*）登录时间2011。*Rodrettiopsis* Firecracker（*Rodrettia* Fiesta × *Ionopsis utricularioides*）登录时间1976。*Ionettia* Cherry Dance（*Comparettia* Mount Hiei × *Ionopsis paniculata*）登录时间2002。*Ionomesidium* Tdares（*Oncidesa* Yellow Rose × *Ionopsis paniculata*）登录时间2009。

栽培：可以参照文心兰的栽培方法种植。中温或高温温室栽培；喜欢较强阳光。最好绑缚栽种在树蕨板或带皮的木段上，或用排水良好的颗粒状基质中小盆栽植。全年要求较高的空气湿度和充足的分。

新堇兰（*Ionopsis utricularioides*）（特写）

常见种类：

新堇兰（*Ionopsis utricularioides*）

广泛分布于美洲热带地区，从美国的佛罗里达和安第斯山脉西侧到墨西哥、委内瑞拉和巴西。假鳞茎长椭圆形，长2~3cm，顶生叶片1枚。叶线状长椭圆形，长10~15cm，叶革质。花茎呈弓形，长50~90cm，有分枝，多花。花长约1.5cm，白色，唇瓣上有桃红色或紫堇色脉纹。萼片长椭圆形，长约0.6cm；侧萼片基部合生。唇瓣3裂，长1.5cm，中裂片大，倒心形。花期夏、秋季。

新堇兰（*Ionopsis utricularioides*）

等唇兰属

Isochilus

附生兰类。该属约有 7 种；分布于热带美洲，从古巴和墨西哥到阿根廷。生长在潮湿低海拔的 100~400m 森林中。茎丛生，细长，像芦苇一样有节，节上有叶，叶 2 列，密生；长椭圆形至宽线形。总状花序顶生，有深红紫色的小花 1 至多朵。

栽培：中温温室栽培。用排水良好的颗粒状基质中小盆栽植。

常见种类：

等唇兰（*Isochilus linearis*）

该种在美洲热带分布比较广，常发现在墨西哥到巴拿马的低海拔地区（有记载在海拔 3900m 以下）以及南美洲东部从委内瑞拉到阿根廷。茎丛生，细长，高约 85cm，开始直立，后呈弓形。有密集的叶，长约 6cm，宽 0.25cm。每花序有花 1 至数朵。花从白色、橙黄到深玫瑰红色。花期不定，可以在一年中任何时候开花。

等唇兰（*Isochilus linearis*）（特写）

等唇兰（*Isochilus linearis*）

橙黄等唇兰（*Isochilus aurantiacus*）

较大等唇兰（*Isochilus major*）

朱美兰属
Jumellea

附生兰类。该属有45~60种；分布于热带非洲、马达加斯加和西印度群岛。单轴生长型。本属与武夷兰属（*Angraecum*）亲缘关系较近。花序从叶腋间抽出，每花序只有一朵花；花白色或绿白色，主萼片直立，与唇瓣略相似，花看起来像具有2个唇瓣。两个侧萼片融合为一；唇瓣具距。有香味。

杂交育种：至2012年已登录的属间和属内杂交种有10种（属内杂交种6个）。如：*Jumellea* Jumelita（*Jumellea arachnantha* × *Jumellea densifoliata*）登录时间1983。*Angranthellea* Ireta Bingham（*Jumellea confuse* × *Angranthes* Grandalena）登录时间1988。*Jumanthes* Memoria Paul Friedrich Werner（*Aeranthes grandiflora* × *Jumellea comorensis*）登录时间2008。*Jumellea* Comarbo（*Jumellea comorensis* × *Jumellea arborescens*）登录时间1981。*Jumellea* Anníe Lecoufle（*Jumellea gladiator* × *Jumellea comorensis*）登录时间2007。*Angellea* White Knight（*Angraecum cucullatum* × *Jumellea densifoliata*）登录时间2009。

栽培：中温或高温环境栽培，最低温度不低于18℃。可以绑缚栽植在树蕨板、大块栓皮栎树皮上；也可以用颗粒状的树皮、木炭、风化火山岩等基质盆栽或栽在吊篮中。要求根际排水和透气十分良好；生长季节给予充足的水分和肥料；高温时期应经常向植株及周围喷水，常年保持高空气湿度。开花以后有一短暂的相对休眠期。这期间应适当干燥，减少浇水，保持盆栽基质微干。生长势较强，比较容易栽培。

常见种类：

蜘蛛样朱美兰（*Jumellea arachnantha*）

中型至大型的附生兰。分布在马达加斯加西北部的可莫罗群岛上，生在海拔1200~1800m的地方。茎高约20cm，但通常较短，叶长40~60cm，宽4~6cm，排列呈扇形；花序细长，约20cm以上，只生1朵花；花径约5cm；距长约7cm。花期通常在春季。

科摩罗朱美兰（*Jumellea comorensis*）

产于马达加斯加西北部的可莫罗群岛上。附生于低海拔地区潮湿的森林中。茎扁平，分枝，下垂，长可达30cm。叶线状舌形，长3~7cm，宽1cm，在茎上排成2列。花径约4cm，白色；萼片和花瓣同为舌形；唇瓣窄菱形，长2cm，宽0.7cm。距长9~11cm。花期夏、秋季。高温温室栽培。

蜘蛛样朱美兰（*Jumella arachnantha*）

科摩罗朱美兰（*Jumellea comorensis*）

卡伽瓦兰属
Kagawara

该属是由鸟舌兰属（*Ascocentrum*）×火焰兰属（*Ranenthera*）×万代兰属（*Vanda*）三个属之间杂交产生的一个人工属，1968年登录。最初是 Hiroshima Kagawa用 *Ren.* Kilauea × *Ascda.*Meda Arnold 交配成功。

该人工属植物为单茎类；其花色受火焰兰属（*Ranenthera*）影响较大，大多常呈深红色；花较小，直径 3~4cm，花茎长约 15cm，有花 15~20 朵。叶革质，呈较厚的肉质。花寿命较长，适合用作切花，热带地区大量栽培；亦在热带园林中比较广泛应用，绑缚栽种在树干上或用作盆花布置。花期长、色彩艳丽；生长健壮，栽培容易。

杂交育种：1970 年后登录的杂交种增多。到 1994 年已经登录有 63 个杂交种。

栽培：该人工属植物生长势十分强健，适应性较强，栽培较容易。喜较强的阳光，少遮或不遮；要求高温，冬季最低温度应在 16℃以上；少量植株可以盆栽或绑缚栽种在树蕨干上；大量栽培，通常地栽，但根部必须用排水良好的基质。稍长高后，需树立支柱。详细栽培管理方法可参照万代兰、鸟舌兰类的做法。

Kagawara Samreng

Kakawara Genting Gold（黄展发　摄）

Kagawara Christie Low（黄展发　摄）

Kagawara Megavati Soekarnoputri

克兰属

Kefersteinia

附生兰花，很少地生。全属60~70种，分布在墨西哥南部、巴拿马、哥伦比亚和玻利维亚。生于中到高海拔300~2500m的山区多雨潮湿的地方。植株小型至中型，合轴生长，具有或长或短的根状茎，无假鳞茎，与鸟喙兰属（*Chondrorhyncha*）植物亲缘关系较近。叶呈折扇状，线形至披针形或倒披针形，基部与叶鞘相连。花序从基部或两叶之间伸出，常同时生出几个花序，通常每花序只有花1朵。花薄质；萼片和花瓣相似，平展；花乳白色、黄白色到浅绿色，萼片和花瓣上有红色到堇色斑点和条纹。唇瓣短宽，与蕊柱足相连，完整或具不明显3裂，基部具肉质胼胝，有时唇缘具流苏状。蕊柱粗壮，下面有龙骨；花粉团4个，蜡质。

杂交育种：至2012年已登录的属间和属内杂交种共有23种。如：*Keferanthes* Blue Lip（*Kefersteinia lacteal* × *Cochleanthes flabelliformis*）登录时间2012。*Keferella* Rubella（*Kefersteinia tolimensis* × *Chaubardiella subquadrata*）登录时间2003。*Kefericzella* Ash Trees（*Kefersteinia tolimensis* × *Warczewiczella marginata*）登录时间1996。*Ackersteinia* × *dodsonii*（*Ackermania caudate* × *Kefersteinia sanguinolenta*）登录时间无，自然杂种。*Kefersteinia* Toligram（*Kefersteinia tolimensis* × *Kefersteinia graminea*）登录时间1996。*Keferanthes* Jims Gem（*Cochleanthes aromatica* × *Kefersteinia tolimensis*）登录时间1990。

栽培：低温或中温温室栽培。附生种类用排水和透气良好颗粒状树皮等基质盆栽；一些地生种生于苔藓或腐殖质上，亦可以用苔藓或细颗粒树皮盆栽；具匍匐根状茎的种类可以绑缚栽培在树蕨板上。旺盛生长的季节应保持有充足水分供应，每日或隔日应浇水一次；冬季应减少浇水量，但基质不能干透。每日数次向温室内道路和台架

Kefersteinia tolimensis

喷水，尤其栽种在树蕨板上的植株，每次都应喷水。1~2 周施一次 0.05%~0.1% 液体复合肥，秋末停止施用。保持温室内较高的空气湿度和良好的通风。

常见种类：

薄片克兰（*Kefersteinia laminata*）

产于哥伦比亚、厄瓜多尔。生于海拔 1000~1300m 处的雨林中。叶长约 10cm。每花序有花 1 朵，有数个花序从叶丛中生出。花径 2cm。白色，有亮丽的粉红色斑点；唇瓣弯曲，在中部有粉红色到紫色斑点，顶尖处白色。

Kefersteinia mystacina

分布于巴拿马。附生于海拔 1100~1400m 处的雨林中。叶灰绿色。花序直立，高 30cm；花径 4cm，黄绿色，唇瓣白色，呈长流苏状，侧裂片粉红色，直立，包围在蕊柱基部。

Kefersteinia mystacina

薄片克兰（*Kefersteinia laminata*）（Ecuagenera　摄）

Kefersteinia lojae（Ecuagenera　摄）

Kefersteinia scalerencis

尖囊兰属

Kingidium

附生兰花。全属3~4种，广泛分布于我国至亚洲热带其他地区。我国3种，主要产西南和华南地区。茎短，具少数叶，叶近簇生，常在旱季和花后凋落。总状花序或圆锥花序侧生于茎，疏生少数或多数花；花小，开展。侧萼片比中萼片大；花瓣比萼片小；唇瓣3裂。该属形态近似蝴蝶兰。

近年来，有作者将该属又并入蝴蝶兰属（*Phalaenopsis*）。

杂交育种：该属与蝴蝶兰（*Phalaenopsis*）、五唇兰（*Doritis*）和乌舌兰属（*Ascocentrum*）等属亲缘关系密切。据记载，通过人工杂交已产生数个人工属。如：*Doriella*（*Doritis* × *Kingidium*）、*Doriellaepsis*（*Doritis* × *Kingidium* × *Phalaenopsis*）、*Hugofreedara*（*Ascocentrum* × *Doritis* × *Kingidium*）。*Phalaenidium tsiae*（*Phalaenopsis hainanensis* × *Kingidium braceanum*）。

大尖囊兰（*Kingidium deliciosum*）

栽培：目前所见到的尖囊属植物大多数为原生种，并且植株较小。栽培比较少，只有在园林科研单位和专业收集栽培种场有种植。可以按照小型热带附生兰花的栽培方法种植；可与蝴蝶兰放在同一个温室中。通常可以绑缚栽植在树蕨板或带皮的木段上。让其根系附着在树蕨板上生长。北方高温温室栽培，常年保持较高的温度和空气湿度；每日至少喷水一次；遮阳60%~70%，冬季可以少遮或不遮阳；春、夏季旺盛生长时期可以施用1000~3000倍的复合化肥，如'花宝'。北方冬季若室温低，可适当减少浇水量。

常见种类：

大尖囊兰（*Kingidium deliciosum*）

syn. *Phalaenosis deliciosa*

小型附生兰花。产于海南；生于海拔450~1100m的山地林中树干或岩石上。广布于亚洲热带地区。茎长1~1.5cm。叶3~4枚，花期宿存，长8~15cm，宽3~6cm。花序长10~15cm，密生数花；中萼片长6~7mm，唇瓣3裂，有距。花期7月。

柯伦兰属
Koellensteinia

地生兰或附生兰花。全属约17种，分布在巴拿马、玻利维亚和巴西。像地生兰花一样生长在海拔1000~2000m处十分潮湿和多云的森林中。该属与接瓣兰属（*Zygopetalum*）亲缘关系密切。茎短，多叶，通常形成假鳞茎，1~3片叶。叶具柄，线形至椭圆形。花序侧生，分枝或不分枝，少花至多花。花小至中型；萼片和花瓣相似，离生，平展，唇瓣3裂，与蕊柱足相连。蕊柱短，有时有翅；花粉团2或4个。

栽培：中温温室栽培。用排水和透气良好颗粒状树皮等基质盆栽；亦可以用苔藓盆栽。旺盛生长的季节应保持有充足水分供应，每日或隔日应浇水一次；冬季应减少浇水量，但基质不能干透。每日数次向温室内道路和台架喷水，保持温室内较高的空气湿度和良好的通风。1~2周施一次0.05%~0.1%液体复合肥料，秋末停止施用。春、夏、秋三季遮阳50%~70%，秋末至冬季少遮或不遮。

常见种类：

禾草状柯伦兰（*Koellensteinia graminea*）

产于南美北部，从哥伦比亚到巴西、玻利维亚和圭亚那。该植物有短茎，叶片窄似禾草，长约20cm，但不像本属其他种，叶脉不突出。花茎直立或弓形，总状或圆锥花序，有花数朵，花序长约25cm；花粉红色，萼片和花瓣上有棕红色横条斑，唇瓣基部也有。花径2cm以上。花期春季。中温或高温温室栽培。

禾草状柯伦兰（*Koellensteinia graminea*）（Ecuagenera 摄）

紫唇蕾丽兰（*L. purpurata*）

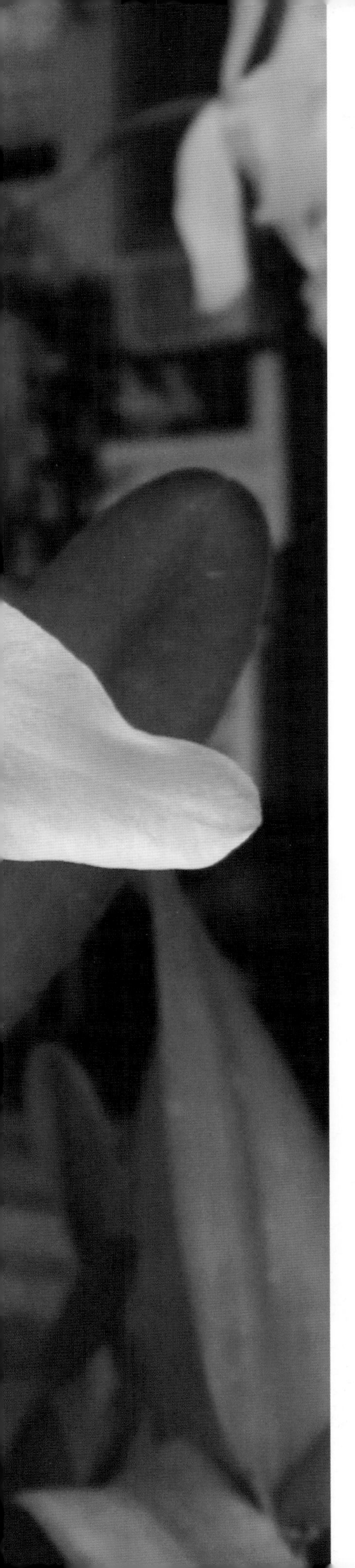

L

蕾丽兰属
Laelia（*L.*）

附生兰花，偶尔地生。本属约60个原生种，产于中南美洲及西印度群岛。假鳞茎卵圆形或近球形；叶顶生于假鳞茎上，1至多枚，革质或肉质。花大而美丽；白、粉、橙黄、浅紫等色。花瓣与花萼相似，宽阔；唇瓣3裂，侧裂片通常比中裂片大且弯曲成近筒状包围蕊柱。花序通常总状，着生于假鳞茎顶端，少数为圆锥花序或为单花。

杂交育种：蕾丽兰是重要的观赏兰花属之一。经多年育种家的努力，属内已出现多代、大量人工种间杂种，并选育出许多世界著名的优良杂交种品种。

蕾丽兰属在遗传上具有极强的亲和性，与其近缘属如*B-rassavola*、*Brassia*、*Broughtonia*、*Cattleya*、*Caularthron*、*Epidendrum*、*Neofinetia*、*Rhychostylis*、*Sophronitis*、*Schomburgkia*、*Domingoa*、*Barkeria*、*Vandopsis*、*Tetramicra*等14属杂交，产生了数十个2属间、3属间直至6个属间的人工属。

至2012年，已登录的属间和属内杂交种有1454种（属内杂交种85个）。如：*Laeliocattleya* Purple Plume（*Laelia superbiens* × *Cattleya* × *claesiana*）登录时间1999。*Laeliocattleya* Tenejalis（*Laelia speciosa* × *Cattleya tenebrosa*）登录时间1911。*Laelirhynchos* Bill Mc Lemore（*Laelia* Summit × *Rhyncholaelia* Eigbyana）登录时间1979。*Caulaelia* Arnold Klehm（*Caulaelia* Snowflake × *Laelia superbiens*）登录时间1989。*Appletonara* Caribbean Beauty（*Rhyncatclia* Sunny Island Utuado × *Laelia undulate*）登录时间2001。*Brassolaelia* Caribbean Holiday（*Brassavola nodosa* × *Laelia undulate*）登录时间2008。

据2009年《兰花新旧属名种名对照表》记载，该属中的84个原生种和其杂交种已改变成卡特兰属的原生种和杂交种；少数改变成*Laeliocattleya*（*Lc.*）的杂交种。

栽培：本属植物种类较多，相互之间栽培条件差异较大，大致可分为如下4类。

（1）*L.autumnalis* 和 *L. gouldiana* 等：具纤细的总状花序，花白色或紫红色，非常美丽。它们喜欢凉爽的气候，可忍受低至7℃的气温。低温温室栽培；可植于木条筐中，或用颗粒状基质盆栽。生长季节给予充足的水分和肥料；并保持较高空气湿度，经常喷水。秋末冬初开始进入休眠期，这期间给予较低的温度和稍干的环境，盆栽基质微干，以促进冬季花芽的发育。

（2）*L. crispa*、*L. purpurata* 和 *L. tenebrosa* 等：花大而美丽，在外形上与卡特兰非常相似，栽培条件也与单叶的卡特兰相似。颗粒状基质盆栽或绑植于大块树皮上；给予明亮的光线；中温温室栽培。生长季节喜欢较高空气湿度，并应保证有充足的水分和肥料供应。新芽刚生出时和花期不能大量浇水，只保持盆栽基质微潮即可。

（3）*L. harpophylla* 等：具狭窄的叶子和纤细的竹节状的假鳞茎。一般花色艳丽，如黄色、橙色等。喜欢半阴高湿的环境和较密实的基质。具明显的休眠期，这期间只需

白花扁平蕾丽兰（*L. anceps* var. *alba*）

喷雾或偶尔浇水以免假鳞茎皱缩。

（4）*L. milleri*、*L.speciosa* 等：植株较矮，假鳞茎圆球形，叶片较宽。喜欢较密实的基质，甚至可以加入一些岩棉或水苔。采用小型的花盆或吊篮种植于中温的全光照的环境。生长季节需要充足的水分和肥料。休眠期要求低温和干燥的环境。*L. pumila* 是一个值得注意的低矮种，非常适合种植箱等小空间栽培。因为它体形娇小，要求非常小心细致的栽培和照料。用蕨根、椰壳、木炭和水苔的混合物做基质，栽种在浅盆中。生长季保持良好的通风；高温高湿的环境；充足的浇水和施肥。花期避免将雾和水喷到花上。其余时间要降低温度和空气湿度。没有明显的休眠期。

常见种类：

白花蕾丽兰（*L. albida*）

syn. *L. anceps* var. *alba* 'Miriam Ann'

产于墨西哥热带地区的橡树林、橡树松树混交林中或落叶森林中。生长在该国内陆地区或太平洋沿岸海拔 1300~2600m 的地方。附生于壳斗科树木茎干上。株高约 55cm。假鳞茎卵形，长 3~4cm，顶部生有 2 枚叶片。叶线形，长 10~17cm，宽 1.2cm。花茎长 35~50cm，有花 5~9 朵。花径 5cm，白色。花期冬季。

扁平蕾丽兰（*L. anceps*）

产于墨西哥和洪都拉斯，是该地的特有种。生于海拔 1500m 左右的橡树林或橡树和松树的混交林中。该种有许多变种，假鳞茎扁平，卵形，长 7cm，宽 2.5cm。叶革质，披针形，长 15~22cm，宽 3.4cm。花序长 60~75cm，有花 2~5 朵。花径 10cm，紫红色。唇瓣 3 裂，长 4.5cm，宽 3.8cm。花期秋季到初冬。该种容易栽培，能适应多种环境条件。可用排水良好的基质栽种在较大的花盆中。

秋花蕾丽兰（*L. autumnalis*）

syn. *L. gouldiana*

该种是产于墨西哥的特有种。生于海拔 1600~2600m 较开阔的栗树林中，附生于树干上和岩石。假鳞茎卵形，长约 15cm，宽 2.3cm。叶 2 枚，革质，披针形，长 12.5~18cm，宽 2.3cm。花序从假鳞茎顶部伸出，长 50~100cm，有花 5~15 朵。花径 7.5~13cm，紫红色。唇瓣 3 裂，长 4cm，宽 2.6cm。花期秋至冬季。低温或中温温室栽培。

'巴西之星'布瑞蕾丽兰
（*L.briegeri* 'Star of Brazil'）

产于巴西。附生于海拔 1000m 以上岩石上的小型种。假鳞茎长 3~4cm。顶部生 1 枚叶片，叶革质，稍肉质。花序顶生，长 5~10cm，有花 3~5 朵。花径 4~5cm，花色多有变化，从乳白色到深黄色。花期春末至夏初。

蕾丽兰（*L.crispata*）

syn. *L. rupestres*

产于巴西等南美地区。附生于海拔 400~500m 处岩石上。株高约 35cm。假鳞茎圆柱形，长 4~10cm，宽 1cm，顶部生 1 枚叶片。叶革质，窄椭圆形，先端钝形，长 16cm，宽 3.2cm。花序长

扁平蕾丽兰（*L. anceps* var.*disciplinata*）

'巴西之星'布瑞蕾丽兰（*L. briegeri* 'Star of Brazil'）

26~30cm，有花2~10朵。花淡红色，花径4.5~5cm。色彩浓淡变化很大，有不少品种。花期春季。

L.dayana

产于巴西。小型种，植株矮小。萼片和花瓣粉红色，唇瓣呈筒状，包在蕊柱周围，前面紫红色，唇盘中间有紫红色条纹。

L.gloedeniana

产于巴西。花茎直立，长25~30cm，有花数朵至10余朵。花径约6cm，花黄色，唇瓣呈筒状，包在蕊柱周围。花期春季。

大花蕾丽兰（*L.grandis*）

产于巴西。花径10~13cm；芳香或不香；萼片和花瓣淡黄色，椭圆状披针形，呈波状，扭曲；花瓣较宽，呈菱状卵形，边缘常呈一定程度卷曲。唇瓣3裂，2侧裂片形成管状环绕包围蕊柱，外面为白色；中裂片圆形，边缘呈波状，白色有玫瑰紫色的脉纹。花期春到夏初。

镰叶蕾丽兰（*L.harpophylla*）

产于巴西。假鳞茎细，圆柱形，长约30cm，粗0.3cm，顶部生叶片1枚。叶革质，舌状披针形，长25cm，宽1.1cm。花序短，约17cm，有花4~8朵。花径6.5cm，橙黄色。萼片线状舌形，花瓣披针形。唇瓣3裂，侧裂片直立，包裹蕊柱，中裂片披针形，边缘呈波状，向后反卷。花期春季。

L. dayana

L. gloedeniana

秋花蕾丽兰（*L. autumnalis*）

白花蕾丽兰（*L. albida*‘Miriam Ann’）

伦氏蕾丽兰（*L. lundii*）

产于巴西东部。附生于岩石上的小型兰花。假鳞茎细长，扁平，纺锤形，长3.5~4cm，宽1.2~1.3cm，顶部生有1枚叶片。叶半圆柱线形，多肉，上面有深沟，长3~9cm，宽0.4~0.5cm。花序短于叶，有花1~3朵，白色。唇瓣深3裂，有紫红色脉纹，长2~2.3cm，宽1.1~1.2cm。花期冬季。

有白色花品种：*L.lundii*‘Alba Cotia’。

米氏蕾丽兰（*L. milleri*）

产于巴西。附生于海拔1000m以上地区的岩石上。假鳞茎长椭圆形，顶部生有1枚叶片。叶长8~10cm，厚肉质。花序长20~30cm，有花2~6朵。花径3~4cm，花色橙红色到红色。唇瓣3裂，2侧裂片形成管状环绕包围蕊柱，中裂片有深色脉纹。花期初夏。

紫唇蕾丽兰（*L. purpurata*）

产于巴西南部沿海地区。巴西国花。附生兰花，株高50cm左右。假鳞茎棒状，长约15cm，宽2~3cm，顶生叶片1枚。叶革质，舌状长椭圆形，长22~32cm，宽4.8cm。花序长20~32cm，有花2~5朵。花径15cm，花白色到淡红色；唇瓣3裂，呈深紫红色。色彩常有较大变异，有不少变种和品种。如变种：var.*carnea* 肉红紫唇蕾丽兰；var.*sanguinca* 血红紫唇蕾丽兰。

红晕蕾丽兰（*L. rubesscens*）

产于中美洲从墨西哥到危地马拉、萨尔瓦多、洪都拉斯、尼加拉瓜、哥斯达黎加和巴拿马等地干燥的森林中。生长在海拔1500m以下阳光充足较开阔的地区的岩石上。株高达40cm，假鳞茎扁平，卵圆形，长3~5cm，宽2.5cm，顶部生1枚叶片。叶革质，窄卵形，长14cm，宽3.5cm。花茎长30cm，有花8~12朵。花径7.5cm，花色从白色到粉红色和淡蓝色。唇瓣3裂，喉部深紫红色。花期秋冬季。该种栽培较易，可以绑缚栽种在树蕨板上，或用排水好的基质盆

镰叶蕾丽兰（*L. harpophylla*）

伦氏蕾丽兰（*L. lundii*）

大花蕾丽兰（*L. grandis*）

紫唇蕾丽兰（*L. purpurata*）

栽。休眠期应减少浇水。

L. sincorana

原产于巴西的小型的附生种。假鳞茎扁平，球形，长 2~2.5cm，顶部生叶片 1 枚。叶卵形到椭圆形，长 3.5~4.5cm，宽 3~3.5cm。花序有花 1~2 朵。花径约 10cm。花瓣和萼片紫红色。唇瓣深紫红色，喉部白色，有 5 条隆起的脉纹。花期春季。

荫生蕾丽兰（*L. tenebrosa*）

产于巴西的东中部地区。附生兰花。假鳞茎棍棒状，长约 18cm，宽 3cm。叶革质，窄卵圆状舌形，宽 6cm，长 28cm。花序长 30cm，有花 2~4 朵，花瓣和萼片褐色。花径 14cm。唇瓣紫红色，唇瓣 3 裂，边沿呈波状。花期夏季。

米氏蕾丽兰（*L. milleri*）

血红紫唇蕾丽兰（*L. purpurata* var. *Sanguinca*）

L. sincorana

白花伦氏蕾丽兰（*L. lundii alba* 'Cotia'）

白花红晕蕾丽兰（*L. rubesscens* var. *alba*）

肉红紫唇蕾丽兰（*L. purpurata* var. *carnea*）

L.crawshayana (syn. *L. banalarii*)

荫生蕾丽兰（*L. tenebrosa* ）

红晕蕾丽兰（*L. rubescens*）

L. Bowri-Albida ‘Pink Lady’

L. crispata (syn. *L. ruptstres*)

波东卡特蕾丽兰属

Laeliocatoni(*Lctna.*)

该属是波东兰属（*Broughtonia*）×卡特兰属（*Cattleya*）×蕾丽兰属（*Laelia*）3属间的人工属，1967年登录。最初是由 *Lc.*Bright ×*Bro.sanguinea*交配成功。该人工属已经出现有许多优良品种。其杂交种的形态特征和生物学特性常介于两亲本之间，其优良品种往往集合了双亲的优良特性。通常以蕾丽兰和波东兰属为主要亲本的组合，其后代往往花较小；若以大花的卡特兰作亲本其后代大都花较大。该人工属有重要的观赏价值，品种较多，栽培普及，深受兰花爱好者喜爱，是以卡特兰为亲本的人工属中最重要的组合之一。

杂交育种：据记载，至1994年该人工属已有54个杂交种登录。

栽培：可参照卡特兰的栽培方法种植，不同杂交种间稍有差异。

波东卡特蕾丽兰‘红脸’小鼓手 (*Lctna.* Little Drummer Boy ‘Flush’)

蕾丽卡特兰属

Laeliocattleya（*Lc.*）

附生兰花。卡特兰属 × 蕾丽兰属交配而成的人工属，于1863年登录。经过兰花育种家100多年杂交选育，该人工属已经发展成为一个包含有大量优良品种的属。许多优良品种往往取双亲的优良特性，形态特征和生物学特性常介于两亲本之间。有非常重要的观赏价值，栽培十分普及，深受兰花爱好者欢迎。是以卡特兰为亲本的人工属中最重要的组合之一。

Lc.（*C. chocolate* Drop ×*Lc.* Netrasiri Dark-Prince）

天使之爱‘蕾娜’(*Lc.* Angel Love ‘Pink Panther’)

Lc. Koolau Seagulls ‘Volcano’

杂交育种：至2012年已登录的属间和属内杂交种有 14279种（属内杂交种 4131个）。如：*Cattleya* Martha Chandler（*Lc.*Recousant × *Cattleya* Carrie Estelle）登录时间1965。*Laeliocatanthe* Puppy Candy（*Lc.* Puppy Love × *Cattlianthe* Candy Tuft）登录时间 1996。*Brassocatanthe* Teddy Govender（*Lc.* Ann Akagi × *Brassocatanthe* Empress Worsley）登录时间 2012。*Lc.* Mary Schloat（*Lc.*Anlova × *Lc.* Biceps）登录时间 1986。*Laeliocatanthe* Memoria Viola Horman（*Cattlianthe* Ariel × *Lc.* Amoena）登录时间 1990。*Catcylaelia* Jungle Jim（*Encyclia* Orchid Jungle × *Lc.*Clayton Waglay）登录时间 2009。

据 2009年《兰花新旧属名种名对照表》记载，该人工属中的511个杂交种已改变成卡特兰属的杂交种。

栽培：可参照卡特兰和蕾丽兰的栽培方法种植，可能不同杂交种间稍有差异。

香美人（*Lc.* Purple Cascaole ‘Beautly of Perfume’）

Lc. Young Kong（黄展发　摄）

Lc. Charley Nagata 'Lovely Smile' BM/JOGA

Lc. White Spark（黄展发　摄）

Lc. (*C.* Regina'Blueolod' × *Lc.* Indigo Mist Magic)

Lc. Gold Digger（*Lc.* Red Gold × *C.* Warpaint）

Lc.（Puppy Love 'True Beauty' HCC/AOS × *C. loddigesii*）

Lc. Loong Ton Garden-DSCN0832

Lc. Natrasiri Gold（黄展发　摄）

舟舌兰属
Lemboglossum

附生或岩生。全属约 15 种。大多数种产于墨西哥和中美洲地区，只有 *Lemboglossum cordatum* 这个种产于委内瑞拉。生于中海拔多云的潮湿森林中。假鳞茎侧扁，不同种间的假鳞茎形状变化大。花序从假鳞茎侧面生出。唇瓣与蕊柱平行生长；唇瓣心形，平展。

该属的全部种类以前均属于齿舌兰属（*Odontoglossum*）。与齿舌兰属、文心兰属（*Oncidium*）和第果兰属（*Ticoglossum*）等亲缘关系密切。

栽培：可以参照齿舌兰属植物的栽培方法。

常见种类：

舟舌兰（*Lemboglossum bictoniense*）

产于墨西哥到巴拿马。生于海拔较高地区。假鳞茎卵圆形至长圆形，侧扁，顶部生有 2 枚叶片。叶长 30cm 左右，窄披针形。花茎长 60~100cm，直立，分枝，有花多朵。花径 5cm 左右；萼片和花瓣线状披针形，密布褐色斑纹。唇瓣大，心形，边缘呈浅波状，粉红色到白色。花期冬春季。中温或低温温室栽培。

Lemboglossum cordatum

Lemboglossum ehrenbergii

舟舌兰（*Lemboglossum bictoniense*）

若氏舟舌兰（*Lemboglossum rossii*）

丽斑兰属

Lepanthes（*Lths.*）

附生或岩生。全属约 800 种。大多数种产于古巴、特立尼达和多巴哥、墨西哥南部、玻利维亚、委内瑞拉、圭亚那和巴西北部。主要生长在低到稍高海拔凉爽的云雾缭绕的山区森林中。是一类小型多年生草本植物。茎细为叶鞘包围，常呈针状，顶端有一片心形到披针形的草质到革质的叶片。花茎从叶基部长出，常有花数朵。花小而艳丽，呈半透明状，常有宝石光泽。萼片较大，侧萼片合生或合生至中部。花瓣较小，多为长条形；唇瓣肉质，2~3 裂。蕊柱甚小，隐藏于唇瓣后面。

栽培：栽培较困难。喜湿润和高空气湿度。中温或高温温室栽培，夏季要求温度在 28℃以下，冬季要 15~20℃。可绑缚栽种于树蕨板、木栓板或用排水和通气好的基质栽种于浅陶盆或木条筐中。旺盛生长时期经常保持盆栽基质有充足的水分供应；2 周左右施一次液体复合肥；喜阴湿的环境，温室栽培遮阳约 70%。冬季减少浇水，盆栽基质稍干。

丽斑兰（*Lths. gargantua*）

筒叶兰属

Leptotes（*Lpt.*）

附生兰花。全属有3个原生种。分布于巴西、巴拉圭及阿根廷。附生于海拔500~900m处热带雨林中树干和树杈上。匍匐茎和假鳞茎均较短小；假鳞茎顶端生有一枚圆柱形、肉质的叶。总状花序着生于假鳞茎基部叶腋处，具少数花朵；花白色至粉色，唇瓣基部有紫色晕或紫色斑。萼片、花瓣的形状、大小相似，萼片稍大于花瓣。

杂交育种：据记载，至1997年该属与其近缘属通过人工交配至少已产生四个人工属 *Cattotes*（*Cattleya* × *Leptotes*）;*Leptodendrum*（*Epidendrum* × *Leptotes*）；*Leptolaelia*（*Laelia* × *Leptotes*）；*Leptovola*（*Brssavola* × *Leptotes*）。

至2012年，已登录的属间和属内杂交种有18种（属内杂交种4个）。如：*Leptoguarianthe* Rumrill Sunrise（*Lpt. bicolor* × *Guarianthe aurantiaca*）登录时间1982. *Cattotes* Cosmo~Fairy（*Lpt. bicolor* × *Cattleya walkeriana*）登录时间1993。*Lpt.* High Color（*Lpt. tenuis* × *Lpt. bicolor*）登录时间1997。*Cattotes* Veitchii（*Cattleya cinnabarina* × *Lpt. bicolor*）登录时间1902。*Cattotes* First Try（*Cattleya bicolor* ×*Lpt. bicolor*登录时间1986。*Lpt.* Nishimino Color（*Lpt.* High Color ×*Lpt.* Spring Color）登录时间2004。

栽培：中温或高温温室栽培；喜湿润和较高空气湿度。可绑缚栽种于树蕨板、大块栓皮栗树皮或用排水和通气好的基质栽种于浅陶盆或木条筐中。旺盛生长时期经常保持盆栽基质有充足的水分供应；2周左右施一次液体复合肥；华北地区，春夏季遮阳50%~70%，冬季不遮阳；冬季减少浇水，保持盆栽基质稍干。

常见种类：

两色筒叶兰（*Lpt. bicolor*）

分布于巴西南部和巴拉圭。生于亚热带雨林，海拔500~900m处。假鳞茎较细，高3cm，直径0.5cm。叶肉质，圆柱形，长13cm。花序长10cm，有花6朵；花直径5cm，花瓣及萼片狭长，白色，唇瓣上半部为紫色。芳香。花期冬及春季。

两色筒叶兰（*Lpt. bicolor*）

两色筒叶兰‘米萨考’（*Lpt. bicolor* ‘Misako’ ）

丽马兰属

Limara（*Lim.*）

该属是蜘蛛兰属 (*Arachnis*) × 火焰兰属（*Reanathera*）× 拟万代兰（*Vandopsis*）属 3 属间人工交配产生的人工属。株型介于三亲本之间；为附生、单轴茎生长型，直立性强，高 1m 以上；叶 2 列，革质；花葶从植株上部叶腋间生出，常呈弓形伸出，长 50~70cm 或更长，总状花序，有花多数；花中等大小，稍肉质；萼片和花瓣较窄，唇瓣短小；色彩艳丽。花期长。

栽培： 在热带地区，尤其是东南亚，广泛种植。可做庭园美化布置，既可做花坛种植，又可绑缚栽种园林中的大树干上，观赏效果甚好。可大量露地栽培，作为切花生产。

生长势强健，茎秆直立；喜阳光，在热带地区通常露地大面积栽培。一般不遮阳；要求常年高温高湿的环境。全年旺盛生长，没有休眠期。保证有充足的水分和肥料供应。大量栽培时需给予支架，避免长高后和开花时倒伏。栽种时需注意保持植株根际的良好排水，防止根部积水。

丽马兰（*Lim.* Panjang）（黄展发　摄）（特写）

丽马兰（ *Lim.* Panjang）（黄展发　摄）

羊耳蒜属

Liparis

地生或附生兰花。全属约 250 种，广泛分布于全世界热带与亚热带地区，少数见于北温带。中国有 52 种，主要分布西部、华南和东南部。通常具假鳞茎或有时具多节的肉质茎。叶 1 至数枚，基生或茎生（地生种类），或生于假鳞茎顶端（附生种类）。花葶顶生，总状花序疏生或密生多花；花小或中等。萼片相似，花瓣通常比萼片窄，线形或丝状。唇瓣不裂或偶见 3 裂，无距。

栽培： 中温或高温环境栽培；有休眠期或无休眠期。地生种类可用腐殖土 4 份。沙和碎苔藓各 1 份组成基质盆栽。附生种类可以用树皮块、木炭、风化火山岩、蛇木屑等基质盆栽。旺盛生长时期每 1~2 周施一次复合肥，浓度 0.05%~0.1%；生长时期要求充足的水分供应，秋季温度下降时逐步减少浇水。在休眠期，盆栽基质保持微干，停止施肥。羊耳蒜属植物与一般的兰花相比，需要较阴的环境，并保持较高的空气湿度。

常见种类：

大花羊耳蒜（*Liparis distans*）

附生兰花。产于中国的海南、台湾、广西、四川、贵州和云南，生于海拔 1000~2400m 林中。印度、泰国、老挝、越南也有分布。假鳞茎密集，长 3~9.5cm，顶端有叶 2 枚；花葶长 14~39cm，总状花序长 8~20cm，有花数朵至 10 余朵；花黄绿色或橘黄色。花期 10 月至次年 2 月。

裂唇羊耳蒜（*Liparis fissilabris*）

附生兰花。产于中国的海南，生于海拔 500m 林中、溪边树上或岩石上。假鳞茎密集，卵形至卵状长圆形，长 1.5~3.5cm；顶端具叶 2 枚；花葶长 12~18cm，总状花序具 10~30 朵花；花小，绿色，具红色唇瓣。花期 11 月。

羊耳蒜（*Liparis japonica*）

地生兰花。产于中国东北华北和西南地区。生于海拔 1100~2750m 林下。日本、朝鲜、韩国、俄罗斯也有分布。假鳞茎卵形，长 5~12mm；叶 2 枚；花葶长 12~50cm，总状花序具数朵至 10 余朵花；花通常淡绿色，有时可变为粉红色或带紫红色。

撕裂唇羊耳蒜（*Liparis lacerata*）

产于马泰西亚和印度尼西亚加里曼丹；附生于从海平面至海拔 600m 处树干或岩石上。该种十分美丽，但分布并不普及。从生的假鳞茎，高 2~3cm，卵圆形，有 2 枚披针形叶片，长约 18cm。花序细长，下垂，长可达 40cm；在花序上可以同时有 10cm 以上的花开放。花径约 15mm，唇瓣顶部呈撕裂状。

大花羊耳蒜（*Liparis distans*）

撕裂唇羊耳蒜（*Liparis lacerata*）（特写）

长茎羊耳蒜（*Liparis virdiflora*）

疏花羊耳蒜（*Liparis henryi* ）

撕裂唇羊耳蒜（*Liparis lacerata*）

羊耳蒜（*Liparis japonica*）

洛克兰属

Lockhartia

中小型附生兰类。全属约30种，广泛分布于美洲热带地区。植株丛生。茎细长，直立或下垂，叶成2列紧密排列。花茎从茎上部叶腋间生出，短，花少或稀有多花者。花小，白色或黄色，有红褐色斑点。萼片和花瓣离生，形状相似，开展。唇瓣比萼片长，3裂。侧裂片线形，中裂片2裂或4裂。唇瓣基部具粒状的隆起。花粉团2个。

杂交育种：至2012年已登录的属间和属内杂交种有11种（属内杂交种2个）。如：*Gohartia* Donna（*Lockhartia lunifera* × *Gomesa crispa*）登录时间1989。*Lockcidium* Benedicticirrhosum（*Lockhartia bennettii* × *Oncidium cirrhosum*）登录时间2004。*Lockochilus* Rumrill Gem（*Lockhartia lunifera* × *Leochilus scriptus*）登录时间1977。*Lockhartia* Gold Speck（*Lockhartia oerstedii* × *Lockhartia acuta*）登录时间2004。*Lockcidium* Norris William（*Oncidium cirrhosum* × *Lockhartia bennettii*）登录时间2007。*Lockhartia* Bull's Eye（*Lockhartia oerstedii* × *Lockhartia bennettii*）登录时间2006。

栽培：该属植物附生于海平面至海拔2000m的干燥和潮湿的森林中。可以在中温温室中栽培。通常用中小盆栽种；以苔藓或较细颗粒的树皮块做盆栽基质；保持盆内良好的排水和透气。保持全年有足够的水分供应；北方温室栽培，浇灌用水需经反渗透纯化处理，降低水的电导率。旺盛生长的春、夏、秋3季，约2周使用一次液体复合肥料。冬季若温室温度较低，可以适当减少浇水量；冬季停止施肥。喜半阴环境，春、夏、秋3季遮阳50%~60%，冬季可以不遮或少遮阳。

小花洛克兰（*Lockhartia microantha*）

常见种类：

小花洛克兰（*Lockhartia microantha*）

产于拉丁美洲尼加拉瓜到苏里南。茎直立或下垂，扁平，长可达 40cm，宽约 2cm，叶稍肉质，长约 2cm。花序不分枝，有花 1~2 朵，长约 2cm。花径小于 1.25cm，通常不充分展开，浅黄色或乳白色，唇瓣 3 裂。花期冬、春季。中温或高温温室栽培。

奥氏洛克兰（*Lockhartia oerstedii*）

该种分布于从墨西哥、危地马拉、洪都拉斯、哥斯达黎加和巴拿马。该种生长较健壮。茎长 10~45cm；披针形的叶片长 2~4cm，呈两列生于茎侧。花茎长 1~2cm，下垂，有花 1~3 朵；花长约 2cm，黄色，基部有红褐色斑点和条纹。萼片卵形、长约 0.7cm；花瓣椭圆状方形，长 0.6~0.9cm，向内弯。唇瓣 3 裂，长约 1.5cm；侧裂片舌形，向内弯曲，中裂片卵形，先端 2 裂，基部呈方形隆起，中央有数条肋状突起。花期不定，可在一年中任何时候开花。

奥氏洛克兰（*Lockhartia oerstedii*）

可爱洛克兰（*Lockhartia amoena*)

血叶兰属
Ludisia

地生类。全属约 4 种，主要分布于印度、缅甸、中南半岛至印度尼西亚。中国产 1 种，分布于云南南部。根状茎伸长，匍匐，肉质肥厚；茎圆柱形，直立，具几枚叶；叶上面黑绿色或暗紫色，有天鹅绒的质感，具金红色或金黄色的脉。总状花序顶生，具少数或多数花；花较小。

血叶兰是一种小型花叶共赏的兰花，其天鹅绒质感的叶片，十分美丽。色彩变化较大，尤其受人喜爱的是叶片上金属色彩的 5 条奇妙脉纹。

杂交育种：至 2012年，已登录的属间和属内杂交种有 14种（属内杂交种 1个）。如：*Macodisia* Veitchii（*Ludisia discolor* × *Macodes petola*）登录时间 1862。*Ludisia* Lighting（*Ludisia dawsoniana* × *Ludisia discolor* var. *ordiana*）登录时间 2009。*Ludochilus* Network（*Ludisia discolor* × *Anoectochilus brevilabris*）登录时间 2007。*Dossisia* Dominyi（*Dossinia marmorata* × *Ludisia discolor*）登录时间 1861。*Ludochilus* Tsiku Taiwan（*Anoectochilus formosanus* × *Ludisia discolor*）登录时间 2001。*Goodisia* Fandango（*Goodyera pubescens* × *Ludisia dawsoniana*）登录时间 2004。

栽培：栽培和繁殖较容易，中温或高温温室栽培，亦可家庭中栽培。喜散射光和高的空气湿度；

用腐殖土、树皮块和木炭等配制成基质盆栽。要排水和透气良好；旺盛生长时期保持有充足的水分，每2周左右施一次0.05%~0.1%的复合肥。冬季相对休眠期，温度低于15℃时减少浇水，停止施肥。开花以后或春季新根开始生长时换盆或分株繁殖。

常见种类：

血叶兰（*Ludisia discolor*）

分布于中国广东、海南、广西和云南南部。生于海拔900~1300m的山坡或沟谷常绿阔叶林下阴湿处。东南亚和大洋洲也有分布。株高10~25cm，根状茎伸长，匍匐；茎直立，近基部具3~4枚叶。叶卵形或卵状长圆形，较厚肉质，长3~7cm，宽1.7~3cm，上面黑绿色，具5条金红色有光泽的脉，背面淡红色。总状花序顶生，具几朵至10余朵花；花白色或带淡红色，直径约7mm。花期2~4月。全草民间作药用。

血叶兰（*Ludisia discolor*）

血叶兰（*Ludisia discolor*）

钗子股属
Luisia

附生兰花。全属约50种，分布于热带亚洲至大洋洲。中国有10种，产于南部热带地区。茎簇生，圆柱形，木质化，通常坚挺，疏生多数叶；叶肉质，细圆柱形。总状花序侧生，远比叶短，具少数至多数花；花较小，较少肉质。

杂交育种：据记载，该属与*Aerides*、*Arachnis*、*Ascocenfrum*、*Ascocentrum*、*Gstrochilus;Neofinetia* *Phalaenopsis*、*Rhynchostylis*、*Vanda*等属间交配，产生了 2~4个属间的人工属20余个。

至 2012年，已登录的属间和属内杂交种有 56种。如：*Luicentrum* Red Seagull（*Luisia antennifera* × *Ascocentrum curvifolium*）登录时间 1983。*Debruyneara* Charlotte Oestreicher（*Luisia secunda* × *Ascocenda* Elieen Beauty）登录时间 1989。*Holcosia* Sheng Yi Sakura（*Luisia megasepala* × *Holcoglossum amesianum*）登录时间 2013。*Debruyneara* Modine Gunch（*Ascocenda* Chaisiri × *Luisia tristis*）登录时间 1986。*Dominyara* Rumrill Pixy（*Rumrillara* Rosyleen × *Luisia teres*）登录时间 1979。*Luisaerides* Sirithun（*Aerides houlletiana* × *Luisia psyche*）登录时间 2005。

栽培：中温或高温温室栽培。适应能力强，容易栽培。喜充足的阳光；栽培方法可参照万代兰。适宜绑缚在树蕨干、大树的茎干上；亦可以用排水和透气好的颗粒状基质栽种在多孔的花盆中或吊篮中；生长时期保持高的空气湿度和充足的水分；每2周左右施一次0.05%~0.1%的液体肥料；冬季温度低时，减少浇水，停止施肥。

常见种类：

钗子股（*Luisia morsei*）

产于中国广西、贵州、海南和云南，附生于海拔300~700m处林中树干上；老挝、泰国、越南也有分布。茎长达30cm。叶多枚，2列，圆柱形，长9~13cm，粗3mm。总状花序1~3个，长5~10mm，通常有花4~6朵；侧萼片长约7mm；唇瓣长8~9 mm，在上下唇瓣之间具明显的界限；下唇较上唇宽，围抱蕊柱。花期4~5月。

钗子股（*Luisia morsei*）（金效华　摄）

大花钗子股（*Luisia magniflora*）（金效华　摄）

裂唇钗子股（*Luisia simaoensis*）

产于中国云南南部；附生于海拔1100~1200m处疏林中树干上。花黄绿色，具紫红色脉纹；唇瓣明显分为前后唇，前唇明显密被红褐色斑，先端开裂。花期8~9月。

裂唇钗子股（*Luisia simaoensis*）

叉唇钗子股（*Luisia teres*）（金效华　摄）

薄叶兰(捧心兰)属
Lycaste (*Lyc.*)

多为附生与石生，少数地生。全属约 45种，分布于美洲从墨西哥到秘鲁和附近的岛屿。主要生长在海拔 500~2500m的地区，湿度较高、茂密的落叶林中。附生于腐朽的枯木、有苔藓的树干或陡峭的岩壁上；亦有生长于林下的地生种。

假鳞茎肥厚，卵圆形，密集生长，顶端生 2~4 枚大而薄、折扇状的叶片。大多数种类在冬季干旱期落叶，也有常绿不落叶的种类。从假鳞茎基部产生花葶，每花葶上通常有花 1 朵，有时 2 朵；花大型而美丽，花可以开放 4 周左右。萼片大型，呈三角形着生，花瓣与唇瓣较小。花色有黄、白、绿、粉、红、橙、褐等,亦有复色。冬至春季开花。薄叶兰是美洲热带兰花中开花最美丽的种类之一。种类多，花大，色彩丰富，生长强健，较易栽培。最早于 1790 年开始引种栽培。许多开花美丽的种进入了商品化生产。目前薄叶兰已在兰花的商品化方面占有较高的地位，很值得我国花卉业界重视，并引种栽培生产。

杂交育种：20 世纪通过种间及优良杂种品种间杂交产生了大量的优良杂交种品种。目前兰花市场上看到的商品薄叶兰盆花大多数为优良的杂交种品种，并且新品种在不断地出现。上述人工属多是以洁白薄叶兰（*Lyc.skinneri*）为亲本之一进行交配，充分利用了洁白薄叶兰的许多优良特性。已培育出许多有价值的属间杂种优良品种。

据记载，兰花育种家已经开展了薄叶兰和血缘相近属间的杂交育种工作。据不完全统计，薄叶兰 *Lycaste* 与 *Anguloa*、*Bifrenaria*、*Cochleanthes*、*Maxillaria*、*Zygopetalum* 等属间杂交已产生了 5 个人工属。其中安顾薄叶兰 *Angulocaste*（*Anguloa*×*Lycaste*）在兰花商品盆花中已经可以见到。

至 2012年，已登录的属间和属内杂交种有 855种（属内杂交种有 693种）。如：*Angulocaste* Andromeda（*Lyc. skinneri* × *Angulocaste* Apollo）登录时间 1976。*Angulocaste* Wyld Sceptre（*Lyc.* Libra × *Angulocaste* Apollo）登录时间 1992。*Lyc.* Fruity Orange（*Lyc. cochleata* × *Lyc. cruenta*）登录时间 2008。*Angulocaste* Apollo（*Anguloa clowesii* × *Lyc.imschootiana*）登录时间 1952。*Maxillacaste* Delta Dawn（*Maxillaria huebschii* × *Lyc.* Peter Sander）登录时间 1999。*Lyc.* Memoria Olga Ant ó n（*Lyc.* Chita Sunset × *Lyc. macrophylla*）登录时间 2010。

栽培：目前作为花卉栽培的薄叶兰，主要来源于低纬度高海拔地带的原生种及其杂交种优良品种。大多喜欢凉爽的环境，故在栽培中要求较低温度的环境。有明显的休眠期。生长时期的夏季白天的最高温度在 30℃以下。生长时期遮阳量落叶种 50%~70%，常绿种 60%~80 % 为宜。空气湿度要高，约在 80%；旺盛生长时期应保持有充足的水分供应；避免基质排水和透气不良。春末新芽开始生长后，每 1~2 周施 1 次 0.05% 以下的液体复合肥，直到秋季新假鳞茎生长成熟止。多数种冬季为休眠期，秋末开始逐步减少浇水，保持根部适当的干燥。发现太干时再浇水，维持假鳞茎不干缩即可。冬季低温干燥有利于花芽的分化和生长。为供应元旦至春节期间用花，在花芽形成

芳香薄叶兰（*Lyc.aromatica*）

后需在温室内催花。休眠期过后，新芽和新根开始生长时正是换盆和分株繁殖的适宜时期。换盆或分株繁殖的植株不可立即浇水，等新芽长出较高时再浇水，否则易引起植株腐烂。盆栽基质要求排水和透气良好，可以用颗粒状的树皮块、木炭、风化火山岩组成；也可以用腐叶土、沙和碎苔藓配成盆栽基质，但栽种时盆底应填充排水层。

薄叶兰主要用作盆花。栽培容易，花大型，色彩艳丽，观赏效果甚好。在西方花卉市场上是冬春季受欢迎盆栽兰花。开花期比较容易控制在元旦和春节期间。建议我国有计划地引种栽培，以增加一类春节观赏用盆栽兰花。薄叶兰的花比较娇气，开花后不宜运输，其花极易受伤。

常见种类：

芳香薄叶兰（*Lyc. aromatica*）

产于墨西哥、危地马拉、洪都拉斯。假鳞茎丛生，扁卵圆形，高约9cm，顶部生有叶数枚。每假鳞茎上可以生出数个花茎，花茎高约15cm，每花茎上有2朵花；花较大，直径约7.5cm，呈蜡质；花黄色，花瓣比萼片色深。冬季休眠期落叶。有浓浓的柠檬香味。花期春季。先叶开花或开花的同时新叶萌发出来。低温或中温温室栽培，栽培比较容易成功。花期长，在室温条件下可以开放4~6周。

有品种：'Thoda'橙黄薄叶兰

Lyc. consobrina

产于墨西哥和危地马拉。该种为黄色花，产于不同地区的植株常有变化。墨西哥中部沿海低海拔地区的植株不如产于西南部高海拔山区的类型观赏价值高。当新芽开始生长时，可以从假鳞茎基部生出多达7枚左右的花朵。

血红斑薄叶兰（*Lyc. cruenta*）

附生或石生。产于墨西哥、危地马拉和萨尔瓦多。生于中到高海拔地区，落叶种类。假鳞茎扁卵圆形，有刺状物，长约10cm；叶片长45cm以上，宽15cm。生有3~5枚花茎。花径约6cm，花开展，蜡质，有香味。萼片较宽，黄绿色。花瓣和唇瓣黄色，蕊柱中下部有血红色斑或呈血红色。花期春末至夏初。

Lyc. dowiana

产于危地马拉到巴拿马和南美洲的一些地区。为常绿附生种，开花时叶片不脱落。假鳞茎小型，扁圆形。花茎短，约9cm。花径5~6cm。萼片绿褐色。花瓣和唇瓣淡黄白色，唇瓣隆起处淡黄色有暗红色斑纹。夏秋季开花。该种冬季不必特意减少浇水。中温温室 栽培。

大叶薄叶兰（*Lyc. macrophylla*）

该种广泛分布在中美洲和南美洲，生长在低海拔的海平面附近地区和海拔2400m的高地。该种变异巨大，已知有7个亚种，其花色均不相同。叶常绿，假鳞茎卵圆形，长10cm以上，宽3~6cm。每个假鳞茎可以产生10朵以上的花；花径8~12cm。在产地，开花期从3月到7月。栽培中可以耐受较宽的温度变化。冬季应适当地减少浇水。

洁白薄叶兰（*Lyc. skinneri*）

产于墨西哥、危地马拉、洪都拉斯，是危地马拉国花。假鳞茎扁卵圆形，上部有叶数枚。冬季休眠期落叶。花茎从假鳞茎基部伸出，每假鳞茎上常有数支花茎伸出。花

Lyc. dowiana

血红斑薄叶兰（*Lyc. cruenta*）

大叶薄叶兰（*Lyc. macrophylla*）

茎直立，高 15~30cm，每花茎上有 1 朵花；花大型，直径常在 15cm 以上；萼片较花瓣大，萼片颜色多变，从纯白色至浅蓝色；花瓣白色、粉红色、红色至浅蓝色；唇瓣较小，白色带玫瑰红色、深红色或深红色斑点。花期通常在秋冬季，稍加控制，可在元旦和春节期间开花。花蜡质，寿命长，在室温条件下可开放 4~6 周。甚芳香，是很有发展前景的节日用盆花。

有许多优良的园艺品种，并商品化生产。如：'白雪公主'洁白薄叶兰，'桃红'洁白薄叶兰。该种是培育新品种最重要的杂交亲本之一。低温或中温温室栽培。是目前栽培最普及的种。

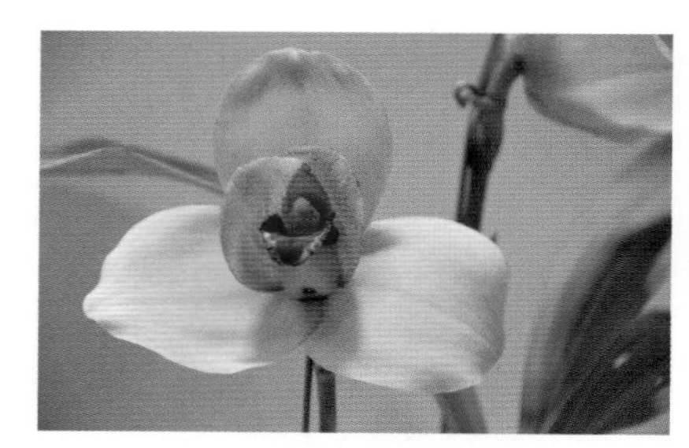

Lyc. Chita Impulse 'Zhang Yang'

'白雪公主'洁白薄叶兰（*Lyc. skinneri* 'Snow Princess'）

Lyc. Personality

Lyc. fragrans

'桃红'洁白薄叶兰（*Lyc. skinneri*）

Lyc. deppei

Lyc. Shoalhaven 'Kyoto'

Lyc. Shoalhaven'Moriyama'

Lyc. Sunray 'Adeyaua'

Lyc. locusta

Lyc. Fire Bind 'Al'

‘红宝石’快乐珍宝魔霓兰（*Monn.* Jumbo Delight‘Jumbo Rubytex’）

M

长盘兰属

Macradenia

小型附生兰花。全属约15种，分布于危地马拉、巴西。假鳞茎圆柱形，顶部有一枚叶片。叶线状长椭圆形，下垂的花茎从假鳞茎基部生出，有花多数，花小到中型，开张，黄绿色到红褐色。萼片和花瓣同形。唇瓣深3裂。

杂交育种：至2012年已登录的属间和属内杂交种有8种。如：*Rodridenia* Red Gem（*Macradenia brassavolae* × *Rodriguezia lanceolata*）登录时间1962。*Rodridenia* Woon Leng's Red Gem（*Macradenia multiflora* × *Rodriguezia lanceolata*）登录时间2005。*Macradesa* Little Indian（*Gomesa flexuosa* × *Macradenia multiflora*）登录时间1980。*Toladenia* Helen（*Tolumnia* Helen Brown × *Macradenia brassavolae*）登录时间1965。*Oakesara* Niu Boy（*Leomesezia* Lava Burst × *Macradenia multiflora*）登录时间2006。

栽培：中温或高温温室栽培。可以绑缚栽种在树蕨板上，或用排水和透气较好的颗粒状基质盆栽。全年保持充足水分；中温和中等空气湿度。

常见种类：

长盘兰（*Macradenia brassavolae*）

产于危地马拉、哥斯达黎加、巴拿马、哥伦比亚、委内瑞拉。假鳞茎圆锥形，细长，长约5cm；单叶，较厚，长18~20cm，椭圆状披针形，较直立。花序下垂，长约30cm，生有多数花；花直径大于2cm，萼片和花瓣深棕红色，边缘黄色；唇瓣3裂，白色，有红棕色斑点。中温或高温温室栽培。春季开花。

长盘兰（*Macradenia brassavolae*）

沼兰属
Malaxis

地生，较少附生。全属约 300 种，广泛分布于全球热带和亚热带地区，少数分布北温带。中国有 21 种。通常具多节的肉质茎或假鳞茎。叶 2~8 枚；花葶顶生，通常直立；总状花序具数朵或数十朵花；花一般较小。唇瓣通常位于上方。

栽培：我国种类比较多，园林机构根据当地的气候和环境可以试引种栽培。常绿种类长江以南和西南广大地区，可以栽种在园林中大树下或花坛中。

一些常绿种类，可以盆栽。中温温室栽培。通常用腐叶土、粗泥炭土加少量粗河沙配成培养土盆栽，栽种时盆底部填充一层颗粒状排水物，或用细粒的树皮、风化火山岩等盆栽。根际要求排水和透气良好。生长时期要保证有充足的水分和肥料；遮阳量约 70%；较高空气湿度和良好的通风。秋季逐渐减少浇水，停止施肥，适当增强光照，促进植株生长成熟。落叶种类秋末后，叶片脱落，开始进入休眠。休眠期间保持盆栽基质微潮。在 5~10℃的环境中越冬。

常见种类：

阔叶沼兰（*Malaxis latifolia*）

产于中国的福建、浙江、台湾、广东、香港、海南、广西和云南；生于海拔 2000m 以下的林下或溪谷边荫蔽地上或岩石上。尼泊尔、印度、缅甸、中南半岛、印度尼西亚、菲律宾、日本、巴布亚新几内亚、澳大利亚也有分布。茎肉质，圆柱形，长 2~20cm，具叶 4~5 枚。叶斜卵状椭圆形至椭圆状披针形。花葶长 15~60cm，直立，粗壮，有窄翅；总状花序长 5~25cm，密生多数花；花小，紫红色至黄绿色；花瓣线形；唇瓣位于上方，3 裂。

阔叶沼兰（*Malaxis latifolia*）

尾萼兰(细瓣兰，三尖兰)属 *Masdevallia(Masd.)*

大多数为附生兰，少数为岩生。全属约350种，主要分布区域为墨西哥、巴西和玻利维亚，大多数生长在哥伦比亚、厄瓜多尔和秘鲁海拔较高的安第斯山区。是兰科中最奇妙的属之一，是一类小型常绿丛生植物。无假鳞茎，地下茎短，茎直立，短而纤细；顶部生一枚肉质光滑无毛的叶；叶的大小变化大，直立或近直立，卵圆形至匙形，背上具龙骨状突起，基部收狭为具槽的柄。总状花序着生在叶柄和茎的结合处；总状花序有花1至数朵；花梗直立、纤细；花小或大，色彩丰富。花瓣和唇瓣隐藏在花萼内。三个花萼片基部或全部合生成一个管状或杯状物，外轮廓常呈美丽的三角锥形，萼片尖端延展形成长或短的尾状物；花瓣比萼片小很多，常呈线形；唇瓣小，与蕊柱足连接。

尾萼兰虽植株比较小，花不一定小，花径2.5~30cm；花形奇特，萼片先端窄、细长，形成尖尾状；花色由纯白色、浅黄色、橙黄色、粉红色、红色、紫色至棕褐色，并有多种复合色的斑纹。是一类栽培较为普遍和受爱好者欢迎的盆栽兰花，在国际兰花展览会上常常出现。

杂交育种：尾萼兰属植物在属内的种间杂交种甚多。至1904年记录的种间杂交种已有41个，之后则大量出现。该属还是最早完成属内人工杂交的属之一，1888年便登录有*Masd.* Falcata（*Masd. coccinea*×*Masd. veitchiana*），其优良的个体植株曾获得世界兰花大会银奖（‘Aphri’SM/WOC）；1899年还登录了*Masd.* Kimballiana（*Masd. candata*×*Masd. veitchiana*），其杂种的优良单株亦获得美国兰花学会银奖(‘Golden Gate’AM/AOS）。

至2012年已登录的属间和属内杂交种有1341种（属内杂交种有1274种）。如：*Masd.* Alceste（*Masd.* Asmodia × *Masd. veitchiana*）登录时间1901。*Diovallia* Dusty Rose（*Masd.* Amethyst × *Diodonopsis erinacea*）登录时间2006。*Dracuvallia* Aboutime（*Masd. barlaeana* × *Dracula cordobae*）登录时间2012。*Porrovallia* Clare Cangiolosi（*Porroglossum dalstroemii* × *Masd.* Ann Jesup）登录时间2002。*Dracuvallia* Andean Sunset（*Dracula platycrater* × *Masd. veitchiana*）登录时间1983。*Masd.* Aardvark（*Masd. pachyura* × *Masd. velifera*）登录时间1993。

栽培：尾萼兰属植物要求低温或中温温室栽培。理想的栽培温度为5~25℃。在高温环境下，生长势逐渐衰弱，最终死亡。无明显休眠期。宜用小盆栽植，盆栽基质可以用细树皮颗粒、碎砖或火山灰颗粒组成；也可以完全用较细的颗粒状树皮；亦可以用苔藓、颗粒状树皮和木炭颗粒等的混合物。少数种有特殊的栽培要求，故栽培中要注意不同品种不同对待。该属中的大多数种是喜欢温带气候的，放在低温温室中栽培比较合适。华北地区虽属温带气候，但夏季炎热。若温室栽培尚需采取降温措施。适合于在低纬度高海拔地区栽培，如云南、贵州等地。经常保持半阴、流通空气和湿润的环境，不让其休眠。若能将种有尾萼兰的小盆集中放置在一个栽植盘（箱）中，并在小盆周围或盆面上种植一些活的苔藓，营造一个类似野生的自然环境对其生长更为有利。

常见种类：

卡巴尾萼兰（*Masd. chaparensis*）

产于玻利维亚等地区，生于海拔2400~2700m处。中型。叶长8~15cm，线状长椭圆形，叶柄长。花茎直立，长10~20cm，有1花，花宽3 cm，长8cm左右；萼片基部呈筒状，背萼片倒卵形，侧萼片长卵形，淡粉红底色具暗紫色到紫红色不规则的大小斑点，具黄绿色伸长的尾部。花瓣镰状长方形，白色。花期冬季。

鹤花尾萼兰（*Masd. coccinea*）

产于哥伦比亚高海拔地区。叶线状披针形，革质，较多，长12.5~17.5cm，深绿色，背面浅绿色。单花，肉质，中萼片窄长，先端形

卡巴尾萼兰（*Masd. chaparensis*）（李潞滨　摄）

成细管状的尾。两侧萼片基部合生，先端分裂。花瓣较小，不显著。色彩变化较多，有红、紫、黄和白色。生长在哥伦比亚高海拔地区。花期5~6月，冷温室栽培。

有品种：‘Dwarf Pink’，f. *xanthina*‘Seattle Gold’。

短尾尾萼兰（*Masd. coriacea*）

产于哥伦比亚东部至秘鲁东部安第斯山区。植株大型，叶片肉质，坚硬。是一个典型的地生种。花肉质，呈杯状，萼尾较短，花色较淡，色彩多变。

曼陀罗花尾萼兰（*Masd. datura*）

产于玻利维亚，附生于海拔2500~3000m处多云的雨林中树干上。中型。叶长15cm左右，叶柄长，线形。花茎长约10cm，弓形伸出，有花1朵。花宽6cm，长10cm左右。萼片基部合生呈筒状，上部扩展开呈三角形，纯白色，喉部染黄色，尾状片细，黄绿色。花瓣狭长方形，肉厚，白色。唇瓣长椭圆形，肉质，白色。开花期冬、春季。

Masd. ignea

大型地生兰。产于哥伦比亚，生于海拔2800~3200m处。叶长12~20cm，线状长椭圆形至披针形。花茎长20~35cm，直立，1花。花径4cm左右。鲜明的朱红色，脉明显。萼片基部呈短小筒状。背萼片狭长，向前弯曲，侧萼片大型，镰状卵形，从中间左右分开，下垂。开花期冬春季。低温温室栽培。有品种：‘Mishima’（‘米西马’）。

橙花尾萼兰（*Masd. 1imax*）

分布于厄瓜多尔东南部山区。花为清淡的橙色或明亮的黄色。叶长15~20cm，宽2cm。花葶高15~20cm，单花。3枚萼片基部合生呈弓形的管状，管孔向下，管先端分裂并形成很短的浅色尾，花形奇特而美丽。

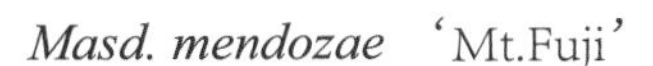

Masd. mendozae‘Mt.Fuji’

产于厄瓜多尔，生于海拔2200m处多云雾的森林中，是一种从生小型附生种。叶长4~8cm，线状长椭圆形。花茎直立，长2~5cm，有一花向斜上伸出。花宽1.2cm，长3.5cm左右。萼片合生呈长筒状，弯曲。先端稍开展，尾状片短小。花鲜黄色至橙黄色。唇瓣长方形，淡黄色，有暗紫色斑。花期冬、春季。

白花尾萼兰（*Masd. tovarensis*）

附生种类。分布于委内瑞拉北部，生于海拔1800~2000m处。叶革质，倒披针形，绿色，高8 ~ 14cm。花茎长10~15cm，高出叶面，有花3~5朵，开展，花约宽2.5cm，长8cm；花色洁白。萼片基部连合成短筒状，背萼片狭长，向上翻卷；侧萼片大，左右连合成宽椭圆形，顶端呈尾状下垂。花瓣长方形，白色；唇瓣白色；花瓣和唇瓣均显著小于萼片。花期 冬季。

鹤花尾萼兰（*Masd.coccinea*‘Dwarf Pink’）

短尾尾萼兰（*Masd. coriacea*）（Dr. Kirill 摄）

Masd. ignea‘Mishima’

Masd. mendozae‘Mt.Fuji’

橙花尾萼兰（*Masd. limax*）

白花尾萼兰（*Masd. tovarensis*）

Masd. coccinea f. *xanthina*‘Seattle Gold’
（李潞滨　摄）

Masd. lengst

Masd. alanchelosa

Masd. Henricajansen 'Fireball'

Masd. harlequin

Masd. cyclotega

Masd. chimamaera var. *sonson*

Masd. Sunny Delight

Masd. hirtzii

象形文字尾萼兰（*Masd. hieroglyphica*）

Masd. Kimballiana

Masd. rosea

Masd.(*Masd.* Peristeria × *Masd.*uniflora)

Masd. Makchinum

Masd. caudata

Masd. ayabacana

Masd. exquisita

Masd. deformis

Masd. Hoosier Angel

Masd. ignea

颚唇兰（鳃兰，腋唇兰）属 *Maxillaria*（*Max.*）

多为附生兰，少数为地生兰。全属约700个原生种，广泛分布于美洲的南佛罗里达和墨西哥经中美洲到阿根廷。地下茎有长有短，假鳞茎有大有小，甚至几乎没有，一般包被于鞘中。顶生1枚叶片，少数为4枚。花茎从假鳞茎基部生出，单生或丛生；花单生。花色为白、红、棕、黄、绿，具有斑点。中萼片分离，背面常有突出的脊，两侧萼片基部合生，近蕊柱部呈突起状；花瓣小于萼片，唇瓣与蕊柱足连接，凹陷，全缘或3裂。

杂交育种：至2012年已登录的属间和属内杂交种有28种（属内杂交种有20种）。如：*Maxilobium* Rumrill Folly（*Max. bradei* × *Xylobium variegatum*）登录时间1991。*Maxillacaste* Delta Dawn（*Max. huebschii* × *Lycaste* Peter Sander）登录时间1999。*Max.* Axelle（*Max. lehmannii* × *Max. robusta*）登录时间2009。*Maxillacaste* Fred Alcorn（*Lycaste* Koolena × *Max. grandiflora*）登录时间1989。*Cyrtollaria* Increible（*Cyrtochilum macranthum* × *Max. sanderiana*）登录时间2008。*Max.* Paloma（*Max. irrorata* × *Max. platypetala*）登录时间2008。

栽培：低温、中温或高温温室栽培。因该属植物种类多分布甚广，故种间差异甚大，从形态上，矮小的种类只有2.5cm高，甚至低于苔藓；另一些无假鳞茎多叶的种类，高可达1m以上，类似万代兰和单轴生长型的兰花。不同地区分布的种类，对栽培环境要求不同。产于低海拔及沿海地区的种类，一般要求较高的温度和湿度；产于山区和高海拔地区的种类，喜欢冷凉的气候条件，应低温栽培。假鳞茎不明显，节上易生根的种，可以参照万代兰的栽培方法种植；假鳞茎明显的种，可以盆栽或篮式栽种。该属植物大多喜欢明亮的散射光，因大多数原生种生长在潮湿多云的森林地带，故需全年供水。但在冬季有一个短暂的相对休眠期，这期间应减少浇水的频率。颚唇兰换盆后需长时间恢复生长，应尽量少换盆，盆栽应采用通气和透水良好的颗粒状树皮、火山灰、苔藓等作为基质。

常见种类：

密花颚唇兰（*Max. densa*）

产于墨西哥、洪都拉斯、危地马拉等地。根状茎延长成假鳞茎；顶部生一枚扁平长卵圆形叶。花茎短，多数，紧密着生于新叶腋部。花呈半开状，长约2cm，淡黄色到红褐色，颜色常有变异。花期冬到春季。中温或高温温室栽培。

颚唇兰（*Max. elatior*）

产于墨西哥到哥斯达黎加。生于海拔400~1500m处，常附生，偶尔也长在雨林中的地上。根状茎附生于树干上；假鳞茎生于根状茎顶端，呈压扁的卵圆形，长9cm以上；有叶1~2枚，长40cm以上。花序从根状茎的苞片腋内生出，有花1朵；花直径5cm。花期冬到春季。中温或高温温室栽培。

大花颚唇兰（*Max. grandiflora*）

syn. *Max. lehmannii*

产于厄瓜多尔。假鳞茎丛生，扁的宽椭圆到卵圆形，长4~8cm。顶生叶1枚。叶披针形，长30cm。花茎直立，花径约10cm。萼片和花瓣白色。唇瓣黄白色，有红褐色斑点。花期春、夏季。中温温室栽培。

密花颚唇兰（*Max. densa*）

颚唇兰（*Max. elatior*）

大花颚唇兰（*Max. grandiflora*）

黄白花颚唇兰（*Max. luteo-alba*）

产于哥斯达黎加、巴拿马、哥伦比亚、委内瑞拉、厄瓜多尔。假鳞茎丛生，长3~5cm，长卵圆形，皱缩，亮绿色。单叶，叶线状披针形至椭圆状披针形，深绿色有光泽，叶长20~25cm。花茎直立或斜向，高9~15cm；花的大小和色泽常有变化。花径10cm以上，宽大的萼片里面为黄色，外面为白色；花瓣的颜色与萼片相同，唇瓣深黄色，边缘白色。芳香。花期由春到夏初，开花期长。中温温室栽培，栽培 较易。

斑花颚唇兰（*Max. picta*）

产于巴西东南部。通常为附生，在中海拔地区偶有长在石头上。假鳞茎长卵圆形，长5cm。叶革质，窄披针形，2枚顶生。花茎直立，长约12cm。花肉质，花径约4cm，芳香。萼片平开，先端向内弯曲，黄色，外面有褐色斑点。唇瓣黄白色，有紫红色斑点。花期春季。

黄花颚唇兰（*Max. prophyrostele*）

原产于巴西，生于低海拔到中海拔地区。假鳞茎丛生，呈卵状，长约3cm，上面生有纵沟；顶部生有2枚革质的线形叶，叶长12.5~20cm。每假鳞茎上常生有数枚花箭，花箭高约7.5cm，直立；花径约3cm，萼片先端向内弯曲。花色为淡黄绿色，唇瓣基部有紫红色条斑。蕊柱紫红色，花期冬末到春季。有数个栽培品种。中温或高温温室栽培。

有品种：'Hans'汉斯黄花颚唇兰；'Yellow Bird''黄鸟'黄花颚唇兰。

细叶颚唇兰（*Max. tenuifolia*）

产于墨西哥、洪都拉斯、尼加拉瓜、哥斯达黎加等地。根状茎直立向上，有鳞片状苞片。假鳞茎从根状茎的节上生出，卵形，有皱缩，长约2.5cm；叶线形，深绿色，长30~37cm；数支花茎从假鳞茎上抽出，长约5cm。花径3.5~5cm，花瓣较厚，花色常有变化，萼片和花瓣暗红色，有深或浅的黄色斑点；唇瓣暗红色，顶部为黄色，有紫红色或红棕色斑点和条纹。极芳香，为椰子香型。花期为夏秋季。中温或高温温室栽培。

多色颚唇兰（*Max. variabilis*）

产于墨西哥到巴拿马。小型附生、石生或地生种。生于海拔1900m处热带雨林中。根状茎上每3cm着生一个卵形的假鳞茎；假鳞茎长3~5cm，有叶1枚，长25cm，窄披针形，革质。花茎长3cm，有花1朵，花半开，肉质，直径约3cm，花色变化大，从白色到纯黄色、黄绿色到暗红色。唇瓣中央黑褐色，有光泽。花期通常春季，亦有周年开花者。中温或高温温室栽培。

斑花颚唇兰（*Max. picta*）

黄白花颚唇兰（*Max. luteo-alba*）

黄花颚唇兰（*Max. porphyrostele*）

细叶颚唇兰（*Max. tenuifolia* ）

‘黄鸟’黄花颚唇兰（*Max. porphryostele*‘Yellow Bird’ ）

Max. coccinea

近黑色颚唇兰（*Max. pulla*）

多色颚唇兰（*Max. variabilis*）

绿白颚唇兰（*Max. chloroleuca*）

Max. sanderiaan

Max. laptocera

石榴兰属
Mediocalcar(*Medi.*)

附生兰花。全属约 15 个原生种，主要分布于巴布亚新几内亚及其附近岛屿。大多数种类生于海拔 900~2500m 热带雨林中；附生于乔木或灌木丛的树干及枝条上，亦有附生于有苔藓的岩石上。

植株较矮小，呈匍匐状，枝叶茂密。假鳞茎较小，圆柱形，高 1cm，密集或稍稀疏着生于匍匐的根状茎上；具 1~5 枚叶片；叶长 1~2cm，肉质。花 1~2 朵生于假鳞茎顶端；花瓣与唇较小；萼片合生呈粗管状或球形，先端突然收缩，而顶端又分裂向外翻卷；花色艳丽，多为红色到橙红色，顶端呈白或黄色，形似石榴果实。花虽小，但形状奇特，是十分受兰花爱好者欢迎的小型盆栽兰花。在各种兰花展览和兰花市场中常可以见到。

杂交育种：至 2012年已登录的杂交种只有属内杂交种 1种，*Medi.* Marion Bells（*Medi. agathodaemonis* × *Medi. decoratum*）登录时间 2010。

栽培：中温或低温温室栽培，在凉爽环境中生长良好。北方生长季节温室遮阳 50%~70%，冬季不遮阳；用颗粒状树皮块、木炭、蛇木屑等基质浅盆栽植。生长时期需给予充足的水分；2 周左右施一次液体复合肥；要求排水良好并能保持潮润。周年维持较高的空气湿度。植株矮小，适于室内栽培欣赏。

常见种类：

二叶石榴兰（*Medi. bifolium*）

产于巴布亚新几内亚，生于中至高海拔、高湿度的热带雨林中。附生于乔木或灌木树干上或有苔藓的岩石上。假鳞茎较小，狭圆锥形，高 1cm，疏生于根状茎上；具 1~2 枚叶片，叶长 2cm。花单生或成对生长于茎顶端。花小，直径 0.8~1cm。萼片基部合生成筒状，鲜红色，先端开张呈三裂，花瓣白色，唇较小。易于栽培，宜种于浅盆或树蕨板上。

美丽石榴兰（*Medi.decoratum*）

该种只产于巴布亚新几内亚，生于海拔 900~2500m 潮湿的森林中。假鳞茎圆柱形，长约 1cm，十分密集地着生在根状茎上；有叶片 3~4 枚，叶片长约 1cm。健壮繁茂的植株，可以长满花盆，十分喜人。花单生，长约 6mm，有一短柄。萼片基部合生呈坛状，红色，向上收缩，顶部 3 裂，先端尖，白色，向外开张。花期多在春季，如果栽培得当则会产生大量的花，十分美观。

美丽石榴兰（*Medi. decoratum*）

二叶石榴兰（*Medi. bifolium*）

伏兰属

Meiracyllium (*Mrclm.*)

附生兰花。全属 2 个种，分布于墨西哥至哥斯达黎加。匍匐茎粗壮，细小的假茎顶部生有一枚革质叶片。叶椭圆形，肉质。花茎从叶片基部生出，短的花序上有花数朵。与植株相比较，花较大，开展，紫红色，十分美丽。唇瓣与蕊柱分离。有花粉团 8 个。

常生长在多云雾、潮湿森林中，附生于潮湿的山坡树干或岩石上。

栽培：中温或高温温室栽培。可以和卡特兰放在同一个温室中，栽培较易。喜半阴的环境，北方温室遮阳 50% 左右。通常用排水良好的颗粒状基质或苔藓栽种在小盆中，也可绑缚栽植在树蕨板上。旺盛生长时期给予充足水分和肥料。冬季停止施肥；保持基质微潮，基质变干时浇水。

常见种类：

伏兰（*Mrclm. trinasutum*）

产于墨西哥、危地马拉。根状茎粗壮，肉质，匍匐或下垂生长。叶片无柄，圆形到长椭圆形，稍肉质，长约 5cm，宽约 3cm，常有染红色。花序短，有花 1~6 朵。花开张，花径约 2.5cm，紫红色，唇瓣颜色较深。蕊柱短。花期春季。中温或高温温室栽培。

伏兰（*Mrclm. trinasutum*）

墨西哥兰属

Mexicoa

附生兰花。该属是一个单种属。产于墨西哥南部地区，生于海拔1400~2200m处潮湿的橡树林中，附生于树干或岩石上。假鳞茎上有2枚叶片；花序从假鳞茎基部的鞘叶腋中生出。花无距；萼片伸展，花瓣平行伸开并且环抱蕊柱。

栽培：低温或中温温室栽培。栽培较容易。可以和齿舌兰（*Odontoglossum*）放在同一个温室中。常用排水良好的颗粒状基质或苔藓栽种在小盆中，也可绑缚栽植在树蕨板上。喜半阴的环境，北方温室遮阳50%左右。旺盛生长时期给予充足水分和肥料。冬季停止施肥；保持基质微潮，基质变干时浇水。

常见种类：

墨西哥兰（*Mexicoa ghiesbrechtiana*）

假鳞茎长约4cm，顶部生有2枚叶片。叶长约15cm，宽约1.5cm。花茎直立，从假鳞茎基部生出。高可达20cm，有花5~10朵。花径约2cm。花瓣和萼片暗紫红色，有浅色脉纹，唇瓣3裂，黄色。

墨西哥兰（*Mexicoa ghiesbrechtiana*）

米尔顿兰（堇色花兰）属
Miltonia（*Milt.*）

附生兰类。广泛分布在南美哥斯达黎加、巴拿马经安第斯山地区到巴西。全属有10~20个原生种，不同分类学家看法不同。地下茎短或长而匍匐；假鳞茎叶状鞘包被，顶部生有1~2枚叶。叶线形或椭圆状披针形，薄而光滑，绿色，有时具荧光。花序腋生，直立或弓形，大多为总状花序，少数为圆锥花序。花大而美丽，一至多花；花瓣与花萼离生，唇瓣大而平，有时呈提琴状或耳状。产于安第斯山地区的种类，花常是白色或粉红色，花瓣上面有鲜艳的深红色或洋红色的条纹或块斑。产于巴西的种类与齿舌兰（*Odontoglossum*）的某些种相似，呈放射状裂片，其颜色为黄色或绿色，有褐色、紫红色或洋红色的条斑或斑块。

1930年夏诒彬编著、商务印书馆出版的《种兰法》一书便向国人介绍了米尔顿兰。20世纪90年代之后，在各大中城市的植物园、园林科研单位和较大型的花卉博览会上，较多地出现从国外引入不同品种的米尔顿兰及其属间杂交种优良品种。

杂交育种：米尔顿兰属中已进行了大量的种间和品种间的多代反复杂交育种，选育出许多优良的园艺品种。在世界商品兰花中已占有相当高的地位，是重要的盆栽兰花之一。据记载，米尔顿兰属与近缘属：*Aspasia*、*Brassia*、*Cochlioda*、*Nrassia*、*Odontoglossum*、*Odontonia*、*Oncidium*、*Rodriguezia*、*Trichopilia*等属间杂交，已产生2属至5属间人工属26个。其中许多在世界各地广泛栽培，成为重要的商品兰花种类。

至2012年已登录的属间和属内杂交种有648种（属内杂交种204个）。如：*Milmilcidium* Yoshiko Ohnishi（*Milmiltonia* Bon Jour × *Oncidium* Mont Felard）登录时间1990。*Bratonia* Amazon（*Milt.*Lanikai × *Brassia* Rex）登录时间1980。*Aliceara* Dark Lightning（*Milt. bluntii* × *Brassidium* Kenneth Bivin）登录时间2011。*Aliceara* Alice Fukunaga（*Brassidium* Edson Loo × *Milt.* Goodale Moir）登录时间1982。*Aliceara* Squiggles（*Brassidium* Flower Drum × *Milt. spectabilis*）登录时间1970。*Bratonia* King of Kings（*Bratonia* Royal Robe × *Milt.* Bluntii）登录时间2007。

栽培：米尔顿兰属植物分布较广，不同种生长的环境变化较大。从海拔较高的安第斯山区冷凉地带直到近海平面的湿热低地。大体来说，它们要求两种不同的栽培环境，原产于巴西低海拔地区和其他热带地区的种类，生长习性与热带的文心兰（*Oncidium*）相似。根状茎延长呈下垂状，最好将其栽种在多孔花盆、吊篮或木条筐中，悬吊在高温或中温温室中，栽培基质要透气排水良好。原产高海拔地区的种类及其杂种，中温温室栽培，用颗粒状的树皮或蛇木屑加苔藓作基质栽植在中小盆中。目前市场上作为商品花卉的主要是这一类品种，适合于我国北方温室和广大西南及中部地区栽培。夏季放在通风良好的阴棚下。越冬最低温度5~10℃。发现盆栽基质腐朽，盆内透气和排水功能变差时，应及时换盆或移栽。生长较大的植株应及时分株繁殖，

白唇米尔顿兰（*Milt. candida*）

不宜栽植过大的植株。小丛栽植容易成功，也易开花。

常见种类：

白唇米尔顿兰（*Milt. candida*）

产于巴西东南部，生于低到中海拔地区，海拔500~600m处。附生种。假鳞茎紧密丛生，窄长卵圆形，顶生2枚叶片。叶长20~30cm，宽线形至倒披针形。花茎长30~50cm，呈弓形伸展，有花3~8朵。花径7~8cm，萼片与花瓣黄色底，密布栗褐色斑块，宽披针形。唇瓣呈半筒状，先端圆，边缘波状，白色，喉部有紫色条纹。花期夏秋季。中温或高温温室栽培。

克劳氏米尔顿兰（*Milt. clowesii*）

产于巴西东南部，生于低到中海拔地区，海拔300~1000m处。假鳞茎窄长卵圆形，扁平，直立，顶生2枚叶片。叶长30~40cm，线形。花茎长30~40cm，弓形，有花5~10朵。花径6cm左右，萼片和花瓣披针形，黄色底具暗栗褐色粗斑。唇瓣色彩艳丽。是优良盆栽种类，亦可绑缚栽植在树蕨板上。花期秋季至初冬。中温或高温温室栽培。

淡黄米尔顿兰（*Milt. flavescens*）

产于巴西北部低海拔高温地带到巴拉圭和阿根廷。假鳞茎着生于根状茎上，相距有一定距离，扁平，卵状长方形，顶部生有2枚叶片。叶长15~30cm，宽线形。花径长30~60cm，有花7~10朵。花径约6cm。萼片和花瓣白绿至黄色，线状披针形。花芳香。适宜绑缚栽种在大型树蕨板或树蕨干上。中温或高温温室栽培。

芮氏米尔顿兰（*Milt. regnellii*）

产于巴西东部。生长于中海拔地区。假鳞茎间相距约5cm，狭长扁卵形，顶生2枚叶片。叶长20~30cm，线形。花茎长30~50cm，疏生花3~6朵。花径约6cm。萼片和花瓣长椭圆状披针形，白色，基部红色。唇瓣近椭圆形，白色底有粉红色条斑，基部有浅黄色突起。花期夏秋季。中温温室栽培。

美花米尔顿兰（*Milt. spectabilis*）

原产于巴西。根状茎粗壮，蔓生。假鳞茎彼此有一定间隔，着生于根状茎上，卵状长圆形，扁平；叶2枚，线状舌形，通常黄绿色，长10~17cm；花茎直立，长约20cm，有花1朵；花平展，质地较厚，花径7cm。花色多变，萼片和花瓣的代表色为白色或乳白色，有的基部为玫瑰红色；唇瓣大型，较开展，紫红色，有纵的暗紫色条纹，边缘为白色或浅玫瑰红色。开花期较长；花期7~11月。中温或高温温室栽培，栽培较难。

有变种：var. *moreliana*。

克劳氏米尔顿兰（*Milt. clowesii*）

淡黄米尔顿兰（*Milt. flavescens*）

芮氏米尔顿兰（*Milt. regnellii*）

美花米尔顿兰（*Milt. spectabilis*）

Milt. spectabilis var. *moreliana*

Milt. Leo Holcuin 'Robust'

Milt. White Summer 'Angel Heart'

Milt. Nancy Binks 'Old Pal'（古屋进　摄）

Milt. Eastern Bay 'Claret Punch'（古屋进　摄）

Milt. Eastern Bay 'Russian'（古屋进　摄）

Milt. Lycaena

Milt. warscezwiczii (syn. *Oncidium fuscatum*)

Milt. Enzan Lady ‘Stork Feather’（古屋进 摄）

文心米尔顿兰属
Miltonidium (*Mtdm.*)

米尔顿兰（*Miltoniam*）× 文心兰（*Oncidium*），2属间的人工属，1940年登录。最初是由 *Miltonia schroederiana* × *Oncidium leucochilum*交配而成；由Mansell & Hatcher登录。杂交种的形态和生物学特性虽有差异，但通常与文心兰较为相似。花茎长，总状花序上有花多数。

杂交育种：至 2012年已登录的属间和属内杂交种有 139种（属内杂交种 3个）。如：*Aliceara* Bill Burke（*Mtdm.* Ka Moi × *Brassia* Rex）登录时间 1973。*Dunningara Pioneer*（*Mtdm.* Dark Goddess × *Aspasia principissa*）登录时间 1994。*Mtdm.* Ailsa（*Mtdm. Princess* Marie × *Oncidium* Jose Eximium）登录时间 1924。*Aliceara* Jim Krull（*Brassia gireoudiana* × *Miltonidium* Jupiter）登录时间 1984。Mathewsara Friendship（*Rossimilmiltonia* Memoria Norwood Schaffer × *Mtdm.* Purple Passion）登录时间 1995。*Milmilcidium* Patico（*Oncidopsis* Cambria × *Mtdm.* Memoria Mary Kavanaugh）登录时间 2001。

栽培：可以参照文心兰的栽培方法种植。亦可以与文心兰放在同一温室中栽培。

Mtdm. Pupukea Sunset 'H & R'

Mtdm. valley（程木全 摄）

拟堇兰属
Miltonioides

附生或石生兰花。全属约5种，产于墨西哥、哥斯达黎加、哥伦比亚和秘鲁；生于中海拔山区森林中。假鳞茎卵圆形，压扁，基部有苞叶，顶部有革质叶片1~2枚。花序有少数美丽花朵，花平展，黄绿色，芳香，蜡质，萼片与花瓣相似，黄色底上有深紫褐色大斑块。唇瓣小提琴状，通常两色，唇瓣边缘向外弯曲，尖部白色，并有数条黄色脉纹从基部辐射出来。花的蕊柱直立，呈棍棒状，有翅状物或无。

栽培：可以参照米尔顿兰和齿舌兰类的栽培方法种植。

常见种类：

拟堇兰（*Miltonioides laeve*）

syn.*Odontoglossum laeve*，*Miltonia karwinkii*，*Oncidium laeve*

产于墨西哥和危地马拉；生长在海拔1600m处。假鳞茎卵圆形或椭圆形，甚扁。长约13cm，有3枚叶片，也长约45cm。花序高达1.4m，直立，粗壮，有分枝，具花数朵。花长约6cm。该代与 *Mtdm. reicheriheimii* 形态十分相似。中温温室栽培。

拟堇兰（*Miltonioides laeve*）

美堇兰属
Miltoniopsis (*Mlitnps.*)

附生兰类。全属6个原生种，主要分布在南美安第斯山脉的哥斯达黎里加到秘鲁地区。生长在海拔500~2000m的多云潮湿的森林中，附生于树干上。地下茎短，假鳞茎丛生；假鳞茎上生有1枚或2枚叶；叶灰绿色；1~2支花茎从假鳞茎下部的苞片腋中生出，每花序上有花1至数朵。花大而美丽，外形很像三色堇花，所以西方又叫三色堇兰花（pansy orchids）。花萼和花瓣分离，宽大；唇瓣大而平整，呈耳状与蕊柱基部连合。色彩丰富，有白色、粉色、黄色、红色及各种复合色，组成新颖、明快、和谐美丽的图案，甚受爱好者欢迎。

美堇兰属曾在植物分类上属于米尔顿兰属。故有些种在不同书中也可以见到在米尔顿兰属中出现。

杂交育种：至2012年已登录的属间和属内杂交种有2029种（属内杂交种1729个）。如：*Cyrtoncidopsis* Ariel（*Mlitnps.* Bleuana × *Cyrtocidium* Dixoniae）登录时间1922。*Oncidopsis* Vicky Stern（*Mlitnps.* Franz Wichmann × *Oncidium leucochilum*）登录时间1983。*Milmiltonia* Edwin Oka（*Mlitnps. santanaei* × *Miltonia regnellii*）登录时间2002。*Aspasiopsis* Seagull（*Aspasia epidendroides* × *Mlitnps.* Hamburg）登录时间1985。*Brassopsis* Medellin（*Brassia* *arcuigera* × *Mlitnps. roezlii*）登录时间 1967。*Cyrtoniopsis* Amethyst Gem（*Cyrtoniopsis* Bragelonne × *Mlitnps.* Memoria Ida Seigel）登录日期 1993。

栽培：中温或低温温室栽培；旺盛生长时期需要给予充足的水分和肥料；以树皮块、木炭、水苔等基质盆栽培。保持较高的空气湿度与空气流通；较强的散射光，避免阳光直射。栽培方法可参照齿舌兰属（*Odontoglossum*）的做法。

常见种类：

若氏美堇兰（*Mlitnps. roezlii*）

syn. *Miltonia roezlii*

产于巴拿马和哥伦比亚西部丘陵地带。小至中型种。假鳞茎长卵圆形，扁平，顶生叶一枚。叶线形，长 20cm 左右。花径弓形，长 20~30cm，有花 3~6 朵。花径 8cm 左右，平开，萼片和花瓣倒卵状披针形，白色，花瓣先端反卷，基部有深紫红色斑。唇瓣宽倒心形，白色，基部染黄色，并有突起的褐色线条。花期春季。

旗瓣美堇兰（*Mlitnps. vexillaria*）

syn. *Miltonia vexillaria*

产于秘鲁，生长于海拔 1500~2200m 山脉西斜侧的疏林中。花甚美丽，变异较多。假鳞茎椭圆形，扁平，被叶鞘包围，顶部生有一枚叶片。叶长 20~30cm，线状披针形，较薄。花茎长 30~50cm，弯曲，有花 5~10 朵。花扁平， 宽 6 cm，长 8cm，色彩多样，通常淡粉红色。萼片和花瓣卵状长椭圆形，唇瓣倒心形，基部有放射状条纹。花期春到初夏。中温温室栽培。

蝴蝶美堇兰（*Mlitnps. phalaenopsis*）

哈氏美堇兰（*Mlitnps.* Herralexandrae）

Mlitnps. storum

若氏美堇兰（*Mlitnps. roezlii*）

Mlitnps. santanaei

Mlitnps. Hurricane Ridge`Silvia'

旗瓣美堇兰（*Mlitnps. vexillaria*）（古屋进　摄）

毕氏美堇兰（*Mlitnps. bismarcki*）

球柄兰属
Mischobulbum

地生兰花。全属8种，分布于中国南部、东南亚至巴布亚新几内亚太平洋岛屿。我国仅1种，产于南方诸省。地生草本兰花。具根状茎和假鳞茎。假鳞茎肉质，貌似叶柄，顶生叶1枚。花葶侧生于假鳞茎基部；总状花序疏生少数花；花大，张开；萼片近相似；侧萼片基部较宽，贴生于蕊柱足上，与唇瓣基部共同形成宽大的萼囊；花瓣与萼片相似，较宽；唇瓣稍3裂，唇盘上具褶片；花粉团蜡质，8个。

栽培：中温温室栽培。用腐殖质丰富的腐叶土、粗泥炭土做基质盆栽，盆土要疏松，排水和透气良好。生长时期保持有充足的水分和肥料，盆土不要干透再浇水；2~3周施一次液体复合肥料。北方温室栽培，浇灌用水需经纯水机处理后再用。冬季室温低，要少浇水，降低空气湿度。遮阳50%~70%。

常见种类：

心叶球柄兰（*Mischobulbum cordifolium*）

产于中国福建、台湾、广东、香港、广西和云南；越南也有。生长于海拔500~1000m处沟谷林下阴湿处。假鳞茎叶柄状，长约8cm，顶生叶片1枚。叶肉质，卵状心形，长7~15cm，宽4~8cm，基部心形，无柄。花亭直立，长达25cm；总状花序，有花3~5朵；花大型，萼片和花瓣褐色带紫褐色脉纹；萼片相似，长约2.2cm，宽

心叶球柄兰（*Mischobulbum cordifolium*）

4~5mm，花瓣较大，披针形，长约2cm，中部以下宽 6~7mm，唇瓣近卵形，长 2.5~3cm，稍 3裂，侧裂片白色带紫红色斑点；中裂片黄色，近三角形，先端急尖；侧生的褶片在唇盘上两枚侧裂片之间增宽呈弧形。花期 5~7月。

莫氏兰属
Mokara

附生兰花。莫氏兰属是一个 3属间的人工属。它是由蜘蛛兰属（*Arachnis*）与千代兰属（*Ascocenda*）（人工杂交属）杂交而成的。而千代兰属又是由鸟舌兰属（*Ascocentrum*）和万代兰属（*Vanda*）人工杂交而成的。故莫氏兰属实际上具有蜘蛛兰属、鸟舌兰属和万代兰属 3个属的基因；在文献中常以 *Mokara*=*Arachnis*×*Ascocentrum*×*Vanda*来表示。

莫氏兰属 (*Mokara*) 于 1969 年首次完成登录。创造和登录人为 C. Y. Mor；登录的人工属第一个杂交种为 *Mokara* Wai Liang。花瓣和萼片棕粉红色，有明亮的酱紫色斑点，唇瓣亮丽的黄色，有酱紫色的细点；侧裂片带有亮绿的黄色，并带有极细的酱紫色点。其亲本为：*Arachnis* Ishbel×*Ascocenda* Red Gem。C.Y.Mok 先生 1970 年又登录了 *Mokara* Ooi Leng Sun。

莫氏兰因为是 3 个属交配而成，集中了十分丰富的遗传基因，其品种的形态特征和生物学特性变化较大。植株形态大多介于蜘蛛兰、鸟舌兰和万代兰之间。植株稍小于大花种万代兰；茎为单轴，直立；叶革质，通常呈 V 字形的带状，排列于茎两侧；有发达的气生根。花通常较万代兰稍小，萼片和花瓣稍窄，花色十分丰富，有白、乳白、淡黄、橙黄、棕黄、粉红、橙红、淡蓝、红、蓝及各种过渡色，有纯色亦有带斑点和条纹者。生长势强健、适应性强，栽培也较容易，

值得我们关注的是，莫氏兰中属的一个品种 *Mokara*‘Lao An’，是以中国前总理朱镕基的夫人劳安命名的。朱镕基和夫人劳安 1999 年 11 月访问新加坡，29 日劳安参观新加坡国立植物园兰花园。

杂交育种：至 2012年已登录的属间和属内杂交种有 62种（属内杂交种 2个）。如：*Mokara* Bandaraya Ipoh（*Mokara* Angeline Low × *Vanda* Rothschildiana）登录时间 1988。*Wailaiara* Caroline Leong（*Mokara* Dickson How×*Perreiraara* Luke Thai）登录时间 1998。*Yusofara* Annika Sorenstam（*Mokara* Chark Kuan × *Renanthera* Zaleha）登录时间 2007。*Mokara* Waikiki Gold（*Vanda sanderiana* × *Mokara* Khaw Phaik Suan）登录时间 1990。*Mokara* Jiravut（*Ascocenda* Jiraprapa × *Mokara* Khaw Phaik Suan）登录时间 1997。*Mokara* Sanya City（*Mokara* Zaleha Alsagoff × *Mokara* Chao Praya Gold）登录时间 2008。

栽培：栽培方法请参照万代兰和鸟舌兰的种植方法。莫氏兰属首先在新加坡交配并完成登录。故在新加坡、马来西亚、泰国等东南亚国家栽培最多。我国海南、广东等地已有引种栽培。该属杂交种品种甚多，既作为热带地区园林美化布置、盆花栽种，又大量露地种植用于切花生产。在亚热带地区，可以温室内栽培。

Mokara Khaw Phaik Suan（黄展发　摄）

Mokara Emomali Rahmon

Mokara Dianah Shore

Mokara Banhkok Gold ‘G’ Dust

Mokara City Spot

Mokara Red（黄展发　摄）

Mokara　City pink

Mokara Singa Gold

莫氏兰‘劳安’*Mokara* ‘Lao An’

Mokara Vaclav Livia Klaus

Mokara Small Orange

Mokara Madam Panny

魔霓兰属

Monnierara（*Monn.*）

该属是瓢唇兰属（*Catasetum*）× 肉唇兰属（*Cycnoches*）×旋柱兰属（*Mormodes*）三属间杂交的人工属。

中国台湾珍宝兰园用 *Cycnodes* Wine Deight × *Catasetum* Orchidglade培育出 *Monnierara* Jumbo Delight。该人工属新品种生长强健，假鳞茎硕大，生长势强健。开花时无叶片，花序下垂，有花数朵，花大型，花朵规整、丰满，呈深红酒色，观赏效果好，十分讨人喜爱，这是一个十分成功的育种合。

栽培：栽培方法可参照肉唇兰属、瓢唇兰属和旋柱兰属的栽培方法种植。可以和卡特兰放在同一个温室中。

快乐珍宝魔霓兰（*Monn.* Jumbo Delight）

'红宝石'快乐珍宝魔霓兰（*Monn.* Jumbo Delight 'Jumbo Rubytex'）

旋柱兰属

Mormodes（*Morm.*）

落叶附生兰花。全属70~80种，分布于从墨西哥到中美洲和南美洲。生于海平面至海拔800m的热带森林中。环境潮湿，空气湿度大。常发现长在死树干或大枝条上。假鳞茎肉质，纺锤形，有叶约10枚，叶片薄，叶脉明显，冬季落叶。花茎从假鳞茎中部节上生出，有花数朵至十余朵；花肉质，萼片与花瓣同形，边缘有时会反卷。唇瓣宽卵圆形或心形，有时会浅三裂。蕊柱肉质，细长，弯曲。花是多形态的，有雄花和雌花，该属与龙须兰属（*Catasetum*）亲缘关系密切，植株十分相似。

杂交育种：广泛栽培的杂交种和品种不多。据了解，属间杂交的人工属有：*Catamodes*（*Catasetum* × *Morm.*）；*Cycnodes*（*Cycnoches* × *Morm.*）；*Mormodia*（*Clowesia* × *Morm.*）；*Cyclodes*（*Clowesia* × *Cycnoches* × *Morm.*）；*Fredclarkeara*（*Catasetum* × *Clowesia* × *Mormodes*）。

香花旋柱兰（*Morm. aromatica*）

至2012年已登录的属间和属内杂交种有133种（属内杂交种27个）。如：*Morm.* Copper Tiger（*Morm. calceolate* × *Morm. sinuate*）登录时间1997。*Catamodes* Black Magic（*Morm. sinuate* × *Catasetum Orchidglade*）登录时间1987。*Cycnodes* Emerald Swans（*Morm. tezontle* × *Cycnoches warscewiczii*）登录时间2011。*Cycnodes* Ginger Snap（*Cycnoches chlorochilon* × *Morm. colossa*）登录时间1966。*Monnierara* Millennium Magic（*Catanoches* Midnight × *Morm.* Jem sinuate）登录时间1999。*Catamodes* Dragons Tail（*Catasetum denticulatum* × *Morm. ignea*）登录时间2009。

栽培：中温或高温温室栽培。生长季节给予充足的水分和肥料。落叶和休眠时期，停止施肥，减少浇水，保持基质微干。通常用苔藓或稍小颗粒的树皮块为基质盆栽。要求排水和透气良好。栽植不宜太深，假鳞茎基部接近基质表面。这样有利于下垂花序的生长并开好花。栽培环境与龙须兰相似，可以放在同一温室中。

常见种类：

香花旋柱兰（*Morm. aromatica*）

产于墨西哥到洪都拉斯。假鳞茎纺锤形，长约10cm；叶数枚，线状披针形。花茎斜向生长，有花十余朵。花半开，直径约4cm，淡黄绿色，有密集的红紫色细小的斑点。有香味。花期夏季。

怪花兰属

Mormolyca（*Mlca.*）

附生兰类。全属7个原生种，生长在墨西哥到巴西东南部，但大多数种生长在安第斯山脉的委内瑞拉到玻利维亚，海拔750~1800m的地方。附生于树干上。假鳞茎卵圆形或圆筒形，着生于匍匐的根状茎上；顶部通常有1枚革质的叶，有一个种有叶多达4枚。花序从成熟假鳞茎的基部生出，有花1朵。花序与叶等长或比叶稍长。花单生，中等大小；萼片披针状卵形，花瓣较小，位于背萼片内侧；唇瓣较小，全缘或三裂，通常黄色或黄褐色。花形奇特，与常见兰花差异较大。

杂交育种： 至2012年已登录的属间和属内杂交种有3种。如：*Trigolyca* Open Sesame（*Morm. ringens* × *Trigonidium egertonianum*）登录时间1988。*Morm.* Midnight Madness（*Morm. ringens* × *Maxillariella variabilis*）登录时间2010。*Morm.* Red Hed（*Maxillariella tenuifolia* × *Morm. hedwigiae*）登录时间2012。

栽培： 中温温室栽培；夜间温度约在15℃；产于海拔较高的种类，夜间温度保持稍低，约10℃。大多数种要求明亮的散射光。用排水良好的基质盆栽，如树皮块或木炭等。亦可以绑植在树蕨干、树蕨板或带皮的木段上；绑植时根部要包上苔藓等保湿基质。旺盛生长时期，给予充足的水分和肥料；根部要常年保持湿润；相对休眠期适当减少浇水，不能完全干透。

常见种类：

怪花兰（*Mlca. ringens*）

主要产于墨西哥到哥斯达黎加海拔1000m左右的地方，是其中最常见的栽培种。可周年开花，比其他种耐高温，能忍耐高达25℃的夜间温度。

怪花兰（*Mlca. ringens*）（特写）

鼠花兰属

Myoxanthus

附生，岩生或地生兰花。全属约44种，分布在墨西哥、玻利维亚、圭亚那、委内瑞拉和巴西东南部。生长于低海拔至海拔3000 m的地方，在矮灌丛至多云雾潮湿的森林都有生长。根状茎横走，通常被鳞状鞘覆盖；先端生2次茎，直立，有数节，包被有数个管状鞘叶，鞘叶上生有黑短毛。单叶，叶线形或披针形，稍厚革质。花序从叶腋生出，单花，花柄短。花小，倒置，萼片肉质，卵形到椭圆形，侧萼片经常有基部相连；花瓣比萼片窄，肉质，先端常变厚；唇瓣小，肉质，与蕊柱足相连，全缘或3裂。合蕊柱有翅或具齿。花粉团2或4个。

杂交育种： 至2012年已登录的属间和属内种间杂交种有1种。*Myoxastrepia* Samantha（*Myoxanthus serripetalus* × *Restrepia falkenbergii*）登录日期2003。

栽培： 根据不同的种类原生环境的不同，选定需要栽培温室的条件。低海拔分布的种，应在高温温室栽培；高海拔分布的种类，应栽培在低温温室，并且夏季白天室温应在25~28℃，夜间的温度应在10℃左右。附生种类兰花应用颗粒状基质盆栽或苔藓盆栽；地生种类兰花可以用粗泥炭土、粗腐叶土或细颗粒树皮做基质盆栽。高海拔的种类在我国广大东部地区，栽培较困难。大多数种在凉爽的温室能生长良好。全年都需要遮阳和高湿的环境，但基质要排水和透气良好；温室内空气新鲜流通，空气湿度要高。

相似鼠花兰（*Myoxanthus affinis*）（Ecuagenera　摄）

齿瓣鼠花兰（*Myoxanthus serripetalus*）（Ecuagenera　摄）

钮本兰（*Neobenthamia gracilis*）

N

钮本兰属

Neobenthamia (*Nbth.*)

地生兰花。全属 1 种。产于非洲东部坦桑尼亚草原。外形似禾本科植物。茎秆细长，密集丛生。叶互生。叶线状披针形，薄肉质。花序较大，有花多数，花较小，花开张，芳香。萼片和花瓣同形，长椭圆状披针形。唇瓣全缘。

栽培：栽培可以参照鹤顶兰、建兰和墨兰的栽培方法。中温或高温温室栽培，要求湿润和较强的光照。可用腐殖土或树皮盆栽，盆栽基质要排水和透气良好。茎秆上产生的侧芽待其生根后，可以切取用作繁殖。

常见种类：

钮本兰（*Nbth. gracilis*）

产于非洲东部坦桑尼亚，生于海拔 450~1800m 处草地上。茎紧密着生，细长，高 90~200cm；叶 2 列，多枚。叶线状披针形，长 10~25cm。花茎顶生，有分枝，花多数，呈球状至圆锥状。花开张，花径 2~3cm，白色，唇瓣中央有黄色、红色斑点。萼片长椭圆形，长 1~1.2cm。唇瓣长椭圆形，长 1cm 多，边缘波状，中心部分有短毛。花期冬春季。

钮本兰（*Nbth. gracilis*）（特写）

风兰属

Neofinetia（*Neof.*）

附生兰花。全属 2 种，分布于东亚。在我国 2 种均有分布。植株小型；具弯曲、发达的气根。茎短、直立；叶多数密集，斜立而外弯呈镰刀状。总状花序腋生，短，疏生少数花；花中等大，萼片和花瓣相似；唇瓣 3 裂，侧裂片直立；中裂片向前伸展而稍下弯；距纤细，比花梗和子房长或短。

杂交育种：风兰受日本人民的欢迎，在日本有 200 余年栽培历史。在长期的栽培中，早期通过对变异植株的选择，近代则通过品种间的杂交培养出大量的优良品种。日本民间，称风兰为“富贵兰”。在日本和韩国有许多专门爱好者，并有专门的杂志和书籍。通常家庭室内栽培，亦有专门育种家和种植园。

风兰属虽然植株矮小，又分布在亚热带北部边缘，但其遗传亲和力却比较强。据不完全统计，风兰属与 *Aerides*、*Arachnis*、*Ascocentrum*、*Cleisocentrum*、*Luisia*、*Phalaenopsis*、*Renanthera*、*Rhynchostylis*、*Robiquetia*、*Vanda*等十余属通过人工杂交，已经产生了 2属间至 5属间的人工属 20余个。其中有些人工属常可以在大型兰花博览会上看到。

至 2012年已登录的属间和属内杂交种有 83种。如：*Ascofinetia* Cherry Blossom（*Neof. falcata* × *Ascocentrum ampullaceum*）登录时间 1961。*Hanesara* Golden Beauty（*Neof.*

falcata × *Aeridachnis* Bogor）登录时间 1977。*Aeridofinetia* Suzuka Pearl（*Neof. falcata* × *Aerides houlletiana*）登录时间 2007。*Ascofinetia* Emly（*Ascofinetia* Peaches × *Neof. falcata*）登录时间 1982。*Aeridofinetia* Hiroshima Choice（*Aerides flabellate* × *Neof. falcata*）登录时间 1995。*Nakamotoara* Blanc（*Ascocenda* Charm × *Neof. falcata*）登录时间 1965。

栽培：低温或中温温室栽培，越冬最低温度 5℃左右。喜半阴的环境，夏季遮阳 60%~70%，冬季温室内栽培不遮阳。夏季白天 30℃左右，夜间最好 20℃左右。通常以苔藓作基质小盆栽种，根部要求透气和排水良好。旺盛生长时期，经常保持盆栽基质湿润；2~3 周施一次液体肥料。冬季温度低时，少浇水，基质稍干为好；停止施肥。以苔藓作基质盆栽，每年早春需用新苔藓换盆，以保持基质良好的透水和透气性。

常见种类：

风兰（富贵兰）（*Neof. falcata*）

产于中国的甘肃、浙江、江西、福建、湖北、四川。生于海拔 900~1520m 的山地林中树干上。日本、韩国栽培较多。植株高 8~10cm。茎长 1~4cm，稍扁。叶厚革质，狭长圆状镰刀形，长 5~12cm。总状花序长数厘米，具 2~5 朵花；花白色、淡粉红色；中萼片近倒卵形，长 8~10mm，侧萼片与中萼片相似；花瓣倒披针形或近匙形，长 8~10mm；唇瓣肉质，3 裂；距纤细，弧形弯曲，长 3.5~5cm。芳香。花期 4 月。花期长。

短距风兰（*Neof. richardsiana*）

茎长约 1.5cm；叶二列互生，向外弯，长 6.5cm。总状花序密生少数花；花梗和子房长约 5cm；花白色；无香气；萼片和花瓣基部以及子房顶端淡粉红色；中萼片长圆形，侧萼片斜长圆状倒披针形；花瓣斜长圆形，先端钝；唇瓣 3 裂，侧裂片斜倒披针形；中裂片舌形；距长 1.1cm，粗 1mm。

风兰‘黄金锦’（*Neof. falcata*）

风兰‘八重衣’（*Neof. falcata*）

风兰（*Neof. falcata*）

短距风兰（*Neof. richardsiana*）

风兰‘玉金刚’（*Neof. falcata*）

风兰‘伊势矮鸡’（*Neof. falcata*）

风兰‘乌帽子丸’（*Neof. falcata*）

风兰‘天惠覆轮’（*Neof. falcata*）

风兰‘淀之松’（*Neof. falcata*）

风兰‘御旗’（*Neof. falcata*）

风兰‘海皇丸’（*Neof. falcata*）

风兰‘小鹰丸’（*Neof. falcata*）

风兰‘牛若丸’（*Neof. falcata*）

风兰‘金孔雀’（*Neof. falcata*）

风兰‘花衣’（*Neof. falcata*）

风兰‘金镂阁’（*Neof. falcata*）

风兰‘高隈’（*Neof. falcata*）

风兰‘翠华’（*Neof. falcata*）

风兰‘骏河覆轮’（*Neof. falcata*）

钮丽曼兰属
Neolehmannia

附生兰花。分布于危地马拉、哥斯达黎加、哥伦比亚和厄瓜多尔地区。全属约 15 种，从墨西哥到秘鲁，附生于高海拔山区栎树和松树林中。植株细小，高约 5cm，茎直立，有分枝，丛生，有数枚革质叶片。每花序有花 1 朵，花序从节处生出。花形似甲虫状，浅紫绿色，花瓣和萼片窄。唇瓣大而光亮，暗红色到褐色。这些种原来为树兰属（*Epidendrum*）。

栽培：小型植株可以绑缚栽种在树蕨板上，亦可用排水好的颗粒状基质栽种在小盆中。可以和树兰属植物放在同一温室中栽培；也可以和卡特兰栽培在同一温室中。

常见种类：

钮丽曼兰（*Neolehmannia porpax*）

syn. *Epidendrum porpax*

产于墨西哥、巴拿马、委内瑞拉和秘鲁。小型附生种，生长在海拔 2000m 处的针叶林和栎树林中。茎棒状，分枝，长 5~10cm，叶 5~12 枚，互生。叶肉质，长椭圆形，长 1~2.5cm，褐绿色。花茎顶生花 1 朵，花径约 2cm。花色灰绿，唇瓣褐色。花期夏、秋季。低温或中温温室中栽培。

钮丽曼兰（*Neolehmannia porpax*）

钻喙风兰属

Neostylis（*Neost.*）

附生兰花。该属是风兰属（*Neofinetia*）× 钻喙兰属（*Rhynchostylis*）2属杂交的人工属。1965年登录。杂交育种的目的是利用风兰的抗低温特性，提高杂交种后代的耐寒能力，并保持原母本香味。已知有5个杂交种品种出现。株形较大；总状花序，花多数；花较小；花色有白、淡紫、青紫和桃红等；有特殊香味。

杂交育种： 至2012年已登录的属间和属内杂交种有18种。如：*Yonezawaara* Blue Star（*Neost.* Lou Sneary × *Vanda coerulea*）登录时间1989。*Darwinara* Colony Orchids（*Neost.* Lou Sneary × *Ascocenda* Meda Arnold）登录时间1992。*Neoaeristylis* Maku,u（*Neost.* Lou Sneary × *Aerides odorata*）登录时间2008。*Neost.* Baby Angel（*Neofinetia falcate* × *Neost.* Lou Sneary）登录时间1989。*Neoaeristylis* Dale Mettler（*Aerides lawrenceae* × *Neost.* Fuchs Ocean Spray）登录时间1997。*Yonezawaara* Blue Chateau（*Yonezawaara* Blue Star × *Neost.* Star Lou Sneary）登录时间2000。

栽培： 中温温室栽培。越冬夜间最低温度10~12℃。喜半阴的环境，夏季遮阳50%~70%，冬季温室内栽培不遮阳。夏季白天30℃，夜间最好20℃左右。旺盛生长时期保证有充足的水分，2~3周施一次液体复合肥。通常以颗粒状树皮块或苔藓作基质盆栽；根部要求透气和排水良好。经常保持盆栽基质湿润，冬季温度低时基质稍干为好。

Neost. Lou Sneary 'Pink' (*Neofinetia falcata* × *Rhynchostylis coelestis*)（黄展发　摄）

Neost. Lou Sneary

Neost. Pinky 'Little Leopard'

三蕊兰属
Neuwiedia

地生兰花。全属约 10 种，产于东南亚至巴布亚新几内亚和太平洋岛屿。我国有 1 种。亚灌木状草本，直立，通常具向下垂直生长的根状茎和支柱状气生根。茎通常较短，与根状茎之间无明显界限，一般不分枝。叶数枚至多枚，折扇状。总状花序顶生；子房 3 室；花近辐射对称；花不完全展开；萼片 3 枚，相似；花瓣 3 枚，亦大致相似，但中央的一枚（唇瓣）稍大或形态稍有不同；蕊柱一般较短，上部花丝与花柱分离；能育雄蕊 3 枚，中央一枚有时较长或较短，侧生 2 枚的药室有时不等长；花丝明显；花粉不黏合成团块；花柱顶端具稍膨大的柱头。

该属为兰科中较原始种类，在学术上有较高的研究价值。需加以保护。

栽培：因为是稀有种类，需要认真保护，不可轻易采挖。如有研究工作需要，可少量引种。最好在海南、云南南部或广东南部等地选择土壤肥沃、排水良好的林下作为实验地种植。亚热带和温带地区，应在高温或中温室栽培。以腐叶土、泥炭土、珍珠岩或中等颗粒的树皮等基质盆栽。注意，盆栽基质必须排水和透气良好，绝不可积水。北方温室盆栽，必须用纯水机处理过的无离子水浇灌。常年保持较高的空气湿度和良好通风；旺盛生长时期要保证充足水分和肥料供应，遮阳约 50%；冬季若室温低，应停止施肥并减少浇水量。

常见种类：

三蕊兰（*Neuwiedia singapureana*）

地生兰花。产于中国香港、海南和云南南部。生于海拔 500~800m 的树林下土地上。株高 40~50cm。根状茎向下垂直生长，具节，节上生出少木质化的支柱根。叶多枚，近簇生于短茎上；叶披针形至长圆状披针形，长 25~40cm，宽 3~6cm。总状花序长 6~8cm，具花 10 余朵或更多，有腺毛；花绿白色，不甚开张；萼片长圆形或椭圆形，长 1.5~1.8cm，背面上部具腺毛，中萼片略小于侧萼片；花瓣倒卵状，长约 1.6cm；唇瓣与花瓣相似；侧生雄蕊花丝扁平；中央雄蕊花丝较窄而长。

三蕊兰（*Neuwiedia singapureana*）

三蕊兰（*Neuwiedia singapureana*）（黄明忠　摄）（特写）

驼背兰属

Notylia（*Ntl.*）

附生兰花。全属56种，分布在墨西哥、哥伦比亚、委内瑞拉、特立尼达和多巴哥、巴西和玻利维亚。生长在海拔约800m处山区潮湿的森林中。假鳞茎先端生有1枚叶片，基部被叶鞘。花序从假鳞茎基生出，或叶腋生，弓形或下垂，有时分枝，少花至多花。花透明或白、绿、黄绿；花小，萼片和花瓣相似，直立或开展，侧萼片有时相连；唇瓣具爪形，全缘或浅裂。花粉团2。

杂交育种：至2012年，已登录的属间和属内种间杂交种有3种。*Notylettia* Rumrill Peewee（*Comparettia falcata* × *Ntl. barkeri*）登录时间1989。*Notylidium* Rumrill（*Oncidium sphacelatum* × *Ntl. barkeri*）登录时间1976。*Notylopsis* Marguerite Rowe（*Ionopsis utricularioides* × *Ntl. barkeri*）登录时间1987。

栽培：中温温室栽培。用排水和透气良好的颗粒状树皮块等基质盆栽或绑缚栽种在树蕨板上。旺盛生长的季节，1~2周施一次液体复合肥。全年保持充足的水分供应，每天或隔天浇水一次，要浇透；每天温室内向道路台架喷水数次，以增加空气湿度。华北地区，春、夏、秋3季温室遮阳量50%~70%，并注意通风。秋末和冬季减少遮阳或不遮阳。

疏松驼背兰（*Ntl. laxa*）（Ecuagenera 摄）

Odm. Geyse Gold

鸢尾兰属
Oberonia

附生兰花。全属约300种，主要分布于亚洲热带地区。中国有28种，产于南部诸省。茎短或长，包藏于叶基内。叶二列，通常两侧压扁，稍肉质。花葶从叶丛中央或茎顶生出。总状花序具多数或极多花；花很小，直径仅1~2mm；花瓣比萼片窄；唇瓣三裂。只在植物园和园林科研单位有少量栽培，均为野生种。花甚小，可观赏性差。尚未见到批量栽培记载。

杂交育种：至2012年已登录的属间和属内杂交种有1种（属内杂交种1个）。如：*Oberonia × hybrida*（*Oberonia diura* × *Oberonia forcipifera*）自然杂种，登录时间无。

栽培：中温或高温温室栽培。越冬夜间最低温度16℃左右。绑缚栽种在树蕨板、树蕨干或带皮的木段上，栽种时根部少量覆盖苔藓。经常保持温室较高的空气湿度；生长时期每天向植株喷水，保证有充足的水分供应；2周左右施一次液体复合肥料；夏季遮阳50%~70%；冬季稍减少浇水量，保持微干；停止施肥；不遮或少 遮阳。

常见种类：

齿瓣鸢尾兰（*Oberonia gammiei*）

产于中国海南和云南南部；生于海拔500~900m林中树上或岩石上。孟加拉国、缅甸、老挝、越南、泰国也有分布。叶3~7枚，长5~15cm，宽1~2cm；花茎长10~28cm，近圆柱形；花疏生，具花数十至数百朵。花白绿色，甚小；中萼片宽卵圆形，长1~1.3mm，宽1mm；花瓣近卵形，与萼片近等长。唇瓣不明显3裂。花果期10~12月。

棒叶鸢尾兰（*Oberonia myosurus*）

产于中国云南、贵州、广西；附生于海拔1200~1500m处林下或灌丛中树干或枝条上。尼泊尔、印度、缅甸、泰国也有分布。植株常倒悬；也近圆柱形，或扁圆柱形；总状花序具密集小花，花白色或绿色，唇瓣和蕊柱略带黄褐色；唇瓣不明显3裂；侧裂片边缘具不规则的流苏状裂条。花期8~10月。

玫瑰鸢尾兰（*Oberonia rosea*）

产于中国台湾南部；生于溪流旁常绿林中树干上。越南、马来西亚也有分布。茎短。叶数枚，二列，两侧压扁，剑形。花葶从茎顶端抽出，长约10cm；总状花序具多数小花；花浅绿色或带橙红色，直径约2mm。花期2~3月。

红唇鸢尾兰（*Oberonia rufilabris*）

产于中国海南；生于海拔约1000m处林中树干上。尼泊尔、印度、缅甸、泰国、越南、柬埔寨和马来西亚也有分布。叶近基生，3~4枚，长1.5~6.5cm；花葶长3.5~8cm，近圆柱形，具数十至数百朵小花；花赤红色，常3~4朵轮生于花序轴上，排成数十轮；萼片卵形，长0.8~0.9mm，花瓣近长圆形，短于萼片；唇瓣长1.2~1.4mm，3裂。

棒叶鸢尾兰（*Oberonia myosurus*）

玫瑰鸢尾兰（*Oberonia rosea*）

红唇鸢尾兰（*Oberonia rufilabris*）

八团兰属
Octomeria

附生或岩生兰花。全属大约150种，分布于洪都拉斯、巴拿马、哥伦比亚、玻利维亚、乌拉圭、巴拉圭到阿根廷地区，大量种类分布在巴西南部。生于低到高海拔的山区雨林中和开阔地上。少数种类分布于古巴、特立尼达和多巴哥、圭亚那、洪都拉斯和哥斯达黎加。根状茎匍匐或攀缘。茎由重叠的管状鞘包围，先端1枚叶。叶片肉质或革质，扁平或圆柱状。花序腋生，形成簇状，1到多朵花。通常花小；萼片和花瓣相似，花瓣通常稍小；唇瓣短于萼片和花瓣，全缘或三裂。花粉块8，2对。

栽培：中温或高温温室栽培。用排水和透气良好的细颗粒状树皮块等基质盆栽或吊篮中，亦可绑缚栽种在树蕨板上。旺盛生长的季节，2周施一次液体复合肥料。全年保持充足的水分供应，每天或隔天浇水一次；每天温室内向道路台架喷水数次，以增加空气湿度。华北地区，春、夏、秋3季温室遮阳50%，并注意通风。秋末和冬季减少遮阳或不遮。

常见种类：

大花八团兰 (*Octomeria grandiflora*)

产于圭亚那、巴西和玻利维亚。该种是本属中植株最大种。附生或地生，茎圆柱形，丛生，茎高约18cm，叶片一枚，顶生，叶革质，长13~20cm，质坚硬，线状披针形。花序着生于叶基部，有花数朵，黄色；唇瓣3裂，有紫红色斑，中裂片先端2裂。花径约2.5cm。花期秋至春季。该种可以生长在山上的岩石上。中温或高温温室栽培。

大花八团兰（*Octomeria grandiflora*）（Ecuagenera 摄）

Octomeria portillae（Ecuagenera 摄）

彗星兰属
Odontioda（*Oda.*）

该属是蝎牛兰属（*Cochlioda*）× 齿舌兰属（*Odontoglossum*）两属间杂交产生的人工属，于 1906 年登录。将蝎牛兰属（*Cochlioda*）的朱红色导入新的人工属中，并结合齿舌兰属大花、多花的特性，产生许多大花、色彩多变的优良品种。在一定程度上改善了齿舌兰在夏季高温时期生长不良缺点，提高了对高温的抗性。

该人工属已培育出大量优良品种，在国际和国内各种花展和花卉市场上很受欢迎。已经成为国际重要的商品盆栽兰花之一。很值得我国花卉界尤其是兰花业界的重视。

栽培：彗星兰大体可以参照齿舌兰的栽培方法种植。

Oda. Lovely Penguin 'Fides'

Oda. Nichirei Strawberryfield 'Orion Star'

Oda. George McMahon 'Fortuna'

Oda. Nichirei Strawberryfield 'Red Rug'

文心齿舌兰属
Odontocidium (*Odcdm.*)

齿舌兰 [*Odontoglossum* (*Odm.*)] × 文心兰属 [*Oncidium* (*Onc.*)]二属间杂交产生的人工属，于1911年登录。到1994年已有299个杂交种登录。杂交的目的是提高耐热性、丰富花色、增加花朵数量和体量。该人工属在形态上更接近文心兰。

栽培：栽培方法可参照文心兰的做法。

Odcdm. Crowborough ‘Spice Island’

Odcdm. Hansueli Isler

Odcdm. Mayfair

Odcdm. Tiger

齿舌兰属

Odontoglossum(*Odm.*)

地生或附生兰花。全属有60~140种。分布在美洲热带及亚热带地区，自墨西哥、西印度群岛经中美洲至南美洲安第斯山；在哥伦比亚、厄瓜多尔及委内瑞拉境内海拔1500~3500m的气温凉爽、湿度较高的地区，生长在林下或附生于树干上；亦有少数种分布于温暖的低海拔地区。

假鳞茎卵圆形，两侧呈压扁状，基部为叶鞘包围；顶端着生1~2枚叶片；叶革质。花序自假鳞茎基部叶鞘间生出，高60~150cm，有花6~18朵；花呈星状，花径6~10cm，花色丰富，有白、黄、粉、红、紫、褐等色，常有不同色的斑块。萼片与花瓣分离，唇瓣较大，三裂，唇瓣基部具胼胝体及齿状突出的肉质褶片。

杂交育种：此属为栽培最早的兰科植物之一。属内杂交种甚多，有大量的优良杂交种品种在世界各地种植。据不完全统计，到1997年该属与*Ada*、*Aspasia*、*Brassia*、*Cochlioda*、*Comparettia*、*Gomesa*、*Miltonia*、*Miltoniopsis*、*Oncidium*、*Rodriguezia*等属（有登录30余属）进行属间杂交，已产生了2~6属间的人工属数十个。培育出大量的耐高温、大花、小花、花色艳丽、花纹变化多端的观赏价值较高的杂交种品种。

至2012年已登录的属间和属内杂交种有85种（属内杂交种51个）。如：*Brassidium* Gualaceo（*Brassia aurantiaca* × *Odm. wyattianum*）登录时间2007。*Oncidium* Exultans（*Oncidium alexandrae* × *Odm. excellens*）登录时间1904。*Odm.* × *andersonianum*（*Odm. crispum* × *Odm. gloriosum*）登录时间无。*Odm. wilckeanum*（*Odm. crispum* × *Odm. luteopurpureum*）登录时间无。

栽培：栽培较易。品种众多，植株高矮、花朵大小、花色变化较多，故栽培较为普遍。适用于大型展览、庆典及家庭装饰，是常见的盆栽兰花，亦作切花栽培。通常以排水良好又有保水力的材料混合或单独使用做基质盆栽，如树皮块、木炭、泥炭藓、粗泥炭、珍珠岩等。保持较高的空气湿度。旺盛生长时期，保持有充足的水分。该属植物对缺水十分敏感，一旦缺水则叶片起皱褶，叶尖变褐色，根亦干瘪。浇水切忌浇到叶心，以防腐烂。忌强光照射，夏季遮光60%~70%；北方温室栽培，冬季可以不遮光。原产高海拔地区的种类不耐高温，夏季日温不高于24℃，夜温保持在7~10℃为宜。原产低海拔地区的种类，保持日温15~26℃，夜温12~15℃为宜。

常见种类：

波唇齿舌兰（*Odm. crcrispum*）

分布于哥伦比亚、厄瓜多尔。生于海拔2200~3000m的林中。假鳞茎卵圆形，密集生长；顶生1枚叶片，基部为叶鞘包围。花序不分枝，长20~30cm，有花15~25朵；花径10cm；萼片与花瓣形状、大小相似，先端尖，黄绿色有红色斑，唇瓣白色，三裂，两侧裂片直立，

Odm. constrictum

Odm. mirandum

基部围绕着蕊柱，中裂片具白色长毛，边缘波状并呈剪茸状撕裂。

冠毛唇齿舌兰（*Odm.cristatum*）

产于厄瓜多尔。生于高海拔的林中。花茎呈弓形，长约60cm，常有分枝，花朵较多；花径约5cm，萼片和花瓣黄色，有深棕红色大斑块。唇瓣鲜黄色或黄色，有少数大斑块，顶部有冠状毛。

花期夏、秋季。低温温室栽培。

米尔顿齿舌兰属 *Odontonia*（*Odtna.*）

该属是米尔顿兰（*Miltonia*）×齿舌兰属（*Odontoglossum*）二属间的人工属，1905年登录。杂交种甚多，有许多美丽的品种在市场上出现。花茎呈弓形，花多数；花上有美丽的斑纹。常可在我国花卉市场见到。

栽培：耐高温能力较弱。适于较高海拔地区栽培。栽培方法可参照齿舌兰的做法。开花时，花枝需给予支撑。

Odtna. Debutante 'Everglades'

Odm. pendulum

Odtna. Samantieea Getiel

Odm. Geyser Gold

Odtna. Boussole

Odtna. Lulli 'Menuet'

奥特兰属

Oerstedella (*Orstdl.*)

附生或地生兰花。全属约40种，分布于美洲热带地区，自墨西哥至玻利维亚，以哥斯达黎加及巴拿马西部为分布中心，危地马拉、洪都拉斯亦有分布。多生于自低海拔至高海拔的有湿季和旱季之分的地区。附生于森林树木及灌木枝干上，或地生于草原坡地，有的附生于柑橘树干上。

茎细长，有明显的紫色疣状突起，具多数狭窄的叶片。花序着生于茎顶端，具花5~8朵；花径3cm，萼片与花瓣形状、大小相似，长卵圆形，唇较阔大，先端分裂。色彩艳丽，有白、黄、紫及紫红色等。有的种类芳香。花期夏季。

栽培：中温或高温温室栽培。适于盆栽，对基质要求严格，要求既能保湿又能排水，常用泥炭藓、腐叶土、粗沙、珍珠岩、苔藓混合配制。放置于温暖的条件下栽培，越冬最低温度15℃。生长时期要求较高空气湿度及流通而新鲜空气；遮阳50%~60%，冬季温室内不必遮阳。生长茁壮的植株常长成丛状，开花良好。由于花朵繁茂，花色艳丽，常作为盆栽兰花，为人们所喜爱。

常见种类：

奥特兰（*Orstdl. centradenia*）

分布于哥斯达黎加及巴拿马，海拔1200m，干、湿季明显地区。生于太平洋沿岸低海拔山脉的坡地。花紫色。萼片与花瓣形状、大小相似。萼片稍大于花瓣，唇瓣较大、紫色，基部有一白斑，4裂。

奥特兰（*Orstdl. centradenia*）

Orstdl. schwienfurthiana（Ecuagenera　摄）

瓦氏奥特兰（*Orstdl. wallisii*）

文心兰

Oncidium(*Onc.*)

多数为附生兰。是兰科中最大的属之一，有600~750种。不同植物分类学家观点不同，有人将该属中的某些种放到其他属中。分布甚广，从美国佛罗里达半岛和墨西哥经美洲热带地区直到阿根廷。种类分布最多的地方在巴西、哥伦比亚、厄瓜多尔及秘鲁，以安第斯山为分布中心。生于从低海拔的温暖地区到海拔4000m的冷凉山区。

文心兰形态变化比较大，假鳞茎为扁卵圆形，有的种没有假鳞茎。叶片1~3枚，通常分为薄叶种、厚叶种和剑叶种。薄叶种叶较薄，而稍革质，多数植株生长势强健，适于中温温室栽培；厚叶种耐干旱能力强，在温室内栽培冬季几十天不浇水也不至于因干旱而死亡；剑叶种株型小，适于家庭栽培。一般每个假鳞茎上只产生1个花茎，某些生长粗壮的种，也可能产生2个花茎。花茎可能是短的，只有1~2朵花；也有的很长，单干或有分枝，上面生有数百朵花。花色以黄色和棕色为主，有绿色、白色、红色或洋红色。有的花极小，有的花径达12cm以上。萼片极特殊，大小相等。花瓣与背萼几乎相等或稍大；唇瓣通常3裂，呈提琴状，在中裂片上有鸡冠状的瘤状突起。

杂交育种：文心兰属中不同种间已进行了大量种间和品种间多代反复杂交育种。选育出许多优良的园艺品种。在世界商品兰花中的文心兰绝大多数均为杂交种优良品种，是重要的商品切花和盆栽兰花之一。

据不完全统计，至2002年该属与近缘属*Ada*、*Aspaia*、*Brassia*、*Cochloda*、*Comparettia*、*Gomesa*、*Ionopsis*、*Leochilus*、*Lockhartia*、*Macradenia*、*Miltonia*、*Odontoglossum*、*Ornithophora*、*Rodriguezia*、*Trichocentrum*、*Trichopilia*、*Zygopetalum*等17属之间杂交产生了2~6属间的人工属50余个。出现了许多优良杂交种和品种。

至2012年已登录的属间和属内杂交种有9670种（属内杂交种7121个）。如：*Onc.* Camden(*Onc.* Lambardeanum × *Onc.* Regale)登录时间1922。*Aspasium* Everglades（*Onc.* Spaceman × *Aspasia epidendroides*）登录时间1985。*Aliceara* Amazon Bound（*Onc. schroederianum* × *Bratonia* Charles M. Fitch）登录时间2010。*Zelenkocidium* Kutenn（*Zelenkoa onusta* × *Onc. tigrinum*）登录时间1964。*Aliceara* Aboshi (*Bratonia* Mardi Gras × *Onc.* Heonum）登录时间1980。*Brassidium* Helmut Rohrl（*Brassidium* Everglades Hunter × *Onc.* Stromar）登录时间1995。

栽培：文心兰是一类美丽而又有巨大经济价值的兰花。是世界上重要的切花品种之一。目前花卉市场上对文心兰切花需要量比较大。色泽鲜艳，花形奇异，形似飞翔的金蝶，故又名金蝶兰。我国广东和海南已批量生产。性喜湿润、半阴的环境；对温度的要求因原生地的海拔不同而异。高海拔的种类喜凉爽环境，低海拔地区的则喜温暖环境。在文心兰栽培时应了解原产地气候条件，分析是热带低海拔种还是热带高海拔或亚热带和暖温带喜冷凉的种类，以便放在不同温度的温室或环境下栽培。文心兰的大多数种类应采取盆栽。盆栽基质可用蕨根、苔藓、树皮块或风化火山岩等。中温或高温环境栽培；生长适温为25~30℃，最低温度不低于12℃。有些种类虽可耐35℃左右的高温，但必须相应地提高空气湿度，并保持空气流通。文心兰栽培中，空气湿度不宜太高，保持40%~60%即可，太高容易染病。喜散射光，忌强阳光直射；北方温室栽培，夏季遮阳50%~70%；冬季不遮阳。薄叶种类较厚叶类需光弱一些。生长旺盛时期保证有充足水分供应。每周施用液体肥1次，浓度为0.05%~0.1%。冬季休眠期适当减少浇水。

大批量切花栽培，多在热带海拔稍高的地区选适宜的地方建阴棚和种植床露地种植。这样可以大幅度降低成本，提高产品的竞争力。在华北地区温室栽培，冬季为生产切花，必须保持较高温度的室温。据了解，已有生产成功者。作切花生产的文心兰，均为专用杂交种优良品种。产花期长、产花量大、花枝长、品质好。这些品种多生长势强健，栽培容易。不可用原生种大批量生产切花。

常见种类：

大花文心兰（*Onc. ampliatum*）

产于危地马拉、巴拿马、安第斯山脉西部、委内瑞拉和哥伦比亚。

附生于低海拔地区森林内树干上。假鳞茎扁平，长10cm，宽8cm，顶生1~2枚叶片。叶椭圆状披针形，长25cm，宽7~8cm。花茎长约60cm，多分枝，具多数花。花径约2.5cm，萼片鲜黄色，有鲜明的茶褐色斑点。花瓣基部收窄，有褐色斑点，先端圆形，鲜黄色。唇瓣鲜黄色，3裂，侧裂片甚小，中裂片半圆形。花期春季。中温或高温温室栽培。

髯毛文心兰（*Onc. barbatum*）

产于玻利维亚和巴西。假鳞茎扁平球形，长3~6cm，顶生叶1枚。叶线形至窄长椭圆形，长7~10cm，革质。花茎长40~60cm，弓形，多分枝，具多数花。花径约2.5cm，萼片和花瓣倒卵形，长1~1.5cm，布满暗栗褐色斑。唇瓣鲜黄色，宽2.5cm，3裂，侧裂片倒卵形，长约1cm，唇瓣中央具齿状裂。花期秋、冬季。中温或高温温室栽培。

叉枝文心兰（*Onc. divaricatum*）

巴西有分布。假鳞茎丛生，扁圆形，直径约4cm，顶部有叶片1枚。革质，长约30cm。花序长约1.8m，分枝多，有许多朵花。花径约2cm。花期秋季。中温或高温温室栽培。

曲折文心兰（*Onc. flexuosum*）

髯毛文心兰（*Onc. barbatum*）

产于巴西、巴拉圭和阿根廷。假鳞茎离生，扁平，卵圆形，长4~8cm，顶生叶2枚。叶革质，长椭圆形，长10~15cm。花茎长60~100cm，有短分枝，具多数小花。花径1.5~2cm，萼片和花瓣同形。花期秋、冬季。该种下垂生长，适宜绑缚栽种在树蕨板上。中温或高温温室栽培。

戟形文心兰（*Onc. hastatum*）

产于墨西哥，在哥伦比亚也可能有分布。假鳞茎丛生，扁卵状，顶部有叶2枚。花茎从假鳞茎基部抽出，长可达1.2m以上，从中部的节上有短分枝，每分枝有花2~5朵。花径约2.5cm。萼片和花瓣的形态和大小相似，黄色，有红褐色条斑；黄白色的唇瓣戟形，3裂，侧裂片窄长圆形，顶端宽卵形，粉红色。腁胝体由2条紫色片状体组成。

大花文心兰（*Onc. ampliatum*）

叉枝文心兰（*Onc. divaricatum*）

戟唇文心兰（*Onc. hastilabium*）

戟唇文心兰（*Onc. hastilabium*）

分布于委内瑞拉和秘鲁，生于安第斯山脉中海拔地区。假鳞茎丛生，高约6cm，顶部有1枚叶片。花茎直立或弓形，长约100cm，有分支。花径约8cm。萼片和花瓣相似，黄绿色，中下部有紫色斑块。唇瓣基部紫色，3裂，侧裂片戟形，中裂片心形。低温温室栽培。花期夏、秋季。

Onc. incurvum

产于墨西哥。假鳞茎扁卵圆形，高约10cm。有叶2~3枚，线形，革质，长30~80cm。花茎长1m以上，直立或呈弓形，有许多分枝。花芳香，白色，有紫红色斑点，直径约2cm。花期秋、冬季。

Onc. isthmi

产于哥斯达黎加和巴拿马。假鳞茎高约13cm，有纵的脊。顶部有叶片2枚，长约45cm，宽约3cm，线状披针形。每假鳞茎有花茎1~2枝，直立，弓形或下垂，高约1.2m，有花多数。花长约3cm，萼片和花瓣黄色，有棕色斑；唇瓣3裂，鲜黄色，中部有红色斑块。花期秋季。中温或高温温室栽培。

Onc. lanceanum

分布于安第斯山脉西部，委内瑞拉、秘鲁和圭亚那的低海拔地区。假鳞茎甚小，顶端生叶片1枚。叶椭圆形，顶端尖，长20~40cm，宽5cm，革质稍多肉，灰绿色，有淡褐色斑点。花茎直立，有分枝，高20~30cm，花径5~6cm，肉质，萼片和花瓣窄倒卵形，长约3.5cm，黄色具紫褐色斑点。唇瓣3裂，侧裂片窄三角形，肉质，中裂片肾形，基部窄。花期夏、秋季。

林德氏文心兰（*Onc. lindenii*）

（syn. *Onc. retemeyerianum*）

产于墨西哥和洪都拉斯。假鳞茎小。具叶片1枚，叶革质，质硬，长25cm以上。叶暗紫绿色，背面有一条强健的脉。花序长达1.8m，有许多花，花期可达数月，但同时开放的只有少数花。花径约1cm，蜡质，寿命长。

戟形文心兰（*Onc. hastatum*）

Onc. isthmi

Onc. incurvum

Onc. lanceanum

林德氏文心兰（*Onc. lindenii*）

Onc. marshallianum

原产于巴西。假鳞茎丛生，扁平，卵圆形，长5~10cm，顶生2叶。叶宽线形，长20~30cm，革质。花茎长1~1.8m，具多数花。花径7cm左右，萼片倒卵形，向内弯曲，黄色底有栗褐色横纹。花瓣倒卵形，宽2~2.4cm，边缘波状，中央有栗褐色大斑块。唇瓣3裂，侧裂片小，纯黄色；中裂片基部窄，长和宽3.5~4cm，鲜黄色，基部有褐色斑点。花期冬季。

Onc. microchilum

产于墨西哥和危地马拉。附生于较高海拔地区的林中树干和岩石上。假鳞茎密生，扁球形，直径约3cm，顶生叶1枚。叶长椭圆形，长约30cm，革质。花茎直立或斜生，分枝，长1m以上，密生多花，花径约2.5cm，稍肉质。萼片同形，宽倒卵形，向内弯曲，长1.2~1.4cm。花瓣倒披针形，长1cm，向内弯曲。花色常有变化，红褐色为主，有黄色斑点。唇瓣小，宽约1cm，3裂，侧裂片白色。通常夏季开花。中温温室栽培。

鸟喙文心兰(*Onc. ornithorhynchum*)

产于墨西哥、危地马拉、萨尔瓦多、哥斯达黎加。低温或中温温室栽培。栽培较容易。假鳞茎丛生，扁卵状长圆形，长12.5cm。通常2枚叶，线状披针形，叶长30cm，宽5cm。新生假鳞茎上生有2支以上的花茎，弯曲或下垂，长约60cm。圆锥花序，上面紧密地着生许多朵小花，花径约2cm；甚香，开花期长，有不同色彩品系，常见为玫瑰紫色。花期为冬季。

厚唇文心兰(*Onc. phymatochilum*)

产于墨西哥、危地马拉和巴西；附生于海拔较高地区林中树干或岩石上。假鳞茎扁平，呈倒卵形，长6~13cm，顶部生叶片1枚。叶革质，宽线形，长25~35cm。花茎长50~150cm，直立或呈弓形，有分枝。有花多朵，花径4~5cm，萼片细长，针状，弯曲，长1.8~3cm，淡黄色，有褐红色斑。唇瓣浅3裂，白色，基部有黄色胼胝体并有许多红色斑点。花期春季。中温或高温温室栽培。

红花鸟喙文心兰（*Onc. ornithorhynchum*）

Onc. microchilum

红花鸟喙文心兰（*Onc. ornithorhynchum*）（特写）

Onc. sarcodes

Onc. sarcodes

原产巴西。假鳞茎纺锤形，扁平，长约15cm，顶生叶2~3枚。叶长椭圆形，长15~25cm，革质。花茎长，弓形，分枝，有花数朵。花径4~5cm，黄色底有栗褐色斑点。萼片和花瓣宽椭圆形，中央部分栗褐色，边缘黄色。唇瓣侧裂片小，中裂片横长，宽椭圆形，宽约2cm，唇瓣斑点小。花期春季。

华丽文心兰（*Onc. splendidum*）

原产危地马拉、尼加拉瓜等地。假鳞茎具4棱；顶生叶片，叶肉质，长椭圆形。圆锥形花序直立，高达1m，具花20~30朵；花朵较大，竖径6cm，萼片、花瓣形状大小相似，黄色有红褐色斑，先端微外翻，唇三裂，侧裂片较小，中裂片稍大，肾形，鲜黄色，具白色胼胝体。

斯塔氏文心兰（*Onc.stacyi*）

原产玻利维亚。假鳞茎球形，长1~2cm，顶生1枚棒状叶。叶多肉，革质长30~70cm。花茎下垂，长30~50cm，分枝，总状花序，花排列紧密。花径约3cm，花瓣与萼片小，大小和形状类似，黄色有红褐色斑点。唇瓣大，3裂，侧裂片小，中裂片宽大，肾形，中央部黄色，周边具茶褐色斑点。花期春、夏季。

Onc. harrisonianum（特写）

Onc. harrisonianum

厚唇文心兰（*Onc. phymatochilum*）

Onc. gracile

Onc. croosus

Onc. lindleyi

Onc. hintonii

Onc. nebulosum

Onc. pulchellum

Onc. Jiubao Gdd

文心兰‘金色回忆’（*Onc.* Golden Anniversary ‘Heldos’）

文心兰‘白雪’（*Onc.* ‘Snow White’）

文心兰‘紫精灵’(*Onc.* ‘Zi Jing Ling’)

文心兰‘甜蜜天使’（*Onc.* ‘Honey Angel’）

文心兰‘妈祖’(*Onc.* ‘Ma Zu’)

文心兰‘南茜’(*Onc.*‘Nan Qian’)

文心兰‘南茜’(*Onc.*‘Nan Qian’)(特写)

Onc. trilobum

文心兰‘黄金 2 号’(*Onc.*‘Huang Jing 2’)

Onc. Sharry Baby‘Sweet Fragrance’

Onc. Aloha Lwanaga Meredone

Opsisanda 属

syn. *Vanvanda*

该属是万代兰属（*Vanda*）× 拟万代兰属（*Vandopsis*）两属间杂交的人工属。具有其双亲属的优良特性。单轴生长型，直立；花茎从叶腋生出，茎直立，有花数朵；花大型，美丽，色彩艳丽。附生性强，茎下部生有粗大的气生根，叶圆柱形或半圆柱形，肉质。

杂交育种：至 2011 年已有 71 种杂交种，如：*Vanvanda* Beatrice Burns；*Vanvanda* Fascination；*Vanvanda* Hilo；*Vanvanda* Southern Cross 等。

栽培：生长势强健，较容易栽培。要求高温、较强阳光和高空气湿度；适于热带地区露地栽培，通常不遮阳；植株长高后需给以支柱，防止倒伏。东南亚地区已有种植。可以作为热带花园和绿地中花坛用花。温带地区高温温室栽培，可以和万代兰等热带兰花放在同一温室中。绑缚栽种在树蕨干上或用木筐栽植后悬吊在温室中。常年保持充足水分和肥料、高空气湿度、充足的阳光及新鲜的空气。

Opsisanda Fascination（黄展发　摄）

红门兰属

Orchis

地生草本兰花。全属约80种，分布于北温带、亚洲亚热带山地和北非温带地区。我国有28种。基部具肉质根状茎或1~2枚块茎。茎直立，圆柱形；叶基生或茎生，1~5枚。总状花序顶生，具1至数朵花；花较小，粉红色、紫红色、白色、绿色或黄色。萼片离生，中萼片直立，常凹陷呈舟状，侧萼片张开或反折；花瓣与中萼片等长或较短小；唇瓣常向前伸，多与花瓣形状不同，基部有距。

杂交育种：至2012年已登录的属间和属内杂交种有174种（属内杂交种71种）。如：*Orchis fitzii*（*Orchis anatolica* × *Orchis mascula*）登录时间无。*Orchis blidana*（*Orchis laeta* × *Orchis obliensis*）登录时间无。*Orchiserapias nelsoniana*（*Orchis collina* × *Serapias parviflora*）登录时间无。*Orchis ugrinskyana*(*Orchis fragrans* × *Orchis palustris sens. lat.*)登录时间无。*Orchis grazianiae*（*Orchis pauciflora* × *Orchis morio*）登录时间无。*Orchis aurunca*（*Orchis pauciflora* × *Orchis provincialis*）登录时间无，多为天然杂种。

栽培：该属植物大多花较小，我国北方或西南高原可以在植物园或园林中引种露地栽培。未见商品花生产栽培。

常见种类：

四裂红门兰（*Orchis militaris*）

产于中国新疆北部。生于海拔600m的湿地或湖边。蒙古、俄罗斯西伯利亚东部至斯堪的纳维亚半岛、地中海西部、巴尔干半岛、小亚细亚半岛、伊朗、阿富汗等地也有分布。株高20~45cm。块茎球形，长1~1.5cm，肉质，不裂。茎直立，圆柱形，有叶3~5枚。叶长圆状椭圆形，长8~18cm，宽2.5~5cm。花序具多数密生的花，圆柱状，长4~10cm，直径3.5~5cm；花淡紫色或粉红色，具香气；中萼片直立，凹陷呈舟状，长9~13mm；花瓣直立，窄线形；唇瓣向前伸，长10~14mm，基部具紫红色斑点，具距，4裂。花期5~6月。

四裂红门兰（*Orchis militaris*）（Dr. Kirill 摄）

四裂红门兰（*Orchis militaris*）（特写）（Dr. Kirill 摄）

乌首兰属
Ornithocephalus

小型附生兰花。全属约47种，产于墨西哥、中美洲和南美洲及安第斯山脉西部。无假鳞茎；茎短，叶2列呈扇形排列，肉质，扁平。花序腋生，不分枝；有花少数或多朵。花小，白色、绿黄色；萼片和花瓣分离，相似，展开或反卷；唇瓣全缘或3裂，基部有肉质胼胝体。花粉团4。

栽培：可以绑缚栽植在树蕨板或栓皮栎树皮板上；亦可以用树皮颗粒、木炭颗粒、风化火山岩等排水和透气良好的基质栽种在小花盆中。中温温室栽培；遮阳50%~70%；良好的通风；高空气湿度。冬季适当减少浇水量，但不能干燥时间太久。

常见种类：

二角乌首兰（*Ornithocephalus bicornis*）

产于墨西哥、中美洲和南美洲及安第斯山脉西部。附生于海拔1000m处热带雨林中。叶披针形，长约7cm，宽1.2cm。花序与叶片等长，呈弓形伸出，有花少数至多朵，花绿白色。密生许多纤毛。萼片和花瓣同形，长约2mm；唇瓣3裂，长约5mm。冬季开花。

二角乌首兰（*Ornithocephalus bicornis*）

羽唇兰属
Ornithochilus

附生兰花。全属共2种。分布于热带喜马拉雅山经中国西南部到东南亚。2种在中国均有生长。株形似蝴蝶兰；茎短，质硬，基部有多条扁而弯曲的气生根。叶肉质，数枚，2列，扁平。花序侧生于茎，细长，下垂，疏生多花；花小，稍肉质，萼片近等大；花瓣较窄；唇瓣3裂，基部具爪；侧裂片小；中裂片大，边缘撕裂状或波状。

栽培：中温或高温温室栽培。可以绑缚栽种在树蕨板或带皮的木段上，亦可以用颗粒状基质或苔藓栽种在小盆中。生长时期要求充足的水分，较高空气湿度及流通的新鲜空气；1~2周施一次液体复合肥料；遮阳50%~60%，冬季温室内不必遮阳。可以和蝴蝶兰、卡特兰等放在同一温室中栽培。

羽唇兰（*Ornithochilus difformis*）（周丽　摄）

常见种类：

羽唇兰（*Ornithochilus difformis*）

产于中国的广东、广西、香港、四川、云南；附生于海拔500~1800m处，疏林中的树干上。广布于喜马拉雅山西北部至印度尼西亚。茎长2~4cm。叶通常2~3枚，近基生，长7~19cm，宽5.5cm。花序通常2~3个，下垂，疏生多花；萼片长约5mm；唇瓣3裂，有距，中裂片锚形，3裂，边缘撕裂流苏状；距长4mm。花期5~7月。

羽唇兰（*Ornithochilus difformis*）（周丽　摄）

香唇兰属

Osmoglossum

附生兰花。全属共5种，分布于墨西、萨尔瓦多、圭亚那、巴拿马、哥伦比亚和厄瓜多尔。附生于海拔500~2000m处的松树和栗树混交林中。假鳞茎卵球形，簇生，包围着2列叶状鞘，顶端具1~2枚叶。叶狭窄。花序生于叶腋，不分枝。花色艳丽，多为白色；萼片和花瓣平展，相似；唇瓣外折，与蕊柱基部合生，具3个肉质脊的胼胝体。蕊柱无足；花粉块2。

栽培：中温温室栽培。用排水和透气良好的细颗粒状树皮块等基质盆栽。旺盛生长时期，2周施一次液体复合肥料。全年保持充足的水分供应，每天或隔天浇水一次；每天温室内向道路台架喷水数次，以增加空气湿度。华北地区，春、夏、秋3季温室遮阳50%~70%，并注意通风。秋末和冬季减少遮阳或不遮阳；休眠期，减少浇水量，保持基质适当干燥和凉爽。

常见种类：

美丽香唇兰（*Osmoglossum pulchellum*）

产于墨西哥、危地马拉、萨尔瓦多和哥斯达黎加。假鳞茎丛生，呈窄椭圆形，长10cm以上。有2~3枚叶片，叶长约45cm，花序高约37cm。有花数朵，花芳香，花寿命长，花径约4cm。花期秋或冬季。低温或中温温室栽培。

Osmoglossum egertonii（Ecuagenera　摄）

美丽香唇兰（*Osmoglossum pulchellum*）（Ecuagenera　摄）

Oamoglossum puluchellum ‘Lovely’（Ecuagenera　摄）

Otaara 属

syn. *Volkertara*

该属是 *Brassavola* × *Broughtonia* × *Cattleya* × *Laelia* 四属间杂交的人工属。具有其亲本属的优良特性。花形花色变化较多，品种亦较多。常出现一些中小优良品种。具假鳞茎；花茎从假鳞茎顶部叶腋生出，有花数朵；花型较大，萼片和花瓣较窄，唇瓣较宽大；美丽，色彩丰富、艳丽。

杂交育种：至 2011年，已有 10种杂交种登录。如：*Otaara* Hidden Gold; *Otaara* Fiesta Flare ‘Mango Salsa’；*Otaara* Hisako Akatsuka ‘Hawaii’；*Otaara* Hwa Yuan Bay ‘Shi Shu’；*Otaara* Island Flare ‘Fragrance’；*Volkertara* SnowStorm Sunset；等。

栽培：生长势强健，较容易栽培。栽培可以参照卡特兰的方法种植。

Otaara Lion’s Harvest Time ‘Red Speck’（黄展发　摄）

Otaara Lion’s Harvest Time（黄展发　摄）

耳唇兰属
Otochilus

附生兰花。全属共 5 种，分布于喜马拉雅山至中南半岛。中国有 4 种，分布于云南和西藏。假鳞茎圆柱形，顶端生有 2 枚叶片。花葶生于假鳞茎顶端 2 枚叶片中间；总状花序，有花数朵。花小，花被片展开；花瓣比萼片小，唇瓣 3 裂，侧裂片耳状；中裂片较大，舌状。

栽培：中温或高温温室栽培。盆栽基质要求既能保湿又能排水，常用泥炭藓、细颗粒树皮块、风化火山岩或粗腐叶土。越冬温度 15℃左右。生长时期要求充足的水分，较高空气湿度及流通的新鲜空气；1~2 周施一次液体复合肥料；遮阳 50%~60%，冬季温室内不必遮阳。少见栽培。

常见种类：

耳唇兰（*Otochilus porrectus*）

产于中国的云南西北部至东南部。生于海拔 1000~2100m 处林中树上或岩石上。印度、缅甸、泰国、越南也有分布。植株长数十厘米，假鳞茎圆筒形，长 2.5~11cm。叶窄椭圆形，长 7~20cm，花葶连同幼嫩假鳞茎和叶从老假鳞茎近顶端处发出，长 15~20cm；总状花序长 7~10cm，疏生花数朵。花白色，萼片背面和唇瓣略带黄色。花期 10~12 月。

耳唇兰（*Otochilus porrectus*）

Phaiocalanthe Kryptonite

帕般兰属

Pabanisia

附生兰花。该属为原产于南美洲的雅兰属（*Aganisia*）× 帕勃兰属（*Pabstia*）两属间的人工属。未能查到登录的年代。

该杂交种花茎直立，有花 3~4 朵，花开展，萼片和花瓣背面为紫堇色，内面白色，有紫堇色斑点或斑块。该植物花色十分稀少，珍贵。植株和花的形态与帕勃兰属相似。雅兰属产于圭亚那、委内瑞拉、特立尼达和多巴哥、哥伦比亚、秘鲁和巴西北部；帕勃兰属产于巴西。均为附生兰花。

杂交育种：至 2012年已登录的属间杂交种和属内杂交种有 3 种。如：*Tsubotaara* Melinda Marie（*Pabanisia* Eva's Blue Amazon × *Zygonisia* Cynosure）登录时间 2010。*Ianclarkara* Cheyenne Marie（*Pabanisia* Eva's Blue Amazon × *Zygolum* Louisendorf grex）登录时间 2010。*Tsubotaara* Eva's L á grima Polar（*Zygopetalum intermedium* × *Pabanisia* Eva's Blue Amazon）登录时间 2007。

栽培：中温温室栽培。全年要给予充足的水分和较高的空气湿度。喜半阴环境，北方温室栽培，春、夏、秋 3 季约遮阳 50%，冬季不遮或少遮阳。可以用附生兰花的栽培基质，如颗粒状树皮、木炭、风化火山岩等盆栽。

可参照接瓣兰属（*Zygopetalum*）的栽培方法种植。

蓝花帕般兰（*Pabanisia* Eva's Blue）

帕氏兰属
Paphinia

附生兰花。全属 5~15 种，产于哥斯达黎加、巴拿马、委内瑞拉、圭亚那、特立尼达和多巴哥、哥伦比亚、厄瓜多尔和巴西北部。生于 500~1000m 海拔的山区森林中。类似于薄叶兰（*Lycaste*），假鳞茎密生，卵形，上部有叶 2~3 枚。叶椭圆状披针形，薄，折扇状脉。花序下垂，从假鳞茎基部生出，花少数，花寿命短。萼片和花瓣同形，披针形。花瓣较萼片小。唇瓣小，3 裂，有毛状突起。

杂交育种：至 2012年已登录的属间和属内杂交种有 4 种（属内杂交种 3个）。如：*Paphinia* hybrida（*Paphinia cristata* × *Paphinia lindeniana*）登录时间无。*Paphinia* Majestic（*Paphinia cristata* × *Paphinia herrerae*）登录时间 1997。*Paphinia* Memoria Remo Lombardi（*Paphinia herrerae* × *Paphinia lindeniana*）登录时间 2001。*Paphinia* hybrida（*Paphinia cristata* × *Paphinia lindeniana*）登录时间无。*Paphinia* Majestic（*Paphinia cristata* × *Paphinia herrerae*）登录时间 1997。*Paphinia* Memoria Remo Lombardi（*Paphinia herrerae* × *Paphinia lindeniana*）登录时间 2001。

栽培：中温或高温温室栽培。可以参照喜暖的薄叶兰栽培方法种植。全年要给予充足的水分和较高的空气湿度。可以绑缚栽种在树蕨板上，或用颗粒状树皮、木炭、风化火山岩等排水好的基质栽种在较小的盆中。盆栽时注意盆沿口要浅，以便于花序能顺利下垂生长和开花。

马杰帕氏兰（*Paphinia* Majestic）

帕氏兰（*Paphinia herrerae*）

兜兰属

Paphiopedilum (*Paph.*)

多数为地生兰，少数为附生兰。全属约 79 种。分布于中国西南部至东南亚，尼泊尔、印度南部、新几内亚和所罗门群岛也有分布。多生于热带、亚热带中海拔雨林的林下、腐叶土层深厚的地上、腐叶覆盖的岩石上或附生于树干及岩 石上。

兜兰（拖鞋兰、仙履兰）是西方栽培最早和最普及的兰花之一。目前在世界范围禁止原生种类进行交易。商品兜兰均为经人工繁殖和杂交育种培育出的优良品种。以盆花销售为主，有少量切花。兜兰适于一般家庭室内观赏和种植。

兜兰是生长在热带及亚热带林下的多年生草本植物。我国兜兰属植物资源十分丰富，已知的野生种约 27 个，主要产在西南各省区。其中有些种早在 20 世纪初就被引入欧洲，成为兜兰杂交育种的重要亲本。20 世纪后期中国兰科植物分类学家先后在我国境内发现了宽瓣亚属的数个新种。如：硬叶兜兰、杏黄兜兰、麻栗坡兜兰、白花兜兰等新种，为拓宽兜兰新品种培育工作提供了重要的种质资源。

兜兰无假鳞茎，茎短而簇生，大多数种根状茎不明显；根肉质。叶常绿，带状，绿色或深浅绿色方格或不规则斑纹，叶背面为绿色，有时为紫红色。花葶自叶丛中长出，长或短，高 20~0cm。花单朵、2~4 朵或多花的总状花序。兜兰不像卡特兰那样华丽，它的花比较雅致，色彩较庄重。有白、浅绿、黄、粉红、紫红、红褐及不同粗细的黑褐色条纹和斑点等。花瓣较厚，花朵寿命长，有的种在高温环境中可开放 1.5 个月，并且一年四季都有开花的种类。

兜兰花形奇特，结构不同于常见兰花（见本书总论部分：兰花的形态特征一节，五大属兰花结构图）。唇瓣呈立体的兜状、拖鞋状或圆球状；中萼片极发达，呈扁圆形或倒心形，并有色彩鲜艳的花纹；常见的兰花侧萼都是两片，而兜兰两枚侧萼片完全合生在一起，称为合萼片，较中萼片小，着生在中萼片的下方，唇瓣的后面，多不显著。蕊柱与一般的兰花不同，较短，具两枚黄色的能育雄蕊，侧生于蕊柱两侧，花粉团粉质或带黏性；一枚退化雄蕊位于能育雄蕊中间，通常呈不同的盾状，远大于可育雄蕊，退化雄蕊的形态变化常常是兜兰区分种类的重要依据；有柱头一个，位于退化雄蕊的后面，常常被唇瓣遮挡住，从外面不易看到，进行人工授粉时必须将唇瓣去掉或在唇瓣后面切开一个窗口，方能看到柱头。

兜兰是世界上最主要的盆栽兰花之一。有大量兜兰爱好者、专业经营公司和数量较多的兜兰育种家。新品种不断出现，日新月异。其前期的育种工作主要是在原种和原种、原种和杂交种之间交配，选出优良的新品种。近些年来，主要是优良品种之间交配，选出优良的新品种。

到目前为止，兜兰仍未解决优良品种通过组织培养的方法大量快速繁殖（不像其他兰花，通过类原球茎 PLB 大量增殖），仍然靠分株和播种繁殖。这是兜兰产业发展中存在的一个重大技术难点，有待突破。

近数十年来，在中国西南部与越南北部发现许多兜兰属新种，如杏黄兜兰、硬叶兜兰、麻栗坡兜兰、白花兜兰、汉氏兜兰、越南兜兰等，

野生带叶兜兰分布情况

为兜兰的育种工作提供了重要的新种质资源。十分遗憾，中国大陆兰花育种家们未能参与这一工作。

目前，在世界兰花市场上销售的兜兰商品花全部是杂交种优良品种。根据国际公约（CITES）规定，野生兰科植物，尤其是原生种兜兰在国际间是禁止交易的。兜兰的杂交育种工作是其进入商业化的基础，其中蕴藏着巨大的商机。在我国大陆地区，只是近些年有少数科研单位进行一些零星的杂交工作，处于起步阶段。远未进入商业化生产，需要引起业界高度重视。台湾地区的兜兰育种工作有很大成绩，培育出许多优良品种，供内销或出口。有专门的兜兰（仙履兰）学会，并连续出版兜兰专辑数册。

杂交育种：兜兰属是一个较原始的属。与兰科中其他属亲缘关系比较远。目前只知道与美洲兜兰（*Phragmipedium*）有人工属产生。*Phragmipaphium*(*Phrphm.*)=*Paphiopedilum* × *Phragmipedium*。

在西方开始兜兰人工杂交育种工作比较早。最早的人工杂种 *Paph.*Harrisianum 是 1869 年登录的。其亲本为髯毛兜兰（*Paph. barbatum*）与紫毛兜兰（*Paph. villosum*）。第二个人工杂种为 *Paph.* Vexillarium，于 1870 年登录，其亲本为费氏兜兰（*Paph. fairrieanum*）与髯毛兜兰（*Paph. barbatum*）。上述两个人工杂交种的人工授粉、播种、培育及开花后登录等工作全部是在英国著名 Veitch 苗圃完成的。至 1945 年 12 月 31 日登录的兜兰属人工杂种达 750 种，涉及亲本 41 个原生种。由于市场的需要，兜兰的人工杂种增加得很快。

至 2012年已登录的属间和属内杂交种有 23839种（属内杂交种 23788）。如：*Cattleya* Apricot（*Paph.* Montclair King × *Cattleya* G. S. Ball）登录时间 1964。*Paph.* Akala（*Paph.* Almaud × *Paph. delenatii*）登录时间 1980。*Paph.* Angelus（*Paph.* Armeni White × *Paph. bellatulum*）登录时间 2000。*Paph.* Moana（*Paph.* Commodore-Beckton × *Paph.* Viking）登录时间 1935。*Paph.* Bavarian Leon（*Paph.* Fred Cosanka × *Paph.* Winmoore）登录时间 1994。*Paph.* Golden Dragon（*Paph.*Shun-Fa Golden × *Paph. fairrieanum*）登录时间 2012。

栽培：兜兰栽培比较容易，杂交种生长势更强，更易栽培。中温温室栽培，适宜生长温度 15~25℃。各种兜兰对温度的要求不同。一般来说，叶片小、叶的正反面有各种紫红色大理石样花纹的热带种类，需要较高的越冬温度，夜间室温应在 15℃以上。叶片大而纯绿色的种类，需要较低的越冬温度，可在 8~12℃。但各种间不尽相同。原产于高海拔地区的种类，夏季不宜温度太高。如在华北地区温室栽培硬叶兜兰和杏黄兜兰，夏季应当启动水帘风机等设施，降低温室内温度，使最高室温保持在 30℃以下。

兜兰可以用腐叶土、泥炭土、苔藓、蕨根（蛇木屑）、树皮块、珍珠岩、风化火山岩等做基质盆栽。北方温室用腐叶土、泥炭土、苔藓等基质盆栽，盆底部 1/4 左右应填充碎瓦片、砖块、木炭块等粒状物，以利盆土排水、透气。附生性较强的兜兰，或在华南多雨地区荫棚下栽培兜兰，宜用蕨根（蛇木屑）、树皮块、风化火山岩等较粗颗粒材料做盆栽基质，增加根际透气和排水性能，防止因雨水多盆内积水。

兜兰喜半阴环境。在华北地区温室栽培，春、夏、秋三季应遮阳 70% 左右；冬季遮阳 30%。阳光太强，会出现生长缓慢、植株矮小、叶片干枯（日灼病），甚至整株死亡。荫蔽度过大，虽叶片生长好，但会减少开花甚至不开花。不同种类的兜兰对光照强度的要求不完全相同。大多数兜兰属植物所需的光照在 10000~25000 lx。

兜兰没有假鳞茎，抗干旱能力较差。在栽培过程中需经常保持盆栽基质湿润，旺盛生长时期，当看到盆栽基质表面发白、微干时即可以浇水。冬季温室温度低时，应保持基质微干为好。常年保持基质透气和排水良好，防止积水。周年注意保持温室内较高的空气湿度。春季北方地区气候干燥、风大，又是兜兰开始生长的季节，这期间除保持盆栽基质湿润外，应经常向温室地面洒水，增加温室空气湿度，并少量向叶面喷水，以补充新根吸水不足，也可促进新芽生长。冬季北方室内加温，空气湿度甚低。每天应数次向温室内地面、道路、四壁及台架洒水，以增加湿度，尤其夜间不可过分干燥。

水质的好坏，十分重要。北方城市自来水和地下水通常钙、镁离子含量比较高，一般不宜用来直接浇灌使用。需经过反渗透纯化处理，方可用来浇水。也可以收集雨水，作为浇灌水源。

适当施肥是兜兰生长健壮的重要措施。除秋、冬季节气温过低、停止生长期间不施肥外，其他时间应两周左右施一次液体复合肥料。用树皮块、蕨根等基质盆栽，可 5~7 天结合灌水施一次肥。化肥施用浓度应控制在 0.05% ~ 0.1%，不可过浓。可以根部浇灌施用，也可以叶面喷洒。通常施肥 2~3 次之后，需用清水冲洗一次。即用多量水浇灌，使盆栽基质中积累的盐分冲洗掉。基质中盐分的积累对兜兰的生长十分不利。

常见种类：

卷萼兜兰（海南兜兰）（*Paph. appletonianum*）

产于中国广东、海南。生于海拔 920~1200m 的林下腐殖土上。泰国、老挝和印度北部也有分布。温室盆栽容易开花，花期 3~5 月。每朵花可以开放两个月之久。花茎直立，高可达 50cm；花单生，紫褐色，花径 8~10cm，花瓣外侧有 13~14 个黑色疣点，内侧有 5~6 个，唇瓣呈深兜状。

根茎兜兰（*Paph. areeanum*）

产于中国云南西南部至西部；缅甸北部也有分布。生榆林下枯木上。具直生的根状茎；根状茎长 8~10cm，末端通常有数簇叶。叶窄矩圆形，长 15~35cm。花葶直立，长 25~30cm；花单朵，直径 8~9cm，中萼片浅褐绿色，具白边；花瓣浅黄绿色，具紫褐色脉；唇瓣浅褐绿色，具暗色脉；退化雄蕊浅黄色。花期 10~11 月。

杏黄兜兰（*Paph. armeniacum*）

产于中国云南；生于岩壁上。是我国植物学家张敖罗于 1979 年 7 月采到，1982 年经陈心启、刘方媛定名的新种。花期春季。花茎直立，高 24~26cm；花单朵，有时开双花，杏黄色，花径 6~10cm；唇瓣为椭圆卵形的兜，形状奇异。在世界兰花展中曾多次获金奖，杏黄兜兰的发现引起各国兰花育种界的极大关注，是兜兰育种的重要亲本，境外以杏黄兜兰为亲本杂交已培育出大量优良杂交种品种。

小叶兜兰（*Paph. barbigerum*）

地生或半附生兰花。产于中国广西和贵州；生于海拔 800~1500m 的石灰岩山区荫蔽多石之地或岩隙中。叶 5~6 枚，长 8~19cm，宽 7~18mm；花葶直立，高 8~16cm，顶生 1 花；花中等大；中萼片中央黄绿色，上端与边缘白色，花瓣狭长圆形，边缘淡黄绿色，中央有褐色脉纹或整个呈褐色，唇瓣倒盔状，浅红褐色；退化雄蕊宽倒卵形，长 6~7mm，宽 7~8mm，上面中央具 1 个脐状突起。花期 10~12 月。

巨瓣兜兰（紫点兜兰）（*Paph. bellatulum*）

地生兰花。产于中国的广西、云南、贵州等地；生于海拔 1000m 以下山地林中阴湿的腐殖土上。缅甸、越南也有分布。花茎较短，每花茎上有花 1~2 朵，少有 3 朵；花紧靠叶面开放。每朵花可以开放 4 周左右。花浅黄色，布满紫红或褐色的斑点。花期 3~5 月和 8~9 月。早于 20 世纪已引种到欧洲。

胼胝兜兰（*Paph. callosum*）

产于柬埔寨、老挝、马来西亚、缅甸、泰国、越南。生于低海拔至中海拔森林中地上充满落叶的土壤上。叶 3~5 枚，窄椭圆形，长 10~25cm，宽 3~5cm，上面有深浅绿色相间的网格斑。花葶长 20~40cm，花单朵，少有 2 朵；直径 8~11cm；中萼片与合萼片白色，有紫色晕，具绿色与紫色脉；花瓣黄绿色，具暗色脉，先端 1/3 处有浅玫瑰紫色晕，上侧边缘有少数黑色疣状突起；唇瓣深栗色至铜褐色；退化雄蕊浅黄绿色，有深绿色或紫色脉纹；唇瓣盔状，内弯的侧裂片上具疣点；囊近卵形，长 2.5~3.5cm，宽 2~2.5cm ，囊口两侧稍呈耳状；退化雄蕊近马蹄形。花期春季。

红旗（查尔斯）兜兰（*Paph. charlesworthii*）

产于中国云南西南部至西北部；生于海拔 1300~1600m，常绿阔叶林下或石缝积土处。印度、缅甸、泰国也有分布。叶 3~5 枚，狭矩圆形，长 8~20 cm，宽 1.7~2.5cm，花葶直立，长 8~16 cm；花单朵，直径 6~8 cm；中萼片粉红色或粉红白色，有深色脉纹；合萼片淡绿色，有淡褐色脉纹；花瓣与唇瓣浅绿黄色，有褐色网状脉纹；退化雄蕊白色；中萼片直立，近圆形或横椭圆形，有细缘毛；合萼片卵形，背面密生短柔毛；花瓣矩圆状匙形，基部有深紫色长柔毛，边缘波状，具缘毛；唇瓣盔状；囊近椭圆状卵形，囊口两侧呈耳状；退化雄蕊倒卵形，中央有黄色脐状突起。花期 9~10 月。

根茎兜兰（*Paph. areeanum*）

卷萼兜兰（*Paph. appletonianum*）

杏黄兜兰（*Paph. armeniacum*）

小叶兜兰（*Paph. barbigerum*）

巨瓣兜兰（*Paph. bellatulum* ）

胼胝兜兰（*Paph. callosum*）

同色兜兰（*Paph. concolor*）

产于中国广西、云南、贵州等地。生于海拔 300~1400m 的石灰岩山区。缅甸、泰国、越南、柬埔寨、老挝也有分布。花茎直立，着生 1~3 朵花。花几乎同时开放。每朵花可以开放 6~8 周。花径 5~7cm，浅黄色，满布紫褐色斑点；唇瓣呈卵状的兜。同色兜兰存在数个变异类型。有许多栽培者将其选出，分株繁殖后作为品种。对栽培基质和水适应能力均较强。花期 4~6 月。

德氏兜兰（*Paph. delenatii*）

地生兰花。产于中国广西北部、云南东南部。生于海拔 1000~1300m 石灰岩地区，灌木和杂草丛生处。越南也有分布。叶 4~6 枚，长 8~12cm，宽 3.5~4.2cm；有深浅不同的绿色斑，叶背有紫红色斑。花葶直立，21~30cm，单花，偶有双花；花径 6~8cm，中萼片、合萼片和花瓣白色，有模糊的浅粉红色斑点和条纹；唇瓣深囊状，近球形，粉红色。花期 3~4 月。德氏兜兰作为优良杂交亲本，已经产生了不少优良杂交种。花朵秀丽可爱，是家庭适用的小型盆栽兰花。

有白色花变型白花德氏兜兰（f. *albinum*）。

红旗（查尔斯）兜兰（*Paph. charlesworthii*）

长瓣兜兰（*Paph. dianthum*）

附生兰花。产于中国云南、广西和贵州；越南也有分布。生于海拔 1000~2250m 林下，常附生于石灰岩地区阔叶林下岩石上或荫蔽的岩壁上。叶 4~6 枚，厚革质，长 15~30cm，宽 3~5cm；花葶长 30~80cm，有花 2~5 朵；花径 8~10cm；花瓣长带形，向下弯垂，长 7~12cm，宽 7~10mm；唇瓣盔状；囊近倒卵形。花期 7~10 月。

有白花变异植株白花长瓣兜兰（f. *album*）。

白花兜兰（*Paph. emersonii*）

地生或半附生兰花。产于中国广西和贵州；越南也有分布。生于海拔 600~800m 的石灰岩灌丛中覆有腐殖土的岩壁上或岩石缝隙中。叶 4~6 枚，长 8~21cm，宽 2.5~4cm，深绿色，背面基部有紫红色斑。花葶直立，长 9~17cm，顶端生 1 花；花大，直径 8~9cm，白色，花瓣基部有栗色或红色细斑，唇瓣囊内有深紫色斑点；退化雄蕊淡绿色，并在上半部有大量栗色斑纹；唇瓣深囊状；近卵形或卵球形，长达 3~4.5cm，宽 2~3cm。花期 4~6 月。

费氏兜兰（*Paph. fairrieanum*）

产于不丹、印度。叶 4~8 枚，窄矩圆形，长 7.5~28cm；花单朵或罕有 2 朵；萼片和花瓣白色或绿白色，有紫色纵脉；唇瓣盔状，囊椭圆形，长 3~4cm，宽 1.6~2.3cm；退化雄蕊宽椭圆形。花期 10 月至次年 1 月。

苍叶（粉绿）兜兰（*Paph. glaucophyllum*）

产于印度尼西亚。叶 4~6 枚，狭矩圆状椭圆形，长 20~29 cm，宽 4.5~5.5 cm，上面浅蓝绿色或苍绿色，背面浅绿色。花葶长 20~25(40) cm，具多花；花依次展现，同一时间仅 1或 2朵花开放，花径 8~9 cm；花瓣线形，长 4.4~5cm，宽 9~10 mm，上半部扭转，边缘有长缘毛；唇瓣盔状；囊近椭圆形，下部稍膨大，长约 3cm，宽 2 cm，囊口两侧几乎不呈耳状；退化雄蕊卵形，长 10~15mm，宽 7~9 mm，基部有紫色毛。花期 3~7月。

有变种：莫氏兜兰（var. *moquetteanum*）（syn. *Paph. moquetteanum*）。

同色兜兰（*Paph. concolor*）

德氏兜兰（*Paph. delenatii*）

黑氏兜兰（*Paph. haynaldianum*）

白花德氏兜兰（*Paph. delenatii* f. *alba* ）

长瓣兜兰（*Paph. dianthum*）

柯氏兜兰（*Paph. kolopakingii*）

白花长瓣兜兰（*Paph. dianthum* f. *alba*）

白花兜兰（*Paph. emersonii*）

苍叶兜兰 [*Paph. glaucophyllum* var. *moquetteanum*（*Paph. moquetteanum*）]

古德兜兰（*Paph. godefloyae* ）

费氏兜兰（*Paph. fairrieanum* 'Hsinying'）

白唇古德兜兰（*Paph. godefroyea* var. *leucochilum*）

古德兜兰（*Paph. godefroyae*）

产于泰国南部及邻近的岛屿；生于低海拔或靠近海岸的地方，空气湿度甚高。叶 4~6 枚，狭矩圆形，长 14~19 cm，宽 2~4 cm，有深绿、浅绿相间的网格斑，背面具密集的深紫色斑点。花葶直立，长 4~12cm；花单朵或 2 朵，乳白色；萼片与花瓣上有紫色斑点和条纹；唇瓣与退化雄蕊上有时具紫色细斑点；花瓣矩圆状椭圆形，长 3~4 cm，宽 2~2.7 cm，边缘常波状；唇瓣深囊状；囊椭圆形，长 2~2.5cm，宽 1.4~1.8cm，先端边缘内卷；退化雄蕊横椭圆形，先端具 1~3 齿。花期 6~7 月。

有变异类型：f. *leucochilum*。

格力兜兰（*Paph. gratrixianum*）

产于中国云南东南部；生于海拔 1800~1900m 处林下多石之地；老挝、越南北部也有分布。叶 4~8 枚，倒披针状椭圆形，长 28~40cm；花单朵，直径 7~8cm；中萼片白色，近基部浅绿色或浅褐色，基部向上 2/3 处具深紫色斑点。唇瓣盔状，囊卵形，长 2.8~3.1cm，宽 2.4~2.7cm；退化雄蕊倒心形，先端急尖，上面具泡状乳突和一个中央脐状突起，近基部有紫色毛。花期 9~12 月。

汉氏（大汉）兜兰（*Paph. hangianum*）

产于中国广西西南部、云南东南部；越南北部也有分布。石上附生植物。叶 4~6 枚，革质，狭椭圆形，长 12~28 cm，宽 3.5~5.9 cm。花葶近直立，长 13~23 cm；花单朵，直径 11~14 cm，稍有香气，淡黄色至浅黄绿色；花瓣近基部有淡紫红色晕；唇瓣囊底具紫色斑点；唇瓣深囊状，近球形，长 3.5~5 cm，宽 2.5~3.4cm，前端边缘内卷；蕊柱基部被白色短柔毛；退化雄蕊具紫红色横脉纹，宽倒卵状三角形，先端钝圆，基部骤然收狭成短爪。花期 4~5 月。

巧花兜兰（*Paph. helenae*）

石上附生植物。产于中国广西西南部、越南北部。生于海拔 700~1100m 处，灌木丛生的岩壁缝隙中。叶 2~4 枚，狭矩圆形或线状倒披针形，长 8~12.5cm，宽 0.8~1.6cm，厚革质或肉革质。花葶长约 10 cm；花单朵，直径 3~4cm；中萼片浅黄色，边缘白色；合萼片浅黄色至乳白色；花瓣浅黄绿色，中脉的上侧常有枣红色晕；唇瓣浅黄绿色，有枣红色晕；退化雄蕊浅黄绿色，中央具绿色脐状突起；唇瓣盔状；囊近椭圆形，长 1.4~2cm，宽 1.5~1.8cm，通常在前方表面膨胀突出，囊口两侧呈耳状；退化雄蕊宽倒卵形至倒卵形，上面具小乳突并在中央具脐状突起。花期 9~11 月。

亨利兜兰（*Paph. henryanum*）

地生或半附生兰花。产于中国云南东南部，广西西南部；越南北部也有分布。生于石灰岩地区荫蔽岩缝中，或常绿阔叶林和灌木林中多石或排水良好的地方。叶 3~6 枚，狭矩圆形，长 12~23cm，宽 1.1~1.8cm。花葶直立，长 16~22cm，顶端生 1 花；花直径 6~7cm；中萼片近绿色，有许多不规则的紫褐色粗斑点，花瓣玫瑰红色，基部有紫褐色粗斑点；唇瓣盔状，玫瑰红色并略有黄白色边缘；退化雄蕊倒心形至宽倒卵形。花期 7~8 月。

禾曼兜兰（*Paph.*× *herrmannii*）

据刘仲健、陈心启等《中国兜兰属植物》记载，该种可能是带叶兜兰（*Paph. hirsutissimum*）× 波瓣兜兰复合体（*Paph. insigne complex*）或巧花兜兰（*Paph. helenae*）之间一个天然杂交种。于 1995 年发现于越南。此外，该种之下有一个白化，即绿花变型 f. *viride*，发表于 1999 年。

带叶兜兰（*Paph. hirsutissimum*）

附生或地生。产于中国广西、云南、贵州。生于海拔 300~1500m 山区的石灰岩地区荫蔽岩缝中，或常绿阔叶林和灌木林中多石或排水良好的地方。附生于树干、岩石或腐殖土上，常密集大丛生长。缅甸、印度、老挝、泰国、越南也有分布。1857 年引种至英国。叶 4~6 枚，带形，长 23~44cm，宽 1.4~2.2cm，基部有紫色密集的小斑点。秋季形成花芽，春季开花。花茎长 20~30cm；单花，花径 9~13cm；唇瓣盔状，囊椭圆状卵形；退化雄蕊近正方形。色彩较丰富，基色为深黄绿色，上面有紫色的斑点或花纹。花期 4~5 月 。每朵花可开放 3~4 周。

波瓣兜兰（*Paph. insigne*）

地生兰花。产于中国云南西南部。生于海拔 1200~1600m 常绿阔叶林或杂草丛生的多石山坡，枯枝落叶丰富的地方。孟加拉国、印度也有分布。有叶 3~6 枚；叶革质，长 18~30cm，宽 2.5~3.5cm，绿色，基部紫色斑点。花茎直立，长 25~35cm，通常 1 朵花；花大型，

禾曼兜兰（*Paph.* × *herrmannii*）

格力兜兰（*Paph. gratrixianum*）

汉氏兜兰（*Paph. hangianum*）

巧花兜兰（*Paph. helenae*）

楼氏兜兰（*Paph. lowii*）

亨利兜兰（*Paph. henryanum*）

波瓣兜兰（*Paph. insigne*）

浅斑麻栗坡兜兰（*Paph. malipoense* var. *jackii*）

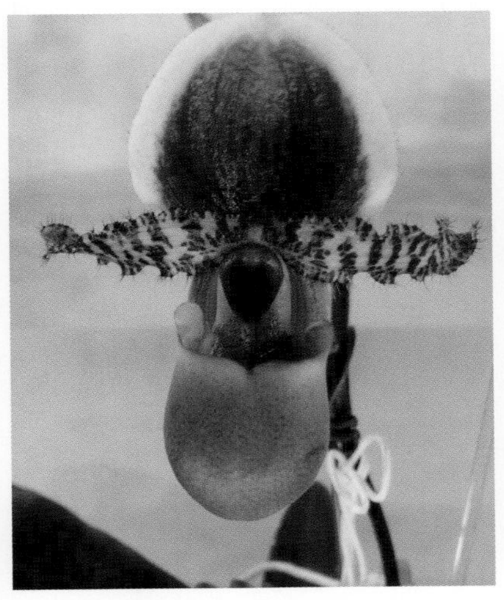
'珍珠' 李氏兜兰（*Paph. liemianum* 'Imperial'）

带叶兜兰（*Paph. hirsutissimum*）

直径 7~10cm，中萼片淡黄绿色，中央有紫红斑纹；唇瓣有褐色晕及脉纹；退化雄蕊倒卵形，中央具一个深黄色脐状突起。花期 10~12 月，每朵花可开放 4~6 周。于 1891 年引种至英国。现在有许多杂交种。容易栽培。

李氏兜兰（*Paph. liemianum*）

产于印度尼西亚（苏门答腊）。叶 4~7 枚，狭矩圆形或矩圆状椭圆形，长 10~24 cm，宽 3~5 cm，上面绿色并有浅绿黄色晕，背面具由紫点排成的横带，边缘全部具明显的缘毛。花葶长 15~25cm；花序具多花；花依次展现，同一时间仅 1 花开放，直径 8~9 cm；花瓣近白色或近黄白色，有横的紫色斑，上半部扭转，边缘具长缘毛；唇瓣盔状；囊近椭圆形，下部稍膨大，粉红紫色，有深紫色细斑点；退化雄蕊绿色，先端 2/3 常为暗栗色，近卵状正方形。花期 3~6 月。

有栽培品种‘珍珠’李氏兜兰（*Paph. liemianum*‘Imperial’）。

楼氏兜兰（*Paph. lowii*）

附生兰花。产于马来半岛和印度尼西亚。生于海拔 250~1600m 森林中树杈上。叶 4~6 枚，线状舌形，长 30~40cm，宽 3~6cm，绿色，革质；花茎甚长，50~100 cm，直立或斜上伸长，有花 3~7 朵，几乎同时开放；花径 11~16cm；背萼片卵形，基部向外翻卷，黄绿底色，基部深褐色；花瓣上半部紫色，下半部浅绿色至浅黄色，匙形；唇瓣盔形，浅绿至褐色，有深褐色纵条纹。退化雄蕊倒卵形。花期春夏。栽培较易。

泸水兜兰（*Paph.* × *lushuiense*）

产于中国云南西部（泸水县）。生于海拔约 2000m 处。据刘仲健、陈心启记载，该种为新天然杂交种，与其亲本白旗兜兰（*Paph.spicerianum*）和紫毛兜兰（*Paph.villosum*）相似。叶 4~5 枚，长 16~23cm，宽 3~4.5cm，上面绿色，背面基部有紫红色斑点。花亭直立，长 19~20cm；花单朵，直径 9~11cm；中萼片有 1 条宽阔的栗色中脉，上半部及边缘白色，下半部具紫红色脉纹，中脉上侧紫褐色，下侧黄绿色并有紫褐色晕；唇瓣黄绿色有紫褐色晕。花期 10 月至次年 1 月。

麻栗坡兜兰（*Paph. malipoense*）

地生兰花。产于中国云南东南部、广西西南部、贵州西南部；越南北部也有分布。生长在海拔 800~1600m 石灰岩山地杂草丛生的山坡或林下和灌丛下腐殖质丰富的地上。叶 4~8 枚，革质，长 7~18cm，宽 2.5~6cm，上面有深绿、浅绿相间的网格斑；背面布满紫色斑点；花葶直立，长 30~65cm，花通常单朵，直径 7~11cm；中萼片、合萼片和花瓣苹果绿色；唇瓣浅黄绿色；退化雄蕊白色，前半部深紫色至黑色。唇瓣深囊状，近球形。花期 1~4 月。该种有 3 个变种。国外，用该种做亲本杂交已培育出许多优良的园艺杂交种品种。

有变种：浅瓣‘杰克’兜兰（var. *jackii*）。

地生兰花。产于中国云南东南部（麻栗坡县）和越南北部。生于海拔 600~2000 m 处灰岩山地林下多石与排水良好之地。该变种与原种极相似，但叶的背面通常仅有较疏而色淡的紫色斑点；退化雄蕊前半部浅绿色至白色，并具紫红色脉纹而无深紫色或黑紫色斑块，可以区别。花期 2~3 月。

硬叶兜兰（*Paph. micranthum*）

地生兰花。产于中国云南、广西、湖南、贵州。越南也有分布。生于海拔 400~1700m 石灰岩山坡草丛或石壁缝隙积土处。叶 3~5 枚，厚革质，长 6~14cm，宽 1.5~2.lcm，上面有深绿、浅绿相间的网格斑，背面有密集的紫色斑点。花葶直立长 13~30cm；花大而艳丽；中萼片与花瓣浅黄色至乳白色，有紫红色脉纹；唇瓣白色至粉红色，深囊状，囊椭圆状球形；退化雄蕊椭圆形。花期 3~5 月。冬季 10~15℃温室中每朵花可盛开 2~3 周。为低纬度高海拔种类。怕高温，夏季栽培温度最好在 30℃以下。

雪白兜兰（*Paph. niveum*）

产于马来西亚、新加坡、泰国。叶 4~6 枚，近椭圆形，长 4.5~15cm，宽 2~3.5cm，上面有深绿、浅绿、浅灰绿色相间的网格斑，背面具浓密的紫色斑点。花葶长 20~25 cm；花 1~2 朵，直径 6~8 cm，白色，在花瓣与唇瓣上常有紫色细斑点；唇瓣深囊状，囊椭圆形或椭圆状卵形，先端边缘内卷；退化雄蕊宽卵形，中央黄色；中萼片宽卵形，合萼片较中萼片狭窄；花瓣椭圆形或近矩圆 形，先端浑圆；花期 6~7 月。

有纯白变型：f. *album* 洁白兜兰。

菲律宾兜兰（*Paph*．*Philippinense*）

地生或半附生兰花。产于马

来西亚（沙巴）、菲律宾。生于海拔 0~300m 岩石缝隙有腐殖土的地方。叶 5~8 枚，窄矩圆形，长 15~25cm，宽 2.5~5.5cm，绿色。花茎长 25~50cm，有花 2~6 朵，花横径 8.5cm，长 15cm，花瓣细长，丝带状，长 12~16cm，宽 5~7mm，扭转，紫褐色；背萼片卵形，白色底，有紫褐色纵条纹；唇瓣盔状，暗黄色，有细紫褐条纹。退化雄蕊稍呈心形，或近正方形。花期春夏。耐高温，温室较易栽培。是优良杂交种亲本。

报春兜兰（*Paph. primulinum*）

产于印度尼西亚（苏门答腊）；生于海拔 500~1500m 处。叶 4~7 枚，狭矩圆状椭圆形，长达 17 cm，宽 2.5~3.8cm；花葶长 25~30 cm；花序具多花；花依次展现，同一时间通常仅 1 朵花开放；直径 6.5~7cm；中萼片与合萼片绿黄色，有深色脉；花瓣与唇瓣黄色，有不明显的暗色脉；退化雄蕊绿色，近宽椭圆形；合萼片卵形，略狭于中萼片；花瓣近平展，线形，上半部稍扭转而且边缘波状，有长缘毛；唇瓣盔状；囊近椭圆形，下部稍膨大，花期冬季。

报春兜兰（*Paph. primulinum*）

紫纹兜兰（香港兜兰）（*Paph. purpuratum*）

地生兰花。产于中国广东、香港、广西、云南、海南等地；越南也有分布。生长在海拔 100~1200m 的次生阔叶林或灌木林下多石或腐殖质丰富的土地上。叶 4~6 枚，长 9~17cm，宽 2~4cm，叶面有深绿、浅绿相间的网格斑。花茎长 12~22cm；花单生；直径 8~10cm，中萼片白色，具紫栗色粗脉；合萼片白色，具绿色脉；花瓣紫栗色，有暗紫色脉；唇瓣盔状，紫栗色；退化雄蕊浅黄绿色。早在 1938 年已引种至英国。现国外栽培较广，并已做为杂交亲本应用。 华北温

麻栗坡兜兰（*Paph. malipoense*）

硬叶兜兰（*Paph. micranthum*）

洁白兜兰（*Paph. niveum* f. *album*）

雪白兜兰（*Paph. niveum*）

泸水兜兰（*Paph. lushuiense*）

紫纹兜兰（*Paph. purpuratum*）

室栽培，较耐高温，适应性较强，过夏比较容易。远较杏黄兜兰和硬叶兜兰容易栽培。秋冬季开花。

若氏兜兰（*Paph. rothschildianum*）

地生或半附生兰花。产于马来西亚、印度尼西亚（加里曼丹）。生于低至中海拔岩石峭壁缝隙有腐殖土的地方。叶绿色，6~8枚，带状，长 20~30cm，宽 4~5cm。花茎长 40~60cm，直立，有花 2~5朵，花几乎同时开放；花径 15~20cm。中萼片与合萼片乳白色或浅黄色，有栗色粗脉；花瓣狭长，先端尖，长 10~14cm，宽约 1cm，乳白色或浅黄色，有栗色脉或斑点；唇瓣盔状，黄色，有浓密的紫色晕和脉纹；退化雄蕊浅紫色，中央黄色。是该属中优良大型植株种类。耐热性较强，栽培较容易。花期 4~6月。重要杂交亲本，有许多杂交种。

有栽培品种：'T. K. Emperor' '帝王'若氏兜兰，'Jarunee' '嘉茹'若氏兜兰。

菲律宾兜兰（*Paph. philippinensis*）

白旗（美丽）兜兰（*Paph. spicerianum*）

地生或半附生兰花。产于中国云南南部至西部；印度、缅甸也有分布。生于海拔 900~1200m 的河谷较阴湿多石的土壤或岩石上。叶 3~5 枚，长椭圆形或狭长圆形，长 12~30cm，宽 2~3cm，绿色，背面基部有紫红色点。花葶长 15~25cm；花 1 朵， 直径 5~7cm；中萼片白色，基部浅绿，内面中脉紫红色，近圆形或宽卵形，上部向前弯曲成弓形；花瓣浅黄绿色，具褐紫色中脉，狭长圆状披针形，边缘波状，中脉紫红色，密布紫红小点；唇瓣浅绿色，倒盔状；退化雄蕊近菱形，中部淡紫色，边缘白色。花期 10 月至翌年 1 月。

泰国兜兰（*Paph . thaianum*）

产于泰国。花白色，萼片和花瓣近基部，特别是背面基部具紫红色条纹；退化雄蕊中央常有绿色至黄绿色脉纹（陈心启：该植物颇似古德兜兰（*P. godefroyae*），特别是它的白化型；而且也与雪白兜兰（*P. niveum*）近似，只是程度不同而已，待研究）。

虎斑兜兰（*Paph. tigrinum*）

地生或半附生兰花。产中国云南东南部至西部；缅甸也有分布。生于海拔 1200~2 200m 疏林树上、覆盖苔藓的岩石上或多石的地上。叶 3~5 枚；狭长圆形，长 13~27cm， 宽 2.1~2.8cm。花葶直立，长 18~36cm，花单朵，直径 9~12cm；中萼片黄绿色，有 3 条紫褐色粗纵条纹，花瓣基部至中部黄绿色并在中央有 2 条紫褐色粗纵条纹，上部淡紫红色；唇瓣倒盔状，黄绿色有淡褐色晕；退化雄蕊黄绿色但在中央有紫斑，近椭圆形或倒卵状椭圆形，中央具脐形突起。花期 6~8 月。

天伦兜兰（*Paph. tranlienianum*）

产于中国云南东南部；生于海拔约 1000m 处灌丛中多石排水良好之地。越南北部也有分布。叶 4~6 枚，窄矩圆形，长 10~24cm。花径 6 ~ 6.5cm；中萼片白色，下部 2/3 具紫褐色纵条纹；花瓣与唇瓣浅绿色，有紫褐色脉晕；退化雄蕊浅黄绿色，具绿色脐状突起；花瓣窄矩圆形，边缘强烈波状白色缘毛；唇瓣盔状；囊椭圆形，长 2.2 ~ 2.4cm；囊口两侧稍呈耳状；退化雄蕊宽倒卵形，在下部有一个脐形突起。

秀丽兜兰（*Paph. venustum*）

地生或半附生兰花。产于中国西藏东南部至南部（墨脱、定结）；尼泊尔、不丹、印度东北部和孟加拉国也有分布。生于海拔 1100~1600m 的林缘处腐殖质丰富的地上。叶 4~5 枚，长圆形至椭圆形， 长 10~21cm， 宽 2.5~5.7cm，上面有深绿、浅间相间的网格斑，背面有较密集的紫色斑点。花葶直立，长 12~19cm，顶端生 1 花或罕有 2 花；花直径 7~8cm；中萼片宽卵形或近心形，白色有绿色粗脉纹；花瓣黄白色而有绿色脉、暗红色晕和黑色粗疣点；唇瓣倒盔状、淡黄色而有明显的绿色脉纹和极轻微的暗红色晕。花期 1~3 月。

有选出的栽培品种：'Mishima' '米西马'秀丽兜兰； 'Noriko' '诺瑞考'秀丽兜兰。

‘帝王’若氏兜兰（*Paph. rothschildianum* ‘T.K.Emperor’）

若氏兜兰（*Paph. rothschildianum*）

‘嘉茹’若氏兜兰（*Paph. rothschildianum* ‘Jarunee’）

虎斑兜兰（*Paph. tigrinum*）

白旗（美丽）兜兰（*Paph. spicerianum*）

泰国兜兰（*Paph .thaianum*）

天伦兜兰（*Paph. tranlieninaum*）

‘米西马’秀丽兜兰（*Paph. venustum* ‘Mishima’）

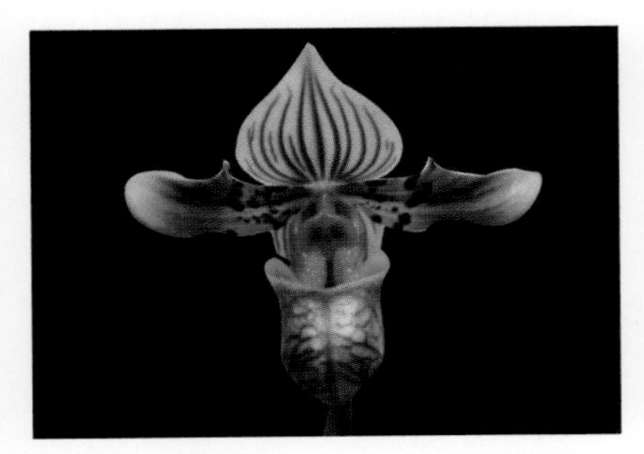

诺瑞考‘秀丽兜兰’（*Paph. venustum* ‘Noriko’）

秀丽兜兰（*Paph. venustum* ）

越南兜兰（*Paph. vietnamense* ）

越南兜兰（*Paph. vietnamense*）

地生兰花。产于越南北部。叶 3~5 枚，椭圆形，长 9~15(25) cm，宽 2.8~4(7)cm，上面有暗绿色与浅灰绿色相间的网格斑，背面具紫色斑点或有紫色晕。花葶直立，长 15~23(26)cm；花单朵或 2 朵，直径 9~12 cm；中萼片与合萼片粉红色至乳白色，近顶端常有深粉红色晕；花瓣乳白色、粉红色或浅紫色，通常在上半部色泽较深；唇瓣深囊状；囊近球形，长、宽各 2.5~3.5(4)cm，先端边缘内卷；唇瓣亦为乳白色、粉红色或浅紫色，前方有深紫色晕；退化雄蕊宽卵状菱形，边缘具缘毛，浅黄色，具白边，中央有绿色斑块。花期 2~3 月。

紫毛兜兰（*Paph. villosum*）

附生或地生。产于中国云南、广西等地；缅甸、越南、泰国和印度也有分布。生长在海拔 1300~2200m 的山区，附生在树杈间或岩石上。叶 4~6 枚，长 20~40cm，宽 2.2~4.5cm，暗绿色，基部有密集的紫色斑点。花茎直立，长 12~27cm，花单朵，直径 7~13cm，中萼片褐色，有白色或淡黄绿色边，中央有一条深褐色纹，唇瓣淡黄褐色。栽培容易。1853 年引种到英国。该种与 *Paph. barbatum* 杂交，出现了世界上第一个人工杂交种兜兰 (*Paph. Harisianum*)，1869 年开花。花期 11 月至次年 3 月。

有 3 个变种：var. *annamense* 安南紫毛兜兰；var. *boxallii* 包氏紫毛兜兰；var. *densissimum* 密毛紫毛兜兰。

彩云兜兰（*Paph*. *Wardii*）

地生兰花。产于中国云南西南部；缅甸也有分布。生于海拔 1200~2500m 有林木的山坡或林缘灌木丛生的地上。叶 3~6 枚；长 10~ 17cm，宽 2.5~4.7cm，上面有蓝绿色相间的网格，背面有紫色斑点。花葶直立，长 15~35cm，顶生 1 花，直径 7~10cm；中萼片与合萼片白色而有绿色粗脉纹，花瓣绿白或淡黄绿色，有暗栗色斑点或有紫褐色晕，有缘毛；唇瓣绿黄色而具暗色脉和淡褐色晕及小斑点；唇瓣盔状。退化雄蕊倒心状月牙形，浅绿色。花期 12 月至翌年 3 月。

Paph. Aces 'Royal Green'

紫毛兜兰（*Paph. villosum*）

彩云兜兰（*Paph. wardii*）

杂交种品种群体

飘带兜兰 (*Paph. parishi*)

Paph. Delrosii 'Ching'

红魔帝（*Paph.* Maudiae 'Red type'）

Paph. Gold Nugget 'Kingdom'

Paph. La Palotterie

红魔帝'群体' *Paph.* Maudiae 'Red type'

Paph. Mistic Kinght 'Halo'

Paph. Paeony 'Regency'

Paph. Peter Black 'Emerald'

Paph. (Stone Lovely × Shilltyn 'Mishima')

Paph. Enzan Joint 'After Noon Tea'

Paph. Green Window

Paph. H. Yamamoto 'Mikage'

Paph. Karame（黄展发　摄）

Paph. Leeanum (insigne × spiceranum)

Paph. Les Laveurs (Crazy Horse × Brownstone)

Paph. Lippewunder 'Nlumen Insel'

Paph. Ma Belle 'Dou Fang' *(Paph. malipoense × Paph. bellatulum)*

Paph.（Susan Muffet '981030' × *Paph.* Olympian Paradise '9710207'）

绿魔帝 *Paph.* Maudiae'Green Type'

凤蝶兰属
Papilionanthe

附生兰花。分布于中国南部至东南亚。本属有11种。我国有2种，产于云南南部和西藏东南部。茎圆柱形，伸长，分枝或不分枝，疏生多数叶。叶肉质，细圆柱形，基部具关节和鞘，近轴面具纵槽；花序茎上侧生，不分枝，疏生少数花；花通常大形；萼片和花瓣宽阔，先端圆盾；唇瓣3裂；侧裂片近直立，中裂片先端扩大，常2~3裂；距漏斗状圆锥形或长角状；蕊柱粗短，近圆柱形，基部具明显蕊柱足。

杂交育种：至2012年已登录的属间和属内杂交种有313种（属内杂交种33个）。如：*Papilionanda* Affine（*Papilionanthe* Miss van Deun × *Vanda suavis*），登录时间1941。*Papilionanthe* Miss Joaquim（*Papilionanthe hookeriana* × *Papilionanthe teres*）登录时间1893。*Papilachnis* Louisa（*Arachnis hookeriana* × *Papilionanthe teres*）登录时间1940。

栽培：全年要求高温、高湿，适合热带地区大量栽培；北方高温温室栽培，越冬温度要保持在20~25℃。常年保持高空气湿度。根系几乎全部暴露在空气中，每天需定时浇水（喷水）1~2次。北方冬季若温室温度太低，可适当减少浇水次数，降低湿度。旺盛生长的春、夏、秋3季，每1~2周喷施一次复合液体肥料，可以结合浇水使用。冬季温室温度低，可以暂停施肥；热带地区温度比较高，仍可继续施肥。盆栽可以在盆面施少量颗粒状缓释肥，或把缓释肥装入尼龙网袋内放在盆面，浇水时肥料会溶解而流出，供根部吸收。与一般常见兰花比较，喜较强的光线。在热带地区可以栽种在阳光直接照射到的地方；北方在温室内栽培通常不必遮阳或少遮。在热带地区，通常用木筐或吊篮将幼苗固定在中间，悬吊栽培。任其根系在木筐周围伸展、盘绕。木筐中间有时可填充一些块状的椰壳、树皮或蕨根等物。也有将幼苗绑缚栽种在树干、岩石上，任其攀缘生长。热带地区常呈从露地栽植，并树立支柱。

常见种类：

卓锦万代兰（*Papilionanthe* Miss Joaquim）

syn. *Vanda* Miss Joaquim

新加坡国花。该种是一个自然杂交种，其亲本为棒叶万代兰（*Vanda teres*）× *Vanda hookeriana*。1893年由Mr H.N.Ridley在新加坡发现并定名。1981年被选为新加坡国花。该种兰花生长强健，栽培容易，且常年开花。

有品种：卓锦万代兰'戴安娜'(*Papilionanthe* Miss Joaquim 'Diana')、卓锦万代兰'阿哥尼斯'(*Papilionanthe* Miss Joaquim 'Agnes')。兰科分类学家近些年将万代兰属（*Vanda*）的部分种并入凤蝶兰属（*Papilionanthe*），故卓锦万代兰（*Vanda* Miss Joaquim）的拉丁学名改为 *Papilionanthe* Miss Joaquim。

凤蝶兰（*Papilionanthe teres*）

syn. *Vanda teres*

大型附生兰花。分布于云南南部；生于海拔600m处，林中或林缘树干上。尼泊尔、不丹、印度、缅甸、越南、老挝和泰国也有。茎直立或攀援，粗壮，分枝高1m以上，疏生多枚叶。叶肉质，圆柱形，腹面有槽，长8~18cm或更长。花序侧生，总状，疏生花2~5朵；花径5cm，萼片和花瓣白色并有粉红色或淡紫红色晕，唇瓣紫红色，在唇盘上和中裂片基部有黄色略带淡褐色的晕；唇瓣近圆形，3裂，中裂片先端2裂；距漏斗状，长2cm。

卓锦万代兰'阿哥尼斯'（*Papilionanthe* Miss Joaquim 'Agnes'）

Papilionanthe John Clubb

凤蝶兰（*Papilionanthe teres*）

Papilionanthe Vanda Poepoe ‘Diana’

卓锦万代兰（*Papilionanthe* Miss Joaquim）

卓锦万代兰（*Papilionanthe* Miss Joaquim）

筒叶蝶兰（拟蝶兰）属 *Paraphalaenopsis*

附生兰花。分布于印度尼西亚的加里曼丹岛。本属有4个原生种，以前曾放在蝴蝶兰属内，于1980年将其分出，单列为新属。茎短，无假鳞茎。植株大多下垂生长，较少直立。叶为直径1cm的棍棒状，长30~100cm，不像蝴蝶兰扁平的叶片。花茎长数厘米到75cm，有花3~7朵；花径3~7cm，淡黄绿色、浓黄褐色、白色；有香味。花的结构和蝴蝶兰属相似，花瓣基部有爪，爪着生于蕊柱足上。

该属4个种以前均为蝴蝶兰属（*Phalaenopsis*），故建立新属前的杂交种在文献记录中仍然用*Phalaenopsis*的名称。筒叶蝶兰属（*Paraphalaenopsis*）与蝴蝶兰属（*Phalaenopsis*）、万代兰属（*Vanda*）为近缘属，属间杂交容易成功。

拉氏筒叶蝶兰（*Paraphalaenopsis laycockii*）

至2012年已登录的属间和属内杂交种有233种（属内杂交种20个）。如：*Ascoparanthera* Rednano（*Paraphalaenopsis* Vanessa Martin × *Renanthoglossum* Red Delight）登录时间2008。*Menziesara* Rayna（*Paraphalaenopsis denevei* × *Vascostylis* Bluebird）登录时间1984。*Paravanda* Amoena（*Paraphalaenopsis denevei* × *Vanda hookeriana*）登录时间)1940。*Pararenanthera* Firefly（*Paraphalaenopsis storiei* × *Paraphalaenopsis denevei*）登录时间1953。*Ascoparanthera* Dark Beauty（*Renanthoglossum* Red Delight × *Paraphalaenopsis denevei*）登录时间1984。*Hirayamaara* Elica（*Darwinara* Fuchs Cream Puff × *Paraphalaenopsis* Nonito Dolera）登录时间2003。

栽培：本属植物喜欢高温、高湿的环境。冬季温度应在18℃以上。全年生长，不休眠，要求周年提供充足的水分和肥料；北方栽培用水需经过反渗透纯化处理，去掉多余的矿物质；较高的空气湿度；最好栽种于吊篮中，用少量排水好的粗颗粒状基质盖住根部，或绑缚栽种在树蕨板上，悬挂于温室半阴处即可。可以和蝴蝶兰放在同一温室中栽培。

常见种类：

戴维筒叶蝶兰（*Paraphalaenopsis denevei*）

生于海拔0~300m雨林中、河流沿岸的树干上。叶长70cm以上；密集着生花可达13朵；花径4cm。花甚甜香；栽培中每年可以开花3~4次。

拉氏筒叶蝶兰（*Paraphalaenopsis laycockii*）

产于印度尼西亚的加里曼丹岛，生于海拔0~500m雨林中、河流沿岸的树干上。叶棒状，直径1cm，长40~50cm，数枚，半下垂状；花茎长约10cm，密集着生花多朵；花平开，直径6~8cm；萼片窄卵圆形，长3~3.5cm；花瓣长椭圆形，

戴维筒叶蝶兰（*Paraphalaenopsis denevei*）

鼠尾筒叶蝶兰（*Paraphalaenopsis serpentilingua*）

白色，基部有桃红色斑纹；唇瓣3裂，中裂片有桃红至红褐色斑纹。花期夏季。芳香。

鼠尾筒叶蝶兰（*Paraphalaenopsis serpentilingua*）

产于印度尼西亚的加里曼丹岛，生长于从海平面至海拔1000m处沼泽森林中和长满苔藓的岩石上。叶棒状，3~6枚，半下垂，长50~70cm，直径约1cm。花序长可达75cm；有花数朵，花开展，花径3~4cm，花具甜香味。萼片和花瓣长椭圆形，长1.5~2cm，黄白色，反卷。唇瓣3裂，中裂片先端2裂，淡黄白色，有红色横斑纹。花期冬季。

蝴蝶万代兰属
Paravanda

附生兰花。该属是万代兰属（*Vanda*）×蝴蝶兰属（*Phalaenopsis*）间的人工属。该属另一名称为 *Vandaenopsis*，具有其双亲的优良特性。从植株形态看，更像万代兰。单轴生长型，直立；茎下部生有粗大的气生根；叶两列，互生，革质或半肉质，厚带状或棒状，因不同杂交种而不同，横截面呈U字形或近圆形；花茎从叶腋生出，直立，有花数朵；花大型，美丽，色彩艳丽。

杂交育种：至2012年已登录的属间和属内杂交种有26种。如：*Paravanda* Yellow Glory（*Paravanda* Petite Beige × *Vanda sanderiana*）登录时间1961。*Paravandrum* Trisand（*Paravanda* Jawaii × *Paravanda* Buddy Choo）登录时间1980。*Menziesara* Istana（*Paravanda* Joaquim's Child × *Vascostylis* Five Friendships）登录时间2005。*Paravanda* Tiger Cub（*Vanda dearei* × *Paravanda* Emily Yong）登录时间1973。*Paravanda* Sabah（*Vanda sanderiana* × *Paravanda* Frank C. Atherton）登录时间1966。*Paravanda* Wailupe（*Vanda* Jack Walker × *Paravanda* Frank C. Atherton）登录时间1964。

栽培：可以参照棒叶万代兰的栽培方法种植。生长势强健，较容易栽培。要求高温、较强阳光（远较蝴蝶兰喜光），在热带地区露地栽培。要求高空气湿度。东南亚地区已有种植，适于热带地区大盆栽植或绑缚栽种在树蕨干上或用木框栽植后悬吊在庭院中。温带地区高温温室栽培，可以和万代兰等热带兰花放在同一温室中。绑缚栽种在树蕨干上或用木框栽植后悬吊在温室中。常年保持充足水分和肥料、高空气湿度、充足的阳光及新鲜的空气。

伊斯塔类蝴蝶万代兰（*Paravanda* Istana）

Paravanda Joaqums Child（syn. *Vandaenopsis* Joaqums Child）

福瑞达蝴蝶万代兰（*Paravanda* Frida）

曼德拉蝴蝶万代兰（*Paravanda* Nelson Mandela）

白蝶兰属
Pecteilis

地生兰花。全属约 7 种，分布于亚洲热带至亚热带地区。中国有 3 种，分布于南部至西南部，北至河南西南部，西至云南、四川。日本、马来西亚、印度尼西亚也有分布。冬季休眠，地上部分枯萎。块茎长圆形、肉质。茎直立，具叶 3 至数枚。总状花序顶生，具 1 至数朵花；花通常颇大；萼片离生，宽阔，中萼片直立，侧萼片斜歪；花瓣常较萼片狭小；唇瓣 3 裂，具长距，距比子房长很多。

杂交育种： 至 2012年已登录的属间和属内杂交种有 8种（属内杂交种 1种）。如：*Pectabenaria* Yokohama（*Pecteilis radiate* × *Habenaria sagittifera*）登录时间 1956；*Pecteilis* Kiat Tan（*Pecteilis susannae* × *Pecteilis hawkesiana*）登录时间 2004；*Pectabenaria* Hina（*Pecteilis radiate* × *Habenaria rhodocheila*）登录时间 2002；*Pectabenaria* Original（*Habenaria rhodocheila* × *Pecteilis susannae*）登录时间 1912；*Pectabenaria* Flamingo（*Habenaria erichmichelii* × *Pecteilis hawkesiana*）登录时间 2007；*Pectabenaria* Little Angel（*Habenaria carnea* × *Pecteilis hawkesiana*）登录时间 2011。

栽培： 低温或中温温室栽培，越冬最低温度 5~8℃；不同种耐低温程度不同。用透气和排水良好的腐殖土或泥炭土添加少量的河沙作基质盆栽。盆底部填充 1/4 盆深的颗粒物作为排水层。生长时期保证有充足的水分、肥料、半阴和稍高空气湿度的环境。开花以后至秋季，地下块茎逐渐生长成熟；天气逐渐变冷，地上部分开始枯黄并最后脱落。从秋季末开始逐渐减少浇水，直至停止浇水。冬季休眠期，保持 5~8℃；土壤微潮。通常每年需换盆和分株，在春季块茎新芽萌动时进行。

国内尚未见栽培；建议在我国西南地区，云南、贵州、四川等地引种栽培。花大型，白色，十分美丽。可能发展成一类较好的庭园露地栽培的兰花或盆栽兰花。

常见种类：

窄叶白蝶兰（*Pecteilis radiata*）

产于中国河南。生于海拔 1500m 的林下草地。日本也有分布。株高 18~35cm，块茎椭圆形或近球形，长 1.5~2cm，直径 1.5cm。茎细长，直立；叶线形，长 5~10cm。总状花序，具花 1~2 朵；花较小，直径 1.5~3cm，白色；萼片淡绿色；花瓣白色，斜卵形；唇瓣白色，3 深 裂；侧裂片外侧边缘具长流苏状裂条。花期 7~8 月。

龙头兰（*Pecteilis susannae*）

产于中国江西、福建、广东、香港、海南、广西、贵州、四川、云南。生于海拔 540~2500m 的山坡林下、沟边或草坡。马来西亚、缅甸、印度及尼泊尔也有分布。株高 45~100cm。块茎长圆形，长 4~6cm，直径 1.5~2.5cm，肉质。茎直立，具多枚叶。下部叶卵形至长圆形，总状花序具 2~5 朵花；花大，白色，芳香；中萼片阔卵形；侧萼片宽卵形，较中萼片稍长；花瓣线状披针形，较萼片短很多；唇瓣 3 裂，外侧边缘成篦状或流苏状撕裂。花期 7~9 月。

窄叶白蝶兰（*Pecteilis radiata*）

龙头兰（*Pecteilis susannae*）

白蝶兰（*Pecteilis sagirikii*）

钻柱兰属
Pelatantheria

附生兰类。全属5种，分布于热带喜马拉雅，从印度东北部、缅甸到东南亚。在我国有分布。茎伸长；叶革质或稍肉质。总状花序从叶腋生出，短，具少数花；花小，肉质，开展；萼片相似，花瓣较小；唇瓣3裂，侧裂片小，直立；中裂片大，向前伸展，上面中央增厚呈垫状；距窄圆锥形。

该属与隔距兰属（*Cleisostoma*）亲缘关系比较密切。

杂交育种： 至2012年已登录的属间和属内杂交种有6种。如：*Pelacentrum* Suebsanguan（*Pelatantheria ctenoglossum* × *Ascocentrum* Sagarik Gold）登录时间1974；*Pelastylis* Monica Gudel（*Pelatantheria ctenoglossum* × *Rhynchostylis gigantean*）登录时间1986；*Pelathanopsis* Clay Hill（*Pelatantheria insectifera* × *Phalaenopsis pulcherrima*）登录时间1985；*Pelachilus* Rumrill Midget（*Gastrochilus formosanus* × *Pelatantheria ctenoglossum*）登录时间1980；*Cleisotheria* Rumrill Firefly（*Cleisostoma simondii* × *Pelatantheria insectifera*）登录时间1990。

栽培： 生长势强健，栽培较容易。可以参照带叶万代兰的栽培方法种植。要求高温、较强阳光和高空气湿度。温带地区中温或高温温室栽培，可以和万代兰等热带兰花放在同一温室中。绑缚栽种在树蕨干上或用木筐栽植后悬吊在温室中。常年保持充足水分和肥料、高空气湿度、充足的阳光及新鲜的空气。

常见种类：

钻柱兰（*Pelatantheria rivesii*）

产于广西和云南；越南和老挝也有。附生于从海平面到海拔700~1100m处常绿阔叶林中树干上或岩石上。茎长可达1m以上。叶舌状，革质，长3~4cm，宽1~1.5cm，生于茎两侧。花序侧生，较短，有花2~7朵，花质地厚，小；萼片与花瓣淡黄绿色，有2~3条淡栗色条纹，唇瓣白色，中裂片粉红色；距长3mm，直径2.5mm。通常10月开花。

钻柱兰（*Pelatantheria rivesii*）

帕卡兰属
Pescatorea

附生兰花。全属共25个种，分布在墨西哥到巴拿马。附生于海拔500~2000m处季节性干旱的松树和栗树混交林中。该属与接瓣兰属（*Zygopetalum*）亲缘关系密切。无假鳞茎，叶2列，呈折扇状，有褶皱，质地薄。花序从叶鞘基部腋处伸出，花单生，花茎短，直立或弓形。花朵艳丽，经常散发香味；萼片肉质，背萼片离生，侧萼片在基部相连；花瓣和萼片相似但狭小些；唇瓣肉质，3裂，渐渐变窄狭，基部呈爪状，与蕊柱足相连，侧裂片小，中裂片突起，龙骨的胼胝。花粉团4。

杂交育种： 至2012年该属已有属间杂种和属内种间杂种共1个。*Pescatoscaphe* × *froebeliana*（*Pescatorea coelestis* × *Chondroscaphe chestertonii*）登录时间无，自然杂种。

栽培： 中温温室栽培。用排水和透气良好的中等颗粒状基质盆栽。全年保持充足的水分，1~2天浇水一次，不能完全干透。每天数次向温室内道路和台架喷水，以增加空气湿度。春、夏、秋3季遮阳50%~70%，冬季不遮或少遮。旺盛生长季节，2周左右施一次液体复合肥，秋末和冬季停止施肥。注意温室经常通风，保持室内空气新鲜。

厄瓜多尔帕卡兰（*Pescatorea ecuadoriana*）
（Ecuagenera　摄）

常见种类：

冠唇帕卡兰（*Pescatorea coronarea*）

产于哥伦比亚。叶数枚，扇形、长椭圆状披针形，长30~45cm，革质。花茎腋生，直立，长10~15cm，有花1朵。花径4.5~7cm，深堇紫色，花瓣较厚，稍肉质；有香味。萼片卵形，长约3.5cm。花瓣较萼片窄，唇瓣短于萼片，前端呈冠状，生有毛状突起物。花期夏季。

科拉氏帕卡兰（*Pescatoria klabochiorum*）

产于哥伦比亚和厄瓜多尔。与冠唇帕卡兰（*Pescatorea coronarea*）相似，但较粗壮。花较厚，花径约9cm。萼片白色，顶尖部深巧克力紫色，花瓣短，颜色同萼片。唇瓣铲形，3裂，赭黄色或白色。花期夏季。低温温室栽培。

李氏帕卡兰（*Pescatorea lehmannii*）

产于哥伦比亚西南部和厄瓜多尔西北部。叶数枚，扇形、长椭圆状披针形，长25~40cm。花径6~8cm，花瓣较厚，稍肉质；白色底，有多条堇紫色纵条纹，唇瓣堇紫色。萼片椭圆形，长5~5.5cm。花瓣倒卵形，比萼片短。唇瓣3裂，长3.5cm，稍肉质。侧裂片三角形，中裂片卵形，密生毛状突起物，先端反卷。花期春至秋季。低温或中温温室栽培。

李氏帕卡兰（*Pescatorea lehmanniii*）
（Ecuagenera　摄）

冠唇帕卡兰（*Pescatorea coronarea*）
（Ecuagenera　摄）

科拉氏帕卡兰（*Pescatoria klabochiorum*）
（Ecuagenera　摄）

虾脊鹤顶兰属

Phaiocalanthe (*Phcal.*)

该属是鹤顶兰（*Phaius*）× 虾脊兰（*Calanthe*）两属间交配的人工属。杂交种具有其 2 个亲本属的优良特性。由于交配亲本的不同，其杂种后代在植物形态和生物学特性上均差异较大。有些杂交种从植株形态看，像虾脊兰，植株较小；花茎直立，上部有花数朵，花较鹤顶兰小，美丽，色彩艳丽、丰富。有些杂交种植株大型，花更趋向于鹤顶兰。

杂交育种：至 2012 年已登录的属间和属内杂交种有 4 种如：*Phcal.* Andromeda（*Phcal.*Irrorata × *Phaius tankervilleae*）登录时间 1999；*Phcal.* Southside（*Phcal.* Irrorata × *Phaius* Brandywine）登录时间 2000；*Phcal.* Forest Pink（*Phcal.* Little Pink × *Phaius tankervilleae*）登录时间 2002。

栽培：可以参照鹤顶兰的栽培方法种植。生长势强健，较容易栽培。中温或高温温室栽培；喜半阴的环境和较高的空气湿度。适于盆栽，华南地区可以栽种在公园或园林绿地的花坛中。冬季不落叶或有些杂交种冬季落叶。盆栽基质可以用排水和透气良好腐殖土或泥炭土。生长时期 1~2 周施一次液体复合肥。

Phcal. Kryptonite

Phcal. Kryptonite

鹤顶兰属

Phaius

地生兰花。全属约40种，广布于非洲、亚洲热带和亚热带地区至大洋洲。我国有8种，产于南方诸省区，尤其盛产于云南南部。假鳞茎丛生；叶大，数枚，互生于假鳞茎上部，具折扇状脉。花葶1~2个，侧生于假鳞茎节上或从叶腋中发出；总状花序生数朵花；花大，美丽；萼片和花瓣近等大；唇瓣具短距或无距。

杂交育种：鹤顶兰属植物花大而美丽，生长势强健，栽培容易，适合于热带地区露地栽培，或温带地区温室盆栽。育种家们广泛地进行了种间和品种间的杂交，培育出许多优良的新品种。据不完全统计，至1997年已登录的人工属有：*Epiphaius*(*Epidendrum* × *Phaius*)、*Gastophaius*（*Phaius* × *Gastorchis*）、*Phablettia*(*Bletia* × *Phaius*)、*Phaiocalanthe*（*Phaius* × *Calanthe*）、*Phaiocymbid*（*Phaius* × *Cymbidium*）、*Spthophaius*（*Phaius*×*Spathoglottis*）。

至2012年，已登录的属间和属内杂交种有108种（属内杂交种30个）。如：*Gastrophaius* Amabilis（Phaius tankervilleae × *Gastrorchis* Tuteus）登录时间1893；*Gastrophaius* Bernadette Castillon（*Phaius tankervilleae* × *Gastrorchis* Tuteus）登录时间1984；*Ancistrophaius* Clown（*Phaius tankervilleae* × *Ancistrochilus rothschildianus*）登录时间2009；*Gastrophaianthe* Colmanii（*Calanthe regnieri* × *Gastrophaius* Cooksonii）登录时间1907；*Gastrophaius* Bébé Chien（*Gastrorchis pulchra* var. *perrieri* × *Phaius tankervilleae*）登录时间1984；*Phaiocalanthe* Andromeda（*Phaiocalanthe Irrorata* × *Phaius tankervilleae*）登录时间1999。

栽培：因种类的不同，生态的环境也各异。自海平面至海拔2000m高的林地均有分布。生于半阴的林下或林缘，有的则暴露于全光下；有的耐高温，有的喜凉爽的环境。许多种深受栽培者喜爱，是栽培普及且容易成功的兰花之一。温暖地区可露地种植，北方中温或高温温室栽培。地栽或盆栽均需排水良好的基质，底部应垫颗粒状排水物；以腐叶土、泥炭土、珍珠岩等配制成基质。生长期宜保持空气的流通及较高的空气湿度；夏季遮阳50%~70%，冬季温室栽培可以不遮阳或少遮。旺盛生长时期要保证充足水分和肥料供应；休眠期减少浇水停止施肥。冬季最低夜温不低于5℃。

常见种类：

黄花鹤顶兰（*Phajus flavus*）

产于中国福建、台湾、湖南、广东、广西、四川、云南和西藏。生于海拔300~2500m的山坡林下阴湿处。印度、日本和东南亚也有分布。中温或高温温室栽培，栽培较容易。假鳞茎呈圆筒形或圆锥形，高约10cm，向上变窄，由苞片形成假茎，高可达60cm。叶片3~8枚，披针形，长45cm，宽11.5cm，上面有不规则的黄色斑点和条斑。花茎从假鳞茎的基部生出，高可达90cm，直立，有花多朵。花径约7.5cm，柠檬黄色。花瓣小于萼片。在唇瓣上有一些棕色或红棕色的斑点。花期长，芳香。春季开花。

有白花变种：*Phajus flavus* ‘Alba’白色黄花鹤顶兰。

紫花鹤顶兰（细茎鹤顶兰）（*Phaius mishmensis*）

产于中国台湾、广东、广西、云南和西藏东南部。生于海拔1400m的常绿阔叶林下阴湿处。不丹、印度、东南亚和日本也有分布。假鳞茎圆柱形，长30~80cm，上部互生5~6枚叶。花序侧生于茎的中部，长约30cm，疏生少数花；花淡紫红色，不甚开放；萼片近相似，花瓣倒披针形，唇瓣3裂；距细圆筒形，长1~1.6cm。花期10月至次年1月。

鹤顶兰（*Phaius tankervilleae*）

产于中国台湾、福建、广东、香港、海南、广西、云南和西藏东南部。生于海拔700~1800m的林缘、沟谷半阴湿处。广布于亚洲热带和亚热带地区以及大洋洲。中温或高温温室栽培。适应性强，在我国常见栽培。假鳞茎圆锥形，丛生，高和直径均在7.5cm左右。有叶3~5枚，叶长可达90cm，宽约10cm。花茎侧生于假鳞茎上；直立，高90~120cm；总状花序具花10~20朵。花大型，花径7~11cm；萼片和花瓣矩圆形，长约5cm，外面白色，里面暗赭色，有时边缘为黄色。唇瓣大，宽倒卵圆形，3浅裂，中裂片顶端凹或尖，背面前部紫色，腹面内侧紫色带白色条纹。芳香；花寿命长。春夏季开花。

有白花品种：白花鹤顶兰（*Phaius tankervillae* ‘Alba’）。

紫花鹤顶兰（*Phaius mishmensis*）

黄花鹤顶兰（*Phaius flavus*）（Dr. Kirill　摄）

白花鹤顶兰（*Phaius tankervillae* 'Alba'）（李振坚　摄）

鹤顶兰（*Phaius tankervillae*）

黄花鹤顶兰白花变种（*Phajus flavus* 'Alba'）（Dr. Kirill　摄）

蝴蝶兰属

Phalaenopsis (*Phal.*)

附生兰花。全属约40种，分布于热带亚洲至澳大利亚。我国有6种，产于南方诸省区。根肉质，发达，长而扁。茎短，具少数近基生的叶；肉质，扁平，椭圆形至倒卵状披针形；花序侧生于茎的基部，直立或斜出，具少数至多数花；花小至大，十分美丽；花期长；萼片近等大；花瓣近似萼片而较宽阔；唇瓣基部具爪3裂；侧裂片直立，中裂片基部不形成距。

蝴蝶兰是世界著名五大商品兰花之一。花大、色彩艳丽、色泽丰富，花形美丽别致，开花期长，深受世界各国人们的喜爱。是十分重要的热带和室内的盆花和切花。蝴蝶兰商品化大规模栽培十分成功，在商品兰花市场上占有相当大的比例。

杂交育种： 目前用于商品生产的蝴蝶兰，均为经多年杂交选择培育出的优良品系。与原生种比较，它们花形大而丰满、花朵美丽，色泽丰富、鲜艳，开花期长，生长势强健，容易栽培。一些原生种主要保存在各地植物园、园林和花卉研究机构以及蝴蝶兰的新品种培育中心，很少用于商品性生产。我国近些年来，随着经济的迅速发展，蝴蝶兰生产发展非常迅速，蝴蝶兰盆花已步入普通百姓之家。

由于种间和属间杂交的结果，现在栽培的品种群十分复杂，品种甚多，数以千计。除常见的纯白色花和紫红色花的品种外，还有许多中间过渡色，如白花红唇、黄底红点、白底红点、白底红色条纹等。

蝴蝶兰属植物的亲和力比较强，与兰科其他属间的杂交容易成功。据不完全统计，至1997年蝴蝶兰与其近缘属：*Aerides*、*Arachnis*、*Ascocentrum*、*Asoglossum*、*Cleisocentrum*、*Diploprora*、*Doritis*、*Eurychone*、*Kingidium*、*Luisia*、*Neofinetia*)、*Renanthera*、*Rhynchostylis*、*Sarcochilus*、*Vanda*、*Vandopsis* 等16属通过人工杂交产生了2属至5属间的人工属40个左右。其中特别值得注意的是五唇蝶兰属【*Doritaenopsis*（*Doritis* × *Phalaenopsis*)】，1923年登录。最初的亲本是 *Phal. lindnii* × *Dor. pulcherrima* 。至1970年登录的杂交种增至100种；至1996年则增加到1500种。两属间的杂交在很大程度上能够取长补短。从花卉园艺的角度看，这是一个十分成功的人工属。在目前花卉市场上，十分受人们喜爱的蝴蝶兰优良品种中，许多均出自该人工属。但这些优良品种在我国花卉市场上均作为蝴蝶兰介绍给消费者，许多人都不知道该品种是出自五唇蝶兰属。

至2012年该属以母本作杂交的杂交种有31563种，以父本作杂交的杂交种约有31752种（属内杂交种约31308个）。如：*Aeridopsis* Agusan（*Phal.* Sally Lowrey × *Aerides lawrenceae*）登录时间1966；*Devereuxara* Keaau Clouds（*Phal. stuartiana* × *Devereuxara* Mauna Kea）登录时间1992；Amenopsis Kaohsiung Magic（*Phal.* Sogo Yukidian × *Amesiella philippinensis*）登录时间2009；*Aeridopsis* Cagayan（*Aerides falcate* × *Phal.* Goleta）登录时间1965；*Asconopsis Dawn* Joy（*Asconopsis* Irene Dobkin × *Phal.* Winter Beauty）登录时间1985；*Angraeconopsis* Kaohsiung Dream（*Angraecum sesquipedale* × *Phal.* Ruey Lih Beauty）登录时间2009。

栽培： 蝴蝶兰为典型的热带附生植物。栽培时根部要求通气和排水良好。通常用盆栽和树蕨板栽植。目前大规模生产主要用苔藓作基质栽植在塑料盆中，盆下部应填充碎砖块等粗粒状的排水物。栽植时将浸透水的苔藓多余的水挤干，松散地包在兰苗的根部，苔藓的体积约为盆体积的1.3倍。然后将兰苗和苔藓轻压后栽入盆中。在热带地区常将蝴蝶兰绑缚栽种在30cm×20cm的树蕨板上，先用少量苔藓包好蝴蝶兰根部，再用铜丝或尼龙丝将其固定在树蕨板上。管理得当，1个月左右新根开始生长。苔藓的耐腐朽能力较差，通常每年春季换盆一次，用新苔藓重新栽种。

中温或高温温室栽培，适宜生长温度为白天25~28℃，夜间18~20℃，幼苗可以提高到23℃左右。成苗保持温度20℃以上2个月，以后将夜间温度降至18℃以下，约1个半月后则可形成花芽。花芽形成后，夜间温度保持18~20℃，经3~4个月就可以开花。蝴蝶兰喜通风良好的环境，忌闷热。夏季高温时期，通过水帘 / 风机降温和通风。

北方温室栽培蝴蝶兰，旺盛

生长时期遮阳50%~70%，冬季30%左右。幼苗遮阳稍多些。过度遮阳易导致叶片细长，容易染病。

栽培基质不同，浇水的时间间隔不同。苔藓吸水量大，可以间隔数日浇水1次，苔藓表面发白时便可以浇水。蕨根、蛇木块、树皮块等保水能力差可每日浇水一次。绑缚栽种在树蕨板上的蝴蝶兰应每日定时喷水，并保持较高的空气湿度。大量栽培，对水质要求较严。北方地下水水质大多较差，钙镁等含量太高，需经过反渗透纯化处理方能用于浇灌。用水须经常保持清洁、无污染。

在栽培中应常年保持较高的空气湿度。在干旱的北方通过每日数次向温室内喷雾或向地面、台架、墙壁等处洒水，来增加局部环境的湿度。

旺盛生长季节，每周施用1次复合液体肥料，浓度为0.05%~0.1%。开花期停止施肥。另外，经多次施肥后，基质中往往积累了较多的盐类，这对植株的生长十分不利，故需定期用清水冲洗。

蝴蝶兰花朵的寿命较长，当花茎上的花蕾大部分已经开放，可将生长比较健壮植株的花茎从基部3节以上的部分剪掉作切花。留下的3节花茎，则可从节的部位长出花芽来，2个月左右可以再次开花。

从花卉市场购买的大型组合盆栽蝴蝶兰，大多是数盆或数十盆带盆单株组合而成。回家后先将组合式盆栽的表面覆盖物（通常是苔藓）揭开，露出组合的各个小盆。然后再对各小盆分别单独浇水、施肥等栽培管理。为了保持组合式盆栽的整体景观，每次浇水、施肥后最好再将组合式盆栽的表面覆盖物恢复原状。等花期过后，再将组合盆栽分解开来单独栽培管理。

常见种类：

大白花蝴蝶兰（*Phal. amabilis*）

产于印度尼西亚、澳大利亚北部、巴布亚新几内亚、菲律宾。茎

蝴蝶兰（*Phal. aphrodite*）（卢树楠　摄）

很短，叶片较少，呈宽长卵圆形，深绿色，叶肉质，长可达30cm，宽12cm。花序长达100cm，呈弓形弯曲，上面稀疏着生6~20朵花。花白色，直径约10cm，花瓣小而薄，唇瓣黄色，有红色条纹或斑点。花期为10月至翌年1~2月；花朵寿命在2周以上。植株生长健壮，栽培较易。属喜中高温的种类。是白花蝴蝶兰杂交育种的最重要亲本之一，许多名贵的白花蝴蝶兰品种，均含有该种的血统。

安曼蝴蝶兰（*Phal. amboinensis*）

产于印度尼西亚乌鲁古（Molucca）群岛和苏拉威西岛。生于低海拔周年多雨潮湿的阴暗雨林中。叶3~5枚，绿色，倒卵形，长15~25cm。花茎1至数枚，弓形，长15~20cm，有花数朵。花径4~5cm，底色白到黄，有红褐色横斑纹。萼片卵形，长2~3cm；花瓣卵形至菱状卵形；唇瓣3裂，长约2cm。花寿命长，夏季开花。与大花种类杂交产生优良的点花系品种后代。高温温室栽培。

蝴蝶兰（*Phal. aphrodite*）

产于中国台湾（恒春半岛、兰屿、台东）。生于低海拔的热带和亚热带的丛林树干上。菲律宾有分布。本种与大白花蝴蝶兰十分相似，只是花稍小。花径7cm左右或更小；花序侧生于茎的基部，长达50cm，具花数朵；花白色，美丽，花期长；中萼片近椭圆形，侧萼片宽披针形，花瓣菱状圆形；唇瓣3裂，侧裂片直立，具红色斑点或细条纹，中裂片似菱形。花期4~6月。该种在台湾作为亲本培育出许多优良品种。

角状蝴蝶兰（*Phal. curnucervi*）

广泛分布于印度北部、泰国、马来西亚和印度尼西亚。生于低海拔潮湿森林中，附生于有明亮光线处树干或岩石上。叶数枚，有光泽，鲜绿色，长椭圆状舌形，长约20cm；花茎1至数枚，有分枝，长10~40cm；有花10余朵；花径5~6cm，黄绿底色有红褐色斑纹，有光泽；萼片倒披针形，长1.5~2cm；花瓣披针形，长0.7~1.8cm；唇瓣白色，3裂，长约0.8cm。花期春到秋。

菲律宾蝴蝶兰（*Phal. philippinensis*）

大白花蝴蝶兰（*Phal. amabilis*）（卢树楠摄）

安曼蝴蝶兰（*Phal. amboinensis*）

角状蝴蝶兰（*Phal. curnucervi*）

桃红蝴蝶兰（小兰屿蝴蝶兰）（*Phal. equestris*）

产于中国台湾东南部（小兰屿岛）和菲律宾。茎很短，具3~4枚叶。叶长圆形，长10~24cm。花序从茎的基部发出，斜立，长30cm；曲折，密生10~15朵花。花径约2.5cm；花淡粉红色带玫瑰色唇瓣；中萼片长圆形，长11~14mm，侧萼片与中萼片相似；花瓣菱形，长10~12mm；唇瓣3裂，侧裂片直立；中裂片卵形，平展。适合作小型花育种的亲本，并已培育出许多有名的小型花品种。花期由秋至冬。有品种：'白花桃红蝴蝶兰'。

横斑蝴蝶兰（*Phal. fasciata*）

产于菲律宾。生长于低海拔的潮湿热带雨林中。有叶3~6枚，叶长椭圆形，有光泽，长14~20cm。花茎斜出或横出，长25cm，有分枝，有花数朵。花呈星状，花径4~5cm，淡黄绿色底，有栗色斑纹。唇瓣侧裂片黄色，有红色斑点，中裂片基部橙黄色，先端有卵形隆起。花期春季。有品种：'Country Acres'。

海南蝴蝶兰（*Phal. hainanensis*）

产于中国海南（白沙、乐东）。生于林下岩石上。茎长1~1.5cm，常具3~4枚叶。叶在花期常凋落；叶鞘宿存，长约7mm；花序侧生于茎的基部，通常1~2个，斜立，长达55cm，有时分枝；疏生8~10朵花；花开展；中萼片长圆形，先端钝；侧萼片斜椭圆状长圆形；花瓣匙形，先端钝；唇瓣3裂；侧裂片直立；中裂片近提琴形，较肥厚。花期7月。

象形文字蝴蝶兰（*Phal. hieroglyphica*）

产于菲律宾。生长于海拔0~500m处的潮湿的热带雨林中树干上。叶片3~6枚，绿色，线状长椭圆形至倒披针状长椭圆形，长30cm。花茎1~3枚，呈弓形，长约30cm，有分枝，具多数花。花径5~7cm，白色到乳黄色底，有紫褐色横纹。唇瓣3裂，侧裂片中央突起，中裂片呈楔状扇形，中部有许多毛状物突起。

林德氏蝴蝶兰（*Phal. lindenii*）

产于菲律宾吕宋岛北部山区。生长于山区林中树上。植株小型。叶2~5枚，暗绿色有银白色斑，长圆状披针形，长10~15cm。花茎细，下垂，长20~40cm；有分枝，有花多朵；花径约3cm，白底，具淡粉红色纵脉数条。萼片长椭圆形，花瓣椭圆状菱形；唇瓣3裂，侧裂片

桃红蝴蝶兰（*Phal. equestris*）

白花桃红蝴蝶兰（*Phal. equsatis* 'Alba'）

横斑蝴蝶兰（*Phal. fasciata*）

桃红蝴蝶兰变种（*Phal. equestris* var. *coerulea*）

象形文字蝴蝶兰（*Phal. hieroglyphica*）

长椭圆状倒卵形，中裂片椭圆形，有 5 条纵斑纹，色彩艳丽。花期春夏季。在栽培中该种需要较其他种类凉爽的环境。

罗氏蝴蝶兰（*Phal. lobbii*）

产于中国云南东南部；缅甸、越南也有分布。生于海拔 600m 以下疏林中树上。叶 2~4 枚，长 5~8cm，宽 3~4cm。花序长 5~10cm，有花 2~4 朵；萼片和花瓣白色，萼片长 1~1.2cm，唇瓣深黄色，3 裂，中裂片近三角形。花期 3~5 月。

有栽培品种：'斯林'罗氏蝴蝶兰 *Phal.lobbii*'Silence'。

版纳蝴蝶兰（*Phal. mannii*）

产于中国云南南部（勐腊）。生于海拔 1350m 的常绿阔叶林中树干上。尼泊尔、印度、缅甸、越南也有分布。该种与角状蝴蝶兰（*Phal. curnucervi*）十分相似。具 4~5 枚叶，叶近长圆形，长达 23cm；花序 1~2 个，侧生于茎，长 5.5~30cm，疏生少数至多数花；花开展，质地厚，萼片和花瓣橘红色带紫褐色横纹斑块；花瓣近长圆形；唇瓣白色，长约 1cm，3 裂；侧裂片直立，中裂片厚肉质，锚状，先端圆钝。花期 3~4 月。有变种：var. flava 黄花版纳蝴蝶兰，花黄绿色。

席氏蝴蝶兰（*Phal. schilleriana*）

产于菲律宾。本种在植株形态上与大白花蝴蝶兰相似，但叶片更软，深绿色，上面有银灰色的斑点和横条纹，背面为洋红色。花茎直立或呈弓形，长可达 90~100cm，有分枝。有花 30~50 朵，甚为壮观。花径常小于 7cm。有香味。花朵大小和颜色常有变化，主要颜色为淡玫瑰红色。唇瓣为金黄色，有猩红色的斑点。花期春季。中温或高温栽培环境。在热带地区的植物园或兰花圃中常见有栽培。该种在粉红色花蝴蝶兰的育种中有重要作用，有很高的园艺价值。许多杂交育种重复使用本种作亲本。

海南蝴蝶兰（*Phal. hainanensis*）

斑唇蝴蝶兰（*Phal. stuartiana*）

产于菲律宾低海拔地区。叶 3~6 枚，长达 40cm，宽 10cm，长椭圆形，绿色底色上有银灰色斑，背面暗红色。花茎呈弓形，长可达 60cm，有分枝，花多数。花白色到淡黄色，花径 5~6cm，微香。背萼片椭圆形。侧萼片长椭圆形，下半部分淡黄色，有红褐色斑点。唇瓣 3 裂，淡黄色有深红色斑点。花寿命长。可栽培成大型植株，开满花，十分壮观。高温温室栽培。花期冬春季。

具脉蝴蝶兰（*Phal. venosa*）

产于印度尼西亚的苏拉威西；生于海拔 700~1500m 处山区森林中树干下部。有叶 3~5 枚，长 10~22cm，宽 5~7cm；花茎呈弓形，长 20~70cm，花密生；花径 4 ~ 5cm，花色常有变化，从棕色到黄色。中温温室栽培。

萤光蝴蝶兰（*Phal. violacea*）

原产于马来半岛、印度尼西亚。附生于低海拔河边林中树干或岩石上。叶片呈宽卵圆形或长椭圆形，长22cm左右，亮绿色。花序粗壮，长10~15cm，有花2~7朵；花呈星状，花瓣肉质，故花的寿命很长；花径5~8cm，花色和花形因产地不同变化较大，2枚侧萼片与花瓣相似，白绿色，基部为鲜艳的玫瑰红色带有堇色，有时这种颜色的斑点可扩展至中部。由于色彩明快、鲜艳，非常美丽。花有香味。花可从夏季开至秋季。高温环境栽培。变种和品种较多。

有变种：var. *bellina*；有品种：'Alba' '白花' 荧光蝴蝶兰、'Blue' '蓝色' 荧光蝴蝶兰。

林德氏蝴蝶兰（*Phal. lindenii*）

席氏蝴蝶兰（*Phal. schilleriana*）

华西蝴蝶兰（*Phal. willsonii*）

产于中国广西、贵州、四川、云南、西藏。生于海拔800~2150m的山地疏生林中树干上或林下阴湿的岩石上。叶片丛生，开花期通常只有1枚叶片，叶矩圆形，长约4cm。根丛生，扁平如带，长达50cm以上，有时呈绿色，在叶片减少时可代替叶行光合作用。花茎长2~20cm或更长，有花2至多朵；花紫红色，花径约2cm。华西蝴蝶兰是该属植物在我国大陆分布的极少数种之一，甚为珍稀，应该严加保护。其分布区也是该属植物分布的最北界限。仅见于野生，尚未见引种栽培。由于分布纬度较高，比本属其他种类抗干旱和耐寒能力稍强，可以将其用于抗干旱和耐寒育种的亲本。

版纳蝴蝶兰（*Phal. mannii*）

黄花版纳蝴蝶兰（*Phal. mannii* var. *flava*）

席氏蝴蝶兰（*Phal. schilleriana*）

'斯林' 罗氏蝴蝶兰（*Phal. lobbii* 'Silence'）

斑唇蝴蝶兰（*Phal. stuartiana*）

白花荧光蝴蝶兰（*Phal. violacea* ‘Alba’）

荧光蝴蝶兰（*Phal. violacea*）

蓝花萤光蝴蝶兰（*Phal. violacea* ‘Blue’）

具脉蝴蝶兰（*Phal. venosa*）

Phal. violacea var. *bellina*

华西蝴蝶兰（*Phal. wilsonii*）

Phal. Fuller's Sunset × *Phal.* Golden Peoker

Phal. Eye Dee × *Phal.* George Vasguez

Phal. Be Glad × *P.* Nobby's Amy

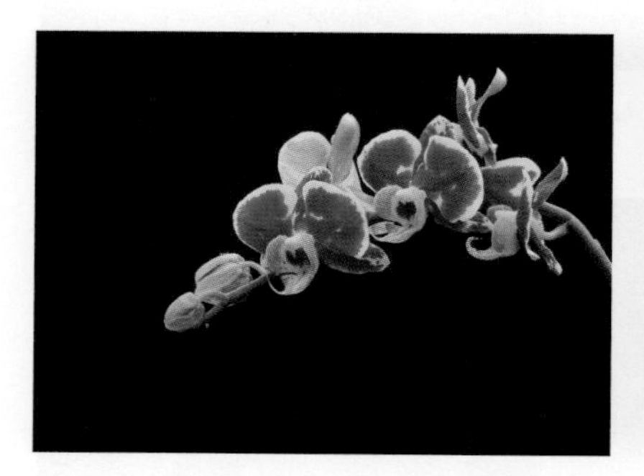

Phal. Ever Spring Prince× *Dtps.* Minho Venus

Phal. Brother Crystal × *Dtps.* Taisuco Bloody Mary

Phal. Brother Stardust '347'

夕阳红（*Phal.* Taida Salu ）

Phal. Sogo Lisa

蝴蝶兰在展厅

Phal. Nobby's Amy 'Amy Pink'

Phal. Pink Nobby's × *Phal.* Cassandra

Phal. Sogo Yukidian 'V-3'

婚宴（*Phal.* Wedding Promenade）

Phal. Sogo Ibis‘303’

Phal. Lemon Pie

蝴蝶兰组合

石仙桃属
Pholidota

附生兰类。该属植物在西方称为响尾蛇兰 (Rattlesnake orchid)。全属约 30 种。分布小于亚洲热带和亚热带南部，南至澳大利亚和太平洋岛屿。我国约产 14 种，分布于西南、华南至台湾。生于海拔 800~2600m 处林中树干或岩石上。通常具假鳞茎和根状茎，假鳞茎卵形至圆筒形。叶 1~2 枚，生于假鳞茎顶端。花葶生于假鳞茎顶端，总状花序，具花数至多朵，花小。

栽培：该属植物栽培较少，只在少数植物园和园林研究单位有少量引种栽培。不同地区产的种类要求栽培温度不同，应放在不同的温度环境中栽培。低温、中温和高温温室栽培。可绑缚栽种在树蕨板、树蕨干上，或用蕨根、苔藓、树皮块等作基质盆栽。根部要求排水和透气良好。夏季遮光 50% 左右；旺盛生长时期给予充足的水分和较高空气湿度；2 周左右施一次液体复合肥。冬季北方温室栽培，不遮光或少遮、减少浇水、停止施肥。

常见种类：

节茎石仙桃（*Pholidota articulata*）

产于中国四川西南部、云南西北部至东南部和西藏东南部。附生于海拔 800~2500m 处林中树干和岩石上。印度、尼泊尔及东南亚地区也有分布。假鳞茎近圆筒形，肉质，长 4~12cm；叶 2 枚；花葶从假鳞茎顶端两叶中间发出；总状花序有花 10 余朵。花小，通常白绿色或白色略带淡红色。花期 6~8 月。

石仙桃（*Pholidota chinensis*）

产于中国云南东南部、贵州、海南、广西、广东、福建、浙江南部、西藏东南部等地。附生于海拔 1500m 以下林中树干或岩石上。根状茎粗壮，具多数须根；假鳞茎较密集丛生，卵形或棱形，大小变化很大，长 1.6~8cm，顶端具叶 2 枚。叶椭圆形或倒卵状椭圆形，连柄长 8~33cm。花茎生于假鳞茎顶端，长 12~38cm；总状花序，具 8~20 朵稍稀疏的花。花小，白色，芳香；萼片卵形，长 8mm，花瓣线状披针形，与萼片等长。唇瓣略 3 裂，呈杯状，内有 3 条褐色条纹。花期 4~5 月。

凹唇石仙桃

（*Pholidota convallariae*）

产于中国云南西南部至南部，生于海拔 1500~1700m 处林中树干上。印度、缅甸、越南、泰国也有分布。假鳞茎窄卵形，顶端生 2 叶，叶基部收窄成柄。花较小，白色；直径 5~6mm；唇瓣凹陷成浅囊状，基部有 3 条纵褶片。花期 4 ~ 5 月。

宿苞石仙桃（*Pholidota imbricata*）

产于中国四川南部、云南西北部至南部和西藏东南部。附生于海拔 1000~2700m 处林中树上和岩石上。印度、尼泊尔、东南亚和巴布亚新几内亚也有分布。根状茎匍匐，粗壮；假鳞茎密接，近长圆形，顶端生一叶；叶长圆状倒披针形，长 7~25cm；花葶生于幼嫩假鳞茎顶端；总状花序下垂，长 5~30cm，密生数十朵小花；花白色或略带红色。花期 7~9 月。

粗脉石仙桃（*Pholidota pallida*）

产于中国云南西南部至南部，生于海拔 1300~2700m 处林中树干上。尼泊尔、不丹、印度、缅甸、越南、老挝、泰国也有分布。假鳞茎密接，近窄长圆形。叶 1 枚顶生。花苞片宿存；花白色，略带淡红；萼片背面中脉略突起，两枚侧萼片近基部合生；唇瓣凹陷成浅囊状，3 裂；浅囊近基部有 2~3 条粗厚的脉。

云南石仙桃

（*Pholidota yunnanensis*）

产于中国云南东南部、广西、湖南、湖北、四川、贵州；生长于海拔 1200~1700m 处林中山谷旁树上或岩石上。越南也有分布。假鳞茎相距 1~3cm，近圆柱形。叶 2 枚顶生。花白色或浅肉色，萼片背面略有龙骨状突起；唇瓣轮廓为长圆状倒卵形，近基部稍缢缩并凹陷成杯状或半球形的囊。花期 5~6 月。

石仙桃（*Pholidota chinensis*）

凹唇石仙桃（*Pholidota convallariae*）

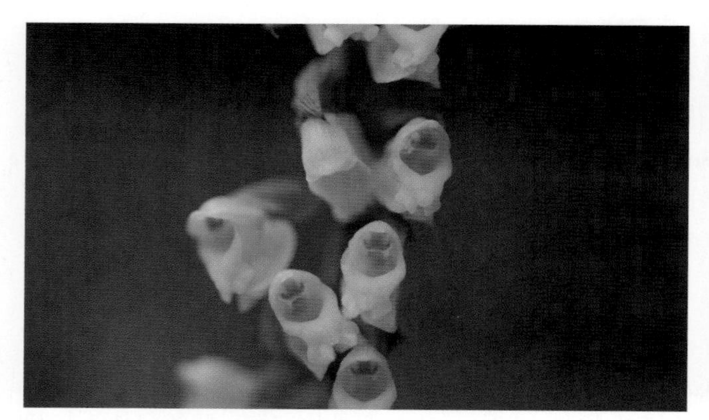

宿苞石仙桃（*Pholidota imbricata*）

节茎石仙桃（*Pholidota articulata*）

粗脉石仙桃（*Pholidota pallida*）（特写）

粗脉石仙桃（*Pholidota pallida*）

云南石仙桃（*Pholidota yunnanensis*）

美洲兜兰属

Phragmipedium (*Phrag.*)

地生、石生或附生兰花。全属21个原生种。分布于热带美洲，自墨西哥到巴西和玻利维亚等地，与亚洲地区富产的兜兰和杓兰对应。

生于海拔400~2200m湿润的林区。茎短而肉质，无假鳞茎。叶常绿，绿色或深绿色，略革质，线状披针形、条状或呈近细长的三角形，两列互生于短茎上，叶脉不明显。花葶着生于茎顶端叶丛中，花序直立，长达50~100cm，有时有分枝，着生花1~8朵。中萼片直立或先端微向前倾，两枚侧萼片合生形成腹萼；花瓣一般长于萼片，有些种类花瓣狭窄，长度可延伸至50cm，扭曲，下垂；唇瓣特化为兜状（口袋状）。多数种有陆续开花的习性，往往是先开的花脱落后，下一朵再开放；也有少数种同一花序的花几乎同时开放。花常在凋谢之前脱落，脱落的花看起来仍非常新鲜。少花种类的单花花期较长，可长达1个多月。成熟植株的开花期往往比较长，在温室中通常可陆续开放几个月。

美洲兜兰属植物大多观赏价值较高，可做高档盆栽兰花，亦可作切花。

杂交育种： 美洲兜兰的引种栽培和杂交育种工作开展得比较早。于19世纪末已经登录了一些人工杂交种。如：1873年登录的 *Phrag*.Sedenii(*longifolium* × *schlimii*)；1882年登录的 *Phrag*. Schroderae(*caudatum* × *Sedenii*)；1883年登录的 *Phrag*. Calurum(*Longifolium* × *sedenii*)；1894年登录的 *Phrag*. Rosy Gem (Cardinal × Sedenii)。至20世纪80年代初期，红花美洲兜兰（*Phrag. besseae*）被发现，这一发现轰动了国际兰花界。在之后的多次世界性兰花大展中红花美洲兜兰获得金奖，很快被人们采集、栽培和广泛传播。并将该种作为亲本，进行杂交育种。取其鲜艳的红色、大兜、短瓣、匀称的花朵等优良性状，与花瓣长的绿色、褐色花的原生种进行杂交。已培育出大量花瓣长而下垂、花瓣宽而平展、花色丰富的杂交种系列。另外近年发现的新种绯红美洲兜兰（*Phrag. kovachii*）更让人惊艳，亦有许多可贵的优良性状，已引起兰花育种家和栽培者的重视。至此，该属不被人们重视的局面得到彻底的 扭转。

至2012年，已登录的属间和属内杂交种有808种（属内杂交种800个）。如：*Phrag*. Charming Daughter（*Phrag. longifolium* × *Phrag. henryanum*）登录时间1995；*Phrag*.Royal Sapphire（*Phrag*. Bel Royal × *Phrag. micranthum*）登录时间2007；*Phrag*. Acker’s Ballerina（*Phrag*. Icho Tower × *Phrag. fischeri*）登录时间2012；*Phrag*. Album(*Phrag*. Sedenii × *Phrag. schlimii*)登录时间1895；*Phrag*. Achental（*Phrag*. Hanne Popow × *Phrag. richteri* pro. sp.）登录时间1998；*Phrag*. Elisabeth Schrull（*Phrag. dayanum* × *Phrag*. Sedenii）登录时间2004。

栽培： 喜中温或高温的湿润环境。大多数种类在15.5~26.5℃的条件下生长良好。美洲兜兰常生长在溪流边，有时根部可直接伸入水中。不耐旱，根部全年应保持有充足的水分，两次浇水之间避免让根系完全干透。对水质要求比较严，忌水中钙、镁、钠等离子含量过高。以排水良好、不积水而又能保持湿润的基质盆栽为宜，如粗泥炭、细颗粒的树皮或苔藓。生长时期给予明亮的散射光。北方温室栽培，夏季遮光量可在70%左右；冬季50%左右。空气湿度90%~100%的高湿度条件下也生长良好。旺盛生长时期约2周施一次液体复合肥料；冬季喜明亮散射光，适当降低浇水频率，尤其当栽培环境的夜温较低时，停止施肥。最好能让其长成较大丛的植株，不宜经常分株，较大型植株生长健壮，容易开花。换盆时注意保护根丛的完整性。

常见种类：

红花美洲兜兰（*Phrag.besseae*）

分布于哥伦比亚境内安第斯山东坡至秘鲁东北部地区。生于海拔1000~1500m经常有流水的峭壁上。该种为本属中唯一具有深橙红色花朵的种；花葶长40~60cm，多具分枝，具4~6朵花；花径

6~7.5cm，稍肉质，花深橙红色，花瓣长 3~4cm，较宽，稍长于中萼片；唇瓣长卵圆形，边缘向内曲、黄色、质地较薄。花期春季。该种要求凉爽、空气流通、湿度较高和根部经常潮湿的环境。忌干旱和阳光直射。

斯氏美洲兜兰（*Phrag. schlimii*）

分布于哥伦比亚。生于海拔 1300~1800m 处森林下腐殖土上，往往靠近河流岸边。叶片 8 枚，舌状，长 35cm，宽 3.5cm；直立的花茎高约 30cm，有花 6~10 朵，花直径约 5cm。花通常春季开放，也有其他时间开花。如果花不能充分展开，则可能自花授粉，在栽培中应当避免。中温环境栽培；喜空气湿度较高和根部经常潮湿。

红花美洲兜兰'王'（*Phrag. besseae* 'King'）

考瓦氏美洲兜兰（*Phrag. kovachii* 'Gigi'）

Phrag. boissierianum var. *czerwiakowianum*（Ecuagenera 摄）

Phrag. fisherii（Ecuagenera 摄）

Phrag. hirtzii（Ecuagenera 摄）

Phrag. andreettae 'Pink'（Ecuagenera 摄）

Phrag. klotzcheanum（Ecuagenera　摄）

Phrag. lindennii（Ecuagenera　摄）

Phrag. longifolium‘Piping Rock’

斯氏美洲兜兰（*Phrag. schlimii*）（Ecuagenera 摄）

Phrag. schroedere

Phrag. wallisii（Ecuagenera　摄）

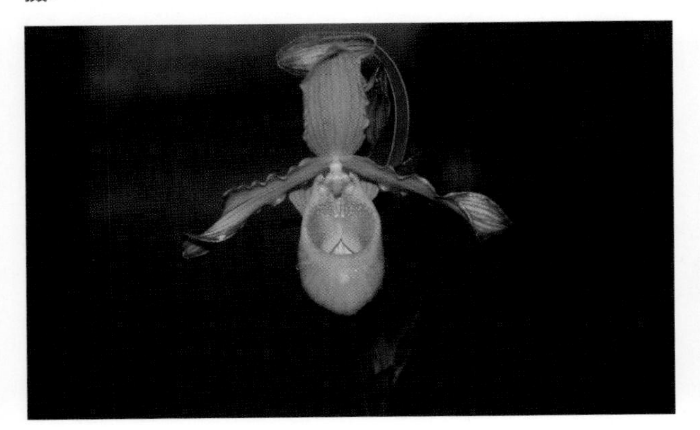

Phrag. lyndleyanum

Phrag. pearceii

Phrag. reticulathum

Phrag. sargentianum

Phrag. zcerwiakowianum

Phrag.（*bessese* × *sergentianum*）

Phrag.（*sargontium* × *pearcei*）

Phrag. Eric Young

Phrag. Young Lindlly

Phrag.（*besseae* × *pearcei*）

Phrag.（Hanna popow 'Flava'× *longifolium*）

Phrag.（*longiflium* × *caudatum* 'Grandiflorum'）

舌唇兰属

Platanthera

地生兰花。全属约150种，主要分布于北温带，中南美洲和热带非洲也有。我国有41种，南北均有，西南较多。具肉质根状茎或块茎。茎直立，具叶1至数枚。总状花序顶生；花大小不一，常为白色或黄绿色，中萼片短宽，侧萼片较中萼片长；唇瓣常为线性或舌状。

杂交育种：至 2012年已登录的属间和属内杂交种有 23种（属内杂交种有 20种）。如：*Platanthera* Andrewsii（*Platanthera lacera* × *Platanthera psycodes*）登录时间 1910。*Platanthera vossii* (*Platanthera blephariglottis* × *Platanthera clavellata*)天然杂交种。*Pseudanthera breadalbanensis*（*Platanthera chlorantha* × *Pseudorchis albida*）天然杂交种。*Platanthera vossii*（*Platanthera blephariglottis* × *Platanthera clavellata*）天然杂交种。*Platanthera channellii*（*Platanthera ciliaris* × *Platanthera cristata*）天然杂交种。*Platanthera correllii*（*Platanthera hyperborea* × *Platanthera saccata*）天然杂交种。

栽培：该属植物大多花较小，可以在我国北方或西南高原的植物园中引种露地栽培。很少做商品花栽培。

常见种类：

二叶舌唇兰（*Platanthera chlorantha*）

分布于中国甘肃、河北、黑龙江、吉林、内蒙古、辽宁、青海、陕西、山西、四川、西藏、云南；日本、朝鲜、俄罗斯、欧洲也有分布。生长于海拔400~3300m处林下或草地上。株高30~50cm。叶2枚，近基生；近匙状椭圆形，长10~20cm，宽4~8cm。总状花序顶生，具花12~32朵；花白色至淡绿色，中萼片长6~7mm，与花瓣靠合成盔状；唇瓣舌状，长8~13mm，宽2mm。花期6~8月。

二叶舌唇兰（*Platanthera chlorantha*）

普拉提兰属
Platystele

小型附生，石生和地生兰花。全属约 90 种以上，分布于墨西哥，中美洲和南美洲。生长在海拔 200~2500m 处，不同种分布海拔不同。主要生长在海拔较高的山区，云雾缭绕、潮湿森林中。茎直立，顶生叶 1 枚。叶直立，革质，呈线形到倒卵形。花序不分枝，有时呈 Z 字形，有花多朵，花小；萼片和花瓣展开，大多同形，同大小，且直伸展，较薄，常呈半透明状。唇瓣甚小，肉质呈卵形到披针形，不分裂，基部与蕊柱足相连。花粉块 2 枚。

栽培：低温或中温温室栽培。可以绑缚栽种在树蕨板或带皮的木段上，亦可以蛇木屑、细颗粒的树皮块、风化火山岩等基质盆栽。全年需要高空气湿度。经常保持栽培基质有充足的水分，绑缚栽种在树蕨板上的植株需每日 1~2 次喷水。北方用水需经过纯水机处理，去掉当地水中的大部分钙镁离子后方可使用。北方温室栽培遮阳 50%~70%。

狭唇澳兰属
Plectochilus (*Plchs.*)

该属是澳兰属（*Plectorrhiza*）× 狭唇兰属（*Sarchochilus*）二属间的人工属。至 2011 年已登录的杂交种有 16 种，如：*Plectochilus* Brodie Vincent；*Plectochilus* Jayme Beau；*Plectochilus* Rumrill；*Plectochilus* Kilgra；*Plectochilus* Richard Joagt 等。

该人工属是由原产于澳大利亚的两个属交配而成。从其植株和花的形态看，与狭唇兰属十分接近。

杂交育种：至 2012年，已登录的属间和属内杂交种有 3 种。如：*Plectochilus* Duno Tusk（*Plchs.* Kilgra × *Sarcochilus* Lotus）登录时间 1998；*Plchs.* Dainty Dame（*Plchs.* Richard Jos × *Sarcochilus* Heidi）登录时间 2009；*Plchs.* Harlequin（*Plchs. hartmannii* × *Plchs.* Richard Jost），登录时间 1999。

栽培：可参照狭唇兰属植物的栽培方法种植。

普拉提兰（*Platystele consobrina*）

普拉提兰（*Platystele consobrina*）

Plchs. Richard Joagt (*Plectorrhiza* × *Sarchochilus*)

独蒜兰属

Pleione

附生、岩生或地生兰。全属20余种，中国有15种，其中云南有12种。广泛分布于甘肃、陕西南部、湖北、湖南、贵州、云南、安徽、江西、浙江、福建、广东和广西的北部、四川西部至青藏高原的东部和台湾。尼泊尔、缅甸、泰国、越南、印度北部和老挝也有分布。主要产于海拔1000~4200m的树干和长满苔藓或腐殖土的悬崖峭壁上、高山灌丛下或草地上。

植株矮小，叶1~2枚，叶薄质，褶皱，有柄。生于假鳞茎顶端，一般冬季凋落。假鳞茎一年生，常较密集，卵形、圆锥形、梨形至陀螺形。花葶从假鳞茎基部发出，直立，具花1~2朵；花色艳丽，呈白色、粉红色、淡紫色、红色，偶见黄色；萼片离生，相似；花瓣与萼片相似、分离、平展；唇瓣近管状，明显大于萼片，完全3裂或不显著3裂；具数条流苏状、毛状或锯齿状的胼胝质褶片。

杂交育种：本属有天然杂交种，目前国际市场上已培育出许多漂亮的人工杂交种和栽培种。最早登录的杂交种是由Morel于1966年登录的 *Pleione* Versailles (*P. chunii* × *P. formosana*)。到1998年登录的杂交种已达152个。至2012年，已登录的杂交种有332种。如：*Pleione* Topolino（*Pleione* Eiger × *Pleione aurita*）登录时间1992；*Pleione* Querudolf（*Pleione aurita* × *Pleione* × *barbarae*）登录时间2008；*Pleione* Achievement（*Pleione* Sikkim × *Pleione* Mandalay）登录时间2012；*Pleione* Sorea（*Pleione hookeriana* × *Pleione bulbocodioides*）登录时间1983；*Pleione* Adams（*Pleione* Keith Rattray × *Pleione* Surtsey）登录时间1999；*Pleione* Haegar Wackernage（*Pleione* Ueli Wackernagel × *Pleione* Haegar）登录时间2008。

栽培：独蒜兰是产于高海拔地区的一类珍贵而美丽的兰花。不仅深受兰花爱好者的喜爱，也受到高山花卉爱好者的宠爱。大小适合作胸花或小切花，也可以像水仙等球根花卉一样养在水盆中，是十分理想的小型室内盆栽兰花。

作为高山植物，独蒜兰比较耐寒，但不喜冬季潮湿，所以常栽培在低温温室、高山温室，也可以生长在室内的窗台上。冬季应该保持干燥和凉爽（无霜）。通常在休眠期结束之前换盆。独蒜兰根系较浅，最好用浅盆栽培。栽培基质要求疏松、透水、通气良好、保水能力强，如选用5mm以下树皮块、苔藓或粗泥炭做盆栽基质。云南、贵州等地，可选择适宜的地方露地种植，亦可配植在园林植物之中。新芽刚生出新根时，保持基质微潮；开花以后温度在15~25℃生长最好，30℃以上容易枯死。旺盛生长时期和花开过以后，应给予充足的水分和较高空气湿度；遮阳50%左右；1~2周施一次液体肥料。当早春新芽生长出现时，应将植株挪到一个温暖但遮阳的地方，并且开始小心地浇水。生长季应保持充足的水肥供应，直至叶子枯萎，休眠期控水。独蒜兰进入休眠期后，原来的根系完全死亡，可以保留4~5cm在来年种植时起支撑作用，其余的根可全部剪去，冬季无法提供合适休眠环境时，可以装入具一 定透气性的袋中置于0~4° C环境中冷藏，家庭少量栽培置于冰箱冷藏室即可。进入秋季后，多数种类的独蒜兰逐渐停止生长，进入休眠。休眠期要干燥和低温，温度在0~2℃。秋季开花的种类进入花期，仍需保持盆土微潮和湿润的空气湿度，以适当延长花期。这些秋花种在花后不久即进入休眠状态。

独蒜兰生长季节喜气候潮湿、凉爽；但在冬季，多数种类要求干燥和冷凉的环境。冬季处于完全休眠状态，叶片干枯脱落，根系全部枯死。春季新芽开始萌发时，取出假鳞茎用新基质重新栽植。

常见种类：

白花独蒜兰（*Pleione albiflor*）

产于中国云南西北部；生于海拔2400~3250m有苔藓覆盖的树干上或林下的岩石上；缅甸也有分布。花序高5~10cm；单花，白色，有时花瓣上有淡紫红色条纹，唇瓣上有暗红色或褐色的斑点。芳香。假鳞茎卵状圆锥形，绿色，顶部有一延长的茎，长3~4.5cm。生有1枚叶片。花期4~5月；先开花，后生叶。

独蒜兰（*Pleione bulbocodioides*）

产于中国四川、云南西北部、西藏东南部、贵州、广西、广东北部，江西、湖南、湖北、安徽、陕西和甘肃南部。附生在海拔900~

3600m 的阔叶林下有腐殖土的岩石上、裸露的树干或灌木丛下的腐殖土上。花序直立、高 15~25cm；花通常单朵，有时 2 朵；花淡紫色或粉红色，唇瓣上有多数暗紫红色的斑点。假鳞茎卵圆形或圆锥形，深绿色，长 2~2.6cm，底部直径 1.2~2cm。花后或开花同时长出 1 枚叶片。花期 4~6 月。

白花独蒜兰（*Pleione albiflora*）

陈氏独蒜兰（*Pleione chunii*）

产于中国广东、广西、贵州、湖北、云南。生长于海拔 1400~1800m 处林下。地生或附生兰花。假鳞茎成丛生长，卵形或圆锥形，上方有明显的颈部，长 2~4.5cm，直径 1~2cm；叶 1 枚，顶生。花葶从无叶老假鳞茎基部生出；直立，长 5~7cm，顶端具一花；花大，淡粉红色至玫瑰紫色；唇瓣中央具一条黄色或橘黄色条纹和多数同样色泽的流苏状毛。假鳞茎卵圆形或圆锥形，绿色，顶端 1 枚叶片。花期 3 月。

独蒜兰（*Pleione bulbocodides*）

陈氏独蒜兰（*Pleione chunii*）

黄花独蒜兰（*Pleione forrestii*）

分布在中国云南西北部、缅甸北部。生长在海拔 2200~3100m 的疏林下、灌木林边有丰富腐殖质的土壤上或长有苔藓的树干和岩石上。假鳞茎呈卵圆状的圆锥形，长 1~2.5cm，下部直径 0.6~1.5cm。有叶片 1 枚，狭椭圆状的披针形，宽 1.5~4cm，长 10~15cm。花序高 4~11cm，单花，淡黄色至橙黄色，唇瓣宽倒卵圆状椭圆形，长 3.2~4cm，3 裂，中裂片边缘撕裂状，唇盘上有 5~7 条捕猎的褶片。上有褐色或紫红色的斑点。花期 4~5 月。

有白色花变异植株：*Pleione forrestii*‘Alba’白色黄花独祘兰。

黄花独蒜兰（*Pleione forrestii*）

四川独蒜兰（*Pleione limprichtii*）

分布于中国四川西南部和云南西北部；缅甸也有分布。生长于海拔 2000~2500m 处林下腐殖土和苔藓覆盖的岩石上或岩壁上。假鳞茎圆锥状卵圆形，绿色，顶端 1 枚叶片。花葶从无叶老假鳞茎基部生出；花序高 10~12cm；通常 1 朵花；花径 4~5.5cm，粉红色到洋红色，唇瓣浅洋红色，有砖红色的斑点和 4 条褶片。花期 4~5 月。

疣鞘独蒜兰（*Pleione praecox*）

产于中国云南西南部至东南部和西藏东南部。生于海拔 1200~2500（3400）m 处林中树干上或苔藓覆盖的岩石或岩壁上。尼泊尔、不丹、印度、缅甸和泰国也有分布。假鳞茎通常陀螺状，长 1.5~4cm，直径 1~2.3cm，外面的鞘具疣状突起，顶端具叶 2 枚。叶在花期接近枯萎，但不脱落，长 9~20cm，宽 1.7~6.7cm。花葶从具叶的的老假鳞茎基部生出，直立，长 5~10cm，顶端具 1 花；花大，淡紫红色，唇瓣上的褶片黄色，褶片分裂成流苏状或乳突状齿。中裂片先端微缺，边缘具齿蚀状；花期 9~10 月。

云南独蒜兰（*Pleione yunnanensis*）

分布在中国四川南部、贵州西部至北部、云南西北部至东南部、西藏东南部；缅甸也有分布。生于海拔 1100~3500m 处的林下和林缘多石地上或苔藓覆盖的岩石上。地生或附生草本。假鳞茎卵圆形或圆锥形，绿色，顶端 1 枚叶片。花葶从无叶老假鳞茎基部生出；直立，长 10~20cm，顶端具一花；花淡紫色、粉红色或有时近白色；唇瓣不明显的 3 裂；中裂片先端微缺，边缘具不规则缺刻或撕裂状上有多数紫红色或深红色的斑点。花期 4~5 月。

疣鞘独蒜兰（*Pleione praecox*）

四川独蒜兰（*Pleione limprichtii*）

春花独蒜兰（*Pleione × kohlshii*）

肋茎兰属
Pleurothallis

主要分布在巴西、巴拉圭、哥伦比亚、哥斯达黎加、巴拿马、墨西哥，北达美国佛罗里达半岛，南至阿根廷的广大地区。同轴类兰花；大多数种类为附生，少数为石生，亦有地生种。全属有800~1000种，是美洲兰科植物中最大的一个属。不同产地的种要求温度不同，有的种产于炎热的热带低海拔地区，有的生长在海拔3000m以上的哥伦比亚安第斯山区。

肋茎兰属形态奇特，从形似细小的苔藓植物到高约0.9m灌木状植株。茎着生于根状茎上，细高的茎直立或下垂，通常仅有1枚大的叶片，长椭圆形或心脏形，厚革质及薄纸质。花序着生于叶片主脉基部的茎顶端处。花序总状或单花；通常花瓣比萼片小，在绿色的叶片上奇妙地生出白色、黄色、橙红色的一朵朵或一串串花，十分诱人。不同种间形态差异很大，植株高1cm至1m；没有假鳞茎；花径自几毫米至10cm；萼片、花瓣、唇瓣、蕊柱也因种类不同而各异。花有绿、白、黄、红、橙、褐等色，常有斑纹。

杂交育种：至2012年已登录的属间和属内杂交种有10种（属内杂交种9个）。如：*Pleurothallis* Jacqueline（*Pleurothallis sanchoii* × *Pleurothallis eumecocaulon*）登录时间1995；*Plelis* Arawana（*Pleurothallis grandiflora* × *Stelis restrepioides*）登录时间2006；*Pleurothallis* Black Beauty（*Pleurothallis marthae* × *Pleurothallis gargantuan*）登录时间2012；*Pleurothallis* Imp's Pal（*Pleurothallis imperialis* × *Pleurothallis palliolata*）登录时间1999；*Pleurothallis* Juliet（*Pleurothallis allenii* × *Pleurothallis index*）登录时间2003；*Pleurothallis* Greatsa×(*Pleurothallis* Safsax × *Pleurothallis gargantuan*)登录时间2011。

栽培：由于不同种类原生环境不同，栽培条件依种类的不同而异。有的喜凉爽、有的喜温暖，有的喜干燥、有的喜潮湿。多数种适宜中度遮阳，给予充足的散射光；空气流通；夜温保持在13~16℃，日温最高保持在24~27℃，冬季最低夜温不低于10℃。大多可盆栽，基质可用树蕨、树皮块、木炭及苔藓等。多数种类容易栽培。在温暖的地方有些种类可用于露地栽植。该属植物很少栽培，只在较大植物园有收集种植，我国引种甚少。

常见种类：

Pleurothallis racemiflora **肋茎兰**

产于从墨西哥经中美洲和安第斯山脉到南美洲北部。生于从海平面到海拔1500m处，茎长约18cm，叶椭圆形，革质，长约8cm。有多数花着生于比叶片长许多的总状花序上。花下垂，花径约1cm，花黄色到黄绿色；侧萼片合生，唇瓣似乎呈小提琴状。花期春季和夏季。低温或中温温室栽培。

Pleurothallis bibalvis

Pleurothallis deflexa

Pleurothallis cardiostola

小叶肋茎兰（*Pleurothallis microphylla* ）

Pleurothallis phylocardia

Pleurothallis phylocardia（特写）

Pleurothallis palliolata

肋茎兰（*Pleurothallis racemiflora*）

Pleurothallis restrepioides

固唇兰属
Plocoglottis

地生兰类。全属约 40 种，主要分布于东南亚，北至泰国，南至巴布亚新几内亚和所罗门群岛的广大地区。大多生长在森林的地上。有假鳞茎，或有细长的茎，有 4~9 枚叶片。细高的花序从假鳞茎基部生出，有花数朵，同时有几朵花开放。

该属植物少见有收集栽培，更没有商业化栽培。

栽培： 喜温暖和潮湿的环境，中温或高温温室栽培。冬季夜间最低温度应在 15℃左右。用中小盆栽种，盆栽基质可以用透水和透气良好腐殖土或泥炭土。喜半阴的环境，北方温室栽培，生长时期通常遮阳量 50%~60%，冬季可以少遮或不遮阳。旺盛生长的春、夏、秋 3 季约 2 周施一次 2000 倍左右的复合肥液体肥料。

常见种类：

固唇兰（*Plocoglottis acuminata*）

产于苏门答腊、爪哇、加里曼丹、苏拉威西、菲律宾。生于海平面至海拔约 1200m 处潮湿的林下。株高约 40cm；叶片大，常有黄色斑纹。花序长达 50cm 以上，有花可多达 15 朵，常同时 1~3 朵开放。花径 3cm，唇瓣在昆虫接触授粉后会闭合。

四川固唇兰（*Plocoglottis quadrifolia*）（特写）

四川固唇兰（*Plocoglottis quadrifolia*）

固唇兰（*Plocoglottis acuminata*）

裂距兰属

Podangis

小型附生兰花。为单种属。产于非洲赤道地区的雨林中，在几内亚、塞拉利昂西部到乌干达和坦桑尼亚东部有分布。植株由数枚肉质、扁平的镰状叶片组成扇面形状，看似鸢尾状。单轴生长型，茎短。叶短；花茎腋生，有花20余朵，密集着生于较短的花茎上。花白色，半透明状。萼片与花瓣离生，同形。唇瓣全缘，距长，顶部凹形。

栽培：喜温暖和潮湿的环境，常年高温温室栽培。冬季夜间最低温度应在16℃以上。根系不甚强大，需用小盆栽种。盆栽基质可以用优质苔藓或较小颗粒的树皮块。保持全年盆栽基质中水分均衡。北方地下水矿物质和盐类含量太高，需进行反渗透纯化处理。生长时期通常遮阳50%~60%，冬季可以少遮或不遮阳。旺盛生长的春夏秋三季约2周喷施一次2000倍左右的复合肥液体肥料，冬季通常温度较低，可以停止施肥。

常见种类：

裂距兰（*Podangis dactyloceras*）

茎短。叶数枚，扁平镰形，长4~16cm，呈扇形排列。花茎短，多朵花呈伞形排列。花呈碗形，白色，半透明。萼片和花瓣椭圆形，长0.3~0.5cm，凹形。唇瓣圆形，长约0.6cm，基部有距，距长1~1.5cm，末端二裂。花期秋冬季。

裂距兰（*Podangis dactyloceras*）

柄唇兰属

Podochilus

附生草本。全属约 60 种。主要分布在热带和太平洋岛屿，印度尼西亚、菲律宾和巴布亚新几内亚最多，北到印度、尼泊尔和中国南部。中国产 1 种。通常较矮小。茎纤细，丛生，多节，具许多小叶。叶二列互生。总状花序顶生或侧生，花小，常不开张。

栽培：中温或高温温室栽培。用排水良好的颗粒状基质小盆栽种；常年保持有充足水分。旺盛生长时期 1~2 周施用一次复合液体肥料。北方温室春、夏、秋 3 季遮阳 50% 左右，冬季不遮阳。

常见种类：

柄唇兰（*Podochilus khasianus*）

产于中国广东、广西和云南南部。附生于海拔 450~1900m 处林中或沟谷旁树上。印度也有分布。茎丛生，直立，长 4~12cm。叶多枚，二列，互生，长 6~7mm，宽 1.5~2.5mm。花序顶生或侧生，有花 2~4 朵；花小，白色，直径 3~4mm。花期 4~5 月。

柄唇兰（*Podochilus khasianus*）（特写）

柄唇兰（*Podochilus khasianus*）

多穗兰属
Polystachya

附生草本。全属约 150 种。主要分布在非洲热带与南部地区，少数种类也见于美洲热带与亚热带地区；仅一种见于亚洲热带地区，我国也有。茎短或有时基部增粗而成块状、棒状或纺锤形的小假鳞茎；具 1 至数枚叶。花序顶生，常有分枝，具多数花；花较小或有时中等大，不扭转；花瓣与中萼片相似或较狭；唇瓣位于上方，无距。

杂交育种：至 2012年已登录的属间和属内杂交种有 67种（属内杂交种 67个）。*Polystachya* Alpha（*Polystachya ottoniana* × *Polystachya pubescens*）登录时间 1955；*Polystachya* African Gold（*Polystachya maculate* × *Polystachya bella*）登录时间 1998；*Pomatisia* Rumrill（*Pomatocalpa latifolium* × *Luisia tristis*）登录时间 1973；*Polystachya* Darling Snow Drop（*Polystachya bicarinata* × *Polystachya virginea*）登录时间 1999；*Polystachya* Blind Date（*Polystachya pubescens* × *Polystachya lawrenceana*）登录时间 2007；*Polystachya* Cape Blush（*Polystachya virginea* × *Polystachya johnstonii*）登录时间 2012。

栽培：中温或高温温室栽培；不同种要求栽培环境不同。有一些种有休眠期。盆栽基质可用蕨根、苔藓、树皮块等排水和透气较好的材料。栽培较容易，适于栽植在透水比较好的小盆中，或绑缚种植在树蕨板或树蕨干上。其栽培条件与石斛近似，可以参照石斛的栽培方法。生长季节喜较强的光线、充足的水分和高空气湿度，1~2 周施一次液体复合肥。当新生的部分生长完成时，需要一段时间的休眠。

常见种类：

多穗兰（*Polystachya concreta*）

产于中国云南南部（勐腊、勐海、景洪）。生于海拔 1000~1500m 处密林中或灌丛中的树上。广泛分布于印度、斯里兰卡、越南、老挝、柬埔寨、泰国、马来西亚、印度尼西亚、菲律宾，以及美洲和非洲的热带、亚热带地区。植株高 10~29cm。假鳞茎卵形至圆锥形；叶 3~5 枚，狭长圆形或狭倒卵状披针形；花序顶生，长 3~10cm，通常有 1~4 个分枝；每个花序分枝长 1~2cm，具 3~8 朵花；花小，较密集，淡黄色；花果期 8~9 月。

美丽多穗兰（*Polystachya bella*）

圆锥花序多穗兰（*Polystachya paniculata*）

广泛分布于非洲热带，从塞拉利昂到乌干达。扁而直立的假鳞茎，生有多枚宽大的叶片，叶片上生有许多紫色细点。花序具多分枝，有许多橙色小花，唇瓣为红色，这是该种最美丽之处。

柔毛多穗兰（*Polystachya pubescens*）

产于南非东部和斯威士兰。在低海拔冷凉、潮湿和荫蔽的环境中，生长在岩石和树干上，可形成较大丛植株。假鳞茎纺锤形，长5~6cm；有叶2~3枚，叶片革质，长约9cm；花序直立，长约10cm，有花7~12朵，花直径2cm。鲜黄色，侧萼片有红褐色条斑。花期夏季。中温或高温温室栽培。

柔毛多穗兰（*Polystachya pubescens*）

洁净多穗兰（*Polystachya clareae*）

多穗兰（*Polystachya concreta*）

圆锥花序多穗兰（*Polystachya paniculata*）

方格纹多穗兰（*Polystachya tessellata*）

鹿角兰属

Pomatocalpa (Pmcpa.)

附生兰花。约35种，分布于热带亚洲和太平洋岛屿。中国2种，产于南方热带地区。单轴茎，茎短或伸长，悬垂或斜生，有时攀缘。叶二列，扁平，狭长，革质。花序在茎上侧生，下垂或斜立密生许多小花；花不扭转，开展，萼片和花瓣相似；唇瓣位于上方，3裂；侧裂片小，直立，三角形；中裂片肉质，前伸或下弯；距囊状。

杂交育种：至2012年，已登录的属间和属内杂交种有6种。如：*Pomatisia* Rumrill（*Pmcpa. latifolium* × *Luisia tristis*）登录时间1973；*Pomacentrum* Dhonburi（*Ascocentrum miniatum* × *Pmcpa.setulense*）登录时间1980；*Cleisocalpa* Rumrill Toy（*Cleisocentron pallens* × *Pmcpa. latifolium*）登录时间1991；*Pomatochilus* Violette（*Sarcochilus* Pinkhart × *Pmcpa. macphersonii*）登录时间2002。

栽培：中温或高温温室栽培，越冬最低温度应在16℃。栽培方法与万代兰相近。小植株种类可以绑缚在树蕨板上；较大型植株可以用排水和透气较好的基质，如树皮块、蛇木屑、苔藓、木炭、风化火山岩等盆栽或栽种在吊篮中。旺盛生长时期给予充足的水分、较高空气湿度；较强的阳光，春、夏、秋遮阳40%~50%；1~2周施一次液体复合肥料。北方温室栽培，冬季不遮阳。温度低时可适当减少浇水量，保持微潮即可。冬季停止施肥。

常见种类

台湾鹿角兰（黄绣球兰）(*Pmcpa. acuminata*)

产于中国台湾（高雄一带）。海拔约800m，生于林中树干上。茎很短，扁圆柱形，具多数二列的叶。叶革质，带状，长8~20cm。花序出自茎基部叶腋，粗壮，长约3cm，不分枝；花序轴长约1.5cm，密生许多近似伞形的花；花棕黄色，肉质，萼片相似，具2条红褐色的横带；花瓣近基部具红褐色斑块，镰状长圆形；唇瓣3裂；侧裂片棕黄色，小，直立；中裂片白色，宽三角形或半圆形；距棕黄色，囊状。花期3~4月。

具脉鹿角兰（*Pmcpa. naevata*）

产于泰国和爪哇；生长在海平面至海拔约600m处。茎长100cm左右，缠绕在树干和枝杈上，也生长在暴露的岩石上。同时有1~3个花序出现，花序缓慢延长至50cm，每花序有花约10朵，几乎可同时开放。花寿命约1周。

鹿角兰（*Pmcpa. spicata*）

产于中国海南。生于海拔1000m以下山地林中树干上。印度、缅甸、泰国、老挝、越南、马来西亚、印度尼西亚、菲律宾也有分布。茎直立，粗短，长2~3cm，具数枚近基生的叶。叶暗绿色，革质，宽带状或镰状长圆形，长20~31cm。花序腋生，下垂，长3.5cm以上；密生许多小花；花多少肉质，花从基部向上逐渐开放；中萼片蜡黄色，内面基部具2条褐色带；侧萼片蜡黄色，内面基部具U字形褐色斑点而上部具2条褐色带；花瓣蜡黄色，内面基部具2条褐色带；唇瓣蜡黄色，3裂；距短而宽，近球形。花期4月。

蓬兰属

Ponthieva

地生兰花（很少附生种）。全属30~50种，分布于美国东南部、古巴、特立尼达和多巴哥、圭亚那、委内瑞拉、墨西哥南部、智利、巴西、阿根廷和巴拉圭，许多种分布到厄瓜多尔。广泛生长于从低海拔到高海拔的山地森林、草地、沼泽、河流沿岸等处。肉质根，无假鳞茎。叶数枚，通常呈莲座状。全株具短毛。花序顶生，不分枝；苞片叶状，短于花。花不向上翻转；萼片具短柔毛，与侧萼片离生，少合生；背萼片小于侧萼片；花瓣小，不对称，基部与合蕊柱的一侧合生；唇瓣肉质，小，全缘或三裂，基部与合蕊柱合生。合蕊柱短而粗壮；花粉块4。

栽培：中温或高温温室栽培。可用微酸性的排水良好的腐叶土、粗泥炭土或细颗粒树皮作基质盆栽。旺盛生长时期需要有充足的水分和高空气湿度。盆栽基质不能完全干燥。开花以后减少浇水，但基质不能完全干燥。生长时期2周左右施一次液体肥料。春、夏、秋3季遮阳70%左右。

台湾鹿角兰（*Pmcpa. acuminatum*）

具脉鹿角兰（*Pmcpa. naevata* ）

鹿角兰（*Pmcpa. spicatum*）

鹿角兰（*Pmcpa. spicatum*）（特写）

Ponthieva pilosissima（Ecuagenera　摄）

Ponthieva disema（Ecuagenera　摄）

Ponthieva inaudita（Ecuagenera　摄）

伸唇兰属

Porroglossum

同轴类小型附生兰花。全属约30种，产于哥伦比亚、厄瓜多尔、委内瑞拉和秘鲁的安第斯山区。生于中到高海拔多云雾的山区森林中，通常生长在生满苔藓的树干和枝条上。茎密生或疏生，叶长椭圆形到线状披针形，革质，表面粗糙。花茎从叶基部生出，通常细长，有毛或无毛。花色变化较大，呈半透明状。萼片特别发达，合生或中部以下合生，顶端呈短或长尾状。花瓣较小，几乎为痕迹状，呈椭圆形。唇瓣肉质，呈箭头形至半圆形，比花瓣大。花朵形状大多很怪异，令人难以形容。

该属与尾萼兰属（*Masdevallia*）亲缘关系密切，而且叶片相似。

杂交育种：至2012年已登录的属间和属内杂交种有5种。如：*Porrovallia* Phil Jesup（*Porroglossum muscosum* × *Masdevallia hirtzii*）登录时间1993；*Porrovallia* Clare Cangiolosi（*Porroglossum dalstroemii* × *Masdevallia* Ann Jesup）登录时间2002；*Porracula* Kay Klumb（*Porroglossum muscosum* × *Dracula vampire*）登录时间2010；*Porrovallia* Monica（*Masdevallia veitchiana* × *Porroglossum echidnum*）登录时间1996；*Porrovallia* Eva's Pacificadora（*Masdevallia coccinea* × *Porroglossum nutibara*）登录时间2000。

栽培：该属植物在低温和中温温室栽培，保持高的空气湿度，栽培较容易成功。可以参照要求低温和中温温室栽培尾萼兰属种类的栽培方法种植。

常见种类：

Porroglossum mordax

产于哥伦比亚安第斯山脉西部。中型的附生兰花。茎高约2cm，上面呈伞形着生直立、黑色的叶片。革质直立的叶片长8cm以上。花序直立，高16cm以上；生有少数花，花长约2.5cm。花期春季。低温或中温温室栽培。

Porroglossum joseii（Ecuagenera 摄）

Porroglossum leucoxanthum（Ecuagenera 摄）

Porroglossum meridionale（Ecuagenera 摄）

Porroglossum mordax（Ecuagenera 摄）

Potinara(*Pot.*) 属

该属是4属间杂交的人工属，*Cattleya*(*C.*) × *Brassavola*(*B.*) × *Laelia*(*L.*) × *Sophronitis*(*Soph.*)，1922年登录。该人工属集中了其4个亲本属的优良特性，在卡特兰类的育种工作中是一次突破性的进展。在之后数十年间该属培育了大量优良的杂交种和品种。花直径10~13cm，从中型到大型。花形更为丰满，色彩极为丰富，出现了朱红色、紫红色、桃红色、黄色、橙色及不同色彩相结合的多系列品种。其中许多世界著名的品种，在世界性兰花大展和各地兰花展中得奖甚多；另外，也出现许多商业专利品种。

杂交育种：该人工属的育种潜力甚大，它集中了4个属中的优良基因，为新品种培育提供了十分有利的基础。利用其作为亲本进行杂交，较容易培育出优秀的新品 种来。

据2009年《兰花新旧属名种名对照表》记载，该人工属中的1721个杂交种已改变成*Rhyncholaeliocattleya*（*Rlc.*）人工属的杂交种。

栽培：该人工属在栽培上基本可参考卡特兰的做法，但不同品系间差异较大。必要时，需根据正确的名称查找该品种的特殊要求。

Pot. Nanboh Emerald 'Vi-Misty Angel'

*Pot.*Golden Erwin (*Slc.* Orient Amber × *Pot.* Netrasiri Starbright)

Pot. Rebecca Merkel (*Blc.* Lyranda × *Slc.* Anzac）

Pot. Sweet Sugan 'Miynki'

Pot. Sweet Amy × *Lc.*Mini *Purplo* 'Tamami' BM/JOCA

Porroglossum muscosum

伸唇兰（*Porroglossum hoeijeri*）

Pot. Shinfong Little Love (Free Spirit × *Blc.* Love Sound)

Pot. Golden Circle ‘Ginza Fire’

Pot.（*Rsc.*） ‘Kagarazaka’ (Rose Wgisper × Night Club)（李潞滨　摄）

普兰属
Promenaea (*Prom.*)

附生兰花。全属约15种，特产于巴西中部和南部。生于中海拔地区潮湿的森林中。是一种小型的附生兰花。假鳞茎密集生长，长约2cm，扁卵圆形，有棱。叶2～3枚，生于假鳞茎顶部，宽披针形。花茎从假鳞茎基部生出，向斜侧方伸出，有花1朵。花瓣平展，较宽。唇瓣3裂，基部呈舌状隆起。

杂交育种： 至2012年已登录的属间和属内杂交种有72种（属内杂交种43个）。如：*Prom.* Colmaniana（*Prom. xanthina* × *Prom.* Crawshayana）登录时间1935；*Cymbidinaea* Rapunsel（*Prom. Partridge* × *Cymbidium aloifolium*）登录时间2009；*Cyrtonaea* Golden Sun（*Prom. xanthina*×*Cyrtopodium andersonii*）登录时间2012；*Prom.* Harvest Mouse(*Pabstia jugosa* × *Prom. xanthina*)登录时间1985；*Prom.* Chameleon（*Prom. Limelight* × *Prom. guttata*）登录时间1998；*Berlinerara* Ben（*Hamelwellsara* June × *Prom.* Winelight）登录时间2009。

栽培： 中温或高温温室种植，栽培较容易。用排水和透气较好的基质，如小颗粒树皮、木炭、风化火山岩或蛇木屑加苔藓等小盆栽植。生长时期需要充足的水分和较高的空气湿度，不能过分干燥。约2周施一次液体复合肥料。喜半阴的环境，春、夏、秋三季温室遮阳60%~70%，冬季不遮阳或少遮。冬季夜间最低温度应在10~12℃以上。室温太低时，可适当少浇水。

常见种类：

普兰 *Promenaea* Crawshayana

Prom. stapelioides × *Prom. xanthina* 两种间的杂交种，1935年登录。花径4cm。萼片黄绿色，花瓣黄绿色有红色小斑点。花期春季。

Prom. (*stapolioides* × *xanthina* ‘Reis’)

Prom. Florafest Sparkier (Samsu × Colmaniana)

普兰 [*Prom.* (*samsu*‘Light Lip’ × *Crawshayana*‘A’)]

普兰（*Prom.* Crawshayana）

普绕斯兰

Prosthechea

产于墨西哥到巴西。全属约100种；这些种原来属于树兰属（*Epidendrum*）和围柱兰属（*Encyclia*），由于假鳞茎和唇瓣的不同，有分类学家将其单列为新属。假鳞茎呈纺锤形，有些稍扁；围柱兰属的假鳞茎呈卵圆形。普绕斯兰属花的唇瓣是上位的，围柱兰属花的唇瓣是下位的。普绕斯兰属植物有1~5枚叶片，叶质地相当薄。花序少有分枝，并且每花序上有数朵中等大小的花。

杂交育种： 至 2012年已登录的属间和属内杂交种有 212种（属内杂交种 30个）。如：*Prom.* Crawshayana（*Promenaea stapelioides* ×*Promenaea xanthina*）登录时间 1905；*Promenaea* Dinah Albright（*Promenaea* Norman Gaunt × *Promenaea stapelioides*）登录时间 1980；*Promenaea* Ben Berliner（*Promenaea* Limelight × *Promenaea* Crawshayana）登录时间2010；*Cattleychea* Algiers（*Cattleya* Alcobaca × *Prosthechea cochleata*）登录时间 1965；*Cattleychea* Beverly Beach（*Cattleya* Leigh Ann Blackmore × *Prosthechea citrine*）登录时间 1983；*Cattleychea* Chris Nicholas（*Cattleya harpophylla* × *Prosthechea vitellina*）登录时间2007。

栽培： 中温或高温温室栽培。生长强健，容易栽培成功。可以参照树兰类的栽培方法种植。该类植物喜欢直射、明亮的阳光，高空气湿度和良好的空气流通。用附生兰花的栽培基质，如树皮、风化火山岩等添加少量苔藓盆栽。旺盛生长时期给予充足的水分和肥料；冬季来临，应减少浇水和停止施肥。

常见种类：

章鱼兰（围柱兰，黑兰）

（*Prosthechea cochleata*）

产于美国佛罗里达和安第斯山脉西部从墨西哥到哥伦比亚和委内瑞拉。生长在从海平面到海拔2000m处。假鳞茎疏松地从生在一起，梨形，扁平，长可达25cm。有叶2~3枚，带形，长20~30cm。花序长约50cm，具多花，花径约9cm。通常周年开花。中温温室栽培。

有变种：var. *alba* 白花章鱼兰（围柱兰），花乳白色。

香花普绕斯兰（*Prosthechea fragrans*）

产于墨西哥经中美洲到南美洲。生于海拔200~900m处。假鳞茎常紧密生长在一起，窄卵圆形，较扁，长11cm。有叶1枚，长舌形，长约30cm。花序长约17cm，有花2~6朵，花径约5cm；甚芳香。花期通常在春季，并且花期长。中温或高温温室栽培。

角柱状果普绕斯兰（*Prosthechea prismatocarpa*）

角柱状果普绕斯兰（*Prosthechea prismatocarpa*）

产于哥斯达黎加和巴拿马。生于低到中海拔地区。假鳞茎长卵形，长10~15cm，上部有2~3枚叶片。叶长舌形，长30~40cm。花茎顶生，直立，长30~40cm，具多数花，呈总状排列。花径4~5cm，花蜡质，芳香，寿命长。花期夏至秋季。中温或高温温室栽培。

辐射章鱼兰（围柱兰）（*Prosthechea radiata*）

产于墨西哥、哥斯达黎加和委内瑞拉。生长在从海平面到海拔2000m处雨林、栎树林和针叶树与栎树的混交林中。假鳞茎着生在根状茎上，每个间隔2.5cm。椭圆形，扁平，长11cm，有叶2~4枚，叶长35cm。花序直立或呈弓形，长20cm，有花2~8朵，花径3cm，花瓣和萼片黄绿色或绿白色，唇瓣亦同色，但上面有紫红色或紫色呈辐射状的条纹。花甚芳香。花可以开放数周，亦可以间断地周年开放。中温或高温温室栽培。

白花章鱼兰（*Prosthechea cochlcata* var. *alba*）

章鱼兰（黑兰）（*Prosthechea cochleata*）

香花普绕斯兰（*Prosthechea fragrans*）

披针叶普绕斯兰（*Prosthechea lancifolia*）

辐射章鱼兰（*Prosthechea radiate*）

拟蝶唇兰
Psychopsis

产于哥斯达黎加、秘鲁。附生于从海平面至海拔800m处潮湿的森林中。全属4种，原来在文心兰属（*Oncidium*）中，后分类学家将其单列为新属。假鳞茎紧密丛生，扁平的球形，顶部生有叶片一枚；叶肉质，椭圆形，长15~25cm，绿色有红褐色的不规则的斑点和条纹。花序直立，从鞘叶腋部生出，长1m左右，顶端可以陆续开出大而美丽的花。但每次只开一朵，每朵花可以开放2周以上。一朵花凋谢后，新花蕾长大并开放。背萼片和花瓣小而窄；侧萼片扩展开来，呈花瓣状；唇瓣无距；蕊柱无足。

杂交育种：较前的杂交育种工作均记载在文心兰属中，请查阅时留意。至2012年，已登录的属间和属内杂交种有52种（属内杂交种23个）。如：*Aspopsis* Mindi Coffman（*Psychopsis papilio* × *Aspasia epidendroides*）登录时间1979；*Psychassia* Memoria Cecil Robinson（*Psychopsis papilio* × *Brassia gireoudiana*）登录时间1983；*Psychopsis* Orchidom Dandy（*Psychopsis* Kalihi × *Psychopsis* Orchidom Butterfly）登录时间2011；*Psychocentrum* Beverly Wheelock（*Trichocentrum* luridum × *Psychopsis krameriana*）登录时间1976；*Psychassia* Isabelle（*Brassia* Falling Star × *Psychopsis papilio*）登录时间1994；*Psychopsis* Holm's Little Butterfly（*Psychopsis limminghei* × *Psychopsis papilio*）登录时间2012。

栽培：该属植物栽培较容易成功。中温或高温温室栽培。可以绑缚栽种在树蕨干、树蕨板上或带皮的木段上，亦可以用排水良好的颗粒状不易腐烂的基质盆栽。常年保持较高的空气湿度、充足的水分和肥料。可以和文心兰、蝴蝶兰放在同一温室中栽培。

常见种类：

克瑞拟蝶唇兰（*Psychopsis kremariana*）

产于哥斯达黎加到厄瓜多尔，安第斯山脉西坡。紧密丛生的假鳞茎扁球形，直径3~5cm，顶部生1枚叶片。叶椭圆形，长15~25cm，革质，绿色具暗紫黄褐色斑点和条文。花茎长1m左右，顶端开花1朵；花长约13cm，宽8cm，背萼片与花瓣线状，先端宽，长约7cm，侧萼片镰状，下方弯曲，长约5cm，边缘有细波状，有黄橙褐色斑块。唇瓣侧裂片半圆形，中裂片圆形，宽约3cm，边缘呈强烈的波状，有黄橙褐色斑块，中央金黄色，花期不定。

蛾型拟蝶唇兰（*Psychopsis papilio*）

syn. *Oncidium papilio*

产于特立尼达和多巴哥、哥伦比亚、厄瓜多尔、秘鲁。中温或高温温室栽培。栽培困难。假鳞茎紧密丛生，卵状椭圆形，长5cm，有皱纹。硬质单叶，椭圆状长圆形；每个假鳞茎生1花茎，有花数朵。花色和花的大小变化大，花径12~15cm；背萼和花瓣呈线形、直立，顶端稍有扩宽，深红色到鲜红色；侧萼片弯垂，鲜红色有窄的黄色横条纹。唇瓣3裂，侧裂小而圆，黄色有红色斑点。中裂片宽，圆形，顶端红褐色。几乎全年开花，花寿命长。

克瑞拟蝶唇兰（*Psychopsis kremariana*）

卡莉拟蝶唇兰 [*Psychopsis* Kalihi ‘Alba’（*P. kremarianum* × *P. papilio*）]

扇兰属
Psygmorchis

附生兰花。全属 5 种，主要分布于墨西哥、巴西和玻利维亚的广大地区。附生于海平面至海拔 1400m 处河流两岸的番石榴和咖啡树干上。植株小，无假鳞茎；有二列呈扇形排列的叶片，叶片肉质，呈扁平的长椭圆形；花茎从叶腋生出，较短，有花 1 至数朵。花较大，黄色。背萼片和花瓣离生，侧萼片小；唇瓣大，4 裂，侧裂片较大，呈水平展开，中裂片为宽心形，花盘上有角状突起。蕊柱较短。该属植物有些种寿命甚短，开花产生种子，其生存时间少于一年。

栽培：中温或高温温式栽培，越冬最低温度 15℃；绑缚栽种在树蕨板上，或用苔藓做基质栽种在小盆中。旺盛生长时期保持有充足的水分和较高的空气湿度；2 周左右施一次复合液体肥料；温室遮阳 50%~70%。冬季若温室温度较低，应减少浇水，保持基质微潮，绝不可完全干燥；冬季停止施肥，减少或不遮阳。

常见种类：

扇兰（*Psygmorchis pusina*）

产于墨西哥、玻利维亚、西印度群岛、巴西和圭亚那。该植物无假鳞茎，叶片长于 5cm。一个花茎上有数朵花。与植株大小相比较，花朵较大，花长 2.5cm 以上。全年开花。该种在其原生环境下可以生存 7~8 年。

蛾型拟蝶唇兰（*Psychopsis papilio*）

扇兰（*Psygmorchis pusina* ‘PT#56’）

部分长12mm，唇瓣长20mm，棕色，　顶尖卷曲。

翅柱兰属
Pterostylis

落叶地生兰花。全属约200种；主要分布于澳大利亚，部分种分布于新西兰和太平洋西部一些岛屿。地上部分冬季干枯，地下块茎球状，也有的是根状茎。叶呈莲座状或呈苞片状生于茎上，叶有明显的网状脉。花序有花1至数朵。花倒置，绿色，有紫色或棕红的色调或线条；背萼片呈弓形，与花瓣一起形成盔状，包住蕊柱；侧萼片基部到中部联合，上部分开，呈尾状。唇瓣可以活动，像爪样，基部有一些纤细的附属物。

栽培：高山型低温温室栽培，夏季温度不高，冬季无严寒。在澳大利亚地生兰花栽培者种，该属植物收集和栽培较多。繁殖和栽培较容易。要求冷凉环境，排水良好的腐殖土；每盆可以栽种数株。盆土浇水时要浇透，但不能积水。新苗生出时严格注意不能把水喷洒到叶片上。保持较低的空气湿度；旺盛生长时期，2~3周施一次液体复合肥。秋季开花后植株进入休眠期，地上部分干枯，完全停止浇水。假鳞茎可以在原盆中保存至次年新芽萌发。两年换盆和分株一次。

常见种类：

翅柱兰（*Pterostylis curta*）

产于澳大利亚东部和东南部、新克里多尼亚。叶卵圆形，长10cm，宽3cm，花序高10~30cm，花1朵。花径约35mm，花绿色，染有白色线条和棕色；侧萼片开裂

翅柱兰（*Pterostylis curta*）

蔡氏女神‘天母’（*Rlc.*Tsai's Goddess‘Tian Mu’）

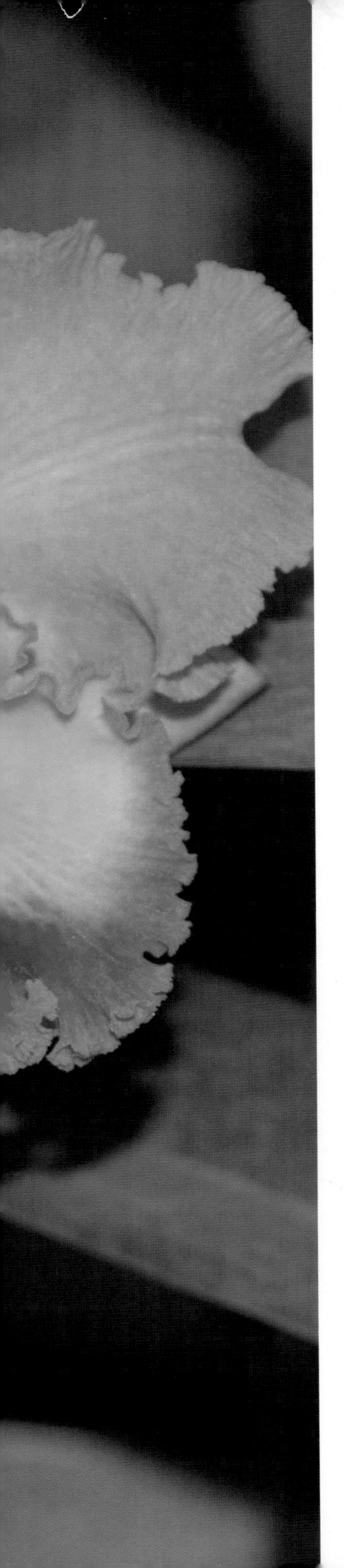

R

钻喙蜘蛛兰属
Renanstylis (*Rnst.*)

该属是火焰兰属 [*Renanthera* (*Ren.*)] × 钻喙兰属 [*Rhynchostylis* (*Rhy.*)] 间的人工属，1960 年登录。至 1994 年，已有 15 个杂交种登录。株型介于两亲本的中间型。叶肉质，较厚。花茎呈弓形，半下垂，有分枝，有花多数。

杂交育种：至 2012年已登录的属间和属内杂交种有 14种。如：*Chewara* Orchid Paradise（*Rnst.* Jo Ann × *Aerides crassifolia*）登录时间 1983；*Okaara* Scarlet Queen（*Rnst.* Queen Emma × *Ascocenda* Yip Sum Wah）登录时间 1998；*Joannara* Fan de Guan（*Rnst.* Azimah × *Rnst.* Akihito）登录时间 2011。

栽培：喜高温和较强阳光的热带环境。高温温室栽培，常年生长，无休眠期。在东南亚地区通常露地栽培，栽培较多；不遮阳；要求有充足的水分和肥料；高空气湿度。在我国热带地区可以试引种栽培。生长势强健，栽培管理比较简单。可参照火焰兰类栽培方法。

火焰万代兰属
Renantanda (*Rntda.*)

该属是火焰兰属 [*Renanthera*（*Ren.*）]× 万代兰属 [*Vanda*(*V.*)] 间的人工属，1935年登录。至 2012年，已登录的属间和属内杂交种有 47种。如：*Joannara* Jetstar（*Rntda.* Violet Blue Angel × *Vandachostylis* Blue Angel）登录时间 1973；*Kagawaara* Bukit Timah（*Rntda.* Memoria Henry Trimen × *Ascocenda* Fuchs Gold）登录时间 2003；*Paravandanthera* Harold Burson（*Rntda.* Storiata × *Paraphalaenopsis serpentilingua*）登录时间 2012；*Holttumara* Bintang Timor（*Arachnis hookeriana* × *Rntda.* Palolo）登录时间 1963；*Knudsonara* Rumrill Trinket（*Rntda.* Rosyleen × *Rntda.* Rumrill）登录时间 1981；*Rntda.* Robsan（*Vanda* Ruby Prince × *Rntda.* Gold Nugget）登录时间 1995。

栽培：喜常年高温和较强阳光的热带环境，或高温温室栽培。常年生长，无休眠期。在东南亚地区栽培较多。通常露地栽培，不需遮阳；要求有充足的水分和肥料，高空气湿度；在我国热带地区可以试引种栽培。生长势强健，栽培管理比较简单。植株较高，花茎长，适于作切花。栽培可参照万代兰方法。

Rnst. (*Rnst.* Azimah × *Ren.* Bangkok Flame)

Rnst. Alsagoff 'Orchis'

Rntda. Charlie Mason

Rntda. Mandai Sunlight

Rntda. Kalson

Rntda. Storiata

火焰兰属
Renanthera (*Ren.*)

附生或半附生兰花。约15种，分布于东南亚至热带喜马拉雅。我国有2种，产于南方热带地区。

茎长，攀缘，单轴茎。叶厚革质，扁平。花序侧生，较长，通常分枝，总状或圆锥花序疏生多数花；花中等大或大，火红色或有时橘红色带红色斑点，开展；中萼片和花瓣较狭；侧萼片比中萼片大，边缘波状；唇瓣远比花瓣和萼片小，3裂；侧裂片近直立；中裂片反卷，较小；距圆锥形。

杂交育种：该属植物早已受到育种家的关注，通过选择和种间杂交培育出许多优良的品种。在东南亚地区广泛栽培。

火焰兰属与其近缘属的亲和力比较强。据不完全统计，该属与兰科 *Aerides*，*Arachis*，*Ascocentrum*，*Ascoglossum*，*D-oritis*，*Gastrochilus*，*Kingidium*，*Neofinetia*，*Phalaenopsis*，*Rhynchostylis*，*Saccolabium*，*Sacochilus*，*Trichoglottis*，*Vanda*和 *Vandopsis* 等 10多个近缘属间的杂交已产生了 48个以上的人工属。其中包括有 2属、3属和 4属间杂交的人工属。

至 2012年已登录的属间和属内杂交种有 818种（属内杂交种 103个）。如：*Aranthera* Beatrice Ng（*Ren. storiei* × *Arachnis* Ishbel）登录时间 1961；*Holcanthera* M.S. Swaminathan（*Ren. imschootiana* × *Holcoglossum amesianum*）登录时间2010；*Aranda* Dark Red（*Aranda* Hilda Galistan × *Ren. storiei*）登录时间 1969；*Andrewckara* Forgotten Treasure（*Vanachnochilus* Fascad × *Ren. storiei*）登录时间 1983；*Yusofara* Annika Sorenstam（*Mokara* Chark Kuan × *Ren.* Zaleha）登录时间 2007。

栽培：喜高温、高湿、较强阳光和通风良好的环境。生长势强健，在热带地区栽培较易。北方高温温室栽培。栽植在吊篮、绑缚在树蕨干上或盆栽；基质可用蕨根、木炭、椰壳或树皮块等排水和透气较好的材料。春、夏、秋 3 季应给予充足水分和肥料，1~2 周施一次液体肥料，否则不易开花。栽培方法可参照万代兰的做法。火焰兰在热带东南亚地区栽培十分普及，花极美丽，深受人民喜爱。是一类有发展前途的热带兰花，我国海南、广东等热带地区应当作为盆花和切花大力引种栽培和发展。尤其在海南地区，可以建荫棚露地大量种植；亦可以绑缚栽植在公园和绿地大树的茎干和岩石上，供市民欣赏。

常见种类：

中华火焰兰（*Ren. citrina*）

产于中国云南南部。生于海拔1200~1400m疏林中树干和岩石上。越南也有分布。该种与云南火焰兰近缘，区别在于本种的茎叶较细，花浅黄色具紫红色疏斑点，侧萼片较窄；唇瓣中裂片近圆形，上半部呈半球形囊状，近基部有 3 条脊和 1 对肼胝体，基部有 1 个长约 2mm 的圆锥形囊。花期 4~5 月。

云南火焰兰（*Ren. imschootiana*）

产于中国云南南部（元江）。生于海拔 500m 以下的河谷林中树干上。越南也有分布。茎长达 1m。叶革质，长圆形，长 6~8cm。花序腋生，长达 1m，具分枝，总状花序或圆锥花序具多数花；花开展；中萼片黄色；花瓣黄色带红色斑点；唇瓣 3 裂；侧裂片红色；中裂片卵形，深红色，反卷；距黄色带红色末端；蕊柱深红色，圆柱形。花期 5 月。中温或高温温室栽培。

红斑火焰兰（*Ren. monachica*）

产于菲律宾。茎长约 50cm。叶数枚，线状舌形，长 6~20cm，稍厚肉质。花茎直立或弓形，有分枝，长 20~40cm，有花数朵。花平开，直径 2.5~3.5cm，黄色底上有红色斑点。背萼与侧萼披针形，长 1.5cm；花瓣镰刀形，唇瓣 3 裂，长 0.4cm，肉厚，袋状。距短。花期通常春季。

斯氏火焰兰（*Ren. storiei*）

产于菲律宾。生长在海拔 1000m 处光照充足的地方。通常着生在树干基部，类似地生种类，向上生长并有分枝，高可达 2m。花茎横生或呈弓形，通常有 2~3 个分枝，着花可达 100 朵；几乎可同时开放。花美丽，长 5~6cm。中温或高温温室栽培。冬春季开花。

红斑火焰兰（*Ren. monachica*）

斯氏火焰兰（*Ren. storiei*）

中华火焰兰（*Ren. citrina*）（卢树楠　摄）

云南火焰兰（*Ren. imschootiana*）

Ren. Akihito (*Ren.* Red Feathers × *Ren. storiei*)（黄展发　摄）

Ren. Singaporeans (*Ren.* Kalsom × *Ren.* Tom Thumb)（黄展发　摄）

火焰袋舌兰属
Renanthoglossum (*Rngm.*)

该属是袋舌兰（*Ascoglossum*）× 火焰兰（*Renanthera*）两属间杂交的人工属，1963 年登录。最初是由 *Ren.storiei* × *Ascgm.calopterum* 两个原生种交配而成 *Rngm.*Red Delight。至 1994 年登录的杂交种已达 8 个。为单茎类，形态似火焰兰；叶革质、较厚，花茎分枝，花多数。花一般侧萼片大，深红色。

杂交育种：至 2012年，已登录的属间和属内杂交种有 22种。如：*Ascoparanthera* Dark Beauty（*Rngm.* Red Delight × *Paraphalaenopsis denevei*）登录时间 1984；*Ascorenanthochilus* Tom（*Rngm.* Red Delight × *Staurochilus fasciatus*）登录时间 1996；*Ngara* Mandai Grace（*Arachnis hookeriana* × *Rngm.* Red Delight）登录时间 1978；*Rngm.* Delightful（*Renanthera coccinea* × *Rngm.* Red Delight）登录时间 1994；*Ascoparanthera* Rednano（*Paraphalaenopsis* Vanessa Martin × *Rngm.* Red Delight）登录时间 2008。

栽培：该人工属植物生长势十分强劲。具有火焰兰的许多优良特性，喜高温和较强阳光、耐干旱。适合于我国海南等热带地区栽培。花序巨大，花多、色彩艳丽，可作为切花或在热带园林中美化种植。可直接露地花坛种植或绑缚栽植在大树茎干和裸露的岩石上。目前，我国缺乏这一类兰花，可从国外适当引种，栽培试种。

Rngm. Red Delight（黄展发 摄）

Rngm. Red Delight（黄展发 摄）

雷氏兰（甲虫兰）属
Restrepia (*Rstp.*)

附生兰花。全属约 30 种，分布于中美洲及南美洲安第斯山地区的厄瓜多尔、哥伦比亚、委内瑞拉及秘鲁等地。附生于中至高海拔湿度较高的森林中。株形多矮小，无假鳞茎。茎常成丛生长，为叶鞘所包围，先端呈叶状，椭圆形，革质，绿色，背面常带有紫晕。花葶着生于叶背面基部主脉上；花色艳丽、有白、黄、橙、红、褐等色，常具色斑。中萼片直立，基部带状，向上延伸逐渐细长呈线状；两枚侧萼片合生成一长椭圆形薄片或呈匙状。合生侧萼片较大，中萼片及花瓣呈细带状；唇瓣较小，有毛状或齿状凸起的附属物；花瓣与中萼片形状色彩相似，短于中萼片，向前方伸展或下垂。蕊柱细长。花形奇特、非常有趣，常形似昆虫。故西方常称为甲虫兰。花期多在春季。

杂交育种：至 2012年已登录的属间和属内种间杂交种有 30种（属内种间杂种 29个）。如：*Rstp.* Tattoo（*Rstp. antennifera* × *Rstp. guttulata*）登录时间 1990；*Rstp.* Sangflosc（*Rstp. sanguinea* × *Rstp. flosculata*）登录时间 2004；*Rstp.* Alan F. Garner（*Rstp. brachypus* × *Rstp. trichoglossa*）登录时间 2011；*Rstp.* Tattoo（*Rstp. antennifera* × *Rstp. guttulata*）登录时间 1990；*Myoxastrepia* Samantha（*Myoxanthus serripetalus* × *Rstp. falkenbergii*）登录时间 2003；

Rstp. Berlabi（*Rstp. cuprea* × *Rstp. lansbergii*）登录时间 2013。

栽培：低温或中温温室栽培。夏季最高温应在 30℃以下，温度高对其生长不利。多数种类栽培较容易。可以绑缚栽种在树蕨干上，以利攀缘种类生长；小型植株种类可用苔藓为基质栽植在小盆中；全年要求较高的空气湿度；春、夏、秋 3季经常保持基质湿润，忌干燥；冬季温度低时可稍干。旺盛生长时期 2周左右施一次液体肥料。夏季遮阳 70%左右。

常见种类：

触角雷氏兰（*Rstp. antennifera*）

分布于厄瓜多尔、哥伦比亚和委瑞内拉。生于海拔 1500 ~ 3500m 处，是一种中至大型攀缘附生植物。茎高约 20cm，叶片革质、直立，长 10cm 以上，宽 5cm。花黄色至紫色等；花单朵，着生于叶背面主脉基部；花形奇特，中萼片与花瓣呈细丝状，侧萼片合生成匙状，先端分裂，黄色，密布红色或紫色细斑点。

Rstp. aristulifera

该种是委内瑞拉和哥伦比亚西部的特有种。此种与触角雷氏兰甚相似。然而，两者也容易区分，该种的花茎远短于后者，并且花产生于叶片的背面。

可可雷氏兰（*Rstp. chocoensis*）

该种产于哥伦比亚。叶片厚、长而窄。花着生于叶片基部的短茎上。合生的萼片橘黄色，布满深紫色斑点，顶部分裂并向背面弯曲。

Rstp. antennifera ‘Lynniana’(Ecuagenera 摄)

触角雷氏兰（*Rstp. antennifera*）

Rstp. chamaleon (Ecuagenera 摄)

可可雷氏兰 (*Rstp. chocoensis*) (Ecuagenera 摄)

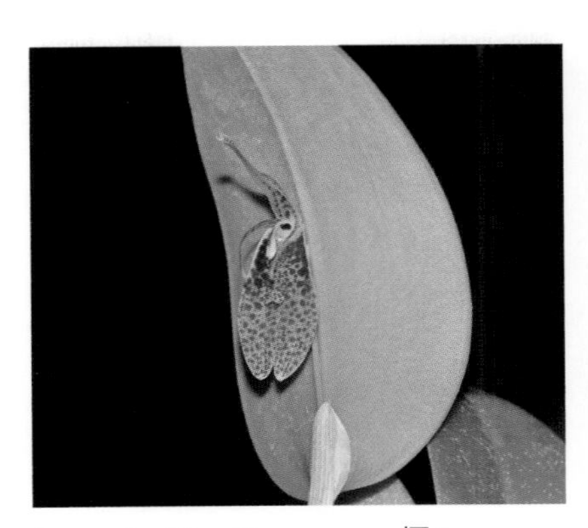

Rstp. aristulifera (Ecuagenera 摄)

Rstp. guttulata‘Dark red’(Ecuagenera 摄)

Rhyascda 属

该属是鸟舌兰属(*Ascocentrum*)× 钻喙兰属（*Rhynchostylis*）× 万代兰属（*Vanda*）三属间杂交的人工属。最早由日本的 Takakura 先生 1964 年登录。其植物学特征介于三个亲本之间。属单茎类，叶二列，革质，花较万代兰稍小，又比钻喙兰大；色彩十分艳丽、丰富。

栽培：该属植物生长势强健，比较容易栽培。适合于热带地区或北方高温温室栽培。附生性状强，根系粗大，裸露在空气中。栽培方法可以参照万代兰的做法。

Rhyncattleanthe (*Rth.*) 属

该属是卡特兰属（*Cattleya*）× 瓜利兰属（*Guarianthe*）× 喙果兰属（*Rhyncholaelia*）三属间杂交的人工属。最早于 1902 年登录，登录的名称为 *Rhyncattleanthe* Man Tinariae。植物学特征和生物学特性介于三个亲本之间。由于亲本的不同，其杂交种后代种间常有较大的差异。植株形态和花形花色变化亦甚大。花色有洋红、橙红、深红、黄色、亮黄、橙黄等；花中小型至大型；四季均有开花。在国际各地兰展和兰花市场上均可以看到有该人工属的品种出现，是卡特兰类中重要商品花之一，有较大的发展前景。目前我国尚少见到，有关的生产和科研部门可有计划地引种、繁殖、开发和生产。

杂交育种：至 2012年该属以母本作杂交的杂种有约 882个，以父本作杂交的杂种有约 803个（属内种间杂种 131个）。如：*Bullara* Hobbs'Nob（*Rth.* Cherub × *Encyclia cordigera*）登录时间 1976；*Rth.* Free Spirit（*Rth.* Twentyfour Carat × *Cattleya* Beaufort）登录时间 1990；*Volkertara* Vigour Glory（*Rth.* Ahchung Yoyo × *Guaricattonia* Sogo Doll）登录时间 2009；*Louiscappeara* Dosha Sain（*Encyvola* Phoenix × *Rth.* Bouton D'Or）登录时间 1984；*Rth.* Bill

Rhyascda（*Ascda* Yip Sun Wah × *Rhynchostylis* Colestes）

Rth. Chief Sweet Orange

Whan（*Cattleya* Yellow Doll × *Rth.* Yellow Imp）登录时间1994；*Bullara* Lo's Blue Roman：(*Enanthleya* Joseph Romans × *Rth. Lois* McNeil)登录时间2004。

栽培：可参照卡特兰的栽培管理方法种植。

钻喙鸟舌兰属
Rhynchocentrum (*Rhctm.*)

该属是鸟舌兰属(*Ascocentrum*) × 钻喙兰属（*Rhynchostylis*）二属间杂交的人工属。于1963年由Sagarik和M.Wreford首次报道*Rhynchocentrum* Lilac Blossom (*Rhy. coelestis* × *Asctm. ampullaceum*)。至2011年该人工属已登录的杂交种有12种。

具有其二亲本特性。属单茎类，叶二列，革质，花序直立，花朵排列不像钻喙兰那样排列紧密，花较钻喙兰大，花冠色彩纯净，没有斑点；色彩十分艳丽。

杂交育种：至2012年已登录的属间和属内种间杂交种有23种。如：*Rhctm.* Bamrung（*Rhctm.* Sagarik × *Ascocentrum ampullaceum*）登录时间1971；*Vascostylis* Golden Beauty（*Rhctm.* Ladda Gold × *Ascocenda* Su-Fun Beauty）登录时间1990；*Ronnyara* Snow Flakes（*Rhctm.*Ladda Gold × *Perreiraara* Luke Thai）登录时间2009；*Lowsonara* May Tan（*Aerides falcate* × *Rhctm.* Ladda Gold）登录时间1985；*Ascorhynopsis* Serdang Tan（*Paraphalaenopsis* Boediardjo × *Rhctm.* Ladda Gold）登录时间2001；*Fuchsara* Amazing Little Kasorn（*Chrisanda* Chao Praya Emerald × *Rhctm.* Sagarik）登录时间2012。

栽培：该属植物生长势强健，比较容易栽培。观赏性较强，适合于热带地区或北方高温温室栽培。喜高温、高湿、阳光充足和良好的通风。附生性状强，根系粗大，裸露在空气中。栽培方法可以参照万代兰的做法。可作为切花或热带园林中美化种植。在热带，可直接露地绑缚栽植在大树茎干和裸露的岩石上。温室栽培可绑缚栽种在树蕨干或带皮的木段上；也可以用粗颗粒的树皮块、木炭、风化火山岩等排水和透气的基质栽种在吊篮或花盆中。

Rhctm. (Asctm. ampullaceum × Rhy. coelestis)

Rhctm. Lilac Blossom ‘Rosa’

喙果兰属
Rhyncholaelia

附生或地生兰花。原产于墨西哥、危地马拉、洪都拉斯和尼加拉瓜。生于低到中海拔的山区森林中。全属共 2 种。该属的 2 个种早期的分类学者将其列入柏拉索兰属（*Brassavola*）中，后将其单列为新属。该属与卡特兰属（*Cattleya*）亲缘关系密切。假鳞茎顶部有一枚多肉、灰绿色的叶片；从假鳞茎顶部的鞘叶中生出一朵大而美丽的花。萼片和花瓣浅绿色，唇瓣白色。

杂交育种：该属的 2个种早期将其列为柏拉索兰属中，故其早期的杂交育种工作均记录在柏拉索兰属中，近期的杂交育种记录在喙果兰属中。查阅文献时应注意区分。

至 2012年，已登录的属间和属内种间杂交种有 550种（属内种间杂种 2个）。如：*Laelirhynchos* Lellieuxii（*Rhyncholaelia digbyana* × *Laelia anceps*）登录时间 1907；*Psychelia* Orglade's Clove（*Rhyncholaelia digbyana* × *Psychilis olivacea*）登录时间 1983；*Rhyncattleanthe* RIO's Symphony（*Rhyncholaelia glauca* × *Rhyncattleanthe* Elizabeth Palmer）登录时间 2011；*Laelirhynchos* Bill Mc Lemore（*Laelia* Summit × *Rhyncholaelia digbyana*）登录时间 1979；*Rhyncatclia* Golden Glow（*Catyclia* Merrilee × *Rhyncholaelia glauca*）登录时间 1995；*Rhynchodendrum* Cabalgata en Verde（Epidendrum ciliare × Rhyncholaelia digbyana）登录时间 2008。

栽培：可参照卡特兰的栽培法种植。

常见种类：

大猪哥喙果兰（*Rhyncholaelia digbyana*）

syn. *Brassavola digbyana*

产于中美洲，从墨西哥到洪都拉斯都有分布。附生于较干燥的低海拔至 1500m 的地方。假鳞茎棍棒状，长 15~20cm，顶部生 1枚叶片，叶肉厚，革质，长椭圆形，长 20cm，宽 5.5cm。花序长 5.5cm，花 1朵，大型，蜡质；花径 15cm；芳香，尤其夜间。花瓣与萼片黄绿色，唇瓣白色，带有黄绿色。萼片长舌形至椭圆状披针形，钝头。唇瓣 3裂，边缘成丝状裂。春、夏季开花，花可开放 1周。中温或高温温室栽培。

粉绿喙果兰（小猪哥喙果兰）（*Rhyncholaelia glauca*）

syn. *Brassavola glauca*

附生或地生。产于中美洲，从墨西哥到洪都拉斯都有分布。生长于海拔 600~1800m 的林中。株高约 30cm。假鳞茎扁平、纺锤形，长 2~9cm，顶部生叶一枚。叶革质，长椭圆形，长 6~12cm，宽 2.5~3.5cm。花序长 10cm，有 1 花。花美丽，芳香；蜡质，花期长；花径 10cm。萼片与花瓣同为线形，淡绿白色。唇瓣白色，有红喉及白喉两个类型。花期冬春季。中温或高温温室栽培。

大猪哥（*Rhyncholaelia digbyana*）

小猪哥（*Rhyncholaelia glauca*）

Rhyncholaelia digbyana × *Brassavola nodosa*

Rhyncholaeliocattleya (*Rlc.*) 属

该属是卡特兰属（*Cattleya*）× 蕾丽兰属（*Laelia*）× 喙果兰属（*Rhyncholaelia*）三属间杂交产生的人工属。原来喙果兰属的两个种均属于柏拉索兰属，后分出单立新属。据了解，两属间已产生许多人工属，其中已选出不少优良品种，深受欢迎。有些优良品种已作为商品花卉进入市场。

柏拉索兰属、蕾丽兰属、贞兰属（*Sophronitis*）等与卡特兰属亲缘关系密切。

Rhyncholaeliocattleya(*Rlc.*) 属是兰花园艺工作者，尤其是卡特兰类育种家和生产栽培经营者十分重视的属。该人工属是经过一个多世纪众多卡特兰类育种家的多代选择和杂交、集中并重新组合了上述数个属中不同原生种中的优良基因而形成的优秀杂种群。这些杂交种和品种具有极其宝贵和丰富的优良基因组合型，既是流行于世界的优良卡特兰类盆花和切花品种，又是今后育种的重要亲本。

据 2009年公布的《兰花新旧属名种名对照表》记载，蕾丽兰属和贞兰属大部分种已并入卡特兰属；并且之前由柏拉索兰属、蕾丽兰属、贞兰属等与卡特兰属之间杂交产生的人工属及其庞大的杂交种群，如：柏拉索兰属（*Brassavola*），柏拉索卡特兰属（*Brassocattleya*），*Brassolaeliocattleya*(*Blc.*)属，*Laeliocattleya* (*Lc.*) 蕾丽卡特兰属，*Potinara*(*Pot.*)属，*Sophronitis*(*Soph.*)属，*Sophrocattleya*(*Sc.*)属，*Sophrolaelia*(*Sl.*)属，*Sophrolaeliocattleya*(*Slc.*)属等均已并入*Rhyncholaeliocattleya*(*Rlc.*)属。故该人工属所包含的杂交种数量十分巨大。

至 2012年，已登录的属间和属内种间杂交种有 13993种（属内种间杂种 4080个）。如：*Rhyncattleanthe* Varut Tears（*Rlc.* Golden Delight × *Cattlianthe* Kauai Starbright）登录时间 1987；*Prosrhyncholeya* Citron Bell（*Rlc.* Fortune × *Prosthechea citrine*）登录时间 1990；*Cahuzacara* Hanh Sang（*Rlc.* Pink Diamond × *Brassanthe* Maikai）登录时间 2011；*Chapmanara* Green Gold（*Catminichea* Luis × *Rlc.* Ojai）登录时间 1978；*Appletonara* Raymond（*Catcylaelia* Rebecca × *Rlc.* Viliami Batiri）登录时间 1989；*Cahuzacara* Duckitt's Spring Beauty（*Cahuzacara* Darling Winter × *Rlc.* Duckitt Beauty）登录时间 2012。

栽培：可参照卡特兰的栽培方法种植，中温或高温温室栽培。

'新市'（*Rlc.* Chia Lin）

Rlc. Village Chief North 'Green Genius'

优美舞者‘胭脂’（*Rlc.* Elegant Dancer‘Rouge’）

‘永典 3 号’（*Rlc.* Liu' s Joyance‘Yeon Dain #3’）

‘毛猪’（*Rlc.* Golf Green‘Hair Pig’）

蔡氏女神‘天母’（*Rlc.* Tsai' s Goddess‘Tian Mu’）

Rlc. Ports of Paradise‘Gleneyrie's Green Giant’FCC/AOS

‘猫王’（*Rlc.* Hwa Yuan Grace）

Rlc. Tsiku Orpheus‘Camille’

Rlc. Greenwich

钻喙兰属
Rhynchostylis (*Rhy.*)

附生兰花。全约 6 种，分布于热带亚洲。我国有 2 种，产于南方热带地区。茎粗壮，具肥厚的根。叶二列，多数，肉质肥厚，常带状。总状花序在茎上侧生，下垂或斜立，密生许多花；花美丽，中等大，开展；萼片和花瓣相似，花瓣较狭；唇瓣不裂和稍 3 裂，基部具距。该属植物的总状花序上紧密地生有许多朵花，所以在西方常称其为狐尾兰 (Foxtail ochids)。

杂交育种：该属植物通过属内原生种种间、原生种与杂交种间和杂交种的杂交已培育出不少优良园艺品种。并且该属与兰科中的 *Arachis*、*Aerides*、*Ascocentrum*、*Ascoglossum*、*Doritis*、*Luesia*、*Neofinetia*、*Phalaenopsis*、*Renanthera*、*Vanda*、*Vandopsis* 等十多个近缘属间杂交，到 1997 年至少已产生了31个以上的人工属。其中包括有 2 属、3 属和 4 属间杂交的人工属。

至 2012年已登录的属间和属内种间杂交种有 309种（属内种间杂种 6个）。如：*Rhynchocentrum* Lilac Blossom（*Rhy. coelestis* × *Ascocentrum ampullaceum*）登录时间 1963；*Renanstylis* Brighton Rechica（*Rhy. retusa* × *Renanthera monachica*）登录时间 1998；*Rhy.*Silvia (*Rhy.* Hirota × *Rhy. gigantea*)登录时间 2008；*Angraecostylis* Blush（*Angraecum eichlerianum* × *Rhy. coelestis*）登录时间 1982；*Charlieara* Kauai Spatterpaint（*Vanvanda* Dusty Purple × *Rhy. gigantea*）登录时间 1990；*Christenstylis* Kedah Bella（*Christensonia vietnamica* × *Rhy. coelestis*）登录时间 2009。

栽培：钻喙兰适合于海南、广东、广西、云南南部等热带地区栽培；我国中部和北部需中温或高温温室栽培。无休眠期。盆栽或吊篮栽培，也可绑缚栽种在树蕨干和树干上；盆栽基质可用蕨根、苔藓、木炭、椰壳或树皮块等排水和透气较好的材料。全年要求有充足的水分、高空气湿度和新鲜流通的空气。生长时期，1~2 周施一次液体复合肥。较喜阳光，遮阳 50% 左右；北方温室栽培，冬季可不遮或少遮。栽培方法可参照万带兰。因其根系的固着性甚强，把栽培基质抱得很紧，在换盆时需将根系周围的基质和容器小心清除剥离掉，再移植到新的盆中。

常见种类：

天蓝钻喙兰（*Rhy. coelestis*）

产于泰国、柬埔寨、越南中海拔至低海拔地区。茎粗壮长约 20cm，具有数枚带状、肉质的叶片，长约 20cm，宽约 2cm。花序直立，密生有多朵蜡质、芳香的花。花天蓝色。花直径约 2cm。花期夏至秋季。

有白色花变种：var.*alba* 白花天蓝钻喙兰。

海南钻喙兰（*Rhy. gigantea*）

产于海南。附生于海拔约 1000m 的山地疏林中树干上。分布于东南亚地区。根肥厚，粗达 10mm。茎直立，粗壮，长 4~13cm

钻喙兰‘如玉’（*Rhy.* Chorchalood ‘Ruyu’）（李振坚　摄）

或更长，粗约2cm。叶肉质，彼此紧靠，宽带状，长20~40cm。花序腋生，下垂，2~4个，长10~20cm，密生许多花；花白色带紫红色斑点，质地较厚；花瓣长圆形，比萼片小先；唇瓣肉质，深紫红色，向外伸展，近倒卵形，长约17mm，上部3裂；距狭圆锥形，长约5mm；蕊柱紫红色，粗短，长4mm；花期1~4月。

有变种和品种：var.*alba* 白花海南钻喙兰、'Red' 红花海南钻喙兰、粉黄斑海南钻喙兰。

钻喙兰（*Rhy. retusa*）

产于贵州西南部、云南东南部至西南部。附生于海拔310~1400m，疏林中或林缘树干上。广布于亚洲热带地区。气根发达肥厚，粗6~16mm。茎直立或斜立，长3~10cm，密被套叠的叶鞘。叶肉质，二列，宽带状，长20~40cm，宽2~4cm。花序腋生，1~3个，常下垂；长达28cm，密生许多花；花白色而密布紫色斑点，开展，纸质；中萼片椭圆形；侧萼片斜长圆形，与中萼片等长而较宽；花瓣狭长圆形，长7~7.5mm；唇瓣贴生于蕊柱足末端；后唇囊状；前唇朝上，几乎与蕊柱平行，中部以上紫色，中部以下白色。花期5月。

红花海南钻喙兰（*Rhy. gigantea* 'Red'）

钻喙兰'白狐狸尾'（*Rhy. gigantea* var. *alba* 'White Fox-brush'）

海南钻喙兰（*Rhy. gigantes*）

白花天蓝钻喙兰（*Rhy. coelestis* var. *alba*）

天蓝钻喙兰（*Rhy. coelestis* ）

钻喙兰 *Rhy. retusa*

万代钻喙兰属

Rhynchovanda(*Rhv.*)

该属是钻喙兰属（*Rhynchostylis*）×万代兰属（*Vanda*）两属杂交产生的人工属，1958年登录。最初是 *Rhv*.Fantasy（*V*.Miss Joaquim × *Rhv*.gigantea）。由 Fantastic Gardens登录。

该人工属承袭了其亲本属的许多形态特征和生物学特性。单轴类茎，茎直立或斜立，粗壮；叶多数，二列，稍多肉，带状，横切面呈V字形。下部节上有发达的气根。总状花序从叶腋发出，斜立或近直立，密生多数花，花中等大，花色艳丽，花形美的优良特点。

杂交育种：至 2012年已登录的属间和属内种间杂交种有 1种。如：*Prapinara* Chao Praya（*Christensonia* vietnamica × *Rhv.* Apichart）；登录时间 2011（有记载，至 1994年，已有 79个杂交种登录）。

栽培：可参照万代兰的栽培方法种植。中温或高温温室栽培。喜较强的阳光；北方温室栽培，春、夏、秋 3季遮阳 30%~50%，冬季不遮光。用排水好的较大颗粒状基质栽种在多孔的花盆中或木框中，悬吊在温室中。要求每日喷水浇灌，并保持高空气湿度。每 2周左右施用一次复合肥料，随浇水施用。冬季若室温低，适当减少浇水。

常见杂种和品种：

Rhv. Sri-Siam 'T.Orchids'（*V. tessellata* × *Rhv. gigantea*）。1978年登录，植株形态与 *Rhy. gigantea*海南钻喙兰近似。株幅约 35cm。花茎呈弓形，伸向斜上方，长约 30cm，有花 20余朵。花径约 4cm，厚肉质，花形良好，花色为深黑紫色，较珍稀。

Rhv. Sri - Siam 'T.Orchids'（syn. *Van.* Colmarie）

寄树兰（陆宾兰）属

Robiquetia

附生兰花。约40种，我国有2种，产于南方诸省区。分布于东南亚至澳大利亚和太平洋岛屿。茎圆柱形，伸长，常下垂。叶扁平，长圆形，先端钝并且不等侧2裂。花序常与叶对生，密生许多小花；花半张开，萼片相似，中萼片凹的；花瓣比萼片小；唇瓣肉质，3裂；侧裂片小，直立；中裂片伸展而上面凸状；距圆筒形。

杂交育种：至2012年已登录的属间和属内种间杂交种有4种。如：*Robifinetia* Rumrill Vanguard（*Robiquetia spathulata* × *Neofinetia falcate*）登录时间1982；*Robostylis* Aphrodite（*Robiquetia spathulata* × *Rhynchostylis retusa*）登录时间1994；*Robicentrum* Cherry Blossom（*Robiquetia mooreana* × *Ascocentrum ampullaceum*）登录时间2012；*Cleisoquetia* Rumrill Filigree（*Cleisocentron pallens* × *Robiquetia spathulata*）登录时间1982。

栽培：中温或高温温室栽培。无休眠期。盆栽或吊篮栽培，也可绑缚栽种在树蕨干和树干上；盆栽基质可用蕨根、苔藓、木炭、椰壳或树皮块等排水和透气较好的材料。全年要求有充足的水分、较高空气湿度和新鲜流通的空气。生长时期，2周左右施一次液体复合肥。较喜阳光，遮光量50%左右，冬季可不遮或少遮。

寄树兰（*Robiquetia succisa*）

常见种类：

寄树兰（*Robiquetia succisa*）

产于福建、广东、香港、海南、广西、云南。生于海拔570~1150m处林中树干上或崖石壁上。分布在不丹、印度、缅甸、泰国、老挝、柬埔寨、越南。茎长达1m，下部具根。叶长圆形，长6~12cm。圆锥花序，常分枝，密生许多小花；花不甚开放，萼片和花瓣淡黄色，质地较厚；中萼片宽卵形，长4~5mm；花瓣较小；唇瓣白色，3裂；中裂片中央具2条高脊突；距长3~4mm。花期6~9月。

寄树兰（*Robiquetia succisa*）（特写）

凹萼兰属
Rodriguezia

附生兰类。全属约 40 种，分布于热带美洲地区。生于从海平面至海拔 1500m 的潮湿多云雾的热带雨林中。附生在树上和岩石上。假鳞茎小，扁平卵圆形至椭圆形，顶端有叶 1~2 枚；叶长椭圆形至披针形，肉质；花茎从假鳞茎基部苞片腋中生出，有花 1 至多朵；花小型，色彩较多，有白、黄、红等，有褐色斑点。萼片和花瓣同形；唇瓣基部细长，先端倒卵形 2 裂；距短。该属与 *Oncidium* 血缘关系密切。

杂交育种：据不完全统计，至 1997年，该属与下列近缘属：*Aspasia*、*Brassia*、*Cochlioda*、*Comparettia*、*Gomesa*、*Ionopsis*、*Leochilus*、*Macradenia*、*Miltonia*、*Odontoglossum*、*Oncidium*杂交已产生 2属、3属和 4属间的人工属至少 19个。

至 2012年已登录的属间和属内种间杂交种有 133种（属内种间杂种 12个）。如：*Rodrettia* Black Beauty（*Rodriguezia lanceolata* × *Comparettia macroplectron*）登录时间 1968；*Oncidguezia* Plush（*Rodriguezia venusta* × *Oncidium* Shelley）登录时间 1981；*Gomguezia* Broccato Rosa FCA（*Rodriguezia* Burgundy × *Gomesa bifolia*）登录时间 2012；*Gomguezia* Angel Falls（*Gomesa flexuosa* × *Rodriguezia venusta*）登录时间 1965；*Eliara* Cinamon Drop Utuado（*Brassidium* Golden Drop Utuado × *Rodriguezia lanceolata*）登录时间 1997；*Onrodenkoa* Hwuluduen Calico Star（*Zelenkocidium* Calico Gem × *Rodriguezia lanceolata*）登录时间 2011。

栽培：中温或高温温室栽培；要求中等遮阳，春、夏、秋三季遮阳 50%~70%，北方温室栽培冬季可以不遮光。除 *Rodriguezia decora* 以外，可以用排水和透气好的基质，如木炭、树皮块、风化火山岩、蛇木屑或苔藓小盆栽培；亦可绑缚栽种在树蕨版或带皮的木段上。全年要求有充足的水分。旺盛生长时期 2周左右施一次液体复合肥料。

常见种类：

白花凹萼兰（*Rodriguezia bracteata*）

syn. *Rodriguezia venusta*；*Rodriguezia fragrans*

产于巴西东南部的低海拔热带和高海拔凉爽的山区。假鳞茎扁长圆形，高约 3~5cm。顶部有 1 枚叶片，长 25cm。花序从假鳞茎基部生出，长约 20cm。常呈弓形，有花数朵，呈洁白色，直径 3cm。花期秋至初冬。中温或高温温室栽培。

美丽凹唇兰（*Rodriguezia decora*）

产于巴西东南部中海拔山区林中或热带草原。是一种小型的附生兰花，假鳞茎卵圆形，扁平，长 2~3cm，顶端有叶 1 枚；叶片稍肉质，线状长椭圆形，长 6~15cm。花茎长 30~40cm，有花 5~15 朵。花长 3.5~4cm，半开，白色，萼片和花瓣有褐色斑点。唇瓣基部细长，先端半圆形，2 裂；基部有距，长 2mm。

美丽凹萼兰（*Rodriguezia. decora*）

凹萼兰（*Rodriguezia. satipeana*）

白花凹萼兰（*Rodriguezia. bracteata* ）

红花凹唇兰（*Rodriguezia lanceolata*）

syn. *Rdza.secunda*

产于安第斯山西部、巴拿马、委内瑞拉、圭亚那、巴西和玻利维亚。附生于潮湿的低海拔热带森林中。假鳞茎扁卵圆形，高约 3cm，有革质叶 1~2 枚，长 25cm，宽 3cm。每假鳞茎可生出花葶多至 6 个。花葶呈弓形，长 35cm，生有多数花；花茎 1.5cm；花色从浅粉红色到亮红色。该种无休眠期。全年可以开花。

红花凹萼兰（*Rodriguezia. lanceolata*）

Ronnyara (*Rnya.*) 属

该属是指甲兰属（*Aerides*）× 鸟舌兰属（*Ascocentrum*）× 钻喙兰属（*Rhynchostylis*）× 万代兰属（*Vanda*）4属杂交产生的人工属。承袭了这些属的许多形态特征和生物学特性。单轴类茎，茎直立或斜立，粗壮；叶多数，二列，稍多肉，带状横切面呈V字形。下部节上有发达的气根。总状花序从叶腋发出，斜立或近直立，密生多数花，花中等大，色艳丽，花形美的。

杂交育种：至 2012年已登录的属间和属内种间杂交种有 16种。如：*Rnya.* Jade Velvet（*Rnya.* Jade Magic × *Ascocenda* Tubtim Velvet）登录时间 1998；*Tanara* Chin Heong（*Rnya.* Luke Pla × *Rnya. storiei*）登录时间 2000；*Rnya.* Coffey's Surprise（*Rnya.* Blue Delight × *Ascocenda* Tubtim Velvet）登录时间 2002；*Rnya.* Don-Ron Twin（*Ascocenda* Happy Beauty × *Rnya.* Ronny Low）登录时间 1984；*Rnya.* Brighton Magic（*Vascostylis* Prapin × *Rnya.*Jade Magic）登录时间 1996；*Valinara* Wai Ron（*Paraphalaenopsis* Boediardjo × *Rnya.* Hiew's Golden Anniversary）登录时间 2001。

栽培：参照万代兰的栽培方法种植。高温温室栽培。喜较强的阳光；北方温室栽培，春、夏、秋三季遮阳 30%~50%，冬季不遮。用纯水机处理过的水浇灌；用较大颗粒状基质栽种在多孔的花盆中或木筐中，悬吊在温室中。要求每日喷水浇灌，并保持高空气湿度。每2周左右施用一次复合肥料，随浇水施用。冬季若室温低，适当减少浇水。

罗斯兰属 *Rossioglossum*

附生草本。全属约6种，均产于中美洲的墨西哥和巴拿马。附生于中到高海拔地区多云雾潮湿森林中的树干上。该属的6个种以前均属于 *Odontoglossum* 属，分类学家现已将其分出单立新属。

假鳞茎扁圆形，有2~3枚较厚的叶片。花序直立，有数朵大型的花，色彩丰富，在底色为黄色的萼片和花瓣上有大小不同的深棕红色斑块。

杂交育种：该属中的 6个种参与的杂交育种工作均作为 *Odontoglossum*属植物在文献中 记载。

至 2012年已登录的属间和属内种间杂交种有 26种（属内种间杂种 10个）。如：*Rossiochopsis* Vizir(*Rossioglossum ampliatum* × *Psychopsis papilio*)登录时间 1939；*Rossicentrum* Ample Spots（*Rossioglossum ampliatum* × *Trichocentrum* Ann McCue）登录时间 1982；*Oncidoglossum* Towaco（*Oncidium lankesteri* × *Rossioglossum ampliatum*）登录时间 1973；*Oncidoglossum* Banana Boat（*Oncidium* Tiger Butter × *Rossioglossum grande*）登录时间 1988；*Promoglossum* Golden Buddha（*Promenaea* Meadow Gold × *Rossioglossum ampliatum*）登录时间 2012。

栽培：中温温室栽培。喜明亮阳光，生长时期遮阳 50%，北方温室栽培冬季不遮光。用排水好的较大颗粒状基质栽种在中等的花盆中。生长时期要求有充足的水分供

Rnya.（*Christieara.* Rainbow Gem × *Rhy. gigantea*）

应；并保持较高的空气湿度。该属植物植株较大，需肥也较多，每2周左右施用一次复合肥料。当秋末冬初，植株生长成熟后应当有一个短暂时间适当地减少浇水。

常见种类：

大花罗斯兰（*Rossioglossum grande*）

产于墨西哥到洪都拉斯。附生于海拔2700m处潮湿的森林中。假鳞茎丛生，卵圆形，长约10cm。有叶片1~3枚，叶片长约40cm，宽5cm。花茎长约30cm，有花4~8朵，花径约15cm，花蜡质，寿命长。花期秋到春季。低温或中温温室栽培。

尹氏罗斯兰（*Rossioglossum insleayi*）

产于墨西哥中海拔到高海拔地区。假鳞茎扁卵圆形，高约10cm。有2~3枚叶片，叶长12cm。花序长30cm以上，有花5~10朵，花芳香，花径约9cm。通常秋季开花。低温或中温温室栽培。

Rossioglossum schlieperianum

大花罗斯兰（*Rossioglossum grande*）

尹氏罗斯兰（*Rossioglossum insleayi*）

华丽熊保兰（*Schomburgkia superbiens*）

S

狭唇兰属

Sarcochilus (*Sarco.*)

附生或石生兰花。全属15种，分布于澳大利亚及新喀里多尼亚。生于自海平面至海拔2000m多雾的雨林及溪边阴处，附生于树冠嫩枝或有苔藓的树枝上。有少数强壮的种生存于高温下，完全暴露的岩石、峭壁和石砾上。

附生小型植物，单轴生长，茎短有分枝，常丛生成簇。具少数短的肉质叶片。花葶细长，高30~50cm，具3~15朵花；花径0.6~3cm，花色有白、黄、粉等色，有的种类具有红色斑点。大多数种类具有芸香科植物的芳香气味。萼片与花瓣形状、大小相似，披针形或椭圆形；唇瓣较小，有距或囊状物。春、夏季开花。

杂交育种：属内的种间杂交种很多，培育出许多非常美丽的杂交种品种。据不完全统计，至1997年该属与下列近缘属：*Aerides*、*Ascocentrum*、*Doritis*、*Gastrochilus*、*Luisia*、*Phalaenopsis*、*Parasarcochilus*、*Plectorrhiza*、*Pomatocalpa*、*Renanthera*、*Rhinerrhiza*、*Rhynchostylis*及*Vanda*等属间杂交成功，并至少注册11个人工属。

至2012年，已登录的属间和属内种间杂交种有506种（属内种间杂种429个）。如：*Plectochilus* Richard Jost（*Sarco. hartmannii* × *Plectorrhiza tridentate*）登录时间1976；*Luichilus* Rumrill Maverick（*Sarco. hartmannii* × *Luisia teres*）登录时间1982；*Papillochilus* Little Ripper（*Sarco. australis* × *Papillilabium beckleri*）登录时间2012；*Gastrosarcochilus* Rumrill（*Gastrochilus formosanus* × *Sarco. falcatus*）登录时间1975；*Plectochilus* Brodie Vincent（*Plectorrhiza brevilabris* × *Sarco. falcatus*）登录时间1998；*Rhinochilus* Humbug（*Rhinochilus* Judith Larsen × *Sarco.* Party Poppers）登录时间2013。

栽培：较小的植株可绑缚栽种于树蕨板或木栓板上；较大的种类可种于吊篮或花盆中。低温或中温温室栽培，有的种可以耐3℃左右的低温。保持较高的空气湿度和新鲜流通的空气；喜明亮阳光，生长时期遮阳50%~70%，北方温室栽培可以冬季不遮；生长时期要求有充足的水分和肥料供应。不可缺水。

常见种类：

狭唇兰（*Sarco. fitzgeraldii*）

分布于澳大利亚中部东海岸昆士兰—新南威尔士边界地区，从海平面到海拔700m的地方。茎长0.5~1m，下垂；叶长6~20cm。花序弯曲或下垂，有花约10朵；花径2.5~3.5cm。芳香。花期春季。低温或中温温室栽培。用陶盆或浅盆栽植；喜凉爽和荫蔽的环境；全年要高空气湿度和通风良好。

狭唇兰（*Sarco. fitzgeraldii*）

Sarco. Shooting Star

大喙兰属
Sarcoglyphis

附生兰花。全属约10种。分布于东南亚、缅甸、泰国、老挝、越南至中国。我国有2种。茎短，具多数叶。叶稍肉质，二列互生。花序从茎下部叶腋中长出，下垂，疏生多数花；花小，开展，萼片和花瓣近似；唇瓣3裂；距近圆锥形。

栽培：中温或高温温室栽培。可绑缚栽种于树蕨板或木栓板上，或用排水好的颗粒状基质或苔藓栽种在中小花盆中。喜明亮阳光，生长时期遮阳50%~70%，北方温室栽培可以冬季不遮；生长时期要求有充足的水分、高的空气湿度和肥料供应。冬季若温室温度低，应适当少浇水，保持较高空气湿度，停止施肥。

Sarco. Frcd Conway

Sarco. Olive Nymph

常见种类：

考氏大喙兰（*Sarcoglyphis comberi*）

产于加里曼丹和爪哇。生长在海拔200~1000m处。茎短，叶舌形，叶尖具不等的2裂。常在同一时间出现几个细长、下垂和多分枝的花序。花序远长于叶片，有时可长达40cm。每花序上生有多达40朵美丽的小花，花径12mm。大多在同一时间开放。

考氏大喙兰（*Sarcoglyphis cormberi*）（特写）

考氏大喙兰（*Sarcoglyphis cormberi*）

肉兰属
Sarcophyton

附生草本。全属3种，分布于我国、缅甸和菲律宾。我国仅1种，产于台湾。茎直立，粗壮，具多数二列的叶。叶厚革质或肉质，扁平，狭长，先端不等2裂。总状花序或圆锥花序侧生于茎，疏生多数花；花小至中等大，开展。

栽培：中温或高温温室栽培。用排水好的较大颗粒状基质栽种在木筐或多孔的花盆中；亦可绑缚栽种于树蕨干或带皮的木段上。喜较强的阳光，阳光不足生长不良。旺盛生长季节遮阳30%左右，冬季可以不遮。春、夏、秋三季保持有充足水分和较高的空气湿度；2周左右施一次液体复合肥料；冬季若温室温度低停止施肥。

常见种类：

肉兰(*Sarcophyton pachyphyllum*)

产于菲律宾吕宋岛，附生于海拔500m处。单轴茎直立生长。叶长40cm以上，宽3cm，肉质。花序直立，分枝，生有多达300朵小花，小花直径约7mm。萼片和花瓣白色到乳白色；唇瓣淡紫色。背萼片椭圆形，长3.5mm，宽2mm；花瓣长圆形到椭圆形，长3.5mm，宽2mm；唇瓣3裂，侧裂片小，中裂片近方形。

肉兰（*Sarcophyton pachyllus*）

钻喙狭唇兰属
Sartylis

附生兰花。该属是钻喙兰属（*Rhynchostylis*）× 狭唇兰（*Sarcochilus*）二属间杂交的人工属。具有其二亲本特性。属单茎类，叶二列，革质，较粗大，更接近于钻喙兰；花序直立，花朵排列不像钻喙兰那样排列紧密，花较钻喙兰大，但花朵数较少，花朵形态更像狭唇兰。

杂交育种：至2012年已登录的属间和属内种间杂交种有3种。如：*Uptonara* Jill（*Sartylis* Blue Knob × *Sarconopsis* Lavinia）登录时间1991；*Leaneyara* Rosy Charm（*Sartylis* Blue Knob × *Ascocenda* Rumrill）登录时间1993；*Porterara* Blue Boy（*Sartylis* Blue Knob × *Vanda coerulea*）登录时间1997。

栽培：较典型的附生类型；栽培方法可参照钻喙兰的做法。杂交种优势十分明显，生长势强健。中温或高温温室栽培；可绑缚栽种在树蕨板、带皮的木段上，亦可用排水和透气较好的基质盆栽。生长时期喜高的空气湿度和充足的水分；遮阳50%~70%；2周左右施一次复合液体肥料。冬季若温室温度低，应适当少浇水，停止施肥，温室去掉遮阳卷帘。

肉兰（*Sarcophyton pachyllus*）（特写）

钻喙狭唇兰 [*Sartylis* ‘Tinonee’（*Rhy. gigantea* × *Sarco. hertmannii*）]

碗萼兰属

Scaphosepalum (*Scaho.*)

全属30~50种。广泛分布于中美洲、南美洲北部及安第斯山脉，自危地马拉到巴西。多附生于云雾森林中的岩石上。茎较矮，常在5cm以下；叶直立，薄革质，椭圆形，具较长的叶柄，着生于短茎上。花茎着生于茎的下部，总状花序曲折生长，花朵着生稀疏，陆续开放，花不倒置，花瓣小，肉质；唇瓣小，反卷；唇瓣位于花的上部；侧萼片合生，先端收缩呈不同形状与长度的尾状，两枚侧萼片内侧先端表面，各有垫状物。唇瓣小，位于花的深处，不明显。

杂交育种：至2012年，已登录的属间和属内种间杂交种有2种（属内种间杂交种2个）。如：*Scaho.* Segundo（*Scaho. antenniferum* × *Scaho. swertiifolium*）登录时间2006；*Scaho.* Rapier（*Scaho. swertiifolium* × *Scaho. gibberosum*）登录时间2006。

栽培：与石豆兰属、尾萼兰属所栽培的环境条件相似。低温或中温温室栽培。喜中温至凉爽的温度。夏季最高温度应在28~30℃；华北地区夏季温度过高，温室需开启水帘/风机，以降低室内温度。冬季最低温度5~10℃。以苔藓或较小颗粒的树皮块做基质，小盆栽植。喜充足的水分和较高的空气湿度。旺盛生长时期2周左右施一次液体复合肥料。冬季若温室温度太低，可适当减少浇水。栽培较容易。

常见种类：

利马碗萼兰（*Scaho. lima*）

产于哥伦比亚。生于海拔1800~2500m处，多云潮湿的森林中。附生或地生；通常生长在很少被扰动的土壤上。茎高约4cm，呈丛状生长。叶革质，直立，长约15cm。松散弯曲的花序长约60cm。上面生有多数花朵，花相继开放。花径约1cm。秋季开花。低温或中温温室栽培。

碗萼兰（*Scaho. verrulosum*）

该种通常称为 *Scaho. ochthodes*。产于哥伦比亚东部。革质叶从茎干基部生出；细高、直立的总状花序上稀疏生有肉质的小花；花黄绿色，具有卵形垫；侧萼片合生，先端收缩呈极短的萼尾；花瓣和唇瓣几乎看不到。花不开展。

碗萼兰（*Scaho. verrucosum*）

利马碗萼兰属（*Scaho. lima*）（Ecuagenera 摄）

碗萼兰（*Scaho. verrucosum*）（特写）

米氏碗萼兰（*Scaho. merinoii*）（Ecuagenera 摄）

匙唇兰属
Schoenorchis

附生单轴类兰花。全属约 24 种；分布于亚洲热带至澳大利亚和太平洋岛屿。叶肉质，扁平而狭长；总状花序或圆锥花序下弯，具许多小花，花肉质，萼片近相似，花瓣比萼片小；唇瓣厚肉质，比花瓣长。近些年来常被兰花爱好者收集栽培。

栽培：中温或高温温室栽培。绑缚栽种在树蕨板或树蕨干上，亦可用苔藓、树皮块、风化火山岩等排水和透气较好的基质盆栽。喜较强阳光，生长时期遮阳 50%~70%；春、夏、秋 3 季给予充足的水分和较高的空气湿度，2 周左右施一次液体复合肥料。北方冬季温室若温度低，减少浇水，停止施肥，去掉遮阳。

常见种类：

香花匙唇兰（*Schoenorchis fragrans*）

产于中国云南南部；附生于海拔 1300~1400m 处山地林缘树干上。越南和泰国也有分布。茎常在基部有分枝，长成丛状。叶长圆形，有紫色晕。常同时在茎干上有数个花序产生，密生许多小花；花径约 2~3mm。在光线明亮的环境中可以开放 45~50 天。冬春季开花。高温温室栽培。

香花匙唇兰（*Schoenorchis fragrans*）

熊保兰属

Schomburgkia

附生兰花。全属17种，分布于墨西哥、西印度群岛至巴西及玻利维亚。多生于海拔100 ~ 1000m的河流两岸潮湿的树林中，附生于树枝及有苔藓的岩石上。假鳞茎高大，高50~180cm，具多数节，有棱状凸起的脉纹；顶生2~3枚扁平的叶片。直立的顶生总状花序高可达1m以上，顶端着生8~20朵艳丽的紫红色花，形成硕大的花球，十分醒目；花径4~12cm，萼片、花瓣分离，边缘波状；唇瓣基部与蕊柱足结合。

杂交育种：属内的种间杂交种较多，培育出许多非常美丽的杂交种品种。

据不完全统计，至1997年该属与下列近缘属：*Bletia*、*Brassavola*、*Brassia*、*Broughtonia*、*Cattleya*、*Caularthron*、*Epidendrum*、*Laelia*、*Sophronitis*等属间杂交成功2属、3属、4属、5属间人工属至少注册25个。由于熊保兰属的参与卡特兰系统的基因更丰富。

至2012年已登录的属间和属内种间杂交种有12种（属内种间杂交种5个）。如*Renata canaanensis*（*Schomburgkia crispa* × *Epidendrum violascens*）登录时间无；*Schombocattleya pernambucensis*（*Schomburgkia moyobambae* × *Cattleya labiata*）登录时间无；*Schomburgkia heidii*（*Schomburgkia undulate* × *Schomburgkia rosea*）登录时间无；*Schombocattleya calimaniana*（*Cattleya guttata* × *Schomburgkia crispa*）登录时间无；*Schombolaelia fuchsii*（*Laelia rubescens* × *Schomburgkia wendlandii*）登录时间无；*Epidendrum raganii*（Epidendrum hodgeanum × *Schomburgkia heidii*）登录时间无。

栽培：中温或高温温室栽培。可用排水和透气良好的基质盆栽；要求明亮光照和良好的通风。因其

华美熊保兰（*Schomburgkia splendida*）

瓦氏熊保兰（*Schomburgkia wallisii*）

Schomburgkia brysiana

植株较大，生长期保持有基质中有充足地水分和肥料；冬季需给予短时间的休眠，休眠期间减少浇水并停止施肥；放在较明亮、温暖、空气流通的场地。尽量少换盆，以免影响根的生长，直到影响生长时再换盆。

常见种类：

Schomburgkia brysiana

分布于古巴、危地马拉、洪都拉斯。附生或地生于海拔 200m 以下地区。株高约 70cm。假鳞茎纺锤装圆锥形，长 21cm，直径 2.5cm，顶生叶片 2 枚。叶革质，窄卵圆形，长 12cm，宽 5cm。花序长 50cm。花径约 6cm。萼片和花瓣倒披针形，长3.5~4cm。花深黄色，顶部有褐色，唇瓣 3 裂，里面有紫红色斑纹。花期夏季。

华美熊保兰 (*Schomburgkia splendida*)

分布于哥伦比亚西南部及厄瓜多尔西北地区。花苞片较长可达 9cm，深粉色，花径 10cm。萼片、花瓣开张，边缘波状，深紫红色；唇瓣浅粉色至深粉色，唇盘有黄色褶片。

华美熊保兰（*Schomburgkia splendida*）（特写）

华丽熊保兰（*Schomburgkia superbiens*）

萼脊兰属

Sedirea

附生兰花。全属 2 种。分布于中国、日本、朝鲜南部。茎短，具数枚叶。叶稍肉质，扁平，狭长。总状花序从叶腋中发出，疏生数朵花；花中等大，开展，萼片和花瓣近相似；唇瓣 3 裂，侧裂片直立，中裂片下弯，基部有距；距长，向前弯曲。

杂交育种：该属的萼脊兰（*Sedirea japonica*）原来放在指甲兰属（*Aerides*）中，后来单列为新属。两属间亲缘关系比较密切。

至 2012年已登录的属间和属内种间杂交种有 18种。如：*Sedirisia* Rumrill（*Sedirea japonica* × *Luisia teres*）登录时间 1974；*Rhynchodirea* Dragon Charmy（*Sedirea japonica* × *Rhynchostylis gigantea*）登录时间 1990；*Holcodirea* Glenn Lehr（*Sedirea japonica* × *Holcoglossum flavescens*）登录时间 2012；*Neosedirea* Summer Stars（*Neofinetia falcate* × *Sedirea japonica*）登录时间 1979；*Sediropsis* Nagomiyarabi（*Phalaenopsis schilleriana* × *Sedirea japonica*）登录时间 1991；*Sarcodirea* Little Princess（*Sarcochilus* Heidi × *Sedirea japonica*）登录时间 2011。

栽培：中温温室栽培。栽培方法可以参照指甲兰的做法。用排水和透气良好的基质，如苔藓、树皮块、风化火山岩、木炭等盆栽；喜欢稍强阳光，春、夏、秋三季遮阳

50% 左右；要良好的通风；生长期保证有充足的水分和肥料；冬季不休眠，若温室温度较低应减少浇水并停止施肥；冬季温室不遮阳，保持温暖和空气流通。

由于植株比较矮小，花枝下垂，开花时可以几株拼栽成一盆，并树立支柱将花枝挺直，增加观赏效果。

常见种类：

萼脊兰（*Sedirea japonica*）

产于浙江、云南。生于海拔 600~1350m 的疏林中树干上或山谷崖壁上。也见于日本（琉球群岛）、朝鲜南部。茎长约 1cm。叶 4~6 枚，长圆形或倒卵状披针形，长 6~13cm。总状花序长 18cm，下垂，疏生 6 朵花；花具橘子香气。萼片和花瓣白绿色；萼片长圆形，长 1.7cm；侧萼片比中萼片稍窄，基部具 1~3 个褐色横向斑点；花瓣长圆状舌形，长 1.5cm；唇瓣 3 裂；侧裂片很小，边缘紫丁香色；中裂片大，匙形，长约 1.5cm，边缘具不规则的圆齿，具紫红色斑点。距长约 1.3cm。花期 6 月。

萼脊兰（*Sedirea japonica*）

折叶兰属

Sobralia

地生兰，亦有附生种类。全属约 100 种，分布于墨西哥到南美洲潮湿的热带雨林中。地下茎短，无假鳞茎。茎干细，竹节状或芦苇状，直立丛生。叶披针形，具明显的折扇状脉，互生于茎两侧。圆锥状花序，较短，具苞片，顶生或侧生于近顶端的叶腋处。萼片与花瓣相似；唇瓣大，全缘或微 3 裂，边缘内卷，基部联合包围蕊柱；蕊柱较小，先端具一对角状突起物。

折叶兰植株形状类似于产于热带的竹叶兰（*Arundina*）。茎顶端开出形似卡特兰美丽的花朵，观赏效果甚好。花序上的花陆续开放，每朵花寿命较短，通常只有 1~2 天。

杂交育种：至 2012年已登录的属间和属内种间杂交种有 32种（属内种间杂种 30 个）。如：*Sobralia* Amesiae（*Sobralia wilsoniana* × *Sobralia xantholeuca*）登录时间 1895。*Sobralia* Augres（*Sobralia fimbriata* × *Sobralia macrantha*）登录时间 2012。*Sobralia* Amanecer（*Sobralia atropubescens* × *Sobralia decora*）登录时间 2000。*Sobralia* Wiganiae（*Sobralia macrantha* × *Sobralia xantholeuca*）登录时间 1898。*Sobralia* Yellow Kiss（*Sobralia xantholeuca* × *Sobralia* Mirabilis）登录时间 1999。*Sobralia* Puanani（*Sobralia macrantha* × *Sobralia violacea*）登录时间 2008。

栽培：北方中温或高温温室栽培；在热带地区可以种植在荫棚中的种植槽中，种植槽中的栽培基质最好能更换成排水良好的腐叶土或泥炭土。栽培比较容易，用腐叶土或泥炭土添加少量河沙做基质栽种在较大的花盆中。旺盛生长时期保证有充足水分和较高的空气湿度；每 1~2 周施一次液体复合肥料。秋末冬初，植株生长成熟后应减少浇水量，并停止施肥。

常见种类：

大花折叶兰（*Sobralia macrantha*）

产于墨西哥到哥斯达黎加。生长在海平面到海拔 2000m 处。地生，有时附生在岩石上。植株高大，生长强健，高可达 2.5m。叶长 12.5~30cm，宽 5~7.5cm。花序短，生有数朵花，每次只有 1 朵花开放。花美丽，芳香，通常开放 2 天；花色有变化，有鲜艳的紫桃红色、纯白色；花径 15~25cm。通常花期在春至秋季，亦可以常年开花。中温或高温温室栽培。

玫瑰红折叶兰（*Sobralia rosea*）

产于哥伦比亚、厄瓜多尔、秘鲁和委内瑞拉。生于海拔 200~3300m 处潮湿森林的草地上。茎高可达 2m；花序长，成 Z 字形弯曲，有花数朵，花朵循序开放。花径 9cm；萼片和花瓣淡粉红色，唇瓣深粉红色有白色脉纹，喉部黄色，边缘皱褶。

玫瑰红折叶兰（*Sobralia rosea*）（特写）

白花折叶兰（*Sobralia virginalis*）

剑叶折叶兰（*Sobralia lancea*）

大花折叶兰（*Sobralia macrantha*）

Sophrocattleya(*Sc.*)属

该属是卡特兰属（*Cattleya*）× 贞兰（*Sophronitis*）（朱色兰）属间杂交的人工属，1886年登录。之后，陆续登陆了大量的杂交种，至1994年杂交种的数量已达194个。朱红色贞兰（*Sophronitis coccinea*）与大花型卡特兰杂交后，出现了具有朱红色彩、大花和花型优美的优良杂交种。从中选出大量的优良品种，其中许多品种在多次兰花大展中获得金奖，或注册成为专利商品品种。这在卡特兰类的育种中是一突破性的进展，为以后的新品种培育提供了重要亲本。

杂交育种：该人工属的育种潜力大，它集中了2个属的优良基因。为新品种培育提供了十分有利的基础。可利用其作为亲本进行杂交，培育新品种。

据2009年《兰花新旧属名种名对照表》记载，该人工属中的233个杂交种已改变成卡特兰属的杂交种。

栽培：可参照卡特兰的栽培方法种植。

Sc. Mini Song ‘Pink Cat’）（李潞滨　摄）

Sc. Aloho Case ‘Ching hua’（李潞滨　摄）

Sc. Love Castle ‘Happiness’李潞滨　摄）

Sc. California ‘Strawberry Parfait’（李潞滨　摄）

Sc .Mini Song ‘La Primera Morada’（李潞滨　摄）

Sc. World Vacation‘Margarita’（李潞滨　摄）

Sophrolaelia(*Sl.*) 属

该属是蕾丽兰属（*Laelia*）× 贞兰属（*Sophronitis*）两属间杂交的人工属，1894 年登录。最初是在英国 Veitch 苗圃由 *L. dayana* × *Soph. coccinea* 交配而成。至 1994 年登录的杂交种已达 91 个。其特性是植株比较小，花色丰富，较卡特兰耐寒能力强。经多年多组合的杂交，已出现许多优良小花型品系，很受兰花爱好者喜爱。

杂交育种：该人工属的育种潜力大，它集中了 2 个属的优良基因，为新品种培育提供了十分有利的基础。是卡特兰系统小花品种育种最重要亲本类群之一，十分优秀。

据 2009 年《兰花新旧属名种名对照表》记载，该人工属中的 23 个杂交种已改变成卡特兰属的杂交种。

栽培：可参照贞兰的栽培方法种植。低温或中温温室栽培，无明显休眠期。小盆或浅盆栽植；可用蕨根、蛇木屑、树皮块或苔藓等排水和透气较好基质盆栽。生长时期要求充足的水分、较高的空气湿度；每 2 周施一次液体复合肥料。温室栽培，春、夏、秋遮光 70% 左右，冬季可不遮；光照太强易受害。北方冬季温室温度低，生长缓慢或停止，应减少浇水、降低空气湿度、停止施肥。

Sl. Sparklet

Sl. Minipet ‘JH-1’

Sophrolaeliocattleya (*Slc.*) 属

该属是卡特兰属（*Cattleya*）× 蕾丽兰属（*Laelia*）× 贞兰属（*Sophronitis*）3 属间杂交的人工属，1892 年登录。该人工属是一个十分巨大的杂交种群体，登录的杂交种甚多。在植株的体量、花形、花大小和色彩等方面均变化较大。大花型品种花的直径 6~10cm，中小型花品种较多；花色受其亲本贞兰的影响，许多杂交种品种为朱红色或深红色；开花期多集中在冬季，这期间的最低温度可在 13℃左右。已出现许多优良品系，很受兰花爱好者喜爱。

杂交育种：该人工属的育种潜力非常大，它集中了 3 个属中大量原生种的优良基因，为新品种培育提供了十分有利的基础。

据 2009 年《兰花新旧属名种名对照表》记载，该人工属的 2266 个杂交种中的 1653 个杂交种已改变成卡特兰属的杂交种；有一部分改变成 *Cattlianthe*(*Ctt.*) 属的杂交种；少数改变成 *Sophranthe*(*Srt.*) 和 *Laeliocatanthe*(*Lcn.*) 属的杂交种。

栽培：基本上可参照卡特兰的栽培方法种植，但有些品系稍耐寒，有些又要较高的温度，这主要决定于其亲本的组成情况。

Slc. Angel Song ‘Lala’ (*Lc.* Orglade' s Glow × *Sc.* Beaufort)（黄展发　摄）

Slc. Angel ‘Aquarius’

Slc. Hwa Yuan Star ‘Pink Lady’

Slc. Plxie Pearls ‘Apricot Drops’

Slc. Romantic Dream ‘Pure Water’

Slc.（Starbright × Destiny）（黄展发　摄）

‘落日’（*Slc.* Agent Orange ‘Sunset’）

贞兰属

Sophronitis(*Soph.*)

附生兰类。全属 7 种。分布于南美洲巴西南部、玻利维亚、巴拉圭等地。生于海拔 500 ~ 1000m 的潮湿森林中，有苔藓覆盖的树杈及岩石上，或沿海低地雨林坡地的树梢上。在较干旱的大面积森林边缘及大草原有地衣覆盖的岩石上亦有生长。株型较小。假鳞茎圆柱形，高 2~5cm，密集簇生；顶生1枚革质或肉质叶片，叶长 3cm，绿至灰绿色，叶背常有紫红、黄或橙色。花茎短，从假鳞茎顶部叶腋生出，有花 1 至数朵，花色艳红。秋至冬季开花。

杂交育种：该属植物观赏价值较高，娇小的植株、较强的耐低温特性和艳丽的绯红 (朱红)色花朵受到兰花育种家的钟爱。经过多年不同种间杂交、选择，已培育出许多优良品种。贞兰属与其近缘属的亲和力比较强，根据不完全统计，该属与兰科中 *Barkeria*、*Brassavola*、*Broughtonia*、*Caularthron*、*Cattleya*、*Constantia*、*Epidendrum*、*Isabelia*、*Laelia*、*Schumburgkia*等约 10多个近缘属间的杂交已产生了 23个以上的人工属。其中包括有 2属、3属、4属和 5属间杂交的人工属。这些人工属中已出现了大量的优良杂交种品种，并在商业栽培中大量种植。

至 2012年已登录的属间和属内种间杂交种有 32种（属内种间杂种 10个）。如：*Sophrocattleya reginae*（*Soph. sincorana* × *Cattleya elongate*）登录时间无。*Soph.* × *carassana*(*Soph. longipes* × *Soph. mantiqueirae*）登录时间无。*Soph. lilacina*(*Soph.crispa* × *Soph. perrinii*)登录时间无。*Sophrocattleya amanda*（*Cattleya intermedia* × *Soph. lobata*）登录时间无。*Sophrocattleya delicata*（*Cattleya forbesii* × *Soph. crispa*）登录时间无。*Sophrocattleya binotii*(*Cattleya bicolor* × *Soph. pumila*)登录时间无。

据 2009年《兰花新旧属名种名对照表》记载，该属的许多种已改变成卡特兰属。如：*S. acuensis, S. brevipedunculata, S. ceruna, S. coccinea,S. mantiqueirae, S. pygmaea,S. wittigiana*等种均已并入卡特兰属；并且其原来的杂交种和人工属亦成为卡特兰属的记录。

栽培：低温或中温温室栽培，最高温度不宜高于 32℃。无明显休眠期。小盆或浅盆栽植；盆栽基质可用蕨根、蛇木屑、树皮块或苔藓等排水和透气较好材料。最好能在盆面栽植一层活的苔藓。生长时期应给予充足的水分和高的空气湿度；每 2 周左右施一次液体复合肥料。贞兰比较喜阴，北方温室栽培，夏季遮阳 70% 左右，冬季可不遮阳；光照太强易受害，但光照太弱，开花显著减少，花色变淡。虽然无明显的休眠期，但在北方冬季有一段相对生长缓慢或停止生长的阶段。这期间应减少浇水、降低空气湿度、停止施肥和增强光照。这样可以使其生长得更健壮，尤其在北方温室内温度比较低的情况下更应当注意。否则会因低温和过于潮湿而引起植株腐烂。贞兰生长缓慢，换盆时应尽量小心，不要把假鳞茎丛弄散。大丛丰满的植株开花时十分壮观。贞兰栽培较难，在理想的栽培条件下，也仅有 7~8 年的寿命。通常，植株成年后很快衰弱，多在 3~4 年衰老死亡。

常见种类：

短序贞兰（*Soph. cernua*）

产于玻利维亚、巴西和巴拉圭。附生于低海拔的海岸低地和热带草原的树干和岩石上。中温或高温温室栽培，栽培较困难。假鳞茎近圆筒状，紧密丛生，常长成大丛。叶 1 枚，光亮，革质，灰绿色，卵状长圆形，长约 2.5cm。顶生花序，花茎甚短，有花 2~5 朵。花径大于 2.5cm，较开张，花色有变化，多为橙黄色。花期秋冬季。

绯红贞兰（*Soph. coccinea*）

产于巴西东南部山区。附生于海拔 600~1500m 处长有苔藓的树干上和较阴暗的岩壁上。中温温室栽培，栽培较困难。假鳞茎呈纺锤状或近似圆筒形的卵圆状，长约 4cm，紧密丛生。单叶，长圆状披针形，光亮革质，深绿色，叶长 6~7.5cm。花序顶生，长约 7cm；有花 1 朵，花色和花的大小变化大，花径 3.5~7.5cm，鲜艳闪光的朱红色、鲜紫红色或亮玫瑰紫色。唇瓣的基部和侧裂片为橙黄色，上面有红色条斑。该种有许多变种和变型。花期秋至冬季。由于该种花色彩亮丽，常作为杂交育种的亲本。

Soph. cernua 'Sakura'

绯红贞兰 （*Soph. coccinea*'Nagoya's Passion'）

短序贞兰（*Soph. cernua*）

绯红贞兰（*Soph. coccinea*）（李潞滨　摄）

绯红贞兰 '大圆'（*Soph.* Mimnipet 'Big Round'）（李潞滨　摄）

Soph. wittigiana 'Tashiro No.3'

苞舌兰属
Spathoglottis (*Spa.*)

地生兰类。全属约46种，分布于热带亚洲至澳大利亚和太平洋岛屿。我国有3种，分布于南方各省。具球状的假鳞茎，顶生1~5枚叶。叶狭长具折扇状脉。花葶生于假鳞茎基部，直立，不分枝；总状花序疏生少数花；花中等大，逐渐开放；花瓣与萼片相似而常较宽；唇瓣无距3裂，侧裂片近直立，两裂片之间常凹陷呈囊状。开花期长，可连续开放数月。花色十分复杂，从鲜黄色、纯白色到鲜红色。有一些落叶种，在原产地落叶以后开花，开花时没有叶。

杂交育种：该属已培育出许多种间的杂种和品种，十分美丽，花大、色彩艳丽，生长势强健，栽培较易。苞舌兰容易授粉，但结籽率低。往往果子中只有几粒种子，种间杂交或自花授粉，都出现这种情况。果实在授粉后大约6周成熟。这时期要每天留心照顾，否则种子会全部失落。播种苗生长甚快，播种后4~6个月就可移出试管栽种在小盆中。有时播种苗从播种到开花大约需要18个月。

已知苞舌兰属与鹤顶兰属（*Phaius*）有属间杂交的人工属，称为苞舌鹤顶兰（*Spathophaius*）。

至2012年已登录的属间和属内种间杂交种有110种（属内种间杂交种108个）。如：*Spa.* Aureo-vieillardii (*Spa. aurea* × *Spa. vieillard*)登录时间1897。*Spa.* John Lam（*Spa. plicata* × *Spa.* Penang Beauty）登录时间1957。*Spa.* Diosdado Pangan-Macapagal（*Spa.* Burleigh Gold × *Spa. kimballiana*）登录时间2001。*Spa.* Columbine（*Spa. chrysantha* × *Spa. grandifolia*）登录时间1943。*Spa.* Looi Eng San（*Spa.* Primson × *Spa. lobbii*）登录时间1994。*Ipseglottis* Professor Abraham（*Spa. plicata* × *Ipsea malabarica*）登录时间2006。

栽培：低温、中温或高温温室栽培。在我国长江流域、西南地区及华南可露地栽培，种植在花坛中。腐殖土层下面最好填一层颗粒状物质，以利排水。盆栽基质可用腐殖土、腐叶土或苔藓。盆栽最重要的是保持基质有良好的排水和通气能力。栽培方法可参照鹤顶兰、墨兰和建兰。栽种时其假鳞茎应露在土面上，落叶种休眠期应保持土壤微干，尽量减少浇水。苞舌兰较一般兰花更喜阳光，栽培在有充足阳光的环境中。华北地区温室栽培，生长季节应遮阳50%左右，冬季不遮。新芽长出以后，每1~2周施一次液体肥料；也可春季在培养土中施一些固体肥料，旺盛生长期再追加一些液体肥料。落叶种类有十分明显的休眠期。休眠期放在冷凉处，保持盆土微潮，停止施肥，直至次年春季新芽萌发。

常见种类：

紫花苞舌兰（*Spa. plicata*）

产于中国台湾(兰屿和绿岛)。常见于山坡草丛中。广泛分布日本、巴布亚新几内亚、澳大利亚和太平洋一些群岛。株高达1m。假鳞茎卵状圆锥形，长约3cm，具3~5枚叶。叶质地薄，狭长，长30~80cm，具折扇状的脉。花葶长达1m；总状花序短，具花约10朵；花紫色，中萼片卵形，长1.5~1.7cm；侧萼片斜卵形，与中萼片等大；花瓣近椭圆形，比萼片大；唇瓣3裂。该种有许多园艺品种，花色变化很大。几乎全年开花。

苞舌兰（*Spa. pubescens*）

产于中国长江流域以南及西南地区，生于海拔380~1700m的山坡草丛中或疏林下。东南亚也有分布。假鳞茎扁球形，顶生1~3枚叶。叶带状或狭披针形，长达43cm。花葶长50cm，总状花序长2~9cm，疏生2~8朵花；花黄色；萼片椭圆形，长12~17mm；花瓣宽长圆形，与萼片等长；唇瓣约等长于花瓣，3裂；侧裂片直立，镰刀状长圆形；中裂片倒卵状楔形。花期7~10月。

Spa. Primrose (*aurea* × *plicata*)

Spa. affinis

Spa. Jane Goodall (*Spa.* Lion of Singapore × *plicata*）（黄展发　摄）

Spa. plicata‘Pink’（黄展发　摄）

Spa. plicata‘White’（黄展发　摄）

Spa. Primrose（*aurea* × *plicata*）（特写）（黄展发　摄）

（*Spa.* Syed Sirajuddin *(Spa.* Lion of Singapore × *Spa. kimballiana)*）（黄展发　摄）

Spa. aurea

Spa. plicata

绶草属

Spiranthes

地生兰类。全属约50种，主要分布于北美洲，少数种类见于南美洲、欧洲、亚洲、非洲和澳大利亚。我国产1种，广布于全国各省区。根数条，指状，近肉质，簇生。叶基生，近肉质，叶片线形、椭圆形或宽卵形。总状花序顶生，具多数密生的小花，似穗状，常多少呈螺旋状扭转；花小，不完全展开；萼片近相似；中萼片直立，常与花瓣靠合呈兜状；侧萼片基部常下延而胀大，有时呈囊状；唇瓣基部凹陷，常有2枚胼胝体，边缘常呈皱波状。

杂交育种： 至2012年已登录的属间和属内种间杂交种有16种（属内种间杂交种15个）。如：（多为自然杂种）*Spiranthes australis*（*Spiranthes vernalis* × *Spiranthes praecox*）登录时间无。*Spiranthes borealis*（*Spiranthes casei* × *Spiranthes ochroleuca*）登录时间无。*Spiranthes simpsonii*（*Spiranthes lacera* × *Spiranthes romanzoffiana*）登录时间无。*Spilorhiza diversiflora*（*Dactylorhiza elata* × *Spiranthes aestivalis*）登录时间无。*Spiranthes* Awful（*Spiranthes lacera* × *Spiranthes sinensis*）登录时间无。*Spiranthes meridionalis*（*Spiranthes vernalis* × *Spiranthes praecox*）登录时间无。

栽培： 植株和花均较小。可以引种美洲的种类，荷兰已将北美白花绶草（*Spiranthes cernua*）引种至园林花坛种植或盆栽。园林中选排水较好、腐殖质含量较高的沙质土壤栽种。早春或秋末，引种栽植。经常保持土壤微潮与半阴的环境；进入休眠期后，保持土壤微干。栽种方法可以参照春兰的做法，但应更细心些。可用泥炭土盆栽。

北美白花绶草（*Spiranthes lucida*）

常见种类：

北美白花绶草（*Spiranthes lucida*）

主要分布于北美洲东半部。生于潮湿的地方，如路旁、堤坝边草地等处。该种变异较大，有许多变异类型。株高可达 50cm，有数枚叶片，叶线形至线状披针形，长 20cm，宽 5cm。花茎直立，高可达 50~60cm，密生小花，花洁白色，长 9~12mm；芳香；花寿命短。通常秋季开花。低温或中温温室 栽培。

绶草（*Spiranthes sinensis*）

产于中国各省区。生于海拔 200~3400m 的山坡林下、灌丛下、草地或河滩沼泽草甸中。俄罗斯、日本、印度、澳大利亚、新西兰和巴布亚新几内亚也有分布。株高 13~30cm。根数条，指状，肉质，簇生于茎基部。茎较短，近基部生 2~5 枚叶。叶线状披针形，长 3~10cm。花茎直立，长 10~25cm，总状花序具多数密生的花，长 4~10cm；花小，紫红色、粉红色或白色；在花序轴上呈螺旋状排生。花期 7~8 月。花期过后地上部分枯萎，进入休眠期。

绶草可能是世界上最早记载的兰科植物，陆玑（261~303）说："鹝五色作绶文，故曰绶草"。这和兰科植物绶草花序的特征是相符的。"鹝"就是指今天的绶草（*Spiranthes sinensis*）。公元前 1000~ 前 600 年成书的《诗经》中有记载。

白花绶草（*Spiranthes sinensis*'Alba'）（Dr. Kiril 摄）

北美白花绶草（*Spiranthes lucida*）（特写）

Spiranthes odorata

白花绶草（*Spiranthes sinensis*'Alba'）（特写）（Dr. Kirill 摄）

绶草（*Spiranthes sinensis*）（Dr.Kirill　摄）

Stamariaara (*Stmra.*) 属

该属是鸟舌兰（*Ascocentrum*）× 蝴蝶兰（*Phalaenopsis*）× 火焰兰（*Renanthera*）× 万代兰（*Vanda*）4个属间的人工属。具有其亲本的优良特性，尤其火焰兰的色彩艳丽特点更为明显。花序巨大、花朵数多，萼片和花瓣较火焰兰宽，花朵更丰满，是一类较有发展前途的热带附生兰花。适合于我国华南等热带地区引种栽培，并开展此类杂交种的育种工作。

杂交育种：至2012年已登录的属间和属内种间杂交种有1种，即 *Stmra.* Hawaiian Mystery（*Stmra.* Kalapana × *Devereuxara* Mauna Kea）登录时间1989。

栽培：生长势十分强健，喜温暖和较强阳光；春、夏、秋3季旺盛生长时期给予充足水分和肥料；绑缚栽植在树蕨干、树蕨板或热带地区园林中的大树干上；也可以用大颗粒的树皮块、木炭、风化火山岩等排水和透气较好的基质盆栽。适合于我国华南地区作为切花或盆花露地栽培。北方中温或高温温室栽培。

Stmra. Noel（*Rnthps.* Moon Walk × *Ascda.* Meda Arnold)）（黄展发　摄）

马车兰(老虎兰，奇唇兰)属
Stanhopea (*Stan.*)

附生兰类。全属约有55种。分布于美洲热带地区，从墨西哥、秘鲁到巴西。附生于海拔200~2200m潮湿的热带雨林中的树干或岩石上。假鳞茎卵形或圆锥形，深绿色；顶部生有1枚具叶柄的叶，多为披针形。花茎从假鳞茎基部生出，向下生长，有花2至数朵。花大型，蜡质，甚芳香；萼片与花瓣离生；唇瓣明显分为上、中、下三部分，与蕊柱面对面生长；蕊柱细长，先端两侧有翅状突起物，向下弯曲。夏、秋季开花，花期短，多在3天以内。

杂交育种：属内有多个种间杂交种和品种。据记载，至1997年该属与兰科近缘属杂交已出现有2个人工属，即爪唇马车兰属（*Stangora*）[爪唇兰 (*Gongora*)×马车兰]和鹅花马车兰属（*Stanhocycnis*）[鹅花兰(*Polycycnis*)×马车兰]。

至2012年已登录的属间和属内种间杂交种有133种（属内种间杂交种107个）。如：*Stan.*Bellaerensis（*Stan. insignis* × *Stan. oculata*）登录时间1896。*Stangora* Elcimey（*Stan. ecornuta* × *Gongora horichiana*）登录时间1984。*Aciopea* Eric Sauer（*Stan. connata* × *Acineta erythroxantha*）登录时间2011。*Stan.* Assidensis（*Stan. tigrina* × *Stan. wardii*）登录时间1922。*Coryhopea* Wistman's Wood(*Coryanthes speciosa* × *Stan. oculata*)登录时间1984。*Aciopea* Guillermo Gaviria(*Acineta erythroxantha* × *Stan. wardii*)登录时间2004。

眼状马车兰（*Stan. oculata*）

栽培：马车兰栽培较容易，也容易开花。中温温室栽培，有短的休眠期。本属植物是典型的附生兰花，花茎是从假鳞茎基部生出后穿透根际的栽培基质和盆底向下生长，而不是向上生长后再下垂。这种生长方式十分特殊，在栽培中应考虑到这一特性，否则是看不到开花的。通常用木条筐或多孔花盆(底部也应有数个孔)作篮式栽培。盆栽基质应当透气透水特别好，尤其应注意到将来其花茎要从木筐或盆底的孔中伸出来。或者将其栽种在树蕨板上，其根系和假鳞茎大部分都露在外面，便于将来花茎自由生长。盆栽基质可用蕨根、苔藓、粗泥炭或树皮块。栽植好植株必须悬吊在温室中，不能放在台架上。否则将来花茎仍不能伸出来开花。马车兰属植物的大多数种类生长在海拔比较高的山林中，所以应当栽培在中温温室中。在旺盛生长期应经常保持较高的空气湿度和充足的水分；在新芽生长成熟后有1个多月的休眠期，这时期根部应当保持干燥，以便促进花芽的形成。休眠期少浇水但根部不能完全干燥，并需保持较高的空气湿度。该属植物喜半阴的环境，避免阳光直晒，否则叶片变黄，甚至出现日灼病，遮阳量夏季在50%左右，冬季在30%左右。旺盛生长期2周左右施一次液体肥料。

常见种类：

黑斑马车兰（*Stan. devoniensis*）

syn. *Stan. nigroviolacea*

产于墨西哥；生于海拔1200~2000m处。有人将该种列为虎斑马车兰（*Stanhopea tigrina*）的变种。每花序产生2~3朵大型的花，花径达18cm，花上布满黑褐色大型斑块和小型斑点；花甚芳香。花期春末至夏季。中温温室 栽培。

伊氏马车兰（*Stan. emreei*）

产于厄瓜多尔西部。生于海拔600~1000m多云山区森林中。具有3~7朵十分迷人的花。花期春末至夏初。低温或中温温室栽培，栽培较容易。管理得当几乎每年可以开花。

黄花马车兰（*Stan. jenischiana*）

产于哥伦比亚南部、厄瓜多尔和秘鲁北部。生于安第斯山脉东坡，海拔800~1500m处潮湿的森林中。每花茎有花5~7朵；花径约7cm。萼片和花瓣橙黄色到橙色，唇瓣橙色，常常唇瓣基部两侧各有一个眼状的斑点。花期秋季。

眼状马车兰（*Stan. oculata*）

广布于墨西哥、哥伦比亚和巴西北部。附生在海拔700~1500m的潮湿的雨林中树干、岩石或地上。假鳞茎卵圆形，具棱，长约6cm；叶片具一长柄，长约70cm，宽20cm。下垂的花序长约50cm，有花5~7朵，花有香荚兰的香味；花长10~13cm，唇瓣基部黄色，具两枚黑紫色眼状斑。花期夏至秋季。中温或高温温室栽培。

虎斑马车兰（*Stan. tigrina*）

产于墨西哥东部的大型附生种。花茎长约20cm，有花2朵；花径15~18cm。萼片和花瓣黄白色，有红褐色不规则大斑块。萼片膜质，宽大，强烈反转。唇瓣肉质，有光泽。花期夏季。

虎斑马车兰（*Stan. tigrina*）

虎斑马车兰（*Stan. tigrina*）

黑斑马车兰（*Stanhopia devoniensis*）（邢全 摄）

伊氏马车兰（*Stan. embreei*）

合生马车兰（*Stan. connata*）

黄花马车兰（*Stan. jenischiana*）

合生马车兰（*Stan. connata*）

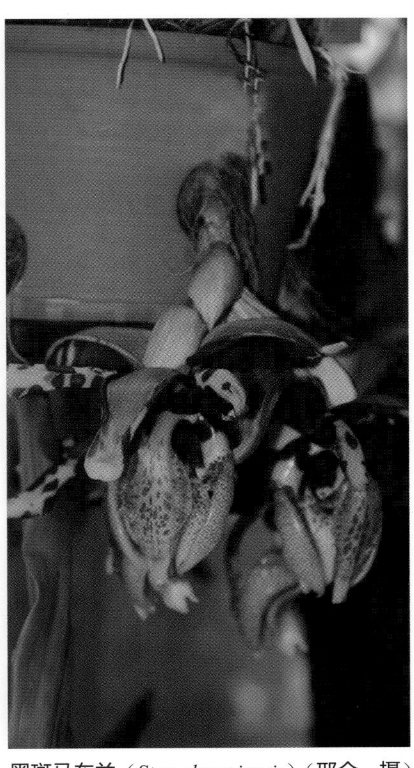

黑斑马车兰（*Stan. devoniensis*）（邢全 摄）

掌唇兰属

Staurochilus

附生兰类。全属约7种，分布于亚洲亚热带至热带地区。我国有3种，产于南方。茎直立。叶狭长。花序侧生，疏生数朵至许多花；花小到中等大，开展，萼片和花瓣相似，但花瓣较小；唇瓣肉质，3~5裂，侧裂片直立，中裂片基部具囊状的距。在花的结构上，本属与毛舌兰属（*Trichoglottis*）亲缘关系密切。有学者主张两属合并。

杂交育种：至2012年已登录的属间和属内种间杂交种有35种。如：*Aerachnochilus* Medellin（*Staurochilus fasciatus* × *Aeridachnis* Colombia）登录时间1972。*Paraphachilus* Tengah Spider（*Staurochilus fasciatus* × *Paraphalaenopsis serpentilingua*）登录时间2002。*Vanascochilus* Johan Hermans（*Staurochilus fasciatus* × *Ascocenda* Sunta's Delight）登录时间2010。*Staurochoglottis* Hawaii（*Trichoglottis atropurpure* × *Staurochilus luzonensis*）登录时间1967。*Arachnochilus* Chen's Dream（*Arachnis labrosa* × *Staurochilus ionosmus*）登录时间1980。*Haniffara* Interlaken（*Wilkinsara* Lopburi × *Staurochilus fasciatus*）登录时间2007。

栽培：中温或高温温室栽培。绑缚栽种在树蕨板或树蕨干上，亦可用苔藓、树皮块、风化火山岩等排水和透气较好的基质盆栽。大型植株需攀缘生长。喜较强阳光，生长时期遮阳50%~70%；春、夏、秋三季给予充足的水分和较高的空气湿度，2周左右施一次液体复合肥料。北方冬季温室若温度低，减少浇水，停止施肥，不遮阳。

顾氏掌唇兰（*Staurochilus guibertii*）

常见种类：

顾氏掌唇兰 (*Staurochilus guibertii*)

syn. *Trichoglottis ionoma, Cleisostoma ionoma*

产于菲律宾，附生于低海拔地区岩石和树干上。茎高约60cm。叶革质，长20~30cm；花序侧生，直立或斜立；花径4~5cm，黄白色带许多棕红色的斑块，肉质，开展；唇瓣3裂，中裂片厚肉质，有短毛，有一条肋状突起。花期冬季。花寿命长，可开放8周左右。高温温室栽培。

微柱兰属
Stelis

全属约 600 种。主要分布于古巴、墨西哥、巴西和秘鲁的安第斯山脉。生长于潮湿的中海拔到高海拔地区，常附生于潮湿生满苔藓的树干和岩石上。该属与肋茎兰属（*Pleurothallis*）有密切的亲缘关系。植株小到中型；无假鳞茎，茎较矮，高 3~4cm，密集呈丛状。叶革质，直立，长椭圆形。总状花序从叶基部生出；花甚小，萼片三角形，三枚萼片同形，花瓣与唇瓣小于萼片。蕊柱短。

杂交育种：至 2012 年已登录的属间和属内种间杂交种有 1 种，即 *Plelis* Arawana（*Pleurothallis grandiflora* × *Stelis restrepioides*）登录时间 2006。

栽培：大多数种类在中温或低温温室容易栽培成功。用附生兰花栽培基质中小盆栽植，要求基质排水和透气良好。可以用蛇木屑、蕨根、树皮块或苔藓作盆栽。喜半阴和通风良好的环境，夏季遮阳 50%~60%，冬季北方温室栽培，遮阳 30% 以下。植物旺盛生长时期给予充足的水分和肥料。

Stelis lindenii

微柱兰（*Stelis porchiana*）

Stelis eublepharis

微柱兰（*Stelis* sp.）（**特写**）

狭团兰属
Stenia

附生兰花。全属8种，分布于特立尼达和多巴哥，经安第斯山脉到玻利维亚。附生于海拔500~1500m处潮湿的森林中。该属与接瓣兰属（*Zygopetalum*）有亲缘关系。没有假鳞茎。叶2列，排列呈扇形，叶带形至椭圆形，叶基部重叠。花序基生，单花，花大型，色彩艳丽，花期短；萼片和花瓣开展，相似；侧萼片与蕊柱足相连。唇瓣肉质，凹形或成囊状。

杂交育种： 至2012年，已登录的属间和属内种间杂交种有5种。如：*Stenizella* Bryn Mawr（*Stenia pallida* × *Warczewiczella discolor*）登录时间1967。*Stenizella* Risaralda（*Stenia pallida* × *Warczewiczella amazonica*）登录时间1996。*Steniella* Hoosier Honey（*Stenia pallida* × *Chaubardiella subquadrata*）登录时间1997。*Pescenia* Nanboh Cupid（*Pescatoria* cerina × *Stenia pallida*）登录时间2001。

栽培： 中温温室栽培。排水和透气良好的附生兰栽培基质盆栽。全年保持有充足的水分，1~2天浇水一次。每天数次向温室内路面、台架和地面喷水，增加室内空气湿度。春、夏、秋3季华北地区遮阳50%~70%；秋末至冬季不遮或少遮。

常见种类：

拖鞋形狭团兰（*Stenia calceolaris*）

产于厄瓜多尔和秘鲁。花径约2.5cm。萼片和花瓣白绿色，有棕红色圆斑点。唇瓣呈深囊状，微白色，有较大棕红色圆斑点。

苍白花狭团兰（*Stenia pallida*）

分布于安第斯山脉西部到玻利维亚和巴西。花径4cm以上，花白色，唇瓣浅黄白色，基部有红色斑点。唇瓣呈深囊状，基部开口处向两侧平展。

拖鞋形狭团兰（*Stenia calceolaris*）（Ecuagenera 摄）

苍白花狭团兰（*Stenia pallida*）（Ecuagenera 摄）

窄距兰属
Stenocoryne

附生兰类。全属约 12 种，产于巴西。该属与 *Bifrenaria* 属亲缘关系密切，是从这个属中分离出来的。中小型的附生兰花；假鳞茎卵形有棱，顶部生有一枚革质的叶片。花茎直立，较长，从假鳞茎基部生出；有数朵至 10 余朵美丽的花。

栽培：窄距兰属植物最好用附生基质盆栽，要求排水和透气良好，可以用蛇木屑、蕨根、树皮块或苔藓作盆栽基质。喜半阴和通风良好的环境，夏季遮阳 60%~70%，冬季北方温室栽培，遮阳 30% 以下。植物旺盛生长时期给予充足的水分和肥料。新生假鳞茎生长成熟以后，至新芽萌发之前，有一较短的相对休眠期， 2~3 周，这期间应停止浇水或少浇，停止施肥。

常见种类：

黄花窄距兰 (*Stenocoryne secunda*)

syn. *Stenocoryone aureafulva*

产于巴西。中温或高温温室栽培。假鳞茎球形，有棱，密集生长成丛状。叶长约 20cm，披针形，革质。花茎向斜上方生长，有花 3~15 朵，花径约 3cm。花半开，黄色，稍肉质，有红色线条。花期秋季。

黄花窄距兰（*Stenocoryne secunda* ）

窄舌兰属
Stenoglottis

地生或附生兰。全属 3 种。产于南非的东南部、中部和南部。与 *Habenaria* 和 *Orchis* 亲缘关系密切。生于半阴的林下生满苔藓的岩石上或森林中腐烂的树木上。有地下肥厚的块状根，花后休眠。每年从上面生出一丛莲座状的基生叶；叶细长，多数，有一短茎；茎直立，上部有多数小花，呈总状排列。花小型，花色艳丽，上面有许多红色小斑点；唇瓣楔形。花可以开放数月之久。

杂交育种：至 2012 年已登录的属间和属内种间杂交种有 26 种（属内种间杂交种有 25 个）。如：*Stenoglottis* Bill Fogarty（*Stenoglottis* woodii × *Stenoglottis fimbriata*）登录时间 1993。*Stenoglottis* Elle Truter（*Stenoglottis woodii* × *Stenoglottis macloughlinii*）登录时间 2003。*Stenoglottis* Majestic（*Stenoglottis* Venus × *Stenoglottis* Titan）登录时间 2010。*Stenoglottis* Neptune（*Stenoglottis* Venus × *Stenoglottis fimbriata*）登录时间 1997。*Stenoglottis* Jupiter（Stenoglottis Venus × *Stenoglottis* Neptune）登录时间 2000。*Stenoglottis* Pluto（*Stenoglottis* Titan × *Stenoglottis* Longwood）登录时间 2011。

栽培：低温或中温温室栽培。在南非，常做地生兰种植，有时也做附生栽培。喜通风良好、空气湿润的半阴环境。用粗沙和腐叶土混合做基质浅盆栽种。生长季节保证有充足的水分和肥料供应。有一短期休眠，叶片干枯后，要减少浇水，盆土保持微干，土壤潮湿容易引起肉质根的腐烂。窄舌兰的根系不耐盐分积累，施肥数次后需用清水冲洗一次。

常见种类：

窄舌兰（*Stenoglottis longifolia*）

叶长或短，绿色或上面有紫色、棕色的斑点。花序直立，无分枝，着生少数或多数小花。花白色、浅粉色或桃红色。花萼开张，花瓣小而紧靠蕊柱；唇瓣延长，深裂为数片细条，常具有深色斑点，是观赏的焦点。花序基部的花先开放，并随花序伸长而花开不断。花期可长达几个月。

窄舌兰（*Stenoglottis longifolia*）（特写）

窄喙兰属
Stenorrhynchos

多数种为地生，少数为附生。全属60余种；该属与绶草属（*Spiranthes*）亲缘关系密切。分布于美洲热带地区，自佛罗里达州经西印度群岛、中美洲至南美洲的玻利维亚、委内瑞拉、秘鲁等地。生于高温、旱季和湿季明显的地区大草原及路边较黏重的土壤中；亦有的附生于中至高海拔潮湿的橡树林及混合林中有苔藓的树枝上。

叶剑形，呈莲座状生长在茎基部，有些种叶片上有银色斑纹。花葶自莲座叶中心生出，穗状花序着生于茎顶端，具多数花朵。有较长的苞片，苞片色彩鲜艳。花色艳丽，有粉、红、洋红、橙红、紫红及橙色。花基部管状；唇瓣白色。花蕾从开裂透色至完全开放需较长时间。花期甚长，自秋季开至冬季。

杂交育种： 至2012年已登录的属间和属内种间杂交种有11种（属内种间杂交种有1个）。如：*Stenorrhynchos* Memoria Jim Kie（*Stenorrhynchos speciosum* × *Stenorrhynchos navarrensis*）登录时间2001。*Stenolexia* Red Bird（*Stenorrhynchos albidomaculatum* × *Pelexia laxa*）登录时间2007。*Dichromarrhynchos* Primero（*Stenorrhynchos albidomaculatum* × *Dichromanthus aurantiacus*）登录时间2011。*Stenosarcos* Vanguard（*Sarcoglottis speciosa* × *Stenorrhynchos albidomaculatum*）登录时间2001。*Stenosarcos* Tercero（*Stenosarcos* Vanguard × *Stenorrhynchos albidomaculatum*）登录时间2007。*Stenosarcos* Red Elf（*Sarcoglottis sceptrodes* × *Stenorrhynchos albidomaculatum*登录时间2011。

栽培： 适宜盆栽，以泥炭土、腐殖土或苔藓为基质。基质要求疏松、透气和排水良好。盆底部需填充一层颗粒状物，以利排水。生长时期要保持根部基质的潮润，忌干旱；光照不可过强，宜散射光。华北地区温室栽培，夏季遮阳50%~70%。生长时期，白天温度18~29℃、夜温10℃为宜；昼夜温差10~15℃。空气湿度60%左右。要求空气新鲜、流通，经常开窗通风。由于花色艳丽，花期持久，可正好在圣诞节和新年开花。花开放后，由于叶形潇洒，叶色亮丽，亦为观叶的优良植物。我国西南地区可有计划地引种种植露地园林中；华北地区温室盆栽。

常见种类：

美丽窄喙兰（*Stenorrhynchos speciosus*）

附生或地生兰花。分布于墨西哥和安第斯山脉西部至南美洲北部。生于海拔1800 ~ 3000m处的橡树林中有苔藓的树干上或草地上。株高10~50cm，基部叶片呈莲座状排列；叶长4~20cm，宽2~6cm，绿色叶片上常有银白色斑点。花葶高40~50cm，顶端花密生10~20朵花；花长1.5~2cm，花红色至紫红色，唇瓣白色。花期秋至冬季。西方常作为圣诞节用花。

美丽窄喙兰（*Stenorrhynchos speciosus*）

美丽窄喙兰（*Stenorrhynchos speciosus*）（特写）

狭喙肉舌兰属
Stenosarcos (*Stsc.*)

该属是肉舌兰属［*Sarcoglotts*（*Strs.*）］× 狭喙兰属（*Stenorrhynchos*）两属间的人工属。最初是由 *Strs. speciosum* × *Srgt. speciosus*两个种杂交而成。叶绿色，有灰白色粗脉纹；花序高60~80cm，有花 10余朵，花径 2cm 左右，基部呈筒状，暗红色，花瓣顶部色彩较淡。

杂交育种：至2012年已登录的属间和属内种间杂交种有3种。如：*Stsc.* Tercero（*Stsc.* Vanguard × *Stenorrhynchos albidomaculatum*）登录时间 2007。*Rhodehamelara* William（*Stsc.*Vanguard × *Pelexia* laxa）登录时间 2009。*Stsc.* Perfume（*Stenosarcos* Vanguard × *Stsc. portillae*）登录时间 2010。

栽培：栽培方法可以参照窄喙兰的做法。

狭喙肉舌兰（*Stsc.* Vanguard ‘Fireball’）（特写）

狭喙肉舌兰（*Stsc.* Vanguard ‘Fireball’）

坚唇兰属

Stereochilus

附生单轴类兰花。全属约5种。据最近记载，中国有3种，产于云南和广西，生于海拔1300~1700m处林中树干上。印度北部（阿萨姆）、不丹、尼泊尔、泰国和越南也有分布。植株小型，茎短，茎两侧排列有革质或稍肉质的叶片。花序直立或弯曲，有花数朵或多朵；花肉质，乳白色，黄色到玫瑰红色。花瓣和萼片顶部有玫瑰红色，唇瓣3裂，白色到玫瑰红色，呈袋状，距呈囊状。

栽培：可参照指甲兰属（*Aerides*）植物的栽培方法种植。北方高温或中温温室栽培。通常用树皮、木炭或蛇木屑作基质将其栽种在小盆中，要求基质排水和透气良好。要求有充足的阳光，生长季节遮阳50%~70%，北方温室栽培冬季不遮阳。喜较高的空气湿度和充足的水分。旺盛生长的春、夏、秋3季，每天至少向植株及其周围喷水一次，以增加空气湿度。每1~2周喷施一次复合液体肥料。

常见种类：

坚唇兰（*Stereochilus dalatensis*）

产于云南南部、广西；附生于海拔1300~1500m处林中树上。越南和老挝也有分布。植株与隔距兰属植物相似，叶较厚，先端不裂，长约5cm。花茎与叶近等长，有花数朵；花白色、淡黄色或粉红色；唇瓣淡紫色，具香气。蕊喙狭长，披针形，长与蕊柱相等。花期4~5月。

坚唇兰（*Stereochilus dalatensis*）（特写）

坚唇兰（*Stereochilus dalatensis*）

红唇笋兰（*Thunia brymeriana*）（Dr.Kirill　摄）

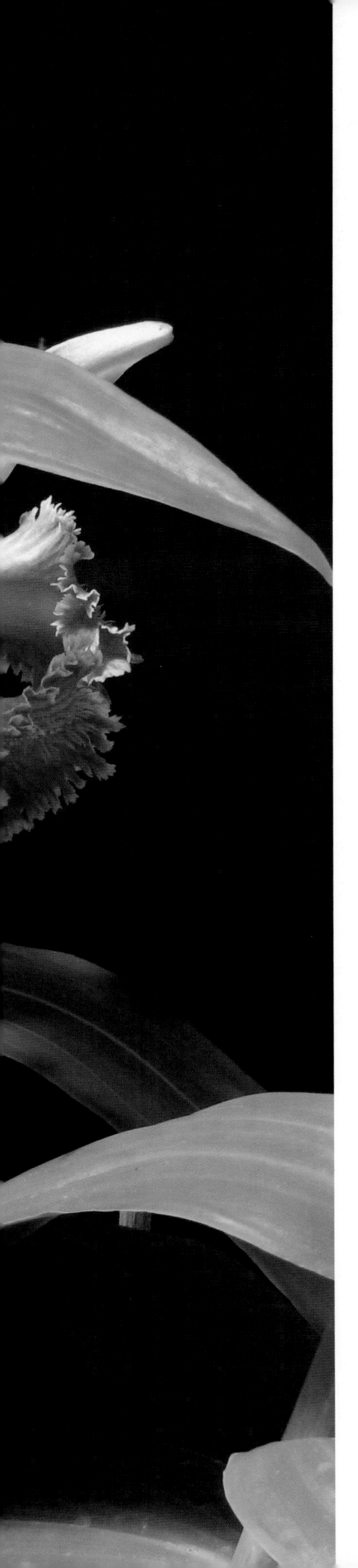

T

带唇兰属
Tainia

地生兰花。全属约15种，分布于热带喜马拉雅东部、日本南部，南至东南亚和其临近岛屿。中国有11种，产于长江以南各省区。假鳞茎肉质，呈各种球形、圆柱形、纺锤形或圆柱形；顶生1枚叶。叶大，纸质，折扇状，具长柄。花葶侧生于假鳞茎基部，直立；总状花序具少数至多数花；花中等大，开展；萼片和花瓣相似；唇瓣直立，基部具短距或浅囊。

栽培：中温或高温温室栽培。栽培方法可以参照鹤顶兰或国兰的做法。因为该属多数种类较鹤顶兰植株小，可以用较小的花盆。栽种时注意不要种植太深，假鳞茎基部与土面持平或稍低。休眠期间减少浇水，保持土壤微潮，停止施肥。

常见种类：

窄叶带唇兰（*Tainia angustifolia*）

产于中国云南南部，生于海拔1050~1200m山坡林下；缅甸、泰国和越南也有分布。假鳞茎卵球形，长约2cm，顶部生1枚叶片。叶长圆形，长约30cm，宽3~5.5cm。花葶侧生于假鳞茎基部，长达45cm，疏生少数花；花黄绿色，萼片相似，长圆形，花瓣椭圆形，具5条脉；唇瓣浅白色，带茄子色。距稍扁，长约4mm。花期9～10月。

香港带唇兰（香港安兰）（*Tainia hongkongensis*）

产于中国福建、广东和香港。通常生于海拔150~500m的山坡林下或山间路旁。越南也有。假鳞茎卵球形，长1~2cm, 顶生叶1枚，长椭圆形，叶长约26cm，具折扇状脉。花葶出自假鳞茎的基部，直立，长达50cm；总状花序，疏生花数朵；花黄绿色带紫褐色斑点和条纹；萼片长圆状披针形，长约2cm；花瓣与萼片近等大；唇瓣白色带黄绿色条纹，不裂。距近长圆形，长约3mm。花期4~5月。

南方带唇兰（*Tainia ruybarrettoi*）

产于中国香港和广西。常生于竹林下。假鳞茎近聚生，卵球形，长2.5~5.5cm，具1枚顶生的叶。叶披针形，长30~45cm。花葶直立，从假鳞茎基部长出，长30~45cm；总状花序长10~30cm，疏生5~28朵花；花暗红黄色；萼片和花瓣带3~5条紫色脉纹，边缘黄色；中萼片狭披针形，长2.7~3.5cm；侧萼片与中萼片等大，但稍镰刀状；花瓣与萼片等大，斜倒披针形，先端锐尖；唇瓣白色，3裂，长2.2cm；侧裂片直立；中裂片白色带紫色斑点，近圆形，稍向下弯；距橘黄色，长3~5mm，粗约2mm；花期3月。

香港带唇兰（*Tainia hongkongensis*）

南方带唇兰（*Tainia ruybarrettoi*）

窄叶带唇兰（*Tainia angustifolia*）

金佛山兰属

Tangtsinia

地生兰花类。产于中国四川省东部南川县金佛山和贵州省北部桐梓。生于海拔 700~2100m 处林下透光处、灌丛边缘和草坡上。我国特有属，单种属。该属是我国植物学家陈心启教授发现的新属，并以我国老一辈兰科植物学家唐进教授的名字命名。是兰科中较原始的一个属，在研究兰科植物进化中有重要的学术意义。稀有植物，严加保护。

栽培：尚未引种栽培，其栽培方法有待研究。可以在高山型低温温室试行栽培。盆栽基质可用腐殖土 4 份、碎苔藓 1 份组成；建议取少量原生根际土壤添加到盆栽基质中。北方地区最好用经纯水机处理过的水（去除水中的钙镁离子）浇灌，根际要透气排水良好。保持高空气湿度和良好的通风。冬季休眠期，盆土保持微潮。休眠期温度要低，可在 0℃或更低；夏季白天最高 25℃左右。

常见种类：

金佛山兰（*Tangtsinia nanchuanica*）

产地和生境与属的记载相同。具较短的根状茎和成簇的根，根肉质。茎直立，株高 15~35cm，中上部散生 4~6 枚叶。叶纸质，折扇状；叶片椭圆形或近披针形。总状花序顶生，长 3~6cm，通常具花 3~5 朵。花近辐射对称，直立不扭转；花被由 3 枚相似的萼片和 3 枚相似的花瓣组成，无特化的唇瓣；蕊柱直立，较长；花药生于蕊柱顶端背侧，直立，2 室；退化雄蕊 5 枚。柱头顶生，凹陷；无蕊喙。花期 4~6 月。

金佛山兰（*Tangtsinia nanchuanica*）（李潞滨 摄）

毛顶兰属

Telipogon

多为附生或少数地生。全属约有133种，分布于中南美洲的哥斯达黎加、巴拿马、厄瓜多尔及玻利维亚等地，以哥斯达黎加、巴拿马种类最多。多生于海拔1500~3400m的安第斯山气温较低及潮湿的山林或溪水边。附生于树干上或林下腐殖土上。假鳞茎扁圆柱形，非常小，不明显。叶1至数枚；叶较短而厚，稍肉质，披针形。顶生或侧生1~3个花葶，花葶直立，每一花序着花数朵陆续开放；花径4~6cm，花色艳丽奇特，有明显脉纹。该属花非常特殊，萼片狭窄、色淡而位于花瓣后方，不明显；花瓣与唇瓣较宽大，色彩形状相似；唇瓣稍大于花瓣，常为白绿或黄绿色，有红褐色线状或网状脉纹，非常艳丽；唇瓣基边缘有膨大的胼胝体，色深红，唇瓣基包围着蕊柱，蕊柱基部着生多数红褐色的毛刺，使整个花朵奇特而诱人。有趣的是，蕊柱与胼胝体形成模仿蝇虫的形状，诱引其为之传粉。

杂交育种：至2012年已登录的属间和属内种间杂交种有2种。如：*Trichopogon* Tomebamba（*Telipogon asuayanus* × *Trichoceros antennifer*）登录时间2007。*Tricho-pogon* Ciudad de Cuenca（*Trichoceros antennifer* × *Telipogon ionopogon*）登录时间2007。

栽培：低温或中温温室栽培。喜冷凉的环境，温度以不高于25℃、不低于2℃为宜。适于小盆栽植或吊篮栽种；盆栽基质要求保水、透气和排水良好。可用苔藓、粗泥炭或树皮块作基质。温室应保持凉爽、较高空气湿度和空气流通。花形奇特迷人，深受人们喜爱。适于家庭栽培和欣赏。

常见种类：

‘劳娜’阿氏毛顶兰（*Telipogon ariasii* ‘Luna’）

生于海拔2800m林中。株高6~10cm。叶少数，长4~8cm，长椭圆状披针形，肉质。花茎直立，长约10cm左右，有花3~6朵，花径约4cm，萼片小，绿色，宽披针形。花瓣倒广卵圆形；唇瓣大，平展，圆形，淡黄色底上有密集的红褐色脉纹，中心部分深茶褐色。花期春季。

阿氏毛顶兰‘劳娜’（*Telipogon ariasii* ‘Luna’）

四隔兰属

Tetramicra

地生、石生或附生兰花。全属约 14 种。分布于美洲安第斯山脉西部，巴巴多斯、颇多里格、牙买加和古巴及美国的佛罗里达。生于沙地或岩石上，有充足的阳光。假鳞茎小或没有；有两列圆柱形、肉质、坚挺的叶，间隔着生在延长生长的根状茎上，根状茎下垂。花序直立，顶生，有花数朵，相继开放。花美丽。唇瓣直立。

杂交育种：已知该属与近缘属 *Barkeria*、*Broughtonia*、*Cattleya*、*Caularthron*、*Laelia*、*Laeliopsis* 交配已产生数个人工属。

至 2012年已登录的属间和属内种间杂交种有 21种。如：*Tetratonia* Candystripe（*Tetramicra canaliculata* × *Broughtonia domingensis*）登录时间 1965。*Epimicra* Cananceps（*Tetramicra canaliculata* × *Epidendrum bifarium*）登录时间 1994。*Tetrasychilis* Gail Ann（*Tetramicra elegans* × *Psychilis macconnelliae*）登录时间 2010。*Tetratonia* Dark Prince（*Broughtonia sanguinea* × *Tetramicra canaliculata*）登录时间 1965。*Donaestelaara* Friedel Eigen（*Psybrassocattleya* Sonia × *Tetramicra canaliculata*）登录时间 1996。*Tetrabroughtanthe* Haleahi Lava（*Guaritonia* Why Not × *Tetramicra canaliculata*）登录时间 2002。

栽培：中温或高温温室栽培。因为该类植物有延长而下垂的根状茎，最好能用浅盆栽种或绑缚栽种在树蕨板上，十分有利于排水和透气。盆栽基质可以用较细粒的树皮块、蛇木屑加细粒的风化火山岩。生长时期需要有充足的水分，较强的光照，不要求太潮湿的环境；2 周左右施一次液体肥料。开花以后，植株逐渐成熟，多肉的叶片变成红色，甚至紫红色。

常见种类：

四隔兰（*Tetramicra canaliculata*）

产于佛罗里达和安第斯山西部。花直径 5cm 以上，萼片和花瓣微绿色，并充满紫褐色，两枚侧萼片常被唇瓣遮挡。特别发达的唇瓣 3 裂，侧裂片玫瑰红色，有深色的脉纹，中裂片较长，颜色较深，有 5 条淡紫色条纹，基部中央为淡黄色。

四隔兰（*Tetramicra canaliculata*）（特写）

四隔兰植株（*Tetramicra canaliculata*）

盒柱兰属
Thecostele

附生兰花。有记载，该属为单种属；又有记载该属有 4 个种。产于东南亚和马来群岛的东部，较少见到。该属与合萼兰属（*Acropsis*）亲缘关系密切，但在花的结构上有区别。

栽培：中温或高温温室栽培。可以绑缚栽种在树蕨板或带皮的木段上，也可以用苔藓或树皮块种植在多孔的花盆或木筐中；要求基质排水和透气良好。悬吊在温室或热带地区的荫棚中。全年给予充足水分和高空气湿度。若冬季温室温度太低，应当减少浇水，基质微干。要求较强的阳光，北方温室栽培，春、夏、秋 3 季遮阳量约 50%，冬季可以不遮阳。生长时期 2 周左右施一次浓度 2000 倍的液体复合肥料，冬季停止施肥。

常见种类：

具翼盒柱兰（*Thecostele alata*）

产于老挝、越南、泰国、马来西亚、菲律宾、印度尼西亚。通常附生于从海平面到海拔 500m 处，但在海拔 1800m 的山地某些地带也能发现有其生长。假鳞茎丛生，卵形到圆锥形，长约 6cm。有一枚叶片，长 15~30cm，宽 5cm。花序下垂，长达 50cm，生有许多小花；花直径约 12mm。每次只有数朵花开放；花期通常在秋季。

盒柱兰（*Thecostele secunda*）

产于马来西亚地区，高温环境栽培。假鳞茎扁平，长约 4cm。叶长约 20cm，花序下垂，长约 15cm 以上，有花十余朵；花径约 2.5cm，浅黄绿色，有紫色斑块。花期冬春季。

盒柱兰（*Thecostele secunda*）

盒柱兰（*Thecostele secunda*）（特写）

具翼盒柱兰（*Thecostele alata*）

始花兰属
Thelymitra

地生兰类。全属45~70种。分布于澳大利亚南部，少数种分布于新西兰、新科里多尼亚、巴布亚新几内亚和菲律宾。落叶地生兰花；地下块茎椭圆形，长1~4cm；茎直立，较细，高10~100cm。叶1枚，细长，肉质。茎顶部有总状花序，有花数朵至多朵。萼片和花瓣及唇瓣几乎同形，呈窄长的卵圆形至长椭圆形。许多种类花为蓝色，还有红色、黄色、粉色、棕褐色，并有杂色的斑纹。只有在晴朗的天气，气温达到一定高度，并且有强阳光的照射下才能开花；在夜间和阴天花会闭合。该属植物最奇妙的是它的唇瓣和其他花瓣几乎没有什么不同。

杂交育种：至2012年已登录的属间和属内种间杂交种有34种（属内种间杂交种32个）。如：*Thelymitra* Melon Glow（*Thelymitra antennifera* × *Thelymitra luteocilium*）登录时间1990。*Thelymitra* Kay Nesbitt（*Thelymitra antennifera* × *Thelymitra rubra*）登录时间1992。*Thelymitra dentata*（*Thelymitra pulchella* × *Thelymitra longifolia*）登录时间无。*Thelymitra macmillanii*（*Thelymitra antennifera* × *Thelymitra rubra*）登录时间无。*Thelymitra* Nossa（*Thelymitra aristata* × *Thelymitra nuda*）登录时间1998。*Thelymitra truncata*（*Thelymitra ixioides* × *Thelymitra pauciflora*）登录时间无，自然杂种。

栽培：该属大多数种类可以像其他地生兰一样用腐叶土、腐殖土、粗泥炭和粗沙等混合后作基质盆栽。基质要排水和透气良好。旺盛生长时期（秋季至冬季）应保持盆土湿润，及时浇水；2周左右施一次液体肥料；喜充足的阳光，不必遮阳。植物地上部分干枯以后，完全进入休眠期。停止浇水和施肥，保持基质完全干燥。下一个生长期开始之前，进行换盆和分株繁殖。

常见种类：

始花兰（*Thelymitra antennifera*）

分布于澳大利亚南部。落叶的地生兰花；地下块茎椭圆形，长1~4cm；茎直立，较细，高10~100cm。叶1枚，细长，肉质。茎顶部有总状花序，有花数朵至多朵。萼片和花瓣及唇瓣几乎同形，呈窄长的卵圆形至长椭圆形。花黄绿色；唇瓣和其他花瓣几乎没有区别，只是稍小。

始花兰（*Thelymitra antennifera*）（马庆虎　摄）

白点兰属
Thrixspermum

附生兰类。约120种，分布于热带亚洲至大洋洲。中国12种，产于南方诸省区，尤其台湾。单轴类茎，茎短或伸长，具少数至多数近2列的叶。叶扁平，密生而斜立生在长茎上。总状花序侧生于茎，具少数至多数花；花小至中等大，逐渐开放，花期短，常1天后凋萎；萼片和花瓣多少相似，短或狭长；唇瓣贴生在蕊柱足上，3裂；侧裂片直立，中裂片较厚，基部囊状或距状，囊的前面内壁上常具1枚胼胝体。蒴果圆柱形，细长。

杂交育种：至2012年，已登录的属间和属内种间杂交种有1种（属内种间杂交种1个）。如：*Thrixspermum* Eric Holttum（*Thrixspermum amplexicaule* × *Thrixspermum scopa*）登录时间1955。

栽培：中温或高温温室栽培。可以绑缚栽植在树蕨板、栓皮栎大块树皮或带皮的木段上。也可以用大颗粒树皮、木炭等栽种在吊兰或木条筐中。为典型附生兰花，大部分根系裸露在空气中。常年要求通风良好和高空气湿度。周年保持充足的水分供应，绑缚栽种的植株需每日喷水；冬季低温时期，可适当减少喷水。喜半阴的环境，春、夏、秋三季温室遮阳50%左右，冬季温室不遮。

常见种类：

白点兰 (*Thrixspermum centipeda*)

产于中国海南、香港、云南。生于海拔700~1150m的山地林中树干上。不丹、印度和东南亚也有。茎粗壮，长达20cm。叶稍肉质，长6~24cm，宽1~2.5cm。花序柄扁；有少数花；花白色或奶黄色，后变为黄色，质地厚，不甚开展，寿命约3天；中萼片长3~4.5cm；侧萼片相似于中萼片；花瓣狭镰刀状披针形，比萼片小；唇瓣基部凹陷呈浅囊，3裂；中裂片向前伸，厚肉质，两侧对折呈狭圆锥形，长约5mm；唇盘中央隆起1个胼胝体。花期6~7月。

白点兰（*Thrixspermum centipeda*）（徐克学 摄）

白点兰（*Thrixspermum centipeda*）（Dr.Kirill 摄）

笋兰属
Thunia

地生或附生兰类。全属约4种，我国有1种。印度、尼泊尔、缅甸、越南、泰国、马来西亚、印度尼西亚也有。通常较高大，地下具粗短根状茎。茎常数个簇生，圆柱形，近直立，具多数叶。叶通常较薄而大，秋季落叶。总状花序顶生，外弯或下垂，具花数朵；花大，艳丽，质薄，常多少俯垂；萼片与花瓣离生，相似，但花瓣一般略狭小；唇瓣较大，几不裂，基部具囊状短距；唇盘上常有5~7条纵褶片。

杂交育种：至2012年已登录的属间和属内种间杂交种有 7种（属内种间杂交种 6个）。如：*Thunia* Veitchiana（*Thunia bensoniae* × *Thunia marshalliana*）登录时间1885。*Thunia* Inverleith（*Thunia* Veitchiana × *Thunia bensoniae*）登录时间 2006。*Thunilla* Himuka-beni（*Thunia brymeriana* × *Bletilla striata*）登录时间 2009。*Thunia* Marshallii（*Thunia bensoniae* × *Thunia marshalliana*）登录时间1897。*Thunia* Wrigleyana（*Thunia bensoniae* × *Thunia marshalliana*）登录时间 1893。*Thunia* Cosmo-Brymer（*Thunia alba* × *Thunia brymeriana*）登录时间2006。

栽培：中温温室栽培。适于盆栽，盆栽可用腐叶土、粗泥炭土或细碎树皮作基质。方法可参照墨兰、鹤顶兰的做法。栽培较容易，也容易开花。喜盆土疏松、透气和排水良好。盆底部必须填充一层颗粒状物质，如碎砖块、盆片等。喜较强的阳光，但不能放在直射阳光下，以免出现叶片日灼病。夏季华北地区可以遮阳30%~50％。春、夏、秋三季旺盛生长期应给予充足的水分和较高的空气湿度；每1~2周施1次液体肥料。开花以后，叶片开始变黄，并逐步脱落，应逐步减少浇水，休眠期停止浇水和施肥。休眠期正是芽和花芽分化、发育的重要时期。通常每年换盆1次。春季新芽生长时，逐步增加浇水量。

常见种类：

笋兰（*Thunia alba*）

产于中国四川、云南和西藏东部。生于海拔1200~2300m，林下岩石上或树杈凹处，也见于多石地上。尼泊尔、印度和东南亚也有布。株高30~55cm。茎直立，具叶10余枚，秋季落叶。叶薄纸质，披针形，长10~20cm。总状花序长4~10cm，具2~7朵花。花大，白色，唇瓣黄色而有橙色斑和条纹，仅边缘白色；花径6~7cm，花瓣与萼片近等长，稍狭；唇瓣宽卵状长圆形或宽长圆形，上部边缘皱波状。花期6月。

红唇笋兰（*Thunia brymeriana*）

株高60~80cm。茎直立，叶薄纸质，披针形，长15~25cm。总状花序，具3~6朵花。萼片和花瓣白色到淡粉色；唇瓣前部紫粉红色，边缘皱波状，中央部分有黄色毛状突起物和紫色条纹。花期 初夏。

笋兰（*Thunia alba*）（特写）

笋兰（*Thunia alba*）

红唇笋兰（*Thunia brymeriana*）（Dr. Kirill　摄）

托伦兰属

Tolumnia

小型附生种类。该属植物30余种，分布于安第斯山脉西部。该属植物原列于文心兰属（*Oncidium*），现分类学家将其分出，单列为托伦兰属（*Tolumnia*）。其营养体十分独特，叶片生长重叠。无假鳞茎或假鳞茎非常小。叶横截面呈三角形或V字形。

杂交育种：该属植物以前的杂交和育种是记载在文心兰属中。

至2012年已登录的属间和属内种间杂交种有1790种（属内种间杂交种1413个）。如：*Comparumnia* Ecuador（*Tolumnia guianensis* × *Comparettia speciosa*）登录时间1966。*Comparumnia* Sunny Day（*Tolumnia* Margie Crawford × *Comparettia ignea*）登录时间2002。*Comparumnia* May Moir（*Tolumnia* Gotcha × *Comparettia macroplectron*）登录时间1985。*Golumnia* Canary（*Gomesa flexuosa* × *Tolumnia guianensis*）登录时间1943。*Golumnia* Amy(*Gomesa* Java × *Tolumnia guianensis*)登录时间1974。*Golumnia* Pauoa Delight（*Gomesa* Lava Flow × *Tolumnia* Touch of Class）登录时间1998。

栽培：可参照文心兰的种植方法栽培。中温或高温温室栽培。可绑缚栽种在树蕨板或带皮的木段上，或用透水十分好的基质，如颗粒状树皮、风化火山、岩木炭等栽种在中小盆中。生长季节需要给予充足的水分，浇水后应很快干燥；2周左右施一次液体复合肥；与文心兰比较，托伦兰要求较强阳光，温室遮光30%~50%，冬季不遮光。北方温室栽培，若冬季温度低，要减少浇水。

常见种类：

托伦兰 *Tolumnia triquetra*

syn. *Oncidium triquetra*

产于牙买加。生长于海拔120~380m处潮湿的环境中假鳞茎发达；叶厚肉革质，3~4枚，长20cm，叶横断面呈三角形。花茎长20cm，顶部有花数朵。花径约2.5cm。花白色或浅黄色，有深红色板块。唇瓣不裂。花期通常在夏季。

托伦兰（*Tolumnia triquetra*）（特写）

托伦兰（*Tolumnia triquetra*）

毛角兰属
Trichoceros

附生、岩生或地生兰花。全属有9种，分布在哥伦比亚、厄瓜多尔、秘鲁。生于海拔2500~3200m处，根状茎匍匐或攀缘。假鳞茎小，包裹在重叠生长的叶状鞘内；顶生1枚叶。叶片小，肉质或革质。总状花序，基生，直立，不分枝，通常长于叶，疏生少数至多数花。花形似昆虫。通常不翻转；萼片与花瓣分离，开展，相似；唇瓣通常3裂，侧裂片肉质，呈线性或棒状，伸展或直立，中裂片大，通常为卵形。蕊柱短而粗壮，没有翅和蕊柱足；花药周围有黑毛。

杂交育种： 至2012年已登录的属间和属内种间杂交种有2种。如：*Trichopogon* Ciudad de Cuenca（*Trichoceros antennifer* × *Telipogon ionopogon*）登录时间2007。

栽培： 低温或中温温室栽培。生于海拔高处的种类需高山型低温温室栽培，夏季白天温室的最高温度应在28℃左右，夜间温度在15℃左右。温室温度过高很难栽培成功。因其根状茎攀缘的生长习性，故应绑缚栽种在栓皮栎板上或树蕨板上。全年需给予充足的水分和较高的空气湿度。绑缚栽种的植株更需要每天多次喷水。华北地区温室栽培，春、夏、秋三季遮阳量70%左右；冬季30%左右。

常见种类：

小花毛角兰（*Trichoceros antennifer*）

syn. *Trichoceros parviflorus*

产于厄瓜多尔到玻利维亚。生于安第斯山脉高海拔地区。假鳞茎椭圆形到圆筒形，长0.3~0.8cm，顶生叶片1枚。叶线性，长4~7cm。花茎直立，高约25cm，顶端有花数朵。花径约2.5cm，萼片和花瓣卵圆形，长约1cm，黄绿色，有茶褐色斑点。唇瓣3裂，侧裂片线性，长约1cm，中裂片卵形，上半部分和侧裂片具深褐色斑点。蕊柱背面密生多数褐色细毛。秋季开花。

壁上生毛角兰

（*Trichoceros muralis*）

产于厄瓜多尔中部地区，生于高海拔地方。花直径2cm以上。萼片和花瓣绿色，具红褐色条斑；唇瓣全部为红褐色，唇瓣侧裂片为圆形，红褐色；蕊柱为红褐色毛状物覆盖。

小花毛角兰（*Trichoceros antennifer*）
（Ecuagenera 摄）

奥尼毛角兰（*Trichoceros oñaensis*）
（Ecuagenera 摄）

壁上生毛角兰（*trichoceros muralis*）
（Ecuagenera 摄）

毛舌兰属
Trichoglottis (*Trgl.*)

附生兰花。全属约 60 种，分布于东南亚、巴布亚新几内亚岛、澳大利亚和太平洋岛屿，向西到斯里兰卡，向北到我国南部。我国有 1 种和 1 变种，分布于南方热带地区。单轴类茎，茎短或长；叶二列，稍肉质，狭窄。花序侧生，1 至数个，很短，具 1 至数朵花；花小或中等大，开展，萼片相似，花瓣比萼片稍小；唇瓣肉质，牢固地贴生于蕊柱基部，3 裂，侧裂片直立；中裂片上面常密被毛或乳突，基部囊状或具距；距内背壁上方具 1 个可动而被毛的舌状附属物。植株有的甚小，有的甚粗大。通常其花大而美的多是植株较大的种类。

杂交育种：该属植物观赏价值较高，经过多年不同种间和属间杂交、选择，已培育出许多优良品种。毛舌兰属与其近缘属的亲和力比较强，根据不完全统计，毛舌兰属与兰科中的 *Aerides*、*Archnis*、*Ascocentrum*、*Gastrochilus*、*Phalaenopsis*、*Renanthera*、*Rhynchostylis*、*Vanda* 等近缘属间的杂交已产生10个以上的人工属。其中包括有 2 属、3 属和 4 属间杂交的人工属。有些优良杂交种品种已经在花卉生产中应用。

栽培：中温或高温温室栽培。可参照万代兰的栽培方法。大多数种类栽培中根系需露在空气中。一些爬藤种类可以绑缚栽种在大型的树蕨干或带皮的仿生树上，任其攀缘生长； 大多数直立种类可以栽种在吊篮、木筐或多孔的花盆中，通常不需要任何基质，只需将种苗

玫瑰毛舌兰（*Trgl. rosea*）

菲律宾毛舌兰（*Trgl. philippinensis* var. *brachiata*）

固定在容器中即可。全年要求有充足水分供应，需每天喷水或浇水；旺盛生长的春、夏、秋三季，1~2周施一次液体肥料；北方温室栽培，冬季温度低，可以适当少浇水，停止施肥。喜高空气湿度和较强的阳光，春、夏、秋3季遮阳30%左右，冬季不遮。

常见种类：

巴塔毛舌兰（*Trgl. bataanensis*）

产于菲律宾。较普遍附生于低海拔至海拔500m以下地区的树干和灌木上。该种生长十分强健，茎干下垂，叶片大，生长密集。花直径约1cm。高温温室栽培。

菲律宾毛舌兰（*Trgl. philippinensis* var. *brachiata*）

syn. *Trgl. atropurpurea*；*Trgl. brachiata*

产于菲律宾；附生于海拔300m以下的数个岛屿上的树干上。茎直立，可高达60~90cm。叶革质，椭圆形至卵形，长3~6cm，宽1.5cm。花序短，常一朵花。花径约4cm，萼片和花瓣深紫红色，唇瓣呈十字形，常呈亮丽的深玫瑰红色，上面长有白色软毛。花期春夏。

玫瑰毛舌兰（*Trgl. rosea*）

产于菲律宾；茎下垂，附生于树干或岩石上，常在基部有分枝，可以形成较大丛植株，茎长可达1.2m。叶革质，舌形，长约8cm，宽1~1.5cm。花序短，有花1~3朵。花平开，花径约0.6cm。花瓣和萼片粉白色，有淡红或茶色点，唇瓣玫瑰红色。花期冬夏季。

巴塔毛舌兰（*Trgl. bataanensis*）（黄展发　摄）

玫瑰毛舌兰（*Trgl. rosea*）（特写）

毛床兰属

Trichopilia (*Trpla.*)

全属约 35 种，分布中美洲和南美洲及安第斯山脉西部。多附生，亦有石生或地生。生于海拔500~2000m 潮湿的森林中。假鳞茎扁平、圆形或长圆形。单叶生于假鳞茎顶部。花葶自假鳞茎的苞片腋间生出。花无距；花萼、花瓣离生；唇瓣包围着蕊柱呈喇叭状。

杂交育种：至 2012年，已登录的属间和属内种间杂交种有 25 种（属内种间杂交种 13个）。如：*Milpilia* Cuenca(*Trpla. fragrans* × *Miltonia regnellii*)登录时间 1964。*Milpilia* Torbara de Valec（*Trpla. ortilis* × *Miltonia* Guanabara）登录时间 1987。*Helpilia* Becky Unruh（*Trpla. fragrans* × *Helcia sanguinolenta*）登录时间 2007。*Milpilia* Fila Cruces（*Miltonia* Festiva × *Trpla. marginata*）登录时间 1968。*Lockopilia* Rumrill Clown（*Lockhartia lunifera* × *Trpla. marginata*）登录时间 1991。Helpilia Apache(*Helcia sanguinolenta* × *Trpla. suavis*)登录时间 2008。

栽培：中温温室栽培。大多数种栽培容易。用树皮块、蛇木屑、椰壳等排水和透气良好的基质盆栽或吊篮栽培。喜半阴的环境，北方温室栽培，春、夏、秋 3 季遮阳 50%~70%，冬季可以少遮或不遮。旺盛生长期应给予充足的水分和较高的空气湿度；每 2 周施一次液体肥料。休眠期低温减少浇水，停止施肥。

常见种类：

芳香毛床兰（*Trpla. fragrans*）

产于古巴、牙买加和哥伦比亚。生于海拔 1200~2800 处。假鳞茎长椭圆状圆柱形至卵圆形，长 3~13cm，宽 3cm。叶卵形至长椭圆形，长 11~30cm，宽 2.5~7.5cm。花茎长 20~30cm，下垂，有花 2~5 朵。花径 12cm，萼片和花瓣白色或淡绿色，唇瓣白色，基部有黄色斑纹；芳香。萼片和花瓣线状披针形，长 4.5~5cm。唇瓣长 2.5~4cm，宽 1.6~3cm。开花期秋到冬季。中温或高温温室栽培。

韩氏毛床兰（*Trpla. hennisiana*）

产于哥伦比亚。该种与芳香毛床兰十分相似。可能是芳香毛床兰变异的一个种。只是唇瓣顶部较宽，并且边缘上有深的缺刻。花期早春至夏季。中温温室栽培。

毛床兰（*Trpla. margianta*）

产于危地马拉、哥斯达黎加、巴拿马到哥伦比亚。生于海拔 700~950m 处。假鳞茎从生，长 14cm，宽 2cm 以上。革质叶长 40cm，宽 5cm。花序短而弯曲，长 3~5cm，有花 2~4 朵。花甚香。花径约 10cm。春季开花。

甜蜜毛床兰（*Trpla. suavis*）

分布于哥斯达黎加至哥伦比亚。生于海拔 400~1600m 处多云的雨林中。假鳞茎簇生，高 7.5cm，单叶，长 35cm。花葶较短，下垂，具花 2~5 朵；花径 10cm，萼片花瓣白至乳白色，有粉或粉红色斑；唇瓣较大，白色，密布粉红色斑点，具龙骨状突起，基部黄或橙色，边缘有皱褶。花具浓香。花期春季。

有品种：'Pink Perfume''香粉'甜蜜毛床兰。

旋瓣毛床兰（*Trpla. tortilis*）

产于从墨西哥、危地马拉、萨尔瓦多、洪都拉斯和哥斯达黎加。生于海拔 1100~1500m 处。假鳞茎高约 7cm，宽 2cm；有叶片一枚，长 8cm，宽 4cm。每花序长 4~10cm，弯曲下垂，有花 1~2 朵，花芳香，花径 12~15cm。萼片和花瓣卷曲，红褐色并有不规则的黄绿色边。巨大的唇瓣白色，喉部为黄色，有红褐色斑点，边缘呈波浪起伏。花期冬季。

甜蜜毛床兰（*Trpla. suavis*）

芳香毛床兰（*Trpla. fragrans*）（特写）

韩氏毛床兰（*Trpla. hennisiana*）

‘香粉’甜蜜毛床兰（*Trpla. suavis* ‘Pink Perfume’）

旋瓣毛舌兰（*Trpla. tortilis* ）

芳香毛床兰（*Trpla. fragrans*）

美洲三角兰属

Trigonidium(Trgdm.)

附生兰花。全属约14（20）种。广泛分布于热带中美洲和南美洲，从墨西哥到巴西、玻利维亚。该属为*Maxillaria*的近缘属，假鳞茎扁平卵状球形，顶部生出1~2枚叶片。叶线形，革质。长而直立的花茎1~2枚从假鳞茎基部生出，每枚花茎上有花1朵，花似*Maxillaria*的花。花萼片特别大，侧萼片上半部分反卷，基部连合成筒状，是该属与*Maxillaria*属的不同所在。花瓣小，卵形。唇瓣3裂，侧裂片向内弯曲。

杂交育种：至2012年已登录的属间和属内种间杂交种有1种。*Trigolyca* Open Sesame（*Mormolyca ringens* × *Trgdm. egertonianum*）登录时间1988。

栽培：中温或低温温室栽培。栽培容易，用较细颗粒树皮块、蛇木屑、椰壳等排水和透气良好的基质盆栽，或绑缚栽种在树蕨板上均可以生长良好。喜半阴和通风良好的环境，北方温室栽培，春、夏、秋3季遮阳50%左右，冬季可以少遮或不遮。旺盛生长时期应给予充足的水分和全年较高的空气湿度；每2周施一次液体肥料。低温休眠期减少浇水，停止施肥。

常见种类：

美洲三角兰（*Trgdm. egertonianum*）

分布于从墨西哥到哥伦比亚的低海拔至中海拔的广大地区。在中美洲地区是一种十分常见的附生植物，常附生于孤立树的树干上。假鳞茎丛生，扁平的卵状纺锤形，高6cm，顶生叶2枚。叶线形，长30~40cm，革质，有光泽。花茎1至数枚，长约15cm，顶部有花一朵。花径约4cm，萼片大，卵形，顶部较尖，长约3cm，2枚侧萼片先端反卷。黄绿色地，有染红色和红褐脉纹。花瓣小，先端肉质，具有眼睛状的淡蓝紫色的大斑点。唇瓣3裂，长约0.6 cm，肉质，黄绿色地，有染红色和红褐脉纹。

美洲三角兰（*Trgdm. egertonianum*）（特写）

美洲三角兰（*Trgdm. egertonianum*）

图德兰属
Trudelia

附生兰花。全属6种，分布于中国海南、云南、广西、西藏；尼泊尔、不丹、印度、缅甸、老挝、越南、泰国也有。该属植物原来属于万代兰属，近些年植物分类学家将其分出单列为属。我国产的有：垂头图德兰（*Trudelia alpina*）、叉唇图德兰（*Trudelia cristata*）和矮图德兰（*Trudelia pumila*）。

单轴类茎，无假鳞茎；叶带状，稍肉质；花序总状，从叶腋中抽出，有花少数；花蜡质，白色或黄绿色，唇瓣上有栗色条纹。

杂交育种：过去该属6个种的杂交育种工作是作为万代兰属植物进行的，有关文献均记载在万代兰属属名下。

栽培：栽培可以完全参照万代兰的栽培方法。中温或高温温室栽培。用排水良好的树皮块、风化火山岩、木炭、蛇木屑等颗粒状基质盆栽，或绑缚栽种在树蕨板或带树皮的木段上。常年保持高空气湿度。在栽培中其根系几乎全部暴露在空气中，每天需定时浇水（喷水）1~2次。旺盛生长的春、夏、秋三季，每1~2周喷施一次复合液体肥料，可以结合浇水使用。需要较强的光线。北方温室栽培，夏季只需遮去阳光的30%~40%。冬季若温室温度太低，可适当减少浇水次数，降低湿度，并暂停施肥。

常见种类：

叉唇图德兰（*Trudelia cristata*）

syn. *Vanda cristata*

产于中国云南西北部和西藏东南部；尼泊尔、不丹和印度也有。附生于海拔700~1700m的常绿阔叶林树干上。茎直立，叶数枚，近

叉唇图德兰（*Trudelia cristata*）（特写）

叉唇图德兰（*Trudelia cristata*）

对折。总状花序腋生，有花 1~2 朵；萼片和花瓣黄绿色，唇瓣 3 裂，淡黄色、有暗褐色或暗紫褐色斑。花期 2~5 月。

矮图德兰（*Trudelia pumila*）

（syn.*Vanda pumila*）

产于中国海南、广西、云南。附生于海拔 700~2100m 山地林中树干上。尼泊尔、不丹、印度、缅甸、老挝、越南、泰国也有。茎长 5~23cm。叶稍肉质，带状，长 8~18cm，宽 1~1.9cm。花序 1~2 个；疏生 1~3 朵花；花伸展，具香气，萼片和花瓣奶黄色，无明显的网格纹；中萼片近长圆形；侧萼片稍斜卵形；花瓣长圆形，先端尖；唇瓣厚肉质，3 裂；中裂片卵形，长约 1cm，背面具龙骨状脊。距圆锥形，长约 5mm。花期 3~5 月。

矮图德兰（*Trudelia pumila*）

矮图德兰（*Trudelia pumila*）（特写）

管唇兰属

Tuberolabium

附生兰花。全属约25种，分布于东南亚、澳大利亚和太平洋岛屿；向北到达中国台湾和印度北部。中国仅见一种。茎短粗，具多数叶。叶2列互生，扁平；花序侧生，长而下垂，不分枝；花序总状，密生多数花。花同时开放，稍肉质；侧萼片比中萼片大；花瓣比萼片小；唇瓣3裂，中裂片较大；距宽圆锥形。

杂交育种：至2012年已登录的属间和属内种间杂交种有2种。*Tuberoparaptoceras* Asia Island（*Tuberolabium kotoense* × *Parapteroceras escritorii*）登录时间2001。*Tubecentron* Niu Girl（*Tuberolabium kotoense* × *Ceratocentron fesselii*）登录时间2006。

栽培：高温环境栽培。栽培可按照万代兰的栽培环境和栽培管理方法。用排水良好的树皮块、风化火山岩、木炭、蛇木屑等颗粒状基质盆栽。

常见种类：

管唇兰（红头兰）（*Tuberolabium kotoense*）

产于中国台湾省兰屿。附生于兰屿海拔200~400m热带丛林中的榕树茎干上。茎粗壮，直立，长约2cm。叶稍肉质，长椭圆形，长6.5~16cm，宽2~4cm。总状花序密生20~50朵小花。花径0.4~0.5cm，白色，有香味，唇瓣3裂，袋状，中裂片长2.6cm。距圆锥形，长0.2cm。花期12月至翌年2月。

管唇兰（*Tuberolabium kotoense*）

管唇兰（*Tuberolabium kotoense*）（特写）

甜蜜三色万代兰（*Vanda tricolor* var.*suavis*）（黄展发　摄）

V

万代兰属

Vanda

附生兰类。全属约40种，分布于亚洲热带和亚热带及太平洋的一些岛屿和澳大利亚。我国有9种，产于南方热带和亚热带地区。单轴类茎，茎直立或斜立，粗壮，质地坚硬，具多数叶；下部节上有发达的气根。叶狭带状或棍棒状，2列。总状花序从叶腋发出，斜立或近直立，疏生少数至多数花，花大或中等大，艳丽，通常质地较厚；萼片和花瓣近似，或萼片较大，多数具方格斑纹；唇瓣3裂；侧裂片小，直立，基部下延并且与中裂片基部共同形成短距，罕有呈囊状的；中裂片大，向前伸展；距内或囊内无附属物和隔膜。

本属有许多种和杂交种的优良品种，花甚美丽，花期长；生长势强健，耐高温、潮湿；适合热带地区及高温温室栽培。是热带地区最主要的花卉之一，大量栽培于各公园绿地，既成片作花坛种植，又常绑缚栽种在园林中大树干上，充分体现出热带风光的特色。万代兰类还是热带地区十分重要的盆花和切花。在东南亚和世界各热带地区广泛栽培，其商品盆花和切花大量向世界各地出口。笔者认为，万代兰类在我国热带地区有巨大的发展前景。建议有关方面加强优良品种和有关栽培技术的引进，并开展适合于我国气候条件的新品种培育和栽培技术等方面的研究工作。

杂交育种：通过属内种间多年的人工杂交，已培育出大量的优良杂交种品种，并广泛在世界各热带地区栽培。万代兰属与其近缘属的亲和力比较强，根据不完全统计，至1997年，万代兰属与兰科中的至少 *Acampe*、*Aeranthes*、*Aerides*、*Angraecum*、*Archnis*、*Ascocentrum*、*Ascoglossum*、*Doritis*、*Gastrochilus*、*Luisia*、*Neofinetia*、*Phalaenopsis*、*Renanthera*、*Rhynchostylis*、*Saccolabium*、*Trichoglottis*、*Vandopsis*等 17个近缘属间的杂交已产生了 66个以上的人工属。其中包括有 2属、3属、4属和 5属间杂交的人工属。有些优良人工属杂交种品种已经广泛栽培，深受各地人民喜爱 。

至 2012年已登录的属间和属内种间杂交种有 5807种（属内种间杂交种有 2943个）。如：*Vanda* Paki（*Vanda cristata* × *Vanda tricolor*）登录时间 1944。*Aeridovanda* Agnes Kagawa（*Aeridovanda* Juelle × *Vanda* Miss Joaquim）登录时间 1970。*Aeridovanda* Early Bird（*Aeridovanda* Eric Hayes × *Vanda teres*）登录时间2003。*Aeridovanda* Blue Spur（*Aerides lawrenceae* × *Vanda coerulea*）登录时间1951。*Aeridovanda* Bix（*Aerides houlletiana* × *Vanda* Opha)登录时间 1987。*Aeridovanda* Denise Tien（*Aerides odorata* × *Vanda* Motes Honeybun）登录时间2010。

栽培：全年要求高温高湿，适合热带地区大量栽培；北方高温温室栽培，越冬温度要保持在20~25℃。常年保持高空气湿度。万代兰在栽培中其根系几乎全部暴露在空气中，每天需定时浇水（喷水）1~2次。北方冬季若温室温度太低时，可适当减少浇水次数，降低湿度。旺盛生长的春、夏、秋三季，每1~2周喷施一次复合液体肥料，可以结合浇水使用。冬季温室温度低，可以暂停施肥；热带地区温度比较高，仍可继续施肥。万代兰的栽培基质透水性强，存不住水，浇肥后大部分流失掉，所以施肥的次数要多。盆栽的万代兰可以在盆面施少量颗粒状缓释肥，或把缓释肥装入尼龙网袋内放在盆面，浇水时肥料会溶解而流出，供根部吸收。与一般常见兰花比较，万代兰需要较强的光线。北方温室栽培，带状叶片的万代兰，夏季只需遮阳30%~40%；棒状叶片的万代兰代更喜阳光，在热带地区可以栽种在阳光直接照射到的地方；北方在温室内栽培通常不必遮阳或少遮。在热带地区，通常用木筐或吊篮将万代兰幼苗固定在中间，悬吊栽培。任其根系在木筐周围伸展、盘绕。木筐中间有时可填充一些块状的椰壳、树皮或蕨根等物。也有将万代兰苗绑缚栽种在树干、岩石上，任其攀缘生长。棒叶万代兰常可以成丛露地栽植，并树立支柱。北方温室，多用蕨根、碎砖块等物将万代兰栽植在多孔花盆中。

常见种类：

白柱万代兰（白花万代兰）（*Vanda brunnea*）

产于中国云南东南部至西南部。附生于海拔800~1800m的疏林中或林缘树干上。缅甸、泰国也有。茎长约15cm。叶带状，通常长 22~25cm，宽约 2.5cm。花序出自叶腋，长 13~25cm，有花 3~5 朵；花质地厚，背面白色，内面黄绿色或黄褐色带紫褐色网格纹；萼片倒卵形，长约 2.3cm；花瓣萼片，较小；唇瓣 3 裂；中裂片黄绿色或浅褐色，提琴状，先端 2 圆裂。距白色。花期 3 月。

大花万代兰（*Vanda coerulea*）

产于中国云南南部。附生于海拔 1000~1600m 的河岸或山地疏林中树干上。印度东、缅甸、泰国也有。茎长 13~23cm 或更长。叶厚革质，带状，长 17~ 18cm。花序近直立，长达 37cm；疏生数朵花；花大，质地薄，天蓝色；萼片相似于花瓣，宽倒卵形，长 3.5~5cm，宽 2.5~3.5cm，具 7~8 条主脉和许多横脉；唇瓣 3 裂；侧裂片白色，内面具黄色斑点；中裂片深蓝色，舌形，向前伸，长 2~2.5cm，上面具 3 条纵向的脊突；距圆筒状，向末端渐狭。花期 10~11 月。该种花十分美丽，在该属中花最大，可持续开放达 1 个多月。是育种的重要亲本，许多著名的杂交种大花品种，尤其是蓝色花系的品种均有该种的血统。有栽培品种‘玫瑰’大花万代兰。

小蓝花万代兰（*Vanda coerulescens*）

产于中国云南南部和西南部。附生于海拔 700~1600m 疏林中树干上。印度、缅甸、泰国也有。茎长 2~8cm 或更长。叶稍肉质，带状，长 7~12cm。花序长达 36cm；疏生许多花；花中等大，开展，萼片和花瓣淡蓝色或白色带淡蓝色晕；萼片倒卵形或匙形，长 15~17mm；花瓣倒卵形，长 15~17mm；唇瓣深蓝色，3 裂；侧裂片直立；中裂片楔状倒卵形；距短而狭。花期 3~4 月。

迪瑞万代兰（*Vanda dearei*）

产于印度尼西亚的加里曼丹岛；生于低海拔地区。株高 50cm，花甚芳香。花浅黄色，花

大花万代兰（*Vanda coerulea*‘Rosa’）

迪瑞万代兰（*Vanda dearei*）（黄展发　摄）

白柱万代兰（*Vanda brunnea*）

小蓝花万代兰（*Vanda coerulescens*）

大花万代兰（*Vanda coerulea*）

瓣上有褐色小斑点。有记载，几乎可以周年开花。花色多变，乳白色、黄色、绿色、棕色。怕低温，要求高温温室栽培。

丹尼氏万代兰（*Vanda denisoniana*）

产于中国南部、缅甸和泰国。生于低到中海拔的地区。茎短，叶密生；叶革质，长约30cm，宽约2.5cm，顶端2裂。花序呈弓形或平伸，长约15cm，有花4~6朵。花长5~6cm，寿命较长；萼片和花瓣黄绿色到白色，有较淡的暗紫色脉纹；唇瓣白色。该属其他种通常在中午有香味，而该种夜间芳香。

雅美万代兰（*Vanda lamellata*）

产于中国台湾兰屿。附生于低海拔林中树干上或岩石上；日本、菲律宾也有。茎长20~30cm。叶厚革质，带状，长15~20cm。花序直立，长约20cm，具5~15朵花；花质地厚，开展，具香气，颜色多变，通常黄绿色并且多少具褐色斑块和纵条纹，直径约3cm；中萼片倒卵形至倒卵状匙形，长2cm；侧萼片斜倒卵形，长2cm；花瓣匙形，长2cm；唇瓣白色带黄，3裂；侧裂片直立，近圆形；中裂片提琴形，先端钝或圆形；距圆锥形。花期 4月。

有变种：var. *boxalli*包氏雅美万代兰。花为白色，有红色斑纹。

林德氏万代兰（*Vanda lindenii*）

产于菲律宾。植株较高，可达100cm。花序较长，有花12朵，花径约5cm。比较少见，与*Vanda scandens*亲缘关系密切。高温温室栽培。

米氏万代兰（*Vanda merrillii*）

产于菲律宾吕宋岛等地低至中海拔地区。植株粗壮，高约1.5m。花茎直立，有花10余朵；花直径4~5cm，花色常有变化，有些花呈纯红色，有些则具红褐色斑点。春季开花。花芳香。中温或高温温室栽培。

裂唇万代兰（*Vanda roeblingiana*）

产于菲律宾。生于海拔1600m处森林中树上，常在潮湿荫蔽处。在万代兰属中植株较小。叶长20~30cm。花序比叶片短，有花15朵，花寿命长，花径4~5cm，有时有香味。萼片和花瓣黄色，有红色斑纹。唇瓣2裂，边缘呈撕裂状。通常夏季开花。喜凉爽环境，中温温室栽培。

林德氏万代兰（*Vanda lindenii*）

纯色万代兰（*Vanda subconcolor* 'Hengduau Browni Sun'）

产于海南岛；生于海拔300~500m处落叶季雨林中树干上。茎粗壮，长15~18cm，具多叶。叶长14~20cm。总状花序腋生，长17cm，疏生花3~6朵；花径4~5cm；萼片与花瓣淡褐色，有不明显淡黄色方格；唇瓣白色，中裂片上有栗色条文，侧裂片和唇瓣上有栗色斑点。中温或高温温室栽培。

Vanda tessellata

产于斯里兰卡、尼泊尔、印度、缅甸。株高30~60cm，也密生两列；叶长12~18cm，宽1.5~2cm。花序长于叶片，有花5~8朵；花径约5cm，芳香，花寿命较长，花色变化较大；唇瓣3裂。花期秋季至初冬。中温或高温温室栽培。

三色万代兰（*Vanda tricolor*）

产于爪哇；常在当地的小花园中看到。与菲律宾的*Vanda luzonica*有密切亲缘关系。株高约70cm，花美丽又有甜香味。萼片和花瓣白色或浅黄色，有棕红色的斑点或条 斑；唇瓣深紫色。

有变种var. *suavis*甜蜜三色万代兰，萼片和花瓣较原种细长。花期秋冬季。中温或高温温室栽培。

尤氏万代兰（*Vanda ustii*）

产于菲律宾吕宋岛；附生于海拔1250m处山区森林树杈上。以前称为*Vanda luzonica* var. *immaculata*。该种植物可以生长十分巨大，株高约1m，肉质根可长达3m。花序长于叶片，有花12朵以上，花径4~5cm，芳香。有些植株的萼片和花瓣顶尖处常有粉红色斑块。花期春季。

Vanda luzonica

米氏万代兰（*Vanda merrillii*）（黄展发　摄）

裂唇万代兰（*Vanda roeblingiana*）

Vanda stangeana

雅美万代兰（*Vanda lamellata*）

丹尼氏万代兰（*Vanda denisoniana* ）

包氏雅美万代兰（*Vanda lamellata* var. *boxalli* ）

纯色万代兰（*Vanda subconcolor*）

甜蜜三色万代兰（*Vanda tricolor* var. *suavis*）（黄展发　摄）

三色万代兰（*Vanda tricolor*）

尤氏万代兰（*Vanda ustii*）

纯色万代兰（*Vanda subconcolor* 'Hengduau Browni Sun'）

Vanda tessellata

Vanda (Bangsai Queen × Doctor Anek)

Vanda (Dr. Anake × Kultara Gold)

Vanda (Dr. Anek ×Blton Fuchsia)

Vanda (Gordon Dillon × tessellata)

Vanda (syn. *Papilionanthe*) Cooperi White Wings

Vanda Fuchs Delight ‘TG Oup’

Vanda Fuchs Rosy Charm (Kasem's Delight × Yen Jitt)

Vanda Doctor Anek

Vanda Gordon Dillon 'Jarunee'

Vanda Mini Plamer 'T.C'

Vanda Manuvadee(FCC OST)

Vanda Overseas Union Bank

Vanda (syn. *Papilionanthe*) Petamborean（黄展发　摄）

Vanda Robert's Delght 'Ink Blue'

Vanda Robert's Delight(Red)

Vanda T. M. A. ‘Mandai’

（*Vanda* Udomsi AQ OAT）（黄展发　摄）

Vanda Usha(*V.* Josephine Van Brero × *V.* Doctor Anek)

Vanda Patcharee Delight

Vanda Robert Delight

Vanda Robert's Delight Blue

Vanda Sansai Blue

Vanda Somsri Paragon ‘Mishima’

带叶万代兰垂吊栽培法

蜘蛛拟万代兰
Vandachnis (*Vchns.*)

该属是蜘蛛兰（*Arachnis*）× 拟万代兰（*Vandopsis*）两属间杂交产生的人工属。其花的萼片和花瓣形态明显具有蜘蛛兰的特征，较窄而长。生长势较强，容易栽培。在东南亚地区常见有种植。

杂交育种：至 2012年已登录的属间和属内种间杂交种有 1 种，即 *Alphonsoara* Gus（*Vchns.* Miswadi × *Ascocenda* Memoria Choo Laikeun）登录时间 1988。

栽培：可参照带状叶万代兰的栽培方法栽种。

蜘蛛拟万代兰（*Vchns.* Cream Fancy（*Arachnis* × *Vandopsis*））（黄展发 摄）

蜘蛛拟万代兰（*Vchns.* Cream Fancy（*Arachnis* × *Vandopsis*））（黄展发 摄）

拟万代兰属
Vandopsis

附生或半附生兰花。全属约5种。分布于我国至东南亚和巴布亚新几内亚岛。我国有2种，产于广西和云南。茎粗壮，伸长，有时分枝，具多数叶。叶肉质或革质，二列，狭窄或带状。花序侧生于茎，具多数花；花大，萼片和花瓣相似；唇瓣比花瓣小，基部凹陷呈半球形或兜状，3裂；侧裂片通常较小；中裂片较大，长而狭，两侧压扁，上面中央具纵向脊突。

杂交育种：拟万代兰属与其近缘属的亲和力比较强，根据不完全统计，至1997年该属与兰科中的*Aerides*、*Archnis*、*Ascocentrum*、*Ascoglossum*、*Brassavola*、*Cattleya*、*Doritis*、*Laelia*、*Phalaenopsis*、*Renanthera*、*Rhynchostylis*、*Trichoglottis*、*Vanda*等13个近缘属间杂交已产生了27个以上的人工属。其中包括有2属、3属、4属和5属间杂交的人工属。有些优良人工属杂交种品种已经广泛出现在兰花生产中，深受各地人民喜爱。

至2012年已登录的属间和属内种间杂交种有138种（属内种间杂交种1个）。如：*Renanopsis* Pele（*Vandopsis parishii* × *Renanthera storiei*）登录时间1952。*Ascandopsis* Sanit Nut（*Vandopsis parishii* × *Ascocentrum miniatum*）登录时间1982。*Vanvanda* Misty Morn（*Vandopsis gigantea* × *Vanda teres*）登录时间1996。*Vanvanda* Edna Hashimoto（*Vanda* Trisum × *Vandopsis lissochiloides*）登录时间1958。*Phalandopsis* Ryan Saucier（*Phalaenopsis* Coral Isles × *Vandopsis parishii*）登录时间1984。*Vanvanda* Cheetah（*Vanda tricolor* × *Vandopsis gigantean*）登录时间1996。

栽培：喜高温高湿的环境，热带地区容易栽培；北方中温或高温温室栽培。越冬温度要保持在20~25℃。常年保持高空气湿度。栽培中其根系几乎全部暴露在空气中，每天需定时浇水（喷水）1~2次。北方冬季若温室温度太低时，可适当减少浇水次数，降低湿度。旺盛生长的春、夏、秋3季，每1~2周

拟万代兰（*Vandopsis gigantea*）

喷施一次复合液体肥料，可以结合浇水使用。冬季温室温度低，可以暂停施肥；热带地区温度比较高，仍可继续施肥。与一般常见兰花比较，拟万带兰需要较强的光线。北方温室栽培，春、夏、秋三季只需遮阳 30%~40%。在热带地区，可以栽种在稍遮阳的地方；北方在温室内冬季通常不必遮阳。通常用木筐或吊篮将其悬吊栽培。木筐中间可填充一些块状的蕨根、树蕨块、木炭、碎砖、树皮块等物。任其根系在木筐周围伸展、盘绕。也可将其绑缚栽种在树干、岩石上，任其攀缘生长。

拟万代兰（*Vandopsis gigantea*）（特写）

常见种类：

拟万代兰（*Vandopsis gigantea*）

产于中国广西西南部、云南南部。生于海拔 800~1700m 的山地林缘或疏林中，附生于大乔木树干上。老挝、越南、泰国、缅甸、马来西亚也有。植株大型；茎粗壮，长 30~100cm 或更长，粗达 5cm。叶肉质，宽带形，长 40~50cm，宽 5.5~7.5 cm。花序出自叶腋，常 1~2 个，长达 33cm；总状花序下垂，密生多数花；花金黄色带红褐色斑点，肉质，开展；唇瓣较花瓣小，3 裂；侧裂片具淡紫色斑点，斜立；中裂片向前伸，狭长。花期 3~4 月。

Vandopsis lissochiloides

产于泰国、老挝、菲律宾和巴布亚新几内亚东部一些岛屿的低海拔地区。茎长 80~200cm。叶厚革质，长 30cm，宽 5cm。花序直立，高可达 2.5m，有花 12~30 朵。花稍肉质，花径 7cm，黄色地上有紫红色斑点；唇瓣紫红色；芳香，花可持续开放数月之久。通常春、夏季开花。

Vandopsis lissochiloides

白花拟万代兰（船唇兰）(*Vandopsis undulata*)

产于中国云南南部至西北部、西藏东南部(墨脱、背崩)。附生于海拔1860~2200m处，林中大乔木树干上或山坡灌丛中岩石上。尼泊尔、不丹、印度也有。茎斜立或下垂，质地坚硬，圆柱形，长达1m，具分枝。叶革质，长圆形，长9~12cm，宽1.5~2.5cm。花序长达50cm，通常具少数分枝，总状花序或圆锥花序疏生少数至多数花；花大，芳香，白色；中萼片斜立，近倒卵形，长2.5~4cm，边缘波状；侧萼片稍反折而下弯，卵状披针形，长2.4cm，边缘波状；花瓣稍反折，与萼片相似而较小；唇瓣比花瓣 短，3裂。花期5~6月。

白花拟万代兰（*Vandopsis undulata*）（植株）

Vandopsis lissochiloides（特写）

白花拟万代兰（*Vandoposis undulata*）（花序）

白花拟万代兰（*Vandopsis undulata*）（特写）

万代五唇兰属
Vandoritis

该属是万代兰属（*Vanda*）× 五唇兰属（*Doritis*）两属间杂交产生的人工属。花茎直立性较强；花明显较五唇兰大。其花的形态融合了万代兰和五唇兰特点，花较丰满、圆润，唇瓣较大。

栽培：生长势较强，容易栽培。可参照蝴蝶兰的栽培方法栽培；用颗粒状基质栽植在中小盆中。较蝴蝶兰稍喜阳光，可以和蝴蝶兰放在同一温室中栽培。高温温室栽培。在东南亚地区有种植。

红唇万代五唇兰 (*Vandoritis* Hao Xiang Ni (*Vanda* Poapoa × *Doritis* pulcherrima))（黄展发 摄）

Vandoritis Hao Xiang Ni

香荚兰属

Vanilla

攀缘植物，长可达30m以上。全属70~100种，分布于全球热带地区。我国有2~3种。茎稍肥厚或肉质，每节生1枚叶和1条气生根。叶大，肉质。总状花序生于叶腋，具数花至多花；花通常较大；萼片与花瓣相似，离生，展开；唇瓣下部边缘常与蕊柱边缘合生，因而唇瓣常呈喇叭状，前部不合生部分常扩大，有时3裂。果实为细长的荚果，肉质，不开裂或开裂。种子具厚的外种皮，常呈黑色，无翅。

杂交育种：香荚兰（*Vanilla planifolia*）是重要的经济作物。经长期栽培，在该种内已选出许多优良品种。

至2012年，已登录的属间和属内种间杂交种有8种（属内种间杂交种8个）。如：*Vanilla* Manitra Ampotony(*Vanilla planifolia* × *Vanilla* ×*tahitensis*)登录时间1995。*Vanilla* Grex A（*Vanilla* Tsy Taitra × Vanilla planifolia）登录时间2005。*Vanilla* Spicepup（*Vanilla* × *tahitensis* × *Vanilla palmarum*）登录时间2009。*Vanilla* undescribed（*Vanilla barbellata* × *Vanilla claviculata*）登录时间无。*Vanilla* Tsy Taitra（*Vanilla planifolia* × *Vanilla pompona*）登录时间1995。*Vanilla* Golden Future（*Vanilla planifolia* × *Vanilla palmarum*）登录时间2001。

栽培：北方高温或中温温室栽培，无休眠期，全年生长。是一类蔓生攀缘植物，茎可长达数米至数十米。可以用附生或地生两种方法栽植。盆栽基质可用蕨根、木炭、碎砖块、树皮块或腐殖土等。亦可以绑缚在假附生树、树蕨干或岩石上。一般兰花爱好者较少栽培，因其栽培空间要求大，通常需栽培2至数年后才能开花。只有大型温室才有种植。

热带地区大面积种植：香荚兰是重要的经济作物。其荚果可提取香精，是极重要的食品香料。目前主要在美洲热带、非洲热带和东南亚地区栽培。我国云南南部和海南已引种栽培生产。另外，不是所有香荚兰属中的种都可作为香料开发，绝大部分种不含香荚兰香精或含量甚微。可作为商品香料植物栽培的只有本属的3种，即香荚兰（*Vanilla planifolia*）、大花香荚兰（*Vanilla pompona*）和塔黑香荚兰（*Vanilla tahitensis*）。其中香荚兰

香荚兰花（*Vanilla planifolia*）（Dr. Kirill 摄）

香荚兰（果荚）（*Vanilla planifolia*）

商品价值最大。主要种植于墨西哥东南部、安第斯山西部、危地马拉、萨尔瓦多、巴拿马、洪都拉斯、尼加拉瓜、哥斯达黎加、哥伦比亚、委内瑞拉、圭亚那、厄瓜多尔、秘鲁、玻利维亚；非洲和亚洲热带地区也引种栽培。

香荚兰稍喜阴，在热带地区大量种植要选择气候条件适宜、土壤肥沃的地区。搭荫棚、立支架后才能种植。也可在种植区先栽种遮阳树后再栽种香荚兰苗。遮阳 50%~60%比较好。光线太强叶片变小，生长受到抑制。无论盆栽或热带地区大量地栽，都必须注意根部土壤排水良好，否则根部很容易腐烂。在开辟新种植场时尤其应选择排水良好的土地。引种种苗时要选择无根腐病的地区，否则带入该病后很难消除。

香荚兰繁殖比较容易。选择生长健壮的植株，剪其枝条作插条，插条长 6~8 节。用长插条繁殖的植株较短插条 (2~3 节) 开花早。扦插在以粗沙为基质的插床上，保持较高空气湿度和温度，很快就可从节部生根，在叶腋处生出新芽。而后移栽到种植场大田栽培。

当然，如果想大量开发香荚兰，生产香荚兰果提取香料，还有许多技术问题。如品种、支架、日常管理技术、影响结果的各种因子等，都需要充分认真地考虑才行，不可简单从事。

香荚兰种植园（*Vanilla planifolia*）（徐克学　摄）

常见种类：

香荚兰（*Vanilla planifolia*）

产于美国佛罗里达半岛南部、安第斯山脉西部、墨西哥，经中美洲至南美。在各热带地区均有栽培，有些地方甚至散落到外界变成“野生”植物。茎蔓生，甚长，有的长达 15~25m，分枝较多；在节部生有叶和根，靠节部生出的根附着在岩石或树干上。叶厚、肉质，长圆状椭圆形到狭窄的披针形，在粗壮茎干上的叶长 9~22cm，宽 2~7.5cm。花序腋生，长约 7.5cm，有花 20 朵左右，有时也产生单花。花开展得不充分，肉质，长 6cm 以内；黄绿色。花陆续开放，但每朵花的寿命短，只有一天。唇瓣呈筒状，唇瓣的边缘不规则地外卷，为柠檬黄色。果荚长 15cm 以上。花芳香。该种的果实是提取香荚兰香精的原料。栽培的成年植株可全年开花；一般花期 1~5 月。

香荚兰（植株）（*Vanilla planifolia*）
（Dr. Kirill　摄）

Vascostylis (*Vasco.*)属

该属是万代兰属（*Vanda*）× 鸟舌兰属（*Ascocentrum*）× 钻喙兰属（*Rhynchostylis*）三属间杂交的人工属。1960 年登录。是由 *Ascda.*Meda Arnold × *Rhy.coelestis* 杂交而得。产生了新属中许多新品种，深受关注。至 1980 年该人工属则出现了更多新的杂交种。

该属植物的株型介于其亲本形态之间，单轴类茎，叶革质，横断面呈 V 字形，宽 1~3cm，长 20~30cm；花茎从叶腋间生出；花茎长度、花朵数目、花朵之间的距离、花朵的大小和花色等形状，常因杂交种亲本不同而有较大变化。每花序上有花 20~40 朵，花径 2~5cm。

杂交育种：至 2012 年已登录的属间和属内种间杂交种有 221 种（属内种间杂交种有 15 种）。如：*Vascostylis* Kundiman (*Vascostylis* Blue Fairy × *Vanda lamellate*）登录时间 1980。*Vascostylis* Looi Eng San（*Vascostylis* Tham Yuen Hae × *Vanda* Dawnchild）登录时间 1994。*Fuchsara* Reyna's Green with Envy（*Vascostylis* Gold Friendships × *Christensonia vietnamica*）登录时间 2012。*Okaara* Dorothy Oka（*Renantanda* Aliipoe × *Vascostylis* Aiea Beauty）登录时间 1980。*Okaara* Seramik Chemor（*Renanthera* Kalsom × *Vascostylis* Tham Yuen Hae）登录时间 1994。*Jomkhwanara* Five Friendships Srisuwan（*Aranthera* Beatrice Ng × *Vascostylis* Shigenori Yamanaka）登录时间 2012。

栽培：栽培方法可以参照万代兰属和鸟舌兰属的做法。

Vasco. Five Friendships 'Bicolor'（黄展发 摄）

Vasco. Pine Rivers 'Rose'

Vasco. Pine River 'Pink' (*Ascda.* Peggy Foo × *Rhy. coelestis*)

Vasco. Pine Rivers 'Blue'

Vuylstekeara (Vuyl.) 属

该属是蝎牛兰属（*Cochlioda*）× 米尔顿兰属（*Miltonia*）× 齿舌兰属（*Odontoglossum*）三属间杂交产生的人工属，1912 年登录。最初是由 *Cda. noezliana* × *Odtna. lairesseae* 杂交而成。

杂交育种： 至 1996 年已登录的杂交种在 300 种以上。该杂交种具有齿舌兰属色彩丰富、蝎牛兰属花的红色和米尔顿兰属大型花的优良特性。

栽培： 该人工属植物生长势强健，有较强耐高温能力，容易栽培。栽培方法可以参照文心兰和米尔顿兰的做法。是目前发展较快的一类盆栽兰花。深受城乡居民欢迎，已受到兰花育种家的关注，并培育出不少优良品种。近年来，我国花卉市场上已陆续有从日本进口的商品盆花销售。国内尚未引起足够的重视。

Vuyl. 'OR295'

Vuyl. Edna（李潞滨　摄）

Vuyl. Cambria

考丽威尔逊兰（*Wilsonara* Kolibri）

W-Z

威尔逊兰属

Wilsonara（*Wils.*）

该属是蝎牛兰属（*Cochlioda*）× 齿舌兰属（*Odontoglossum*）× 文心兰属（*Oncidium*）三属间杂交产生的人工属，1921年登录。花茎长，着生花多朵；花朵较大，有的品种花直径可达8~9cm。因为集合了3属间的许多优点，花色变化甚大，一朵花上常有各种颜色及多种美丽的斑纹。观赏性强，可做盆花和切花。在国际花卉市场上较为普及，近些年我国花卉市场上也已有销售。

栽培：生长势强劲，较容易栽培。是较好的中小盆栽兰花，又可作小切花；较耐寒；栽培方法可以参照文心兰和米尔顿兰的做法。

玛丽·艾丽威尔逊兰（*Wils.* Marie elle）

密亚兹玛威尔逊兰（*Wils.* Miyazima）

长寿兰属
Xylobium

附生、岩生或地生兰花。全属有15~30种，广泛分布于墨西哥、巴西东南部。花茎短，小花多数，密集。该属与颚唇兰属（*Maxillaria*）、薄叶兰属（*Lycaste*）亲缘关系密切。假鳞茎肉质，紧密生长。顶生1~3枚叶片，叶大革质。花茎从假鳞茎基部侧面生出，直上或斜上，总状花序有花多数，密集生长。花中型，白色、黄绿色。

杂交育种：至2012年已登录的属间和属内种间杂交种有2种。如：***Maxilobium*** Rumrill Folly(*Maxillaria bradei* × *Xylobium variegatum*) 登录时间1991。*Wiseara* Dale（Angulocaste Flamenco × *Xylobium bractescens*）登录时间2004。

栽培：高温或中温环境栽培。用透水和通气良好的基质，如树皮、风化火山岩、木炭等基质盆栽。生长时期需充足的水分、肥料和较强的阳光。冬季低温时，减少浇水，停止施肥。

常见种类：

长瓣长寿兰（*Xylobium elongatum*）

产于墨西哥、危地马拉、尼加拉瓜、哥斯达黎加和巴拿马。假鳞茎长10~25cm，圆筒形至棒形，先端有叶2枚。叶长15~40cm，披针形，有柄。花茎直立，长10~20cm，有花5~15朵，紧密生长。花白黄色，有茶褐色纹脉和斑块，花径3~4cm。萼片披针形，侧萼片斜生。唇瓣3裂，侧裂片直立，中裂片先端茶褐色。有多数乳头状突起和5条隆起的线。花期冬、春季。中温或高温温室栽培。

棕叶长寿兰（*Xylobium palmifolium*）

产于古巴、多米尼加和牙买加。假鳞茎卵圆形到圆锥形，高约7.5cm。具单叶，宽披针形，长约48cm，宽约7.5cm。花序具少数花，排列稀疏，常呈弓形，长约10cm。花长约2cm，通常不开展；有微弱的香味；萼片和花瓣黄白色，唇瓣象牙白色，中间有一瘤状

长瓣长寿兰（*Xylobium elongatum*）

条带。秋季开花。中温或高温温室栽培。

变色长寿兰（*Xylobium variegatum*）

产于哥斯达黎加至巴西的广大地区。生于海拔200~1000m处。假鳞茎高5~8cm，卵形，顶端生有2~3枚叶片。叶长约60cm，长椭圆形。花茎高约20cm，直立。有花多数，花直径3~3.5cm，微粉白色的，唇瓣先端栗色。唇瓣侧裂片直立，前面边缘有锯齿。中裂片厚肉质，表面有密集的乳状突起。花期夏秋季。

变色长寿兰（*Xylobium variegatum*）

Xylobium sp.

棕叶长寿兰（*Xylobium palmifolium*）

泽林考兰属

Zelenkoa

石生或附生。全属只有 1 种，该属是从文心兰属分出来的。广泛分布于巴拿马、哥伦比亚、厄瓜多尔和秘鲁。分布于海岸地区，附生于海平面至海拔 1200m 左右干旱森林中的岩石或树干上。

杂交育种： 该属植物以前是作为文心兰属参与的杂交育种。在查阅文献时应注意。至 2012 年已登录的属间和属内种间杂交种有 65 种。如：*Zelemnia* Dawn Sky（*Zelenkoa onusta* × *Tolumnia* Helen Brown）登录时间 1969。*Gomenkoa* Freida Teel（*Zelenkoa onusta* × *Gomesa* Star Wars）登录时间 1983。*Zelenchostele* Apollo（*Zelenkoa onusta* × *Rhynchostele cordata*）登录时间 2003。*Gomenkoa* Bill Lockhart(*Gomesa Java* × *Zelenkoa onusta*) 登录时间 1968。*Gomenkoa* Honey Bee（*Gomenkoa* Memoria Harold Starkey × *Zelenkoa onusta*）登录时间 1995。*Gomenkoa* Golden Arches（*Gomesa recurva* × *Zelenkoa onusta*）登录时间 2008。

泽林考兰（*Zelenkoa onusta*）（特写）

泽林考兰（*Zelenkoa onusta*）

栽培： 参考分布于中海拔地区的文心兰种类的栽培方法。可以用排水良好的颗粒状基质中小盆栽种，或绑缚栽种在树蕨板上。

常见种类：

泽林考兰（*Zelenkoa onusta*）

syn. *Onc. onustum*

分布于厄瓜多尔和秘鲁干旱地区的边缘，常伴生有仙人掌类植物。假鳞茎丛生，扁平，卵圆形，有褐色斑点，长 2~4cm，顶生叶 1~2 枚。叶宽线形，长 5~15cm，革质。花茎长 40~60cm，弓形。花 3cm × 2.5cm, 鲜黄色，背萼片卵状椭圆形，僧帽状，长约 1cm，侧萼片长椭圆形。花瓣近圆形，径约 1.5cm。唇瓣深 3 裂，侧裂片倒披针形，中裂片肾形，宽 2.5cm。花期夏、秋季。

新嘉接瓣兰属
Zygoneria

地生或附生兰花。该人工属是由新嘉兰属（*Neogardneria*）× 接瓣兰属（*Zygopetalium*）交配而成。地生或附生。植株形态近似于其父母本，有明显的假鳞茎，顶部生有叶 1~3 枚；叶披针形至带形；花茎直立有花数朵，花较大型；花色有绿色、紫色、淡紫色、褐色、古铜色、白色；花芳香。

生长势强劲，有较强的耐寒能力。不同杂交种耐寒能力有差异，有的杂交种可以抗0℃左右的低温。适于室内盆栽花卉。在我国花卉市场上，该属盆花常作为接瓣兰销售。

杂交育种： 至 2012年已登录的属间和属内种间杂交种有 79种（属内种间杂交种有 15种）。如：*Zygoneria* Adelaide Charmer（*Zygoneria* Dynam × *Zygopetalum Perrenoudii*）登录时间 1998。*Zygoneria* Holdfast Bay（*Zygoneria* Adelaide Meadows × *Zygopetalum crinitum*）登录时间 2000。*Zygoneria* Adelaide Park（*Zygoneria* Adelaide Charmer × *Zygoneria* Kings Park）登录时间 2011。*Neopabstopetalum* Adelaide Alive（*Zygopabstia* Kiw × *Zygoneria* Dynamo）登录时间 1998。*Neopabstopetalum* Angaston（*Zygopabstia* Kiwi × Zygoneria Dynamite）登录时间 2003。*Hamelwellsara* Connor's Charm（*Hamelwellsara* Aussie Quest × *Zygoneria* Adelaide Charmer）登录时间 2012。

栽培： 通常可以参照接瓣兰属 (*Zygopetalium*) 的栽培方法种植。

新嘉接瓣兰（*Zygoneria* Adelaide Meadows ‘Breaburn’ × *Zygo.*Titanic ‘June’ HCC/AOC ）

Zygoneria Adelaide Meadows ‘Sara’

新嘉接瓣兰（*Zygoneria* Adelaide Meadows ‘Breaburn’ × *Zygoheria.* Titanic ‘June’ HCC/AOC）

接瓣兰（紫香兰）属

Zygopetalium(Z.)

地生或附生兰花。全属约有16种，分布在巴西、巴拉圭、秘鲁、玻利维亚、委内瑞拉、圭亚那等美洲热带地区。生于海拔300~1500m潮湿森林有苔藓生长的树干、岩石及土地上。假鳞茎圆形或卵圆形，常密集成簇，顶部着生1~3枚带状叶。花茎自新生假鳞茎基部生出，高20~45cm，直立或斜向生长，具花6~10朵；花径6~8cm，花肉质，开展；萼片与花瓣形状大小相似，分离，黄绿色或绿褐色，有红褐色斑；唇瓣扁平，3裂，中裂片较大，白色，有明显的红色或蓝色脉状斑纹；唇瓣基部有扇形胼胝体，将花的各部器官相结合。花朵在光照下常显出丝绒似的光泽。花芳香。花期秋至冬，花期长，甚至开到翌年早春。

杂交育种：接瓣兰属内种间或品种间的杂交比较多。目前花卉市场上许多的商品盆花和切花大多为优良杂交种品种。与原生种比较，杂交种品种花枝高、花朵大、花色鲜艳；生长势强劲，栽培容易。

接瓣兰属与其近缘属的亲和力比较强，根据不完全统计，至1997年该属与兰科 *Aganisia*、*Batemannia*、*Chondrorhyncha*、*Cochleanthes*、*Colax*、*Epidendrum*、*Lycaste*、*Mendoncella*、*Odontoglossum*、*Oncidium*、*Otostylis*、*Pabstia*、*Promenaea*、*Stenia*、*Zygosepalum* 等近 15个近缘属间的杂交已产生了16个以上的人工属。其中包括有2属、3属、4属和 5属间杂交的人工属。如，*Hamelweesara*(*Aganisia* × *Batemannia* × *Otostylis* × *Zygopetalium* × *Zygosepalum*)是 5个属间的杂种。可见其育种的发展潜力是比较大的。

至 2012年，已登录的属间和属内种间杂交种有 403种（属内种间杂交种有 175种）。如：（*Z.* Perrenoudii（*Z.* Intermedium × *Z. maxillare*）登录时间 1894。*Durutyara* Gregor *Duruty*（*Z. maxillare* × *Palmerara* Raymond Palmer）登录时间 1977。*Hamelwellsara* Happy Hour（*Z.* Everspring × *Hamelwellsara* Marga）登录时间 2008。*Z.* Roeblingianum（*Z.* rostratum × *Z.* gautier）登录时间 1902。*Aitkenara* Tommy（*Otosepalum* Tommy Aitken × *Z.* Blackii）登录时间1979。*Chadwickara* Orquidacea Jade（*Pabstosepalum* Ash Trees × *Z. maxillare*）登录时间 2010。

栽培：低温或中温温室栽培，有短而明显的休眠期。该属植物株型较大，根系发达，宜用中盆或大盆种植；用排水良好的树皮块、粗泥炭土、粗腐叶土珍珠岩、木炭、蕨根、苔藓等作盆栽基质。既要排水和透气良好，又有一定的保水能力。尤其用腐叶土或泥炭土作盆栽基质时，盆底部最好填充部分颗粒状物质，如碎砖块等。旺盛生长时期的春、夏、秋三季，经常保持盆土湿润和较高的空气湿度。及时浇水并向植株周围喷水。植株生长接近成熟宜减少浇水。但盆栽基质不可干燥，需全年保持潮润。旺盛生长时期，在基质中施用缓释性肥料，或每 2 周施一次液体复合肥；秋末停止施肥。在生长季完成后（新芽生长成熟）有 3~4 周明显的休眠期。为了促进花芽的形成、发育和开好花，这期间应降低温度，减少浇水和降低空气湿度。适当地增强光照，并使根部保持适当的干燥。接瓣兰喜半阴的环境，北方温室栽培，春、夏、秋 3 季遮阳量 50% 左右，冬季不遮。

大批量企业化生产，应选择气候适宜的地区。夏季温度不太高，冬季温度又不太低的地方。通常在低纬度高海拔地区，如我国云南、贵州、四川等地。

接瓣兰在这些地区完全可以作为一种新型的盆栽兰花和切花开发生产。应重视接瓣兰优良品种引进，并开展接瓣兰优良品种的选育工作。有目的地发展接瓣兰的种植业。据报道，在美国加利福尼亚州一带，该属中的某些种和品种作为切花大量栽培，有相当大数量的商品蟹爪兰切花供应市场。

常见种类：

接瓣兰（*Z. brachypetalum*）

产于巴西，生长于较高山地高原。该种与中间型接瓣兰（*Z.intermedium*）和玛氏接瓣兰（*Z.mackayi*）相似。假鳞茎较强健，叶较长。花序直立，高约 90cm，有花 10 朵或更多。花芳香，蜡质，寿命长，花径约 7.5cm；萼片和花瓣绿色，有褐色斑块；唇瓣白色，有紫红色不规则斑块。花期秋、冬季。中温或高温温室栽培。

中间型接瓣兰（*Z. intermedium*）

产于巴西。假鳞茎扁卵状筒形，紧密丛生，鲜绿色，年老时假鳞茎上出现皱纹，高约8.5cm，直径5cm；顶生叶3~5枚，叶革质，亮绿色，稍肉质，披针状卵圆形到披针状舌形，长45cm，宽约5.5cm。花茎粗壮，从假鳞茎基部的苞片腋间生出；直立，高约60cm，有花4~5朵或更多，可同时开放。花极芳香，蜡质，开花期长，花径约7.5cm；萼片和花瓣鲜绿色或黄绿色，上面有红棕色的条斑。唇瓣边缘皱，白色，从基部开始有堇红色放射状的线条。秋、冬季开花。中温或高温温室栽培，栽培较容易。在热带和亚热带作商品切花的生产种类，露地荫棚种植，常见均为栽培植株。

玛氏接瓣兰 (*Z. mackayi*)

产于巴西。花茎高可达90cm，有花5~10朵；花大型，花径8cm，几乎同时开放。花蜡质、极芳香，开花期长。萼片和花瓣开放后顶端向外弯，黄绿色，有棕红色不规则的条斑；花瓣较萼片短。唇瓣白色，从基部开始有放射状线条，线条为暗红色到蓝色，并有相同颜色的茸毛。花期由秋季到冬季。中温或高温温室栽培，栽培较容易。目前栽培比较稀少，常发现混杂在中间型接瓣兰中栽培。

紫斑接瓣兰（*Z.maculatum*）

产于巴西，生长于中海拔地区的地生种。假鳞茎近球形，高3~7cm。有叶2~3枚，叶长约50cm，宽5cm。花序直立到弓形，长60~90cm，有花4~10朵，甚芳香，花寿命长，花径约7cm。花期秋末至冬季。用大花蕙兰的盆栽基质盆栽，放在半阴处。中温温室栽培。

Z. arachnidae 'Black Widow'

接瓣兰（*Z. brachypetalum*）

中间型接瓣兰（*Z. intermedium*）

玛氏接瓣兰（*Z. mackayi*‘Lee’）

紫斑接瓣兰（*Z. maculatum*）

Z. redvale‘Pretly Annll’

接瓣兰（*Z. brachypetalum*）

Z.（Big Country‘Eyri’ × Hmwsa.Aussie Quest‘Black Velvet’）

接瓣兰（Z.（Titanic ‘Rose Marie’ × ‘Ariur Blle Essendon’））

Z. Artur Elle‘Essengon’AM /AD AOC

Z.‘Happy Wedding’

Z.‘Kiwi Classia’

Z. Louisendor

Z. Jumpin Jack ‘Big Beans’

Z. Redvale‘Fire Kiss’

Z. Redvale 'Pretty Ann'

Z. Rhein Clown 'Hans'

接瓣兰'吉尼'（*Z.* Titanic 'Jeannie'）

Z. Seagull HCC/CCNZ

参考文献

[日]白石茂. 1999. 原种洋兰大图鉴.

蔡文燕，肖华山，范秀珍.2003. 金线莲研究进展（综述）. 亚热带植物科学，03:68 –72.

陈大成，等.2001.园艺植物育种学.广州:华南理工大学出版社.

陈心启，等.1999.中国植物志 (第18卷). 北京:科学出版社.

陈心启，等.1999.中国野生兰科植物彩色图鉴.北京:科学出版社.

陈心启，等.2009.中国兰科植物鉴别手册.北京:中国林业出版社.

陈心启，吉占和.1998. 中国兰花全书. 北京:中国林业出版社.

陈心启，卢思聪，等.2011. 国兰及其品种全书. 北京:中国林业出版社.

陈宇勒.2005. 新编兰花病虫害防治图谱. 沈阳:辽宁科学技术出版社.

丁慎言，尹俊梅.2005. 海南岛腋生兰花图鉴. 北京:中国农业出版社.

董海玲，郭顺星，王春兰，等. 2007. 山慈姑的化学成分和药理作用研究进展. 中草药，11:1734 – 1738.

付立国，等.2002. 中国高等植物 (第 13 卷). 青岛:青岛出版社.

关璟，王春兰，肖培根，等. 2005. 地生型兰科药用植物化学成分及其药理作用研究. 中国中药杂志. 30(14):1053– 1061.

黄丽云，李杰，周焕起，等. 2007. 药用石斛产业现状及其在海南的发展前景. 中国热带农业，02:24–25.

黄祯宏.2004. 兰花浅介台湾兰花产销发展协会.

吉占和，等.1999. 中国植物志 (第 19 卷). 北京:科学出版社.

江川，黄玉芳. 2007. 简述民间草药金线莲的药理作用. 海峡药学，19(11) : 87.

郎楷永，等.1999. 中国植物志 (第 17 卷). 北京:科学出版社.

李旻，刘友平，张 玲，等. 2009. 石斛属药用植物研究进展. 现代中药研究与实践, 23(5): 73–76.

李敏，王春兰，郭顺星，等. 2006. 手参属植物化学成分及药理活性研究进展. 中草药, 37(8):1264–1268.

李墅，王春兰，郭顺星，等. 2005. 附生型兰科药用植物化学成分及药理活性研究进展. 中国中药杂志, 30(19): 1489–1496.

凌志扬，房玉良. 2012. 石斛的化学成分及药理作用. 中国当代医药，19(5) :13–16.

刘新桥. 2007. 中药山慈姑的化学成分及其抗肿瘤活性研究［博士论文］. 天津:天津大学.

刘仲键，陈心启，等. 2006. 中国兰属植物. 北京:科学出版社.

刘仲键，陈心启，等. 2009. 中国兜兰属植物. 北京:科学出版社.

卢思聪. 1990. 兰花栽培入门. 北京:金盾出版社.

卢思聪. 1991. 室内盆栽花卉. 北京:金盾出版社.

卢思聪. 1994. 中国兰与洋兰. 北京:金盾出版社.

卢思聪. 1997. 室内盆栽花卉.2 版. 北京:金盾出版社.

卢思聪. 2002. 室内花卉养护要领. 北京:中国农业出版社.

卢思聪，等.1997. 世界名花博览. 郑州:河南科学技术出版社.

卢思聪，等.1999. 观叶植物. 郑州:河南科学技术出版社.

卢思聪，等.2001. 室内观赏植物. 北京:中国林业出版社.

卢思聪，石雷.2005. 大花蕙兰. 北京：中国农业出版社.
卢思聪，石雷.2011. 室内花卉养护要领. 2 版. 北京：中国农业出版社.
卢思聪，田亦平，石雷.2008. 家庭养花入门. 海口：南海出版公司.
卢卫红，张洪娟，王文芝. 2002. 手参的药效学研究. 中医药研究，18(2)：43-44.
倪素碧，1999. 兰花药膳. 滋补强身. 植物杂志，03:14-15.
[日] 齊藤龟三. 2007. 世界原生兰图鉴. 肖云菁，译. 台中：晨星出版公司.
沈瑾秋. 2008. 山慈姑的临床应用及药理研究纂要. 实用中医内科杂志，10:3-4.
[日] 唐泽耕司.1996. 山溪名鉴·兰.
田昌海，王世清. 2008. 山慈姑的研究进展. 现代医药卫生，7: 1009-1010.
王文艳. 2010. 天麻的资源状况及前景. 全国第 9 届天然药物资源学术研讨会论文集. 729-734.
王雁，陈振皇，等. 2012. 卡特兰. 北京：中国林业出版社.
王宗训，卢思聪，等.1996. 新编拉汉英植物名称. 北京：航空工业出版社.
文林，元晶. 2003. 山慈姑的功用. 中国民族民间医药杂志，6: 343.
吴应祥，卢思聪，等.1964. 温室工作手册. 北京：科学出版社.
夏鸿西，张明. 1999. 石斛属植物化学成分研究进展. 成都中草药研究，39: 54-56.
[日] 向山武彦.1994. 大花蕙兰.
辛培尧，罗思宝，孙正海. 2008. 药用石斛的利用及其种质改良途径的建议. 黑龙江农业科学，2:141-144.
徐志辉，蒋宏，等.2010. 云南野生兰花. 昆明：云南科技出版社.
颜东敏.1989. 兰花繁殖技术. 台北：东港镇农会出版社.
杨超，吕紫媛，伍瑞云. 2012. 天麻的化学成分与药理机制研究进展. 中国现代医生，50(17):27-31.
杨跃生，郑贵朝，胡事君. 2004. 金线莲生产与研究现状和发展思路. 药用植物研究与中药现代化. 第四届全国药用植物学与植物药学术研讨会论文集. 南京：东南大学出版社，385-389.
余树勋，吴应祥，卢思聪，等.1993. 花卉词典. 北京：中国农业出版社.
虞佩珍.2009. 兰花世界. 北京：中国农业出版社.
曾再新.1989. 兰花的药用和食用价值. 中国花卉盆景，6:21.
张毓，等.2004. 世界观赏兰花. 沈阳：辽宁科学技术出版社.
赵学敏，等.2008. 中国常见贸易兰花识别手册. 北京：中国林业出版社.
钟岑生. 1997. 金线莲的药用价值与开发. 广西农业科学，2: 102-104.
周武吉.1998. 养兰技艺. 台北：兰花世界出版.
朱金喜，刘向阳，刘仁林. 2007. 广东石豆兰的民间药用价值. 江西林业科技，2:64.
Alec Pridgeon. 1999.The Illustrated Encyclopedia of Orchid.Timber Press.
Arditti J. 1992. Fundamentals of orchid biology. New York: John Wiley &Sons.
Bulpitt C J, Li Y, Bulpitt PF, et al. 2007. The use of orchids in Chinese medicine. Journal of the royal society of medicine, 100: 558-563.
I sobyl la Coix. 2008.The New Encycloredia of Orchids. Timbes Press.
Joanne Holiman. 2002. Botanica's Orchids. Laurel Glen Publishing.
Joseph Arditti. 2008 .Micropropagation of Orchids. Second edition.Blackwell Publishing.
Kaushik P. 1983. Anatomical and ecological marvels of the Himalayan orchids. New Delhi.India: Today and Tomorrow's Printers and Publishers.

Kova. cs A, Vasas A, Hohmann J. 2008. Natural phenanthrenes and their biological activity. Phytochemistry, 69:1084 – 1110.

Lü ning B. 1974. Alkaloid content of Orchidaceae. In: Withner C L, editor. The orchids: scientific studies. New York: John Wiley & Sons.

Marlses R J, Farnsworth NR. 1995. Antidiabetic plants and their active constituents. Phytomedicine, 2 (2):137−189.

Mohammad Musharof Hossain. 2011. Therapeutic orchids: traditional uses and recent advances−An overview. Fitoterapia, 82:102−140.

P é rez Guti é rrez R M. 2010. Orchids: A review of uses in traditional medicine, its phytochemistry and pharmacology. Journal of Medicinal Plants Research, 4(8), 592−638.

Peter O' Byrne.2001. A to Z of South East Asian Orchid Species.Orchid of South East Asia/Singapore First Edition. September.

Sezik E. 2002.Acta Pharma Turcica, 44:151−157.

Szlachetko D.2001. Genera et species Orchidalium. 1. Polish Bot. J,46: 11−26.

拉丁名索引

中文名索引